中国环境百科全书

选编本

环境管理学

《环境管理学》编写委员会 编著

主 编 吕永龙

副主编 贺桂珍

中国环境出版社·北京

图书在版编目（CIP）数据

环境管理学/《环境管理学》编写委员会编著. —北京：中国环境出版社，2017.5

（《中国环境百科全书》选编本）

ISBN 978-7-5111-1697-0

Ⅰ. ①环… Ⅱ. ①环… Ⅲ. ①环境管理学—词典 Ⅳ. ①X3-61

中国版本图书馆 CIP 数据核字（2013）第 309656 号

出版发行 中国环境出版社
（100062 北京市东城区广渠门内大街 16 号）
网　　址：http://www.cesp.com.cn
电子邮箱：bjgl@cesp.com.cn
联系电话：010-67112765（编辑管理部）
发行热线：010-67125803，010-67113405（传真）

印　　刷 北京盛通印刷股份有限公司
经　　销 各地新华书店
版　　次 2017 年 5 月第 1 版
印　　次 2017 年 5 月第 1 次印刷
开　　本 787×1092　1/16
印　　张 30.5
字　　数 781 千字
定　　价 165.00 元

编写委员会

主　　编　吕永龙

副 主 编　贺桂珍

编　　委（按姓名汉语拼音顺序排列）

陈　鹏　楚春礼　韩竞一　焦文涛　鞠美庭

李　静　马　骅　邵超峰　汪　光　王铁宇

王圆生　张　红　张　磊　朱建刚　朱　源

参编人员　李奇锋　田晓刚　朱朝云

出版说明

《中国环境百科全书》（以下简称《全书》）是一部大型的专业百科全书，选收条目 8 000 余条，总字数达 1 000 多万字，对环境保护的理论知识及相关技术进行了全面、系统的介绍和阐述，可供环境科学研究、教育、管理人员参考和使用，也可供具有高中以上文化程度的广大读者查阅和学习。

《全书》是在环境保护部的领导下，组织近 1 000 名环境科学、环境工程及相关领域的专家学者共同编写的。在《全书》按条目的汉语拼音字母顺序混编分卷出版以前，我们先按分支和知识门类整理成选编本，不分顺序，先编完的先出，以求早日提供广大读者使用。

《全书》是一项重大环境文化和科学技术基础平台建设工程。其内容横跨自然科学、技术与工程科学、社会科学等众多领域，编纂工作难度是可想而知的，加上我们编辑水平有限，一定会有许多不足之处。此外，各选编本是陆续编辑出版的，有关条目的调整、内容和体例的统一、参见和检索系统的建立，以及《全书》的编写组织和审校等，还有大量工作须在混编成卷时进行，我们诚恳地期望广大读者提出批评和改进意见。

中国环境出版社

2015 年 1 月

前　言

环境管理学是一门综合交叉学科，既要充分利用管理科学、环境经济学、政策科学等社会科学的理论范式和分析方法，又要吸收自然地理、环境科学、系统科学、信息科学、计算模拟等自然科学理论和野外观察实验方法。它将科学与政策有机结合，设计科学的环境调控与管理工具，提供有针对性的环境问题的系统解决方案。环境管理学通过环境系统分析，辨识与诊断环境问题，判断主要影响因素；通过环境预测与规划，描述环境变化动态，明确未来发展目标；通过环境影响评价，分析各种人类活动可能产生的环境影响，进而采取有效的防范与规避措施；通过设计与实施科学的政策和标准，协调和规范环境与发展活动；通过宣传教育等方式，引导广大公众参与到保护环境的伟大事业中来，提高环境管理水平，推进生态文明建设。

环境管理不仅涉及自然环境，还应综合考虑人、城镇和农村的人工环境，协调人与自然的相互关系。它不仅仅是环境管理部门的工作，也不仅仅是环境工程师、资源规划师、景观建筑师、生态学家、环境经济学家等的职责，它是每个依赖环境生存的公民应尽的职责。所以，作为环境管理学领域的专家学者，我们有责任将环境管理学知识在广大公众中进行普及，希望本书能起到一定的作用。

五年前，我受邀来主持《中国环境百科全书》环境管理学分支的编撰工作。参与编撰工作的主要是一些活跃在环境管理学领域的中青年学者，他们分别来自中国科学院生态环境研究中心、中国科学院大学、中国人民大学、中国石油大学、南开大学、山西大学、浙江工商大学、中国科学院地理科学与资源研究所、环境保护部华南环境科学研究所、环境保护部环境规划院、环境保护部环境工程评估中心、北京市园林绿化国际合作项目管理办公室、中国市政工程华北设计研究总院等单位。我主要负责总体设计、分工协调和通稿定稿工作，贺桂珍博士协助我进行协调联络、统稿润色等工作。按本书条目分类索引的具体分工如下：

贺桂珍：环境管理总论条目，以及环境宣传教育条目；李静：环境质量评价条目；张红、李奇锋：环境与生态规划条目；马骅：环境保护政策条目；韩竞一：环境管理基本制度和环境预测与决策条目；朱建刚：环境保护标准与名录前半部分；陈鹏：声环境质量和环境噪声排放标准以下至环境保护名录以前的条目；朱朝云、王铁宇：环境保护名录条目；张磊、朱源：环境影响评价部分条目；楚春礼、鞠美庭、王圆生、田晓刚：环境影响评价部分条目；汪光：环境影响评价部分条目；焦文涛：评价方法条目。

在本书的编撰过程中，环境保护部政策法规司、中国环境出版社等单位和部门的领导和专家提出了很好的指导性建议，本书编辑给予了热情周到的帮助和编辑服务，几位同行专家认真审阅了文稿并提出了很好的修改意见，在此一并表示衷心感谢。我们对所引文献和所参阅资料的原著者也表示深深的谢意。

本书的出版得到了国家自然科学基金（No. 41071355）和中国科学院重点部署项目（KZZD-EW-TZ-12）的部分资助，特此致谢。

虽然我们希望这本《环境管理学》百科全书尽可能地反映当今环境管理学的前沿和公众关注的热点问题，但由于我们的水平所限，错误之处在所难免，敬请诸位读者提出宝贵的意见和建议，以便将来不断改进更新。

吕永龙　博士

发展中国家科学院（TWAS）院士

中国科学院生态环境研究中心研究员

中国科学院大学教授

国际环境问题科学委员会（SCOPE）主席

凡　例

1．本选编本共收条目 406 条。

2．本选编本条目按条目标题的汉语拼音字母顺序排列。首字同音时，按阴平、阳平、上声、去声的声调顺序排列；同音、同调时，按首字的起笔笔形一（横）、丨（竖）、丿（撇）、丶（点）、㇇（折，包括亅乚く等）的顺序排列。首字相同时，按第二字的音、调、起笔笔形的顺序排列，余类推。条目标题以英文字母开头的，例如“ISO 14000 环境管理标准”排在拼音字母 I 部。

3．本选编本附有条目分类索引，以便读者了解本学科的全貌和按知识结构查阅有关条目。

4．条目标题上方加注汉语拼音，所有条目标题均附有外文名。

5．条目释文开始一般不重复条目标题，释文力求规范、简明。

6．较长条目的释文，设置层次标题，并用不同的字体表示不同的层次标题。

7．一个条目的内容涉及其他条目并需由其他条目的释文补充的，采用“参见”的方式。所参见的条目标题用楷体字排印。一个条目（层次标题）的内容在其他条目中已进行详细阐述，本条（层次标题）不必重述的，采用“见”的方式，例如：“环境影响评价制度”条中，在叙述其评价程序时，表示为“**评价程序**　见环境影响评价。”

8．在重要的条目释文后附有推荐书目，供读者选读。

9．本选编本附有全部条目的汉字笔画索引、外文索引。

10．本选编本中的科学技术名词，以全国科学技术名词审定委员会公布的为准，未经审定和尚未统一的，从习惯。

目 录

条目音序目录

I

J

K

L

M

N

P

Q

X

Y

Z

B

Bate'er huanjing pingjia xitong

巴特尔环境评价系统 （Battelle environmental assessment system） 由美国巴特尔·哥伦布（Battelle Columbus）研究所于1972年提出的一种评价方法，它采用某种函数曲线作图的方法，把环境参数转换成相应的指数或评价值来表示建设项目对环境的影响，并据此确定出供选择的方案。主要用来评价水质管理计划、水资源开发、公路以及核电站等建设项目的环境影响。该方法把评价对象的变化范围定为横坐标，把环境质量指数定为纵坐标，且把纵坐标标准化为0～1，以0代表质量最差，1代表质量最好。每个评价因子，均有其质量指数函数图，各评价因子若已得出预测值，便可根据此图得到该因子的质量影响评价值。该评价方法的优点是简明、清楚，评价的选择性强，能够全面系统地鉴别各种关键性变化，缺点是不能给出各评价方案的直接数量概念，对有关社会经济方面的评价也强调得不够。 （焦文涛）

bumen huanjing guanli

部门环境管理 （departmental environmental management） 以单位或部门为管理对象，以解决该单位或部门内的环境问题，协调其发展生产与保护环境的关系为内容的环境管理。按部门生产特性分为工业环境管理、农业环境管理、交通运输环境管理、医疗环境管理和企业环境管理等。

（贺桂珍）

bumen huanjing guihua

部门环境规划 （departmental environmental planning） 各专业部门在一定时期和范围内对其相关行业发展的周边环境及其自身对环境的影响进行的规划。部门环境规划具有很强的技术性、规范性、时效性和可操作性，对于环境保护意义重大。

分类 部门环境规划主要是针对部门污染引起的环境问题编制的污染控制与环境质量管理规划。主要包括工业企业环境规划、农业污染控制规划和交通运输环境规划三大类，是针对各部门人类活动对环境造成的污染而制定的防治目标和措施。

主要内容 不同的部门环境规划，其内容也不尽相同。

工业企业环境规划 主要内容包括：①布局规划。按照组织生产和保护环境的要求，确定不同工业发展的地区布局，并按照环境容量确定工业的发展规模。②技术改造和产品改革规划。推行环境友好的新技术，规定某些环境指标（如废水循环利用率），淘汰有害环境的产品（如禁止生产有机氯农药、含汞农药）。③制定工业污染物排放标准。根据不同行业和地区特点，分别规定工业污染物排放当前要达到的标准、三至五年要达到的标准，甚至十年要达到的标准。制定排放标准是实现环境目标的基本措施，在规划中占有重要地位。

农业污染控制规划 主要内容包括：①防治农田污染。全面加强农业面源污染防控，科学合理使用化肥、农药等农业投入品，提高使用效率，减少农业面源性污染。推广高效、低毒、低残留农药和生物农药，推进病虫害统防统治和绿色防控。综合治理地膜污染，推广加厚地膜。②综合治理养殖污染。支持规模化畜禽养殖场（小区）开展标准化改造和建设，提高畜禽粪污收集和处理机械化水平，实施雨污分流、粪污资源化利用，控制畜禽养殖污染排放。在饮用水水源保护区、风景名胜区等区域划定禁养区、限养区，全面完善污染治理设施建设。严格控制近海、江河、湖泊、水库等水域的养殖容量和养殖密度。

交通运输环境规划 主要内容包括：①交通设施布局环境规划。按照交通行业发展中长期规划，结合拟规划地区的土地利用、生态、环境现状、地质条件等科学合理地确定交通道路体系布局，从源头预防环境问题的产生。②交通建设环境规划。针对交通项目施工、运营全过程产生的环境问题，将环境污染治理纳入交通设施建设过程，实现交通运输全过程的污染控制。

制定步骤 基本遵循环境规划的一般步骤。①环境调查：进行自然条件、自然资源、环境质量状况、社会和经济发展状况的全面调查，掌握丰富、确切的资料。②环境评价：在调查的基础上，进行综合分析，对环境状况做出正确评价。③环境预测：在环境评价的基础上，对环境发展趋势做出科学预测，以作为制定部门环境规划的依据（参见环境预测）。

（贺桂珍）

C

cengci fenxifa

层次分析法 （analytic hierarchy process，AHP） 将一个复杂的多目标决策问题作为一个系统，将目标分解为多个目标或准则，进而分解为多指标（或准则、约束）的若干层次，通过定性指标模糊量化方法算出层次单排序（权数）和总排序，以作为目标（多指标）、多方案优化决策的系统方法。

该方法是美国运筹学家匹兹堡大学教授萨蒂（Saaty）于20世纪70年代初，在为美国国防部研究“根据各个工业部门对国家福利的贡献大小而进行电力分配”课题时，应用网络系统理论和多目标综合评价方法，提出的一种层次权重决策分析方法。

层次分析法的特点是在对复杂的决策问题的本质、影响因素及其内在关系等进行深入分析的基础上，利用较少的定量信息使决策的思维过程数学化，从而为多目标、多准则或无结构特性的复杂决策问题提供简便的决策方法，尤其适合于对决策结果难以直接准确计量的场合。

基本步骤 运用层次分析法，大体可分为以下步骤：

①建立层次结构模型。在深入分析实际问题的基础上，将有关的各个因素按照不同属性自上而下地分解成若干层次，同一层的诸因素从属于上一层的因素或对上层因素有影响，同时又支配下一层的因素或受到下层因素的作用。最上层为目标层，通常只有1个因素，最下层通常为方案或对象层，中间可以有一个或几个层次，通常为准则或指标层。当准则过多时应进一步分解出子准则层。

②构造成对比较阵。从层次结构模型的第2层开始，对于从属于（或影响）上一层每个因素的同一层诸因素，用成对比较法和1～9比较尺度构造成对比较阵，直到最下层。

③由判断矩阵计算被比较元素对于该准则的相对权重，并进行判断矩阵的一致性检验。首先，计算权向量并做一致性检验。对于每一个成对比较阵计算最大特征根及对应特征向量，利用一致性指标、随机一致性指标和一致性比率做一致性检验。若检验通过，特征向量（归一化后）即为权向量；若不通过，需重新构造成对比较阵。其次，计算组合权向量并做组合一致性检验。计算最下层对目标的组合权向量，并根据公式做组合一致性检验，若检验通过，则可按照组合权向量表示的结果进行决策，否则需要重新考虑模型或重新构造那些一致性比率较大的成对比较阵。

④计算各层次对于系统的总排序权重，并进行排序。最后，得到各方案对于总目标的总排序。

优点 层次分析法简单明了，不仅适用于存在不确定性和主观信息的情况，还允许以合乎逻辑的方式运用经验、洞察力和直觉。层次分析法最大的优点是提出了层次本身，它使得用户能够认真地考虑和衡量指标的相对重要性。

（贺桂珍）

chanpin daoxiang huanjing zhengce

产品导向环境政策 （product-oriented environmental policy） 以产品为中心和出发点，旨在降低产品整个生命周期总的环境影响所制定的行动原则和指导方针，是一种新的政策范式。这一政策范式以预防为基本理念，以环境合作和责任共担为主要特征，以市场为运行基础，以经济利益为主要驱动力，以持续改进为目标，不同于传统工艺导向的环境政策。

产品导向环境政策最早在欧洲国家提出，1989 年荷兰基于产品生命周期思想制定了面向产品的环境政策。欧盟于 20 世纪 90 年代提出了“延伸生产者责任”和“整合性产品政策”，前者将生产者责任延伸至产品使用后的废物处置阶段，使生产者在产品设计阶段就需要考虑产品使用后处置阶段的环境影响，从而激励生产者改进产品设计，预防和减少废物的产生；后者的适用范围从产品延伸至服务领域，以产品生命周期思想为指导，寻求全面降低产品整个生命周期的环境影响，并将产品环境责任视为共同承担的责任，激励利益相关各方，包括产品的生产商、销售商、消费者、废物管理和处理者，将环境影响纳入产品与服务的决策当中。

我国的产品导向环境政策具体包括清洁生产、生产者责任延伸、环境标志、标准化环境认证、绿色采购等，如《中华人民共和国清洁生产促进法》《中华人民共和国循环经济法》《再生资源回收管理办法》《废弃电器电子产品回收处理管理条例》《节能产品政府采购实施意见》《环境管理体系认证管理规定》《中国环境标志使用管理办法》等。此外，2004 年 12 月《中华人民共和国固体废物污染环境防治法》修订版中加入了生产者责任延伸制度和绿色包装的内容。这些政策将传统的产品供给端与消费端、利益相关方参与和自我规范政策相整合，旨在建立一个激励和促进清洁产品的市场环境。 （马骅）

chanye huanjing guanli

产业环境管理 （industrial environmental management） 以管理工程和环境科学理论为基础，运用法律、技术、经济、行政和教育手段，对损害环境质量的产业活动加以限制，协调发展生产与保护环境的关系，使生产目标与环境目标、经济效益与环境效益相统一的环境管理。产业环境管理是行业环境管理的一个重要组成部分，也是国家环境管理的主要内容之一，与行业生产发展具有同等重要的地位。

产业环境管理可分为以下三类，分别对应宏观、中观和微观三个层次。

政府产业环境管理 指从宏观角度出发，政府作为环境管理的主体，运用现代环境科学和管理科学的理论与方法，以产业活动中的环境行为作为管理对象，综合采用各种手段，调整和控制产业发展方向、产业活动中的资源消耗、废弃物排放以及相关生产技术和设备标准等的各种管理行动的总称。根据管理对象不同，分为对产业活动中某一行业的环境管理和对从事产业活动的各个具体企业的环境管理。

公众和非政府组织产业环境管理 处于宏观和微观之间，以公众和非政府组织为主体的环境管理组织，对国家骨干企业环境管理提出各种要求和条件。

企业环境管理 在宏观经济的指导下，以企业作为环境管理主体，运用现代环境科学和工商管理科学的理论与方法，对企业生产和经营活动的全过程和生态环境影响进行综合调节与控制，使生产与环境协调发展，以求经济、社会与环境效益的统一。企业环境管理具有自主性、管理内容与形式的针对性和管理目标层次的多样性三个特征。 （贺桂珍）

chanye shengtai guihua

产业生态规划 （industrial ecological planning） 又称生态产业规划。主要是以循环经济理论、生态生产观念为指导，对工业、农业及第三产业发展进行的规划。产业生态规划转变传统的高投入、高消耗、低产出、高污染的生产方式为低投入、低消耗、高产出、低污染的生产方式。

目标 产业生态规划以协调社会进步、经济发展和环境保护为目的，最终达到生态效益、经济效益和社会效益的统一。

原则 产业生态规划对区域的经济、环境和社会发展具有重要影响，在规划设计中，要遵循以下原则：①原生景观原则。区域产业规划必须以维持或恢复区域原生景观、充分利用景观功能为前提，而不是破坏当地景观。②可持续原则。产业的资源消耗水平与当地的资源承载力比例适宜，实现永续利用。③结构平衡原则。区域内有关产业结构要尽可能合理，增强产业的外部抗压性。④人文原则。产业设计的终极目标是提高人类的生存质量，包括物质生活和精神生活，如丰富充足的生活资料、健康优美的居住环境等。

主要内容 基于产业生态学、清洁生产、循环经济的理论，产业生态规划通常包括以下内容：①产业发展现状分析，包括资源环境现状分析和产业现状分析的基础上。对资源环境现状的分析是合理进行产业规划的前提。资源的分布、储量以及种类能够影响产业发展的方向。产业现状分析则是生态产业规划的基础，包括产业结构、发展阶段以及主导产业。②产业发展趋势分析。产业发展是不断进步的产业演进动态过程，它表现为产业结构的转换和演进。因此，在对产业现状进行分析的基础上，合理预测产业发展的趋势，可使生态产业规划更具合理性。③确定规划目标与指标、规划重点和形成规划思路，最终确定产业规划方案。产业生态规划的指标有：环保投入占 GDP 百分比、应当实施清洁生产企业的比例、规模化企业通过 ISO 14000 认证比率、第三产业占 GDP 百分比、主要农产品中有机及绿色产品所占比例、规模化畜禽养殖场粪便综合利用率、农作物秸秆综合利用率、农村生活用品中新能源所占比例等。依据规划指标，综合确定产业生态的规划目标、重点，最终形成产业生态规划方案。产业生态规划的技术路线见下图。

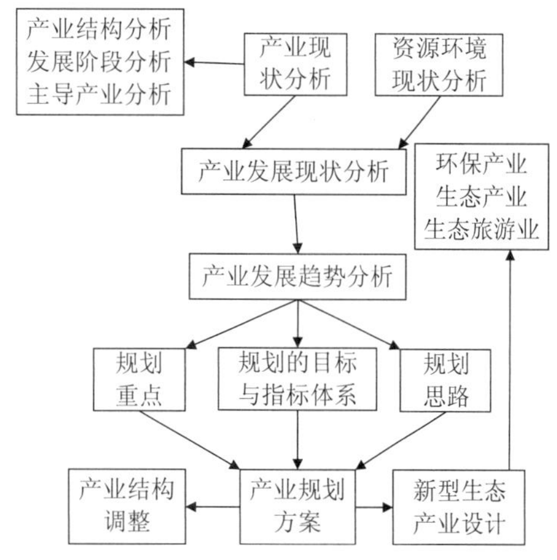

产业生态规划技术路线

（张红）

chengshi huanjing guanli

城市环境管理 （urban environmental management） 城市政府运用各种手段，组织和监督城市各单位和市民预防与治理环境污染，使城市的经济、社会与自然环境协调发展，协调人类社会经济活动与城市环境的关系以防止环境污染、维护城市生态平衡的环境管理。核心是遵循生态规律和经济规律，正确处理城市发展与生态环境的关系。

沿革 随着物质生活水平的不断提高，越来越多的人口向城市聚集，人类渴望生活在不受污染的城市，环境问题逐渐引起人们的重视。20 世纪 70 年代以来，环境管理逐渐成为各国城市政府的职能之一，目的是通过实施有效的管理来调节城市社会经济活动与环境的关系，改善城市生态结构。早在 20 世纪 70 年代，中国就开始从城市污染源调查和城市环境质量评价入手进行城市环境管理。随着对城市生态系统研究的深入，我国城市环境管理经历了工业污染源的点源治理、污染综合防治、城市环境综合整治和生态环境管理四个发展阶段。

管理方法 具体包括以下几项。

污染物浓度指标管理 通常指污染源的排放浓度控制。根据国家、地方、行业制定的污染物排放标准，控制污染物的排放，按污染物排放造成的环境污染类型，可以设定化学污染指标、生态污染指标和物理污染指标。控制指标一般分为单项指标和综合指标两类。各类指标都是一个单项指标的集合。目前，污染物浓度指标管理和排污收费制度相结合，构成了我国城市环境管理的一个重要方面。

污染物总量控制管理 将某一控制区域（行政区、流域、环境功能区等）作为一个完整的系统，采取措施将排入这一区域的污染物总量控制在一定数量之内，以达到预定的环境质量目标和满足该区域的环境质量要求。

污染物总量控制管理可分为三类：一是城市环境目标管理。根据城市环境保护目标的要求，确定城市各类污染物的允许排放总量，然后用优化的方法使排污总量在全市范围内得到最佳分配，以使城市环境治理费用最少。二是城市环境区划管理。按功能分区把城市分成若干个区，根据城市环境污染物排放总量的要求，确定出各区的污染物排放总量，然后采用数学优化的方法使排污总量在整个城市得到最佳分配。三是城市环境行业管理。由于行业污染物的排放量、排放途径具有一定的相似性，因此将城市环境的排放总量按行业进行分配，便于统一管理和提高效益，而且有助于促进行业的技术进步。

城市环境综合整治 从城市整体功能最大化出发，来协调经济建设、城乡建设和环境建设之间的关系，运用综合性的对策、措施来整治与保护城市环境，促进城市环境的良性循环。这是一项具有中国特色的城市环境管理战略。城市环境综合整治是一项复杂的系统工程，我国现采取的对策和措施包括：环境保护纳入城市建设总体规划，通过城市环境综合整治，推进城市的现代化建设；改革城市环境管理体制，强化环境管理；开辟多种渠道，解决城市环境综合整治的资金来源；加强城市政府对环境综合整治的领导。（贺桂珍）

chengshi huanjing guihua

城市环境规划 （urban environmental planning） 为克服城市经济社会活动的盲目性和随意性，使城市环境与城市经济协调发展，对城市居民工作和生活以及城市环境所进行的时空合理安排和规定。城市环境规划是一个复杂的系统工程，涉及范围广，数据需求量大，要使用多种模型方法。

城市环境规划的内容可分为两大部分，即环境现状调查评价和环境质量预测及规划。①在明确规划对象、目的以及范围的前提下，进行环境现状调查和评价，即对所要规划地区的自然、社会、经济等基本情况，土地利用、水资源供给、生态环境、居民生活状况，以及对大气、水、土壤、噪声和固体废物等环境质量状况进行详尽的调查，收集相关数据进行统计分析，并适当地做出相应的环境质量评价。②在现状调查和评价的基础上，进行环境质量预测和规划，即根据现有状况和发展趋势对规划年限内的环境质量进行科学预测，根据环境功能状态确定城市功能分区及相应的环境目标，进行水资源合理利用和优化配置设计，对城市大气、水体、噪声等进行污染综合治理规划，制定固体废物和工业污染源管理控制规划，以及对城市的交通运输、能源供给、土地利用和绿地建设等进行科学的设计与规划。（张红）

chengshi huanjing zhiliangtu

城市环境质量图 （urban environmental quality map） 反映城市综合环境质量状况的一种专题地图，包括大气环境质量图、水环境质量图、噪声地图等图组，目前已在城市规划及城市环境保护和治理中得到广泛应用。

（汪光）

chengshi huanjing zonghe zhengzhi

城市环境综合整治 （integrated urban environmental improvement） 把城市环境作为一个整体，运用系统工程和城市生态学的理论和方法，采取多功能、多目标、多层次的措施，对城市环境进行规划、管理和控制，以保护和改善城市环境，是中国城市环境保护的一项制度。

城市环境综合整治的内容主要有以下三个

方面：①确定综合整治目标。城市环境综合整治的任务是发动各方面、各部门、各行业围绕同一个综合整治目标，调整自己的行为。因此，必须首先确定综合整治的目标，并把它分解为若干个分目标，建立起相应的指标体系。②制定综合整治方案。将其合理分解为综合整治任务，具体落实到不同部门直至单位，建立起城市污染防治系统。③改革环境管理体制，包括制定能使综合整治方案得到准确实施的保障体系，如资金运作计划、技术的和法律的监督检查办法等。（韩竞一）

chengshi huanjing zonghe zhengzhi dingliang kaohe zhidu

城市环境综合整治定量考核制度（system for quantitative examination on integrated urban environmental improvement） 简称“城考”。中国对城市环境综合整治状况进行考核所制定的环境管理制度，是城市环境保护目标管理的重要手段，也是推动城市环境综合整治的有效措施。该制度以城市环境综合整治规划为依据，在城市政府的统一领导下，通过科学的、定量化的城市环境综合整治指标体系，把城市各行业、各部门组织起来，开展以环境、社会、经济效益统一为目标的环境建设、城市建设、经济建设，使城市环境综合整治定量化。城市环境综合整治的目的在于解决城市环境污染和提高城市环境质量。

沿革 作为环境保护发展到一定阶段产生的思想和技术手段，城市环境综合整治自1984年起在我国得到广泛推行。1984年10月20日，在《中共中央关于经济体制改革的决定》中明确指出城市政府应当“进行环境的综合整治”。该思想和措施在全国推行后，在城市环境治理中取得了较好的成效，为了巩固成效和进一步推广，必须把城市环境综合整治纳入法制管理轨道，由此产生了我国环境管理中的“城市环境综合整治定量考核制度”。1989年，国家环境保护行政主管部门开始在全国重点城市实施“城考”制度。自2002年起，每年发布《中国城市环境管理和综合整治年度报告》，并向公众公布结果和排名。截至2010年，全国设市城市已全部纳入年度“城考”范围。

考核对象 主要是城市政府。从实施考核的主体看，可分为两级：①国家考核。由国家直接对部分重点城市环境综合整治工作进行考核。目前国家直接考核的城市共有47个，包括直辖市、省会和自治区首府城市、部分风景旅游城市和计划单列市。②省（自治区）考核。省（自治区）考核本辖区内县级以上城市，具体名单由各省（自治区）人民政府自行确定。

考核指标 由环境质量、污染控制、环境建设、环境管理四大类构成，共计16项：API指数≤100的天数占全年天数的比例，集中式饮用水水源地水质达标率，城市水环境功能区水质达标率，区域环境噪声平均值，交通干线噪声平均值，清洁能源使用率，机动车环保定期检测率，工业固体废物处置利用率，危险废物处置率，工业企业排放稳定达标率，万元工业增加值主要工业污染物排放强度，城市生活污水集中处理率，生活垃圾无害化处理率，城市绿化覆盖率，环境保护机构和能力建设，公众对城市环境保护的满意率。

各项指标的权重分配主要遵循两条原则：一是从指标内容对城市环境质量影响的大小考虑；二是从指标内容在综合整治中的难易程度和对改善环境的作用考虑。同时参考远期和近期环境规划目标的不同要求。

考核程序 城市环境综合整治定量考核每年进行一次。考核的具体程序是，每年年终由城市政府组织有关部门对各项指标完成情况进行汇总，填写《城市环境综合整治定量考核结果报表》，经省（自治区）环境保护厅审查后报环境保护部复查。结果核实后，按得分排出全国名次并公布结果。各省（自治区）政府组织对所辖城市进行考核，并在当地公布结果。

考核结果名次排列方法包括：①按综合指标得分情况排列。②按环境质量指标得分情况排列。③按污染控制指标得分情况排列。④按环境建设指标得分情况排列。

自2002年起，国家环境保护行政主管部门

每年发布国家环境保护重点城市环境管理和综合整治年度报告。（韩竞一）

chengshi jingguan shengtai guihua

城市景观生态规划 （ecological planning of urban landscape） 根据景观生态学原理和方法，对城市景观空间结构和形态进行的规划。其规划重点是使廊道、斑块及基质等景观要素的数量及其空间分布合理；使信息流、物质流与能量流畅通；使城市景观不仅符合生态学原理，而且具有一定的美学价值，并适合于人类聚居。基于创造良好的生产和生活环境，创造优美的城市景观的目标，城市景观生态规划要考虑城市外貌与建筑景观的总体布局，根据城市的性质、规模和现状条件，对城市建设艺术布局进行总体构思，确定城市建设艺术的骨架，体现城市美学要求。

目标 城市景观生态规划总的目标是改善城市景观结构和功能，提高城市环境质量，促进城市景观的持续发展。

原则 要做好城市景观生态规划，应当遵循的原则主要有：①环境敏感区的保护原则。环境敏感区是对人类具有特殊价值或具有潜在天然灾害的地区，属于生态脆弱地区，可分为生态敏感区、文化敏感区和天然灾害敏感区。在城市景观生态规划中首先要保护环境敏感区，对不得已的破坏加以补偿。②景观多样性原则。多样性是城市景观自然化、提高城市生态功能的基础。根据景观生态学原理，植物种类单一的景观在生态系统方面表现得很不稳定，多样性的景观绿地表现得非常稳定，可保证城市绿地的稳定存在。③可持续性原则。在考虑近期目标的同时也应当考虑到远期的建设发展。④生态优先原则。在城市景观规划中，不仅追求绿地面积和数量的最大化，更应考虑到绿地生态效能的有效发挥，以维持城市生态系统的稳定。⑤美学原则。景观作为具有明显视觉特征的地理实体，不仅具有经济、生态价值，而且具有美学价值，在规划中需要充分体现景观的美学价值。

要点 在进行城市景观生态规划时，要注重以下内容：①通过生态调查制定土地利用规划，限定应保全的地区，指定需保护地段，勾画开发区的轮廓。②土地开发要考虑水源、大气、生物、噪声和侵蚀等环境问题。③建立区域开放空间系统，使城市内部有均匀的绿地或旷地分布。④使城市具有紧凑的空间结构，在城市核心之间分隔出有自然风景的活动区。⑤尽可能把市区的文化娱乐设施转移至城市郊区或卫星城。⑥组织和谐一致的土地利用，取消功能混杂、相互干扰的布局。⑦使住宅区远离城市交通要道，减少噪声干扰。⑧在道路终端周围或庭院设计住宅群，将住宅从面向热闹的街道转向面对安静的庭院或休闲活动的空间。⑨居住小区应避免单调划一，努力提供方便舒适、多种多样和各具特色的生活场所。（张红）

《Chengshi Quyu Huanjing Zhendong Biaozhun》

《城市区域环境振动标准》 （Standard of Environmental Vibration in Urban Area） 用于评价城市区域环境振动状况的规范性文件。该标准规定了城市区域环境振动的标准值及适用地带范围和监测方法。

《城市区域环境振动标准》（GB 10070—1988）由国家环境保护局于1988年12月10日批准，自1989年7月1日起实施。该标准主要用于控制城市环境振动污染，保障居民正常生活、工作和学习的声环境质量。

主要内容 该标准规定了城市各类区域铅垂向Z振级标准值（见下表），适用于连续发生的稳态振动、冲击振动和无规振动。每日发生几次的冲击振动，其最大值昼间不允许超过标准值10 dB，夜间不允许超过标准值 3 dB，昼间、夜间的时间由当地人民政府按当地习惯和季节变化划定。适用地带范围划定如下：①特殊住宅区，指特别需要安宁的住宅区。②居民、文教区，指纯居民区和文教、机关区。③混合区，指一般商业与居民混合区；工业、商业、少量交通与居民混合区。④商业中心区，指商业集中的繁华地区。⑤工业集中区，指在一个城市或区域内规划明确规定的工业区。⑥交通干线道路两侧，指车流量每小时100辆以上的道路两侧。⑦铁路干线两侧，指距每日车流量不少于20列的铁道外轨30 m外两侧的住宅区。该标准适用的地带范围，由地方人民政府划定。

城市各类区域铅垂向Z振级标准值

单位：dB

适用地带范围	昼间	夜间
特殊住宅区	65	65
居民、文教区	70	67
混合区、商业中心区	75	72
工业集中区	75	72
交通干线道路两侧	75	72
铁路干线两侧	80	80

（陈鹏）

chengshi shengtai guihua

城市生态规划　(urban ecological planning) 在区域生态规划指导下开展的市域生态系统发展规划。包括城市生态概念规划（自然和人类生态因子、生态关系、生态功能和生态网络的发展战略规划）、城市生态工程规划（水、能源、景观、交通和建筑等生态工程建设规划）以及城市生态管理规划（生态资产、生态服务、生态代谢、生态体制和生态文明的管理规划）。

目标　依据生态规划与生态控制论原理规划和调节城市内部各种不合理的生态关系，提高生态系统的自我调节能力，在外部投入有限的情况下，通过各种技术、行政和行为的诱导手段来实现持续发展。

原则　包括社会生态原则、经济生态原则、自然生态原则、复合生态原则。

社会生态原则　城市生态规划设计要重视社会发展的整体利益，体现尊重、包容和公正；生态规划要着眼于社会发展规划，包括政治、经济、文化等社会生活的各个方面。公平是该原则的核心价值。

经济生态原则　经济活动是城市最主要、最基本的活动之一，经济的发展决定着城市的发展，生态规划在促进经济发展的同时，还要注重经济发展的质量和持续性。经济生态原则要求规划设计要贯彻节能减排、提高资源利用效率以及优化产业结构，促进生态型经济的形成。效率是该原则的核心价值。

自然生态原则　城市是在自然环境的基础上发展起来的，其生态规划必须遵循自然演进的基本规律，维护自然环境的基本再生能力、自净能力和稳定性、持续性，将人类活动保持在自然环境所允许的承载能力之内。规划设计应结合自然，适应与改造并重，减少对自然环境的消极影响。平衡是该原则的核心价值。

复合生态原则　城市的社会、经济、自然系统是相互关联、相互依存、不可分割的有机整体，规划设计必须将三者有机结合起来，利用这三方面的互补性协调相互之间的冲突和矛盾，努力在三者之间寻求平衡，使整体效益最高。协调是这一原则的核心价值。

以上原则都是普遍性的，但城市是地区性的，地区的特殊性又受自然地理和社会文化两方面的影响。因此，这些原则的具体应用需要与空间、时间和人（社会）结合，在特定的空间中有不同的应用。

主要内容　包括城市生态功能分区、城市生态产业发展专项规划、城市生态环境整治与生态建设专项规划。

城市生态功能分区　根据城市的自然环境条件、社会经济发展基础以及城市未来发展定位，对城市不同空间地域进行的主导功能定位。

城市生态产业发展专项规划　根据循环经济理论和生态学理论，利用清洁生产和工艺对传统产业进行改造规划，制定新型生态产业发展项目，优化调整、组装与集成城市产业链，以及开展城市生态产业园的规划建设等。

城市生态环境整治与生态建设专项规划　包括大气环境规划、水环境规划、固体废物污染防治规划、噪声污染防治规划、城市绿地系统建设规划、城市重点生态景观区保护与建设规划等。

此外，城市生态规划还应包括城市人居环

境建设专项规划和城乡一体化生态建设专项规划。 （张红　李奇锋）

chengshi wuran kongzhi guihua

城市污染控制规划 （urban pollution control planning） 改善城市环境的一种有效手段，是在对城市污染物进行大量调查分析的基础上，对各种城市污染控制管理进行的时间与空间上的合理安排与部署。主要包括大气污染控制规划、水污染控制规划、城市环境噪声污染控制规划、固体废物污染控制规划等。

大气污染控制规划 通过加强对工业企业、主城区的建筑施工、道路扬尘、汽车尾气、餐饮业燃煤油烟的治理、监管和监控，不断改善空气环境质量。大气污染控制规划的考核指标包括环境空气质量控制指标、重点工业污染源大气污染物排放达标率、城市气化率、烟尘控制区覆盖率、机动车环保年检合格率等。空气污染综合整治是实现城市空气环境质量全面达标和提高空气环境质量的重要举措。为了保证这一目标切实达成，必须做好空气污染防治工作，统一规划城市建设、城市工业发展、运输和能源消耗等，综合运用各种污染防治措施，因地制宜地开发利用可再生资源，充分利用环境的自净能力，以消除或减轻各种污染物对大气的污染，尽可能保持和提高城市大气环境质量。

水污染控制规划 有效处理城市生活污水，深化工业水污染治理，切实加强对水污染源的监管和监控，不断改善地表水、饮用水水源环境质量的一种有效手段。水污染控制规划的考核指标主要包括水环境质量控制指标、重点工业污染源水污染物排放控制指标和城市生活污水处理率。水环境质量控制指标主要包括饮用水水源地水质达标率、水域功能区水质达标率和断面水质达标率。重点工业污染源水污染物排放控制指标主要是重点工业废水排放达标率和工业用水重复使用率。水污染控制规划的主要内容包括重点工业水污染源控制规划、生活污水处理控制规划、农田地面径流污染控制规划和地表水饮用水水源地规划。

城市环境噪声污染控制规划 通过对城市工业、城市交通、建筑施工和社会生活噪声的整治，特别是重点加强城市交通、建筑施工、商业网点的噪声整治管理，有效地降低城市环境噪声排放水平，实现稳定达标并改善噪声环境。城市环境噪声污染控制规划的内容主要包括工业噪声控制、交通干线噪声控制和社区生活噪声控制。城市环境噪声控制规划措施主要有：加强社会生活噪声管理；在城区内实施机动车禁鸣管制；加强建筑工地的施工噪声管理；合理布局公共停车场，增加停车泊位，以满足市民停车的需求；禁止在街道两旁占道加工作业，控制噪声扰民；制订工矿企业噪声污染控制方案。交通干线噪声控制规划的主要措施有：进行道路改造，减轻过境车辆对城市道路交通的压力；加强道路管制。

固体废物污染控制规划 通过加快城市和重点集镇垃圾卫生填埋场的建设步伐，提高城市生活垃圾无害化处理率；日产日清，保持市容清洁，不断改善城市居住环境；强化工业固体废物处置的监管，实现危险废物的安全处置，确保环境安全。固体废物污染控制规划的考核指标包括生活垃圾无害化处理率和工业固体废物处置利用率。固体废物污染控制规划的主要内容包括生活垃圾管理规划、工业固体废物综合处理规划、医疗废物处置利用控制规划和农业固体废物控制规划。 （张红）

《Chengzhen Wushui Chulichang Wuranwu Paifang Biaozhun》

《城镇污水处理厂污染物排放标准》 （Discharge Standard of Pollutants for Municipal Wastewater Treatment Plant） 对城镇污水处理厂污染物排放做出规定的规范性文件。该标准分年限规定了城镇污水处理厂出水、废气和污泥中污染物的控制项目和标准值。排入城镇污水处理厂的工业废水和医院污水，应达到《污水综合排放标准》（GB 8978—1996）、相关行业的国家排放标准、地方排放标准的相应规定限值及地方总量控制的要求。居民小区和工业企业内独立的生活污水处理设施污染物的排放管理，也按该标准执行。

《城镇污水处理厂污染物排放标准》(GB 18918—2002)由国家环境保护总局于2002年12月2日批准，并由国家环境保护总局和国家质量监督检验检疫总局于同年12月24日联合发布，自2003年7月1日起实施。该标准对于促进城镇污水处理厂的建设和管理，加强城镇污水处理厂污染物的排放控制和污水资源化利用具有重要意义。

2006年5月8日，国家环境保护总局发布了该标准的修改单，自发布之日起实施。

主要内容 该标准的技术内容规定了城镇污水处理厂水污染物排放标准、大气污染物排放标准和污泥控制标准。

水污染物排放标准 根据污染物的来源及性质，将污染物控制项目分为基本控制项目和选择控制项目两类。基本控制项目主要包括影响水环境和城镇污水处理厂一般处理工艺可以去除的常规污染物，以及部分一类污染物，共19项（表1、表2）。选择控制项目包括对环境有较长期影响或毒性较大的污染物，共计43项(表3)。基本控制项目必须执行。选择控制项目，由地方环境保护行政主管部门根据污水处理厂接纳的工业污染物的类别和水环境质量要求选择控制。

大气污染物排放标准 根据城镇污水处理厂所在地区的大气环境质量要求和大气污染物治理技术与设施条件，将标准分为三级。城镇污水处理厂厂界废气的排放标准值见表4。

表1　基本控制项目最高允许排放浓度（日均值）　　单位：mg/L

序号	基本控制项目		一级标准		二级标准	三级标准
			A标准	B标准		
1	化学需氧量（COD）		50	60	100	120[①]
2	生化需氧量（BOD_5）		10	20	30	60[①]
3	悬浮物（SS）		10	20	30	50
4	动植物油		1	3	5	20
5	石油类		1	3	5	15
6	阴离子表面活性剂		0.5	1	2	5
7	总氮（以N计）		15	20	—	—
8	氨氮（以N计）[②]		5（8）	8（15）	25（30）	—
9	总磷（以P计）	2005年12月31日前建设的	1	1.5	3	5
		2006年1月1日起建设的	0.5	1	3	5
10	色度（稀释倍数）		30	30	40	50
11	pH		6～9			
12	粪大肠菌群数/（个/L）		10^3	10^4	10^4	—

注：①下列情况下按去除率指标执行：当进水COD大于350 mg/L时，去除率应大于60%；BOD大于160 mg/L时，去除率应大于50%。

②括号外数值为水温＞12℃时的控制指标，括号内数值为水温≤12℃时的控制指标。

表2　部分一类污染物最高允许排放浓度（日均值）　　单位：mg/L

序号	项目	标准值	序号	项目	标准值
1	总汞	0.001	5	六价铬	0.05
2	烷基汞	不得检出	6	总砷	0.1
3	总镉	0.01	7	总铅	0.1
4	总铬	0.1			

表3　选择控制项目最高允许排放浓度（日均值）　　单位：mg/L

序号	选择控制项目	标准值	序号	选择控制项目	标准值
1	总镍	0.05	23	三氯乙烯	0.3
2	总铍	0.002	24	四氯乙烯	0.1
3	总银	0.1	25	苯	0.1
4	总铜	0.5	26	甲苯	0.1
5	总锌	1.0	27	邻-二甲苯	0.4
6	总锰	2.0	28	对-二甲苯	0.4
7	总硒	0.1	29	间-二甲苯	0.4
8	苯并[a]芘	0.000 03	30	乙苯	0.4
9	挥发酚	0.5	31	氯苯	0.3
10	总氰化物	0.5	32	1,4-二氯苯	0.4
11	硫化物	1.0	33	1,2-二氯苯	1.0
12	甲醛	1.0	34	对硝基氯苯	0.5
13	苯胺类	0.5	35	2,4-二硝基氯苯	0.5
14	总硝基化合物	2.0	36	苯酚	0.3
15	有机磷农药（以P计）	0.5	37	间-甲酚	0.1
16	马拉硫磷	1.0	38	2,4-二氯酚	0.6
17	乐果	0.5	39	2,4,6-三氯酚	0.6
18	对硫磷	0.05	40	邻苯二甲酸二丁酯	0.1
19	甲基对硫磷	0.2	41	邻苯二甲酸二辛酯	0.1
20	五氯酚	0.5	42	丙烯腈	2.0
21	三氯甲烷	0.3	43	可吸附有机卤化物（AOX以Cl计）	1.0
22	四氯化碳	0.03			

表4　厂界（防护带边缘）废气排放最高允许浓度　　单位：mg/m^3

序号	控制项目	一级标准	二级标准	三级标准
1	氨	1.0	1.5	4.0
2	硫化氢	0.03	0.06	0.32
3	臭气浓度（量纲为一）	10	20	60
4	甲烷（厂区最高体积浓度）/%	0.5	1	1

污泥控制标准　城镇污水处理厂的污泥应进行稳定化处理并达到表5的规定。

表5　污泥稳定化控制指标

稳定化方法	控制项目	控制指标
厌氧消化	有机物降解率/%	＞40
好氧消化	有机物降解率/%	＞40
好氧堆肥	含水率/%	＜65
	有机物降解率/%	＞50
	蠕虫卵死亡率/%	＞95
	粪大肠菌群数	＞0.01

（朱建刚）

《Chuyouku Daqi Wuranwu Paifang Biaozhun》

《储油库大气污染物排放标准》（Emission Standard of Air Pollutant for Bulk Gasoline Terminals）　对储油库在储存、收发汽油过程中的油气排放限值、控制技术要求和检测方法做出规定的规范性文件。该标准适用于现有储油库汽油油气排放管理，以及储油库新、改、扩建项目的环境影响评价、设计、竣工验收和建成后的汽油油气排放管理。该标准对于改善大气环境质量具有重要意义。

《储油库大气污染物排放标准》（GB 20950—

2007）由国家环境保护总局于 2007 年 4 月 26 日批准，并由国家环境保护总局和国家质量监督检验检疫总局于同年 6 月 22 日联合发布，自 2007 年 8 月 1 日起实施。

主要内容 该标准针对发油（从储油库把油品装入油罐车）油气排放控制和限值，规定储油库应采用底部装油方式，对装油时产生的油气应进行密闭收集和回收处理。油气回收系统和回收处理装置应进行技术评估并出具报告。油气密闭收集系统任何泄漏点排放的油气体积分数浓度不应超过 0.05%，每年至少检测 1 次。油气回收处理装置的油气排放浓度和处理效率应同时符合规定的限值（见下表），排放口距地平面高度应不低于 4 m，每年至少检测 1 次。底部装油结束并断开快接头时，汽油泄漏量不应超过 10 mL，泄漏检测限值为泄漏单元连续 3 次断开操作的平均值。储油库油气收集系统应设置测压装置，收集系统在收集油罐车罐内的油气时对罐内不宜造成超过 4.5 kPa 的压力，在任何情况下都不应超过 6 kPa。储油库给铁路罐车装油时应采用顶部浸没式或底部装油方式，顶部浸没式装油管出油口距罐底高度应小于 200 mm。

针对汽油储存油气排放控制，规定储油库储存汽油应按《石油库设计规范》（GB 50074）采用浮顶罐储油。新、改、扩建的内浮顶罐，浮盘与罐壁之间应采用液体镶嵌式、机械式鞋形、双封式等高效密封方式；新、改、扩建的外浮顶罐，浮盘与罐壁之间应采用双封式密封，且初级密封采用液体镶嵌式、机械式鞋形等高效密封方式。浮顶罐所有密封结构不应有造成漏气的破损和开口，浮盘上所有可开启设施在非需要开启时都应保持不漏气状态。

处理装置的油气排放限值

油气排放浓度/（g/m^3）	≤25
油气处理效率/%	≥95

（朱建刚）

《Chuqin Yangzhiye Wuranwu Paifang Biaozhun》

《畜禽养殖业污染物排放标准》（Discharge Standard of Pollutants for Livestock and Poultry Breeding） 对畜禽养殖业污染物排放应控制项目及其限值做出规定的规范性文件。该标准适用于集约化、规模化的畜禽养殖场和养殖区，不适用于畜禽散养户。该标准是对畜禽养殖业污染物排放进行控制的依据，对于控制畜禽养殖业产生的废水、废渣和恶臭对环境的污染，促进养殖业生产工艺和技术进步具有重要意义。

《畜禽养殖业污染物排放标准》（GB 18596—2001）由国家环境保护总局于 2001 年 11 月 26 日批准，并由国家环境保护总局和国家质量监督检验检疫总局于同年 12 月 28 日联合发布，自 2003 年 1 月 1 日起实施。

主要内容 为推动畜禽养殖业污染物的减量化、无害化和资源化，该标准规定了废水、恶臭排放标准和废渣无害化环境标准。根据畜禽养殖业污染物排放的特点，该标准规定的污染物控制项目包括生化指标、卫生学指标和感观指标等。

水污染物排放标准 畜禽养殖业水污染物排放标准见表 1、表 2 和表 3。

表 1 集约化畜禽养殖业水冲工艺最高允许排水量

种类	猪/[m^3/（百头·d）]		鸡/[m^3/（千只·d）]		牛/[m^3/（百头·d）]	
季节	冬季	夏季	冬季	夏季	冬季	夏季
标准值	2.5	3.5	0.8	1.2	20	30

注：废水最高允许排放量的单位中，百头、千只均指存栏数。春、秋季废水最高允许排放量按冬、夏两季的平均值计算。

表 2 集约化畜禽养殖业干清粪工艺最高允许排水量

种类	猪/[m^3/（百头·d）]		鸡/[m^3/（千只·d）]		牛/[m^3/（百头·d）]	
季节	冬季	夏季	冬季	夏季	冬季	夏季
标准值	1.2	1.8	0.5	0.7	17	20

注：废水最高允许排放量的单位中，百头、千只均指存栏数。春、秋季废水最高允许排放量按冬、夏两季的平均值计算。

表 3　集约化畜禽养殖业水污染最高允许日均排放浓度

控制项目	标准值
五日生化需氧量/（mg/L）	150
化学需氧量/（mg/L）	400
悬浮物/（mg/L）	200
氨氮/（mg/L）	80
总磷（以 P 计）/（mg/L）	8.0
粪大肠菌群数/（个/100 mL）	1 000
蛔虫卵/（个/L）	2.0

废渣无害化环境标准　畜禽养殖业废渣的无害化环境标准见表 4。

恶臭污染物排放标准　畜禽养殖业恶臭污染物排放标准见表 5。

表 4　畜禽养殖业废渣无害化环境标准

控制项目	指标
蛔虫卵	死亡率≥95%
粪大肠菌群数	≤10^5 个/kg

表 5　集约化畜禽养殖业恶臭污染物排放标准

控制项目	标准值
臭气浓度（量纲为一）	70

（朱建刚）

《Chuanbo Wuranwu Paifang Biaozhun》

《船舶污染物排放标准》（Effluent Standard for Pollutants from Ship）　对船舶污染物排放应控制项目及其限值做出规定的规范性文件。该标准规定了船舶含油污水、生活污水和垃圾的排放要求，适用于中国籍船舶和进入中国水域的外国籍船舶。

《船舶污染物排放标准》（GB 3552—1983）由城乡建设环境保护部于 1983 年 4 月 9 日发布，同年 10 月 1 日起实施。

主要内容　该标准在排放规定部分，规定了船舶含油污水最高容许排放浓度（表 1）、船舶生活污水最高容许排放浓度（表 2）和船舶垃圾排放要求（表 3）。

表 1　船舶含油污水最高容许排放浓度

单位：mg/L

排放区域	排放浓度
内河	≤15
距最近陆地 12 海里以内海域	≤15
距最近陆地 12 海里以外海域	≤100

表 2　船舶生活污水最高容许排放浓度

项目	内河	沿海	
		距最近陆地 4 海里以内	距最近陆地 4～12 海里
生化需氧量/（mg/L）	≤50	≤50	—
悬浮物/（mg/L）	≤150	≤150	无明显悬浮物固体
大肠菌群/（个/100 mL）	≤250	≤250	≤1 000

表 3　船舶垃圾排放要求

排放物	内河	沿海
塑料制品	禁止投入水域	禁止投入水域
漂浮物	禁止投入水域	距最近陆地 25 海里以内，禁止投入水域
食品废弃物及其他垃圾	禁止投入水域	未经粉碎的禁止在距最近陆地 12 海里以内投弃入海。经过粉碎的颗粒直径小于 25 mm 时，可允许在距最近陆地 3 海里之外投弃入海

（朱建刚）

D

daqi gudingyuan wuranwu paifang biaozhun

大气固定源污染物排放标准 (emission standards of air pollutants for stationary source) 根据大气环境质量的目标要求，对大气固定源污染物排放应控制项目及其限值做出规定的一系列标准的统称。大气固定源污染物排放标准与大气移动源污染物排放标准、大气环境质量标准、大气监测规范方法标准和其他相关标准共同构成了大气环境保护标准体系。

分类 大气固定源污染物排放标准按照固定源类型的不同，分为工业大气污染物排放标准（包括水泥、煤炭、制革、硫酸、电镀等不同行业的大气污染物排放标准）、饮食业油烟排放标准、储油库大气污染物排放标准、加油站大气污染物排放标准等；按照制定权限的不同，分为国家级大气固定源污染物排放标准和地方级大气固定源污染物排放标准；按照实施范围的不同，分为综合性大气污染物排放标准和行业性大气污染物排放标准。

主要的国家级大气固定源污染物排放标准见下表。

主要的国家级大气固定源污染物排放标准

标准编号	标准名称	备　注
GB 14554—1993	恶臭污染物排放标准	
GB 9078—1996	工业炉窑大气污染物排放标准	
GB 16297—1996	大气污染物综合排放标准	
GB 18483—2001	饮食业油烟排放标准（试行）	代替 GWPB 5—2000
GB 20426—2006	煤炭工业污染物排放标准	部分代替 GB 8978—1996，GB 16297—1996
GB 20950—2007	储油库大气污染物排放标准	
GB 20952—2007	加油站大气污染物排放标准	
GB 21522—2008	煤层气（煤矿瓦斯）排放标准（暂行）	
GB 21900—2008	电镀污染物排放标准	
GB 21902—2008	合成革与人造革工业污染物排放标准	
GB 25464—2010	陶瓷工业污染物排放标准	
GB 25465—2010	铝工业污染物排放标准	
GB 25466—2010	铅、锌工业污染物排放标准	
GB 25467—2010	铜、镍、钴工业污染物排放标准	
GB 25468—2010	镁、钛工业污染物排放标准	
GB 26131—2010	硝酸工业污染物排放标准	

续表

标准编号	标准名称	备 注
GB 26132—2010	硫酸工业污染物排放标准	
GB 13223—2011	火电厂大气污染物排放标准	代替 GB 13223—2003
GB 26451—2011	稀土工业污染物排放标准	
GB 26452－2011	钒工业污染物排放标准	
GB 26453—2011	平板玻璃工业大气污染物排放标准	
GB 27632—2011	橡胶制品工业污染物排放标准	
GB 16171—2012	炼焦化学工业污染物排放标准	代替 GB 16171—1996
GB 28661—2012	铁矿采选工业污染物排放标准	
GB 28662—2012	钢铁烧结、球团工业大气污染物排放标准	
GB 28663—2012	炼铁工业大气污染物排放标准	
GB 28664－2012	炼钢工业大气污染物排放标准	
GB 28665—2012	轧钢工业大气污染物排放标准	
GB 28666—2012	铁合金工业污染物排放标准	
GB 4915—2013	水泥工业大气污染物排放标准	代替 GB 4915－2004
GB 29495—2013	电子玻璃工业大气污染物排放标准	
GB 29620—2013	砖瓦工业大气污染物排放标准	
GB 30484—2013	电池工业污染物排放标准	
GB 13271—2014	锅炉大气污染物排放标准	代替 GB 13271－2001
GB 30770—2014	锡、锑、汞工业污染物排放标准	
GB 13801－2015	火葬场大气污染物排放标准	
GB 31570—2015	石油炼制工业污染物排放标准	
GB 31571—2015	石油化学工业污染物排放标准	
GB 31572—2015	合成树脂工业污染物排放标准	
GB 31573—2015	无机化学工业污染物排放标准	
GB 31574—2015	再生铜、铝、铅、锌工业污染物排放标准	
GB 15581—2016	烧碱、聚氯乙烯工业污染物排放标准	代替 GB 15581—1995

作用 大气固定源污染物排放标准是对排污行为的规范，也是判定排污是否合法的重要依据，其对推动节能减排和产业结构调整等具有重要作用。 （朱建刚）

daqi huanjing guihua

大气环境规划 （atmospheric environmental planning） 为了平衡和协调某一区域的大气环境与社会、经济发展之间的关系，有关部门对一定时期内的大气环境进行的统筹安排和布局。

规划任务 首先对大气环境系统进行分析，确定各子系统之间的关系；其次对规划期内的主要资源进行需求分析，重点分析城市能流过程，从能源的输入、输出、转换、分配和使用各个环节中，找出产生污染的主要原因和控制污染的主要途径，从而为确定和实现大气环境目标提供可靠保证。

分类 根据时间跨度，可以分为近期大气环境规划、中期大气环境规划和长期大气环境规划。根据行政区域大小，可以分为国家大气环境规划、省市大气环境规划和县大气环境规划等。根据规划控制目标，可以分为大气环境质量规划和大气污染控制规划两大类。根据规划层次，可以分为国家大气环境规划、区域大气环境规划和部门大气环境规划等。

主要内容 包括大气环境现状调查与分

析、环境空气功能区划、大气污染预测、大气环境规划目标与指标体系、大气污染物总量控制、大气污染防治措施六大部分内容。

大气环境现状调查与分析 ①污染源调查和评价。目的是弄清规划区域污染的来源。根据污染源的类型、性质、排放量、排放特征及相对位置和当地的风向、风速等气象资料，分析和估计它们对该规划区域的影响程度，并通过污染源的评价，确定出该规划区域的主要污染源和主要污染物。②大气环境现状评价。是弄清大气污染物来源、性质、数量和分布的重要手段。依据此评价结果，可以了解大气环境质量现状的优劣，为确定大气环境的控制目标提供依据；通过大气污染物浓度的时空分布特征，了解当地烟气扩散的特征和污染物来源，进行大气污染趋势分析，并为建立污染源和大气环境质量的响应关系提供基础数据。③能流分析。在进行大气污染源调查与分析时，能流分析是一种重要方法。能流分析按照能源利用现状与规划用能的实际情况，以用能部门为终端，采用网络图的方法加以直接和抽象的表征，构成宏观能流网络图，是大气环境规划的基本方法之一。能流分析对能源的输入、转换、分配和使用的全过程做系统分析，以剖析大气污染物产生、治理、排放规律，找出主要环境问题和解决问题的最佳方案，以达到减少能量流失、降低能源消耗和减轻大气污染的目的。

环境空气功能区划 环境空气功能区是指因其区域社会功能不同而对环境保护提出不同要求的地区。根据《环境空气质量标准》(GB 3095—2012)，环境空气功能区分为二类：一类区为自然保护区、风景名胜区和其他需要特殊保护的区域；二类区为居住区、商业交通居民混合区、文化区、工业区和农村地区。环境空气功能分区是实施区域环境分区管理和污染物总量控制的基础和前提，它以区域环境质量的改善为目的，依据区域功能的不同，分别采用不同的环境管理政策。环境空气功能区的划分方法包括多因子综合评分法、模糊聚类分析法、生态适宜度分析法及*层次分析法*等。

大气污染预测 首先应确定主要大气污染物，以及影响排污量增长的主要因素；然后预测排污量增长对大气环境质量的影响。这就需要确定描述环境质量的指标体系，并建立或选择能够表达这种关系的数学模型。大气污染预测主要包括以下两个部分。

大气污染源源强预测　源强是研究大气污染的基础数据，其定义就是污染物的排放速率。对瞬时点源，源强就是点源一次排放的总量；对连续点源，源强就是点源在单位时间里的排放量。

大气环境质量预测　主要内容是预测大气环境中污染物的含量。其目的是了解未来一定时期的经济、社会活动对大气环境带来的影响，以便采取改善大气环境质量的措施。目前大气环境质量的预测方法较多，常用方法有箱式模型和高斯扩散模型。

大气环境规划目标与指标体系 主要内容如下。

大气环境规划目标　大气环境规划的最终目的是要实现设定的环境目标。大气环境规划目标的制定要根据国家的要求和本规划区域（省域、市域、城镇等）的功能性质，从实际出发，既不能超出本规划区域的经济技术发展水平，又要满足人民生活和生产所必需的大气环境质量。可以采用费用-效益分析等方法确定污染物最佳控制水平。

大气环境规划目标的决策过程一般是：初步拟定大气环境目标，编制达到大气环境目标的方案；论证环境目标方案的可行性，当可行性出现问题时，反馈回去重新修改大气环境目标和实现目标的方案，再进行综合平衡，经过多次反复论证后，最终比较科学地确定大气环境规划目标。

大气环境规划指标体系　具体包括：①气象气候指标。主要包括气温、气压、风向、风速、风频、日照、大气稳定度和混合层高度等。②大气环境质量指标。主要包括总悬浮颗粒物、飘尘、二氧化硫、降尘、氮氧化物、一氧化碳、光化学氧化剂、臭氧、氟化物、苯并芘和细菌总数等。③大气污染控制指标。主要包括废气排放总量、二氧化硫排放量及回收率、烟尘排放量、工业粉尘排放量及回收率、烟尘及粉尘的去除率、一氧化碳排放量、氮氧化物排放量、光化学氧化剂排放量、烟尘控制区覆盖率、工艺尾气达标率和汽车尾气达标率等。④城市环境建设指标。主要包括城市气化率、城市集中供热率、城市型煤普及率、城市绿地覆盖率和人均公共绿地等。⑤城市社会经济指标。主要包括国内生产总值、人均国内生产总值、工业总产值、各行业产值、能耗、生活耗煤量、万元工业产值能耗、城市人口总量、分区人口数、人口密度及分布和人口自然增长率等。

大气污染物总量控制　通过控制给定区域污染源排放总量，并优化分配到源，确保控制区大气环境质量满足相应的环境目标值的一种方法。大气污染物总量控制绝不仅仅是一种将总量削减指标简单地分配到污染源的技术方法，而是将区域定量管理和经济学的观点引入环境保护中的综合考虑。大气污染物排放总量控制是改善大气环境质量的重要措施，是大气环境管理的另一种手段。主要方法有 *A* 值法、*P* 值法、平权分配法、优化方法等。

A 值法　*A* 值法属于地区系数法，只要给出控制区总面积或几个功能分区的面积，再根据当地总量控制系数 *A*，就能很快地算出该面积上的污染物总允许排放量。

$$Q_{\mathrm{a}}=\sum_{i=1}^{n}Q_{\mathrm{a}i}$$

$$Q_{\mathrm{a}i}=A_i\frac{S_i}{\sqrt{S}}$$

$$A_i=AC_{\mathrm{s}i}$$

$$S=\sum_{i=1}^{n}S_i$$

式中，Q_{a} 为区域内某种类污染物年允许排放总量限值，也是城市理想的大气环境容量，10^4 t/a；n 为功能区总数；i 为总量控制区域内各功能分区的编号；$Q_{\mathrm{a}i}$ 为第 i 个分区内某种类污染物年允许排放总量限值，10^4 t/a；A 为地理区域性总量控制系数，10^4 km²/a；A_i 为第 i 个分区内某种污染物总量控制系数，10^4 km²/a；S 为控制区域总面积，km²；S_i 为第 i 个分区面积，km²；$C_{\mathrm{s}i}$ 为第 i 个区域某种污染物的年平均浓度限值，mg/m³，计算时减去本底浓度。

P 值法　一种烟囱排放标准的地区系数法，给定烟囱有效高度和地理区域性点源排放控制系数，便可得到该烟囱允许排放率 $Q_{\mathrm{p}i}$（t/h）：

$$Q_{\mathrm{p}i}=P\times C_{\mathrm{p}i}\times10^{-6}\times(H_{\mathrm{e}})^2$$

$$H_{\mathrm{e}}=H+\Delta H$$

式中，P 为地理区域性点源排放控制系数，t/（h·m²）；$C_{\mathrm{p}i}$ 为排放质量浓度，mg/m³；H_{e} 为烟囱有效高度，m；H 为烟囱距地面几何高度，m（超过 240m 时取 H=240m）；ΔH 为烟气抬升高度，m。

平权分配法　基于城市多源模式的一种总量控制方法。它是根据多源模式模拟各污染源对控制区域中筛选出来的控制点的污染物浓度贡献率，若控制点处的污染物浓度超标，根据各源贡献率进行削减，使控制点处的污染物浓度符合相应环境标准限值的要求。控制点是标志整个控制区域大气污染物浓度是否达到环境目标值的一些代表点，这些点处的浓度达标情况应能很好地反映整个控制区域的大气环境质量状况。

优化方法　将大气污染控制对策的环境效益和经济费用结合起来的一种方法。它将大气污染总量控制落实到防治对策和防治经费上，运用系统工程的理论和原则，制定出大气环境质量达标而污染物总排放量最大、治理费用较小的大气污染总量控制方案。优化方法同样利用城市多源模式模拟污染物的扩散过程，建立数学模型，设定目标函数，在控制点浓度达标的约束条件下，求使目标函数最大（或最小）的最优解。

大气污染综合防治措施　各地区或城镇大气污染的特征、条件以及大气污染综合防治的方向和重点不尽相同，因此，大气污染综合防治措施的确定具有很大的区域性，很难找到适合于一切情况的通用措施。下面仅简要介绍我国大气污染综合防治的一般性措施。

减少大气污染物的产生量和排放量 主要内容如下。

①实施清洁生产。生产中应尽量采用无害或少害的原材料、清洁燃料，革新生产工艺，采用闭路循环工艺，提高原材料的利用率。加强生产管理，减少跑、冒、滴、漏等，容易产生扬尘的生产过程要尽量采用湿式作业、密闭运转。

②提高能源利用效率、改善能源结构。在规划区要采取有力措施，提高公众的节能意识，落实国家鼓励发展的通用节能技术；推广热电联产、集中供热，提高热电机组的利用率，发展热能梯级利用技术，热、电、冷联产技术和热、电、煤气三联供技术，提高热能综合利用效率；发展和推广适合国内煤种的流化床燃烧、无烟燃烧和气化、液化等洁净煤技术，改进燃烧装置和燃烧技术，提高煤炭利用效率。

③对污染源进行治理。集中的污染源，如大型锅炉、窑炉、反应器等排气量大、污染物浓度高、设备封闭程度较高，便于对废气集中处理后进行有组织的排放。

对工业污染源，主要治理方法有：利用除尘装置去除废气中的烟尘和各种工业粉尘；采用气体吸收法处理有害气体，如用氨水、氢氧化钠、碳酸钠等碱溶液吸收废气中的二氧化硫等；应用冷凝、催化转化、分子筛、活性炭吸附和膜分离等物理、化学和物理化学方法治理废气中的主要污染物。

对交通污染源，目前采取的污染控制措施主要有：以清洁燃料代替汽油；改进发动机结构和运行条件，这是减少污染物产生的重要途径；净化排气，采用催化转化装置，使排气中的不完全燃烧产物、氮氧化物等污染物氧化或还原。

合理利用大气环境容量 合理利用大气环境容量要做到两点：一是科学利用大气环境容量。根据大气自净规律（如稀释扩散、降水洗涤、氧化、还原等），定量（总量）、定点（地点）、定时（时间）地向大气中排放污染物，在保证大气中污染物浓度不超过要求值的前提下，合理利用大气环境资源。在制定大气污染综合防治措施时，应首先考虑这一措施的可行性。二是结合工业布局调整，合理开发大气环境容量。工业布局不合理是造成大气环境容量使用不合理的直接因素。例如，大气污染源过度分布在城市上风向，而城郊及广大农村上空的大气环境容量未被利用。污染源在某一小的区域内密集，必然造成局部污染严重，并可能导致污染事故的发生。因此，应该从调整工业布局入手。

完善绿地系统，发展植物净化 植物在净化空气方面的作用主要体现在：吸收二氧化碳，制造氧气；吸收大气污染物；吸滞烟灰和粉尘。加强绿地系统建设的措施有：建设和保护大块绿地，保证足够的绿地面积；选择合适的树种，注重植被配置形式；加强绿带建设。

（张红　李奇锋）

daqi huanjing yingxiang pingjia

大气环境影响评价 （atmospheric environmental impact assessment） 通过调查、预测等手段，对拟议中的项目在建设施工期及建成后运营期所排放的大气污染物对环境空气质量影响的程度、范围和频率进行分析、预测和评估，为项目的场址选择、排污口设置、大气污染防治措施制定以及其他有关的工程设计、项目实施环境监测等提供科学依据或指导性意见的过程。

背景 大气污染是随着工业的高速发展和城市的扩大而形成的一个社会问题，严重危害人类健康和生存环境。国际上为了应对大气污染治理、控制大气污染物排放和减少其对气候变化的影响，先后出台了各种国际和区域公约，如《远距离越境空气污染公约》（1979 年）、《赫尔辛基议定书》（1985 年）、《关于消耗臭氧层物质的蒙特利尔议定书》（1987 年）、《索非亚议定书》（1988 年）、《联合国气候变化框架公约》（1992 年）及其《京都议定书》（1997 年）。近几年，我国大气污染形势严峻，根据环境保护部发布的《2012 中国环境状况公报》，325 个地级及以上城市中，仅有四成的城市达到《环境空气质量标准》（GB 3095—2012），113 个环境保护重点城市环境空气质量达标比例仅为 23.9%。2013 年 1 月，京津冀及周边地区等国内多地连续出现大范围雾霾天气，以可吸入颗粒物（PM_{10}）、细颗粒物（$PM_{2.5}$）为特征污染物的区域性大气环境问题日益突出，严重影响了民众身体健康和正常生活。随着我国工业化、城镇化的深入推进，能源资源消耗持续增加，大气污染防治压力继续加大。为切实改善空气质量，2013 年 9 月国务院正式公布《大气污染防治行动计划》，该计划被认为是我国有史以来最为严格的大气污染治理行动计划，要求 2017 年全国地级及以上城市 PM_{10} 浓度比 2012 年下降 10%，京津冀、长三角、珠三角等区域的 $PM_{2.5}$ 浓度分别下降 25%、20%和 15%左右，要求经过五年努力，全国空气质量“总体改善”。为实现以上目标，提出十项具体措施，包括加大综合治理力度，减少多污染物排放；调整优化产业结构，推动产业转型升级；加快企业技术改造，提高科技创新能力；明确政府、企业和社会的责任，动员全民参与环境保护等。

沿革 大气环境影响评价是环境影响评价的重要组成部分，世界各国环境影响评价法规中都涉及大气环境影响评价。

我国目前大气环境影响评价主要包括建设项目、区域和规划的大气环境影响评价三个层次。1993 年国家环境保护局根据《中华人民共和国环境保护法》《建设项目环境保护管理办法》和《环境影响评价技术导则 总纲》颁布了《环境影响评价技术导则 大气环境》（HJ/T 2.2—1993），提高了大气环境影响评价的科学性和规范性，使环境影响报告书的技术评估及建设项目的环境管理更加有针对性。随着《中华人民共和国环境影响评价法》的颁布实施、《环境空气质量标准》的修订、国际上环境影响评价技术方法的更新，又修订颁布了《环境影响评价技术导则 大气环境》(HJ 2.2—2008），自 2009 年 4 月 1 日起实施。

评价关注事项 主要包括：①大气流场的基本特征与规律，各种季节期间气候、气象的特征、规律以及主要气象参数与结构变化，其对环境污染影响的效应。②在最不利的气象条件下（如逆温层出现）大气污染物排放总量的控制限度，可能发生的大气污染风险事件及其影响程度与概率。

工作程序 评价过程主要包括三个阶段（见下图）。第一阶段为前期工作，主要包括研究有关文件、环境空气质量现状调查、初步工程分析、环境空气敏感区调查、评价因子筛选、评价标准确定、气象特征调查、地形特征调查、编制工作方案、确定评价工作等级和评价范围等。第二阶段是主体工作阶段，主要包括污染源调查与核实、环境空气质量现状监测、气象观测资料调查与分析、地形数据收集和环境空气质量影响预测与分析等。第三阶段为报告书编制阶段，主要包括给出大气环境影响评价结论与建议、完成环境影响评价报告书的编写等。

主要内容 主要包括：评价工作等级与评价范围确定、污染源调查与分析、环境空气质量现状调查与评价、气象观测资料调查、大气环境影响预测与评价、大气环境防护距离、大气环境影响评价结论与建议。

评价工作等级与评价范围确定 划分评价等级是为了确定适当的评价工作量，以便在保证工作质量的前提下，尽可能节约经费和缩短时间。主要内容包括环境影响识别与评价因子筛选、确定评价标准、评价工作分级、确定评价范围和环境空气敏感区。

环境影响识别与评价因子筛选 大气环境影响评价中，应根据拟建项目的特点和当地大气污染状况对评价因子进行筛选。首先选择该项目最大地面质量浓度占标率 P_i 较大的污染物为主要的评价因子，其次应考虑在评价区内已造成严重污染的污染物。大气环境影响评价因子主要为项目排放的常规污染物和特征污染物。常规污染物包括二氧化硫（SO_2）、颗粒物（TSP、PM_{10}）、二氧化氮（NO_2）、一氧化碳（CO）等。特征

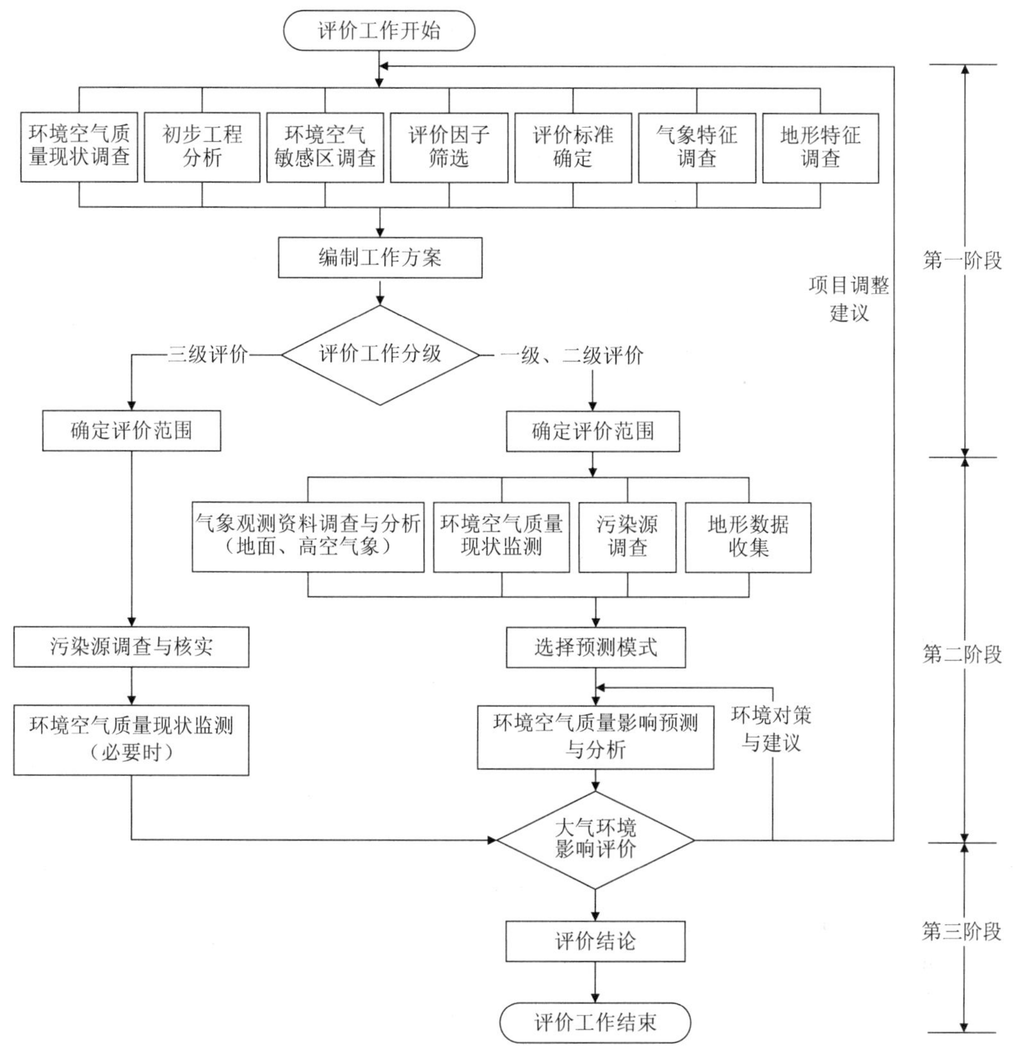

大气环境影响评价工作程序

污染物指项目排放的污染物中除常规污染物以外的特有污染物，主要指项目实施后可能导致潜在污染或对周边环境空气保护目标产生影响的特有污染物。

确定评价标准　确定各评价因子所执行的环境保护标准，并说明采用标准的依据。

评价工作分级　选择推荐模式中的估算模式对项目的大气环境评价工作进行分级。结合项目的初步工程分析结果，选择正常排放的主要污染物及排放参数，采用估算模式计算各污染物在简单平坦地形、全气象组合条件下的最大影响程度和最远影响范围，然后按评价工作分级判据分为一级、二级、三级。

评价工作等级的确定是选择 1～3 种主要污染物，分别计算每一种污染物的最大地面质量浓度占标率 P_i（第 i 个污染物），及第 i 个污染物的地面质量浓度达标准限值 10%时所对应的最远距离 $D_{10\%}$。其中 P_i 定义为：

$$P_i=\frac{C_i}{C_{0i}}\times100\%$$

式中，P_i 为第 i 个污染物的最大地面质量浓度占标率，%；C_i 为采用估算模式计算出的

第 i 个污染物的最大地面质量浓度，mg/m^3；C_{0i}为第 i 个污染物的环境空气质量浓度标准，mg/m^3。

评价工作等级按分级判据进行划分（见下表）。P_i按上式计算，如污染物数 i 大于 1，取 P 值中最大者（P_{max}）和其对应的 $D_{10\%}$。

评价工作等级

评价工作等级	评价工作分级判据
一级	P_{max}≥80%，且 $D_{10\%}$≥5 km
二级	其他
三级	P_{max}<10%或 $D_{10\%}$<污染源距厂界最近距离

评价工作等级的确定还应符合以下 7 项规定：①同一项目有多个（两个以上，含两个）污染源排放同一种污染物时，则按各污染源分别确定其评价等级，并取评价级别最高者作为项目的评价等级。②对于高耗能行业的多源（两个以上，含两个）项目，评价等级应不低于二级。③对于建成后全厂的主要污染物排放总量都有明显减少的改、扩建项目，评价等级可低于一级。④如果评价范围内包含一类环境空气质量功能区，或者评价范围内主要评价因子的环境质量已接近或超过环境质量标准，或者排放的污染物对人体健康或生态环境有严重危害的特殊项目，评价等级一般不低于二级。⑤对于以城市快速路、主干路等城市道路为主的新建、扩建项目，应考虑交通线源对道路两侧的环境保护目标的影响，评价等级应不低于二级。⑥对于公路、铁路等项目，应分别按项目沿线主要集中式排放源（如服务区、车站等大气污染源）排放的污染物计算其评价等级。⑦可以根据项目的性质，评价范围内环境空气敏感区的分布情况，以及当地大气污染程度，对评价工作等级做适当调整，但调整幅度上下不应超过一级。调整结果应征得环境保护主管部门同意。

一级、二级评价应选择导则推荐模式清单中的进一步预测模式进行大气环境影响预测工作。三级评价可不进行大气环境影响预测工作，直接以估算模式的计算结果作为预测与分析依据。确定评价工作等级的同时应说明估算模式计算参数和选项。

确定评价范围　根据项目排放污染物的最远影响范围确定项目的大气环境影响评价范围，即以排放源为中心点，以 $D_{10\%}$为半径的圆或以 2×$D_{10\%}$为边长的矩形作为大气环境影响评价范围。当最远距离超过 25 km 时，确定评价范围为半径为 25 km 的圆形区域，或边长为 50 km 的矩形区域。评价范围的直径或边长一般不应小于 5 km。对于以线源为主的城市道路等项目，评价范围可设定为线源中心两侧各 200 m 的范围。

确定环境空气敏感区　调查评价范围内所有环境空气敏感区，在图中标注，并列表给出环境空气敏感区内主要保护对象的名称、大气环境功能区划级别、与项目的相对距离和方位，以及受保护对象的范围和数量。

污染源调查与分析　具体内容参见环境现状调查的“大气环境现状调查”部分。

环境空气质量现状调查　大气环境质量现状监测的目的是取得进行大气环境质量预测和评价所需的背景数据。因此，监测范围、监测项目、监测点和监测制度的确定，都应根据拟建项目的规模、性质和厂址周围的地理环境及实际条件而定，突出针对性和实用性。具体内容参见环境现状调查的“大气环境现状调查”部分。

气象观测资料调查　具体内容参见环境现状调查的“大气环境现状调查”部分。

大气环境影响预测与评价　大气环境影响预测的目的主要是了解建设项目建成以后对大气环境质量影响的程度和范围；比较各种建设方案对大气环境质量的影响；给出各类或各个污染源对任一点污染物浓度的贡献（污染分担率）；优化城市或区域的污染源布局以及对其实行总量控制；从景观生态与人文生态的敏感对象上，预测和评估其可能发生的风险影响及出现的频率与风险程度，寻求最佳预防对策方案。

大气环境影响预测用于判断项目建成后对评价范围内大气环境影响的程度和范围。常用的大气环境影响预测方法是通过建立数学模型来模拟各种气象条件、地形条件下的污染物在大气中输送、扩散、转化和清除等物理、化学机制。大气环境影响预测的步骤一般为：①确定预测因子；②确定预测范围；③确定计算点；④确定污染源计算清单；⑤确定气象条件；⑥确定地形数据；⑦确定预测内容和设定预测情景；⑧选择预测模式；⑨确定模式中的相关参数；⑩进行大气环境影响预测与评价。

大气环境影响预测与评价的主要内容包括：对环境空气敏感区的环境影响分析，对最大地面质量浓度点的环境影响分析；叠加现状背景值，分析项目建成后最终的区域环境质量状况；分析典型小时气象条件下，项目对环境空气敏感区和评价范围的最大环境影响；分析典型日气象条件下，项目对环境空气敏感区和评价范围的最大环境影响；分析长期气象条件下，项目对环境空气敏感区和评价范围的环境影响；分析评价不同排放方案对环境的影响；对解决方案进行进一步预测和评价，并给出最终的推荐方案。

大气环境防护距离 主要内容包括大气环境防护距离确定方法、大气环境防护距离参数选择和大气环境防护距离管理要求。

采用推荐模式中的大气环境防护距离模式计算各无组织排放源的大气环境防护距离。计算出的距离是以污染源中心点为起点的控制距离，并结合厂区平面布置图，确定需要控制的范围。对于超出厂界以外的范围，确定为项目大气环境防护区域。当无组织源排放多种污染物时，应分别计算，并按计算结果的最大值确定其大气环境防护距离。对于属于同一生产单元（生产区、车间或工段）的无组织排放源，应合并作为单一面源计算并确定其大气环境防护距离。大气环境防护距离参数选择，采用的评价标准应遵循前文“评价工作等级与评价范围确定”中的相关规定。计算大气环境防护距离的污染物排放源强应采用削减达标后的源强。在大气环境防护距离内不应有长期居住的人群。

大气环境影响评价结论与建议 对项目选址及总图布置的合理性和可行性、污染源的排放强度与排放方式、大气污染控制措施、大气环境防护距离设置、污染物排放总量控制指标的落实情况等给出建议，并结合上述内容进行综合评价，明确给出大气环境影响可行性结论。（贺桂珍）

daqi huanjing zhiliang biaozhun

大气环境质量标准

（quality standards of air environment） 对大气环境质量应控制项目及其限值做出规定的一系列标准的统称。大气环境质量标准与大气固定源污染物排放标准、大气移动源污染物排放标准、大气监测规范方法标准和其他相关标准共同构成大气环境保护标准体系。

分类 大气环境质量标准按照空气承载空间类型的不同，分为环境空气质量标准、室内空气质量标准等；按照制定权限的不同，分为国家级大气环境质量标准和地方级大气环境质量标准。

主要的国家级大气环境质量标准见下表。

主要的国家级大气环境质量标准

标准编号	标准名称	备注
GB/T 18883—2002	室内空气质量标准	
GB/T 27630—2011	乘用车内空气质量评价指南	
GB 3095—2012	环境空气质量标准	代替 GB 3095—1996、GB 9137—1988

作用 大气环境质量标准是大气质量监测与评价的重要依据，是确定大气污染物排放总量的根据，对于贯彻《中华人民共和国大气污染防治法》，保护和改善生活环境、生态环境，保障人体健康具有重要意义。（朱建刚）

daqi huanjing zhiliang pingjia

大气环境质量评价 （atmospheric environmental quality assessment） 根据不同的目的和要求，按照一定的原则和评价标准，用一定的评价方法评定区域范围内的大气环境质量好坏的过程。既是单要素环境质量评价的一种，也是区域环境质量评价的重要组成部分。

概述 世界上局部地区的大气污染现象开始出现在 18 世纪。第二次世界大战以后，大气污染问题日益严重，伦敦烟雾事件、洛杉矶光化学烟雾事件等多起严重的大气污染事件引起各国对环境质量的关注。大气是环境要素之一，它与人类的关系极为直接和重要，其质量的好坏，主要看它对人群健康的影响。世界对全球气候变化问题的持续关注，给各国政府的大气环境质量管理工作带来压力。从 20 世纪 60 年代中期开始，美国最早采用环境质量指数进行大气污染综合评价。现在所进行的大气质量评价，通常是评价大气受污染的程度，所以也可以叫作大气污染评价。对大气质量的评价，主要是以大气对人体健康影响的程度作为尺度。

评价范围 按照评价目的可分为大气环境质量现状评价、影响评价和回顾评价。

大气环境质量评价工作，主要在人口众多、大气污染显著的城市进行，并成为城市环境质量评价中最重要的组成部分之一。许多国家对部分城市大气进行定时、定期监测或自动连续监测，并进行大气质量评价和预报，作为环境管理部门进行大气污染预防、治理和规划工作的依据。此外，在一些特定的环境，如污染严重的车间，要进行各种有具体要求的大气质量评价。例如，在车间进行的称为劳动环境大气质量评价，定量评定车间内有害气体浓度对工人身体的影响；在污染源地区进行的，常是根据污染物浓度的扩散和衰减状况，对受影响范围内的大气质量进行评价，为控制污染源的排放提供依据。

主要内容 人类向大气排放的物质种类繁多，但是就绝大部分地区而言，大气中主要污染物的种类却很有限。一般地区排放的主要是硫氧化物、一氧化碳、氮氧化物、碳氢化合物、臭氧等氧化剂，以及颗粒物。在进行大气质量评价时，选用部分或全部上述六种污染物的浓度值作为评价参数。这六种主要污染物在大气中的相互作用、对环境的影响、对人体的危害也比较简单，容易查明。例如，现在已知大气中的二氧化硫和颗粒物有协同作用，它们对人体的危害不是简单的相加关系，因此，在进行大气质量评价时，对这两项参数要做特殊处理，如常在相加关系后，再用两者的相乘关系加以修正。

评价标准 大气中各种污染物的容许标准，大都是根据它们对人体健康的影响来制定的，因此，标准的体系简单，便于统一对比和评价指数的建立与应用。在大气的污染物浓度标准中，大都有不同时段的容许浓度标准值（阈值），这是因为污染持续时间不同，即使大气中污染物浓度相同，对人体健康的影响仍然不同。

步骤 进行大气质量评价，首先要进行大气监测。目前对大气中的某些污染物，如二氧化硫等已能自动连续监测，取得随时间变化的连续数据。取得监测数据后，第二步是按时段要求进行统计计算，求得各个评价参数在不同时段内的各种特征值。有了这些基本资料，便可按一定的评价方法进行大气质量评价。

评价方法 大气环境质量评价方法有多种，应用较多的主要有综合指数法、模糊综合评价法、模糊聚类分析法、灰色聚类评价法等。大气环境评价实质上是依据污染物的浓度分级标准，比较待评价的大气环境各污染物的实测值与哪级的标准值最为接近，就视其为符合该级标准的大气环境质量，因此，大气环境质量评价属于模式识别问题。随着一些新学科的创立和计算技术的发展，国内外又提出了多种大气环境质量分析与评价的新方法，如神经网络法、遗传算法、投影寻踪法以及多种方法的耦合模型。

综合指数法 在大气环境质量评价方法上，一般都是用空气质量指数（AQI）来表征大气质量或大气污染程度。目前在环境科学中提出的评价大气质量的指数形式虽然很多，但它们的特点和依据的原则却都很一致或相似：①一般都选用六种污染物（包括硫氧化物、一氧化碳、氮氧化物、碳氢化合物、臭氧以及颗粒物）的浓度值作为评价参数，只是有时少选用几个。②大多数指数对各种选用的评价参数都是用其相对污染强度，即浓度值与标准值之比作为单项评价的依据，叫作分指数，并用它作为综合评价的计算基础。③有些指数是先找出各种单项污染物的污染强度与人群受害程度的数量关系作为基础，然后再选配相关曲线，求出评价指数的计算公式和分级数值，如美国的“污染标准指数”（PSI）即属此种类型，这类指数常作预报评价之用。④有些指数则不考虑这种关系，仅将各种分指数通过一定的综合运算形式，求出综合指数进行评价，这类指数可用于评价大气质量的长期变化，如可评价月、季、年等的大气质量，美国密特公司提出的大气质量指数（MAQI）和中国评价上海大气质量时所用的指数都属此种类型。

综合指数法虽然操作实用性强，但在实际应用中以最高的综合指数代表其污染程度，丢失了许多宝贵的中间信息，使得综合评价结果失真。

近年来，指数评价法也有了新的发展。为了强调各污染物的综合作用和相互影响，将分指数写成多项式形式的新的大气质量综合指数评价方法，通过引入余分指数的新概念，用余分指数合成（residual index composition，RIC）计算大气环境质量综合指数，不仅强调级数较高的分指数的作用，也适当突出最大分指数的贡献，还具有计算简便实用的特点。用标度分指数描述大气环境质量，依据大气污染物浓度等比赋值、其危害程度等差分级原则，导出了标度分指数和综合指数的计算公式，并通过对标度分指数的广义对比运算的因子赋权，得到大气环境质量的标度计算公式。标度分指数和综合指数公式简单、规范，并具有合理性、可比性、通用性和实用性。

模糊综合评价法　简称模糊法，是1965年美国科学家扎德（L. A. Zadeh）教授创立的。模糊综合评价法根据模糊数学的隶属度理论把定性评价转化为定量评价，即用模糊数学对受到多种因素制约的事物或对象做出一个总体的评价。在进行环境质量评价时，模糊综合评价法利用环境质量分级差异中间过渡的模糊性将环境污染问题按照不同分级标准，通过建立隶属函数在闭区间[0，1]内连续取值来进行评价。主要步骤有：确定对象集、因素集和评语集；确定权数分配；对单项指标分别建立隶属函数，求出隶属度；建立模糊关系矩阵；计算各污染因子的权重；进行模糊聚类、综合评判，取聚类系数最大者为该监测点环境质量所属的级别。

该方法既有严格的定量分析，也有对难以定量分析的模糊现象主观上的定性描述，把定性描述和定量分析紧密地结合起来，具有结果清晰、系统性强的特点，适合解决各种非确定性问题。但在建立隶属函数时，需要同时对每一级别逐一建立相应的函数，过程较为烦琐。

模糊聚类分析法　聚类分析是数理统计中研究物以类聚的一种多元分析方法，即用数学模型定量被分类对象之间的亲疏关系，从而客观地分型划类，使在同一类的事物具有高度共质性，而不同类的事物具有高度相异性。

现实的分类问题多伴随着模糊性，因此把模糊数学方法引入聚类分析，就能使聚类分析更切合实际。模糊聚类分析法把存在多元模糊关系、要进行分类的对象如监测点、污染因子等作为样本，通过模糊等价关系变换，定量地确定各样本之间的亲疏关系，对样本进行科学分类。聚类的概念用模糊数学的语言刻画更为真切、自然。

灰色聚类评价法　简称灰色法。基于环境质量系统的灰色性，考虑多项因子的综合影响，将聚类对象对于不同聚类指标所拥有的白化数，按几个灰类进行归纳，从而判断该聚类对象属于哪一级。其步骤是：将实测值和评价标准进行无量纲化处理；通过建立白化函数来反映聚类指标（实测值）对灰类（评价标准）的亲疏关系求取聚类权；计算聚类系数。根据聚类系数的大小来判断环境质量级别，污染级别取聚类系数中最大者。

等斜率灰色聚类法是在灰色法的基础上做

了一些改进的评价方法，原理与灰色法大致相同，只不过是以等斜率方式构造白化函数，并以修正系数代替灰色法中的聚类权而对白化函数进行修正。在评价中要经过求白化函数的阈值、构造白化函数、求修正系数、计算聚类系数等步骤。污染级别仍是取聚类系数中最大者。

宽域灰色聚类法也是一种改进了的灰色法，原理与等斜率灰色聚类法大致相同，它以宽域式结构确定白化函数。在评价中同样须经过求白化函数的阈值、构造白化函数、求修正系数、计算聚类系数等步骤，但增加了确定污染物权重的步骤。判断方法与等斜率灰色聚类法相同。

灰色聚类评价法考虑了多项因子的综合影响，丢失信息的现象比模糊聚类分析法少，但在建立白化函数时，需要同时对每一级别逐一建立相应的函数，过程较为烦琐。

神经网络法 随着神经网络理论研究和技术的迅速发展，神经网络在各个领域的应用也越来越广泛，为大气环境质量评价提供了一个强有力的工具。人工神经网络力图模拟人脑的一些基本特性，具有自适应、自组织和容错性能。目前其网络结构多数采用 B-P 网络的形式。B-P 算法是鲁姆哈特（Rumelhart）等在 1986 年提出的一种有导师的学习算法，使用最优梯度下降技术，实现网络的实际输出与期望输出的均方差最小。B-P 网络包括输入层、隐含层（中间层）和输出层。B-P 网络的基本思想是：训练样本信息经隐节点正向传播到输出节点，将得到的网络实际输出与其期望输出进行比较，建立误差信号，再将误差信号逆向传播，按照一定的规则去逐层修改网络的权值和阈值。这种正逆过程反复进行，直到全局误差达到指定精度要求时训练结束。用训练好的网络就可以对新样本进行分类、识别、评价和优化。目前该方法已广泛应用于大气环境质量评价、分类模型构建、大气环境监测优化布点、环境污染预测、污染物二氧化硫浓度预测、臭氧预测等。神经网络用于大气环境质量分析与评价的优点是通用性好，且用训练好的网络对样本进行辨识或评价十分简便。

遗传算法 基于达尔文进化论和孟德尔遗传学的一种处理复杂问题的全局优化搜索新算法。用遗传算法（genetic algorithm）求最优解的基本思想是：首先将问题的每个候选解对应一个编码，即个体，许多候选解的个体组成群体；然后对群体仿照生物进化进行选择、交叉和变异等一系列操作，产生新一代群体；通过群体的进化，最终收敛到问题的一个最优解。用遗传算法优化求解问题主要包括编码、计算适应度、选择、交叉和变异等基本步骤。

由于它是一种具有全局优化性能的处理非线性模型参数的优良估计方法，已在多个领域得到广泛应用，特别适用于参数优化。如优化得到适用于多种污染物的大气质量评价的污染危害指数公式、各污染源对大气颗粒的优化贡献率，还可采用遗传算法来优化 B-P 算法的网络拓扑结构，并将优化后的 B-P 网络用于大气环境质量综合评价。遗传算法用于大气环境质量分析与评价具有广泛的应用前景。

投影寻踪法 国际统计界于 20 世纪 70 年代中期发展起来的用于处理和分析高维、非线性、非正态数据的一种有效方法。其基本思想是：利用计算机技术把高维数据投影到低维（1～3 维）子空间上，并通过极小化某个投影指标，寻找出能反映原高维数据结构或特征的投影，在低维空间上对数据结构进行分析，以达到分析高维数据的目的。

投影寻踪法（projection pursuit method）的一般步骤是：①选定一个分布模型作为标准（一般是正态分布）；②将数据投影到低维空间上，找出数据与标准模型相差最大的投影，这表明在投影中含有标准模型没能反映出来的结构；③将上述投影中包含的结构从原数据中剔除，得到改进了的新数据；④对新数据重复步骤②和步骤③，直到数据与标准模型在任何投影空间都没有明显差别为止。

投影寻踪法包括手工和机械两种类型。手工投影寻踪主要是利用计算机图像显示系统在终端屏幕上显示出高维数据在二维平面上的投影，并通过调节图像输入装置连续地改变投影平面，使屏幕上的图像也相应地变化，显示出高维数据在不同平面上投影的散点图像，使用者通过观察图像来判断投影是否能反映原数据的某种结构或特征。机械投影寻踪是模仿手工方法，用数值计算方法在计算机上自动找出高维数据的低维投影，即让计算机按数值法求极大解的最优化问题的方法，自动地找出使指标达到最大的投影。如果原数据确有某种结构或特征，指标又选得恰当，那么在所找到的某些方向上，一定含有数据的结构或特征。如主成分分析、判别分析等。

常用的投影寻踪回归（projection pursuit regression，PPR）模型采用以一系列的岭函数的“和”去逼近回归函数的方法，可以避免线性回归不能反映实际非线性情况的矛盾。

PPR 采用分层分组迭代优化的多重平滑回归技术计算软件 SMART 来实现。PPR 可用于大气环境质量评价、大气颗粒物的来源解析、湖泊富营养化预测、土地适宜性评价、遥感影像分类等多个领域。

多种方法的耦合模型 由于大气环境系统是一个包括随机性、模糊性、灰色性和不相容性等多种不确定性信息的系统，因此，在某些情况下，仅采用上述单一的理论或分析工具分析处理环境信息具有一定的局限性。近年来，出现了将多种不确定性分析相互结合用于大气环境系统分析的新途径。例如，从灰色局势决策的原理出发，用灰色理论解决模糊问题，建立模糊灰色（fuzzy-grey）大气环境质量评价模型。将灰色理论和*层次分析法*相结合，建立城市交通环境空气质量的评价模型，将多人评判引入评价过程中，能最大限度地利用已有基础数据，避免了信息丢失。利用集对分析提出的确定性和不确定性理论，在相对确定条件下，利用模糊集对分析方法将多个指标系统合成为一个能从总体上衡量其优劣的相对贴近度，应用于大气环境监测布点的优化。

此外，应用地理信息系统（GIS）技术可以方便地对大气环境进行多源复合分析，从而对其质量做出评价。在 GIS 技术支持下：①将不同来源的有关大气环境质量评价的数据以一定的格式输入数据库系统中。②通过友好的用户界面对图形和属性数据进行编辑、修改和自动建立拓扑关系。③研究各要素的空间分布特征及其关系，建立初始评价模型。④对初始模型和大气质量等级划分标准通过拟合分析进行检验和校正。⑤根据最终确定的评价模型和划分标准对大气环境质量进行评价，并利用 GIS 输出功能输出成果图件。（贺桂珍）

daqi huanjing zhiliangtu

大气环境质量图

（map of air environmental quality） 表征大气气象要素特征和大气污染状况的专题地图。目前的大气环境质量图包括颗粒物、氮氧化物、二氧化硫等多个大气污染指标利用图示方法表达的*环境质量图*。大气环境质量图能够直观地表达大气污染状况和超标情况，广泛应用于大气环境质量表达及大气污染规律研究等领域。（汪光）

《Daqi Wuranwu Zonghe Paifang Biaozhun》

《大气污染物综合排放标准》

（Integrated Emission Standard of Air Pollutants） 对大气污染物综合排放应控制项目及其限值做出规定的规范性文件。该标准规定了 33 种大气污染物的排放限值，适用于现有污染源大气污染物排放管理，以及建设项目的环境影响评价、设计、环境保护设施竣工验收及其投产后的大气污染物排放管理。

《大气污染物综合排放标准》(GB 16297—1996）由国家环境保护局于 1996 年 4 月 12 日批准，自 1997 年 1 月 1 日起实施。

该标准在原有《工业“三废”排放试行标准》（GBJ 4—1973）废气部分和有关其他行业性国家大气污染物排放标准的基础上制定，在技术内容上与原有各标准有一定的继承关系，也有相当大的修改和变化。国家在控制大气污染物排放方面，除该标准为综合性排放标准外，还有若干行业性排放标准共同存在，即除若干行业执行各自的行业性国家大气污染物排放标准外，其余均执行该标准。该标准是控制大气污染物排放的重要依据，对于保护和改善环境空气质量具有重要意义。

主要内容　该标准的指标体系包括三项：最高允许排放浓度、最高允许排放速率和无组织排放监控浓度限值。

该标准将现有污染源分为一、二、三级，新污染源分为二、三级，排放速率标准的执行分别对应《环境空气质量标准》（GB 3095—1996）的环境空气质量功能区类别。位于一类区的污染源执行一级标准（一类区禁止新、扩建污染源，一类区现有污染源改建执行现有污染源的一级标准）；位于二类区的污染源执行二级标准；位于三类区的污染源执行三级标准。《环境空气质量标准》（GB 3095—2012）调整了环境空气功能区分类，已将原来的三类区并入二类区，但该标准尚未做相应调整。

现有污染源（1997 年 1 月 1 日前设立的污染源）执行的大气污染物排放限值见表 1。新污染源（1997 年 1 月 1 日起设立，包括新建、扩建、改建的污染源）执行的大气污染物排放限值见表 2。一般情况下应以建设项目环境影响报告书（表）批准日期作为污染源的设立日期。未经环境保护行政主管部门审批设立的污染源，应以补做的环境影响报告书（表）批准日期作为其设立日期。

表 1　现有污染源大气污染物排放限值

序号	污染物	最高允许排放浓度/（mg/m^3）	最高允许排放速率/（kg/h）				无组织排放监控浓度限值	
			排气筒高度/m	一级	二级	三级	监控点	浓度/（mg/m^3）
1	二氧化硫	1 200（硫、二氧化硫、硫酸和其他含硫化合物生产）	15	1.6	3.0	4.1	无组织排放源上风向设参照点，下风向设监控点①	0.50（监控点与参照点浓度差值）
			20	2.6	5.1	7.7		
			30	8.8	17	26		
			40	15	30	45		
			50	23	45	69		
		700（硫、二氧化硫、硫酸和其他含硫化合物使用）	60	33	64	98		
			70	47	91	140		
			80	63	120	190		
			90	82	160	240		
			100	100	200	310		
2	氮氧化物	1 700（硝酸、氮肥和火炸药生产）	15	0.47	0.91	1.4	无组织排放源上风向设参照点，下风向设监控点	0.15（监控点与参照点浓度差值）
			20	0.77	1.5	2.3		
			30	2.6	5.1	7.7		
			40	4.6	8.9	14		
			50	7.0	14	21		
		420（硝酸使用和其他）	60	9.9	19	29		
			70	14	27	41		
			80	19	37	56		
			90	24	47	72		
			100	31	61	92		
3	颗粒物	22（炭黑尘、染料尘）	15	禁排	0.60	0.87	周界外浓度最高点②	肉眼不可见
			20		1.0	1.5		
			30		4.0	5.9		
			40		6.8	10		

续表

序号	污染物	最高允许排放浓度/（mg/m^3）	最高允许排放速率/（kg/h）				无组织排放监控浓度限值	
			排气筒高度/m	一级	二级	三级	监控点	浓度/（mg/m^3）
3	颗粒物	80[③]（玻璃棉尘、石英粉尘、矿渣棉尘）	15	禁排	2.2	3.1	无组织排放源上风向设参照点，下风向设监控点	2.0（监控点与参照点浓度差值）
			20		3.7	5.3		
			30		14	21		
			40		25	37		
		150（其他）	15	2.1	4.1	5.9	无组织排放源上风向设参照点，下风向设监控点	5.0（监控点与参照点浓度差值）
			20	3.5	6.9	10		
			30	14	27	40		
			40	24	46	69		
			50	36	70	110		
			60	51	100	150		
4	氟化氢	150	15	禁排	0.30	0.46	周界外浓度最高点	0.25
			20		0.51	0.77		
			30		1.7	2.6		
			40		3.0	4.5		
			50		4.5	6.9		
			60		6.4	9.8		
			70		9.1	14		
			80		12	19		
5	铬酸雾	0.080	15	禁排	0.009	0.014	周界外浓度最高点	0.007 5
			20		0.015	0.023		
			30		0.051	0.078		
			40		0.089	0.13		
			50		0.14	0.21		
			60		0.19	0.29		
6	硫酸雾	1 000（火炸药厂）	15	禁排	1.8	2.8	周界外浓度最高点	1.5
			20		3.1	4.6		
			30		10	16		
			40		18	27		
		70（其他）	50		27	41		
			60		39	59		
			70		55	83		
			80		74	110		
7	氟化物	100（普钙工业）	15	禁排	0.12	0.18	无组织排放源上风向设参照点，下风向设监控点	20μg/m^3（监控点与参照点浓度差值）
			20		0.20	0.31		
			30		0.69	1.0		
			40		1.2	1.8		
		11（其他）	50		1.8	2.7		
			60		2.6	3.9		
			70		3.6	5.5		
			80		4.9	7.5		

续表

序号	污染物	最高允许排放浓度/（mg/m^3）	最高允许排放速率/（kg/h）				无组织排放监控浓度限值	
			排气筒高度/m	一级	二级	三级	监控点	浓度/（mg/m^3）
8	氯气④	85	25	禁排	0.60	0.90	周界外浓度最高点	0.50
			30		1.0	1.5		
			40		3.4	5.2		
			50		5.9	9.0		
			60		9.1	14		
			70		13	20		
			80		18	28		
9	铅及其化合物	0.90	15	禁排	0.005	0.007	周界外浓度最高点	0.007 5
			20		0.007	0.011		
			30		0.031	0.048		
			40		0.055	0.083		
			50		0.085	0.13		
			60		0.12	0.18		
			70		0.17	0.26		
			80		0.23	0.35		
			90		0.31	0.47		
			100		0.39	0.60		
10	汞及其化合物	0.015	15	禁排	1.8×10^{-3}	2.8×10^{-3}	周界外浓度最高点	0.001 5
			20		3.1×10^{-3}	4.6×10^{-3}		
			30		10×10^{-3}	16×10^{-3}		
			40		18×10^{-3}	27×10^{-3}		
			50		27×10^{-3}	41×10^{-3}		
			60		39×10^{-3}	59×10^{-3}		
11	镉及其化合物	1.0	15	禁排	0.060	0.090	周界外浓度最高点	0.050
			20		0.10	0.15		
			30		0.34	0.52		
			40		0.59	0.90		
			50		0.91	1.4		
			60		1.3	2.0		
			70		1.8	2.8		
			80		2.5	3.7		
12	铍及其化合物	0.015	15	禁排	1.3×10^{-3}	2.0×10^{-3}	周界外浓度最高点	0.001 0
			20		2.2×10^{-3}	3.3×10^{-3}		
			30		7.3×10^{-3}	11×10^{-3}		
			40		13×10^{-3}	19×10^{-3}		
			50		19×10^{-3}	29×10^{-3}		
			60		27×10^{-3}	41×10^{-3}		
			70		39×10^{-3}	58×10^{-3}		
			80		52×10^{-3}	79×10^{-3}		

续表

序号	污染物	最高允许排放浓度/（mg/m^3）	最高允许排放速率/（kg/h）				无组织排放监控浓度限值	
			排气筒高度/m	一级	二级	三级	监控点	浓度/（mg/m^3）
13	镍及其化合物	5.0	15	禁排	0.18	0.28	周界外浓度最高点	0.050
			20		0.31	0.46		
			30		1.0	1.6		
			40		1.8	2.7		
			50		2.7	4.1		
			60		3.9	5.9		
			70		5.5	8.2		
			80		7.4	11		
14	锡及其化合物	10	15	禁排	0.36	0.55	周界外浓度最高点	0.30
			20		0.61	0.93		
			30		2.1	3.1		
			40		3.5	5.4		
			50		5.4	8.2		
			60		7.7	12		
			70		11	17		
			80		15	22		
15	苯	17	15	禁排	0.60	0.90	周界外浓度最高点	0.50
			20		1.0	1.5		
			30		3.3	5.2		
			40		6.0	9.0		
16	甲苯	60	15	禁排	3.6	5.5	周界外浓度最高点	0.30
			20		6.1	9.3		
			30		21	31		
			40		36	54		
17	二甲苯	90	15	禁排	1.2	1.8	周界外浓度最高点	1.5
			20		2.0	3.1		
			30		6.9	10		
			40		12	18		
18	酚类	115	15	禁排	0.12	0.18	周界外浓度最高点	0.10
			20		0.20	0.31		
			30		0.68	1.0		
			40		1.2	1.8		
			50		1.8	2.7		
			60		2.6	3.9		
19	甲醛	30	15	禁排	0.30	0.46	周界外浓度最高点	0.25
			20		0.51	0.77		
			30		1.7	2.6		
			40		3.0	4.5		
			50		4.5	6.9		
			60		6.4	9.8		

续表

序号	污染物	最高允许排放浓度/（mg/m³）	最高允许排放速率/（kg/h）				无组织排放监控浓度限值	
			排气筒高度/m	一级	二级	三级	监控点	浓度/（mg/m³）
20	乙醛	150	15	禁排	0.060	0.090	周界外浓度最高点	0.050
			20		0.10	0.15		
			30		0.34	0.52		
			40		0.59	0.90		
			50		0.91	1.4		
			60		1.3	2.0		
21	丙烯腈	26	15	禁排	0.91	1.4	周界外浓度最高点	0.75
			20		1.5	2.3		
			30		5.1	7.8		
			40		8.9	13		
			50		14	21		
			60		19	29		
22	丙烯醛	20	15	禁排	0.61	0.92	周界外浓度最高点	0.50
			20		1.0	1.5		
			30		3.4	5.2		
			40		5.9	9.0		
			50		9.1	14		
			60		13	20		
23	氰化氢⑤	2.3	25	禁排	0.18	0.28	周界外浓度最高点	0.030
			30		0.31	0.46		
			40		1.0	1.6		
			50		1.8	2.7		
			60		2.7	4.1		
			70		3.9	5.9		
			80		5.5	8.3		
24	甲醇	220	15	禁排	6.1	9.2	周界外浓度最高点	15
			20		10	15		
			30		34	52		
			40		59	90		
			50		91	140		
			60		130	200		
25	苯胺类	25	15	禁排	0.61	0.92	周界外浓度最高点	0.50
			20		1.0	1.5		
			30		3.4	5.2		
			40		5.9	9.0		
			50		9.1	14		
			60		13	20		

续表

序号	污染物	最高允许排放浓度/（mg/m^3）	最高允许排放速率/（kg/h）				无组织排放监控浓度限值	
			排气筒高度/m	一级	二级	三级	监控点	浓度/（mg/m^3）
26	氯苯类	85	15	禁排	0.67	0.92	周界外浓度最高点	0.50
			20		1.0	1.5		
			30		2.9	4.4		
			40		5.0	7.6		
			50		7.7	12		
			60		11	17		
			70		15	23		
			80		21	32		
			90		27	41		
			100		34	52		
27	硝基苯类	20	15	禁排	0.060	0.090	周界外浓度最高点	0.050
			20		0.10	0.15		
			30		0.34	0.52		
			40		0.59	0.90		
			50		0.91	1.4		
			60		1.3	2.0		
28	氯乙烯	65	15	禁排	0.91	1.4	周界外浓度最高点	0.75
			20		1.5	2.3		
			30		5.0	7.8		
			40		8.9	13		
			50		14	21		
			60		19	29		
29	苯并[a]芘	0.50×10^{-3}（沥青、碳素制品生产和加工）	15	禁排	0.06×10^{-3}	0.09×10^{-3}	周界外浓度最高点	0.01 $\mu g/m^3$
			20		0.10×10^{-3}	0.15×10^{-3}		
			30		0.34×10^{-3}	0.51×10^{-3}		
			40		0.59×10^{-3}	0.89×10^{-3}		
			50		0.90×10^{-3}	1.4×10^{-3}		
			60		1.3×10^{-3}	2.0×10^{-3}		
30	光气[6]	5.0	25	禁排	0.12	0.18	周界外浓度最高点	0.10
			30		0.20	0.31		
			40		0.69	1.0		
			50		1.2	1.8		
31	沥青烟	280（吹制沥青）	15	0.11	0.22	0.34	生产设备不得有明显的无组织排放存在	
			20	0.19	0.36	0.55		
		80（熔炼、浸涂）	30	0.82	1.6	2.4		
			40	1.4	2.8	4.2		
			50	2.2	4.3	6.6		
		150（建筑搅拌）	60	3.0	5.9	9.0		
			70	4.5	8.7	13		
			80	6.2	12	18		

续表

序号	污染物	最高允许排放浓度/（mg/m³）	最高允许排放速率/（kg/h）				无组织排放监控浓度限值	
			排气筒高度/m	一级	二级	三级	监控点	浓度/（mg/m³）
32	石棉尘	2 根纤维/cm³ 或 20 mg/m³	15	禁排	0.65	0.98	生产设备不得有明显的无组织排放存在	
			20		1.1	1.7		
			30		4.2	6.4		
			40		7.2	11		
			50		11	17		
33	非甲烷总烃	150（使用溶剂汽油或其他混合烃类物质）	15	6.3	12	18	周界外浓度最高点	5.0
			20	10	20	30		
			30	35	63	100		
			40	61	120	170		

注：①一般应于无组织排放源上风向 2～50 m 范围内设参照点，排放源下风向 2～50 m 范围内设监控点。②周界外浓度最高点一般应设于排放源下风向的单位周界外 10 m 范围内，如预计无组织排放的最大落地浓度点越出 10 m 范围，可将监控点移至该预计浓度最高点处。③均指含游离二氧化硅 10%以上的各种尘。④排放氯气的排气筒不得低于 25 m。⑤排放氰化氢的排气筒不得低于 25 m。⑥排放光气的排气筒不得低于 25 m。

表 2　新污染源大气污染物排放限值

序号	污染物	最高允许排放浓度/（mg/m³）	最高允许排放速率/（kg/h）			无组织排放监控浓度限值	
			排气筒高度/m	二级	三级	监控点	浓度/（mg/m³）
1	二氧化硫	960（硫、二氧化硫、硫酸和其他含硫化合物生产）	15	2.6	3.5	周界外浓度最高点①	0.40
			20	4.3	6.6		
			30	15	22		
			40	25	38		
			50	39	58		
		550（硫、二氧化硫、硫酸和其他含硫化合物使用）	60	55	83		
			70	77	120		
			80	110	160		
			90	130	200		
			100	170	270		
2	氮氧化物	1 400（硝酸、氮肥和火炸药生产）	15	0.77	1.2	周界外浓度最高点	0.12
			20	1.3	2.0		
			30	4.4	6.6		
			40	7.5	11		
		240（硝酸使用和其他）	50	12	18		
			60	16	25		
			70	23	35		
			80	31	47		
			90	40	61		
			100	52	78		

续表

<table>
<tr><th rowspan="2">序号</th><th rowspan="2">污染物</th><th rowspan="2">最高允许排放浓度/（mg/m³）</th><th colspan="3">最高允许排放速率/（kg/h）</th><th colspan="2">无组织排放监控浓度限值</th></tr>
<tr><th>排气筒高度/m</th><th>二级</th><th>三级</th><th>监控点</th><th>浓度/（mg/m³）</th></tr>
<tr><td rowspan="3">3</td><td rowspan="3">颗粒物</td><td>18
（炭黑尘、染料尘）</td><td>15
20
30
40</td><td>0.51
0.85
3.4
5.8</td><td>0.74
1.3
5.0
8.5</td><td>周界外浓度最高点</td><td>肉眼不可见</td></tr>
<tr><td>60[②]
（玻璃棉尘、石英粉尘、矿渣棉尘）</td><td>15
20
30
40</td><td>1.9
3.1
12
21</td><td>2.6
4.5
18
31</td><td>周界外浓度最高点</td><td>1.0</td></tr>
<tr><td>120
（其他）</td><td>15
20
30
40
50
60</td><td>3.5
5.9
23
39
60
85</td><td>5.0
8.5
34
59
94
130</td><td>周界外浓度最高点</td><td>1.0</td></tr>
<tr><td>4</td><td>氟化氢</td><td>100</td><td>15
20
30
40
50
60
70
80</td><td>0.26
0.43
1.4
2.6
3.8
5.4
7.7
10</td><td>0.39
0.65
2.2
3.8
5.9
8.3
12
16</td><td>周界外浓度最高点</td><td>0.20</td></tr>
<tr><td>5</td><td>铬酸雾</td><td>0.070</td><td>15
20
30
40
50
60</td><td>0.008
0.013
0.043
0.076
0.12
0.16</td><td>0.012
0.020
0.066
0.12
0.18
0.25</td><td>周界外浓度最高点</td><td>0.006 0</td></tr>
<tr><td rowspan="2">6</td><td rowspan="2">硫酸雾</td><td>430
（火炸药厂）</td><td rowspan="2">15
20
30
40
50
60
70
80</td><td rowspan="2">1.5
2.6
8.8
15
23
33
46
63</td><td rowspan="2">2.4
3.9
13
23
35
50
70
95</td><td rowspan="2">周界外浓度最高点</td><td rowspan="2">1.2</td></tr>
<tr><td>45
（其他）</td></tr>
<tr><td rowspan="2">7</td><td rowspan="2">氟化物</td><td>90
（普钙工业）</td><td rowspan="2">15
20
30
40
50
60
70
80</td><td rowspan="2">0.10
0.17
0.59
1.0
1.5
2.2
3.1
4.2</td><td rowspan="2">0.15
0.26
0.88
1.5
2.3
3.3
4.7
6.3</td><td rowspan="2">周界外浓度最高点</td><td rowspan="2">20
μg/m³</td></tr>
<tr><td>9.0
（其他）</td></tr>
</table>

续表

序号	污染物	最高允许排放浓度/（mg/m^3）	最高允许排放速率/（kg/h）			无组织排放监控浓度限值	
			排气筒高度/m	二级	三级	监控点	浓度/（mg/m^3）
8	氯气[③]	65	25	0.52	0.78	周界外浓度最高点	0.40
			30	0.87	1.3		
			40	2.9	4.4		
			50	5.0	7.6		
			60	7.7	12		
			70	11	17		
			80	15	23		
9	铅及其化合物	0.70	15	0.004	0.006	周界外浓度最高点	0.006 0
			20	0.006	0.009		
			30	0.027	0.041		
			40	0.047	0.071		
			50	0.072	0.11		
			60	0.10	0.15		
			70	0.15	0.22		
			80	0.20	0.30		
			90	0.26	0.40		
			100	0.33	0.51		
10	汞及其化合物	0.012	15	1.5×10^{-3}	2.4×10^{-3}	周界外浓度最高点	0.001 2
			20	2.6×10^{-3}	3.9×10^{-3}		
			30	7.8×10^{-3}	13×10^{-3}		
			40	15×10^{-3}	23×10^{-3}		
			50	23×10^{-3}	35×10^{-3}		
			60	33×10^{-3}	50×10^{-3}		
11	镉及其化合物	0.85	15	0.050	0.080	周界外浓度最高点	0.040
			20	0.090	0.13		
			30	0.29	0.44		
			40	0.50	0.77		
			50	0.77	1.2		
			60	1.1	1.7		
			70	1.5	2.3		
			80	2.1	3.2		
12	铍及其化合物	0.012	15	1.1×10^{-3}	1.7×10^{-3}	周界外浓度最高点	0.000 8
			20	1.8×10^{-3}	2.8×10^{-3}		
			30	6.2×10^{-3}	9.4×10^{-3}		
			40	11×10^{-3}	16×10^{-3}		
			50	16×10^{-3}	25×10^{-3}		
			60	23×10^{-3}	35×10^{-3}		
			70	33×10^{-3}	50×10^{-3}		
			80	44×10^{-3}	67×10^{-3}		

续表

序号	污染物	最高允许排放浓度/（mg/m^3）	最高允许排放速率/（kg/h）			无组织排放监控浓度限值	
			排气筒高度/m	二级	三级	监控点	浓度/（mg/m^3）
13	镍及其化合物	4.3	15 20 30 40 50 60 70 80	0.15 0.26 0.88 1.5 2.3 3.3 4.6 6.3	0.24 0.34 1.3 2.3 3.5 5.0 7.0 10	周界外浓度最高点	0.040
14	锡及其化合物	8.5	15 20 30 40 50 60 70 80	0.31 0.52 1.8 3.0 4.6 6.6 9.3 13	0.47 0.79 2.7 4.6 7.0 10 14 19	周界外浓度最高点	0.24
15	苯	12	15 20 30 40	0.50 0.90 2.9 5.6	0.80 1.3 4.4 7.6	周界外浓度最高点	0.40
16	甲苯	40	15 20 30 40	3.1 5.2 18 30	4.7 7.9 27 46	周界外浓度最高点	2.4
17	二甲苯	70	15 20 30 40	1.0 1.7 5.9 10	1.5 2.6 8.8 15	周界外浓度最高点	1.2
18	酚类	100	15 20 30 40 50 60	0.10 0.17 0.58 1.0 1.5 2.2	0.15 0.26 0.88 1.5 2.3 3.3	周界外浓度最高点	0.080
19	甲醛	25	15 20 30 40 50 60	0.26 0.43 1.4 2.6 3.8 5.4	0.39 0.65 2.2 3.8 5.9 8.3	周界外浓度最高点	0.20

续表

序号	污染物	最高允许排放浓度/（mg/m^3）	最高允许排放速率/（kg/h）			无组织排放监控浓度限值	
			排气筒高度/m	二级	三级	监控点	浓度/（mg/m^3）
20	乙醛	125	15	0.050	0.080	周界外浓度最高点	0.040
			20	0.090	0.13		
			30	0.29	0.44		
			40	0.50	0.77		
			50	0.77	1.2		
			60	1.1	1.6		
21	丙烯腈	22	15	0.77	1.2	周界外浓度最高点	0.60
			20	1.3	2.0		
			30	4.4	6.6		
			40	7.5	11		
			50	12	18		
			60	16	25		
22	丙烯醛	16	15	0.52	0.78	周界外浓度最高点	0.40
			20	0.87	1.3		
			30	2.9	4.4		
			40	5.0	7.6		
			50	7.7	12		
			60	11	17		
23	氰化氢④	1.9	25	0.15	0.24	周界外浓度最高点	0.024
			30	0.26	0.39		
			40	0.88	1.3		
			50	1.5	2.3		
			60	2.3	3.5		
			70	3.3	5.0		
			80	4.6	7.0		
24	甲醇	190	15	5.1	7.8	周界外浓度最高点	12
			20	8.6	13		
			30	29	44		
			40	50	70		
			50	77	120		
			60	100	170		
25	苯胺类	20	15	0.52	0.78	周界外浓度最高点	0.40
			20	0.87	1.3		
			30	2.9	4.4		
			40	5.0	7.6		
			50	7.7	12		
			60	11	17		

续表

序号	污染物	最高允许排放浓度/（mg/m^3）	最高允许排放速率/（kg/h）			无组织排放监控浓度限值	
			排气筒高度/m	二级	三级	监控点	浓度/（mg/m^3）
26	氯苯类	60	15	0.52	0.78	周界外浓度最高点	0.40
			20	0.87	1.3		
			30	2.5	3.8		
			40	4.3	6.5		
			50	6.6	9.9		
			60	9.3	14		
			70	13	20		
			80	18	27		
			90	23	35		
			100	29	44		
27	硝基苯类	16	15	0.050	0.080	周界外浓度最高点	0.040
			20	0.090	0.13		
			30	0.29	0.44		
			40	0.50	0.77		
			50	0.77	1.2		
			60	1.1	1.7		
28	氯乙烯	36	15	0.77	1.2	周界外浓度最高点	0.60
			20	1.3	2.0		
			30	4.4	6.6		
			40	7.5	11		
			50	12	18		
			60	16	25		
29	苯并[*a*]芘	0.30×10^{-3}（沥青及碳素制品生产和加工）	15	0.050×10^{-3}	0.080×10^{-3}	周界外浓度最高点	0.008 $\mu g/m^3$
			20	0.085×10^{-3}	0.13×10^{-3}		
			30	0.29×10^{-3}	0.43×10^{-3}		
			40	0.50×10^{-3}	0.76×10^{-3}		
			50	0.77×10^{-3}	1.2×10^{-3}		
			60	1.1×10^{-3}	1.7×10^{-3}		
30	光气⑤	3.0	25	0.10	0.15	周界外浓度最高点	0.080
			30	0.17	0.26		
			40	0.59	0.88		
			50	1.0	1.5		
31	沥青烟	140（吹制沥青）	15	0.18	0.27	生产设备不得有明显的无组织排放存在	
			20	0.30	0.45		
		40（熔炼、浸涂）	30	1.3	2.0		
			40	2.3	3.5		
			50	3.6	5.4		
		75（建筑搅拌）	60	5.6	7.5		
			70	7.4	11		
			80	10	15		

续表

序号	污染物	最高允许排放浓度/（mg/m³）	最高允许排放速率/（kg/h）			无组织排放监控浓度限值	
			排气筒高度/m	二级	三级	监控点	浓度/（mg/m³）
32	石棉尘	1 根纤维/cm^3 或 10 mg/m^3	15 20 30 40 50	0.55 0.93 3.6 6.2 9.4	0.83 1.4 5.4 9.3 14	生产设备不得有明显的无组织排放存在	
33	非甲烷总烃	120 （使用溶剂汽油或其他混合烃类物质）	15 20 30 40	10 17 53 100	16 27 83 150	周界外浓度最高点	4.0

注：①周界外浓度最高点一般应设置于无组织排放源下风向的单位周界外 10 m 范围内，若预计无组织排放的最大落地浓度点越出 10 m 范围，可将监控点移至该预计浓度最高点处。②均指含游离二氧化硅超过 10%以上的各种尘。③排放氯气的排气筒不得低于 25 m。④排放氰化氢的排气筒不得低于 25 m。⑤排放光气的排气筒不得低于 25 m。

（朱建刚）

daqi yidongyuan wuranwu paifang biaozhun

大气移动源污染物排放标准 （emission standards of air pollutants for mobile sources） 根据大气环境质量的目标要求，对机动车辆等移动源大气污染物排放应控制项目及其限值做出规定的一系列标准的统称。大气移动源污染物排放标准与大气固定源污染物排放标准、大气环境质量标准、大气监测规范方法标准和其他相关标准共同构成了大气环境保护标准体系。

分类 大气移动源污染物排放标准按照移动源类型的不同，分为摩托车和轻便摩托车、轻型汽车、重型车、农用运输车、三轮汽车和低速货车等移动源的大气污染物排放标准；按照制定权限的不同，分为国家级大气移动源污染物排放标准和地方级大气移动源污染物排放标准。

主要的国家级大气移动源污染物排放标准见下表。

主要的国家级大气移动源污染物排放标准

标准编号	标准名称	备注
GB 17691—2001	车用压燃式发动机排气污染物排放限值及测量方法	
GB 18352.1—2001	轻型汽车污染物排放限值及测量方法（Ⅰ）	
GB 14762—2002	车用点燃式发动机及装用点燃式发动机汽车排气污染物排放限值及测量方法	
GB 18322—2002	农用运输车自由加速烟度排放限值及测量方法	
GB 3847—2005	车用压燃式发动机和压燃式发动机汽车排气烟度排放限值及测量方法	
GB 11340—2005	装用点燃式发动机重型汽车曲轴箱污染物排放限值及测量方法	
GB 14763—2005	装用点燃式发动机重型汽车燃油蒸发污染物排放限值及测量方法（收集法）	

续表

标准编号	标准名称	备注
GB 17691—2005	车用压燃式、气体燃料点燃式发动机与汽车排气污染物排放限值及测量方法（中国Ⅲ、Ⅳ、Ⅴ阶段）	
GB 18285—2005	点燃式发动机汽车排气污染物排放限值及测量方法（双怠速法及简易工况法）	
GB 19756—2005	三轮汽车和低速货车用柴油机排气污染物排放限值及测量方法（中国Ⅰ、Ⅱ阶段）	
GB 19758—2005	摩托车和轻便摩托车排气烟度排放限值及测量方法	
GB 20951—2007	汽油运输大气污染物排放标准	
GB 14762—2008	重型车用汽油发动机与汽车排气污染物排放限值及测量方法（中国Ⅲ、Ⅳ阶段）	代替 GB 14762—2002
GB 14621—2011	摩托车和轻便摩托车排气污染物排放限值及测量方法（双怠速法）	代替 GB 14621—2002
GB 26133—2010	非道路移动机械用小型点燃式发动机排气污染物排放限值与测量方法（中国第一、二阶段）	
HJ 689—2014	城市车辆用柴油发动机排气污染物排放限值及测量方法（WHTC 工况法）	
GB 20891—2014	非道路移动机械用柴油机排气污染物排放限值及测量方法（中国第三、四阶段）	代替 GB 20891—2007
GB 14622—2016	摩托车污染物排放限值及测量方法（中国第四阶段）	代替 GB 14622—2007 和 GB 20998—2007，部分代替 GB 14621—2011
GB 15097—2016	船舶发动机排气污染物排放限值及测量方法（中国第一、二阶段）	代替 GB/T 15097—2008
GB 18176—2016	轻便摩托车污染物排放限值及测量方法（中国第四阶段）	代替 GB 18176—2007 和 GB 20998—2007，部分代替 GB 14621—2011
GB 18352.6—2016	轻型汽车污染物排放限值及测量方法（中国第六阶段）	代替 GB 18352.5—2013
GB 19755—2016	轻型混合动力电动汽车污染物排放控制要求及测量方法	代替 GB/T 19755—2005

作用 大气移动源污染物排放标准是对大气移动源排污行为的规范，也是判定大气移动源排污是否合法的重要依据，对推动节能减排和产业结构调整、促进技术进步等具有重要作用。 （朱建刚）

daqi zhiliang guanli

大气质量管理 （air quality management） 运用行政、法律、经济和技术手段，协调社会经济发展与大气质量保护的关系，控制污染物质进入大气，维持大气良好状态和生态平衡，满足生产和生活对大气质量的要求的环境质量管理。

沿革 大气是环境要素之一，它与人类的关系极为直接和重要。大气质量的好坏反映了大气污染程度，大气质量问题的影响范围小至几平方千米，大到上千平方千米，跨越数个城市和省界形成区域性问题，甚至超越国界，最终有可能成为全球性问题。世界上局部地区的大气污染现象在 18 世纪就出现了。20 世纪发生了一些重大大气污染事件，例如，1930 年比利时马斯河谷烟雾笼罩造成 60 人死亡，1948 年美国多诺拉烟雾导致 20 人死亡，1952 年伦敦烟雾事件在两周之内造成多达 4 000 人死亡。此类灾难事件促使许多发达国家开始致力于大气质量改善计划。1955 年，美国通过了《空气污染控制法》，1963 年颁布了《清洁空气法》，将管理大气质量的权力置于联邦政府手中。英国 1956 年通过《清洁空气法案》，把注意力引向了家庭烟雾污染源。而发展中国家在 20 世纪 70 年代甚至更晚才开始关注大气质量问题。

管理步骤 大气质量管理项目具有一些共同的特点，往往沿五个步骤来进行，这一流程可用于任何地点和任何规模的区域性和全球性问题。①制定明确可行的大气质量目标（如大气质量标准）。②建立测量大气污染水平的监测系统。③开展大气污染源调查，建立准确的排放清单和来源示踪程序。④在综合考虑控制措施经济影响的同时，制订一个科学的计划来实现并保持大气质量目标。⑤基于大气质量状况，加强法律法规建设并采取相应举措。

为了保证实施效果，以上每一个步骤都要具有三个重要特性：①公平性。在整个项目中，需要公平地对待有关各方。在进行大气监测时，所有相关部门都要接受检查，并公开监测结果。在处理排放源案例时，应公正地衡量各排放源的削减量。②透明性。所有的利益相关方，包括环保组织、监管部门和广大公众，应了解大气质量管理项目的背景及进程，以及相关管理条例和措施。大气质量管理项目所有方面的数据都应提供给各相关方。决策和实施过程应该接受任何有利害关系人员的公开监督和质疑。③一致性。监管和执行过程的实施必须前后一贯。在不同时间或不同地点对不同排放部门，甚至同一部门的执法尺度必须一致。

管理制度 除了环境质量管理的通用制度，我国主要还有以下几种大气质量管理制度：①优化产业结构和布局。产业结构和布局的不合理是造成大气污染的主要原因之一。在保证实现区域经济目标的前提下，考虑当地大气环境容量，调整和优化产业结构和布局，可以从根本上控制工业企业排放污染物对大气质量的损害。其中重要的管理手段就是组织实施环境影响评价制度。②“两控区”制度。国务院环境保护行政主管部门会同国务院有关部门，根据气象、地形、土壤等自然条件，可以对已经产生和可能产生酸雨的地区或者其他二氧化硫污染严重的地区，经国务院批准后，划定为酸雨控制区或者二氧化硫污染控制区（简称“两控区”）。③大气污染防治重点城市。国务院按照城市总体规划、环境保护规划目标和城市大气环境质量状况，划定大气污染防治重点城市。直辖市、省会城市、沿海开放城市和重点旅游城市列入大气污染防治重点城市。④空气质量预报和报告制度。空气质量预报是针对可能出现的大气质量进行报告，使社会有关方面及时了解大气污染变化趋势。空气质量报告则是根据环境空气质量自动监测的实时数据，经过中心控制室数据处理和计算后得出空气污染指数并向社会公布。该制度可以为大气质量管理决策提供及时、准确和全面的环境质量信息，并有利于环境信息公开，促进公众参与。

控制策略及措施 大气质量管理重要策略之一就是通过设立环境大气质量基准，使各种来源的排放物能够受到监测和控制，具体措施包括：①法律法规的完善。做好国家的大气环境保护工作，保证大气环境保护在法律上有法可依。②能源结构和产业结构的优化。加强工业用能源开发，大力发展太阳能等新能源，不断替代化石能源。鼓励低污染、低能耗的产业，针对工业污染源制定工业区规划，将发电厂和大工厂安排在远离人口中心的地区。建立无烟区和采用“超高烟囱”以扩散污染物等，改变家庭、汽车燃料结构，降低城市大气中烟尘和二氧化硫的浓度。特别是发展中国家在大力增长 GDP 的同时，需要注意对环境的保护，发展循环经济和绿色经济，推进可持续发展。③建立大气质量监测机制。政府必须加大投资力度和监管力度，建立有效的大气质量监测网络，实时发布大气质量信息，推动大气质量信息的共享与应用。④政府还可以开展各种环保活动，发动民众，提高公众的环保意识。

（贺桂珍）

daqi zhiliang zhishu

大气质量指数 （air quality index） 依据一定的标准，用一定的计算方法归纳大气评价参数，而得到的能简明、概括地表征大气质量的数值。它是用大气污染监测结果和大气环境质量标准定义的一种无量纲指数。

大气质量指数形式很多，但特点和依据的原则相似。一般选用硫氧化物、一氧化碳、氮氧化物、碳氢化合物、臭氧及颗粒物等评价参数；大多数指数采用相对污染强度作为单项评价的依据，如橡树岭大气质量指数；某些指数先找出各种单项污染物污染强度与人群受害程度的数量关系，再选配相关曲线求出指数，如污染物标准指数；各种分指数通过一定的综合运算形式求出综合指数，用于描述大气质量的长期变化，如密特大气质量指数。

国内外常用的一些大气质量综合指数计算方法有以下几种。

简单叠加法 认为环境要素的污染是各种污染物共同作用的结果，因而用所有评价参数的相对污染值的总和来反映环境要素的综合污染程度，故用分指数简单叠加来表示综合指数，即：

$$\mathrm{PI}=\sum_{i=1}^{n}\frac{C_i}{C_{oi}}$$

式中，PI 为大气质量综合指数；C_i 为第 i 类污染物的实测浓度，mg/m^3；C_{oi} 为相应污染物的环境质量标准，mg/m^3；n 为污染物种类数。

该指数受选用参数个数影响，选用参数个数越多，大气质量综合指数的数值越大。

算术平均值法 为了克服简单叠加法的缺点，即为了消除选用评价参数的项数对结果的影响，便于在用不同项数进行计算的情况下比较要素之间的污染程度，将分指数之和除以评价参数的项数（n），即：

$$\mathrm{PI}=\frac{1}{n}\sum_{i=1}^{n}\frac{C_i}{C_{oi}}$$

但由于它是各分指数的平均值，故当只有某个分指数很高，其余各分指数不高时，最后得出的综合质量指数值可能偏低，从而掩盖了高浓度那个参数的影响。

加权平均法 加权相当于对评价标准做了修正，加权值的引入可以反映污染对环境的不同影响作用，即：

$$\mathrm{PI}=\sum_{i=1}^{n}W_i\frac{C_i}{C_{oi}}$$

式中，W_i 为第 i 种污染物的权数。

分段线性函数型大气质量指数 这类指数的各分指数与其实测浓度呈分段线性函数关系，指数的表示也以各分指数分别表示或选择最高的表示，以赋予其健康效应含义和应采取的措施。

我国目前使用的空气质量指数（air quality index，AQI）是定量描述空气质量状况的无量纲指数，替代了原有的空气污染指（API）。针对单项污染物还规定了空气质量分指数（IAQI）。参与 AQI 评价的主要污染物为细颗粒物（$PM_{2.5}$）、可吸入颗粒物（PM_{10}）、二氧化硫、二氧化氮、臭氧、一氧化碳 6 项。

根据《环境空气质量指数（AQI）技术规定（试行）》（HJ 633—2012）的规定，空气质量分指数及对应的污染物项目浓度限值见表 1。污染物项目 P 的空气质量分指数按下式计算。

$$\mathrm{IAQI_P}=\frac{\mathrm{IAQI}_{\mathrm{H}i}-\mathrm{IAQI_{Lo}}}{\mathrm{BP}_{\mathrm{H}i}-\mathrm{BP_{Lo}}}(C_\mathrm{P}-\mathrm{BP_{Lo}})+\mathrm{IAQI_{Lo}}$$

式中，$\mathrm{IAQI_P}$ 为污染物项目 P 的空气质量分指数；C_P 为污染物项目 P 的质量浓度值；$\mathrm{BP}_{\mathrm{H}i}$ 为表 1 中与 C_P 相近的污染物浓度限值的高位值；$\mathrm{BP_{Lo}}$ 为表 1 中与 C_P 相近的污染物浓度限值的低位值；$\mathrm{IAQI}_{\mathrm{H}i}$ 为表 1 中与 $\mathrm{BP}_{\mathrm{H}i}$ 对应的空气质量分指数；$\mathrm{IAQI_{Lo}}$ 为表 1 中与 $\mathrm{BP_{Lo}}$ 对应的空气质量分指数。

空气质量指数按下式计算。

$$AQI=\max\{IAQI_1, IAQI_2, IAQI_3, \cdots, IAQI_n\}$$

式中，IAQI 为空气质量分指数；n 为污染物项目。

从各项污染物的IAQI中选择最大值确定为AQI，当 AQI 大于 50 时，IAQI 最大的污染物为首要污染物。若 IAQI 最大的污染物为两项或两项以上时，并列为首要污染物。IAQI 大于 100 的污染物为超标污染物。

AQI 级别根据表 2 进行划分。对照 AQI 分级标准，确定空气质量级别、类别及表示颜色、健康影响与建议采取的措施。

美国环境保护局（EPA）采用 AQI 来评价空气质量。美国《国家环境空气质量标准》（national ambient air quality standards，NAAQS）对每一种污染物皆制定了独立的 AQI 分级，详细规定见美国联邦法典（Code of Federal Regulations）第 58 章附件 G，实际指数的计算对测定的每个参数都是不同的，具体由 EPA 确定。

表 3 为美国环境保护局 AQI 的分级标准，表 4 列出了计算 AQI 的各种参数值。

表 1　我国空气质量分指数及对应的污染物项目浓度限值

空气质量分指数（IAQI）	污染物项目浓度限值									
	二氧化硫（SO_2）24 h 平均/（$\mu g/m^3$）	二氧化硫（SO_2）1 h 平均/（$\mu g/m^3$）[(1)]	二氧化氮（NO_2）24 h 平均/（$\mu g/m^3$）	二氧化氮（NO_2）1 h 平均/（$\mu g/m^3$）[(1)]	一氧化碳（CO）24 h 平均/（mg/m^3）	一氧化碳（CO）1 h 平均/（mg/m^3）[(1)]	臭氧（O_3）1 h 平均/（$\mu g/m^3$）	臭氧（O_3）8 h 滑动平均/（$\mu g/m^3$）	颗粒物（PM_{10}）24 h 平均/（$\mu g/m^3$）	细颗粒物（$PM_{2.5}$）24 h 平均/（$\mu g/m^3$）
0	0	0	0	0	0	0	0	0	0	0
50	50	150	40	100	2	5	160	100	50	35
100	150	500	80	200	4	10	200	160	150	75
150	475	650	180	700	14	35	300	215	250	115
200	800	800	280	1 200	24	60	400	265	350	150
300	1 600	[(2)]	565	2 340	36	90	800	800	420	250
400	2 100	[(2)]	750	3 090	48	120	1 000	[(3)]	500	350
500	2 620	[(2)]	940	3 840	60	150	1 200	[(3)]	600	500
说明：	（1）二氧化硫、二氧化氮和一氧化碳的 1 h 平均浓度限值仅用于实时报，在日报中需使用相应污染物的 24 h 平均浓度限值。 （2）二氧化硫 1 h 平均浓度值高于 800 $\mu g/m^3$的，不再进行其空气质量分指数计算，按 24 h 平均浓度计算的分指数报告。 （3）臭氧 8 h 平均浓度值高于 800 $\mu g/m^3$的，不再进行其空气质量分指数计算，按 1 h 平均浓度计算的分指数报告。									

表 2　我国空气质量指数及相关信息

空气质量指数（AQI）	空气质量指数级别	空气质量指数类别及表示颜色		对健康影响情况	建议及采取措施
0～50	一级	优	绿色	空气质量令人满意，基本无空气污染	各类人群可正常活动
51～100	二级	良	黄色	空气质量可接受，但某些污染物可能对极少数敏感人群健康有较弱影响	极少数异常敏感人群应减少户外活动
101～150	三级	轻度污染	橙色	易感人群症状有轻度加剧，健康人群出现刺激症状	儿童、老年人及心脏病、呼吸系统疾病患者应减少长时间、高强度的户外锻炼

续表

空气质量指数（AQI）	空气质量指数级别	空气质量指数类别及表示颜色		对健康影响情况	建议及采取措施
151～200	四级	中度污染	红色	进一步加剧易感人群症状，可能对健康人群心脏、呼吸系统有影响	儿童、老年人及心脏病、呼吸系统疾病患者避免长时间、高强度的户外锻炼，一般人群适量减少户外运动
201～300	五级	重度污染	紫色	心脏病和肺病患者症状显著加剧，运动耐受力降低，健康人群普遍出现症状	儿童、老年人和心脏病、肺病患者应停留在室内，停止户外运动，一般人群减少户外运动
＞300	六级	严重污染	褐红色	健康人群运动耐受力降低，有明显强烈症状，提前出现某些疾病	儿童、老年人和病人应停留在室内，避免体力消耗，一般人群应避免户外活动

表 3　美国环境保护局空气质量指数分级标准

空气质量指数 AQI 值	分级水平	评价结果
0～50	好	空气质量良好，空气污染水平很低或无风险
51～100	中等	空气质量尚可接受，但某些污染物会对少数人造成健康影响，敏感人群应减少户外活动的时间和强度
101～150	对敏感人群不健康	空气质量对敏感人群会造成健康影响，意味着他们可能会比常人容易受到轻度影响。活跃的儿童和老人，以及患肺病的人应减少户外活动的时间和强度
151～200	不健康	空气质量对所有人都有健康影响，对敏感人群影响更大。活跃的儿童和老人，以及患肺病的人应避免长时间和剧烈的户外活动。所有人应减少户外活动的时间和强度
201～300	非常不健康	空气质量对所有人都造成较严重的健康影响。活跃的儿童和老人，以及患肺病的人应避免一切户外活动，所有人应避免长时间和剧烈的户外活动
301～400	危险	空气质量达到危险程度，处于警报水平，整个人类都可能会受到影响。所有人都要避免户外活动
401～500		
500		

表 4　美国环境保护局空气质量指数分级标准中各参数的范围

空气质量指数 AQI 范围	1 h 臭氧（O_3）/ ppm	8 h 臭氧（O_3）/ ppm	8 h 一氧化碳（CO）/ ppm	1 h 二氧化硫（SO_2）/ ppm	24 h 二氧化硫（SO_2）/ ppm	1 h 二氧化氮（NO_2）/ ppm	24 h 颗粒物（PM_{10}）/（μg/m³）（25℃）	24 h 细颗粒物（$PM_{2.5}$）/（μg/m³）（LC）
0～50	—	0～0.059	0～4.4	0～0.035	—	0～0.053	0～54	0～15.4
51～100	—	0.06～0.075	4.5～9.4	0.036～0.075	—	0.054～0.1	55～154	15.5～40.4
101～150	0.125～0.164	0.076～0.095	9.5～12.4	0.076～0.185	—	0.101～0.36	155～254	40.5～65.4
151～200	0.165～0.204	0.096～0.115	12.5～15.4	0.186～0.304	—	0.361～0.64	255～354	65.5～150.4
201～300	0.205～0.404	0.116～0.374	15.5～30.4	—	0.305～0.604	0.65～1.24	355～424	150.5～250.4

续表

空气质量指数 AQI 范围	1 h 臭氧（O_3）/ ppm	8 h 臭氧（O_3）/ ppm	8 h 一氧化碳（CO）/ ppm	1 h 二氧化硫（SO_2）/ ppm	24 h 二氧化硫（SO_2）/ ppm	1 h 二氧化氮（NO_2）/ ppm	24 h 颗粒物（PM_{10}）/（μg/m³）（25℃）	24 h 细颗粒物（$PM_{2.5}$）/（μg/m³）（LC）
301～400	0.405～0.504	—	30.5～40.4	—	0.605～0.804	1.25～1.64	425～504	250.5～350.4
401～500	0.505～0.604	—	40.5～50.4	—	0.805～1.004	1.65～2.04	505～604	350.5～500.4
500	—	—	—	—	—	—	605～4 999	500.5～999.9

注：ppm 即 100 万体积的空气中所含污染物的体积数。

（贺桂珍）

dai wei chuzhi zhidu

代为处置制度　（administrative substitute disposal system）　根据《中华人民共和国固体废物污染环境防治法》的规定，产生危险废物的单位逾期不处置所产生的危险废物或者处置不符合国家有关规定的，由所在地县级以上地方人民政府环境保护行政主管部门按照国家有关规定代为处置，处置费由产生危险废物的单位承担的制度。危险废物是指列入《国家危险废物名录》或根据国家规定的危险废物鉴别标准和鉴别方法认定具有危险特性的废物。危险废物通常具有易燃性、腐蚀性、化学反应性、毒害性及感染性等有害特性，对人体和环境产生极大危害。因此，必须采取一切措施保证危险废物得到妥善处理处置。从事危险废物的收集、储存、处理、处置活动，必须具备达到一定要求的设施、设备，有相应的专业技术能力，还必须对从业单位和个人进行技术培训、资质审查和审批，并建立专门的管理机制。因此，产生危险废物的单位往往不具备危险废物处理处置的资质，无法自行处理处置所产生的危险废物，需要由具备从事收集、储存、处理、处置危险废物资质的单位代为处理。　（韩竞一）

《Dangqian Guojia Guli Fazhan De Huanbao Chanye Shebei（Chanpin）Mulu》

《当前国家鼓励发展的环保产业设备（产品）目录》　[List of Current State-encouraged Environmental Protection Industry Equipment（Products）]　国家发布的一系列环保产业设备（产品）名单，旨在大力发展环保产业，促进我国环保产业健康发展，加快环保产业产品结构调整，提高环保产业技术水平，同时满足当前节能减排工作需要，促进资源节约型、环境友好型社会建设。

发展历程及主要内容　2000年2月23日，国家经济贸易委员会及国家税务总局联合公布了《当前国家鼓励发展的环保产业设备（产品）目录》（第一批），目录公布的环保产业设备（产品）包括空气污染治理设备、水污染治理设备、固体废弃物处理设备、噪声控制设备、环境监测设备、节能与可再生能源利用设备、资源综合利用与清洁生产设备、环保材料与药剂 8 类，共 62 项。2002 年 5 月 8 日，国家经济贸易委员会及国家税务总局公布了《当前国家鼓励发展的环保产业设备（产品）目录》（第二批），目录公布的环保产业设备（产品）包括空气污染治理设备、水污染治理设备、固体废弃物处理设备、噪声与振动控制设备、环境监测设备、节能与可再生能源利用装备、资源综合利用与清洁生产设备、环保材料与药剂 8 类，共 63 项；同时公布《当前国家鼓励发展的环保产业设备（产品）目录》（第一批）有关规定及政策继续执行。2007 年 4 月 30 日，国家发展和改革委员会对该目录进行了修订，发布了《当前国家鼓励发展的环保产业设备（产品）目录（2007 年修订）》，目录公布的环保产业设备（产品）包括水污染防治设备、大气污染防治设备、固体废物处置设备、综合利用设备、环境监测仪器仪表、噪声控制设备、环保材料与药剂7类，共107项；同时废止了《当前国家鼓励发展的环保产业设备（产品）目录》（第一批、第二批）。2010年4月16日，国家发展改革委、环境保护部发布《当前国家鼓励发展的环保产业设备（产品）目录（2010年版）》，目录公布的环保产业设备（产品）包括水污染治理设备、空气污染治理设备、固体废物处理设备、噪声控制设备、环境监测仪器、节能与可再生能源利用设备、资源综合利用与清洁生产设备、环保材料与药剂8类，共147项；同时废止了《当前国家鼓励发展的环保产业设备（产品）目录（2007年修订）》。目前我国环保产业发展执行《当前国家鼓励发展的环保产业设备（产品）目录（2010年版）》。

作用 随着国家环境保护力度的不断加大，我国的环保产业总体规模迅速扩大，已经形成门类齐全、领域广泛、具有一定规模的产业体系。然而，我国环保产业整体技术水平与发达国家还有差距，核心竞争力较低，特别是关键设备和核心产品的技术水平及可靠性等差距较大；环境服务业尚处于起步阶段，市场化进程缓慢；在为清洁生产、循环经济等提供技术支持方面还存在较多的薄弱环节。该目录的制定，为环保产业的发展提供了政策引导，有利于我国环保产业的高质量迅速发展。

（王铁宇　朱朝云）

《Dangqian Guojia Guli Fazhan De Jieshui Shebei（Chanpin）Mulu》

《当前国家鼓励发展的节水设备（产品）目录》 [List of Current State-encouraged Water Saving Equipment（Products）] 国家发布的一系列节水和污水处理设备（产品）目录，旨在加大以节水为重点的产业结构调整和技术改造力度，促进工业节水技术水平的提高。

发展历程 为了促进节水技术和设备水平的提高，2001年7月3日国家经济贸易委员会、国家税务总局联合制定并发布了《当前国家鼓励发展的节水设备（产品）目录》（第一批），并制定了相应的鼓励和扶持政策。为加大以节水为重点的产业结构调整和技术改造力度，促进工业节水技术水平的提高，2003年1月29日国家经济贸易委员会以及国家税务总局发布了《当前国家鼓励发展的节水设备（产品）目录》（第二批）；原国家经济贸易委员会、国家税务总局公告的《当前国家鼓励发展的节水设备（产品）目录》（第一批）继续执行，其有关规定和鼓励政策适用本批目录。

主要内容 《当前国家鼓励发展的节水设备（产品）目录》（第一批）公布的节水设备（产品），包括换热设备，污水处理设备，化学水处理设备，供水及排渣处理设备，海水、苦咸水等利用设备，节水监测仪器及水处理药剂6类，共30项。这些设备（产品）均符合《当前国家重点鼓励发展的产业、产品和技术目录》的要求；有较高的技术含量，有利于企业的设备更新和技术改造，能促进工业企业的结构优化和升级，提高企业经济效益；由国内自主开发研制，已给用户提供了产品，经使用证明具有较明显的节水效果；已有可靠的运行实践。《当前国家鼓励发展的节水设备（产品）目录》（第二批）公布的节水设备（产品），包括冷凝水回收设备，污水处理再生利用设备，过滤及清洗设备，海水、苦咸水利用设备，监视仪器，水处理药剂，农业用水器具，生活用水器具8类，共16项。

作用 根据相关法规，企业技术改造项目凡使用《当前国家鼓励发展的节水设备（产品）目录》中的国产设备，将享受投资抵免企业所得税的优惠政策；国家在技术开发和技术改造项目中，重点支持开发、研制、生产和使用列入《当前国家鼓励发展的节水设备（产品）目录》的设备（产品），并对符合条件的国家重点项目，将给予贴息支持或适当补助；使用财政性资金进行的建设项目或政府采购，将优先选用符合要求的目录中的设备（产品）。因此，在国家政策的支持下，《当前国家鼓励发展的节水设备（产品）目录》的实施，对促进节水技术、设备水平的提高有重要意义。

（王铁宇　朱朝云）

De'erfeifa

德尔斐法 （Delphi method） 又称专家意见法和专家调查法。是综合众多专家意见进行预测的方法。该方法克服了专家会议法的缺点，在预测过程中，依据系统的程序，采用匿名发表意见的方式，即团队成员之间不得互相讨论，不发生横向联系，只能与调查人员发生关系，通过多轮次调查专家对问卷所提问题的看法，经过反复征询、归纳、修改，最后汇总成专家基本一致的看法，作为预测的结果。

发展历程 德尔斐法是在20世纪40年代由赫尔姆（O. Helmer）和达尔克（N. Dahlke）首创。1946年，美国兰德公司为避免集体讨论存在的屈从于权威或盲目服从多数的缺陷，首次用这种方法进行预测，此后该方法被迅速广泛采用。德尔斐法最初产生于科技领域，后来逐渐被应用于其他领域的预测，如军事预测、人口预测、医疗保健预测、经营和需求预测、教育预测等。此外，还用来进行评价、决策、管理沟通和规划工作。

德尔斐法是预测活动中的一项重要工具，在实际应用中通常可以划分为三个类型：经典型德尔斐法、策略型德尔斐法和决策型德尔斐法。

实施步骤 德尔斐法本质上是一种反馈匿名函询法。过程可简单表示为：匿名征求专家意见—归纳、统计—匿名反馈—归纳、统计……若干轮后停止。工作流程大致可以分为以下步骤。

①组成专家小组。按照项目或事项所需要的知识范围，确定专家。专家人数的多少，可根据预测项目的大小和涉及面的宽窄而定，一般不超过20人。

②向所有专家提出所要预测的问题及有关要求，并附上有关这个问题的所有背景材料，同时请专家提出还需要什么材料。然后，由专家做书面答复。

③开放式的首轮调研。由组织者发给专家的第一轮调查表是开放式的，不带任何限制，只提出预测问题，请专家围绕预测问题提出预测事件。各个专家根据他们所收到的材料，提出自己的预测意见，并说明自己是怎样利用这些材料并提出预测值的。组织者汇总整理专家调查表，将各位专家第一次判断意见汇总，归并同类事件，排除次要事件，用准确术语提出一个预测事件一览表，并作为第二步的调查表发给专家，让专家比较自己同他人的不同意见，修改自己的意见和判断。也可以把各位专家的意见加以整理，或请其他专家加以评论，然后把这些意见再分送给各位专家，以便他们参考后修改自己的意见。

④评价式的第二轮调研。专家对第二步调查表所列的每个事件做出评价。例如，说明事件发生的时间、争论问题和事件或迟或早发生的理由。组织者统计处理第二步专家意见，整理出第三张调查表。第三张调查表包括事件、事件发生的中位数和上下四分点，以及事件发生时间在四分点外侧的理由。

⑤重审式的第三轮调研。发放第三张调查表，请专家重审争论。对上下四分点外的对立意见做一个评价。给出自己新的评价（尤其是在上下四分点外的专家，应重述自己的理由）。如果修正自己的观点，也应叙述改变理由。组织者回收专家们的新评论和新争论，与第二轮调研类似地统计中位数和上下四分点。总结专家观点，形成第四张调查表。其重点在争论双方的意见。

⑥复核式的第四轮调研。发放第四张调查表，专家再次评价和权衡，做出新的预测。是否要求做出新的论证与评价，取决于组织者的要求。组织者回收第四张调查表，计算每个事件的中位数和上下四分点，归纳总结各种意见的理由以及争论点。

⑦对专家的意见进行综合处理。

逐轮收集意见并为专家反馈信息是德尔斐法的主要环节。收集意见和信息反馈一般要经过三或四轮。值得注意的是，并不是所有被预测的事件都要经过四步。有的事件可能在第二步就达到统一，而不必在第三步中出现；有的事件可能在第四步结束后，专家对各事件的预测也不一定都是达到统一。不统一也可以用中位数与上下四分点来做结论。事实上，总会有许多事件的预测结果不统一。在向专家进行反馈时，只给出各种意见，但并不说明发表各种意见的专家的具体姓名。这一过程重复进行，直到每一个专家不再改变自己的意见为止。

特点 德尔斐法是一种利用函询形式进行的集体匿名思想交流过程。它有三个明显区别于其他专家预测方法的特点：匿名性、多次反馈、小组的统计回答。①采用匿名或背靠背的方式，能使每一位专家独立自由地做出自己的判断；②预测过程几轮反馈，使专家的意见逐渐趋同；③吸收专家参与预测，所有观点有相同的权重，避免重要人物占主导地位的问题。德尔斐法简便易行，具有一定的科学性和实用性，可以避免会议讨论时产生的害怕权威随声附和，或固执己见，或因顾虑情面不愿与他人意见冲突等弊病；同时也可以使大家发表的意见较快收敛，参加者也易接受结论，具有一定程度上综合意见的客观性。 （贺桂珍）

dengbili xuejian

等比例削减 （equal-proportion reduction） 实行总量控制时对区域范围内各污染源的污染物削减量进行分配的一种原则或方法。它是指区域内实施总量控制的所有污染源，以现状排污量为基础，按相同的比例确定其总量控制的指标值。要求企业按照相同的比例增加污染物的削减量，可以从区域实际污染物排出总量出发，不考虑污染源现有治理的情况；也可以从区域应排出污染物总量出发，考虑污染源工艺水平、治理情况和区域实际污染物排出量。前一种情况可以把一些落后企业的污染治理负荷转嫁给区域的其他企业。

等比例分配方法计算公式如下：

$$W_i = \frac{M_i W}{\sum_{i=1}^{n} M_i}$$

式中，W_i 为第 i 个排污单位的总量指标；M_i 为第 i 个工业污染源在定额排放情况下的排放限值；W 为已确定的总量控制指标。 （贺桂珍）

dengbianji feiyong xuejian

等边际费用削减 （equal marginal cost reduction） 实行总量控制时对区域范围内各污染源的污染物削减量进行分配的一种原则或方法。它是使污染源每增加处理单位水量或增加去除单位污染物量的费用相等。可以利用边际费用的水平调整区域污染物削减的数量。随着边际费用水平的提高，每个企业削减的污染物量就会增加，边际费用达到某一水平时，区域污染物削减总量满足要求。 （贺桂珍）

dengkenengxing juecefa

等可能性决策法 （equal probability of selection method） 又称拉普拉斯决策准则、拉普拉斯方法。是不确定型决策的决策方法之一。具体是当存在两种或两种以上的可行方案时，假定每一种方案遇到各种自然状态的可能性是相等的，然后求出各种方案的损益期望值，以此作为依据进行决策。这个想法是法国数学家皮埃尔·西蒙·拉普拉斯（Pierre Simon Laplace）首先提出的，这种决策方法带有一定的主观性。

基本原理 当决策人在决策过程中，不能肯定哪种状态容易出现，哪种状态不容易出现时，可以一视同仁，认为各种状态出现的可能性是相等的，如果有 n 个自然状态，那么每个自然状态出现的概率即为 $1/n$，然后按收益最大的或损失最小的期望值（或矩阵法）进行决策。

操作步骤 具体如下。

①以 $1/n$ 为各状态出现的概率，求出第 i 个方案的期望值 $E(A_i)$。

$$E(A_1) = \frac{1}{n}a_{11} + \frac{1}{n}a_{12} + \cdots + \frac{1}{n}a_{1n}$$

$$E(A_2) = \frac{1}{n}a_{21} + \frac{1}{n}a_{22} + \cdots + \frac{1}{n}a_{2n}$$

……

$$E(A_m) = \frac{1}{n}a_{m1} + \frac{1}{n}a_{m2} + \cdots + \frac{1}{n}a_{mn}$$

式中，A_i 为第 i 个行动方案；m 为行动方案的数量。

②取 $\max\{E(A_i)\}$（i=1，2，…，m）为决策

者的目标值。

③若有两个以上方案的期望值相等，则再比较这些方案的界差 $D(A_i)$，界差 $D(A_i)$即每个方案的期望值与它的收益值的下界（或损失值的上界）之差。对于目标为最大收益的问题，$D(A_i)=E(A_i)-\min(a_{ij})$，取 $D(A_i)$值最小的那一个方案。其中，j 表示每一个行动方案可能面临的一个状态。（贺桂珍）

dengnongdu xuejian

等浓度削减　（equal concentration reduction）实行总量控制时对区域范围内各污染源的污染物削减量进行分配的一种原则或方法。它是按污染物浓度核算区域内污染物允许排放量，以此作为中间计算参考值来确定排放浓度的。区域内实施总量控制的所有污染源，以现状排污量为基础，按相同的排放浓度确定其总量控制的指标值，这种方法称为等浓度削减。污染源只有使其实际污染物排放浓度低于规定值才能获得较多的污染物允许排放量。

（贺桂珍）

《Dibiaoshui Huanjing Zhiliang Biaozhun》

《地表水环境质量标准》　（Environmental Quality Standards for Surface Water）　对地表水环境质量做出规定的规范性文件。该标准按照地表水环境功能分类和保护目标，规定了水环境质量应控制的项目及限值，以及水质评价、水质项目的分析方法和标准的实施与监督。该标准适用于中国领域内江河、湖泊、运河、渠道、水库等具有使用功能的地表水水域。具有特定功能的水域，应执行相应的专业用水水质标准。该标准是评价和控制地表水环境质量的重要依据，对于防治水污染，保护地表水水质具有重要意义。

《地面水环境质量标准》（GB 3838—1983）于 1983 年首次发布，1988 年、1999 年和 2002 年进行了三次修订，修订后的标准名称为《地表水环境质量标准》。《地表水环境质量标准》（GB 3838—2002）由国家环境保护总局于 2002 年 4 月 26 日批准，并由国家环境保护局、国家质量监督检验检疫总局于同年 4 月 28 日联合发布，自 2002 年 6 月 1 日起实施，《地面水环境质量标准》（GB 3838—1988）和《地表水环境质量标准》（GHZB 1—1999）同时废止。

主要内容　包括：

水域功能和标准分类　依据地表水水域环境功能和保护目标，按功能高低依次划分为五类：Ⅰ类，主要适用于源头水、国家自然保护区；Ⅱ类，主要适用于集中式生活饮用水地表水源地一级保护区、珍稀水生生物栖息地、鱼虾类产卵场、仔稚幼鱼的索饵场等；Ⅲ类，主要适用于集中式生活饮用水地表水源地二级保护区、鱼虾类越冬场、洄游通道、水产养殖区等渔业水域及游泳区；Ⅳ类，主要适用于一般工业用水区及人体非直接接触的娱乐用水区；Ⅴ类，主要适用于农业用水区及一般景观要求水域。

对应地表水上述五类水域功能，将地表水环境质量标准基本项目标准值分为五类，不同功能类别分别执行相应类别的标准值。水域功能类别高的标准值严于水域功能类别低的标准值。同一水域兼有多类使用功能的，执行最高功能类别对应的标准值。

标准项目与标准值　该标准将标准项目分为地表水环境质量标准基本项目、集中式生活饮用水地表水源地补充项目和集中式生活饮用水地表水源地特定项目。地表水环境质量标准基本项目适用于全国江河、湖泊、运河、渠道、水库等具有使用功能的地表水水域；集中式生活饮用水地表水源地补充项目和特定项目适用于集中式生活饮用水地表水源地一级保护区和二级保护区。集中式生活饮用水地表水源地特定项目由县级以上人民政府环境保护行政主管部门根据本地区地表水水质特点和环境管理的需要进行选择。集中式生活饮用水地表水源地补充项目和选择确定的特定项目作为基本项目的补充指标。

该标准项目共计 109 项，其中地表水环境质量标准基本项目 24 项（表 1），集中式生活饮用水地表水源地补充项目 5 项（表 2），集中式生活饮用水地表水源地特定项目 80 项（表 3）。

标准的实施与监督 该标准由县级以上人民政府环境保护行政主管部门及相关部门按职责分工监督实施。集中式生活饮用水地表水源地水质超标项目经自来水厂净化处理后，必须达到《生活饮用水卫生规范》的要求。省、自治区、直辖市人民政府可以对该标准中未做规定的项目，制定地方补充标准，并报国务院环境保护行政主管部门备案。

表 1 地表水环境质量标准基本项目标准限值 单位：mg/L

序号	项目		Ⅰ类	Ⅱ类	Ⅲ类	Ⅳ类	Ⅴ类
1	水温/℃		人为造成的环境水温变化应限制在：周平均最大温升≤1；周平均最大温降≤2				
2	pH（量纲为一）		6～9				
3	溶解氧	≥	饱和率 90%（或 7.5）	6	5	3	2
4	高锰酸盐指数	≤	2	4	6	10	15
5	化学需氧量（COD）	≤	15	15	20	30	40
6	五日生化需氧量（BOD_5）	≤	3	3	4	6	10
7	氨氮（NH_3-N）	≤	0.15	0.5	1.0	1.5	2.0
8	总磷（以 P 计）	≤	0.02（湖、库 0.01）	0.1（湖、库 0.025）	0.2（湖、库 0.05）	0.3（湖、库 0.1）	0.4（湖、库 0.2）
9	总氮（湖、库，以 N 计）	≤	0.2	0.5	1.0	1.5	2.0
10	铜	≤	0.01	1.0	1.0	1.0	1.0
11	锌	≤	0.05	1.0	1.0	2.0	2.0
12	氟化物（以 F^-计）	≤	1.0	1.0	1.0	1.5	1.5
13	硒	≤	0.01	0.01	0.01	0.02	0.02
14	砷	≤	0.05	0.05	0.05	0.1	0.1
15	汞	≤	0.000 05	0.000 05	0.000 1	0.001	0.001
16	镉	≤	0.001	0.005	0.005	0.005	0.01
17	铬（六价）	≤	0.01	0.05	0.05	0.05	0.1
18	铅	≤	0.01	0.01	0.05	0.05	0.1
19	氰化物	≤	0.005	0.05	0.2	0.2	0.2
20	挥发酚	≤	0.002	0.002	0.005	0.01	0.1
21	石油类	≤	0.05	0.05	0.05	0.5	1.0
22	阴离子表面活性剂	≤	0.2	0.2	0.2	0.3	0.3
23	硫化物	≤	0.05	0.1	0.2	0.5	1.0
24	粪大肠菌群/（个/L）	≤	200	2 000	10 000	20 000	40 000

表 2 集中式生活饮用水地表水源地补充项目标准限值 单位：mg/L

序号	项目	标准值	序号	项目	标准值
1	硫酸盐（以 SO_4^{2-}计）	250	4	铁	0.3
2	氯化物（以 Cl^-计）	250	5	锰	0.1
3	硝酸盐（以 N 计）	10			

表 3　集中式生活饮用水地表水源地特定项目标准限值　　单位：mg/L

序号	项目	标准值	序号	项目	标准值
1	三氯甲烷	0.06	41	丙烯酰胺	0.000 5
2	四氯化碳	0.002	42	丙烯腈	0.1
3	三溴甲烷	0.1	43	邻苯二甲酸二丁酯	0.003
4	二氯甲烷	0.02	44	邻苯二甲酸二（2-乙基己基）酯	0.008
5	1,2-二氯乙烷	0.03	45	水合肼	0.01
6	环氧氯丙烷	0.02	46	四乙基铅	0.000 1
7	氯乙烯	0.005	47	吡啶	0.2
8	1,1-二氯乙烯	0.03	48	松节油	0.2
9	1,2-二氯乙烯	0.05	49	苦味酸	0.5
10	三氯乙烯	0.07	50	丁基黄原酸	0.005
11	四氯乙烯	0.04	51	活性氯	0.01
12	氯丁二烯	0.002	52	滴滴涕	0.001
13	六氯丁二烯	0.000 6	53	林丹	0.002
14	苯乙烯	0.02	54	环氧七氯	0.000 2
15	甲醛	0.9	55	对硫磷	0.003
16	乙醛	0.05	56	甲基对硫磷	0.002
17	丙烯醛	0.1	57	马拉硫磷	0.05
18	三氯乙醛	0.01	58	乐果	0.08
19	苯	0.01	59	敌敌畏	0.05
20	甲苯	0.7	60	敌百虫	0.05
21	乙苯	0.3	61	内吸磷	0.03
22	二甲苯①	0.5	62	百菌清	0.01
23	异丙苯	0.25	63	甲萘威	0.05
24	氯苯	0.3	64	溴氰菊酯	0.02
25	1,2-二氯苯	1.0	65	阿特拉津	0.003
26	1,4-二氯苯	0.3	66	苯并[*a*]芘	2.8×10^{-6}
27	三氯苯②	0.02	67	甲基汞	1.0×10^{-6}
28	四氯苯③	0.02	68	多氯联苯⑥	2.0×10^{-5}
29	六氯苯	0.05	69	微囊藻毒素-LR	0.001
30	硝基苯	0.017	70	黄磷	0.003
31	二硝基苯④	0.5	71	钼	0.07
32	2,4-二硝基甲苯	0.000 3	72	钴	1.0
33	2,4,6-三硝基甲苯	0.5	73	铍	0.002
34	硝基氯苯⑤	0.05	74	硼	0.5
35	2,4-二硝基氯苯	0.5	75	锑	0.005
36	2,4-二氯苯酚	0.093	76	镍	0.02
37	2,4,6-三氯苯酚	0.2	77	钡	0.7
38	五氯酚	0.009	78	钒	0.05
39	苯胺	0.1	79	钛	0.1
40	联苯胺	0.000 2	80	铊	0.000 1

注：①二甲苯：对-二甲苯、间-二甲苯、邻-二甲苯。　②三氯苯：1,2,3-三氯苯、1,2,4-三氯苯、1,3,5-三氯苯。

③四氯苯：1,2,3,4-四氯苯、1,2,3,5-四氯苯、1,2,4,5-四氯苯。　④二硝基苯：对-二硝基苯、间-二硝基苯、邻-二硝基苯。

⑤硝基氯苯：对-硝基氯苯、间-硝基氯苯、邻-硝基氯苯。

⑥多氯联苯：PCB-1016、PCB-1221、PCB-1232、PCB-1242、PCB-1248、PCB-1254、PCB-1260。

（朱建刚）

difang huanjing biaozhun

地方环境标准 （local environmental standards） 省、自治区、直辖市人民政府依法制定的适用于本辖区全部范围或者辖区内特定流域、区域的环境质量标准和污染物排放标准。省、自治区、直辖市人民政府之外的任何机构不得批准地方环境质量标准和污染物排放标准。对国家污染物排放标准中未规定的污染物项目，补充制定地方污染物排放标准；对国家污染物排放标准中已规定的污染物项目，制定严于国家污染物排放标准的地方污染物排放标准。

地方环境质量标准包括大气环境质量标准、水环境质量标准；地方污染物排放标准包括大气污染物排放标准、水污染物排放标准。严于国家污染物排放标准，是指对于同类行业污染源或者同类产品污染源，采用相同监测方法，地方污染物排放标准规定的污染物项目限值、控制要求，在其有效期内严于同时期的国家污染物排放标准。

1989 年《中华人民共和国环境保护法》对地方环境保护标准制定的主体单位和制定范围进行了明确要求：①省、自治区、直辖市人民政府对国家环境质量标准中未做规定的项目，可以制定地方环境质量标准，并报国务院环境保护行政主管部门备案。②省、自治区、直辖市人民政府对国家污染物排放标准中未做规定的项目，可以制定地方污染物排放标准；对国家污染物排放标准中已做规定的项目，可以制定严于国家污染物排放标准的地方污染物排放标准。地方污染物排放标准须报国务院环境保护行政主管部门备案。

为了规范地方环境标准制定、修订，国家环境保护总局于 2004 年颁布《地方环境质量标准和污染物排放标准备案管理办法》（国家环境保护总局令 第 24 号，已废止），地方机动车船大气污染物排放标准的管理依照经国务院批准、国家环境保护总局发布的《地方机动车大气污染物排放标准审批办法》执行。修订后的《地方环境质量标准和污染物排放标准备案管理办法》（环境保护部令 第 9 号）于 2010 年 3 月 1 日正式实施，第八条规定：地方污染物排放标准应当参照国家污染物排放标准的体系结构制定，可以是行业型污染物排放标准和综合型污染物排放标准。行业型污染物排放标准适用于特定行业污染源或者特定产品污染源；综合型污染物排放标准适用于所有行业型污染物排放标准适用范围以外的其他各行业的污染源。

根据 2016 年 1 月 11 日环境保护部发布的《关于发布地方环境质量标准和污染物排放标准备案信息的公告》（环境保护部公告 2016 年第 2 号），截至 2015 年 12 月 31 日，符合备案要求、现行有效的地方环境质量标准和污染物排放标准共 148 项。

整体上看，地方标准是我国环境保护标准体系中的重要组成部分，地方标准的制定、修订和实施工作与地方环境质量改善及环境管理的需求是密切相关的，是更具有针对性和可操作性的环境管理准则和依据，是对国家标准的有效补充和提升。例如，北京市为实现 2008 年北京奥运会空气质量改善的刚性要求，先后颁布实施了十余项机动车大气污染物排放标准，并通过与标准相配套的监管措施，有效改善了首都环境空气质量，并在此基础上，于 2010 年进一步颁布了 5 项机动车及油气排放标准，有力地推动了北京市的机动车污染控制。（贺桂珍）

dimianshui huanjing yingxiang pingjia

地面水环境影响评价 （environmental impact assessment of surface water） 从环境保护的目标出发，采取适当的评价手段，确定拟议开发行动或建设项目排放的主要污染物对地面水环境可能造成影响的范围和程度，提出避免、消除和减轻负面影响的对策，为开发行动或建设项目方案的优化决策提供依据的过程。

背景 地面水是地球水资源的重要组成部分，地面水的 97%是海水，剩余 3%是淡水。各种类型的人类开发行动如建设项目、区域和流域开发等都会对地面水环境的水量、水质、水生生物或底部沉积物产生影响，而且在建设期、运行期和服务期满其影响的性质和程度不同。根据环境保护部发布的《2015 中国环境状况公报》，我国水环境质量形势严峻，全国 423 条主要河流、62 座重点湖泊（水库）的 967 个国控监测断面（点位）水质监测结果显示，Ⅳ～Ⅴ类和劣Ⅴ类水质断面分别占 26.7%与 8.8%。

基本思路 主要包括：①根据《环境影响评价技术导则 地面水环境》(HJ/T 2.3—1993)和区域可持续发展的要求，明确包括水质要求和环境效益在内的环境质量目标。②根据国家排放标准，分析和界定建设项目可能产生的特征污染物和污染源强（水质和水量指标）。③选择合理的水质模型，建立污染源与环境质量目标的关系，根据各种工况下不同的污染源强，进行水环境影响预测评价。④采取社会、环境、经济协调统一的分析方法，优化污染源控制方案，实现建设项目水污染的达标排放、总量控制。⑤通过综合分析评价，得出建设项目的环境可行性结论。

评价程序 地面水环境影响评价的工作程序如图 1 所示，主要分为三个阶段。第一阶段，主要包括了解工程现状和性质、水环境现状调查、初步工程分析、确定评价等级和评价范围、编制地面水环境影响评价工作大纲。第二阶段是主体工作阶段，主要包括详细开展水环境现状调查与监测、建设项目的工程分析，在此基础上评价水环境现状。根据水环境排放源特征，选择和建立水质模型，预测与评价拟议行动对水体的影响。第三阶段为报告书编制阶段，主要包括给出水环境影响评价结论与措施、完成环境影响评价文件的编写等。

评价内容和方法 地面水环境影响评价主要内容和方法如下：

工程概况分析和影响识别 向水体排放污染物的建设项目可进行*工程分析*，必要时需做类比项目调查，识别出对地面水环境造成污染的因子和对水体水量、底部沉积物和水生生物有影响的因子。依据评价项目特点和当地水环境污染特点确定评价因子。

评价等级 HJ/T 2.3—1993 将地面水环境影响评价分为三级，对于不同级别的地面水环境影响评价与环境现状调查、环境影响预测、评价建设项目的环境影响及小结等相应的技术要求，按该标准有关条目的规定执行。

地面水环境现状调查与评价 主要内容包括调查范围、调查时间、水文调查与水文测量、现有污染源调查、水质调查、水利用状况调查、地面水环境现状评价。其中，地面水环境现状调查的相关内容参见*环境现状调查*的“地面水环境现状调查”部分。

地面水环境现状评价是水质调查的继续。评价水质现状主要采用文字分析与描述，并辅之以数学表达式。在文字分析与描述中，可采用检出率、超标率等统计值。数学表达式分两种：一种用于单项水质参数评价，另一种用于多项水质参数综合评价。单项水质参数评价简单明了，可以直接了解该水质参数现状与标准的关系，一般均可采用。多项水质参数综合评价只在调查的水质参数较多时方可应用，该方法只能了解多个水质参数的综合现状与相应标准的综合情况之间的某种相对关系。

评价过程中采用不同的评价方法。在单项水质参数评价中，某水质参数的数值可采用多次监测的平均值，但若该水质参数变化甚大，则为了突出高值的影响可采用内梅罗（Nemerow）平均值，或其他计算高值影响的平均值。单项水质参数评价方法推荐采用标准指数法。多项水质参数综合评价的方法很多，有幂指数法、加权平均法、向量模法、算术平均法等。

地面水环境影响预测 主要包括：

预测范围和预测点的布设 地面水环境影响预测的范围与地面水环境现状调查的范围相同或略小（特殊情况也可以略大）。在预测范围内应布设适当的预测点，以全面反映建设项目对地面水环境的影响。预测点的数量和预测点的布设应根据受纳水体和建设项目的特点、评价等级以及当地的环保要求确定。

建设项目地面水环境影响时期的划分和预测地面水环境影响的时段 建设项目地面水环境影响时期包括施工期、运行期和服务期满等

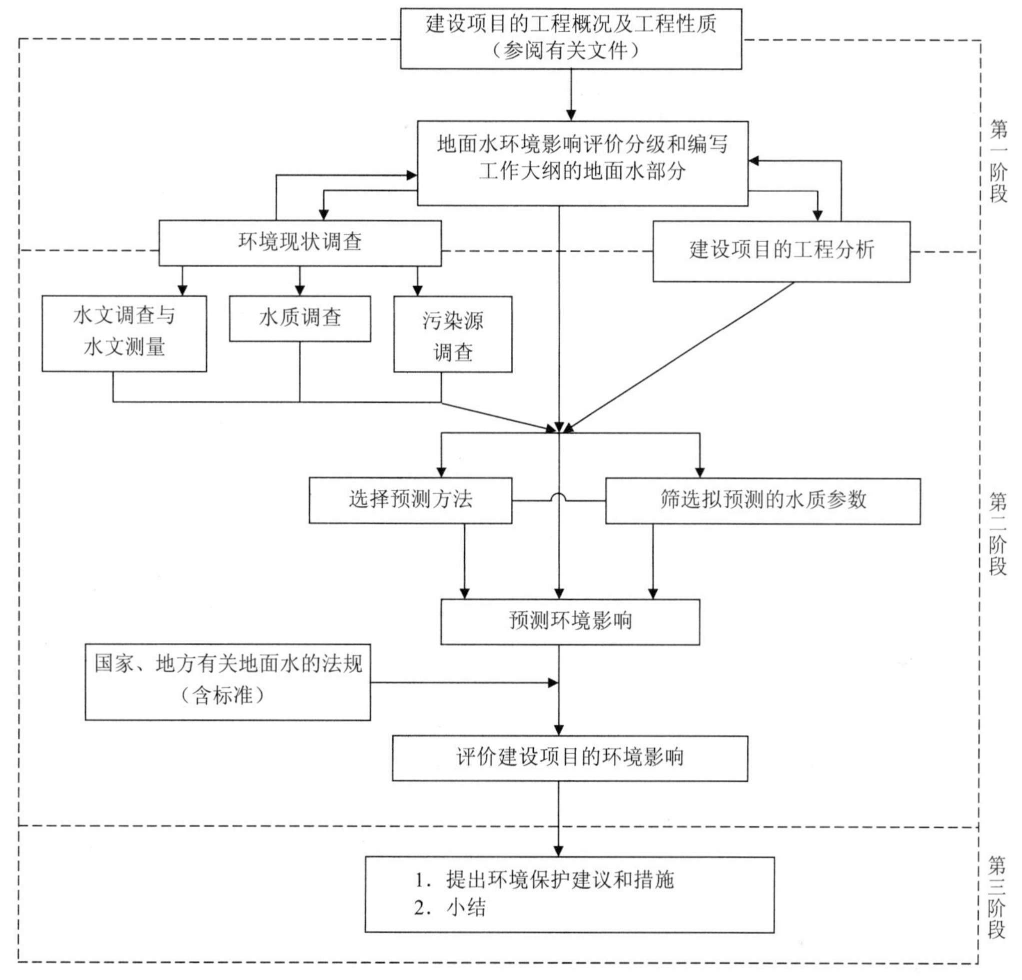

图 1　地面水环境影响评价的工作程序

不同阶段。根据建设项目的特点、评价等级、地面水环境特点和当地环保要求，个别建设项目应预测服务期满后对地面水环境的影响。在做水环境影响预测时应考虑水体自净能力不同的各个时段，通常可将其划分为自净能力最小、一般、最大三个时段。

拟预测水质参数的筛选　项目实施过程各个阶段拟预测的水质参数应根据工程分析和环境现状、评价等级、当地的环保要求筛选和确定。拟预测水质参数的数目应既能说明问题又不过多，一般应少于环境现状调查水质参数的数目。建设过程、生产运行（包括正常和不正常排放两种）、服务期满后各阶段均应根据各自的具体情况决定其拟预测的水质参数。

地面水环境和污染源的简化　地面水环境简化包括边界几何形状的规则化和水文、水力要素时空分布的简化等。这种简化应根据水文调查与水文测量的结果和评价等级等进行。污染源简化包括排放形式的简化和排放规律的简化。根据污染源的具体情况，排放形式可简化为点源和面源，排放规律可简化为连续恒定排放和非连续恒定排放。

点源的环境影响预测　主要考虑环境影响评价中经常遇到而其预测模式又不相同的四种污染物，即持久性污染物、非持久性污染物、酸碱污染和废热。一般采用数学模式法预测污

染物对地面水环境的影响。以河流为例，预测范围内的河段可以分为充分混合段、混合过程段和上游河段。在利用数学模式预测河流水质时，充分混合段可以采用一维模式或零维模式预测断面平均水质。大、中河流一、二级评价采用二维模式或弗罗洛夫-罗德齐勒列尔模式预测混合过程段水质。其他情况可根据工程、环境特点，评价工作等级及当地环保要求，决定是否采用二维模式。

在地面水环境影响评价中，采用数学模式法进行预测的工作程序如图 2 所示。

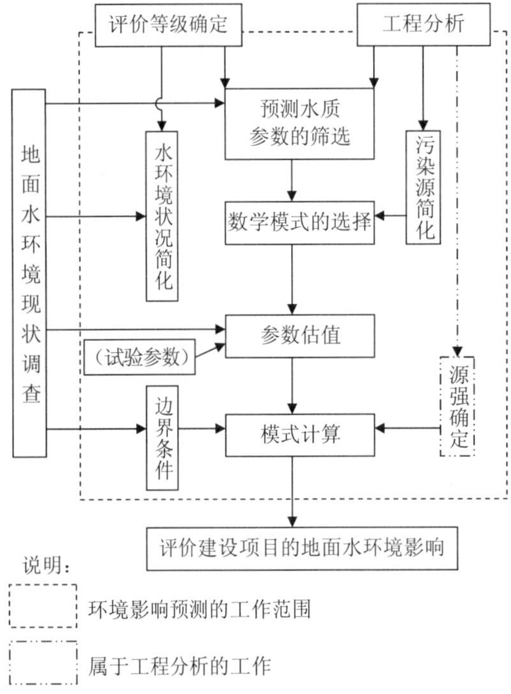

图 2　采用数学模式法预测地面水环境影响的工作程序

面源的环境影响预测　矿山开发项目应预测其生产运行阶段和服务期满后的面源环境影响。建设项目面源主要有水土流失面源和堆积物面源。水土流失面源和堆积物面源主要考虑一定时期内全部降雨所产生的影响，也可以考虑一次降雨所产生的影响。目前尚无成熟实用的面源环境影响预测方法。

评价建设项目的地面水环境影响　评定与估价建设项目各生产阶段对地面水的环境影响，是环境影响预测的继续。地面水环境影响的评价范围与其影响预测范围相同。所有预测点和所有预测的水质参数均应进行各生产阶段不同情况的环境影响评价，但应有侧重点。空间方面，水文要素和水质急剧变化处、水域功能改变处、取水口附近等应作为重点；水质方面，影响较重的水质参数应作为重点。

编写小结　评价等级为一、二级时应编写小结。若地面水环境影响评价单独成册则应编写分册结论。编写分册结论的有关事项与小结基本相同，但应更详尽。评价等级为三级且地面水环境部分在报告书中的篇幅较短时可以省略小结，直接在报告书的结论部分中叙述与地面水环境影响评价有关并应小结的问题。小结的内容包括地面水环境现状概要、建设项目工程分析与地面水环境有关部分的概要、建设项目对地面水环境影响预测和评价的结果、水环境保护措施的评述和建议等。

由于报告书的地面水环境部分没有专门的章节评述环保措施，所以在编写小结的这一部分时应给予充分的注意和足够的篇幅。环保措施建议一般包括污染削减措施建议和环境管理措施建议两部分。评价建设项目的地面水环境影响的最终结果应得出建设项目在实施过程的不同阶段能否满足预定的地面水环境质量的结论。有些情况不宜做出明确的结论，如建设项目恶化了地面水环境的某些方面，同时又改善了其他某些方面。这种情况应说明建设项目对地面水环境的正影响、负影响及其范围、程度和评价者的意见。需要在评价过程中确定建设项目与地面水环境有关部分的方案比较时，应在小结中确定推荐方案并说明其理由。

（贺桂珍）

dixiashui huanjing yingxiang pingjia

地下水环境影响评价　（environmental impact assessment of groundwater）　预测和评价建设项目实施过程中对地下水环境可能造成的直接影响和间接危害（包括地下水污染、地下水流场或地下水位变化），并针对这种影响和危害提出防治对策，预防与控制地下水环境恶化，保护地下水资源，为建设项目选址决策、工程设计和环境管理提供科学依据的过程。主要包括以地下水作为供水水源及对地下水环境可能产生影响的建设项目的地下水环境影响评价和规划环境影响评价中的地下水环境影响评价。

背景 地下水由于水量稳定、水质良好而成为农业灌溉、工矿企业及城市生活用水的重要来源。根据环境保护部发布的《2015 中国环境状况公报》，在 5 118 个地下水水质监测点中，水质为优良级的监测点比例为 9.1%，良好级的监测点比例为 25.0%，较好级的监测点比例为 4.6%，较差级的监测点比例为 42.5%，极差级的监测点比例为 18.8%。我国地下水污染源点多面广，污染防治难度大，部分城市饮用水水源水质超标因子除常规化学指标外，甚至出现了致癌、致畸、致突变污染指标。长期以来我国水环境保护的重点是地表水，地下水污染防治工作无论是从监管体系建设、法规标准制定还是科研技术开发等方面，相关工作明显滞后。为保护环境，防治污染，规范建设项目环境管理工作，《环境影响评价技术导则 地下水环境》（HJ 610—2016）自 2016 年 1 月 7 日起实施。

评价程序 地下水环境影响评价工作程序可划分为准备、现状调查与评价、影响预测与评价和结论四个阶段。准备阶段需搜集和分析有关法律法规等相关资料；了解建设项目工程概况；进行初步工程分析；踏勘现场，识别地下水环境敏感程度；初步分析建设项目对地下水环境的影响，确定评价工作等级、评价范围和评价重点，并在此基础上编制地下水环境影响评价工作方案。现状调查与评价阶段应开展现场调查、勘探，地下水监测、取样、分析，室内外试验和室内资料分析等，进行现状评价工作。影响预测与评价阶段应依据国家、地方有关地下水环境管理的法规及标准，评价建设项目对地下水环境的直接影响。结论阶段应综合分析各阶段成果，提出地下水环境保护措施与防控措施，制订地下水环境影响跟踪监测计划，完成地下水环境影响评价。

评价内容和方法 地下水环境影响评价的基本内容包括：地下水环境影响识别；评价工作分级；地下水环境现状调查与评价；地下水环境影响预测；地下水环境影响评价；地下水环境保护措施与对策；地下水环境影响评价结论。

地下水环境影响识别 在初步工程分析和确定地下水环境保护目标的基础上，根据建设项目建设期、运营期和服务期满后三个阶段的工程特征，识别其正常状况和非正常状况下的地下水环境影响。对于随着生产运行时间推移对地下水环境影响有可能加剧的建设项目，还应按运营期的变化特征分为初期、中期和后期分别进行环境影响识别。识别内容包括可能造成地下水污染的装置和设施、建设项目不同时期可能的地下水污染途径、建设项目可能导致地下水污染的特征因子。

评价工作分级 根据建设项目行业分类和地下水环境敏感程度将评价工作等级分为一、二、三级。根据《环境影响评价技术导则 地下水环境》（HJ 610—2016）附录 A，确定建设项目所属的地下水环境影响评价项目类别。地下水环境敏感程度分为敏感、较敏感、不敏感三级。建设项目地下水环境影响评价等级划分见表 1。当同一建设项目涉及两个或两个以上场地时，各场地分别判定评价工作等级，并按相应等级开展评价工作。

表 1 评价工作等级分级

环境敏感程度	评价工作等级		
	Ⅰ类项目	Ⅱ类项目	Ⅲ类项目
敏感	一	一	二
较敏感	一	二	三
不敏感	二	三	三

地下水环境现状调查与评价 地下水环境现状调查的相关内容参见环境现状调查的“地下水环境现状调查”部分。

地下水环境现状评价包括地下水水质现状

评价和包气带环境现状分析，评价的基本依据为《地下水质量标准》（GB/T 14848—1993）、有关法规及当地的环保要求。对属于 GB/T 14848—1993 水质指标的评价因子，应按其规定的水质分类标准值进行评价；对不属于 GB/T 14848—1993 水质指标的评价因子，可参照国家、行业和地方相关标准，如《地表水环境质量标准》（GB 3838—2002）、《生活饮用水卫生标准》（GB 5749—2006）、《地下水水质标准》（DZ/T 0290—2015）等进行评价。

地下水水质现状评价应采用标准指数法。标准指数＞1，表明该水质因子已超标。标准指数越大，超标越严重。标准指数计算公式分为以下两种情况。

对于评价标准为定值的水质因子，标准指数计算公式为：

$$P_i = \frac{C_i}{C_{si}}$$

式中，P_i 为第 i 个水质因子的标准指数，量纲为一；C_i 为第 i 个水质因子的监测浓度值，mg/L；C_{si} 为第 i 个水质因子的标准浓度值，mg/L。

对于评价标准为区间值的水质因子，如 pH 值，计算公式如下：

$$P_{\mathrm{pH}} = \frac{7.0 - \mathrm{pH}}{7.0 - \mathrm{pH}_{\mathrm{sd}}}, \quad \mathrm{pH} \leqslant 7$$

$$P_{\mathrm{pH}} = \frac{\mathrm{pH} - 7.0}{\mathrm{pH}_{\mathrm{su}} - 7.0}, \quad \mathrm{pH} > 7$$

式中，P_{pH} 为 pH 的标准指数，量纲为一；pH 为 pH 的监测值；$\mathrm{pH}_{\mathrm{su}}$ 为标准中 pH 的上限值；$\mathrm{pH}_{\mathrm{sd}}$ 为标准中 pH 的下限值。

对于污染场地修复工程项目和评价工作等级为一、二级的改、扩建项目，应开展包气带污染现状调查，分析包气带污染状况。

地下水环境影响预测 建设项目地下水环境影响预测应遵循《环境影响评价技术导则 总纲》（HJ 2.1—2011）中确定的原则进行，还应遵循保护优先、预防为主的原则。预测的范围、时段、内容和方法均应根据评价工作等级、工程特征与环境特征，结合当地环境功能和环保要求确定。地下水环境影响预测的范围一般与调查评价范围一致。地下水环境影响预测时段应选取可能产生地下水污染的关键时段，至少包括污染发生后 100 天、1 000 天，服务年限或能反映特征因子迁移规律的其他重要的时间节点。一般情况下，建设项目须对正常状况和非正常状况的情景分别进行预测。

预测因子应包括：根据地下水环境影响识别阶段识别出的特征因子，按照重金属、持久性有机污染物和其他类别进行分类，并对每一类别中的各项因子采用标准指数法进行排序，分别取标准指数最大的因子作为预测因子；现有工程已经产生的且改、扩建后将继续产生的特征因子，改、扩建后新增加的特征因子；污染场地已查明的主要污染物；国家或地方要求控制的污染物。正常状况下，预测源强应结合建设项目工程分析和相关设计规范确定。非正常状况下，预测源强可根据工艺设备或地下水环境保护设施的系统老化或腐蚀程度等设定。

建设项目地下水环境影响预测方法有数学模型法和类比预测法。其中，数学模型法包括数值法、解析法、均衡法、回归分析法、趋势外推法、时序分析法等方法。

地下水环境影响评价 评价应以地下水环境现状调查和地下水环境影响预测结果为依据，对建设项目各实施阶段不同环节及不同污染防治措施的地下水环境影响进行评价。地下水环境影响预测未包括环境质量现状值时，应叠加环境质量现状值后再进行评价。应评价建设项目对地下水水质的直接影响，重点评价建设项目对地下水环境保护目标的影响。

地下水环境影响评价范围一般与调查评价范围一致。具体评价方法采用标准指数法。评价建设项目对地下水水质的影响时，可根据 GB/T 14848—1993 或国家、行业、地方相关标准来评价水质能否满足标准的要求，并得出是否可以满足标准要求的结论。新建项目排放的主要污染物，改、扩建项目已经排放的及将要排放的主要污染物在评价范围内地下水中已经超标的；环保措施在技术上不可行，或在经济上明显不合理的，应得出不能满足标准要求的结论。

地下水环境保护措施与对策　地下水环境保护措施与对策应符合《中华人民共和国水污染防治法》和《中华人民共和国环境影响评价法》的相关规定，按照源头控制、分区防治、污染监控、应急响应，重点突出饮用水水质安全的原则确定。根据建设项目特点、调查评价区和场地环境水文地质条件，在建设项目可行性研究提出的污染防控对策的基础上，根据环境影响预测与评价结果，提出需要增加或完善的地下水环境保护措施和对策。建设项目污染防控措施包括源头控制措施、分区防控措施。改、扩建项目应针对现有工程引起的地下水污染问题，提出“以新带老”的对策和措施。给出各项地下水环境保护措施与对策的实施效果，初步估算各项措施的投资概算，并分析其技术、经济可行性。提出合理、可行、操作性强的地下水污染防控环境管理体系，包括地下水环境跟踪监测方案和定期信息公开等。

地下水环境影响评价结论　评价结论包括环境水文地质现状、地下水环境影响、地下水环境污染防控措施和最终结论。需要概述调查评价区及场地环境水文地质条件和地下水环境现状。根据地下水环境影响预测评价结果，给出建设项目对地下水环境和保护目标的直接影响。根据地下水环境影响评价结论，提出建设项目地下水污染防控措施的优化调整建议或方案。结合环境水文地质条件和地下水环境影响、地下水环境污染防控措施、建设项目总平面布置的合理性等方面进行综合评价，明确给出建设项目地下水环境影响是否可接受的结论。　（贺桂珍）

dixiashui wuran fangzhi guihua

地下水污染防治规划　（groundwater pollution prevention planning）　在充分掌握地下水资源分布与开发利用、水质状况等信息的基础上，研究制定一定时期内地下水资源保护与污染治理的目标及措施的计划与安排。

污染来源　我国地下水污染的污染源大致来自三个方面：①沿海地区的海（咸）水入侵。这是我国最突出的区域性的由人为因素引发的地下水污染问题，主要发生在渤海沿岸，其中最严重的是胶东的莱州湾地区。②硝酸盐污染。地下水硝酸盐污染的来源主要有两种类型：一是地表污废水排放，城市化粪池、污水管泄漏以及垃圾堆的雨水淋溶等，这类污染源具有点源污染的特征；二是农耕面源污染，造成农耕区地下水硝酸盐的含量严重超标。③石油和石油化工产品的污染。

防治原则　①预防为主，综合防治。开展地下水污染状况调查，加强地下水环境监管，制定并实施防止地下水污染的政策及技术工程措施。节水防污并重，地表水和地下水污染协同控制，综合运用法律、经济、技术和必要的行政手段，开展地下水保护与治理。以预防为主，坚持防治结合，推动全国地下水环境质量持续改善。②突出重点，分类指导。以地下水饮用水水源安全保障为重点，综合分析典型污染场地特点和不同区域水文地质条件，制定相应的控制对策，切实提升地下水污染防治水平。③落实责任，强化监管。建立地下水环境保护目标责任制、评估考核制和责任追究制。完善地下水污染防治的法律法规和标准规范体系，建立健全高效协调的地下水污染监管制度，依法防治。

规划方案　地下水污染防治规划涉及的内容有：规划区位置与范围、自然地理与经济社会概况、土地利用状况、水文地质条件、地下水资源的开发利用、地下水环境问题分析等。具体内容包括：①确定地下水遭受污染的脆弱性（目前国际上普遍利用 DRASTIC 模型）。②确定污染荷载的风险性，需要考虑土地利用和污染源类型、分布等。③确定污染的危害性（根据地下水的不同使用功能）。综合上述因素，确定地下水污染防治的分带和不同分带的污染防治等级。划分地下水污染防治的敏感带、缓冲带和一般带，并提出相应的污染预防和控制措施。（李奇锋）

《Dixiashui Zhiliang Biaozhun》

《地下水质量标准》　（Quality Standard for Groundwater）　对地下水环境质量做出规定的规范性文件。该标准规定了地下水的质量分类以及地下水质量监测、评价方法和地下水质量保护。该标准适用于一般地下水，不适用于地下热水、矿水、盐卤水。该标准是地下水勘察评价、开发利用和监督管理的依据，对于保护和合理开发地下水资源，防止和控制地下水污染具有重要意义。

《地下水质量标准》（GB/T 14848—1993）由国家技术监督局于1993年12月30日批准，自1994年10月1日起实施。

主要内容 该标准依据我国地下水水质现状、人体健康基准值及地下水质量保护目标，并参照了生活饮用水、工业、农业用水水质要求，将地下水质量划分为五类：Ⅰ类，主要反映地下水化学组分的天然低背景含量，适用于各种用途；Ⅱ类，主要反映地下水化学组分的天然背景含量，适用于各种用途；Ⅲ类，以人体健康基准值为依据，主要适用于集中式生活饮用水水源及工、农业用水；Ⅳ类，以农业和工业用水要求为依据，除适用于农业和部分工业用水外，适当处理后可作生活饮用水；Ⅴ类，不宜饮用，其他用水可根据使用目的选用。

地下水质量分类指标见下表。以地下水为水源的各类专门用水，在地下水质量分类管理基础上，可按有关专门用水标准进行管理。

地下水质量分类指标

序号	项目	标准值				
		Ⅰ类	Ⅱ类	Ⅲ类	Ⅳ类	Ⅴ类
1	色/度	≤5	≤5	≤15	≤25	＞25
2	嗅和味	无	无	无	无	有
3	浑浊度/度	≤3	≤3	≤3	≤10	＞10
4	肉眼可见物	无	无	无	无	有
5	pH	6.5～8.5			5.5～6.5，8.5～9	＜5.5，＞9
6	总硬度（以 $CaCO_3$ 计）/（mg/L）	≤150	≤300	≤450	≤550	＞550
7	溶解性总固体/（mg/L）	≤300	≤500	≤1 000	≤2 000	＞2 000
8	硫酸盐/（mg/L）	≤50	≤150	≤250	≤350	＞350
9	氯化物/（mg/L）	≤50	≤150	≤250	≤350	＞350
10	铁（Fe）/（mg/L）	≤0.1	≤0.2	≤0.3	≤1.5	＞1.5
11	锰（Mn）/（mg/L）	≤0.05	≤0.05	≤0.1	≤1.0	＞1.0
12	铜（Cu）/（mg/L）	≤0.01	≤0.05	≤1.0	≤1.5	＞1.5
13	锌（Zn）/（mg/L）	≤0.05	≤0.5	≤1.0	≤5.0	＞5.0
14	钼（Mo）/（mg/L）	≤0.001	≤0.01	≤0.1	≤0.5	＞0.5
15	钴（Co）/（mg/L）	≤0.005	≤0.05	≤0.05	≤1.0	＞1.0
16	挥发性酚类（以苯酚计）/（mg/L）	≤0.001	≤0.001	≤0.002	≤0.01	＞0.01
17	阴离子合成洗涤剂/（mg/L）	不得检出	≤0.1	≤0.3	≤0.3	＞0.3
18	高锰酸盐指数/（mg/L）	≤1.0	≤2.0	≤3.0	≤10	＞10
19	硝酸盐（以N计）/（mg/L）	≤2.0	≤5.0	≤20	≤30	＞30
20	亚硝酸盐（以N计）/（mg/L）	≤0.001	≤0.01	≤0.02	≤0.1	＞0.1
21	氨氮（NH_4^+）/（mg/L）	≤0.02	≤0.02	≤0.2	≤0.5	＞0.5
22	氟化物/（mg/L）	≤1.0	≤1.0	≤1.0	≤2.0	＞2.0
23	碘化物/（mg/L）	≤0.1	≤0.1	≤0.2	≤1.0	＞1.0
24	氰化物/（mg/L）	≤0.001	≤0.01	≤0.05	≤0.1	＞0.1
25	汞（Hg）/（mg/L）	≤0.000 05	≤0.000 5	≤0.001	≤0.001	＞0.001
26	砷（As）/（mg/L）	≤0.005	≤0.01	≤0.05	≤0.05	＞0.05
27	硒（Se）/（mg/L）	≤0.01	≤0.01	≤0.01	≤0.1	＞0.1

续表

序号	项目	标准值				
		Ⅰ类	Ⅱ类	Ⅲ类	Ⅳ类	Ⅴ类
28	镉（Cd）/（mg/L）	≤0.000 1	≤0.001	≤0.01	≤0.01	>0.01
29	铬（Cr^{6+}）/（mg/L）	≤0.005	≤0.01	≤0.05	≤0.1	>0.1
30	铅（Pb）/（mg/L）	≤0.005	≤0.01	≤0.05	≤0.1	>0.1
31	铍（Be）/（mg/L）	≤0.000 02	≤0.000 1	≤0.000 2	≤0.001	>0.001
32	钡（Ba）/（mg/L）	≤0.01	≤0.1	≤1.0	≤4.0	>4.0
33	镍（Ni）/（mg/L）	≤0.005	≤0.05	≤0.05	≤0.1	>0.1
34	滴滴涕/（μg/L）	不得检出	≤0.005	≤1.0	≤1.0	>1.0
35	六六六/（μg/L）	≤0.005	≤0.05	≤5.0	≤5.0	>5.0
36	总大肠菌群/（个/L）	≤3.0	≤3.0	≤3.0	≤100	>100
37	细菌总数/（个/mL）	≤100	≤100	≤100	≤1 000	>1 000
38	总α放射性/（Bq/L）	≤0.1	≤0.1	≤0.1	>0.1	>0.1
39	总β放射性/（Bq/L）	≤0.1	≤1.0	≤1.0	>1.0	>1.0

（朱建刚）

dizhi huanjing guihua

地质环境规划　（geological environmental planning）　在一定时期内，对区域内地质灾害防治、地面沉降防治、地质遗迹保护、地质环境监测、矿山生态环境保护与治理、地下水和地热资源合理开发利用与保护、应用性地质环境调查等地质环境保护工作进行的综合、全面的规划。

分类　地质环境规划分为地质环境监测规划、地质灾害防治规划和矿山地质环境保护规划。

主要内容　①地质环境监测规划包括对地质灾害监测、地下水地质环境监测、矿山地质环境监测、地质遗迹监测及其他相关地质环境监测的规划。根据地质环境条件的差异、地质灾害类型及发育强度、地下水资源分布和开发利用程度、人类工程活动特点、主要环境地质问题、经济发展水平、不同时期内监测工作重点的不同等，将规划区域内地质环境划分为不同的监测规划区，实施地质环境监测分区管理。②地质灾害防治规划是在充分了解前一时期地质灾害特点及危害的基础上，规划未来地质灾害监测网络建设、地质灾害易发区及重点防治区的划分等内容。③矿山地质环境保护规划包括矿山地质环境现状和发展趋势，矿山地质环境保护的指导思想、原则和目标，矿山地质环境保护的主要任务和重点工程，规划实施的保障措施等内容。矿山地质环境保护规划应当符合矿产资源规划，并与土地利用总体规划、地质灾害防治规划等相协调。（张红　李奇锋）

dianxing shigu huanjing fengxian yuce

典型事故环境风险预测　（environmental risk forecast of typical accidents）　针对具有普遍性、代表性、危害性的事故，在其发生之前综合考虑各种不确定的、随机的因素可能造成的破坏性影响，预测环境风险事件并制定对策从而预防环境事故发生的一种措施。

任何环境风险事故的发生，都是在外界各种因素的综合作用下进行的。因此，需要综合考虑环境事故的发生条件、环境、受影响对象及危害后果等具体情况。选择典型事故时，既要考虑其普遍性和特殊性，又要考虑其规律性和代表性；所选择的典型事故应既能在正常的管理运行中起到警示作用，又可在对异常情况处理时做到举一反三，避免同类事故再次发生。一般包括具有普遍性的常规典型案例、不同行业及地区的特殊性典型案例和曾经发生的真实性典型案例。

通过典型事故环境风险预测，可使决策者、管理和操作人员对可能发生的事故有所警觉，提高安全意识，加强防范措施，避免类似事故

再次发生。典型事故环境风险预测是环境风险管理的重要组成部分，是环境风险规避和控制的基础。（贺桂珍）

《Dianci Huanjing Kongzhi Xianzhi》

《电磁环境控制限值》（Controlling Limits for Electromagnetic Environment）规定了电磁环境中控制公众曝露的电场、磁场、电磁场（1Hz~300GHz）的场量限值、评价方法和相关设施（设备）的豁免范围的规范性文件。该标准适用于电磁环境中控制公众曝露的评价和管理，不适用于控制以治疗或诊断为目的所致病人或陪护人员曝露的评价与管理，也不适用于控制无线通信终端、家用电器等对使用者曝露的评价与管理，且不能作为对产生电场、磁场、电磁场设施（设备）的产品质量要求。该标准对于加强电磁环境管理，保障公众健康具有重要意义。

《电磁环境控制限值》（GB 8702—2014）是对《电磁辐射防护规定》（GB 8702—1988）和《环境电磁波卫生标准》（GB 9175—1988）的整合修订。该标准由环境保护部与国家质量监督检验检疫总局于 2014 年 9 月 23 日联合发布，自 2015 年 1 月 1 日起实施。

主要内容 为控制电场、磁场、电磁场所致公众曝露，环境中电场、磁场、电磁场场量参数的方均根值应满足表 1 要求。对于脉冲电磁波，除满足下述要求外，其功率密度的瞬时峰值不得超过表 1 中所列限值的 1 000 倍，或场强的瞬时峰值不得超过表 1 中所列限值的 32 倍。

当公众曝露在多个频率的电场、磁场、电磁场中时，应综合考虑多个频率的电场、磁场、电磁场所致曝露，以满足以下要求。

在 1Hz～100kHz，应满足以下关系式：

$$\sum_{i=1\text{Hz}}^{100\text{kHz}} \frac{E_i}{E_{\text{L},i}} \leqslant 1$$

$$\sum_{i=1\text{Hz}}^{100\text{kHz}} \frac{B_i}{B_{\text{L},i}} \leqslant 1$$

式中，E_i 为频率 i 的电场强度，V/m；$E_{\text{L},i}$ 为表 1 中频率 i 的电场强度限值，V/m；B_i 为频率 i 的磁感应强度，μT；$B_{\text{L},i}$ 为表 1 中频率 i 的磁感应强度限值，μT。

在 0.1MHz～300GHz，应满足以下关系式：

表 1　公众曝露控制限值

频率范围	电场强度 E/（V/m）	磁场强度 H/（A/m）	磁感应强度 B/μT	等效平面波功率密度 S_{eq}/（W/m^2）
1～8Hz	8 000	32 000/f^2	40 000/f^2	—
8～25Hz	8 000	4 000/f	5 000/f	—
0.025～1.2kHz	200/f	4/f	5/f	—
1.2～2.9kHz	200/f	3.3	4.1	—
2.9～57kHz	70	10/f	12/f	—
57～100kHz	4 000/f	10/f	12/f	—
0.1～3MHz	40	0.1	0.12	4
3～30MHz	67/$f^{1/2}$	0.17/$f^{1/2}$	0.21/$f^{1/2}$	12/f
30～3 000MHz	12	0.032	0.04	0.4
3 000～15 000MHz	0.22 $f^{1/2}$	0.000 59 $f^{1/2}$	0.000 74 $f^{1/2}$	f/7 500
15～300GHz	27	0.073	0.092	2

注：1．频率 f 的单位为所在行中第一栏的单位。

2．0.1MHz～300GHz 频率，场量参数是任意连续 6 min 内的方均根值。

3．100kHz 以下频率，需同时限制电场强度和磁感应强度；100kHz 以上频率，在远场区，可以只限制电场强度或磁场强度，或等效平面波功率密度，在近场区，需同时限制电场强度和磁场强度。

4．架空输电线路线下的耕地、园地、牧草地、畜禽饲养地、养殖水面、道路等场所，其频率 50Hz 的电场强度控制限值为 10kV/m，且应给出警示和防护指示标志。

$$\sum_{j=0.1\text{MHz}}^{300\text{GHz}} \frac{E_j^2}{E_{\text{L},j}^2} \leqslant 1$$

$$\sum_{j=0.1\text{MHz}}^{300\text{GHz}} \frac{B_j^2}{B_{\text{L},j}^2} \leqslant 1$$

式中，E_j 为频率 j 的电场强度，V/m；$E_{\text{L},j}$ 为表 1 中频率 j 的电场强度限值，V/m；B_j 为频率 j 的磁感应强度，μT；$B_{\text{L},j}$ 为表 1 中频率 j 的磁感应强度限值，μT。

从电磁环境保护管理角度，下列产生电场、磁场、电磁场的设施（设备）可免于管理：100kV 以下电压等级的交流输变电设施；向没有屏蔽空间发射 0.1MHz～300GHz 电磁场的，其等效辐射功率小于表 2 所列数值的设施（设备）。

表 2　可豁免设施（设备）的等效辐射功率

频率范围/MHz	等效辐射功率/W
0.1～3	300
＞3～300 000	100

（陈鹏）

《Dianli Fushe Fanghu Yu Fusheyuan Anquan Jiben Biaozhun》

《电离辐射防护与辐射源安全基本标准》

（Basic Standards for Protection against Ionizing Radiation and for the Safety of Radiation Sources）规定了对电离辐射防护和辐射源安全基本要求的规范性文件。该标准适用于实践和干预中人员所受电离辐射照射的防护和实践中源的安全，不适用于非电离辐射（如微波、紫外线、可见光及红外辐射等）对人员可能造成的危害的防护。

《电离辐射防护与辐射源安全基本标准》（GB 18871—2002）是对《放射卫生防护基本标准》（GB 4792—1984）和《辐射防护规定》（GB 8703—1988）的整合修订。该标准由国家质量监督检验检疫总局于 2002 年 10 月 8 日发布，自 2003 年 4 月 1 日起实施。

主要内容　该标准详细规定了电离辐射防护与辐射源安全的一般要求、对实践的主要要求、对干预的主要要求、职业照射的控制、医疗照射的控制、公众照射的控制、潜在照射的控制——源的安全、应急照射情况的干预、持续照射情况的干预等内容。适用该标准的实践包括：源的生产和辐射或放射性物质在医学、工业、农业或教学与科研中的应用，包括与涉及或可能涉及辐射或放射性物质照射的应用有关的各种活动；核能的产生，包括核燃料循环中涉及或可能涉及辐射或放射性物质照射的各种活动；审管部门规定需加以控制的涉及天然源照射的实践；审管部门规定的其他实践。（陈鹏）

dongtai guihua

动态规划

（dynamic programming）　一种可做出最优多级决策的优化方法。在环境规划与管理中，经常遇到多阶段最优化问题，即各个阶段相互联系，任一阶段的决策选择不仅取决于前一阶段的决策结果，而且影响到下一阶段活动的决策，从而影响到整个决策过程的优化问题。这类问题通常采用动态规划方法求解。其基本原理为：作为多阶段决策问题，其整个过程的最优策略应具有这样的性质，即无论过去的状态和决策如何，对前面的决策所形成的状态而言，其后一系列决策必须构成最优决策。根据这一基本原理，可以把多阶段决策问题分解成一系列许多相互联系的小问题，从而把一个大的决策过程分解成一系列前后有序的子决策过程，分阶段实现决策的最优化，进而实现“总体最优化”方案。为使最后决策方案获得最优决策效果，动态规划求解可用下列递推关系式表示：

$$f_k(x_k) = \text{opt}\{d_k[x_k, u_k(x_k)] + f_{k+1}[u_k(x_k)]\}$$

式中，k 为阶段，$k = n-1, \cdots, 3, 2, 1$；x_k 为第 k 阶段的状态变量；$u_k(x_k)$ 为第 k 阶段的决策变量；$f_k(x_k)$ 为第 k 阶段状态为 x_k 时的最优值；$f_{k+1}[u_k(x_k)]$ 为第 k+1 阶段的最优值，为边界条件，一般大于或者等于 0；$d_k[x_k, u_k(x_k)]$ 为第 k 阶段当状态为 x_k，决策变量为 $u_k(x_k)$ 时的函数值。opt 为根据具体问题要求选择最大或最小。

由上所述，动态规划只是给出了一个分阶段求最优解的基本模型，并无确定的具体的数学模型，所以究竟如何进行动态规划分析，需要根据规划问题的具体情况而定。（张红）

E

《E'chou Wuranwu Paifang Biaozhun》

《恶臭污染物排放标准》（Emission Standards for Odor Pollutants） 对恶臭污染物排放应控制项目及其限值做出规定的规范性文件。该标准分年限规定了八种恶臭污染物的一次最大排放限值、复合恶臭物质的臭气浓度限值及无组织排放源的厂界浓度限值，适用于全国所有向大气排放恶臭气体单位及垃圾堆放场的管理以及建设项目的环境影响评价、设计、竣工验收及其建成后的排放管理。该标准对于控制恶臭污染物对大气的污染具有重要意义。

《恶臭污染物排放标准》(GB 14554—1993) 由国家环境保护局于 1993 年 7 月 19 日批准，并由国家环境保护局、国家技术监督局于同年 8 月 6 日联合发布，自 1994 年 1 月 15 日起实施。

主要内容 该标准规定了无组织排放源（没有排气筒或排气筒高度低于 15 m 的排放源）的恶臭污染物厂界标准值。

该标准将恶臭污染物厂界标准值分为三级，分别与《大气环境质量标准》（GB 3095—1982）中各功能区相对应，即一类区执行一级标准，二类区执行二级标准，三类区执行三级标准。《环境空气质量标准》(GB 3095—2012) 调整了环境空气功能区分类，将原来的三类区并入二类区，但该标准尚未做相应调整。该标准规定 1994 年 6 月 1 日起立项的新、扩、改建设项目及其建成后投产的企业执行二级、三级标准中相应的标准值。恶臭污染物厂界标准值见表 1。恶臭污染物排放标准值见表 2。

表 1 恶臭污染物厂界标准值

单位：mg/m^3

序号	控制项目	一级	二级		三级	
			新扩改建	现有	新扩改建	现有
1	氨	1.0	1.5	2.0	4.0	5.0
2	三甲胺	0.05	0.08	0.15	0.45	0.80
3	硫化氢	0.03	0.06	0.10	0.32	0.60
4	甲硫醇	0.004	0.007	0.010	0.020	0.035
5	甲硫醚	0.03	0.07	0.15	0.55	1.10
6	二甲二硫醚	0.03	0.06	0.13	0.42	0.71
7	二硫化碳	2.0	3.0	5.0	8.0	10
8	苯乙烯	3.0	5.0	7.0	14	19
9	臭气浓度（量纲为一）	10	20	30	60	70

表 2　恶臭污染物排放标准值

序号	控制项目	排气筒高度/m	排放量/（kg/h）
1	硫化氢	15	0.33
		20	0.58
		25	0.90
		30	1.3
		35	1.8
		40	2.3
		60	5.2
		80	9.3
		100	14
		120	21
2	甲硫醇	15	0.04
		20	0.08
		25	0.12
		30	0.17
		35	0.24
		40	0.31
		60	0.69
3	甲硫醚	15	0.33
		20	0.58
		25	0.90
		30	1.3
		35	1.8
		40	2.3
		60	5.2
4	二甲二硫醚	15	0.43
		20	0.77
		25	1.2
		30	1.7
		35	2.4
		40	3.1
		60	7.0
5	二硫化碳	15	1.5
		20	2.7
		25	4.2
		30	6.1
		35	8.3
		40	11
		60	24
		80	43
		100	68
		120	97

续表

序号	控制项目	排气筒高度/m	排放量/（kg/h）
6	氨	15	4.9
		20	8.7
		25	14
		30	20
		35	27
		40	35
		60	75
7	三甲胺	15	0.54
		20	0.97
		25	1.5
		30	2.2
		35	3.0
		40	3.9
		60	8.7
		80	15
		100	24
		120	35
8	苯乙烯	15	6.5
		20	12
		25	18
		30	26
		35	35
		40	46
		60	104
9	臭气浓度	排气筒高度/m	标准值（量纲为一）
		15	2 000
		25	6 000
		35	15 000
		40	20 000
		50	40 000
		≥60	60 000

（朱建刚）

F

fang'an bixuan

方案比选 （scheme comparison and selection） 环境影响评价中，方案比选是指对于所考虑的每一个可供选择的替代方案遵循一定原则进行技术经济可行性的比较，并预测或评估其对环境可能造成的影响及消除不利影响拟采取的污染防治措施，进而选出技术可行、经济合理及环境影响程度最低的方案的方法。

方案比选主要是针对建设项目而言，包括工艺多方案比选、规模多方案比选、选址多方案比选以及污染防治措施多方案比选等。而对每一个方案的评价包括概略评价和详细评价两个阶段。无论是概略评价还是详细评价，都包括技术评价、经济评价、社会评价和环境评价四个方面的内容。环境影响评价中的方案比选一般先进行多方案的技术经济评价和社会环境评价，再进行多方案的综合评价，最后优选出最佳方案。

技术经济评价 技术经济评价方法是根据不同的情况和具体条件，通过若干从不同方面说明方案技术经济效果的指标，对完成同一任务的几个技术方案进行计算、分析和比较，从中选出最优方案的方法。技术经济评价方法按寿命期相同分为净现值法、差额内部收益率法、最小费用法等；按寿命期不同分为年值法、最小公倍数法、研究期法等。

净现值法 表达式如下：

$$\mathrm{NPV}=\sum_{t=0}^{n}(\mathrm{CI}-\mathrm{CO})_t(1+i_c)^{-t}$$

式中，NPV为净现值；CI为现金流入量；CO为现金流出量；$(\mathrm{CI}-\mathrm{CO})_t$为第$t$年的净现金流量；$n$为计算期；$i_c$为标准折现率。当NPV＞0时，表示方案可行；当NPV=0时，表示方案考虑接受；当NPV＜0时，表示方案不可行。

应用净现值法的基本步骤：①分别计算各个方案的净现值，并用判别准则加以检验，剔除NPV＜0的方案；②对所有NPV≥0的方案比较其净现值；③根据净现值最大准则，选择净现值最大的方案为最佳方案。

差额内部收益率法 表达式如下：

$$\sum_{t=0}^{n}[(\mathrm{CI}-\mathrm{CO})_2-(\mathrm{CI}-\mathrm{CO})_1]_t(1+\Delta\mathrm{IRR})^{-t}=0$$

式中，ΔIRR为差额投资内部收益率；$(\mathrm{CI}-\mathrm{CO})_2$为投资大的方案净现金流量；$(\mathrm{CI}-\mathrm{CO})_1$为投资小的方案净现金流量；其他符号意义同上。

应用差额内部收益率法的基本步骤：①分别计算各个方案的ΔIRR。②将ΔIRR≥i_c的方案按投资额由小到大依次排列，计算排在最前面的两个方案的差额收益率ΔIRR，若ΔIRR＞i_c，说明投资大的方案优于投资小的方案；若ΔIRR＜i_c，说明投资小的方案优于投资大的方案。③将保留的较优方案分别与相邻方案两两比较，最后保留的方案为最佳方案。

最小费用法 适用于项目所产生的效益无法或很难用货币直接计量，即得不到项目具体现金流量的情况。它包括费用现值比较法和年费用比较法。

①费用现值（PC）比较法。此方法为净现值法的一个特例，计算各备选方案的费用现值并进行对比，以费用现值较低的方案为最佳。其表达式为：

$$PC=\sum_{t=0}^{n}CO_t(1+i_c)^{-t}=\sum_{t=0}^{n}CO_t(P/F,i_c,t)$$

式中，PC 为费用现值；CO_t 为第 t 年的现金流出量；$(P/F,i_c,t)$为现值系数；P 为现值；F 为终值；其他符号意义同上。

②年费用（AC）比较法。通过计算各备选方案的等额年费用并进行比较，以年费用较低的方案为最佳方案的一种方法。其表达式为：

$$AC=\sum_{t=0}^{n}CO_t(P/F,i_c,t)(A/P,i_c,n)$$

式中，AC 为年费用；$(A/P,i_c,n)$为资金回收系数；A 为年金；n 为计息次数；其他符号意义同上。

采用上述两种方法所得出的结论是完全一致的，因此在实际应用中将效益相同或基本相同但又难以估算的互斥方案进行比选时，若方案的寿命期相同，则任意选择其中的一种方法即可。若方案的寿命期不相同，则一般适用年费用比较法。

年值法 表达式如下：

$$AW=\left[\sum_{t=0}^{n}(CI-CO)_t(1+i_c)^{-t}\right](A/P,i_c,n)$$
$$=NPV(A/P,i_c,n)$$

式中，AW 为年值；其他符号意义同上。

应用年值法的基本步骤：①分别计算各个方案的净现金流量的年值（AW）并进行比较。②将 AW≥0 的方案依次排列，AW 最大者为最优方案。

最小公倍数法 又称方案重复法。以各方案寿命期的最小公倍数作为进行方案比选的共同的计算期，重复计算各方案计算期内各年的净现金流量，得出在共同的计算期内各个方案的净现值，以净现值较大的方案为最佳方案。

研究期法 又称最小计算期法。针对寿命期不相等的互斥方案，直接选取一个适当的分析期作为各个方案共同的计算期（一般选取诸方案中最短的计算期），通过比较各个方案在该计算期内的净现值来对方案进行比选，以净现值最大的方案为最佳方案。其计算步骤、判别准则与净现值法一致。

社会环境评价 社会环境评价方法就是将社会环境成本以货币的形式进行计量。常用的评价技术主要有市场价值法、机会成本法、防护与恢复费用法、影子工程法、人力资本法、意愿调查法。

市场价值法 又称生产率法。这种方法把环境看成是生产要素。环境质量的变化导致生产率和生产成本的变化，从而引起产量和利润的变化。而产品的价值利润是可以用市场价格来计量的。市场价值法就是利用因环境质量变化（或生态变化）引起的产量和利润的变化来计量环境质量变化（或生态变化）的经济效益或经济损失。按照不同方案的经济效益或经济损失的大小排列，经济效益最大的或经济损失最小的为最佳方案。

机会成本法 社会环境资源是有限的，其具有多种用途，选择了一种使用机会就放弃了另一种使用机会，也就失去了其他获得效益的机会。计算出各方案的社会环境资源的机会效益，获得最大经济效益的方案就是最佳方案。

利用机会成本法计算社会环境成本是一个简便可行的方法。例如，某市水资源的机会成本为 15 元/t，若该市因水环境污染而导致城市缺水 2×10^8 t，则该市水环境污染的损失（社会环境成本）为 $15\times2\times10^8=3\times10^9$ 元。

防护与恢复费用法 不同方案可能带来不同的环境问题：一方面，可以采取一定的防护措施来防止环境问题出现；另一方面，出现环境问题后，采取一定的恢复措施来解决环境问题。对各方案中防护措施和恢复措施所花费的费用进行估算，作为方案带来环境问题损失的最低估计值，估计值越低的方案越佳。

影子工程法 防护与恢复费用法的一种特殊形式。当环境遭到破坏后，用人工的方法建造一新工程来替代原来生态环境系统的功能，然后用建造新工程所需的费用来估计环境破坏造成经济损失的一种计量方法。计算方法的通式为：

$$M_i = f_i(C_i,E_i,D_i,Z)$$

式中，M_i 为某方案造成的经济损失值；C_i 为计算公式中的单位换算系数；E_i 为与该方案损失有关的价格系数；D_i 为该方案造成环境破坏的量值；$Z=(P_1,P_2,P_3,\cdots,P_n)$，为与各项破坏（$P_i$）有关的参变量。对各方案的 M_i 进行排序，M_i 越小，方案越佳。

人力资本法 根据人力资本法，环境问题对人类健康造成的损失包括：①直接损失，主要包括医疗费和丧葬费；②间接损失，由于过早死亡、生病以及非医护人员护理而减少了正常的劳动时间，也就减少了收入。

意愿调查法 将各方案涉及的社会环境问题设计成 1 个调查表，然后选择一定数量的调查对象进行问卷调查，最后通过对调查表的统计分析，计算出各方案的社会环境成本，成本越低、方案越佳。

综合评价 综合评价方法就是综合多个需要考虑的重点因素或要达到的目标，筛选出最合适的方案，常用的有多属性效益法、字典序数法、模糊决策法、*层次分析法*和德尔斐法。

多属性效益法 利用决策者的偏好信息，构造一个价值函数，以此将决策者的偏好数量化，然后根据各个方案的价值函数进行评价和排序，从而找出带有决策者偏好的优化结果。此法假设条件较多，并受决策者主观偏好的影响，因而应用较少。

字典序数法 决策者将方案所要达到的目标的重要性分级，然后用最重要目标对备选方案进行筛选，保留满足此目标的那些方案，再用次重要目标对已筛选方案进行再次筛选，如此反复进行，直至剩下最后一个方案，这个方案便是满足多个目标的最佳方案。

模糊决策法 模糊决策法是通过对备选方案和评价指标之间构造模糊评价矩阵来进行方案优选的方法。其正成为决策领域中一种很实用的工具。 （汪光）

《Fangshexing Wupin Fenlei He Minglu（Shixing）》

《放射性物品分类和名录（试行）》

（Radioactive Substances Classification and Directories，Trial） 为了对放射性物品进行分类管理而制定的指导性目录。

制定背景 国务院第 562 号令《放射性物品运输安全管理条例》第三条规定，根据放射性物品的特性及其对人体健康和环境的潜在危害程度，将放射性物品分为一类、二类和三类。根据该条例的规定和放射性物品在运输过程中的潜在危害程度，环境保护部（国家核安全局）、公安部、卫生部、海关总署、交通运输部、铁道部、中国民用航空局、国家国防科工局制定了《放射性物品分类和名录（试行）》，于 2010 年 3 月 4 日公布，自 2010 年 3 月 18 日起开始施行。

主要内容 该名录包括放射性物品、放射性物品举例、容器类型、货包（包件）类型、名称和说明以及联合国编号。放射性物品分类不改变《放射性物质安全运输规程》（GB 11806）中关于放射性物品货包的分类及相应的设计要求。放射性物品分类和名录与《危险货物品名表》（GB 12268）中有关放射性物品运输分类和列名等内容协调一致。

作用 《放射性物品分类和名录（试行）》的制定对加强放射性物品运输的安全管理，保障人体健康，保护环境，促进核能、核技术的开发与和平利用有重要意义。参照所列的分类目录，根据放射性物品的特性及其对人体健康和环境的潜在危害程度，通过分类管理、突出重点、区别对待，实现对放射性物品的科学、高效监管。 （王铁宇 朱朝云）

feixianxing guihua

非线性规划 （non-linear programming） 具有非线性约束条件或目标函数的数学规划，是运筹学的一个重要分支。非线性规划研究一个 n 元实函数在一组等式或不等式的约束条件下的极值问题，且目标函数和约束条件至少有一个是未知量的非线性函数。

在环境系统规划管理中，不少决策问题可以归纳或简化为线性规划问题，其目标函数和约束条件都是决策变量的线性关系式。但是，实际中存在着大量复杂的非线性关系，由于精确化需要，不宜直接通过线性关系的模型来描述。如果在规划模型中，目标函数和约束条件表达式中存在至少一个关于决策变量的非线性关系式，则这种数学规划问题就称为非线性规划问题。非线性规划问题的一般数学模型常表示为如下形式：

$$\max(\min) f(\boldsymbol{x})$$

$$\begin{cases} h_i(\boldsymbol{x}), & i=1,2,\cdots,m \\ g_j(\boldsymbol{x}), & j=1,2,\cdots,m \end{cases}$$

$\boldsymbol{x}=(x_1,x_2,\cdots,x_m)^{\mathrm{T}}$ 是 n 维欧式空间 E_n 中的向量，它代表一组决策变量；$f(\boldsymbol{x})$，$h_i(\boldsymbol{x})$，$g_i(\boldsymbol{x})$ 均为决策向量 $\boldsymbol{x}$ 的函数。

和线性规划模型一样，该模型也由目标函数 $f(\boldsymbol{x})$ 和若干个约束条件 $h_i(\boldsymbol{x})=0$，$g_j(\boldsymbol{x})\geqslant 0$ 构成。从决策分析角度看，非线性规划模型给出的是在非线性的目标函数和（或）约束条件下进行规划方案选择的描述。（张红）

《Feiqi Dianqi Dianzi Chanpin Chuli Mulu》

《废弃电器电子产品处理目录》（List of Waste Electrical and Electronic Product Disposal） 为了对废弃电器电子产品进行规范化管理而制定的指导性目录。

制定背景 国家发展和改革委员会从2001年开始，着手我国废弃电器电子产品回收处理的立法工作。2009年2月25日，温家宝总理签署了国务院第551号令，发布了《废弃电器电子产品回收处理管理条例》（以下简称《条例》）。在《条例》起草阶段以及配合国务院法制办研究完善过程中，国家发展和改革委员会会同有关部门多次组织专题调研，举行座谈，反复论证，就有关制度设计、监督管理、相关标准、回收处理运行等问题进行了研究，形成共识，并组织推进试点示范。电视机、电冰箱、洗衣机、房间空调器、微型计算机作为首批《废弃电器电子产品处理目录》（以下简称《目录》）产品纳入《条例》管理范围。为便于《目录》的调整，将其作为一项配套政策，单独发布。《条例》第三条规定："列入《废弃电器电子产品处理目录》的废弃电器电子产品的回收处理及相关活动，适用本条例。国务院资源综合利用主管部门会同国务院环境保护、工业信息产业等主管部门制定和调整《目录》，报国务院批准后实施。"国家发展和改革委员会会同环境保护部与工业和信息化部组织制定了《废弃电器电子产品处理目录（第一批）》和《制订和调整废弃电器电子产品处理目录的若干规定》，并经国务院批准，自2011年1月1日起施行。国家发展和改革委员会、环境保护部、工业和信息化部组成《目录》管理委员会，按照《制订和调整废弃电器电子产品处理目录的若干规定》相关原则和程序负责对列入《目录》的产品进行调整。2015年2月9日，国家发展和改革委员会、环境保护部、工业和信息化部、财政部、海关总署、国家税务总局联合公布了《废弃电器电子产品处理目录（2014年版）》，自2016年3月1日起实施。《废弃电器电子产品处理目录（第一批）》同时废止。

主要内容 《废弃电器电子产品处理目录（2014年版）》包括电冰箱、空气调节器、吸油烟机、洗衣机、电热水器、燃气热水器、打印机、复印机、传真机、电视机、监视器、微型计算机、移动通信手持机、电话单机14类产品。

作用 《废弃电器电子产品处理目录》的发布对于建立规范的回收处理体系，实现多渠道回收和集中处理，最大限度地循环利用资源，妥善处理其中的有害物质，有效控制对环境的污染具有重要意义。（王铁宇 朱朝云）

fengjing lüyouqu huanjing guihua

风景旅游区环境规划（environmental planning of scenic tourist area） 在旅游区环境适宜性评价和环境影响评价的基础上完成的，旨在保障旅游资源和环境不被破坏的关于旅游区环境利用和污染治理的规划。

规划原则 主要有：①原生性保护原则。在全球生态化思潮的影响下，旅游规划作为一种技术产品，应具备生态化特征，强调对原生环境和本土意境的保护，承担起保护生态及文化多样性的作用。②特色保护原则。在对景区的自然和文化景观内涵进行深度挖掘的基础上，对景区自然和文化环境诸要素的内涵与特色进行保护，避免景区自然和文化特色的丧失。③生物多样性保护原则。风景旅游区的开发要有利于维持和增加规划区的生物多样性，以保持生态平衡。通过制订合理的生态复育计划，缓解旅游开发活动对生态资源及野生动物栖息地的破坏压力。

主要内容 风景旅游区环境规划必须建立在对自然生态系统的科学分析基础上，主要对五个方面进行重点考虑：①旅游环境分析。包括自然环境系统特征的分析和人文环境系统特征的分析，是风景旅游区环境规划的基础。②自然环境、生态系统和旅游资源保护。包括对地形地貌、水系、动植物、气候条件等自然资源要素的调查、分析、评估，确定对整个自然生态系统的合理保护和利用的范围、途径和方法等。③景观环境改造。基于视觉的所有自然环境与人工环境的设计，包括对自然地貌和土地利用的保护以及美学和功能上的改善和强化。④功能系统层面的规划。包括各类具有特定旅游功能的建筑物、交通道路的选址、营造及布局，旅游区用水用电、步道系统、植被、照明及安全设施等的规划。⑤文化历史与民俗文化的考虑。包括景观环境中蕴涵的历史文化传统、风俗习惯等，是景观环境的重要组成部分。要对这些人文景观环境的特色进行分析，指出其存在的问题，确定保护方法。（张红）

fengjing yuanlinqu de jingguan shengtai guihua

风景园林区的景观生态规划 （landscape ecological planning of landscape architecture） 基于景观生态学的原理，充分考虑风景园林区的各类景观资源与功能定位，采用景观生态规划的方法，对风景园林区进行的景观生态设计。

景观的视觉多样与生态美学原理是风景园林区规划建设的重要依据与理论基础。一个优美的、吸引力强的风景区通常都是自然景观与人文景观的巧妙结合，由地文景观、水文景观、森林景观、天象景观和人文景观构成的风景资源景观要素，通过适当的安排与组合，赋予其相应的文化内涵，以发挥其旅游价值，可供人们进行游览、探险、康体休闲和文化教育活动。

规划原则 在具体进行园林景观的规划和设计时，应注意遵循以下原则：①生机。少盖房子、多留绿地，以使景观充满生机。景观应以绿色生态系统为主，而不要以亭、台、楼、廊为主。②野趣。设计要有野趣，力求接近自然。自然景观的韵味往往比雕琢的几何图案更具魅力。③和谐。要使人工建筑物与周围环境保持和谐、协调。④格调。注意发挥地方的、民族的特色，包括建筑物的格调、材料和应用于造园的生物种。⑤容量。精心设计以增加景观的容量，以小见大。

规划要点 在进行风景园林区的景观生态规划时应注意的要点有：①因景制宜，适度开发。对风景园林区在全面调查的基础上，以环境容量和景观生态保护为原则，通过总体生态规划，使人工景观与天然景观共生程度高，做到人工建筑的斑块、廊道与天然的斑块、廊道和基质相协调。②注意从当地民俗风景中汲取精华，设计出得体于自然、巧构于环境的风景建筑。③对进入旅游区的游客采取有效的管理措施，实施生态意识教育。（张红）

G

genzong pingjia

跟踪评价 （follow-up assessment） 对规划实施所产生的环境影响进行监测、分析、评价，用以验证规划环境影响评价的准确性和判定减缓措施的有效性，并提出改进措施的过程。根据《中华人民共和国环境影响评价法》第十五条规定，对环境有重大影响的规划实施后，编制机关应当及时组织环境影响的跟踪评价，并将评价结果报告审批机关；发现有明显不良环境影响的，应当及时提出改进措施。

规划环境影响的跟踪评价应当包括以下内容：①规划实施后实际产生的环境影响与环境影响评价文件预测可能产生的环境影响之间的比较分析和评估。②规划实施中所采取的预防或者减轻不良环境影响的对策和措施有效性的分析和评估。③公众对规划实施所产生的环境影响的意见。④跟踪评价的结论。

规划的实施和运作是一个长期的过程，由于人类认知水平的限制、社会经济生活以及自然条件的变化，规划实施后仍然可能产生新的环境问题，因此规划编制机关应进行环境影响的跟踪评价。跟踪评价不但有助于及时发现新出现的环境问题，采取应对措施加以解决，还有利于积累经验，进一步完善规划环境影响评价的方法与制度。 （王圆生）

gongcheng fenxi

工程分析 （engineering analysis） 对项目影响环境的因素的分析，也是对工程的全部组成、一般特征、污染特征以及可能导致生态破坏的因素做出的全面分析。工程分析从宏观上可以掌握开发行动或建设项目与区域乃至国家环境保护全局的关系，从微观上为环境影响预测、评价和污染控制措施提供基础数据。

分析阶段 建设项目实施过程分为施工阶段、运行阶段和服务期满阶段。所有建设项目都应分析运行阶段所产生的环境影响，包括正常工况和非正常工况。若项目的建设周期长、影响因素复杂且影响区域较广，则需进行施工阶段的工程分析。对在实施过程中可能造成严重污染事故的建设项目，需酌情考虑进行环境风险评价。

对象 工程分析应对建设项目的全部内容和所有时段的全部行为过程的环境影响因素及其影响特征、强度、方式进行详细分析与说明，主要包括工艺过程分析、资源和能源的储运分析、交通运输影响分析、场地的开发利用分析、非正常工况分析以及在上述基础上进行的宏观背景分析、总图布置方案分析和生态影响要素分析。

重点 通过工艺过程分析、核算，确定污染源强，特别应注意非正常工况污染源强的核算与确定。根据工程、环境的特点及评价工作等级决定对于资源和能源的储运、交通运输及场地开发利用是否进行分析及分析的深度。

方法和特点 工程分析主要方法包括类比分析法、实测法、实验法、物料平衡计算法、查阅参考资料分析法等。其中，采用较多的方法为类比分析法、物料平衡计算法、查阅参考资料分析法，这三种方法的比较见下表。

工程分析的方法比较

分析方法	优点	缺点	适用范围
类比分析法	结果较准确、可信度较高	要求时间长，工作量大	评价工作等级较高，评价时间较长，有可参考的相同或相似工程
物料平衡计算法	以理论计算为基础，简单易操作	设备运行均按理想状况考虑，计算结果偏低，不利于提出合适的环保措施	不适用于较复杂的建设项目
查阅参考资料分析法	最为简便	所获得的工程分析数据准确性较差，不适用于定量分析	评价工作等级较低，评价时间短或者在无法采取前两种方法的情况下

（汪光）

gongye daqi wuranwu paifang biaozhun

工业大气污染物排放标准 （emission standards for industrial air pollutants） 对工业大气污染物排放应控制项目及其限值做出规定的一系列标准的统称。工业大气污染物排放标准是大气固定源污染物排放标准的重要组成部分。

分类 工业大气污染物排放标准按照具体行业的不同，分为水泥、煤炭、制革、硫酸、电镀等行业性大气污染物排放标准。

主要内容 该类标准规定了不同工业行业中大气污染物排放限值、监测和监控要求。适用于工业企业的大气污染物排放管理，以及工业企业建设项目的环境影响评价、环境保护设施设计、竣工环境保护验收及其投产后的大气污染物排放管理。

标准的执行 根据综合性排放标准和行业性排放标准不交叉执行的原则，自各行业性标准实施之日起，工业大气污染物排放控制按行业性排放标准的规定执行，不再执行《大气污染物综合排放标准》中的相关规定。

（朱建刚）

gongye huanjing guanli

工业环境管理 （industrial environmental management） 以管理工程和环境科学的理论为基础，运用技术、经济、法律、教育和行政等手段，对损害环境质量的工业生产活动施加影响，协调发展工业生产与保护环境的关系的环境管理。工业环境管理是国家环境管理的主要内容之一，也是产业环境管理在工业领域的具体体现。

沿革 18 世纪从英国发起的第一次工业革命、19 世纪后期的第二次工业革命、20 世纪后半期的第三次工业革命给世界带来了巨大的影响与变化，对环境的影响最直接的是工业生产过程中产生的大气、水、土壤、固体废弃物、噪声等方面的环境污染。20 世纪世界范围内的八大公害事件几乎都与工业污染相关。随着可持续发展问题的提出，加强对工业界的环境管理迫在眉睫。

与所有的工业化国家一样，我国的环境污染问题也是与工业化相伴而生的，特别是改革开放之后，工业环境污染问题日益突出，工业环境管理成为控制我国环境污染的重要途径。1973 年国家颁布了《工业“三废”排放试行标准》，开始了我国工业环境管理的历程。早期工业环境管理的主要特点是末端治理、浓度控制和分散治理。到了 20 世纪 90 年代，通过吸收国际上先进的环境管理经验，我国的工业环境管理逐渐向全过程管理、总量控制和集中治理转变。进入 21 世纪，循环经济、清洁生产、企业社会责任等管理理念和方法已被广泛采用。

分类 工业环境管理分为两类：一类是政府对工业活动中某一行业进行的环境管理，其管理对象是从事某一行业的所有企业，如化工行业、电力行业；二是政府对从事工业活动的具体企业进行的环境管理，其管理对象是作为产业活动基本单元的企业。

特征 ①强制性和引导性。政府从社会经济发展的高度调控工业发展方向和规模，采取强制性环境管理措施，预防和控制工业环境污染。②工业环境管理具体内容和形式与产业、企业性质的密切相关性。根据对环境影响的大小，不同行业可以采取不同的环境管理措施，高能耗、高排放企业是工业环境管理的重点，如化工、电力、炼焦等行业企业。③综合性。工业环境管理不仅是环境保护部门、工业管理部门的事情，还需要经济部门、行业协会、科研机构等多部门的参与。

管理制度 我国工业环境管理的主要制度包括环境影响评价制度、“三同时”制度、污染集中控制制度、限期治理制度、现场检查制度、排污申报制度、污染事故报告制度、环境信访和环境举报制度等。

管理途径 政府对工业行业进行环境管理的主要途径包括四个方面。①制定和实施宏观的行业发展战略和规划。对于行业活动的环境管理，首先要从一个国家或地区的环境社会系统的总体上进行宏观控制，这不仅决定了这个国家或地区经济社会发展的能力和趋势，也会对资源和生态环境产生重要影响。②制定和实施行业环境技术政策。行业环境技术政策是由政府环保部门制定和颁布的，为实现一定历史时期的环境目标，提高行业技术发展水平和有效控制行业环境污染，引导和约束行业发展的技术性行动指导政策。总体上，行业环境技术政策涉及行业的宏观经济布局与区域综合开发、行业产业结构和产业结构的调整与升级、产品设计、原材料和生产工艺的选择、清洁生产技术的推广、生态产业链的建立、废弃物综合利用、污染物总量控制等多个方面。③制定和实施行业能源、资源政策。行业环境保护与该行业使用的原材料和能源密切相关，因此，国家的土地、水等资源政策，以及煤炭、石油、电力等能源政策对行业发展起着重要的引导作用。资源和能源政策的制定与实施，有利于从根本上减少资源能源的浪费，从源头上减少污染物的排放。④发展环境保护产业。环境保护产业是以预防和治理环境污染、生态破坏为目的的产业，包括水处理业、垃圾处理业、大气污染治理业、环保设备制造业、环保服务业等，广义的环境保护产业还包括从事资源节约、生态建设等工作的行业。环境保护产业不仅是国民经济发展新的增长点，而且是一个国家或地区环境保护水平和能力的重要标志。发展节能环保产业，是提升绿色竞争力的有效举措，是改善生态环境质量的重要支撑。

政府对工业企业进行环境管理的主要途径包括三个方面。①对企业发展建设过程的环境管理。从企业建设项目筹划立项阶段、设计阶段、施工阶段、验收阶段、生产运营阶段，直至关、停、并、转阶段，都要采取环境管理措施。②对企业生产过程的环境管理。特别是对企业生产过程的核心环节，包括资源利用和消耗、生产工艺的清洁化、废弃物产生和排放进行重点环境管理，采取环境影响评价、排污收费、排污许可证、清洁生产审核等制度对企业进行环境管理。③对企业环境管理行为的管理。随着现代环境管理的发展，企业环境管理已不仅是单纯的污染源治理和清洁生产，一些新的管理方法，如企业环境信息公开、企业 ISO14000 环境管理体系、企业环境责任、企业环境绩效等涉及企业环境管理行为的新生事物不断出现，正逐渐成为工业环境管理的新内容。

（贺桂珍）

gongye huanjing guihua

工业环境规划 （industrial environmental planning） 又称工业绿色发展规划。国家为调整工业产业发展方向，坚持节约资源和保护环境的基本国策，以清洁生产为基本理念，对一定时期内工业的绿色发展目标及发展方式进行的规划。

我国于 2016 年发布了第一个《工业绿色发展规划（2016—2020 年）》，该规划从大力推进能效提升、扎实推进清洁生产、加强资源综合利用、消减温室气体排放、提升科技支撑能力、加快构建绿色制造体系、充分发挥区域比较优势、实施绿色制造+互联网、强化标准引领约束、积极开展国际交流合作十个方面提出了具体任务部署。

规划要求 工业环境规划的编制要以可持续发展思想为指导，结合国家、城市（或区域）相关的法律法规及工业自身的性质特点，确立环境保护目标，包括对工业环境质量的总体要求、主要污染物的控制和环境建设指标。

规划程序 工业环境规划的程序与区域环境规划相同，只是内容更为具体（见区域环境规划）。

意义 保护环境是工业建设和发展的重要任务，工业的发展不能无限制地破坏环境，在发展工业的同时，要注重环境的保护。工业环境规划就是在源头上对工业的污染排放及空间格局进行规划，科学合理的工业环境规划有助于环境的保护及工业自身的可持续发展。因此，编制工业环境规划，并纳入区域总体规划加以实施，在国家环境保护战略中具有重要意义。

（张红）

《Gongye Luyao Daqi Wuranwu Paifang Biaozhun》

《工业炉窑大气污染物排放标准》

（Emission Standard of Air Pollutants for Industrial Kiln and Furnace） 对工业炉窑大气污染物排放应控制项目及其限值做出规定的规范性文件。该标准按年限规定了工业炉窑烟尘、生产性粉尘、有害污染物的最高允许排放浓度和烟尘黑度的排放限值，适用于除炼焦炉、焚烧炉、水泥厂以外使用固体、液体、气体燃料和电加热的工业炉窑的管理，以及工业炉窑建设项目环境影响评价、设计、竣工验收及其建成后的排放管理。该标准对于控制工业炉窑大气污染物排放具有重要意义。

《工业炉窑大气污染物排放标准》（GB 9078—1996）由国家环境保护局于1996年3月7日批准，自1997年1月1日起实施。

主要内容 该标准分为一级、二级和三级标准，分别对应《环境空气质量标准》（GB 3095—1996）中的环境空气质量功能区：一类区执行一级标准；二类区执行二级标准；三类区执行三级标准。新修订的《环境空气质量标准》（GB 3095—2012）调整了环境空气功能区分类，已将原来的三类区并入二类区，但该标准尚未做相应调整。

1997年1月1日前安装[包括尚未安装，但环境影响报告书（表）已经批准]的各种工业炉窑，其烟尘及生产性粉尘最高允许排放浓度、烟气黑度限值按表1规定执行；1997年1月1日起通过环境影响报告书（表）批准的新建、改建、扩建的各种工业炉窑，其烟尘及生产性粉尘最高允许排放浓度、烟气黑度限值按表2规定执行；各种工业炉窑（不分安装时间）的无组织排放烟（粉）尘最高允许浓度按表3规定执行；各种工业炉窑的有害污染物最高允许排放浓度按表4规定执行。

表1 工业炉窑烟尘及生产性粉尘最高允许排放浓度与烟气黑度限值

（适用于1997年1月1日前获批工业炉窑）

序号	炉窑类别		标准级别	排放限值	
				烟（粉）尘浓度/（mg/m^3）	烟气黑度（林格曼黑度）/级
1	熔炼炉	高炉及高炉出铁场	一	100	—
			二	150	—
			三	200	—
		炼钢炉及混铁炉（车）	一	100	—
			二	150	—
			三	200	—

续表

序号	炉窑类别		标准级别	排放限值	
				烟（粉）尘浓度/（mg/m^3）	烟气黑度（林格曼黑度）/级
1	熔炼炉	铁合金熔炼炉	一	100	—
			二	150	—
			三	250	—
		有色金属熔炼炉	一	100	—
			二	200	—
			三	300	—
2	熔化炉	冲天炉、化铁炉	一	100	1
			二	200	1
			三	300	1
		金属熔化炉	一	100	1
			二	200	1
			三	300	1
		非金属熔化、冶炼炉	一	100	1
			二	250	1
			三	400	1
3	铁矿烧结炉	烧结机（机头、机尾）	一	100	—
			二	150	—
			三	200	—
		球团竖炉 带式球团	一	100	—
			二	150	—
			三	250	—
4	加热炉	金属压延、锻造加热炉	一	100	1
			二	300	1
			三	350	1
		非金属加热炉	一	100	1
			二	300	1
			三	350	1
5	热处理炉	金属热处理炉	一	100	1
			二	300	1
			三	350	1
		非金属热处理炉	一	100	1
			二	300	1
			三	350	1
6	干燥炉、窑		一	100	1
			二	250	1
			三	350	1
7	非金属焙（锻）烧炉窑（耐火材料窑）		一	100	1
			二	300	1
			三	400	2
8	石灰窑		一	100	1
			二	250	1
			三	400	1

续表

序号	炉窑类别		标准级别	排放限值	
				烟（粉）尘浓度/（mg/m^3）	烟气黑度（林格曼黑度）/级
9	陶瓷搪瓷砖瓦窑	隧道窑	一	100	1
			二	250	1
			三	400	1
		其他窑	一	100	1
			二	300	1
			三	500	2
10	其他炉窑		一	150	1
			二	300	1
			三	400	1

表 2　工业炉窑烟尘及生产性粉尘最高允许排放浓度与烟气黑度限值

（适用于 1997 年 1 月 1 日起获批工业炉窑）

序号	炉窑类别		标准级别	排放限值	
				烟（粉）尘浓度/（mg/m^3）	烟气黑度（林格曼黑度）/级
1	熔炼炉	高炉及高炉出铁场	一	禁排	—
			二	100	—
			三	150	—
		炼钢炉及混铁炉（车）	一	禁排	—
			二	100	—
			三	150	—
		铁合金熔炼炉	一	禁排	—
			二	100	—
			三	200	—
		有色金属熔炼炉	一	禁排	—
			二	100	—
			三	200	—
2	熔化炉	冲天炉、化铁炉	一	禁排	—
			二	150	1
			三	200	1
		金属熔化炉	一	禁排	—
			二	150	1
			三	200	1
		非金属熔化、冶炼炉	一	禁排	—
			二	200	1
			三	300	1
3	铁矿烧结炉	烧结机（机头、机尾）	一	禁排	—
			二	100	—
			三	150	—
		球团竖炉 带式球团	一	禁排	—
			二	100	—
			三	150	—

续表

序号	炉窑类别		标准级别	排放限值	
				烟（粉）尘浓度/（mg/m³）	烟气黑度（林格曼黑度）/级
4	加热炉	金属压延、锻造加热炉	一	禁排	—
			二	200	1
			三	300	1
		非金属加热炉	一	50*	1
			二	200	1
			三	300	1
5	热处理炉	金属热处理炉	一	禁排	—
			二	200	1
			三	300	1
		非金属热处理炉	一	禁排	—
			二	200	1
			三	300	1
6	干燥炉、窑		一	禁排	—
			二	200	1
			三	300	1
7	非金属焙（锻）烧炉窑（耐火材料窑）		一	禁排	—
			二	200	1
			三	300	2
8	石灰窑		一	禁排	—
			二	200	1
			三	350	1
9	陶瓷搪瓷砖瓦窑	隧道窑	一	禁排	—
			二	200	1
			三	300	1
		其他窑	一	禁排	—
			二	200	1
			三	400	2
10	其他炉窑		一	禁排	—
			二	200	1
			三	300	1

*仅限于市政、建筑施工临时用沥青加热炉。

表 3　工业炉窑无组织排放烟（粉）尘最高允许浓度

设置方式	炉窑类别	无组织排放烟（粉）尘最高允许浓度/（mg/m³）
有车间厂房	熔炼炉、铁矿烧结炉	25
	其他炉窑	5
露天（或有顶无围墙）	各种工业炉窑	5

表 4　工业炉窑有害污染物最高允许排放浓度　　单位：mg/m³

序号	有害污染物名称		标准级别	1997 年 1 月 1 日前安装的工业炉窑	1997 年 1 月 1 日起新、改、扩建的工业炉窑
1	二氧化硫	有色金属冶炼	一	850	禁排
			二	1 430	850
			三	4 300	1 430
		钢铁烧结冶炼	一	1 430	禁排
			二	2 860	2 000
			三	4 300	2 860
		燃煤（油）炉窑	一	1 200	禁排
			二	1 430	850
			三	1 800	1 200
2	氟及其化合物（以 F 计）		一	6	禁排
			二	15	6
			三	50	15
3	铅	金属熔炼	一	5	禁排
			二	30	10
			三	45	35
		其他	一	0.5	禁排
			二	0.10	0.10
			三	0.20	0.10
4	汞	金属熔炼	一	0.05	禁排
			二	3.0	1.0
			三	5.0	3.0
		其他	一	0.008	禁排
			二	0.010	0.010
			三	0.020	0.010
5	铍及其化合物（以 Be 计）		一	0.010	禁排
			二	0.015	0.010
			三	0.015	0.015
6	沥青油烟		一	10	5*
			二	80	50
			三	150	100

*仅限于市政、建筑施工临时用沥青加热炉。

（朱建刚）

《Gongye Qiye Changjie Huanjing Zaosheng Paifang Biaozhun》

《工业企业厂界环境噪声排放标准》

（Emission Standard for Industrial Enterprises Noise at Boundary）　用于规定工业企业和固定设备厂界环境噪声排放限值及其测量方法的规范性文件。该标准适用于工业企业噪声排放的管理、评价及控制，机关、事业单位、团体等对外环境排放噪声的单位也按该标准执行。该标准对于防治工业企业噪声污染，改善声环境质量有重要意义。

《工业企业厂界环境噪声排放标准》（GB 12348—2008），由环境保护部和国家环境质量监督检验检疫总局于 2008 年 8 月 19 日联合发布，同年 10 月 1 日起实施。该标准自实施之日起代替《工业企业厂界噪声标准》（GB 12348 —

1990）和《工业企业厂界噪声测量方法》（GB 12349—1990）。

主要内容 该标准规定工业企业厂界环境噪声不得超过表 1 规定的排放限值。夜间频发噪声的最大声级超过限值的幅度不得高于 10 dB（A），夜间偶发噪声的最大声级超过限值的幅度不得高于 15 dB（A）。工业企业若位于未划分声环境功能区的区域，当厂界外有噪声敏感建筑物时，由当地县级以上人民政府参照《声环境质量标准》（GB 3096—2008）的规定确定厂界外区域的声环境质量要求，并执行相应的厂界环境噪声排放限值。当厂界与噪声敏感建筑物距离小于 1 m 时，厂界环境噪声应在噪声敏感建筑物的室内测量，并将表 1 中相应的限值减去 10 dB（A）作为评价依据。当固定设备排放的噪声通过建筑物结构传播至噪声敏感建筑物室内时，噪声敏感建筑物室内等效声级不得超过表 2 和表 3 规定的限值。

表 1 工业企业厂界环境噪声排放限值

单位：dB（A）

厂界外声环境功能区类别	不同时段噪声排放限值	
	昼间	夜间
0	50	40
1	55	45
2	60	50
3	65	55
4	70	55

表 2 结构传播固定设备室内噪声排放限值（等效声级）

单位：dB（A）

噪声敏感建筑物所处声环境功能区类别	室内噪声排放限值			
	A 类房间		B 类房间	
	昼间	夜间	昼间	夜间
0	40	30	40	30
1	40	30	45	35
2、3、4	45	35	50	40

注：A 类房间指以睡眠为主要目的，需要保证夜间安静的房间，包括住宅卧室、医院病房、宾馆客房等。B 类房间指主要在昼间使用，需要保证思考与精神集中、正常讲话不被干扰的房间，包括学校教室、会议室、办公室、住宅中卧室以外的其他房间等。

表 3 结构传播固定设备室内噪声排放限值（倍频带声压级） 单位：dB

噪声敏感建筑所处声环境功能区类别	时段	倍频带中心频率/Hz / 房间类型	室内噪声倍频带声压级限值				
			31.5	63	125	250	500
0	昼间	A、B 类房间	76	59	48	39	34
	夜间	A、B 类房间	69	51	39	30	24
1	昼间	A 类房间	76	59	48	39	34
		B 类房间	79	63	52	44	38
	夜间	A 类房间	69	51	39	30	24
		B 类房间	72	55	43	35	29
2、3、4	昼间	A 类房间	79	63	52	44	38
		B 类房间	82	67	56	49	43
	夜间	A 类房间	72	55	43	35	29
		B 类房间	76	59	48	39	34

（陈鹏）

gongyequ wuran kongzhi guihua

工业区污染控制规划 （industrial zone pollution control planning） 对一定时期内工业区各类污染物排入环境介质中能达到标准限值所制定的污染防治目标和措施。

主要内容 包括工业区的大气污染控制规划、水污染控制规划、土壤污染控制规划、噪声污染控制规划、固体废物污染控制规划等。

规划步骤 工业区污染控制规划可以借鉴城市污染控制规划的相关理论与方法。其规划步骤与城市污染控制规划大体一致。

控制指标 包括工业区大气总量悬浮微粒年月平均值、工业区饮用水水源值达标率、工业区地表水 COD 平均值、工业区地表水 BOD 削减量、工业区环境噪声平均值、工业区废水处置率、工业区废气处置率、工业区烟尘污染物减排量、工业区固体废物综合治理率、工业区万元产值烟尘排放量、工业区万元产值废水排放量、工业区万元产值固体废物产生量、工业区固体废物综合利用率、工业区氨氮排放总量控制目标等。（张红）

gongye shuiwuranwu paifang biaozhun

工业水污染物排放标准 （discharge standards for industrial water pollutants） 对工业水污染物排放应控制项目及其限值做出规定的一系列标准的统称。工业水污染物排放标准是水污染物排放标准的重要组成部分。

分类 工业水污染物排放标准按照具体行业的不同，分为石油开发、纺织、钢铁、皮革等行业性水污染物排放标准。

主要内容 该类标准规定了不同工业行业中水污染物排放限值、监测和控制要求。适用于工业企业的水污染物排放管理，以及工业企业建设项目的环境影响评价、环境保护设施设计、竣工环境保护验收及其投产后的水污染物排放管理。新设立污染源的选址和特殊保护区域内现有污染源的管理，按照相关法律、法规、规章的规定执行。

标准的执行 根据综合性排放标准和行业性排放标准不交叉执行的原则，自各行业性标准实施之日起，工业水污染物排放控制按行业性排放标准的规定执行，不再执行《污水综合排放标准》中的相关规定（参见水污染物排放标准）。 （朱建刚）

gongye wuran kongzhi guihua

工业污染控制规划 （industrial pollution control planning） 对一定时期内工业活动造成的污染所制定的防治目标和措施。

工业污染控制规划要密切结合工业部门的经济发展，提出恰当的环境目标、污染控制指标、产品标准和工艺标准。一般来说，对大中型企业的要求比小型企业严格；进行技术改造、设备更新的企业比没有进行技术改造、设备更新的企业严格；污染源密度大的地区、重点保护地区的企业要求严格；合理布局、污染源密度小的地区对企业的排污要求可以放宽。在控制污染过程中，对街道工业、县办和集体企业的污染也不能忽视，这类企业量大面广、设备简陋、操作管理水平低、污染严重并有扩大的趋势。

工业污染控制规划的主要控制指标包括工业废水处置率、工业废气处置率、烟尘污染物减排量、工业固体废物综合治理率、万元产值烟尘排放量、万元产值废水排放量、万元产值固体废物产生量、固体废物综合利用率、氨氮排放总量控制目标等。 （张红　李奇锋）

gonggong zhengce huanjing yingxiang pingjia

公共政策环境影响评价 （environmental impact assessment of public policies） 对公共政策制定和实施后可能造成的环境影响进行分析、预测和评估的过程。公共政策环境影响评价可以预防或减轻公共政策制定和执行过程中对环境造成的不良影响，提出具体的对策和解决方法，使决策更加科学合理，从而预防或减少较大环境危害的发生。

为了预防和减缓公共政策的实施对环境产生不良影响，世界多国纷纷开展了公共政策的环境影响评价。美国于1969年颁布《国家环境政策法》，明确规定各联邦政府部门和机构的立法建议或其他对环境有重大影响的官方政策，在决策之前必须进行环境影响评价；欧共体1987年通过《第四个环境行动计划》，指出环境影响评价要尽快扩展到政策及政策声明方面；加拿大1993年颁布《政策和规划建议的环境评价程序》，规定要提交部长或内阁讨论决定的所有联邦政策都需执行环境影响评价程序；韩国也专门规定国家及地方政府在制定和实施各种政策与计划时必须进行环境影响评价。

程序 主要分为四个阶段（见下图）：第一阶段筛选评价对象，并确定评价的等级和编写评价大纲；第二阶段确定评价方案，包括确定评价范围、评价标准、评价主体、评价方法和手段；第三阶段实施评价，主要对环境的现状进行调查，并对公共政策执行后的环境影响进行分析和预测；第四阶段编写公共政策环境影响报告书初稿，并对环境影响报告书进行评论，然后确定环境影响报告书的最终稿，其中公众参与是环境影响报告书评论的重要形式。

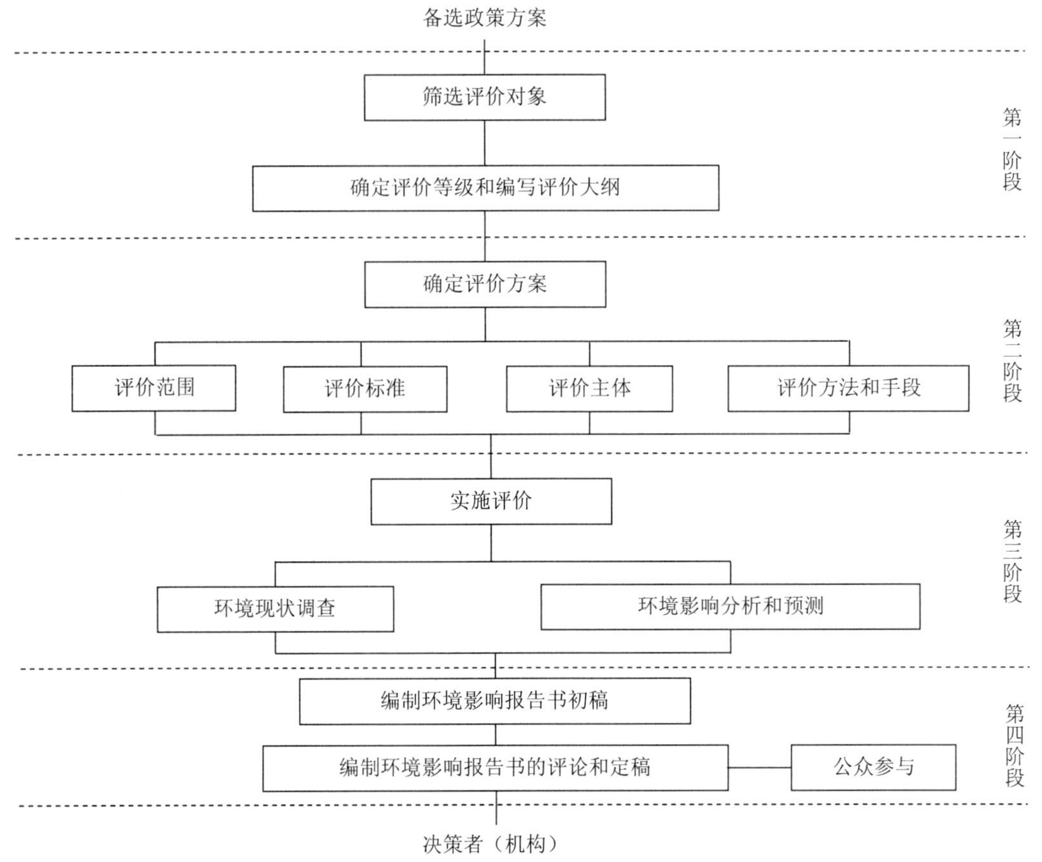

公共政策环境影响评价的工作程序

依据公共政策可能造成的环境影响的程度不同，可以将公共政策环境影响评价分为三个等级：第一等级是可能造成重大环境影响的公共政策，应当编制环境影响报告书，对产生的环境影响进行全面、详细的评估；第二等级是可能造成轻度环境影响的公共政策，应当编制环境影响报告表，对产生的环境影响进行分析或者专项评价；第三等级是对环境影响很小的公共政策，可以不进行环境影响评价，只需要填报环境影响登记表。

主要内容 包括四个方面：①公共政策的基本情况，包括政策问题、政策目标和政策手段；②公共政策实施地区的环境质量现状，包括气象、地形地貌、森林、草原和野生动植物等自然和生态环境，大气、水质、废弃物、土壤、噪声等生活环境，人口、产业、交通等社会经济环境；③公共政策可能对自然和生态环境、生活环境、社会经济环境造成的直接和间接影响；④公共政策替代方案可能对自然和生态环境、生活环境、社会经济环境造成的直接和间接影响。

评价主体 公共政策环境影响评价的负责人和实施者。一般而言，评价主体包括三类：一是公共政策制定者。公共政策制定者最了解公共政策的内容及其可能产生的环境影响。例如，美国《国家环境政策法》规定，对环境质量具有重大影响的每一项建议或立法建议报告和其他重大联邦行动，均应由负责官员提供一份包括拟议活动环境影响的详细说明。二是专门管理机构。专门管理机构属于政府机构，但它们不是公共政策制定者，因而能够保持相对公正，具有较强的客观性。例如，俄罗斯就是由专门授权的国家生态鉴定机关担任评价主体。三是具有评估资格的社会评估机构。这些评估机构完全独立于政府，并且拥有专业技术人员，由它们担当评价主体能够确保评估结论的客观性和专业性。（楚春礼）

gongzhong canyu

公众参与 （public participation） 社会群众、社会组织、单位或个人作为主体，在其权利义务范围内有目的地参与政府公共环境政策的社会行动。其定义可以从三个方面表达：①它是一个连续的双向交换意见的过程，以增进公众了解政府机构、集体单位和私人公司所负责调查和拟解决的环境问题的做法与过程。②将环境项目、计划、规划或政策制定和评估活动中的有关情况及其含义随时完整地通报给公众。③积极征求有关公民对以下方面的意见：项目决策和资源利用，比选方案及管理对策的酝酿和形成，信息的交换和推进公众参与的各种手段与目标。

公众参与的主要目的在于制约政府的自由裁量权，确保政府公正、合理地行使行政权力。在一些国家，各机构通过调查环境退化和可能的行动过程的具体问题来进行公众民意测验，或通过社会活动家直接参与各种会议而使公众参与具体化，这些活动家包括企业家、环境积极分子、市政管理者、消费者或国家机构代表。

沿革 环境保护中的公众参与思想形成于20世纪60年代末。1969年，美国在《国家环境政策法》中明确提出了公众参与的要求，此后，许多国家的环境法律及国际性法律文件都将公众参与作为一项原则写进法律之中。1992年联合国环境与发展大会通过了《里约环境与发展宣言》（简称《里约宣言》），其中原则10明确提出“环境问题最好是在全体有关市民的参与下，在有关级别上加以处理”。《21世纪议程》也论述过包括公众参与问题在内的环境民主问题。为了落实《里约宣言》原则10的规定，联合国欧洲经济委员会于1998年在丹麦奥胡斯通过了《在环境问题上获得信息、公众参与、决策和诉诸法律的公约》（简称《奥胡斯公约》），该公约认为“人人都有在适合其健康和福祉的环境中生活的权利”。

《中华人民共和国宪法》明确规定：“人民依照法律规定，通过各种途径和形式，管理国家事务，管理经济和文化事业，管理社会事务。”这是我国实行环境民主原则和公众参与环境管理的宪法根据。《中华人民共和国环境保护法（试行）》规定的环境保护三十二字方针中的“依靠群众，大家动手”已包含环境民主原则的内容。2015年1月1日正式实施的新修订的《中华人民共和国环境保护法》第五条规定：“环境保护坚持保护优先、预防为主、综合治理、公众参与、损害担责的原则”，并专门设立第五章“信息公开和公众参与”，这为公众参与提供了原则性的法律依据。作为新修订的《中华人民共和国环境保护法》的重要配套细则，《环境保护公众参与办法》（环境保护部令 第35号）于2015年9月1日起施行，是首个对环境保护公众参与做出专门规定的部门规章，主要目的是保障公民、法人和其他组织获取环境信息、参与和监督环境保护的权利，畅通参与渠道，促进环境保护公众参与依法有序发展。

原则 主要包括以下五项原则。①知情原则：公众参与工作中首先要进行环境信息公开，保证在公众充分知情的基础上开展公众意见调查。②平等原则：应尽最大努力建设信任感，不回避矛盾冲突，坦诚交换意见，并充分理解各种不同的意见，避免主观和片面。③真实原则：应真实地向公众披露建设项目的相关情况。④广泛原则：应设法使不同社会、文化背景的公众参与进来，尤其不能忽略弱势群体及那些持反对意见的公众。⑤主动原则：公众参与并不只对公众有益，它是一个双赢的过程。建设项目业主以及受委托实施公众参与的单位应以积极主动的态度，根据建设项目的性质以及所涉及区域的特点，选择恰当的环境信息公开和公众参与方式，并鼓励和推动公众积极参与，力争达到最好的公众参与效果。

参与对象 公众参与的对象并不局限于

公民参与。广义上的公众参与包括一切与环境保护工作有关的机构和个人，如中央政府、地方政府、企业、非政府组织（NGO）、社会团体和公民社会等。用不同层次及其不同的参与面来表示，环境保护公众参与对象形成一种塔式关系，即政府→环境保护行政主管部门→有关部门→社会单元（企业、事业单位）→社会团体（社团、社区及民间组织）→公民（城镇居民、农民等）。在这一层次关系中，无论是环境保护行政主管部门还是有关部门，以及政府机关，在更多的情况下，其应以参与者——“公众”的身份参与基层工作，以体现小政府、大社会的管理原则。

内容 可以分为三个层面：一是立法层面的公众参与，如环境立法听证和利益集团参与环境立法；二是公共决策层面的公众参与，包括政府和公共机构在制定环境政策过程中的公众参与；三是环境治理层面的公众参与，包括环境法律政策实施、基层环境事务的决策管理等。

参与行为 可划分为三个层面：第一层面是公众参与环境宣传教育，以增加环境知识和提高环境意识。第二层面上升到公众自身的环境友善行为，如自觉维护环境质量，不破坏环境，参加有关环境保护的公益活动等。第三层面是鼓励公众发挥民主监督作用，一方面是对污染环境和破坏生态的行为进行监督，另一方面也要对环境执法进行监督。这种参与行为要求公众除了具备一定的环境知识、法律知识，还要有主体性和参政意识。

方式 1969 年，谢里 • 阿恩斯坦（sherry arnstein）在美国规划师协会杂志上发表了著名的论文《市民参与的阶梯》，对公众参与的方法和技术产生了巨大的影响，为公众参与成为可操作的技术奠定了基础，至今仍广为世界各地的公众参与研究者和实践者所采用。谢里 •阿恩斯坦把公众参与分为八个阶梯，从低到高分别为：①操纵（manipulation）；②治疗（therapy）；③告知（informing）；④咨询 （consultation）；⑤安抚（placation）；⑥伙伴关系（partnership）；⑦授权（delegated power）；⑧公民控制（citizen control）。该阶梯强度最弱的是完全无参与，其次是中等程度的象征性参与，参与强度最高的为公民权利。1977 年，谢里 • 阿恩斯坦将上述阶梯模型修改为六阶段，包括：①政府权力（government power）；②信息（information）；③咨询 1（consultation 1）；④咨询 2（consultation 2）；⑤权力分享（power sharing）；⑥公民权利（citizen power）。

美国政府间关系咨询委员会在 1980 年开展了公众参与方式的调查，并将其具体区分为 4 类 31 种方式（见下表）。

美国公众参与方式的分类

分类	组织模式	个人模式	信息传递模式	信息收集模式
方式	民众团体；特别利益团体；特别方案的受保护团体；官方形式的委员会	投票；成为方案委托人；制造声明；在计划中工作；活动或游说；行政救济途径；法律救济途径；示威抗议	开放政府；招待会；正式会议；出版物；大众传播媒体；陈列或展示；邮寄；广告；电话；访问中心；通信；口语	听证；集会；咨询；政府记录；非官方文件；行政救济途径；参与观察；调查

分类 按照公众参与的不同程度，可分为观念性参与、组织性参与、法规性参与、政策性参与和国际合作。

观念性参与 最广泛、最基本的参与方式，同时也是最重要、最深刻的参与方式。这有赖于基础教育、高等教育、村民居民教育以及公职人员再教育等绿色教育体系的健全。人类需要可持续发展，绿色观念必须深入人心。

组织性参与 将观念意识化为群体行动的参与。发展环境保护社会团体和群众运动是实现环境民主和公众参与的组织保证与社会基础。以社团、社区为单位组织环保宣传、开展环保活动是临时性的组织；以单位、部门为主体组织环保协作则是较为经常和固定的业务性组织。

法规性参与 即制定具体、完备的法律法规，强制性地对环境保护活动及行为进行规范。要按照可持续发展的系统要求，建立健全生态化的法律法规体系，环境执法中的公众参与机制和公民诉讼的具体法律保障机制。

政策性参与 环境政策的内容包括对所有对环境产生影响的人类社会经济活动的调整。一方面，它具有广泛性、综合性的特点：另一方面，其任务又具有很强的针对性，解决这一矛盾的唯一途径是一体化、全过程管理的思想。要加强政策（包括法制）的宣传、教育及贯彻力度，防止政令不通、政策走形和各自为政的现象，形成一个完整配套、协调平衡的一体化的综合政策体系。

国际合作 所有涉及人类社会可持续发展的合作伙伴——政府、政府间组织、私营部门、科学界、非政府组织和其他主要集团，应该为了地球和人类的共同未来而努力，以解决经济、社会和环境方面的综合挑战。 （贺桂珍）

guti feiwu guanli

固体废物管理 (solid waste management)

运用法律、经济、技术、行政和教育等手段，对固体废物的产生、收集、运输、储存、处理和最终处置全过程的管理。

经过多年的发展，固体废物管理理念已经由传统的无害化处理演进为以“资源化”和“减量化”为基础的全过程管理概念。传统的无害化固体废物处理仅针对固体废物产生的末端，是“资源—产品—污染排放”的单向线性经济产物。固体废物的全过程管理概念基于“资源—产品—固体废物—再生资源”反馈式与环境和谐相处的生态经济。后者经过实践验证，更能从源头有效地减少固体废物的排放和节约利用资源。

背景 随着世界各国固体废物产生量的日益增加，相应的处理设施远不能满足需求。进入21世纪，我国的工业化、城市化进程不断加速，与世界各国一样，固体废物产生量激增。据《全国环境统计公报（2014年）》数据，全国一般工业固体废物产生量32.6亿t，储存量4.5亿t，处置量8.0亿t，倾倒丢弃量59.4万t。《2015中国环境状况公报》显示，全国设市城市生活垃圾清运量为1.92亿t，城市生活垃圾无害化处理量1.80亿t。堆积如山的垃圾不仅污染了人类赖以生存的大气、水和土壤环境，而且居民、垃圾混杂的状况面临生物污染和垃圾爆炸事故风险，给城市居民健康和生命安全造成严重威胁。垃圾处理已成为限制城市化进程、城市经济发展、居民生活水平提高和可持续发展的重大问题之一。如何进行有效的固体废物管理成为世界各国优先的环境政策问题。

法律体系 废物的减排、处理和循环使用是欧盟环境治理的优先目标之一。欧盟在1975年就颁布了《废物指令》（75/442/EEC），1991年进行了修订（91/156/EEC）。2008年新修订的《废弃物框架指令》（2008/98/EC），于2010年12月12日正式实施，要求所有成员国都采取措施鼓励预防和减少废物及其潜在危害。该指令建立了欧盟废物管理的法律框架和管理原则。《包装及包装废弃物指令》（94/62/EC）及其增订指令2004/12/EC对成员国包装废物的预防、再使用和再生提出了措施和要求，该指令应用了生产者责任原则。《废物填埋指令》（1999/31/EC）旨在预防和减少废物填埋对环境（地表水、地下水、土壤和空气）的不利影响及对人类健康造成的风险，将废物填埋方法划分为危险性废物填埋、非危险性废物填埋和惰性废物填埋，并规定了废物填埋的严格运行和技术要求、不能进行填埋的废物和填埋场运行许可体系。2000年颁布的《废物焚烧指令》（2000/76/EC）为废物焚烧厂和联合废物焚烧厂制定了严格的运行工况和技术要求，以预防或减少废物焚烧对空气、水和土壤的污染。根据指令，焚烧厂必须申请执照，而且某些排放到大气和水中的污染物必须达到规定限值。2005年8月13日，欧盟率先实施了《关于废旧电器电子设备的指令》（2002/96/EC），规定纳入有害物质限制管理和报废回收管理的有十大类102种产品。继2008年修订后（2008/34/EC），2012年6月7日欧盟理事会正式通过新修订案（2012/19/EU），旨在提升废旧电器及电子设备的收集、重用及循环再造比率，减少电器和电子设备废料。2008年9月26日，欧盟新《电池和蓄电池指令》（2006/66/EC）开始生效，替代了《电池指令》（91/157/EEC），此后，欧盟市场内的全部电池玩具均需参照新指令。

美国1965年颁布了《固体废物处置法》（Solid Waste Disposal Act），以此为基础，1976年10月21日颁布了《资源保护和恢复法》（Resource Conservation and Recovery Act，RCRA），这是美国固体废物管理的基础性法律，它为危险和非危险固体废物制定了管理框架，主要阐述了由国会决定的固体废物管理的各项纲要，并且授权美国环境保护局为实施各项纲要制定具体法规。RCRA的目标包括：降低废物处理对人类健康和环境的潜在危害，节约能源和自然资源，减少废物产生量，确保以环境友好的方式管理废物。为达到这些目的，RCRA建立了三个不同又相互联系的计划，即固体废物计划、危险性废物计划和地下储库计划。RCRA第一个规章为《危险废物和综合许可证条例（1980）》（Hazardous Waste and Consolidated Permit Regulations，1980）。此外，还有《联邦危险和固体废物修订案（1984）》（Federal Hazardous and Solid Waste Amendments，1984）、《联邦设施合规法案（1992）》（Federal Facility Compliance Act of 1992）和《土地处置计划弹性法（1996）》（Land Disposal Program Flexibility Act of 1996）。为了与该法配套，美国环境保护局制定了上百个关于固体废物、危险废弃物的排放、收集、储存、运输、处理、回收利用的规定、规划和指南等，形成了较为完善的固体废物管理法规体系。

我国废物管理法律体系主要包括国家法律法规、部门规章、目录、标准、政策、规划、地方法规。1995年颁布了《中华人民共和国固体废物污染环境防治法》，并于2004年12月29日修订，自2005年4月1日起施行，此后，又于2013年和2015年进行了两次修正，这是我国关于废物管理的基本法律。2002年国务院颁布实施了《危险化学品安全管理条例》，并于2011年、2013年进行了修订，在中国境内生产、经营、储存、运输、使用危险化学品和处置废弃危险化学品，必须遵守该条例。2003年国务院还颁布实施了《医疗废物管理条例》，2011年对其进行了修订，加强了医疗废物的安全管理。国家环境保护总局2003年颁布实施的《新化学物质环境管理办法》在源头控制和防止新化学物质对我国的环境影响方面发挥了重要作用。环境保护部2010年1月颁布了修订版的《新化学物质环境管理办法》，于2010年10月15日正式实施。新办法由于引入了许多欧盟《关于化学品注册、评估、许可和限制法规》（REACH）的元素，因此也常被称为“中国REACH”（China REACH）。《固体废物进口管理办法》自2011年8月1日开始执行，旨在规范固体废物进口环境管理，防止进口固体废物污染环境。此外，还有《国家危险废物名录》（1998）、《危险废物转移联单管理办法》（1999）和《医疗废物分类目录》（2003）及各种标准、政策等。全国多个省市也颁布了废物管理的地方条例。

管理原则 综观国内外废物管理的法律法规，基本都遵循如下的原则。

全过程管理原则 又称生命周期管理原则。对废物从产生、收集、储存、运输、利用到最终处置的全过程实行一体化的管理。我国《固体废物污染环境防治法》、美国《危险废物和综合许可证条例》、欧盟《废物框架指令》以及德国、日本等许多国家的废物管理相关法律中都对该原则有相关规定。

废物分类和分级管理原则 根据废物的不同来源和性质对其进行分类管理，并且按照处理方式的不同分别进行处置。

减量化、资源化、无害化原则 减量化指通过采取适当措施，一方面减少固体废物的产生量，另一方面减小固体废物的体积。资源化即通常所称的废物综合利用，指对已产生的固体废物进行回收加工、循环利用或其他再利用等，使废物直接变成产品或转化为可供再利用的二次原料。无害化是对已产生但又无法或暂时无法进行综合利用的固体废物，经过物理、化学等方法进行安全处理、处置，以此防止、减少或减轻固体废物的危害。

生产者责任原则 生产者不仅要对生产过程中的环境污染承担责任，还需要对报废后的产品或使用过的包装物承担回收利用或者处置的责任。实践表明，这种责任机制可以比较有效地解决生产、消费与废物处置责任割裂带来的问题。

污染者付费原则 废物污染行为或者后果的实施者应当承担废物污染防治的相关费用，使环境污染成本内部化。这一原则体现了运用经济手段实现环境保护的政策。

基本制度 目前各国针对固体废物的管理建立了许多有效的制度，鉴于危险废物对环境和人类健康带来的严重危害，世界各国都将危险废物管理作为固体废物管理的重点。

分类管理制度 固体废物种类繁多，危害特性与方式各有不同，因此，应根据不同废物的危害程度与特性区别对待，实行分类管理。我国将固体废物分为城市工业和生活垃圾、一般工业固体废物和危险固体废物三大类，实行区别对待的管理措施。建设主管（环境卫生）部门负责本行政区域内城市生活垃圾的管理工作，并且建设部门负有清运建筑垃圾的责任。政府经济主管部门负责工业固体废物产生、运输贮存、综合利用的管理，促进清洁生产。环境主管部门负责监督工业固体废物可能产生的环境污染行为，杜绝工业固体废物向环境排放。对含有特别严重危害性质的危险废物，实行严格控制、优先管理，对其污染防治要提出比一般固体废物的污染防治更为严厉的要求。

危险废物名录、鉴别和标识制度 危险废物的识别是危险废物管理的起点。我国 1998 年制定了《国家危险废物名录》，将危险废物分为 49 类，400 多个小类，明确了废物类别、行业来源、废物代码和危险特性。对未列入名录的，通过危险废物鉴别方法和鉴别标准进行识别。在危险废物的容器和包装物以及收集、储存、运输、处置危险废物的设施和场所，必须设置危险废物识别标志。欧盟 1991 年实施的《危险废物指令》对各种危险废物进行了分类，2000 年颁布了《欧洲废物名录》（2000/532/EC）。美国《固体废物处置法》要求美国环境保护局制定“危险废物名录”，所有列入名录的物质皆为危险废物。

许可证管理制度 各国对从事危险废物储存、处理、利用和处置活动的企业实行许可证管理制度。我国的《固体废物污染环境防治法》第五十七条专门对此做了规定，国务院 2004 年颁布实施了《危险废物经营许可证管理办法》，规定“在中华人民共和国境内从事危险废物收集、储存、处置经营活动的单位，应当依照本办法的规定，领取危险废物经营许可证”；“危险废物经营许可证按照经营方式，分为危险废物收集、储存、处置综合经营许可证和危险废物收集经营许可证”；并对申请领取危险废物经营许可证的条件、程序和监督管理进行了详细规定。美国《固体废物处置法》规定除非获得许可证，否则禁止处理（包括利用）、储存或处置危险废物，以及建设处理、储存和处置危险废物的新设施。德国《废物避免、综合利用和处置法》规定：建设和运行储存、处理进行处置的废物的固定式废物处置设施需要根据《联邦污染控制法》取得许可证；根据《运输许可证条例》，从事商业性收集和运输进行处置的废物，以及收集和运输进行循环利用的危险废物，必须向主管部门领取运输许可证。

转移管理制度 针对固体废物转移过程中出现的环境污染问题，各国专门制定了跨地区转移固体废物管理制度。目前，我国对于跨省转移的固体废物，要求必须经移出地和接收地省级环保部门的同意，并实行电子联单，运输车辆进行 GPS（全球定位系统）跟踪，以保证运输安全、防止非法转移和处置，保证废物的完全监控，防止污染事故发生。为加强对危险废物转移的有效监督，国家环境保护总局 1999 年 6 月 22 日发布《危险废物转移联单管理办法》，对在我国境内从事危险废物转移活动的单位实施危险废物转移联单制度。美国《固体废物处置法》及美国环境保护局制定的《危险废物产生者标准》《危险废物运输者标准》《危险废物处理、储存和处置者标准》等法规规定：危险废物产生者如果要将其危险废物运出产生地点之外进行处理、储存或处置，必须填报“统一危险废物货运清单”；危险废物运输者，危险废物的处理、储存和处置者必须遵守关于统一危险废物货运清单的规定。

危险废物储存限期制度 在我国，储存危险废物必须采取符合国家环境保护标准的防护措施，并不得超过一年；确需延长期限的，必须报经原批准经营许可证的环境保护行政主管部门批准；法律、行政法规另有规定的除外。

危险废物行政代处置制度 我国规定，产生危险废物的单位，必须按照国家有关规定处置危险废物，不得擅自倾倒、堆放；不处置的，由所在地县级以上地方人民政府环境保护行政主管部门责令限期改正；逾期不处置或者处置不符合国家有关规定的，由所在地县级以上地方人民政府环境保护行政主管部门指定单位按照国家有关规定代为处置，处置费用由产生危险废物的单位承担。

责任保险制度 对危险废物运输、处理、储存和处置设备实行保险制度，保险要求涵盖环境保护的责任，保证有足够的资金用于设施的关闭、设施关闭后的照料，一旦出现突发事故和非突发环境事故，则由保险公司支付有关应急处理的费用，补偿受害人的人身伤害和财产损失，以及其他环境保护费用。

危险废物报告制度 我国《固体废物污染环境防治法》规定：产生工业固体废物的单位，必须按照国务院环境保护行政主管部门的规定，向所在地县级以上地方人民政府环境保护行政主管部门提供工业固体废物的种类、产生量、流向、储存、处置等有关资料。美国《固体废物处置法》要求危险废物的产生者、运输者以及危险废物处理、储存和处置设施的所有人或营运人应向美国环境保护局报告其活动及所处理的危险废物的情况。

资料保管制度 德国《废物避免、综合利用和处置法》规定：废物的产生者以及拥有者，废物处置设施的营运者、收集和运输者要将关于危险废物类型、数量及其处置情况的资料保存一定时期（如 5 年）。美国环境保护局制定的《危险废物处理、储存和处置设备的所有者和操作者标准》规定危险废物处理、储存和处置者必须将有关文件和报告保存一定时期（如 3 年），内容包括所接收危险废物的数量，处理、储存或处置的方法、时间及设施的地点等。

处置设施关闭后的管理制度 美国环境保护局制定的《危险废物处理、储存和处置设备的所有者和操作者标准》规定：危险废物处理、储存和处置者必须制订关闭计划。关闭计划是申请设施运营许可证的必要文件，该计划规定了他们在设施关闭后对设施的各项照料，如监测、保养等。德国《废物避免、综合利用和处置法》规定：填埋场和处理危险废物的设施关闭之前，其拥有者必须通知主管部门。主管部门应要求其对该填埋场或危险废物处理设施采取防护措施以保护公共利益。

控制废物进出口制度 为了规范固体废物进口环境管理，防止进口固体废物污染环境，我国对用作原料的固体废物实行限制进口和自动许可分类管理。对废物的进口实行三级审批制度、风险评价制度和加工利用定点制度等。2011 年，环境保护部联合其他 4 个部委颁布实施了《固体废物进口管理办法》，禁止中华人民共和国境外的固体废物进境倾倒、堆放、处置；禁止固体废物转口贸易；禁止进口危险废物；禁止经中华人民共和国过境转移危险废物；国家实施固体废物进口许可管理。1993 年欧共体（欧盟前身）《控制废物在欧共体内部及进出入欧共体的法规》严格控制危险废物的进出口，规定：禁止向发展中国家出口废物进行处置，禁止向发展中国家出口危险废物；向发达国家出口危险废物执行预先知情同意程序，没有进口国主管部门的书面同意意见，出口国主管部门不得同意出口；进口危险废物同样执行预先知情同意程序，经进口国审查同意后，方可进口。美国《固体废物处置法》规定：未经进口国同意，禁止向进口国出口危险废物；实行危险废物出口预通知程序，即危险废物出口美国环境保护局应预先通知进口国，根据进口国的同意或不同意的信函决定是否同意出口。

管理手段 固体废物管理手段主要包括法律手段、行政手段、经济手段和技术手段。

法律手段 通过立法，把国家对固体废物管理的要求、做法以法律形式固定下来，并强制执行。法律手段是固体废物管理的一种强制性手段，也是世界各国广泛采用的方式。《中华人民共和国固体废物污染环境防治法》是我国防治固体废物污染环境、开展固体废物管理的重要法律依据。

行政手段 指国家和地方各级行政管理机关，制定固体废物管理的方针、政策、标准，对固体废物实施行政管理。主要包括组织制定国家和地方的固体废物相关政策、工作计划和污染防治规划并推动落实；采取行政制约的方法，发放固体废物贮存、处理、处置经营许可证，审批固体废物的转移、进出口；运用行政权力采取特定措施，如对危险废物实施行政代处置。

经济手段 运用价格、税收、信贷等经济杠杆，调节固体废物管理相关方的行为，提高固体废物管理效率。对违反规定造成严重污染的单位和个人处以罚款；对积极开展“三废”综合利用、减少排污量的企业给予减免税和利润留成的奖励。

技术手段 采用先进的固体废物减量化、无害化等技术来防治固体废物污染的手段，包括制定标准、固体废物污染状况调查、推广清洁生产工艺及先进治理技术、组织环境科研成果和环境科技情报的交流等。减量化是解决固体废物的最佳方法，具体技术措施包括改变生产过程、革新生产工艺、重新调整化学品配方、以无害化学品替代有毒化学品等。

此外，还可以采取宣传、教育等手段，提高公众参与固体废物管理的意识和参与能力，共创全社会参与、监督的固体废物环境管理氛围。

（贺桂珍）

guti feiwu guanli guihua

固体废物管理规划

(solid waste management planning) 对一定时期内区域固体废物的处置量、处置技术及处置场所位置方案的设计所做出的安排。

规划层次 可分为两个层次：一是政策管理规划，侧重于法律规定与技术规范层面的管理要求，如固体废物产业发展规划、处理及处置技术发展规划；二是工程技术方案，是关于固体废物管理规划的各个环节具体运行的要求，如收集线路的设计、处理处置方式的选择、填埋地址的确定等。一般的固体废物管理规划均强调对工程技术方案的规划。

规划对象 主要是城市固体废物的管理系统，即如何使城市垃圾的收集、运输费用最小，如何给各处理场所（如填埋场、堆肥场和焚化场等）分配合适的固体废物量，使城市或区域的垃圾处理费用最小。

基本步骤 如下图所示。

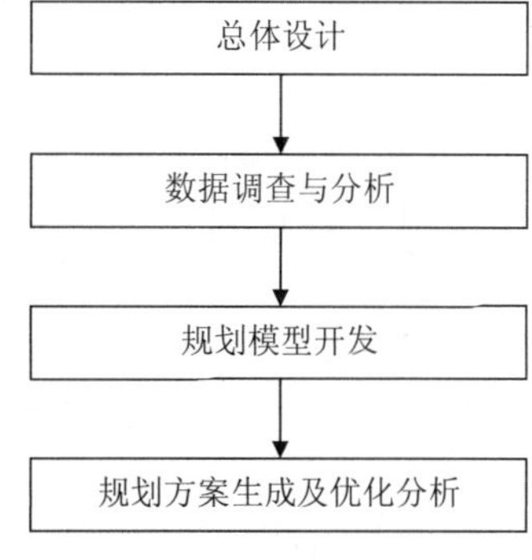

固体废物管理规划的基本步骤

总体设计 包括确定规划的目标、对象、范围、内容、规划流程及规划的衡量指标体系等。

数据调查与分析 包括：①固体废物污染源数据调查分析。实地考察固体废物的污染源，收集污染物排放数据，并进行统计分析。②固体废物处置现状数据调查。确认规划区内固体废物的收集、存放、运输路线，处理方式，填埋场位置和规模，对环境的影响数据，以及有用固体废物回收利用状况等。③社会经济数据调查分析。收集并分析相关的经济结构、产业结构、工业结构及布局现状，以及社会与经济发展远景规划目标数据。④其他数据调查。包括相关的环境质量、水文、气象、土地利用、交通和地形地貌数据等。

规划模型开发 采用适宜的规划方法，建立固体废物管理控制系统的规划模型，以获得反映实际系统本质的规划方案。具体内容包括：固体废物管理技术经济评估，固体废物产生排放预测，固体废物处置场地选址及交通运输网络设计，固体废物处理量优化分配，固体废物相关的空气污染物扩散控制，固体废物运输与处理相关的噪声污染与控制等。

规划方案生成及优化分析 包括：①根据规划模型结果，形成相应不同条件下的规划方案。②为了增强规划方案的有效性，还可采用一些风险分析方法，以及效用理论、回归分析等方法，加强与决策者和有关专家的交互过程，以获得有用的反馈信息，进而调整模型，分析比较不同规划方案的效果，力图获得更加切实可操作的优化方案。 （张红　李奇锋）

guti feiwu huanjing yingxiang pingjia

固体废物环境影响评价 （environmental impact assessment of solid waste） 在鉴别固体废物类型的基础上，预测并评价不同类型固体废物在储存、运输、利用、处置过程中所产生的环境影响，针对负面环境影响提出合理可行的环境保护措施的过程。

评价原则 对固体废物的环境影响评价必须遵循以下原则：①全过程评价原则。对建设项目中固体废物从产生、收集储存、运输、再循环、再利用、处理直至最终处置（从摇篮到坟墓）实行全过程分析评价，采取相应污染防治对策措施。②废物减量化、资源化、无害化原则。将固体废物作为一种资源进行再利用，变废为宝；积极推进清洁生产。③环境风险最低化原则。固体废物的转移运输对环境安全存在巨大的不确定隐患，应遵循就地综合利用和处理处置无害化的原则，最大限度地降低环境风险。

评价类型 主要分为两大类型：一类是对一般工程建设项目产生的固体废物，由产生、收集储存、运输到处理处置的环境影响评价；另一类是对集中进行专业化处理、处置固体废物的工程建设项目进行环境影响评价。

建设项目固体废物环境影响评价重点在于分析清楚项目产生的固体废物种类及其特性，预计固体废物产生量，对固体废物暂存场所、利用及处置过程产生的环境影响进行分析评价，对项目采取的有关固体废物的污染防治措施进行分析评价，包括对固体废物循环再生利用等处理处置措施的分析评价。

主要内容 主要包括项目概况和工程分析、固体废物环境影响预测与评价、固体废物管理建议和措施等。

项目概况和工程分析 对建设项目建设地点、规模、采用的技术工艺等进行了解，开展污染源调查。主要包括：①确定工业固体废物种类及其产生量，重点分析危险废物的产生环节。②判断固体废物特性，区分一般工业固体废物、危险废物，分析危险废物的危害特性。固体废物的来源分布和废物种类及产生量是固体废物环境影响评价的基础资料，应按建设过程、运营过程两个阶段进行核算和统计。

固体废物环境影响预测与评价 主要包括：①分析工业固体废物包装、储存中需采取的污染防治措施及其对环境的影响。②分析工业固体废物自行利用、处置过程的经济技术可行性，科学预测其对大气、水体的环境影响。依据固体废物的种类、产生量及其管理全过程可能造成的环境影响进行针对性的分析和预测。同时，说明建设项目固体废物的利用处置方案，评价利用处置方式是否符合有关法规和标准的要求。在预测分析中，需对固体废物堆放、储存、转移及最终处置（如建设项目自建焚烧炉、自设填埋场）可能造成的大气、水体、土壤污染及对人体、生物的危害进行分析与预测，避免产生二次污染。③分析工业固体废物综合利用和处置可行性。污染防治措施分析包括两个层次，首先对项目可行性研究报告等文件提供的污染防治措施进行技术先进性、经济合理性及运行可靠性的评价，若所提方案不能满足环保要求，应提出切实可行的改进建议。可从安全储存的技术要求和规范利用处置方式方面提出污染防治的对策措施。

固体废物管理建议和措施 对于固体废物，尤其是危险废物的环境管理，主要包括：①制订管理计划，将危险废物的产生、储存、利用、处置等情况纳入生产记录，建立危险废物管理台账。②制定应急预案。针对建设项目特点，对可能存在的环境污染风险进行识别，分析其关键装置、要害部位以及重大环境危险源等存在风险隐患的环节，提出防止发生次生环境污染事件的处置措施；明确应急组织机构的构成、工作职责及突发事件的应急响应机制。

（朱源）

guan、ting、bing、zhuan、qian zhidu

关、停、并、转、迁制度

（system of closure，suspension，acquisition，shift and relocation） 中国对严重污染环境、无法治理或拒不治理的企业实行“关闭、停办、合并、转产、迁移”等行政处罚措施的制度。关、停、并、转、迁制度是中国国民经济调整和经济体制改革中加强企业管理的重要措施。“关”和“停”是指对某些长期亏损、耗费国家财政资金且污染严重的企业，实行关闭、停产整顿或限期扭亏为盈。“并”是指采用经济联合的方式对同类行业中重复生产的企业拆全改专，使生产符合需求。“转”是指对长期产销不对路的企业，或是长期缺乏原材料、生产任务不足而处于半歇业状态的企业，改变其原来的生产方向，转而生产适销对路的产品。“迁”是指对污染严重、对环境造成严重危害的企业，视具体情况进行迁移，以减轻污染。该制度的根本目的是调整优化产业结构，提升行业整体水平。

1952—1978 年，我国实施了“重点发展重工业”战略，工业占比迅速提高。然而，这一时期我国的工业产业结构以技术含量较低的劳动密集型行业为主，如采掘、冶金、化工等，资源消耗量大，环境污染严重。改革开放以来，我国经济规模快速增长，人民生活水平持续提高，与此同时，工业化前期遗留的环境污染问题也日益严重。随着人们环保意识的不断加强和对良好生活环境的迫切要求，我国必须对传统工业进行转型升级，而不符合节能减排要求的工业污染项目将成为首先清理的对象。《国务院关于在国民经济调整时期加强环境保护工作的决定》（国发〔1981〕27 号）第二条明确指出：一些生产工艺落后、污染危害大，又不好治理的工厂企业，要根据实际情况有计划地关停并转。对重点污染企业采取关、停、并、转、迁的手段，是以牺牲局部、短期经济利益为代价，换取国民经济健康、可持续发展的长远战略。国家采用引导和强制相结合的方式，促使企业通过关、停、并、转、迁等方式，淘汰高能耗、高污染、低产出的产业、产品和落后工艺，有利于鼓励先进，鞭策落后，最终达到调整和优化产业结构，加快节能降耗和改善环境质量的双重目的。

（韩竞一）

guanting “shiwuxiao”

关停“十五小”

（closure of fifteen small enterprises） 限期取缔、关闭和停产 15 种浪费资源、污染环境、产品质量低劣、技术装备落后、不符合安全生产条件的小型企业的环境管理手段。

“十五小”是指破坏资源、污染环境、产品质量低劣、技术装备落后、不符合安全生产条件的 15 种小企业，具体指小造纸、小制革、小染料、小电镀、小农药、小漂染、土法炼焦、土法炼硫、土法炼砷、土法炼汞、土法炼铅锌、土法炼油、土法选金、土法生产石棉制品、土法生产放射性制品等 15 种小企业。这些企业虽然在国民经济发展中发挥了增产增效作用，但同时也带来了环境污染和生态破坏的问题。关停“十五小”，对于减轻环境污染，合理利用资源，促进经济增长方式的转变有重要意义。

（韩竞一）

guanghuanjing zhiliang pingjia

光环境质量评价 （optical environmental quality assessment） 综合考虑视觉功效、舒适感与经济、节能等因素，选取光通量、照度、发光强度和光亮度等指标，对一定区域内光环境质量进行说明、评定和预测的过程。

光环境质量评价方法主要是基于模糊关系、隶属函数等模糊数学基本概念的一种综合性的光环境质量评价方法。根据评价指标的不同主要分为两类：一类是直接利用愉悦感等主观评价指标进行综合评价，但每次评价时都需要一定数量的受试者进行试验，影响了该方法的可操作性；另一类是以照度、亮度等客观指标作为评价指标，其优点在于实测到室内光环境的照度等客观指标后即可得到光环境评价结果，具有较强的可操作性，但需根据每个客观指标建立与之相对应的隶属函数。

光环境质量评价的客观指标包括光通量、光照度、发光强度和光亮度。保证光环境质量的基本条件是光照度和光亮度。光照度的均匀度对光环境有直接影响，因为它对室内空间中人们的行为、活动能产生实际效果。

光照度标准值是作业面或参考平面上的维持平均光照度，规定表面上的平均光照度不得低于此数值。它是在照明装置必须进行维护的时刻，在规定表面上的平均光照度，是为确保工作时的视觉安全和视觉功效所需要的光照度。光照度标准值按 0.5 lx、1 lx、3 lx、5 lx、10 lx、15 lx、20 lx、30 lx、50 lx、75 lx、100 lx、150 lx、200 lx、300 lx、500 lx、750 lx、1 000 lx、1 500 lx、2 000 lx、3 000 lx、5 000 lx 分级。光照度标准值分级以在主观效果上明显感觉到光照度的最小变化为基准，光照度差大约为 1.5 倍。国际照明委员会（CIE）对不同作业和活动推荐的光照度见下表。

国际照明委员会（CIE）对不同作业和活动推荐的光照度

作业或活动类型	光照度范围/lx
室外入口区域	20～30～50
短暂停留交通区	50～75～100
衣帽间，门厅	100～150～200
讲堂，粗加工	200～300～500
办公室，控制室	300～500～750
缝纫，绘图，检验室	500～750～1 000
辨色，精密加工和装配	750～1 000～1 500
手工雕刻，精细检验	1 000～1 500～2 000
手术室，微电子装配	>2 000

（李静）

guihua fangfa

规划方法 （planning method） 在制定环境规划时所运用的数学模型及采用的分析方法。规划的方法主要有线性规划、非线性规划、整数规划、目标规划和动态规划等。通过线性规划方法可获得区域总污染源排放最大量、总污染源最小削减量（或削减率），或削减污染物措施的最小总投资费用；通过整数规划方法可获得最佳削减污染物的措施和方案；通过动态规划方法可求得总排放量的分配问题。

（张红）

guihua fenxi

规划分析 （planning analysis） 针对拟议的规划目标、指标、规划方案与相关的其他发展规划、环境保护规划的关系所做的分析。规划分析首先要阐明并简要分析规划的编制背景、规划目标、规划对象、规划内容和实施方案，理清规划中所涉及的法律、法规，说明与其他规划的关系，并按拟定的规划目标比较分析规划与所在区域、行业其他规划特别是环境保护规划的协调性。

规划分析应包括规划概述、规划目标的协调性分析以及确定规划环境影响评价的范围和内容。

规划概述 主要包括：编制背景、规划目标、规划对象、规划内容、实施方案及其与相关法律、法规和其他规划的关系。

规划目标的协调性分析 应注意以下规划的协调性：与该规划具有相似的环境、生态问题或共同的环境影响，占用或使用共同自然资源的相关规划是否协调；与环境功能区划、生态功能保护区划、生态省（市）规划等环境保护的相关规划是否协调。

确定规划环境影响评价的范围和内容 不同规划环境影响评价的工作内容随规划的类型、特性、层次、地点及实施主体而异，需根据环境影响识别的结果确定环境影响评价的具体内容（参见规划环境影响评价）。

规划分析的常用方法有核查表法、叠图分析法、矩阵分析法、专家咨询法、情景分析法、博弈论法等。 （汪光）

guihua huanjing yingxiang pingjia

规划环境影响评价 （planning environmental impact assessment） 在规划编制阶段，对规划实施后可能造成的环境影响进行分析、预测和评估，并提出预防或者减轻不良环境影响的对策和措施的过程。

规划环境影响评价的对象分为综合性规划和专项规划，综合性规划主要指土地利用的有关规划和区域、流域、海域的建设、开发利用规划，专项规划主要指工业、农业、畜牧业、林业、能源、水利、交通、城市建设、旅游、自然资源开发的有关规划。

评价范围 评价范围在时间跨度上，一般应包括整个规划周期。对于中、长期规划，可以规划的近期为评价的重点时段；必要时，也可根据规划方案的建设时序选择评价的重点时段。评价范围在空间跨度上，一般应包括规划区域、规划实施影响的周边地域，特别应将规划实施可能影响的环境敏感区、重点生态功能区等重要区域纳入评价范围。

主要内容 包括规划分析，环境现状调查分析与评价，环境影响识别与确定环境目标和评价指标，环境影响预测、分析与评价，供决策的环境可行规划方案与环境影响减缓措施，关于拟议规划的结论性意见与建议，监测与跟踪评价以及公众参与。

规划分析 包括分析拟议的规划目标、指标、规划方案与相关的其他发展规划、环境保护规划的关系。

环境现状调查分析与评价 包括调查、分析环境现状和历史演变，识别敏感的环境问题以及制约拟议规划的主要因素。现状调查应针对规划对象的特点，按照全面性、针对性、可行性和效用性的原则，有重点地进行，调查内容应包括环境、社会和经济三个方面。

环境影响识别与确定环境目标和评价指标 识别环境可行的规划方案实施后可能导致的主要环境影响及其性质，编制规划的环境影响识别表，并结合环境目标，选择评价指标。包括识别规划目标、指标、方案（包括替代方案）的主要环境问题和环境影响，按照有关的环境保护政策、法规和标准拟定或确认环境目标，选择量化和非量化的评价指标。规划环境影响识别与评价指标确定的基本程序如图 1 所示。

针对规划可能涉及的环境主题、敏感环境要素以及主要制约因素，按照有关的环境保护政策、法规和标准拟定或确认规划环境影响评价的环境目标，包括规划涉及的区域和（或）行业的环境保护目标，以及规划设定的环境目标。在对规划的目标、指标、总体方案进行分析的基础上，识别规划目标、发展指标和规划方案实施可能对自然环境（介质）和社会环境产生的影响。环境影响识别的内容包括对规划方案的影响因子识别、影响范围识别、时间跨度识别、影响性质识别。环境影响识别方法一般有核查表法、矩阵法、网络法、叠图法、系统流图法、层次分析法、情景分析法等。

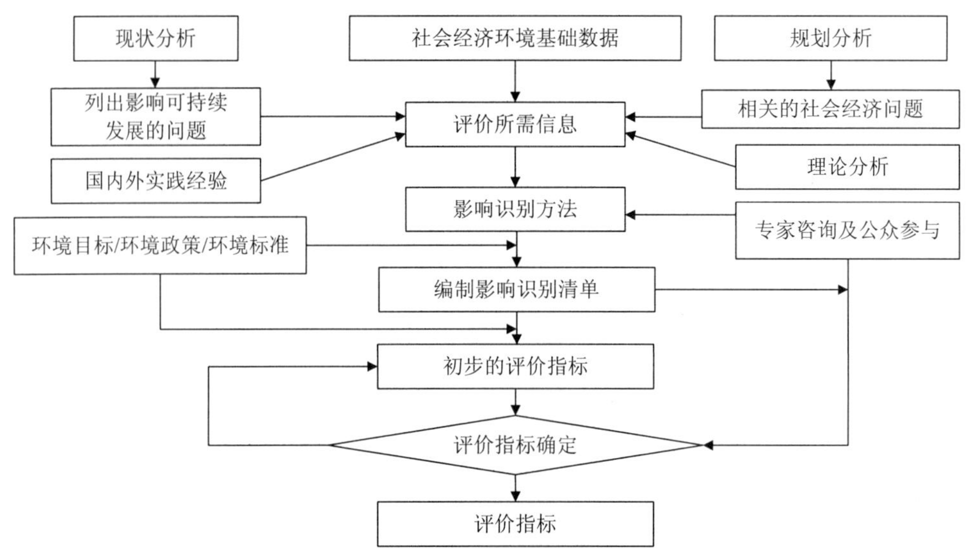

图 1　规划环境影响识别与评价指标确定的基本程序

以环境影响识别为基础，结合规划及环境背景调查情况、规划所涉及部门或区域的环境保护目标，并借鉴国内外的研究成果，通过理论分析、专家咨询、公众参与初步确立评价指标，并在评价工作中补充、调整、完善。在选取评价标准时，采用已有的国家、地方、行业或国际标准，如缺少相应的法定标准时，可参考国内外同类评价通常采用的标准，采用时应经过专家论证。

环境影响预测、分析与评价　包括预测、分析与评价不同规划方案（包括替代方案）对环境保护目标、环境质量和可持续性的影响。

在开展规划的环境影响预测时，应对所有规划方案的主要环境影响进行预测，内容包括直接的、间接的环境影响，特别是规划的累积影响，以及规划方案影响下的可持续发展能力预测。预测方法一般有类比分析法、系统动力学法、投入产出分析、环境数学模型法、情景分析法等。

开展规划的环境影响分析与评价时，应对规划方案的主要环境影响进行分析与评价，内容包括：规划对环境保护目标的影响；规划对环境质量的影响；规划的合理性分析，包括社会、经济、环境变化趋势与生态承载力的相容性分析。评价方法一般有加权比较法、费用-效益分析法、层次分析法、可持续发展能力评估、对比评价法、环境承载力分析等。

开展累积影响分析时应当从时间、空间两个方面进行，常用的方法有专家咨询法、核查表法、矩阵法、网络法、系统流图法、环境数学模型法、环境承载力分析、叠图法、情景分析法等。

供决策的环境可行规划方案与环境影响减缓措施　针对各规划方案（包括替代方案），拟定环境保护对策和措施，确定环境可行的推荐规划方案。根据环境影响预测与评价的结果，对符合规划目标和环境目标要求的规划方案进行排序，并概述各方案的主要环境影响，以及相应环境保护对策和措施。对环境可行的规划方案进行综合评述，提出供有关部门决策的环境可行规划方案，以及替代方案。在拟定环境保护对策与措施时，应遵循“预防为主”的原则和下列优先顺序：①预防措施，用以消除拟议规划的环境缺陷；②最小化措施，限制和约束行为的规模、强度或范围使环境影响最小化；③减量化措施，通过行政措施、经济手段、技术方法等降低不良环境影响；④修复补救措施，对已经受到影响的环境进行修复或补救；⑤重建措施，对于无法恢复的环境，通过重建的方式替代原有的环境。

关于拟议规划的结论性意见与建议 通过上述各项工作，对拟议规划方案得出下列评价结论中的一种：建议采纳环境可行的推荐方案；修改规划目标或规划方案；放弃规划。

监测与跟踪评价 对于可能产生重大环境影响的规划，在编制规划环境影响评价文件时，应拟定环境监测与跟踪评价计划和实施方案。

公众参与 对可能造成不良环境影响并直接涉及公众环境权益的专项规划，应当公开征求有关单位、专家和公众对规划环境影响报告书的意见，依法需要保密的除外。其中，公开的环境影响报告书的主要内容包括：规划概况、规划的主要环境影响、规划的优化调整建议和预防或者减轻不良环境影响的对策与措施、评价结论。公众参与可采取调查问卷、座谈会、论证会、听证会等形式进行。对于政策性、宏观性较强的规划，参与的人员可以规划涉及的部门代表和专家为主；对于内容较为具体的开发建设类规划，参与的人员还应包括直接环境利益相关群体的代表。处理公众参与的意见和建议时，对于已采纳的，应在环境影响报告书中明确说明修改的具体内容；对于不采纳的，应说明理由。

工作流程 规划环境影响评价的工作流程如图 2 所示。

文件编制要求 规划环境影响报告书应文字简洁、图文并茂，数据翔实、论点明确、论据充分，结论清晰准确。规划环境影响报告书至少包括九个方面的内容：总则、拟议规划的概述、环境现状描述、环境影响分析与评价、推荐方案与减缓措施、专家咨询与公众参与、监测与跟踪评价、困难和不确定性、执行总结。规划环境影响篇章应文字简洁、图文并茂，数据翔实、论点明确、论据充分，结论清晰准确。规划环境影响篇章至少包括四个方面的内容：前言、环境现状描述、环境影响分析与评价、环境影响减缓措施。

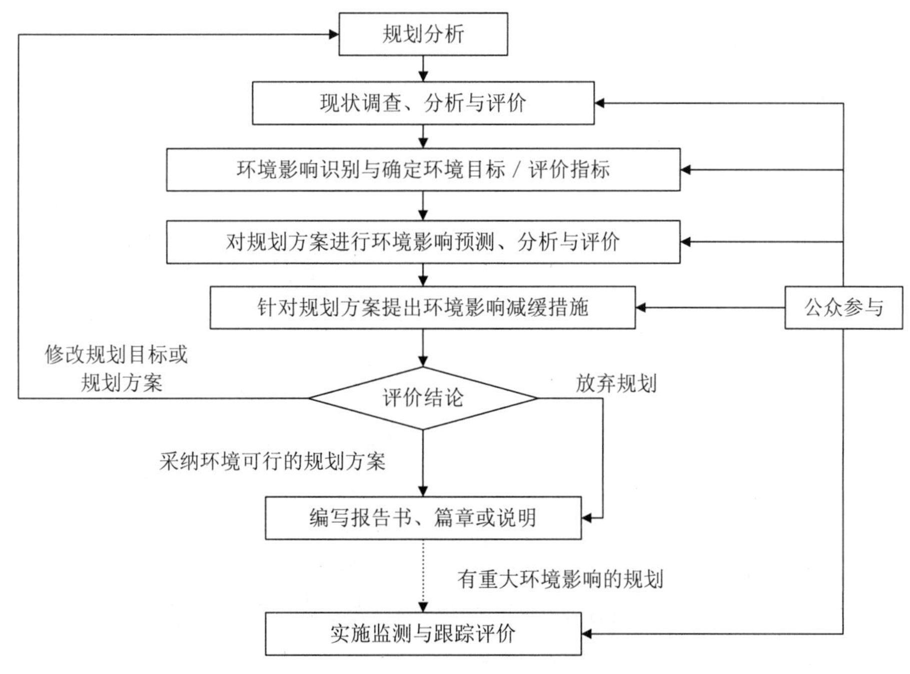

图 2 规划环境影响评价的工作流程

（楚春礼）

guihua yaosu

规划要素 （key elements of planning） 主要指规划方案中的发展目标、定位、规模、布局、结构、时序，以及规划包含的具体建设项目和建设计划等。 （汪光）

《Guolu Daqi Wuranwu Paifang Biaozhun》

《锅炉大气污染物排放标准》 （Emission Standard of Air Pollutants for Boiler） 对锅炉大气污染物浓度排放限值、监测和监控要求做出规定的规范性文件。该标准适用于在用锅炉的大气污染物排放管理，以及锅炉建设项目环境影响评价、环境保护实施设计、竣工环境保护验收及其投产后的大气污染物排放管理。该标准对于控制锅炉大气污染物排放，促进锅炉生产、运行和污染治理技术的进步具有重要意义。

《锅炉大气污染物排放标准》（GB 13271—2014）由环境保护部和国家质量监督检验检疫总局于2014年5月16日联合发布，同年7月1日起实施。GB 13271—2001自2016年7月1日废止。

主要内容 该标准规定了锅炉烟气中颗粒物、二氧化硫、氮氧化物、汞及其化合物的最高允许排放浓度限值和烟气黑度限值。

10t/h以上在用蒸汽锅炉和7MW以上在用热水锅炉自2015年10月1日起执行表1规定的大气污染物排放限值，10t/h及以下在用蒸汽锅炉和7MW及以下在用热水锅炉自2016年7月1日起执行表1规定的大气污染物排放限值。自2014年7月1日起，新建锅炉执行表2规定的大气污染物排放限值。重点地区锅炉执行表3规定的大气污染物特别排放限值。执行大气污染物特别排放限值的地域范围、时间，由国务院环境保护主管部门或省级人民政府规定。

每个新建燃煤锅炉房只能设一根烟囱，烟囱高度应根据锅炉房装机总容量，按表4规定执行，燃油、燃气锅炉烟囱不低于8m，锅炉烟囱的具体高度按批复的环境影响评价文件确定。新建锅炉房的烟囱周围半径200m距离内有建筑物时，其烟囱应高出最高建筑物3m以上。

表1 在用锅炉大气污染物排放浓度限值

单位：mg/m³

污染物项目	限值			污染物排放监控位置
	燃煤锅炉	燃油锅炉	燃气锅炉	
颗粒物	80	60	30	烟囱或烟道
二氧化硫	400 550*	300	100	
氮氧化物	400	400	400	
汞及其化合物	0.05	—	—	
烟气黑度（林格曼黑度，级）	≤1			烟囱排放口

* 位于广西壮族自治区、重庆市、四川省和贵州省的燃煤锅炉执行该限值。

表2 新建锅炉大气污染物排放浓度限值

单位：mg/m³

污染物项目	限值			污染物排放监控位置
	燃煤锅炉	燃油锅炉	燃气锅炉	
颗粒物	50	30	20	烟囱或烟道
二氧化硫	300	200	50	
氮氧化物	300	250	200	
汞及其化合物	0.05	—	—	
烟气黑度（林格曼黑度，级）	≤1			烟囱排放口

表3 大气污染物特别排放限值

单位：mg/m³

污染物项目	限值			污染物排放监控位置
	燃煤锅炉	燃油锅炉	燃气锅炉	
颗粒物	30	30	20	烟囱或烟道
二氧化硫	200	100	50	
氮氧化物	200	200	150	
汞及其化合物	0.05	—	—	
烟气黑度（林格曼黑度，级）	≤1			烟囱排放口

表4 燃煤锅炉房烟囱最低允许高度

锅炉房装机总容量	MW	＜0.7	0.7～＜1.4	1.4～＜2.8	2.8～＜7	7～＜14	≥14
	t/h	＜1	1～＜2	2～＜4	4～＜10	10～＜20	≥20
烟囱最低允许高度	m	20	25	30	35	40	45

不同时段建设的锅炉，若采用混合方式排放烟气，且选择的监控位置只能监测混合烟气中大气污染物浓度，应执行各个时段限值中最严格的排放限值。（朱建刚）

guoji huanjing biaozhun

国际环境标准（international environmental standards）由某些国际组织颁布，并在全球范围内供各国参用的环境标准，本身不具有法律约束力。

国际环境标准以共同保护人类生存环境，推行现代环保理念为宗旨。国际标准化组织（ISO）制定的ISO 14000环境管理体系标准已在世界范围内广泛应用。ISO 14000环境管理体系标准不是强制性标准，它强调企业自愿采用、自我约束。实施ISO 14000环境管理体系标准不仅是企业自身发展的需要，也是企业走向国际市场的有效手段。世界卫生组织（WHO）于2007年公布了最新的《空气质量标准》，第一次涵盖了全球所有区域并提供了统一的空气质量标准。世界卫生组织估计，在很多城市中，可吸入颗粒物（主要来自焚烧废弃物及其各种燃料）年平均值超过70 μg/m³。为防止对人体健康造成损害，新标准提出上述数值应低于20 μg/m³。新标准还从严制定了空气中臭氧含量的极限，从120 μg/m³降到100 μg/m³；对二氧化硫含量也从严做出规定，从125 μg/m³降至20 μg/m³。（陈鹏）

guoji huanjing zhengce

国际环境政策（international environmental policies）为了处理国家之间的环境保护问题和开展国际环境保护合作而缔结的国际条约和法律性文件。包括双边、多边、区域性和国际性的环境政策。国际环境公约是其中最为重要的组成部分。

保护全球环境的国际合作制度始于20世纪初，早期的国际环境公约多为区域性的多边环境协定，发展至今已有500多个与环境相关的国际条约和协定，内容涵盖生物多样性、气候变化、海洋环境、土地、森林、化学品和有害废物等与环境相关的各个方面。其中近60%是1972年联合国人类环境会议以来形成的，主要涉及海洋环境保护和生物多样性、化学品和有害废物、气候变化和能源，其中多半条约集中于欧洲和中美洲区域。

自20世纪80年代以来，中国已缔约或签署了50余项国际环境公约，领域涉及危险废物的控制、危险化学品国际贸易、化学品的安全使用和环境管理、臭氧层保护、气候变化、生物多样性保护、湿地保护和荒漠化防治、物种国际贸易、海洋环境保护、海洋渔业资源保护、核污染防治、南极保护、自然和文化遗产保护、环境权利等。此外，先后与美国、俄罗斯、日本等30多个国家签署了环境保护双边协定或备忘录，与美国、日本、法国等15个国家签订了有关核安全与辐射环境管理的双边合作协议。此外，中国还通过与国际组织合作、参与国际环境保护科研活动、签订双边和多边条约与协议等方式，开展国际环境保护合作，解决国家之间的环境纠纷。（马骅）

《Guojia Guli Fazhan De Huanjing Baohu Jishu Mulu》

《国家鼓励发展的环境保护技术目录》（List of State-Encouraged Environmental Protection Technologies）为加快污染防治技术示范、应用和推广，引导环保产业发展而组织编制的指导性目录。

制定背景 为推动我国环境保护和污染治理技术的发展和应用，国家环境保护总局组织编制了《国家鼓励发展的环境保护技术目录》（第一批），并于2006年8月23日发布。此后，环境保护部（2008年前为国家环境保护总局）于2007—2013年先后对该目录进行了6次更新，2014年10月30日发布了《国家鼓励发展的环境保护技术目录（工业烟气治理领域）》，2015年12月7日发布了《国家鼓励发展的环境保护技术目录（水污染治理领域）》，对各项环境保护技术进行推广应用。

主要内容 《国家鼓励发展的环境保护技

术目录》所列的技术是经过工程实践证明的成熟技术，国家鼓励企业优先采用目录所列的污染防治技术。目录中列出的国家鼓励发展的环境保护技术包括：城镇污水、污泥处理及水体修复技术；工业废水处理、回用与减排技术；脱硫、脱硝、除尘技术；工业废气治理、净化及资源化技术；固体废物综合利用、处理处置及土壤修复技术；工业清洁生产技术；农村污染治理技术；噪声与振动控制技术；监测检测技术。

作用 该目录的制定有助于环境保护技术的推广和发展，符合可持续发展的需要，同时也为工业企业的清洁生产提供了参考依据。

（王铁宇 朱朝云）

guojia huanjing baohu guihua

国家环境保护规划 （national environmental protection planning） 为推进一定时期内环境保护事业的科学发展，我国环境保护行政主管部门从国家层面上对环境保护与发展做出的整体部署。国家环境保护规划是国民经济和社会发展规划的重要组成部分，对各专项及区域环境规划有指导作用。

国家环境保护规划是伴随着环境保护工作的开展而发展的。1973 年第一次全国环境保护会议上提出的“32 字方针”明确指出“全面规划，合理布局”，这为之后制定国家环境保护规划提供了重要依据。1979 年颁布的《中华人民共和国环境保护法（试行）》为制定和实施环境保护规划提供了法律依据。1984 年，全国城市环境规划学术讨论会召开。“全国 2000 年环境预测与对策研究”课题预测了 2000 年可能发生的环境问题，提出了环境保护目标和对策建议，为国家和地区编制“七五”、“八五”环境保护计划奠定了基础。在“七五”计划期间，国家环境保护规划开始实行，之后国家又制定了“八五”、“九五”、“十五”、“十一五”、“十二五”环境保护规划。国家环境保护规划在国家环境保护与治理过程中的作用愈加凸显。

国家环境保护规划一般主要包括以下九部分内容：环境形势、指导思想、基本原则和主要目标，推进主要污染物减排，切实解决突出的环境问题，加强重点领域环境风险防控，完善环境保护基本公共服务体系，实施重大环保工程，完善政策措施，加强组织领导和评估考核。

国家环境保护规划是由国家向各地区和有关部门提出保护和合理开发自然资源的要求，下达资源利用指标和污染物控制指标；各地区和有关部门把相关要求和指标随着生产和建设计划贯彻到所有执行单位。 （李奇锋）

guojia huanjing biaozhun

国家环境标准 （national environmental standards） 国家环境保护行政主管部门依法制定和颁布的在全国范围内或在特定区域、特定行业内适用的环境标准。

《中华人民共和国环境保护法》和《中华人民共和国标准化法》是国家环境标准制定实施的重要法律依据。为加强环境标准管理，1999 年 4 月 1 日国家环境保护总局颁布实施的《环境标准管理办法》（国家环境保护总局令 第 3 号）规定：国家环境标准包括国家环境质量标准、国家污染物排放标准（或控制标准）、国家环境监测方法标准、国家环境标准样品标准和国家环境基础标准 5 类。环境标准样品标准和环境基础标准只有国家标准。国家环境标准发布后，相应的原国家环境保护局标准自行废止。

国家环境保护行政主管部门负责全国环境标准管理工作，制定国家环境标准。环境标准分为强制性环境标准和推荐性环境标准。国家环境标准的代号由大写汉语拼音字母构成。强制性国家标准的代号为“GB”，推荐性国家标准的代号为“GB/T”。国家环境标准的编号由国家环境标准的代号、国家环境标准发布的顺序号和国家环境标准发布的年号构成。

（贺桂珍）

《Guojia Jinzhi Kaifa Quyu Minglu》

《国家禁止开发区域名录》 （List of National Development-prohibited Area） 为了保护需要

在国土空间开发中禁止进行工业化、城镇化开发的重点生态功能区而制定的指导性名录。

根据《全国主体功能区规划》，禁止开发区域是依法设立的各级各类自然文化资源保护区域，以及其他禁止进行工业化、城镇化开发、需要特殊保护的重点生态功能区。国家禁止开发区域是指有代表性的自然生态系统、珍稀濒危野生动植物物种的天然集中分布地、有特殊价值的自然遗迹所在地和文化遗址等，需要在国土空间开发中禁止进行工业化、城镇化开发的重点生态功能区。国家层面禁止开发区域，包括国家级自然保护区、世界文化自然遗产、国家级风景名胜区、国家森林公园和国家地质公园。国家禁止开发区域的功能定位是：我国保护自然文化资源的重要区域，珍稀动植物基因资源保护地。国家禁止开发区域要依据法律法规规定和相关规划实施强制性保护，严格控制人为因素对自然生态和文化自然遗产原真性、完整性的干扰，严禁不符合主体功能定位的各类开发活动，引导人口逐步有序转移，实现污染物“零排放”，提高环境质量。

主要内容 列入名录的国家禁止开发区域共 1 443 处，总面积约 120 万 km²，占全国陆地国土面积的 12.5%（本统计结果截至 2010 年 10 月 31 日，总面积中已扣除部分相互重叠的面积）。根据规定，今后新设立的国家级自然保护区、世界文化自然遗产、国家级风景名胜区、国家森林公园和国家地质公园，自动进入《国家禁止开发区域名录》。

作用 《国家禁止开发区域名录》的制定，为国家禁止开发区域的保护提供了法律依据，在工业化、城镇化快速推进、空间结构急剧变动的时期，对如何应对未来诸多挑战、遵循经济社会发展规律和自然规律开发国土空间具有重要指导意义。 （王铁宇　朱朝云）

《Guojia Weixian Feiwu Minglu》

《国家危险废物名录》 （List of National Hazardous Waste） 为了防止危险废物对环境造成污染，加强对危险废物的管理以及保护环境和保障人民身体健康而制定的指导性名录。

1998 年 1 月 4 日，国家环境保护局、国家经济贸易委员会、对外贸易经济合作部、公安部联合发布了《国家危险废物名录》第一批执行名录，并于 7 月 1 日起施行。中华人民共和国第十届全国人民代表大会常务委员会第十三次会议于 2004 年 12 月 29 日修订通过《中华人民共和国固体废物污染环境防治法》，自 2005 年 4 月 1 日起施行。该法第五十一条规定：“国务院环境保护行政主管部门应当会同国务院有关部门制定国家危险废物名录，规定统一的危险废物鉴别标准、鉴别方法和识别标志。”据此，环境保护部、国家发展和改革委员会重新制定了《国家危险废物名录》，自 2008 年 8 月 1 日起施行，原国家环境保护局、国家经济贸易委员会、对外贸易经济合作部、公安部发布的《国家危险废物名录》（环发〔1998〕89 号）同时废止。2016 年 6 月 14 日，环境保护部联合国家发展和改革委员会、公安部公布了《国家危险废物名录》（2016 年版），自 2016 年 8 月 1 日起施行，原环境保护部、国家发展和改革委员会发布的《国家危险废物名录》（环境保护部、国家发展和改革委员会令第 1 号）同时废止。

主要内容 《国家危险废物名录》中列出了具有腐蚀性、毒性、易燃性、反应性或者感染性等一种或者几种危险特性的，或者不排除具有危险特性，可能对环境或者人体健康造成有害影响，需要按照危险废物进行管理的固体废物和液态废物。名录中按照废物类别、行业来源、废物代码、危险特性等列出了医疗废物、农药废物、木材防腐剂废物、有机溶剂废物等多种危险废物。新修订的名录将危险废物调整为 46 大类别 479 种，其中 362 种来自原名录，新增 117 种。

作用 《国家危险废物名录》是我国固体废物环境管理的基础性规章，对各行业固体废物的处理及其管理具有指导作用。该名录的制定，为防止危险废物对环境的污染，加强对危险废物的管理，保护环境和保障人民身体健康

提供了指导方向。（朱朝云　王铁宇）

《Guojia Xianjin Wuran Fangzhi Shifan Jishu Minglu》

《国家先进污染防治示范技术名录》（List of National Advanced Pollution Control Demonstration Technologies）　为加快污染防治技术示范、应用和推广，引导环保产业发展而组织编制的资料性名录。

国家环境保护总局于2006年8月23日发布了《国家先进污染治理技术示范名录》（第一批）。此后，环境保护部多次对该名录进行更新修正，对各项环境保护技术进行推广应用。2015年12月7日，环境保护部发布了《国家先进污染防治示范技术名录（水污染治理领域）》，重点鼓励对一批先进水污染治理技术进行推广应用。2016年12月12日，环境保护部发布了《国家先进污染防治技术目录（VOCs防治领域）》，对挥发性有机物（VOCs）污染防治先进技术进行了推广应用。

主要内容　《国家先进污染防治示范技术名录》主要收录了我国在城镇污水、污泥处理，工业废水处理，固体废弃物综合利用及处理，土壤修复，清洁生产等领域具有新突破的技术方法。名录所列的新技术、新工艺在技术方法上具有创新性，技术指标具有先进性，均为我国当前迫切需要的节能减排技术和工艺，并已基本达到实际工程应用水平。

作用　《国家先进污染防治示范技术名录》主要推荐能够解决我国当前和今后一段时期污染防治重点、难点的新工艺、新技术，用来指导污染防治新工艺、新技术示范项目的申报和审批，同时可以作为污染防治技术的发展指南。国家鼓励各地对名录中的新技术、新工艺进行工程示范和推广，中央和地方环境保护专项资金安排符合名录要求的污染防治新技术工艺推广应用项目。由于名录在专项资金申报中的重要作用，以及其良好的发布平台和社会影响，企业的申报热情很高，同时也对各类污染治理项目的实施起到重要指导作用。

（朱朝云）

《Guojia Zhongdian Baohu Yesheng Dongwu Minglu》

《国家重点保护野生动物名录》（List of National Priority Protected Wild Animals）　为了保护国家珍贵、濒危的陆生、水生野生动物而制定的资料性名录。

制定背景　全国人民代表大会常务委员会1988年11月8日通过的《中华人民共和国野生动物保护法》规定，保护的野生动物是指珍贵、濒危的陆生、水生野生动物和有益的或者有重要经济、科学研究价值的陆生野生动物。该法第九条规定，国家对珍贵、濒危的野生动物应实行重点保护。《国家重点保护野生动物名录》及其调整，由国务院野生动物行政主管部门制定，报国务院批准公布。根据该法规定，经国务院批准，林业部、农业部于1989年1月14日发布施行了《国家重点保护野生动物名录》。

主要内容　《国家重点保护野生动物名录》分为一级保护动物名录和二级保护动物名录。共列出国家一级重点保护野生动物96个种或种类，如大熊猫、金丝猴、长臂猿、白鳍豚、中华鲟等；二级重点保护野生动物160个种或种类，如猕猴、黑熊、金猫、马鹿、黄羊、天鹅、玳瑁、文昌鱼等。名录还对水生、陆生野生动物做了具体划分，明确了由渔业、林业行政主管部门分别主管的具体种类。

作用　《国家重点保护野生动物名录》的颁布，把对珍贵、濒危的陆生、水生野生动物的保护提升到了法律的高度，为进一步加强对国家重点保护野生动物的保护提供了有力的指导帮助。（朱朝云）

《Guojia Zhongdian Baohu Yesheng Zhiwu Minglu》

《国家重点保护野生植物名录》（List of National Priority Protected Wild Plants）　为了保护国家重点野生植物而制定的资料性名录。

制定背景　野生植物是重要的自然资源和环境要素，对于维持生态平衡和发展经济具有重要作用。因此，世界各国都很重视对野生植物的法律保护，国际社会还签订了许多关于保护野生植物的国际合约或协定。我国野生植物资源极为丰富，国家对野生植物保护工作十分重视，先后公布或实施了《中国植物红皮书》《中国植物保护战略》等法律文件或政策，建立了一批自然保护区、植物园和迁地保护设施以进行植物保护，并取得显著成效。1996 年 9 月 30 日，我国第一部专门保护野生植物的行政法规《中华人民共和国野生植物保护条例》由国务院正式发布，并于 1997 年 1 月 1 日起实施。《国家重点保护野生植物名录》是该条例的配套文件。为掌握我国重点保护野生植物的资源状况，为保护管理和合理利用野生植物资源提供科学依据，1996—2003 年，国家林业局组织开展了全国重点保护野生植物资源调查，从我国野生植物保护的急迫需要出发，确定生态作用关键、经济需求量大、国际较为关注、科研价值高且资源消耗严重的 189 种重点保护野生植物作为调查对象，并将其中 148 种列入第一批《国家重点保护野生植物名录》（1999 年 8 月 4 日发布）。

主要内容 第一批名录中，所列物种分Ⅰ、Ⅱ两个级别，以蕨类植物、裸子植物等木本植物为主，列入植物 419 种 13 类（指种以上科或属等分类单位）。其中，Ⅰ级保护的 67 种 4 类，Ⅱ级保护的 352 种 9 类，包括蓝藻 1 种，真菌 3 种，蕨类植物 14 种 4 类，裸子植物 40 种 4 类，被子植物 361 种 5 类。另外，桫椤科、蚌壳蕨科、水韭属、水蕨属、苏铁属、黄杉属、红豆杉属、榧属、隐棒花属、兰科、黄连属、牡丹组等 13 类的所有种（约 1 300 种）全部列入名录。作为草本植物的花卉类较少。

作用 我国重点保护野生植物多为珍稀特有濒危植物，虽然经过近年来的保护，其野外生存环境得到了一定的改善，人工培植也有了长足的发展，但由于其自身生物学特性等方面的原因，野外生存状况依然堪忧，保护形势相当严峻。《国家重点保护野生植物名录》（第一批）是我国野生植物保护管理工作的一个里程碑，它标志着这项工作从此纳入了法制化轨道。名录的制定，为我国重点野生植物的保护工作提供了指导方向和参照，具有重要意义。

（王铁宇　朱朝云）

《Guojia Zhongdian Hangye Qingjie Shengchan Jishu Daoxiang Mulu》

《国家重点行业清洁生产技术导向目录》

（List of Oriented Clean Production Technology in National Priority Industries）　为了全面推进清洁生产，引导企业采用先进的清洁生产工艺和技术，积极防治工业污染而组织编制的指导性目录。

制定背景 清洁生产是将污染预防战略持续地应用于生产全过程，通过不断改善管理和提升技术水平，提高资源利用率，减少污染物排放，以降低对环境和人类的危害。清洁生产的核心是从源头抓起，预防为主，生产全过程控制，实现经济效益和环境效益的统一。《中华人民共和国清洁生产促进法》规定：“有下列情形之一的企业，应当实施强制性清洁生产审核：（一）污染物排放超过国家或者地方规定的排放标准，或者虽未超过国家或者地方规定的排放标准，但超过重点污染物排放总量控制指标的；（二）超过单位产品能源消耗限额标准构成高耗能的；（三）使用有毒、有害原料进行生产或者在生产中排放有毒、有害物质的。”为引导和帮助企业采用先进的清洁生产工艺和技术，2000 年 2 月 15 日，国家经济贸易委员会组织编制了《国家重点行业清洁生产技术导向目录》（第一批）。

主要内容 《国家重点行业清洁生产技术导向目录》（第一批），涉及冶金、石化、化工、轻工和纺织 5 个重点行业，共 57 项清洁生产技术。这 57 项清洁生产技术是行业主管部门在对本行业清洁生产技术进行认真筛选、审核的基础上，组织有关专家进行评审后确定的。这些技术经过生产实践证明，具有明显的环境效益、经济效益和社会效益，可以在本行业或同类性质生产装置上推广应用。2003 年 2 月 27 日，国家经济贸易委员会、国家环境保护总局组织编制了《国家重点行业清洁生产技术导向目录》（第二批），涉及冶金、机械、有色金属、石油和建材5个重点行业，共56项清洁生产技术。2006年11月27日，国家发展和改革委员会、国家环境保护总局组织编制了《国家重点行业清洁生产技术导向目录》（第三批），涉及钢铁、有色金属、电力、煤炭、化工、建材、纺织等行业，共28项清洁生产技术。

作用 《国家重点行业清洁生产技术导向目录》是各级经贸与行业主管部门推荐和审批清洁生产项目的依据，也是各级机构和企业投资环境保护项目的方向。目录的制定对全面推进清洁生产，引导企业采用先进的清洁生产工艺和技术，积极防治工业污染有重要意义。

（王铁宇　朱朝云）

《Guojia Zhongdian Shengtai Gongnengqu Minglu》

《国家重点生态功能区名录》（List of National Priority Ecological Function Zones）为了明确和保护我国国家级重点生态功能区而制定的资料性名录。

制定背景 国家重点生态功能区是指承担水源涵养、水土保持、防风固沙和生物多样性维护等重要生态功能，关系全国或较大范围区域的生态安全，目前生态系统有所退化，需要在国土空间开发中限制进行大规模高强度工业化城镇化开发，以保持并提高生态产品供给能力的区域，又称国家限制开发区域。2010年12月21日《国务院关于印发全国主体功能区规划的通知》中提出了《全国主体功能区规划》，该规划于2011年6月正式发布，提出推进形成主体功能区，要坚持以人为本，把提高全体人民的生活质量、增强可持续发展能力作为基本原则。该规划同时列出了《国家重点生态功能区名录》。

主要内容 《国家重点生态功能区名录》列出的国家重点生态功能区分为水源涵养型、水土保持型、防风固沙型和生物多样性维护型四种类型，包括大小兴安岭森林生态功能区等25个地区，总面积约386万km^2，占全国陆地国土面积的40.2%。

作用 《国家重点生态功能区名录》的编制是落实《全国主体功能区规划》的重要举措，符合国家生态保护与建设的战略大局。保护和管理重点生态功能区，对于协调生态保护与经济社会发展，保障国家和地方生态安全具有重要意义。

（王铁宇　朱朝云）

H

《Haishui Shuizhi Biaozhun》

《海水水质标准》 （Sea Water Quality Standard）按照海水功能和用途，规定了海域水环境质量应控制项目及其限值的规范性文件。该标准适用于中国管辖的海域。该标准对于防止和控制海水污染，保护海洋生物资源和其他海洋资源，促进海洋资源的可持续利用，维护海洋生态平衡具有重要意义。

《海水水质标准》（GB 3097—1997）由国家环境保护局于 1997 年 12 月 3 日批准，自 1998 年 7 月 1 日起实施，《海水水质标准》（GB 3097 —1982）同时废止。

主要内容 按照海域的不同使用功能和保护目标，将海水水质分为四类：第一类适用于海洋渔业水域、海上自然保护区和珍稀濒危海洋生物保护区；第二类适用于水产养殖区、海水浴场、人体直接接触海水的海上运动或娱乐区，以及与人类食用直接有关的工业用水区；第三类适用于一般工业用水区和滨海风景旅游区；第四类适用于海洋港口水域和海洋开发作业区。

各类海水水质标准见下表。

海水水质标准

单位：mg/L

序号	项目	第一类	第二类	第三类	第四类
1	漂浮物质	海面不得出现油膜、浮沫和其他漂浮物质			海面无明显油膜、浮沫和其他漂浮物质
2	色、臭、味	海水不得有异色、异臭、异味			海水不得有令人厌恶和感到不快的色、臭、味
3	悬浮物质	人为增加的量≤10		人为增加的量≤100	人为增加的量≤150
4	大肠菌群/（个/L） ≤	10 000，供人生食的贝类增养殖水质≤700			—
5	粪大肠菌群/（个/L） ≤	2 000，供人生食的贝类增养殖水质≤140			—
6	病原体	供人生食的贝类养殖水质不得含有病原体			
7	水温/℃	人为造成的海水温升夏季不超过当时当地 1℃，其他季节不超过 2℃		人为造成的海水温升不超过当时当地 4℃	
8	pH	7.8～8.5，同时不超出该海域正常变动范围的 0.2 pH 单位		6.8～8.8，同时不超出该海域正常变动范围的 0.5 pH 单位	
9	溶解氧 ＞	6	5	4	3
10	化学需氧量（COD） ≤	2	3	4	5
11	生化需氧量（BOD_5） ≤	1	3	4	5

续表

<table>
<tr><th>序号</th><th>项目</th><th>第一类</th><th>第二类</th><th>第三类</th><th>第四类</th></tr>
<tr><td>12</td><td>无机氮（以 N 计） ≤</td><td>0.20</td><td>0.30</td><td>0.40</td><td>0.50</td></tr>
<tr><td>13</td><td>非离子氨（以 N 计）≤</td><td colspan="4">0.020</td></tr>
<tr><td>14</td><td>活性磷酸盐（以 P 计） ≤</td><td>0.015</td><td colspan="2">0.030</td><td>0.045</td></tr>
<tr><td>15</td><td>汞 ≤</td><td>0.000 05</td><td colspan="2">0.000 2</td><td>0.000 5</td></tr>
<tr><td>16</td><td>镉 ≤</td><td>0.001</td><td>0.005</td><td colspan="2">0.010</td></tr>
<tr><td>17</td><td>铅 ≤</td><td>0.001</td><td>0.005</td><td>0.010</td><td>0.050</td></tr>
<tr><td>18</td><td>六价铬 ≤</td><td>0.005</td><td>0.010</td><td>0.020</td><td>0.050</td></tr>
<tr><td>19</td><td>总铬 ≤</td><td>0.05</td><td>0.10</td><td>0.20</td><td>0.50</td></tr>
<tr><td>20</td><td>砷 ≤</td><td>0.020</td><td>0.030</td><td colspan="2">0.050</td></tr>
<tr><td>21</td><td>铜 ≤</td><td>0.005</td><td>0.010</td><td colspan="2">0.050</td></tr>
<tr><td>22</td><td>锌 ≤</td><td>0.020</td><td>0.050</td><td>0.10</td><td>0.50</td></tr>
<tr><td>23</td><td>硒 ≤</td><td>0.010</td><td colspan="2">0.020</td><td>0.050</td></tr>
<tr><td>24</td><td>镍 ≤</td><td>0.005</td><td>0.010</td><td>0.020</td><td>0.050</td></tr>
<tr><td>25</td><td>氰化物 ≤</td><td colspan="2">0.005</td><td>0.10</td><td>0.20</td></tr>
<tr><td>26</td><td>硫化物（以 S 计） ≤</td><td>0.02</td><td>0.05</td><td>0.10</td><td>0.25</td></tr>
<tr><td>27</td><td>挥发性酚 ≤</td><td colspan="2">0.005</td><td>0.010</td><td>0.050</td></tr>
<tr><td>28</td><td>石油类 ≤</td><td colspan="2">0.05</td><td>0.30</td><td>0.50</td></tr>
<tr><td>29</td><td>六六六 ≤</td><td>0.001</td><td>0.002</td><td>0.003</td><td>0.005</td></tr>
<tr><td>30</td><td>滴滴涕 ≤</td><td>0.000 05</td><td colspan="3">0.000 1</td></tr>
<tr><td>31</td><td>马拉硫磷 ≤</td><td>0.000 5</td><td colspan="3">0.001</td></tr>
<tr><td>32</td><td>甲基对硫磷 ≤</td><td>0.000 5</td><td colspan="3">0.001</td></tr>
<tr><td>33</td><td>苯并[a]芘/（μg/L） ≤</td><td colspan="4">0.002 5</td></tr>
<tr><td>34</td><td>阴离子表面活性剂（以 LAS 计）</td><td>0.03</td><td colspan="3">0.10</td></tr>
<tr><td rowspan="5">35</td><td>放射性核素 ^{60}Co/（Bq/L）</td><td colspan="4">0.03</td></tr>
<tr><td>放射性核素 ^{90}Sr/（Bq/L）</td><td colspan="4">4</td></tr>
<tr><td>放射性核素 ^{106}Rn/（Bq/L）</td><td colspan="4">0.2</td></tr>
<tr><td>放射性核素 ^{134}Cs/（Bq/L）</td><td colspan="4">0.6</td></tr>
<tr><td>放射性核素 ^{137}Cs/（Bq/L）</td><td colspan="4">0.7</td></tr>
</table>

（朱建刚）

《Haiyang Chenjiwu Zhiliang》

《海洋沉积物质量》　（Marine Sediment Quality）　用于规定海域各类使用功能的沉积物质量要求的规范性文件。该标准适用于中国管辖的海域。

《海洋沉积物质量》（GB 18668—2002）由国家质量监督检验检疫总局于 2002 年 3 月 10 日发布，同年 10 月 1 日起实施。

主要内容　按照海域的不同使用功能和环境保护目标，将海洋沉积物质量分为三类：第一类适用于海洋渔业水域、海洋自然保护区、珍稀与濒危生物自然保护区、海水养殖区、海水浴场、人体直接接触沉积物的海上运动或娱乐区，以及与人类食用直接有关的工业用水区；第二类适用于一般工业用水区和滨海风景旅游区；第三类适用于海洋港口水域和特殊用途的海洋开发作业区。海洋沉积物质量标准见下表。

海洋沉积物质量标准

序号	项目		指标		
			第一类	第二类	第三类
1	废弃物及其他		海底无工业、生活废弃物，无大型植物碎屑和动物尸体等		海底无明显工业、生活废弃物，无明显大型植物碎屑和动物尸体等
2	色、臭、结构		沉积物无异色、异臭，自然结构		
3	大肠菌群/（个/g 湿重）	≤	200		
4	粪大肠菌群/（个/g 湿重）	≤	40		
5	病原体		供人生食的贝类增养殖底质不得含有病原体		
6	汞（$\times10^{-6}$）	≤	0.20	0.50	1.00
7	镉（$\times10^{-6}$）	≤	0.50	1.50	5.00
8	铅（$\times10^{-6}$）	≤	60.0	130.0	250.0
9	锌（$\times10^{-6}$）	≤	150.0	350.0	600.0
10	铜（$\times10^{-6}$）	≤	35.0	100.0	200.0
11	铬（$\times10^{-6}$）	≤	80.0	150.0	270.0
12	砷（$\times10^{-6}$）	≤	20.0	65.0	93.0
13	有机碳（$\times10^{-6}$）	≤	2.0	3.0	4.0
14	硫化物（$\times10^{-6}$）	≤	300.0	500.0	600.0
15	石油类（$\times10^{-6}$）	≤	500.0	1 000.0	1 500.0
16	六六六（$\times10^{-6}$）	≤	0.50	1.00	1.50
17	滴滴涕（$\times10^{-6}$）	≤	0.02	0.05	0.10
18	多氯联苯（$\times10^{-6}$）	≤	0.02	0.20	0.60

注：1. 除大肠菌群、粪大肠菌群、病原体外，其余数值测定项目（序号 6～18）均以干重计。

2. 对供人生食的贝类增养殖底质，大肠菌群（个/g 湿重）要求≤14。

3. 对供人生食的贝类增养殖底质，粪大肠菌群（个/g 湿重）要求≤3。

（陈鹏）

hangye huanjing biaozhun

行业环境标准 （industrial environmental standards） 又称环境保护行业标准。根据有关法律的规定，需要在全国环境保护工作范围内统一技术要求而又没有国家环境标准时，应制定行业环境标准。它是对环境保护工作范围内所涉及的内容及设备、仪器等所做的统一技术规定。行业环境标准由国务院环境保护行政主管部门制定，并报国务院标准化行政主管部门备案。当同一内容的国家标准公布后，该内容的行业标准即行废止。行业环境标准是环保标准的一种发布形式，因其在制定主体、发布方式、适用范围等方面具有的特征，应属于国家级环境保护标准。

我国现有的行业环境标准包括：①行业污染物排放标准，如《合成氨工业水污染物排放标准》《砖瓦工业大气污染物排放标准》《摩托车和轻便摩托车定置噪声排放限值及测量方法》《生活垃圾填埋场污染控制标准》等。②行业清洁生产标准，如《清洁生产标准 酒精制造业》《清洁生产标准 铜冶炼业》《清洁生产标准 水泥工业》《清洁生产标准 氧化铝业》等。③行业技术规范，如《味精工业废水治理工程技术规范》《电除尘工程通用技术规范》《铬渣干法解毒处理处置工程技术规范》《垃圾焚烧袋式除尘工程技术规范》《废矿物油回收利用污染控制技术规范》等。④行业环境标志产品标准，如《环境标志产品技术要求　工商用制冷设备》《环境标志产品技术要求　重型汽车》《环境标志产品技术要求　投影仪》《环境标志产品技术要求　船舶防污漆》等。（陈鹏）

hetong nengyuan guanli

合同能源管理　(energy performance contract, EPC)　以减少的能源费用来支付节能项目成本的一种市场化运作的节能机制，也是节能服务公司通过与客户签订节能服务合同，为客户提供包括能源审计、项目设计、项目融资、设备采购、工程施工、设备安装调试、人员培训、节能量确认和保证等一整套节能改造的相关服务，并从客户节能改造后获得的节能效益中收回投资和取得利润的一种商业运作模式。其实质就是以减少的能源费用来支付节能项目全部成本的节能业务方式。

沿革　合同能源管理是20世纪70年代在西方发达国家开始发展起来的一种基于市场运作的全新的节能新机制。合同能源管理不是推销产品或技术，而是推销一种减少能源成本的财务管理方法。基于合同能源管理这种节能投资新机制运作的专业化“节能服务公司”（在国外简称ESCO，在国内简称EMC）发展十分迅速，在美国、加拿大和欧洲，ESCO已发展成为一种新兴的节能产业。1997年，合同能源管理模式登陆中国，相关部门同世界银行、全球环境基金共同开发和实施了“世行/全球环境基金中国节能促进项目”，在山东、北京和大连开展试点。运行几年来，3个示范合同能源管理公司项目的内部收益率都在30%以上。2003年11月13日，项目二期正式启动。在中国投资担保有限公司设立世行项目部为中小企业解决贷款担保的难题，并专门成立了一个推动节能服务产业发展、促进节能服务公司成长的行业协会——中国节能协会节能服务产业委员会（EMCA）。近年来，我国政府加大了对合同能源管理商业模式的扶持力度，2010年4月2日国务院办公厅转发了国家发展和改革委员会等部门《关于加快推行合同能源管理促进节能服务产业发展意见的通知》，6月3日财政部出台了《合同能源管理财政奖励资金管理暂行办法》，8月9日国家质量监督检验检疫总局和国家标准化管理委员会联合发布了《合同能源管理技术通则》（GB/T 24915—2010），从政策、资金上给予大力支持，促进了节能服务产业的健康快速发展。

类型　合同能源管理可分为以下几种类型。

节能效益分享型　节能改造工程前期投入由EMC支付，客户无须投入资金。项目完成后，客户在一定的合同期内，按比例与EMC分享由项目产生的节能效益。具体节能项目的投资额不同，节能效益分配比例和节能项目实施合同年度也有所不同。此类型是国家《合同能源管理项目财政奖励资金管理暂行办法》规定的财政支持对象。

节能效益支付型　又称项目采购型。客户委托EMC进行节能改造，先期支付一定比例的工程投资，项目完成后，经过双方验收达到合同规定的节能量，客户支付余额，或用节能效益支付。

节能量保证型　又称效果验证型。节能改造工程的全部投入由EMC先期提供，客户无须投入资金，项目完成后，经过双方验收达到合同规定的节能量，客户支付节能改造工程费用。

运行服务型　客户无须投入资金，项目完成后，在一定的合同期内，EMC负责项目的运行和管理，客户支付一定的运行服务费用。合同期结束，项目移交给客户。

特点　合同能源管理业务具有以下特点：①商业性。以合同能源管理机制实施节能项目来实现赢利的目的。②整合性。通过合同能源管理机制为客户提供集成化的节能服务和完整的节能解决方案，包括资金、节能技术和设备、工程设施及良好的运行服务。③多赢性。合同能源管理项目的成功实施将使介入项目的各方，包括EMC、客户、节能设备制造商和银行等，都能从中分享到相应的收益，从而形成多赢的局面。④风险性。合同能源管理业务是一项高风险业务，其成败关键在于对节能项目的各种风险的分析和管理。

内容 主要包括以下内容。

能源审计 针对实施对象的具体情况，测定客户当前用能量和用能效率，提出节能潜力所在，并对各种可供选择的节能措施的节能量进行预测。

节能改造方案设计 参照能源审计的结果，根据能源系统现状提出如何利用成熟的节能技术来提高能源利用效率、降低能源成本的方案和建议，基于各方接受的方案和建议进行节能项目设计。

施工设计 主要涉及对节能项目进行施工设计，对项目管理、工程时间、资源配置、预算、设备和材料的进出协调等进行详细的规划，确保工程顺利实施并按期完成。

节能项目融资 节能服务公司为节能项目投资或提供融资服务。可能的融资渠道有EMC自有资金、银行商业贷款、从设备供应商处争取到的最大可能的分期支付以及其他政策性资助。

原材料和设备采购 根据项目设计的要求负责原材料和设备的采购，所需费用由节能服务公司筹措。

施工、安装和调试 由EMC负责组织项目的施工、安装和调试。一般情况下，施工是在客户正常运转的设备或生产线上进行，因此，施工必须尽可能不干扰客户的运营，而客户也应为施工提供必要的条件和方便。

运行、保养和维护 设备的运行效果将会影响预期的节能量，因此，应对改造系统的运行管理和操作人员进行培训，以保证达到预期的节能效果。此外，还要组织安排好改造系统的管理、维护和检修。

节能量监测及效益保证 EMC与客户共同监测和确认节能项目在合同期内的节能效果，以确认是否达到合同中确定的标准。

EMC收回节能项目投资和利润 对于节能效益分享项目，在项目合同期内，EMC对与项目有关的投入（包括土建、原材料、设备、技术等）拥有所有权，并与客户分享项目产生的节能效益。在EMC的项目资金、运行成本、所承担的风险及合理的利润得到补偿之后（项目合同期结束），设备的所有权一般将转让给客户。客户最终获得高能效设备和节约能源成本，并享受EMC所留下的全部节能效益。

管理优势 合同能源管理可解决客户开展节能项目所缺的资金、技术、人员及时间等问题，让客户以更多的精力集中于主营业务的发展。EMC提供的一条龙服务，可以形成节能项目的效益保障机制，提高效率，降低成本，促进节能服务产业化，充分体现了全新的社会化服务理念。 （贺桂珍）

huaxuepin huanjing guanli

化学品环境管理 （environmental management of chemicals，EMC） 在环境管理技术和微观概念意义上，是指预防和控制具有特定危害性的化学品进入环境介质并造成环境污染，以避免和减少通过环境介质的有害化学品暴露而引发的环境与人类健康危害及风险；在环境管理的宏观概念意义上，是对人类的化学品生产和消费活动进行调整和约束，预防和控制与化学品相关的环境问题，保持人类社会对化学品的可持续生产和消费；在实践概念意义上，表现为识别、评估和控制化学品的环境与健康危害性及风险的环境管理行动。化学品环境管理是化学品管理的重要组成部分，化学品管理是针对预防和控制各种化学品危害性问题的管理行为，其概念综合涵盖了安全、环境和健康三个方面。

管理对象 理论上，化学品环境管理的对象既包括有毒化学品，又包括传统化学品分类系统界定且国内通称多年的危险化学品，二者都属于有害化学品。但在通常情况下，化学品环境管理的对象是有毒化学品，并且主要是低浓度的产生长期、潜在毒性危害的潜在毒性化学品。具有环境持久性、生物累积性和毒性的化学品已成为世界各国乃至全球社会一致确认的首要的优先环境管理对象。此外，随着国际社会化学品环境管理行动的不断拓展和深入，各种高持久性、高生物累积性及具有致癌、致突变和生殖毒性等潜在环境和健康毒性特征的化学品，也逐渐成为化学品环境管理的优先对象。

特征 化学品环境管理具有如下典型特征。

产品风险管理特征 鉴于化学品的社会属性以及化学品环境管理的风险管理属性，在环境管理措施上，化学品环境管理与传统“三废”环境管理之间存在很大区别。在化学品环境管理方面，传统上针对点源和面源的以环境标准和监测为主的环境管理手段难以施行，其目标在于预防和降低某些有害化学品的环境和健康风险，主要集中在化学品的生产和消费环节，管理手段主要是淘汰或限制有害化学品的生产和使用。

多领域、跨部门关联特征 化学品环境管理范围是化学品从生产到废弃的整个生命周期，并且覆盖了各种有害化学品，具有全程和全类别的管理范围。这决定了其必然与化学品的职业安全管理和公共卫生管理领域密切交织。此外，化学品环境管理也涉及工业、农业、商贸和产品质量等各种经济管理范畴，因此，各种风险管理措施通常跨越不同的管理领域，涉及多个管理部门。

全球一体化特征 化学品是国际贸易的重要内容，在全球化的今天，化学品的环境和健康风险会伴随着化学品的全球贸易传播至世界各地。化学品环境污染是超越国界的，因此，化学品环境问题不是局地的，而是全球关联的，需要全球统一的行动。以《关于持久性有机污染物的斯德哥尔摩公约》等为代表的全球化学品管理战略是化学品环境管理全球一体化特征的充分体现。

基本制度 中国的化学品管理起步于化学品职业安全管理，在 20 世纪 80 年代引入联合国危险物品运输专家委员会（UNCETDG）的危险货物分类标准和体系，1987 年发布了《化学危险物品安全管理条例》，逐步建立起以危险化学品为核心的化学品管理体系。2002 年开始施行、又经 2011 年修订的《危险化学品安全管理条例》规定了涉及危险化学品的五项基本化学品管理制度。

危险化学品名录制度 国家相关部门根据化学品危险特性的鉴别和分类标准确定、公布危险化学品名录，并适时对其进行调整。

危险化学品许可制度 行政机关根据公民、法人或者其他组织提出的申请，经依法审查，准予其从事危险化学品活动的行为规程和准则。国家对危险化学品的生产、经营、购买、运输实行许可制度，具体包括危险化学品安全生产许可证，危险化学品包装物、容器工业产品生产许可证，危险化学品安全使用许可证，危险化学品经营（包括仓储经营）许可证，剧毒化学品购买许可证，危险货物道路运输和水路运输许可证。

危险化学品安全评价制度 生产、储存和使用危险化学品的企业，在申请许可证时，应当委托具备国家规定的资质条件的机构进行安全评价，并对企业的安全生产条件每 3 年进行一次安全评价，提出安全评价报告。

危险化学品登记制度 危险化学品生产、储存企业以及使用剧毒化学品和数量构成重大危险源的其他危险化学品的单位，应当向国务院安全生产综合监督管理部门负责危险化学品登记的机构办理危险化学品登记。危险化学品登记实行企业申请、两级审核、统一发证、分级管理的原则。国家实行危险化学品登记制度，为危险化学品安全管理以及危险化学品事故预防和应急救援提供技术、信息支持。

危险化学品事故应急救援制度 县级以上地方人民政府安全生产监督管理部门应当会同相关部门，根据本地区实际情况，制定危险化学品事故应急预案，报本级人民政府批准。危险化学品单位应当制定本单位危险化学品事故应急预案，配备应急救援人员和必要的应急救援器材、设备，并定期组织应急救援演练。

（贺桂珍）

huaxue wuzhi fengxian pingjia

化学物质风险评价 （risk assessment of chemicals） 对化学物质引起灾难性事故的可能性及后果进行预测和评价，以采取风险预防和控制措施的过程。涉及的化学物质主要为危险化学物质，包括爆炸品、压缩气体和液化气体、易燃液体、易燃固体、自燃物品和遇湿易燃物品、有毒品和腐蚀品等，其泄漏常常会导致火灾、爆炸、人员中毒等事故。化学物质风险评价的主要内容包括：对拟发展或建设的主要项目在生产等过程中潜在的化学物质泄漏、爆炸等危险进行识别，确定存在的重大风险源和典型风险事故，分析预测风险事故的影响范围和程度，有针对性地采取预防和应急措施。

（邵超峰）

huanbao chuanbo

环保传播 （environmental protection communication） 广义上的环保传播指的是特定社会集团通过人际、群体、组织、大众传媒等各种媒介和渠道向社会大多数成员传送与环境问题相关的消息、知识和政策等的过程。狭义的环保传播是指通过报纸、杂志、书籍、广播、电影、电视等大众传媒，对环境状况、环保危机、环保事件、环境文化、环境意识、环保决策、环保法制、环保产业、公众参与等与环保相关的问题进行的信息传播。

沿革 中国的环保传播起步于 20 世纪 70 年代初，90 年代以来得到蓬勃发展。1972 年联合国人类环境会议召开之时，“环境”一词对于大多数中国人来说还十分陌生，环保传播在中国还处于启蒙阶段。而与此同时，世界范围内的环保传播已经开始蓬勃发展。

随着 20 世纪 80 年代我国环境污染、生态破坏、资源短缺的矛盾开始凸显，大众传媒在环保传播方面迈出了重要的一步。自 1980 年以来，每年的“世界环境日”、“植树节”、“爱鸟周”等，全国各地都组织大规模的环保活动。1980 年成立了中国环境科学出版社。1984 年，中国创办了全球第一家国家级环境保护专业报《中国环境报》。20 世纪 80 年代一大批大众传播媒介参与到环保传播中来。在这一阶段，环保传播的内容是单纯的环境保护，局限于环境卫生、“三废”治理等工业污染治理，传播内容比较浅显、单一；在传播风格上，以揭露和曝光污染事件、污染现象为主；在传播方式上，主要是单个或少数媒体进行环保传播。

1992 年，中国以在巴西里约热内卢召开的联合国环境与发展大会为契机，掀起了一次环保传播的高潮。特别是 1993 年由全国人民代表大会环境与资源保护委员会、中共中央宣传部、国家广播电影电视总局、国家环境保护局等中央国家 14 个部委共同发起“中华环保世纪行”以来，环保传播在全国形成了前所未有的声势和规模。目前，环保传播已逐渐成为媒体传播中的主要内容。我国已初步建立起一支拥有相当人数的环保传播队伍，大体形成了从中央到地方的环保传播网络。环保传播的形态也呈现出异彩纷呈的局面，报纸、杂志、书籍、广播、电视、电影、互联网等所有的传媒都成为环保传播的载体。环保传播的内容也逐步扩大到整个环境生态系统，由原来的工业污染治理发展到环境与政策、环境与经济、环境与法制、环境与科技、环境与文化和社会等的高度。在报道方式上，由单个或少数媒体发展到多媒体，由新闻舆论的单兵作战发展到新闻报道与行政监督、法律监督、群众监督的融合。

功能和方式 环保传播对唤醒环境意识、动员社会关注、影响公众态度、制造舆论压力、实现环境主张立论和环境问题的社会建构具有非常重要的作用。事实上，大多数人的环境信息都依靠媒体获得。

环保传播涵盖了人际传播、群体传播、大众传播、公共传播等传播方式。环保传播的方式主要有三种：一是以环保知识为中心的传播，如环境保护的历史沿革、当代全球环境现状、环保法律常识等；二是以环保现象为中心的传播，如臭氧层的破坏和保护、水资源危机和保护等；三是以环保问题为中心的传播，如我国北方雾霾问题的研究。

特点 环保传播的特点表现为五个方面：①公众性。环境问题关乎千家万户，它的公众性程度之高、范围之广甚至超过了政治传播和经济传播。②科学性。环境问题涉及很多具体的环境科学知识，因此需要传播者具备一定的专业知识。③现实性。环境污染与人类的活动具有直接、间接的联系，涉及社会的方方面面，环保传播具有很强的现实针对性。④公益性。环保传播的市场环境还没有充分发育，在很大程度上环保传播进行的是一种公益活动。⑤倡导性。环保传播传递绿色价值观并在全社会倡导这种观念。（贺桂珍）

huanbao yiqi shebei biaozhun

环保仪器设备标准 （environmental equipment standards） 为了保证污染物监测仪器所监测数据的可比性，以及污染治理设备运行的各项效率，对有关环境保护仪器设备的各项技术要求所制定的统一的规范和规定。

环保产业是新兴产业，环境监测和污染控制技术正向深度化、尖端化方向发展，产品设备也不断向普及化、标准化、成套化、系列化方向发展，电子与信息技术、新材料技术、新能源技术、生物技术、纳米技术等高新技术被源源不断地引进环保技术设备的各个领域。我国目前对于大气污染控制设施（如脱硫、脱硝和高效电除尘技术设备等）、水污染治理技术设施（如污水处理设备和饮用水净化设备等）、生活垃圾处理设施（如垃圾焚烧设备）和危险废物处置设备（如微波、等离子体焚烧设备）等具有巨大的市场需求和技术需求。2009 年 7 月，为确保污染源自动监测设备提供的监测数据的有效性，环境保护部制定了《国家监控企业污染源自动监测数据有效性审核办法》和《国家重点监控企业污染源自动检测设备监督考核规程》，对监测设备的自动化、稳定性、精确性等提出了更高的要求，也促进了监测行业运营服务的发展。

环保仪器设备标准是我国环境标准体系的重要组成部分，它与环境标准样品标准和环境方法标准构成技术方法标准体系，对不同污染物质的测定建立了仪器设备标准，对检测仪器的灵敏度和精确度做出了统一要求。环保仪器设备标准、环境方法标准和环境标准样品标准相互检验、相互完善、相互制约。

（贺桂珍）

huanjing baohu biaozhun

环境保护标准 （environmental protection standards） 为保护人体健康、生态环境及社会物质财富，由法定机关对环境保护领域中需要规范的事物所做的统一的技术规定。

沿革 我国环境保护标准的发展过程可大致划分为四个阶段。

第一阶段（1973—1978 年），环境保护标准的起步阶段。1973 年 11 月，我国颁布了第一个环境保护标准《工业“三废”排放试行标准》（GBJ 4—1973），自 1974 年 1 月 1 日起实施。当时，我国尚未对环境保护立法，因此该标准实际上在一段时期内起着国家环境保护法规的作用。

第二阶段（1979—1987 年），环境保护标准体系的初步形成阶段。随着 1979 年《中华人民共和国环境保护法（试行）》的颁布和实施，我国开始有组织、系统地研究和制定环境保护标准。在此期间制定发布了 41 项行业型国家污染物排放标准，初步建立了以环境质量标准和污染物排放标准为主体，与环境基础标准、环境监测方法标准、环境标准样品标准相配套的国家环境保护标准体系。

第三阶段（1988—1999 年），污染物排放标准体系调整和环境质量标准修订阶段。该阶段以《污水综合排放标准》《大气污染物综合排放标准》的制定及修订，以及环境质量标准体系的完善为主要标志，同时环境监测方法标准、环境基础标准等也得到了进一步的发展。

第四阶段（2000 年至今），环境保护标准的快速发展阶段。以 2000 年《中华人民共和国大气污染防治法》、2008 年《中华人民共和国水污染防治法》等明确“超标违法”为标志，我国环境保护标准数量大幅度增加，标准体系得到进一步优化完善。环境保护标准在促进污染物减排与发展方式转变，以及对环境保护重点工作的支撑方面作用更加突出，同时，标准制修订工作管理制度也得到进一步健全。

特点 环境保护标准具有公益性、强制性、技术性和科学性四个方面的特点。环境保护标准的保护对象涉及所有社会公众，本质上属于公益性标准；环境保护标准中的环境质量标准和污染物排放标准依法制定，具有强制力，其强制力来源于国家环境保护法律中对于达到标准义务和违反标准责任的规定；环境保护标准属于技术性文件，其制定主体、体系结构、基本原理、制定依据、实施体系等都不同于环境保护法律法规，具有其自身的特点和规律；另外，环境保护标准与科学研究活动密切相关，标准制定工作以科学研究成果和技术发展水平为基础和依据，环境保护科研工作围绕标准工作的需求展开。

作用 环境保护标准是国家环境法律体系的重要组成部分，在环境保护工作中有不可替代的作用。

①环境保护标准是环境保护行政主管部门依法行政的依据。环境管理制度是环境监督管理职能制度化的体现。环境管理制度和措施的一个基本特征是定量管理，定量管理就要求在污染源控制与环境目标管理之间建立定量评价关系，因而就需要通过环境保护标准统一技术方法，作为环境管理制度实施的技术依据。

②环境保护标准是进行环境评价的准绳。无论是进行环境质量现状评价、编制环境质量报告书，还是进行环境影响评价、编制环境影响报告书，都需要环境保护标准。只有依靠环境保护标准，才能做出定量化的比较和评价，正确判断环境质量的好坏，从而为环境污染综合整治以及设计切实可行的治理方案提供科学依据。

③环境保护标准是推动环境保护科技进步的一个动力。环境保护标准是以科学技术与实践的综合成果为依据制定的，具有科学性和先进性，代表了今后一段时期内环境科学技术的发展方向。环境保护标准在某种程度上是判断污染防治技术、生产工艺与设备是否先进可行的依据，是筛选、评价环保科技成果的一个重要尺度，对环境科学技术进步起到导向作用。环境保护标准的实施还可以起到强制推广先进环境科技成果的作用，从而加速科技成果转化。

④环境保护标准具有投资导向作用。环境保护标准中指标值的高低是确定污染源治理资金投入的技术依据，在基本建设和技术改造项目中也是根据标准值确定治理程度，提前安排污染防治资金。 （贺桂珍）

《Huanjingbaohubu Xinxi Gongkai Mulu》

《环境保护部信息公开目录》（Information Disclosure List of the Ministry of Environmental Protection） 环境保护部为了更好地开展政府信息公开工作，方便公民、法人和其他组织获得政府信息而审议通过的可以查询向社会主动公开的政府信息的目录。

制定背景 随着经济全球化和国民经济与社会发展信息化的飞速发展，信息在经济发展和社会管理中的作用越来越突出。国家信息化或者建设信息社会的前提是政府实现信息化，而政府信息化必须建立在信息公开的基础上。对公众而言，政府信息公开为公众参与政府决策和治理提供了有力的支持。改变环境信息披露的现状，需要及时修改并完善相关规章制度，建立信息公开和反馈渠道，加大公众监督力度。针对环境信息公开的现状，环境保护部第一次部常务会议审议通过了《环境保护部信息公开目录》（第一批），于2008年4月30日公布，同年5月1日起施行。

主要内容 《环境保护部信息公开目录》指出，向社会主动公开的政府信息范围包括机构基本信息、政策法规、环境影响评价、污染控制、生态环境保护、核与辐射安全、环境监察执法、环境质量与监测、环境规划统计、环境科技标准、行政体制与人事管理、环境宣传教育、环境保护国际合作等。对主动公开的政府信息，主要采取以下途径公开：环境保护部政府网站、行政服务大厅、《中国环境报》。

环境保护部主要向社会主动公开下列信息：环境保护法律、法规、规章、标准和其他规范性文件；环境保护规划；环境质量状况；环境统计和环境调查信息；突发环境事件的应急预案、预报、发生和处置等情况；主要污染物排放总量指标分配及落实情况，排污许可证发放情况，城市环境综合整治定量考核结果；大、中城市固体废物的种类、产生量、处置状况等信息；建设项目环境影响评价文件受理情况，受理的环境影响评价文件的审批结果和建设项目竣工环境保护验收结果，其他环境保护行政许可的项目、依据、条件、程序和结果；排污费征收的项目、依据、标准和程序，排污者应当缴纳的排污费数额、实际征收数额以及减免缓情况；环保行政事业性收费的项目、依据、标准和程序；经调查核实的公众对环境问题或者对企业污染环境的信访、投诉案件及其处理结果；环境行政处罚、行政复议、行政诉讼和实施行政强制措施的情况；污染物排放超过国家或地方排放标准，或者污染物排放总量超过地方人民政府核定的排放总量控制指标的污染严重的企业名单；发生重大、特大环境污染事故或者事件的企业名单，拒不执行已生效的环境行政处罚决定的企业名单；环境保护创建审批结果；环保部门的机构设置、工作职责及其联系方式等情况；法律、法规、规章规定应当公开的其他环境信息。

作用 《环境保护部信息公开目录》的制定，可以更好地开展政府信息公开工作，方便公民、法人和其他组织获得政府信息。政府信息公开可以推进依法行政和改革政府管理方式，面对突发环境事件，可以引证来自政府方面的权威信息以及时地使公众了解事实真相，避免引起不必要的社会危机和经济损失。政府公开污染环境或可能影响环境和群众健康的信息，也有助于公众采取防范措施，并与政府一起对环境违法者施压，协助政府进行环境监管。

（朱朝云）

huanjing baohu cuoshi ji qi jishu jingji lunzheng

环境保护措施及其技术经济论证（environmental protection measure and technical and economic evaluation） 根据环境影响评价结果提出的污染防治和环境保护对策与建议等环境保护措施，分析论证拟采取措施的技术可行性、经济合理性、长期稳定运行和达标排放的可靠性，以及满足环境质量与污染物排放总量控制要求的可行性，如不能满足要求应提出必要的补充环境保护措施要求。生态保护措施须落实到具体时段和具体位置上，并特别注意施工期的环境保护措施。

（汪光）

huanjing baohu jubao zhidu

环境保护举报制度（environmental protection offense reporting system） 公民、法人和其他组织发现任何单位或个人有污染环境和破坏生态行为的，或者发现地方各级人民政府、县级以上环境保护主管部门不依法履行职责的，有权向其上级机关或监察机关举报的管理制度。

2015年7月13日，环境保护部发布了《环境保护公众参与办法》，对环境保护公众参与做出专门规定，支持和鼓励公民、法人和其他组织对环境保护公共事务进行舆论监督和社会监督。根据规定，公民、法人和其他组织可以通过信函、传真、电子邮件、“12369”环保举报热线、政府网站等途径，向环境保护主管部门举报。为调动公众依法监督举报的积极性，要求接受举报的环保部门，要保护举报人的合法权益，及时调查情况并将处理结果告知举报人，鼓励设立有奖举报专项资金。

环境保护举报可以涉及的内容包括：环境污染和生态破坏事故；违反各项环境管理制度的行为；其他违反环保法律、法规、规章的事件和行为；对环境保护执法情况的监督等。

环境保护举报遵循以下原则：①属地管理、分级负责，谁主管、谁负责。②依法受理，及时办理。③维护公众对环境保护工作的知情权、参与权和监督权。④调查研究，实事求是，妥

善处理，解决问题。（韩竞一）

huanjing baohu keji fazhan guihua

环境保护科技发展规划（environmental science and technology development planning） 国家环境保护部门按照可持续发展理念，对一定时期内如何通过科技创新活动推进环境保护工作制定的规划。

环境保护科技发展规划开始于“七五”计划时期，当时部分省市开始制定此类规划，但是规划方法与步骤尚未统一。国家环境保护局于 1996 年制定并公布《国家环境保护科技发展“九五”计划和 2010 年长期规划》，这标志着我国环境保护科技发展规划正式开始施行。之后，国家又陆续制定了“十五”、“十一五”和“十二五”环境保护科技发展规划。

环境保护科技发展规划的编制主要依据国家中长期科学和技术发展规划纲要、国民经济和社会发展规划纲要和国家环境保护规划，一般是对国家环境保护规划中有关科技发展部分的扩展与内容的具体化。（李奇锋　张红）

huanjing baohu zeren zhidu

环境保护责任制度（environmental responsibility system） 又称环境保护目标责任制度。是一种具体落实地方各级人民政府和产生污染的单位对环境质量负责的行政管理制度。该制度确定了一片区域、一个部门乃至一个单位环境保护的主要责任和责任范围，运用目标化、定量化、制度化的管理方法把贯彻执行环境保护这一基本国策作为各级领导的行为规范，推动环境保护工作的全面、深入发展。

该制度以我国基本国情为基础，以现行法律为依据，以责任制为核心，以行政制约为机制，是集责任、权利、利益和义务为一体的新型管理制度。

特点 ①有明确的时间和空间界限。一般以一届政府的任期为时间界限，以行政单位所辖地域为空间界限。②有明确的环境质量目标、定量要求和可分解的质量指标，说明在责任期内各环境要素应当达到的保护程度，定量化的质量指标有利于考核评价。③有明确的年度工作指标，将责任期环保责任分解到各年度，便于监督责任履行进度。④以责任制等形式层层落实，明确各层次所承担的环境保护责任，共同完成本区域、部门或单位在责任期内的环境保护目标。⑤有配套的措施、支持保证系统和考核奖惩办法，保障环境保护责任的具体落实。⑥有定量化的监测和控制手段，及时发现问题，提出改进方案。

实施程序 主要包括：①制定阶段。各级政府组织有关部门，根据环境保护目标的要求，通过广泛的调查研究和充分协商，确定实施责任制的基本原则，建立指标体系，确定责任书的具体内容。②下达阶段。以签订责任书的形式，下达责任目标，将各项指标逐级分解，层层建立责任制，使任务落实、责任落实。③实施阶段。在各级政府的统一领导下，各责任单位依据各自承担的任务，分别组织实施，政府和有关部门定期对责任书的执行情况进行检查，以保证责任书任务的完成。④考核阶段。责任书期满后，由政府对任务完成情况进行考核，根据考核结果，给予奖励或处罚。

（韩竞一）

《Huanjing Baohu Zonghe Minglu》

《环境保护综合名录》（Comprehensive Directory of Environmental Protection） 为制定和调整相关产业、税收、贸易和信贷等经济政策，以及行业准入、安全生产和产品质量等监管政策提供依据而制定的指导性目录。2012 年以前称为《环境经济政策配套综合名录》，是《重污染工艺和环境友好工艺名录》《“高污染、高环境风险”产品名录》和《环境保护专用设备名录》三个名录的统称，2012 年起更名为《环境保护综合名录》。

制定背景 2006 年 10 月，国家发展和改革委员会、财政部、国土资源部、海关总署、税务总局、国家环境保护总局 6 部门联合上报国务院并经国务院领导批示同意的《关于进一步控制高耗能、高污染、资源性产品出口有关措施的请示》（发改经贸〔2006〕2309 号），明确由国家环境保护总局会同有关部门制定高污染、高环境风险产品名录，建立控制高耗能、高污染、资源性产品出口的政策体系。据此，2007—2010 年，先后组织制定了四批高污染、高环境风险产品名录（简称“双高”产品名录），并提供给国家有关部门，作为制定和调整产业政策、出口退税和加工贸易、安全监管、信贷监管、环境污染责任保险等方面政策的环保依据。2009 年 6 月 5 日，温家宝总理在国家应对气候变化领导小组暨国务院节能减排工作领导小组会议上明确指示，要对高污染、高环境风险产品名录进行修订。2010—2011 年，环境保护部继续组织有关行业协会，研究提出了新的一批“双高”产品名录、重污染工艺和环境友好工艺名录，并对以前公布的名录进行了汇总整理，形成了相对完整的《重污染工艺和环境友好工艺名录（2011 年版）》《“高污染、高环境风险”产品名录（2011 年版）》和《环境保护专用设备名录（2011 年版）》，统称《环境经济政策配套综合名录（2011 年版）》。2012 年起更名为《环境保护综合名录》，2013—2015 年连续发布了年度名录。

主要内容 《环境保护综合名录（2015 年版）》包含两部分：一是“双高”产品名录，包括 837 项产品；二是环境保护重点设备名录，包括 69 项设备。其中，“双高”产品包含了 50 余种生产过程中产生二氧化硫、氮氧化物、化学需氧量、氨氮量大的产品，30 多种产生大量挥发性有机污染物（VOCs）的产品，近 200 种涉重金属污染的产品，500 多种高环境风险产品。环境保护重点设备名录主要收录了环境监测设备、大气污染防治设备、固体废物污染防治设备和废水处理设备。

作用 《环境保护综合名录》的编制，在推动构建绿色税收、绿色贸易、绿色金融等环境经济政策方面发挥了较大作用，为一系列已经颁布的和正在制定的环境经济政策提供了依据，从而确保这些环境经济政策能够有的放矢，提高其可操作性，取得政策调控的实际效果；对限制和淘汰重污染工艺，遏制“高污染、高环境风险”产品的生产、使用和出口有较强的推动作用；同时对鼓励采用环境友好工艺、购置和使用环境保护专用设备，促进企业技术进步和产业结构升级也有重要的指导意义。

（朱朝云）

huanjing biaozhun tixi

环境标准体系 (environmental standard system) 根据环境监督管理的需要，将各种不同的环境标准，依其性质、功能及相互间的内在联系，有机组织、合理构成的系统整体。环境标准体系是一个相互衔接、密切配合、协调运转、不可分割的有机整体，作为环境监督统一管理的依据和有效手段，为控制污染、改善环境质量服务。

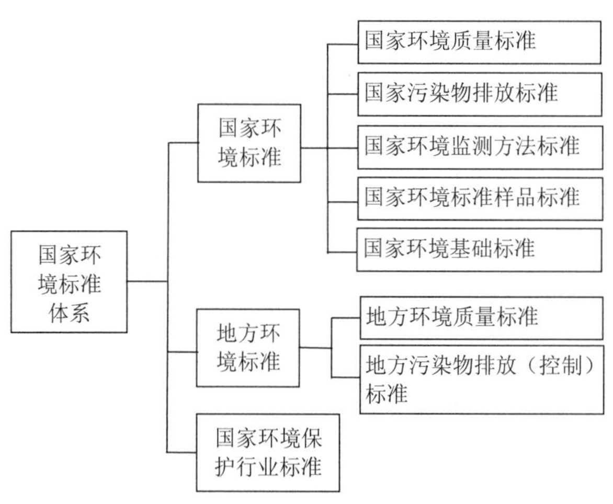

中国的环境标准体系

我国通过环境保护立法确立了国家环境标准体系，《中华人民共和国环境保护法》《中华人民共和国大气污染防治法》《中华人民共和国水污染防治法》《中华人民共和国环境噪声污染防治法》《中华人民共和国固体废物污染环境防治法》《中华人民共和国海洋环境保护法》和《中华人民共和国放射性污染防治法》等法律对制定环境保护标准做出了规定。经过实践发展，我国初步建成三级五类的环境标准体系，三级是指国家环境标准、地方环境标准和国家环境保护行业标准，五类是指环境质量标准、污染物排放标准、环境监测方法标准、环境标准样品标准和环境基础标准（见上图）。截至 2016 年 10 月，我国各类现行有效的环境标准已超过 1 600 项。（贺桂珍）

huanjing biaozhun yangpin biaozhun

环境标准样品标准 （environmental sample standards） 为保证环境监测数据的准确、可靠，对用于量值传递或质量控制的材料、实物样品必须达到的要求所做的规定。主要涉及环境水质、环境空气、土壤、生物和固体废物等环境标准样品，环境基体标准样品，有机物标准样品，温室效应气体等标准样品，如《大气 试验粉尘标准样品 黄土尘》（GB/T 13268—1991）、《大气 试验粉尘标准样品 模拟大气尘》（GB/T 13270—1991）等。

环境标准样品标准是国家环境保护标准五项工作内容之一，是对环境标准样品的技术规定，为环境质量、监督、方法标准在环境管理、监督、执法等活动中提供了相应的实物标准。因此，国家环境标准样品作为量值传递的载体，起着保证环境监督、分析和科研数据准确、可靠、一致性的重要作用。（贺桂珍）

huanjing fangfa biaozhun

环境方法标准 （environmental method standards） 在环境保护工作范围内，以全国普遍适用的试验、检查、分析、抽样、统计、作业等方法为对象而制定的标准。

环境方法标准是我国环境标准体系的重要组成部分，它与环境标准样品标准、环保仪器设备标准一起组成了技术方法标准体系。

（贺桂珍）

huanjing fengxian ditu

环境风险地图 （environmental risk map） 在绘制过程中定量呈现环境风险信息的地图。从显示环境中污染物水平的图到展现复杂的风险评价程序的图，很多地图都可被称作风险地图。环境风险制图可简可繁，简单的仅需在地图上用点标识出特别危险设施、危险物质类型和数量及其基本位置，复杂的则需要非常详细而精确的数据以及模型软件等特殊的专业技术和资源。

沿革 传统环境风险评价的结果都是以非空间方式呈现的，但由于地理信息系统（GIS）技术的发展，近些年环境风险地图成为一个迅速崛起的新领域。自 1996 年开始，欧盟就在《关于控制重大事故灾害的指令》（96/82/EC）（简称塞维索指令Ⅱ）中要求绘制各成员国工业设施风险地图。但到目前为止，除了零星的报道和应用外，如公众环境研究中心开发的水污染和空气污染地图，环境风险地图的开发和应用尚未引起中国环境管理部门和科技界的足够重视，鲜有相关研究成果报道。

作用 环境风险地图不但可以帮助风险分析者揭示污染物浓度、暴露和效应的空间特征，使分析者可以就复杂的环境风险评价结果进行交流和沟通，而且可以作为辅助决策的工具。

环境风险地图可以帮助以下目标群体进行决策：①政府：制定政策和规划，包括企业的合理选址和产业的合理布局。②企业家：充分考虑环境和经济因素，确定最合适的企业位置。③监督管理机关：保证更优的污染控制措施和监测方案，并加快污染场地清理和环境影响报告书的调整。④公众及非政府组织：更好地参与周边工业发展类型的决策过程。

类型 环境风险地图包括污染/风险地图、（潜在）暴露地图、危害地图、风险评价地图、累积风险地图（单一压力和多重压力累积风险）、脆弱性地图等几种类型。与污染物相关的环境风险地图见下表。

制作流程 环境风险地图的制作流程如下图所示。

目前常用的环境风险地图的类型

地图类型	地图描述
污染/风险地图	测量或预测（模拟）某一地区的环境污染物浓度水平然后绘制成分布图，并绘制（潜在）污染的概率图
（潜在）暴露地图	将（测量或预测的）污染水平和（生态或人类）暴露受体的出现与地理分布相结合，并绘制地图
危害地图	将测量或预测的污染物浓度与效应的临界值或环境质量标准进行比较，绘制这些毒性暴露比例的地图
风险评价地图	通过跟踪化学品排放后暴露、危害评价到风险表征这一连串事件，绘制成风险评价地图
累积风险地图(单一压力和多重压力累积风险)	首先将环境浓度与环境临界水平比较并绘成地图，绘制污染、暴露和效应连续模型/模拟结果地图、脆弱性地图和环境应激源地图，进行迭图。然后，利用模型合并单一压力风险，并利用多元变量统计分析减少维度，最终可视化风险评价结果
脆弱性地图	根据环境压力敏感受体的出现与否和地理分布，绘制较敏感和不太敏感的地区地图

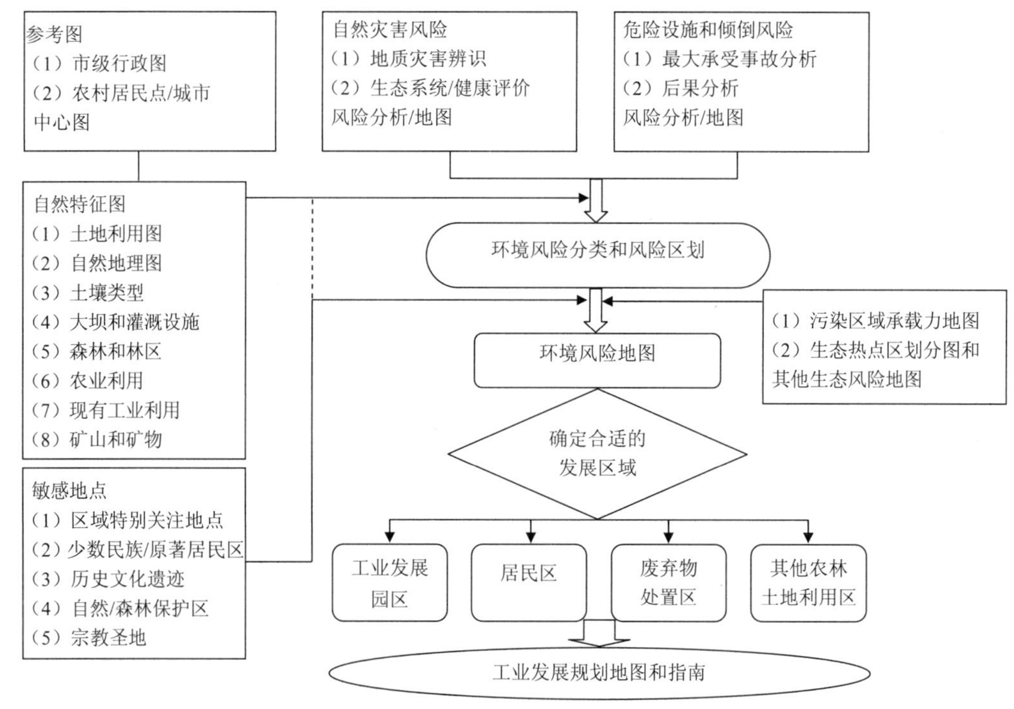

环境风险地图的制作流程

编制城市环境风险地图包括五个步骤：①准备该市行政图（工作草图）。②准备该市自然特征专题地图。③易发生风险地区的辨识、分类和危害距离划分。④准备相关的专题地图，包括污染区域承载力地图和生态热点区划分图。⑤根据专题地图迭加形成环境风险地图，确定工业发展的区域，绘制该市未来工业发展的规划地图并制定指南。 （贺桂珍）

huanjing fengxian guanli

环境风险管理 （environmental risk management） 通过对环境风险的辨识、评价和优先性排序，综合协调各种政治、经济、社会资源，采取适当的监测和控制措施，尽可能使不利环境事件发生概率或影响最小化和有利影响最大化的环境管理过程。

环境风险管理的重点是“管理”，着重监测、降低、控制导致环境风险的人类行为。从根本上说，环境风险的管理过程是决策者权衡经济、社会发展与环境保护之间的相互关系，根据现有经济、社会、技术发展水平和环境状况做出综合决策的过程。

沿革 环境风险管理是20世纪70年代中期才发展起来的新概念，1976年美国环境保护局发布《致癌物健康风险评价暂行程序和指南》，癌症风险也成为这一时期环境风险评价和管理的重点。随着环境风险评价范围的不断扩大，风险评价、风险管理和风险沟通之间关联协调的重要性愈加明显。1983年由美国国家科学院和国家研究理事会专家小组联合制定了《联邦政府风险评价：管理进程》“红皮书”。此后，许多国家如加拿大、澳大利亚、荷兰都提出不同的方法，强调合适有效的风险管理框架，对各种污染物或环境暴露导致的环境和健康风险进行系统分析，并就获取的风险信息进行广泛的交流和应用。环境风险管理的提出标志着环境管理由传统的污染末端治理向污染预防管理的战略转折，因此越来越受到许多国家和国际组织的重视，并成为环境管理的重要内容。许多国际组织和发达国家都制定了相关法律、规章和指南，提出各种环境及人类健康风险评价和管理的方法。

中国对于风险管理的研究始于20世纪80年代。一些学者将风险管理和安全系统工程理论引入中国，并在少数企业中试用。直到21世纪初，中国大部分企业仍缺乏对风险管理的认识，也没有建立专门的风险管理机构。2003年的“非典”事件为中国政府敲响了警钟，全国人大在2004年修改《宪法》时第一次提出“紧急状态”这一名词，2005年松花江水污染等一连串重大灾害事故的发生，促进了国家环境风险管理体制的发展。国务院2006年1月8日发布了《国家突发公共事件总体应急预案》，2007年8月30日，第十届全国人大常委会第29次会议通过《中华人民共和国突发事件应对法》，并于当年11月1日实施，标志着中国的风险管理进入法制化轨道。我国政府已制定实施的突发事件应急预案包括25项专项预案和80项部门预案，环境保护部和地方环保局已有3 500多项应急预案。但作为一门新兴学科，环境风险管理学在中国仍处于起步阶段。

策略 环境风险管理策略主要包括：①转移环境风险。在环境危害发生前，通过采取出售、转让、保险等方法，将环境风险转移给其他机构或组织。②避免环境风险。采取措施消除或者减少环境风险发生的因素，这是消极躲避环境风险。例如，生产企业为避免泄漏或突发环境事故而暂时或季节性停产。③减少或接受环境风险。指削减不利环境影响或降低危险发生概率，甚至接受部分或全部特定环境危险的潜在或实际影响。④逆转环境风险。采取措施使未来不确定性变成获得环境收益的机会。

原则 环境风险管理应遵循如下原则：①创造价值，为减免环境风险消耗的各种资源应该低于不采取任何行动带来的损失，或者收益要大于损失。②环境风险管理应是决策过程和组织过程必不可少的一部分，需要完善的管理制度。③了解环境风险的不确定性，把握发展动态。④采取有针对性的措施，形成系统化和结构化的方案。⑤充分获取综合信息，并尽可能公开透明。⑥具有对变化的动态响应能力。⑦能够持续改进并不断加强，通过总结实践经验不断提高环境风险管理水平。⑧持续或定期进行后续评价。

类型 目前的环境风险管理种类包括以下三种：①基于科学的环境风险管理。主要考虑环境风险数据的充分性、代表性，数据质量，实验室间数据的可重复性，在采样分析前以定性研究方式进行可能暴露来源评估。②基于风险的环境风险管理。主要关注全国性风险估计值的大小、成本效益原则，对个别性风险估计值需要考虑检测的必要性，和目前进行风险评价的数据库完整性。③基于管理的协调环境风险管理。涉及水平协调和垂直协调，水平协调如环境保护部—水利部—农业部—国家卫生和计划生育委员会等各部门之间的关系，而垂直协调如中央政府—省政府—县政府自上而下的协调管理。

方法和步骤 环境风险管理研究采用定性分析方法和定量分析方法。定性分析方法是通过对环境风险进行调查研究，做出逻辑判断的过程。定量分析方法一般采用系统论方法，将若干相互作用、相互依赖的环境风险因素组成一个系统，抽象成理论模型，运用概率论和数理统计等数学工具定量计算出最优的环境风险管理方案。

环境风险管理通常分为预防、预备、响应和恢复四个阶段（见下表）。其中响应是核心阶段，一方面可以检验前期的预防准备活动是否合理、有效；另一方面如果采取科学适当的应对措施，又可以减少后续恢复阶段的难度。需要指出的是，这几个阶段并非完全是有明确先后、各自独立的线性过程，而是一个不断迭代重复的循环过程，进而实现持续的环境风险管理改进。

我国突发环境事件的应急处置过程，根据不同的突发环境事件级别，需要启动不同的环境事故报告程序和不同级别的应急预案。对于特别重大（Ⅰ级）环境突发事故，需要上报国务院并启动Ⅰ级红色应急响应系统；重大（Ⅱ级）环境突发事故，需要上报省级政府并启动Ⅱ级橙色应急响应系统；较大（Ⅲ级）环境突发事故，需要上报市级政府并启动Ⅲ级黄色应急响应系统；一般（Ⅳ级）环境突发事故，需要上报县级政府并启动Ⅳ级蓝色应急响应系统。

未来展望 环境风险管理已经发展成为环境管理的重要领域，逐渐向明确目标、鼓励利益相关方参与的方向发展，也从定性向定量评价不断演进。鉴于国际经验和国内情况，未来需要在以下方面进行更深入的研究：①制定明确的环境风险管理目标。这是有效实施环境管理的前提。通过在复杂背景中辨识和表征环境风险问题，确定风险管理的目标，并明确风险评价和管理过程中权力、责任和资源配置，最终确定有效的风险管理策略。②推动以科学为基础的环境风险管理。风险评价结果是进行风险管理的基础，风险评价要多采用定量方法，对评价标准的建立要全面，可以考虑通过制定相对标准和绝对标准来实现。要综合利用数学、系统科学和计算机技术等建立风险评价预测模型。③鼓励利益相关方的参与，加强与各方沟通。环境风险管理还牵涉社会、文化、伦理、政治和法律方面的问题，只有兼顾各方观点和需求，考虑不同群体的价值观、知识和认知，才能做出合理的环境风险管理决策。④构建适合我国的

环境风险管理不同阶段的内容和措施

管理阶段	管理内容和措施
预防：为预防、控制和消除环境风险对人类生命、财产和环境的危害所采取的行动	环境、健康及安全相关的法律、法规、标准；灾害保险和环境保险；环境、健康和安全信息系统；环境和安全规划；环境风险分析、评价；地质和土地勘测；生产、环境设施、建筑物安全标准、规章；环境监测监控；环境公众教育；环境科学研究；鼓励和强制性措施
预备：环境风险和突发环境事件发生之前采取的行动。目的是应对紧急事件发生而提高应急行动能力及推进有效的响应工作	国家政策；制定环境应急预案（计划）；建立应急通告与报警系统；应急医疗系统；应急公共咨询材料；应急培训、训练与演习；应急资源；互助救援协议；特殊保护计划；模拟演习应急救援预案；应急准备评估
响应：环境突发事件发生前、期间和发生后立即采取的行动。目的是保护生命，使财产、环境破坏减少到最低程度	启动环境应急通告报警系统；成立救援指挥部；启动应急救援中心；提供应急医疗援助；报告有关政府机构；对公众进行环境应急事务说明；现场警戒；疏散和避难；搜寻和营救；抢险和救援；物资征用；环境监测；控制和消除环境污染；环境信息发布及媒体报道；应急程序的终止
恢复：使生产、生活恢复到正常状态或得到进一步的改善	清理废墟；损失评估；场地消毒、去污；保险赔付；贷款和核批；环境应急预案的复查；灾后重建

环境风险管理框架和方法。经验表明，各国不同环境风险管理框架中的共性部分对成功的风险评价和风险管理是非常关键的。因此，需要考虑其他国家普遍提到的关键要素和原则，并兼顾方法的灵活性、适应性，最终建立适合我国的环境风险管理标准方法和技术指南。

（贺桂珍）

huanjing fengxian pingjia

环境风险评价 （environmental risk assessment） 对建设项目建设和运行期间发生的可预测突发性事件或事故（一般不包括人为破坏及自然灾害）引起的有毒有害、易燃易爆等物质泄漏，或突发事件产生的新的有毒有害物质，所造成的对人身安全与环境的影响和损害进行评估，提出防范、应急与减缓措施的过程。

国家环境保护总局于2004年颁布了《建设项目环境风险评价技术导则》（HJ/T 169—2004），规定了建设项目环境风险评价的目的、基本原则、内容、程度和方法。

评价工作级别 依据评价项目的物质危险性和功能单元重大危险源判定结果以及环境敏感程度等因素，环境风险评价工作划分为一级和二级两个工作等级（见下表）。一级评价必须对事故影响进行定量预测，说明影响范围和程度，提出防范、减缓和应急措施；二级评价需进行风险识别、源强分析并对事故影响进行简要分析，提出防范、减缓和应急措施。

环境风险评价工作等级

	剧毒危险性物质	一般毒性危险物质	可燃、易燃危险性物质	爆炸危险性物质
重大危险源	一级	二级	一级	一级
非重大危险源	二级	二级	二级	二级
环境敏感地区	一级	一级	一级	一级

评价范围 环境风险评价范围依据危险化学品的伤害阈和敏感区位置确定。大气环境影响评价一级评价范围，距离源点不低于5 km；二级评价范围，距离源点不低于3 km。地表水的评价范围应能包括建设项目对周围地表水环境影响较显著的区域。

工作程序 环境风险评价工作程序如下图所示。

主要内容 环境风险评价的重点是事故引起厂（场）界外人群的伤害、环境质量的恶化及对生态系统影响的预测和防护，其基本内容包括风险识别、源项分析、后果计算、风险评价以及风险管理。①风险识别。风险识别是为了确定风险类型，分为物质风险识别和生产设施风险识别两类，主要包括以下内容：收集准备资料，主要收集建设项目工程资料、环境资料和事故资料，为进行物质风险识别和生产设施风险识别提供基础资料；识别项目设计的原材料、辅料、中间和最终产品以及污染物的危险性或毒性；对项目主要生产装置、贮运系统、公用和辅助工程分别进行重大危险源判定。②源项分析。确定最大可信事故及其发生概率。③后果计算。在风险识别和源项分析的基础上，针对最大可信事故对环境（或健康）造成的危害和影响进行预测分析。④风险评价。基于后果计算结果，对照最大可信事故风险评价标准体系，评价最大可信事故造成的受害点距源项（释放点）的最大距离以及危害程度，包括造成厂（场）外环境损坏的程度、人员死亡和损伤及经济损失，并确定风险值和可接受风险水平。⑤风险管理。当风险评价结果表明风险值达不到可接受水平时，为减轻和消除对环境的危害，应采取减缓措施和应急预案，这是风险管理的主要内容。减缓措施是风险管理的重点，应在风险识别、后果计算与风险评价的基础上，为使事故对环境的影响和人群伤害降到可接受水平，提出应采取的减轻事故后果、降低事故频率的措施。应急预案是减轻环境污染和人员伤害的事故应急处理方案，需要在确定不同的事故应急相应级别的基础上制定应急预案，根据危险物质的特性，有针对性地提出应急处理方案。

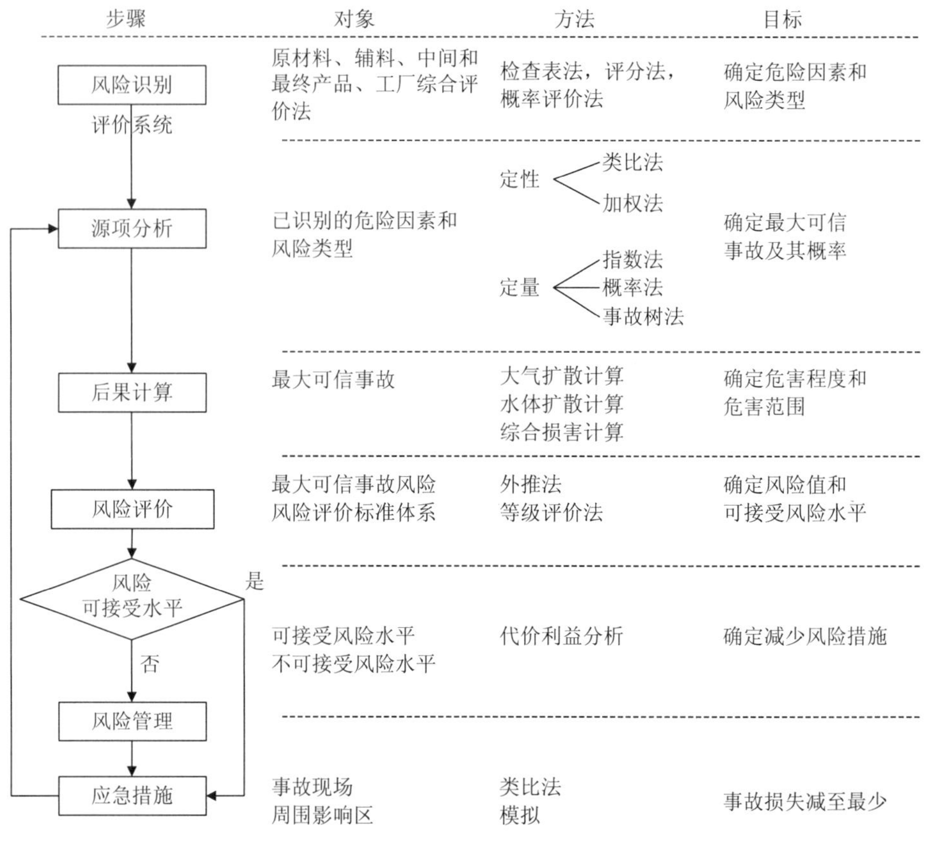

环境风险评价工作程序

（邵超峰）

huanjing fengxian shibie

环境风险识别　(environmental risk identification)　采取定性或定量分析方法，对生产设施、原料、辅料、中间和最终产品等功能系统、子系统、单元进行潜在的危险因素分析，识别可能的环境风险及其影响的过程。

范围和类型　环境风险识别范围包括生产设施风险识别和生产过程所涉及的物质风险识别。生产设施风险识别范围包括主要生产装置、贮运系统、公用工程系统、工程环保设施及辅助生产设施等。物质风险识别范围包括原材料及辅助材料、燃料、中间产品、最终产品以及生产过程排放的“三废”污染物等。根据有毒有害物质放散起因，环境风险识别分为火灾识别、爆炸识别和泄漏识别三种类型。

主要内容　①资料收集和准备，包括建设项目工程资料、环境资料和事故资料。建设项目工程资料有可行性研究和工程设计资料、建设项目安全评价资料、安全管理体制及事故应急预案资料等；环境资料应当利用环境影响报告书中有关厂址周边环境和区域环境的资料，重点收集人口分布资料；事故资料诸如国内外同行业事故统计分析及典型事故案例资料等。②物质危险性识别。对项目所涉及的有毒有害、易燃易爆物质进行危险性识别和综合评价，筛选环境风险评价因子。③生产过程潜在危险性识别。根据建设项目的生产特征，结合物质危险性识别，对项目功能系统划分功能单元，确定潜在的危险单元及重大危险源。（邵超峰）

huanjing gongneng quhua

环境功能区划 （environmental function zoning） 依据社会经济发展需要和不同地区在环境结构、状态和使用功能上的差异，对区域进行的合理划定。

目的 不同地区由于其自然条件和人为利用方式的不同，其区域内所执行的环境功能不同、对环境的影响程度各异，达到同一环境质量标准的难度也就不一样。因此，考虑到环境污染对人体的危害及环境投资效益两方面的因素，在确定环境规划目标前常常要先对研究区域进行功能区的划分，然后根据各功能区的性质分别制定各自的环境目标。①确定具体的环境目标。通过环境功能区划分，决策者依据功能区的重要程度、经济开发特点，提出控制污染布局与排放的各种强制性措施，确定环境保护重点和环境保护目标。总的指导思想是高功能区域高标准保护，低功能区域低标准保护，特殊功能区域特殊保护，为功能区环境目标管理的战略决策提供科学依据。②合理布局。决策者依据不同区域的功能、环境保护目标，可以对区域的经济发展进行合理布局。对于未建成区或新开发区、新兴城市来说，环境功能区划对其未来环境状态有决定性影响。③落实环境目标。从定性管理过渡到定量管理，环境质量状况不断得到改善。将环境功能区与环境保护目标建立起对应关系，在技术、经济可行性分析的基础上落实环境保护目标。特别是城市环境综合整治定量考核制度、环境目标管理责任制、排污许可证制度的贯彻执行对环境保护目标的落实起到了促进作用。④科学使用环境投资，保证治理方案的有效实施。⑤正确实施各项法律制度。目前有关环境保护方面的法律有《中华人民共和国环境保护法》《中华人民共和国水污染防治法》《中华人民共和国大气污染防治法》《中华人民共和国森林法》《中华人民共和国草原法》和《中华人民共和国海洋环境保护法》及各项标准和制度等。针对不同的环境功能区采用不同的控制标准或环保要求，将有利于法律制度的正确实施。

依据 主要有：城市总体规划，自然条件，环境的开发利用潜力，社会经济的现状、特点和未来发展趋势，行政辖区，环境保护的重点和特点，环境标准和规范。

类型 环境功能区划按照不同的标准可以划分出不同的类型。按照范围的大小不同，可以分为城市环境规划的功能区和区域环境规划的功能区。按照内容的不同，可以分为综合环境区划和部门环境规划。部门环境规划一般又可分为大气功能区、地表水域环境功能区和噪声功能区。

主要内容 在所研究的范围内，根据各环境要素的组成、自净能力等条件，合理确定使用功能的不同类型，确定界面、设立监测控制点位；根据社会经济发展目标，以功能区为单元，提出生活和生产布局以及相应的环境目标与环境标准的建议；在各功能区内，根据其在生活和生产布局中的分工职能以及所承担的相应的环境负荷，设计出污染流；建立环境信息库，以便对生产、生活和环境信息进行实时处理，掌握环境状况及其发展趋势，并通过反馈做出合理的控制决策。

意义 基于区域空间的资源、环境承载能力，通过辨析面临的环境问题和环境保护压力，分区制定环境保护目标和明确环境保护相关政策措施，除了注重空间区域的自然特征和环境特征外，还充分考虑了社会经济活动对生态系统的干扰和影响，是综合社会、经济、环境三个方面，集结构性与功能性为一体的区划形式。为产业布局和结构调整、环境规划提供了科学依据，是环境管理由要素管理走向综合协调、由末端治理走向空间引导的有效途径。

（张红）

huanjing guanli

环境管理 （environmental management） 在环境承载力允许的条件下，以环境和相关科学理论为基础，利用行政、法律、技术、经济、宣传和教育等各种手段，对人类影响环境的各项社会经济活动进行调节和控制，以保障与改善人类的健康和生存环境的过程。

产生背景 在自然力的作用下，环境的结构与状态一直处于不断变化之中。人类诞生之后的生存、发展活动也参与并加速了环境的变化。环境问题是社会经济发展到一定阶段的产物，工业化大生产导致人和环境的关系日益紧张。环境问题的形成与人类的社会经济活动密切相关，特别是跟社会经济活动目标的纯经济性和行为的无约束性相关。人类社会经济活动对环境的作用超过环境所能承受的能力导致了环境污染和生态破坏问题。当人类日益关注自身和自然环境之间的关系以及如何利用环境并与自然和谐共存时，就对环境管理提出了迫切的要求。

概念形成过程 20 世纪 70 年代以前，环境问题往往被看作是单纯的污染问题，采取的对策通常是运用工程技术措施进行治理，以及运用法律、行政手段限制排污。70 年代以后，人们逐渐认识到环境问题不只是污染问题，技术治理不是治本之道，必须在发展的同时采取预见性政策，利用交叉学科方法解决环境问题。1974 年，联合国环境规划署（UNEP）和联合国贸易与发展会议（UNCTAD）在墨西哥召开了“资源利用、环境与发展战略方针”专题研讨会，会上形成了三点共识：①全人类的一切基本需要应当得到满足。②要用发展来满足基本需要，但不能超出生物圈的容许极限。③协调这两个目标的方法即环境管理。这是环境管理概念的首次提出。

此后，许多学者从不同角度发展了环境管理的概念：

环境管理是对损害人类自然环境质量的人为活动（特别是损害大气、水和陆地外貌质量的人为活动）施加影响。所谓施加影响，是指多人协同的活动，以求为创造一种美学上令人愉快、经济上可以生存发展、身体上有益于健康的环境所做出的自觉、系统的努力。

环境管理是一个“桥梁”专业，它致力于用系统方法发展信息协调技术，在跨学科的基础上，根据定量和未来学的观点，处理人工环境的问题。

环境管理为人类利用土地、大气、植物和水的一系列活动，涉及公共机构和私人企业环境规划与发展的许多专家组。

这些定义有利于强调本领域的跨学科性质、人的中心作用和解决问题的重要性。

环境管理是通过对人们自身的思想观念和行为进行调整，以求达到人类的发展与自然环境的承载能力相协调。也就是说，环境管理是人类有意识的自我约束，这种约束通过行政的、经济的、法律的、教育的、科技的手段等来进行，它是人类社会发展的根本保障和基本内容。狭义而言，环境管理是管理当局为了实现预期的环境目标，对社会、经济发展过程中可能产生的环境污染和破坏性影响活动，采取各种措施和手段，进行调节与控制。

环境管理系统是组织为执行与维持环境管理，所采取的建构、责任、实务、程序、过程与资源等方面的活动。而现代环境管理又是一个涉及多种因素的管理系统，此系统涉及的主要因素包括社会因素、政治因素、科学技术因素、管理因素、法律因素、经济因素，因此环境管理系统是涉及多方面科学知识的一门技术，其目的就是要使组织的环境管理能顺利进行。

全球环境管理思想的发展 环境管理的思想来源于人类对环境问题的认识和环境管理的实践。20 世纪 30 年代初至 70 年代末“八大公害”事件的爆发、80 年代末至 90 年代初全球性环境问题日益加重和《增长的极限》《我们共同的未来》等著作的出版引发了三次全球环境管理思想的革命，在环境管理发展史上树立起三座里程碑。①第一座里程碑：联合国人类环境会议。1972 年 6 月 5 日—16 日，联合国人类环境会议在瑞典斯德哥尔摩召开，这是第一个关于环境问题的世界性会议，标志着全人类对环境问题的觉醒，从此环境管理思想纳入政府管理的范畴。会议最重要的成果包括两个方面，一是决定成立联合国环境规划署，从机构上推进全球环境管理实践；二是通过《人类环境宣言》，唤起人们对全球环境问题的关注，要求重视和加强环境管理。

②第二座里程碑：联合国环境与发展大会。1992年6月3日—14日，联合国环境与发展大会在巴西里约热内卢召开，标志着人类对环境与发展的认识提高到一个崭新的阶段。会议确立了以生态环境保护与经济社会发展相协调、实现可持续发展作为人类共同的行动纲领，可持续发展得到世界最广泛和最高级别的政治承诺。会议通过了两个纲领性文件《里约环境与发展宣言》和《21世纪议程》。《里约环境与发展宣言》是开展全球环境与发展领域合作的框架性文件，提出了27项原则，目的在于保护地球永恒的活力和整体性，建立一种新的公平的全球伙伴关系。《21世纪议程》则是全球范围内可持续发展的行动计划，旨在建立21世纪世界各国在人类活动对环境产生影响相关方面的行动规则，为保障人类共同的未来提供一个全球性措施的战略框架。它标志着环境管理不仅要关注现时环境的状况，更要从未来发展需求来谋求环境状况的改善。③第三座里程碑：联合国可持续发展世界首脑会议。2002年8月26日—9月4日，联合国可持续发展世界首脑会议在南非约翰内斯堡召开，这是联合国历史上最大规模的一次会议。会议确定“发展”仍是人类共同的主题，进一步提出了经济、社会、环境是可持续发展不可或缺的三大支柱，以及水、能源、健康、农业和生物多样性等实现可持续发展的五大优先领域，并通过了会议文件《可持续发展世界首脑会议执行计划》和《约翰内斯堡可持续发展宣言》。它意识到要实现环境与发展相协调，仅有全球的战略是不够的，需要针对一些关键问题采取实际行动。

内涵　环境管理，字面意思是“对环境的管理”，“管理”是其要义，一般管理的基本原理也适用于环境管理。实质上，环境管理不是对环境本身的管理，而是管理人类的相互作用及对环境的影响，管理的主体是人类，管理的客体是各种人类活动。环境管理涉及管理所有生物-物理环境的组成部分，包括生命（生物）和非生命（非生物）体，还涉及人类与环境的关系，如社会、文化和经济环境与生物-物理环境的关系。影响管理者的三个主要问题涉及政治、规划（项目）和资源（金钱、设施等）。

要理解环境管理的内涵，必须把握两个方面：①环境管理是一个不同管理者参与的多层次过程。这些管理者包括政府、企业、环境非政府组织、跨国公司、国际经济组织、研究机构、市民、农民、渔民、牧民和土著居民。他们通过积极、自觉地管理环境或影响环境管理决策实现地方、国家和全球水平不同层次的有效环境管理。②环境管理是一系列不同特征的概念和方法相互联系、相互作用的多学科交叉研究领域。自然科学和社会科学的多种学科对环境管理施加不同的影响，特别是环境经济学、环境政治学、管理学、文化生态学、政策和规划学、环境科学、自然地理学、人文地理学等不同学科的理论和方法集合构成了环境管理的多学科基础和框架。

特点　①战略性。环境管理以实施一个国家或地区的可持续发展战略为自己的根本目标。当今世界各国经济发展的实践表明，一个国家可持续发展能力的表征是多方面的，如经济能力、资源环境支撑能力、环境宏观管理能力等。②综合性。环境管理的综合性表现在它的组成要素多样、管理手段多样、学科组成多样等。环境管理的内容涉及土壤、水、大气、生物等各种环境因素，环境管理的领域涉及经济、社会、政治、自然、科学技术等方面，环境管理的范围涉及国家和地区的各个部门，所以环境管理具有高度的综合性。③系统性。环境管理系统是一个复杂的系统，环境管理以人类与环境系统作为自己的管理对象，涉及的是人类社会、经济系统和自然生态系统在一定时间和空间形成的系统整体，需要考虑这个大系统与其组成要素、要素与要素间的相互作用，研究其制约和影响的大小。因此，需要运用系统整体的观点和动态发展的观点去看待环境管理问题，不能用片面的、孤立的、静止的观点去看待社会经济发展与环境的关系。④区域性。由于环境状况受到地理位置、气候条件、人口密度、资源蕴藏、经济发展、生产布局以及环境容量等多方面的制约，所以环境管理具有明显的区域性特征。⑤广泛性。由于每个人都在一定的环境中生活，人们的活动又作用于环境，环境质量的好坏，同每一个社会成员有关，所以环境管理具有广泛性特征。

管理范围 环境管理的范围相当广泛，因此有必要加以界定，以作为执行的依据。环境管理可依管理的范围、性质、过程等分类。按管理的范围，可将环境管理分为三类：①国家环境管理。主要是对整个国土的各种资源的合理利用、环境污染的防治以及人类各种影响环境行为的约束。②区域（或流域）环境管理。主要是对经济区、省、市、自治区，乃至某一居民区等大小区域、流域、森林、山区及自然保护区等进行环境管理，实现区域社会经济发展与环境保护的目标统一。③专业环境管理。主要包括工业、农业、交通运输业、商业、建筑业等国民经济各部门的环境管理，以及各行业、企业的环境管理。

依据管理的性质，可将环境管理分为三类：①环境计划管理。制定、执行、检查与调整各部门、各行业、各区域的环境保护规划，使之成为整个发展规划的一个重要组成部分。环境计划包括工业交通污染防治计划、城市污染控制计划、流域污染控制规划、自然环境保护计划，以及环境科学技术发展计划、宣传教育计划等，还包括在调查、评价特定区域的环境状况的基础上综合制定的区域环境规划。②环境质量管理。组织制定各种环境质量标准，各类污染物排放标准、评估标准及其监测方法、评估方法，组织检查、监测、评估环境质量状况，预测环境质量变化的趋势，以及制定防治环境质量恶化的对策措施。③环境技术管理。制定防治环境污染的技术方针与政策，制定与环境保护相关的技术标准及规范，确定环境科学技术发展方向，并组织环境科学技术合作与交流等。

按环境管理的过程，可归纳划分如下：①环境问题及质量改善指标界定。②环境信息与资料采集、互换及加工处置。③环境政策法规研究、制定与执行。④环境质量标准制定与执行。⑤环境质量调控手段的设计与应用。⑥环境基础勘察及影响研究。⑦环境科普与教育。

但在实际工作中，以上划分的类型常常相互交叉、结合在一起，并不一定需要从理论分析的角度进行分门别类的管理。

管理对象 环境管理的对象是复杂的人类与环境系统，涉及系统组织的建立、系统的经营运行和管理。但在人类与环境系统的关系中，人是主导的一方；在社会经济发展与环境系统的关系中，人类的持续发展则是主要方面。具体应包括：人、物、资金、信息和时空五个方面。①人是管理的一个主要对象。对于以限制人类损害环境质量的行为作为主要任务的环境管理来说尤其重要。管理过程是一种社会行为，是人们之间发生复杂作用的过程。管理过程中各个环节的主体是人，人及其行为是管理过程的核心。②物是管理的重要对象。环境管理可认为是为实现预定环境目标而组织和使用各种物质资源的过程。环境管理的根本目标是协调发展与环境的关系，从宏观上说，要通过改变传统的发展模式和消费模式去实现；从微观上讲，要管理好资源的合理开发利用，要管理好物质生产、能量交换、消费方式和废物处理各个领域。③资金是管理系统赖以实现其目标的重要物质基础，也是管理的对象。从社会经济角度出发，经济发展消耗了环境资源，降低了环境质量，但又为社会创造了新增资本。资金管理则应研究如何运用新增资本和拿出多少新增资本去补偿环境资源的损失。因此，资源、环境与经济政策必须相辅相成。④信息系统是管理过程的“神经系统”，信息也是管理的重要对象。信息是指能够反映管理内容的、可以传递和加工处理的文字、数据或符号，常见形式有资料、报表、指令、报告和数据等。管理中的物质流、能量流，都要通过信息来反映和控制。采用现代化的信息采集、传输、管理、分析和处理手段，将地理信息系统、遥感、卫星通信和计算机网络等高新技术应用于环境质量的监测、调查及评价中，建立环境管理信息系统和统计监测系统将成为环境管理现代化的重要内容。⑤环境时空条件也应成为管理的对象。管理活动处在不同的时空区域，就会产生不同的管理效果。管理的效果在很多情况下也表现为时间的节约。各种管理要素的组合和安排，也存在一个时序性问题。按照一定的时序管理和分配各种管理要素，则是现代管理的一个重要问题。因此，时间是管理的坐标。同时，空间区域的差别往往是环境容量和功能区划的基础，这些时空条件构成了成功管理的要旨。

管理过程 环境管理的本质是一种管理，因此遵循管理的一般过程原则，包括制定环境目标、制定规划、制定行动方案、选择行动方案、实施行动方案，以实现环境目标。

①制定环境目标。环境管理是关于特定环境目标的实现，环境目标可根据环境质量的保护和改善加以确定。环境目标的表达形式有多种，可制定精确的量化目标，如环境指标的确定，或者是一种期望，如保护某景观的美学价值，还包括道德和伦理问题。环境目标可以有不同的来源。多个国家之间相互合作的目标可能是一个国际公约，或者是联合国环境规划署（UNEP）的某个计划，或者是区域国家集团如欧盟的协议主题。单纯的国家目标大多来自中央政府部门，特别是环境、规划、交通、能源等机构，而地方政府参与这个过程。除政府外，其他非政府组织也可通过大众媒体影响环境议程。除此之外，各种利益团体，如工商业界，也在环境目标制定中起到重要作用。②制定规划。规划绝对是环境管理功能的基础，它涉及目标的辨识和目标实现手段的选择。实质上，它可被看作探索未来的合理方法。规划过程包括几个步骤：定义问题，制定规划目标，判定构成规划基础的假设，探索和评价可选择的行动路线和方案，以及选择特定的行动方案。与其他管理阶段相似，规划也意味着协调。在较大的机构里，环境管理人员有时负责协调其他人，协调还包括信息的收集和筛选。换言之，环境管理者的任务不是其本身承担基本的环境工作，而是充当监督和协调者的角色。③制定行动方案。首先应界定问题，找出问题的症结。其次，详细分析环境影响，包括受影响的地区、人群、时间，影响的程度、范围、性质。最后，针对所受到的影响，提出可供采取的应对方案和路线。④选择行动方案。一旦多种方案确定后，管理者就面临着方案的选择问题，即哪一个或哪一组方案最适合目标的实现，这本质上是一个决策过程，需要用系统方法解决。实际上，环境管理者可运用一系列有效的工具和方法来处理这一问题，包括成本-效益分析、环境影响评价、风险分析。这类方法使用简单，仅需利用基本的信息和简单的技术。也可以使用复杂的数学模型模拟特定的环境事件。对于同一个问题，尽管有很多评价应对方案的复杂方法可以利用，但各个部门提供的处理方案不尽相同，对于热衷于保护的部门可能支持优先保护行动的方案；对于经济部门可能根据成本-效益分析，倾向于支持经济成本低的方案。因此，由于价值判断进入了方案，所以环境管理是一门艺术，而不是一门精确的科学。⑤实施行动方案。环境管理的最后阶段就是实施优选行动方案。实施的技巧主要依靠技术专家，环境管理者则行使监督、指导和控制的功能。当条件发生变化时，就必须对采取措施的有效性进行评估，甚至根据情况进行调整。

环境管理还涉及为了预防环境的进一步退化而采取的总体策略，如污染控制的市场导向型方法。总而言之，应该鼓励对环境有益的可持续发展模式。

管理手段 主要包括：行政、法律、技术、经济、宣传教育和基于自愿协商的非管制手段等（参见环境管理工具）。

发展趋势 环境管理是当今人类为实施可持续发展战略，对环境资源实施科学管理的需要。环境管理的基本点，就是利用生态学、环境科学、系统科学、管理科学等的基本理论、方法和技术手段，系统地解决环境问题。随着未来各种环境学科的深入发展，在全球、区域和局地水平上认识环境与人类社会经济发展之间的相互关系，应用系统分析、多学科方法探

讨环境问题，综合运用多种手段强化环境管理，寻求可行和有效的解决方案依然是环境管理发展的主要方向。（贺桂珍）

推荐书目

吕永龙，贺桂珍．现代环境管理学．北京：中国人民大学出版社，2009.

Geoff A Wilson，Raymond L Bryant．Environmental Management：New Directions for the Twenty-First Century. London：UCL Press（Taylor & Francis），1997.

huanjing guanli gongju

环境管理工具（environmental management instrument） 政府用来实施其环境政策的手段和措施。政府采用的环境管理工具多种多样，包括行政的、法律的、信息的和自愿的手段等。

类型 环境管理工具通常被归为两类，即市场激励型与命令-控制型。市场涉及价格和数量，在许多情况下作为“定量工具”较优。此外，还包括经济激励措施、法律手段和信息活动。世界银行提出了一个分类系统，将环境管理工具分为四类（见下表）。

环境管理工具的类型

利用市场	创建市场	环境规章	吸引公众
减排补贴；环境收费；使用者付费；押金-付款制度；针对性补贴	产权、分权管理；交易许可证、交易权；国际补偿制度	标准；禁令；许可证、配额；分区制；自愿协议	公众参与；信息公开；环境审计；环境标志；认证

第一类利用市场可细分成若干管理工具，如对污染物排放、输入或产品收费，使用者付税或付费。此外，还包括履约保证金、退还排放支付金和信贷补贴等。

第二类创建市场包括划定权利的机制。其中最根本的，特别是与发展中国家和转型经济体相关的就是土地和其他自然资源私有财产权利的实际确立。排污许可证或捕捞许可证是专门为环境和自然资源管理独创的管理工具，在国际范围内，通常被称为国际补偿制度。另一个重要补充是制订地方一级的共同财产资源管理计划。

第三类工具包括标准、禁令、（非交易）许可证或配额、罚款，还有赔偿责任规定以及大量相关法律和执法规则。自愿协议也可被看作是监管的一种形式。

第四类工具包括信息公开、环境标志、水资源和废弃物管理中的公众参与，还包括环境保护管理机构与公众、污染者的对话和协商机制。环境审计和认证通常是在公司水平被广泛采用的管理工具，一般跟环境标志和信息公开一起使用。

管理手段 通常分为行政、法律、经济、技术、宣传教育、基于自愿协商的非管制手段六类环境管理手段。

行政手段 主要指国家和地方各级行政管理机关，根据国家行政法规所赋予的组织和指挥权力，制定方针、政策，建立法规，颁布标准，进行监督协调和必要的行政干预，对各项管理事项进行决策，以及发放与环境保护有关的各种许可证。这类手段又被称为指令性控制手段。

法律手段 环境管理的一种强制性手段。各级环境管理部门按照环境法规来处理环境污染问题，对违反环境法规的机关与个人给予批评、警告、罚款或责令赔偿损失，协助并配合司法机关，对违法者进行仲裁、追究法律责任等。依法管理环境是控制并消除污染，保障自然资源合理利用，维护生态平衡的重要措施。环境管理一方面要靠立法，另一方面还要靠执法。

经济手段 依据价值规律，运用价格、税收、信贷等经济杠杆，引导和激励社会活动经济主体采取有利于保护环境的措施。针对命令控制手段可能带来的高成本与低效率，20 世纪 80 年代后期，各国开始注意设计并实施各种经济手段以实现环境与发展的协调，主要包括环境保护补助资金、征收排污费、违规排污罚款、许可证交易、信用保险、押金制度、优惠贷款、减免税和自然资源税制度等。

技术手段 借助那些既能提高生产效率，又能把对环境污染和生态破坏控制到最小限度的技术以及先进的污染治理技术等来达到保护环境目的的手段。例如，组织开展环境影响评价工作，推广无污染、少污染技术及先进治理技术；因地制宜地采取综合治理和区域治理技术；组织环境研究成果与环境科技情报的交流等。

宣传教育手段 环境教育是一种学习过程，经由报纸、杂志、电影、广播、网络、展览、报告会、专题讲座、文艺演出等多种形式，宣传环境保护知识，提高全民的环境保护意识。环境问题的解决终究要靠人的意识与行动方面的实际努力。

基于自愿协商的非管制手段 主要指利用社会劝说、信息披露和市场信号等办法，引导污染者自觉削减污染排放的一种措施。该手段强调削减污染的自觉自愿性，常用于污染的预防。

以上对环境管理实施手段的类型划分并不绝对，在实际运用中，往往没有清晰的界限，而是交叉和综合使用，以达到更好的效果。

选择工具的标准 选择和设计环境管理工具需要理论与实际紧密结合，依据一定的标准确定。

环境管理工具选择的一个重要原则是社会福利最大化，与之相关的标准包括成本-效果、效率、可持续性、激励兼容性、分配和公平以及行政可行性。①成本-效果：指如果该工具按计划实施，它会以最低的成本实现环境目标。②效率：包括污染削减水平和资源存量最优目标。③可持续性：指长期可行性和公平性。④激励兼容性：指所有利益相关方，特别是污染者、监管者、受害者和其他人都会由于提供信息或进行适当的污染削减受到同样激励。⑤分配和公平：指成本分配应公平。⑥行政可行性：应避免环境管理工具实施过程中的过度财政或信息成本问题。

在各种利益的权衡过程中，不同群体的侧重点不同，对标准的解释也不同，不同标准会相互影响，采用何种标准取决于每一个具体问题的特点。例如，在经济收入均匀分布，并以适度的减排成本处理环境问题时，公平问题不是那么重要；但在处理影响健康和最终生活的重大问题且在收入差距大的国家时，分配与成本-效果同等重要，甚至超过后者。

（贺桂珍）

huanjing guanli tixi

环境管理体系

（environmental management system，EMS） 一个组织内用于环境事项管理的全面管理体系的组成部分，以履行合规义务，并注重风险和机会。它包括为制定政策所需的组织机构、环境目标和为达到目标的过程等管理方面的内容。环境管理体系是一项内部管理工具，旨在帮助组织实现自身设定的环境表现水平，并不断地改进环境行为。ISO 14001是环境管理体系认证的代号。

发展历程 环境管理体系来源于环境审计和全面质量管理这两个独立的管理手段。迫于履行环境义务费用的不断提升，北美和欧洲发达国家的公司不得不在20世纪70年代创立了环境审计这一管理手段以发现其环境问题。初期目标是保证公司遵守环境法规，随后其工作范围扩展到对相对容易出现环境问题的部位实行的最佳管理实践的监督。全面质量管理起初是用于减少和最终消除生产过程中导致不能达到生产规范要求的种种缺陷，以及提高生产效率等，但这一手段已经更多地用于解决环境问题上。

ISO 14001 是国际标准化组织（ISO）环境管理技术委员会（TC207）制定的环境管理标准。ISO 14001：1996《环境管理体系——规范及使用指南》于 1996 年 9 月 1 日正式颁布。2005 年 5 月 10 日，ISO 14001：2004《环境管理体系——要求及使用指南》发布，并于 2005 年 5 月 15 日正式实施。2015 年 9 月 15 日 ISO 14001：2015《环境管理体系——要求及使用指南》正式发布。我国已将其转化为相应的国家标准《环境管理体系　规范及使用指南》（GB/T 24001—1996），《环境管理体系　要求及使用指南》（GB/T 24001—2004）。

主要内容 环境管理体系包含规范化的

运作程序和文件化的控制机制。主要有 5 个部分共 17 个要素（见下表）。

ISO 14001 环境管理体系的具体内容

主要方面	具体要素
承诺和方针	环境方针
规划	环境因素； 法律与其他要求； 目标和指标； 环境管理方案
实施与运行	组织机构和职责； 培训、意识与能力； 信息交流； 环境管理体系文件； 文件管理； 运行控制； 应急准备和响应
监测和评价	监测和测量； 不符合、纠正与预防措施； 记录； EMS 审核
评审和改进	管理评审

EMS 模型 又称 PDCA 循环或戴明循环（Deming cycle）。包括计划（plan）、实施（do）、检查（check）和处置（action）循环往复的四项活动。

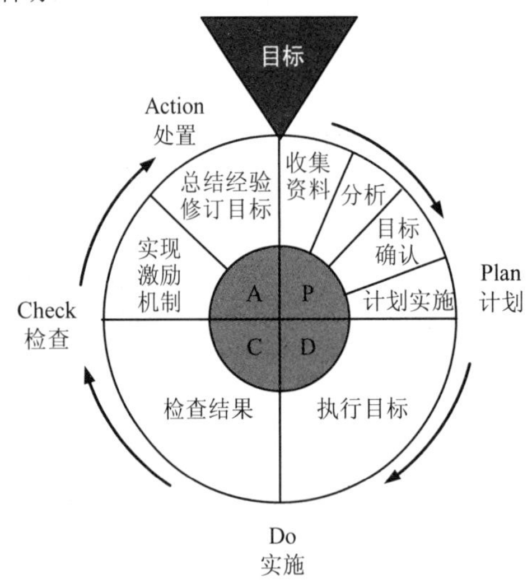

PDCA（戴明）循环示意图

P——计划，确定环境方针和目标，拟订 EMS 活动计划。

D——实施，实地去做，实现 EMS 计划中的内容。

C——检查，总结执行计划的结果，注意效果，找出问题。

A——处置，对总结检查的结果进行处理，肯定成功的经验并适当推广；总结失败的教训，以免重现，未解决的问题放到下一个 PDCA 循环。

PDCA 循环是一个质量持续改进模型，可以广泛应用于制造业、服务业以及政府机构等各种行业和组织。

审核 组织内部对环境管理体系的审核，是组织的自我检查与评判。内审的过程应有程序控制，定期开展。内审应判断环境管理体系是否符合预定安排，是否符合 ISO 14001 标准要求，是否得到了正确实施和保持，并将审核结果向管理者汇报。

环境管理体系的审核对象是整个环境管理体系，一次完整的内审应覆盖组织的所有现场及活动，覆盖 ISO 14001 环境管理体系标准所有要素及目标指标的实现程度等内容。

环境管理体系审核应保证其客观性、系统性和文件化的要求，按审核程序执行。内审的程序应对以下内容进行规定：①审核的范围，可包括审核的地理区域、部门或体系要素。②审核的频次，应根据组织自身的管理状况和外部机构要求确定。③审核的方法，一般可包括检查文件及记录，观察现场，与相关人员面谈等。④对审核组的要求和职责，如审核组长及组员的能力与职责等。⑤审核报告及报送办法等。在每次开展审核前应制订审核计划（方案），包括人员与时间的安排。审核的内容应立足于所涉及的活动。审核结束后，审核结果要向管理者汇报。（贺桂珍）

huanjing guanli tizhi

环境管理体制 （environmental administrative system） 环境管理系统的结构和组成方式，

即采用怎样的组织形式以及如何将这些组织形式结合成为一个合理的有机系统，并以怎样的手段和方法来实现环境管理的任务。具体地说，环境管理体制是规定中央、地方、部门、企业在环境保护方面的管理范围、权限职责、利益及其相互关系的准则，其核心是管理机构的设置、各管理机构的职权分配以及各机构间的相互协调。环境管理体制直接影响到环境管理的效率，在整个环境管理中起着决定性作用。

国外的环境学者在讨论环境管理体制这一问题时往往会考虑社会公众的参与。广义而言，环境管理体制需要建立环境管理行为人的“三元结构”，即政府、企业和公众共同管理，其作用是将环境管理从“政府直控”转变为“社会制衡”的方式。从理论上讲，在环境管理中，政府的角色是规制者、监督者和裁判者，企业是实施方和自我管理方，公众包括市民、学者、媒体和环境社会组织，如非政府组织，是社会监督者和自我参与者。我国的公共管理模式与西方国家差异很大。一段时间以来，我们所指的环境管理体制只是针对政府内部机构的设置，社会公众的监督参与被视为环境管理体制的外部作用机制，一般不纳入体制本身的范畴。

发展阶段　环境管理体制在很大程度上依赖于各国现有的政治经济体制、政府管理体制、市场运作机制以及社会文化特点等因素。从发展阶段来看，国外的环境管理体制大致经历了三个阶段：分散管理、单一管理、综合管理。

分散管理　环境管理权由不同的部门分别行使。在环境问题尚不严重的初期，国外大多采用这种形式。这种管理体制的优点是管理机构熟悉业务，可以把环境管理与其业务管理协调起来；缺点是由于管理机关既有业务上的目标又有环境目标，有时会牺牲环境利益而追求经济利益。

单一管理　该模式一般是在分散管理的基础上发展起来的。政府为了集中消除环境污染和公害，成立了专门的环境保护机构。这种管理体制的优点是达到了对环境问题的统一管理。但是，由于这种环境保护机构只管环境，环境与发展的职能相互分离。

综合管理　由于分散管理和单一管理模式的缺陷，国外对环境保护机构的设置开始遵循综合决策的原则，并开始实施综合管理的环境保护管理体制，被普遍认为是实现可持续发展的“具体落实途径”。具体表现是：提高环境保护机构的地位，增加其职能以及建立各种环境保护协调机制等。

中国的环境保护管理体制是在周恩来总理的亲自关心下建立起来的。1971 年，在国家计划委员会下成立了环境保护办公室，中国政府机构的名称中第一次出现“环境保护”。1972 年，中国政府派代表团参加了在瑞典斯德哥尔摩召开的联合国人类环境会议。1973 年 8 月，国务院召开了首次全国环境保护会议，通过了《关于保护和改善环境的若干规定（试行草案）》。1974 年 10 月 25 日，国务院环境保护领导小组正式成立，领导小组下设办公室，由国家建设委员会代管。由此开始，中国建立了专门的环保机构。1979 年 9 月 13 日，是中国环境保护发展历史上的一个里程碑，全国人民代表大会常务委员会公布了中国第一个综合性的环境保护法律——《中华人民共和国环境保护法（试行）》。从此，中国的环境保护管理工作纳入法制化的轨道。此后，逐步建成了有中国特色的环境保护法律法规体系，为中国环境保护管理体制的建立、运行和发展提供了强大的法律支持。经过 40 多年的努力，形成了“国务院统一领导、环保部门统一监管、各部门分工负责、地方政府分级负责”的环境管理体制，并逐步形成了“五级管理”、“四级机构”的组织体系，即国家实行中央、省（自治区、直辖市）、市（地、自治州、盟）、县（旗、县级市）、乡（镇、街道）五级环境管理，设立除乡（镇、街道）外的四级环境保护管理机构。这种管理体制对于推动我国环保事业发展发挥了积极的作用。

特征　环境管理体制的特征与环境保护的特殊性有关。环境保护具有广泛的代表性、效益的公共性和利益的长远性。一般来说，环境管理体制具备以下特征：①环境管理体制是跨行业的，可以根据国家利益决策对其他部门实施有效监督。环境管理体制不能是一个行业管理体制，环境保护行政主管部门也不能是一个行业主管机构。②环境保护行政主管部门必须没有任何自身的利益考虑，保证管理的客观和公正。③环境保护行政主管部门必须具备充分的管理权威，保证实现国家的环境保护决策和监督职能。④为了代表国家和人民的利益实施环境保护的公共管理，政府的环境保护决策和监督必须是高度统一的，这样能最大限度地避免局部、部门利益和短期行为的干扰。⑤执行国家的环境保护法律、法规和政策，实施环境管理，必须依靠地方政府和其他政府部门以及社会公众的参与。

我国环境管理体制主要由立法监督机关、行政管理机关、司法机关和社会组织四大部分构成。目前，我国的环境保护管理体制具有以下几个特点：①总体上，立法、行政、司法和社会组织在执行环境保护政策中各有其发挥作用的领域。立法机关的作用主要是制定环境保护法律并督促政府贯彻执行；政府运用所掌握的行政管理权力使环境保护政策变为现实行为；司法机关负责处理有关环境问题的民事、行政和刑事诉讼，保障环境保护政策执行中的公正性；社会组织（包括个人）进行舆论监督和环境诉讼等，促进环境保护政策得以实现。②在所有这些力量中，政府行政管理是主要力量。我国环境保护政策中的各种具体措施，特别是各项环境管理制度，大部分是由政府部门直接操作，并作为一种行政行为通过政府体制得以实施的。③在政府部门之间，环境保护政策的实施职能也根据政策内容的不同而采取不同的方式。污染防治的行政监督管理权相对集中于环境保护部和各级地方政府的环境保护行政机关，基本形成了“统一管理，分工负责”的体制，而自然和资源保护职能则分散在环保、资源、农业、林业、水利、国土等部门。④相对政府的作用而言，司法机关和社会团体、公民个人在实施环境保护政策方面力量较弱，发挥作用的空间比较有限。⑤行政资金有限。由于环境保护政策比较倚重政府的作为，所以我国的环境保护政策需要耗费较多的财政资源，这与有限的财政支持能力形成了突出矛盾。

（贺桂珍）

huanjing guihua

环境规划 （environmental planning） 人类为使环境与经济社会协调发展而对自身活动和环境所做的时间和空间上的合理安排。环境规划是调整自然系统和人类系统之内和之间关系的一种科学决策活动，它以一种有效、有序、透明和公平的方式管理这些过程，旨在保证当代和后代人共同从中受益。在实践中，环境规划不断完善和扩大决策过程范围。

沿革 国际上把环境要素纳入土地利用或国民经济和社会发展规划是 20 世纪 60 年代才开始的，特别是 1972 年瑞典斯德哥尔摩联合国人类环境会议之后，大会通过的《联合国人类环境宣言》提出了有关规划和人类活动的主要原则。

自 20 世纪 50 年代末，西北欧的空间规划进展迅速。空间规划指由公共部门用来影响人类及其活动在不同空间尺度分布的方法。按照 1983 年负责区域规划的欧洲联合会通过的《欧洲区域/空间规划宪章》，“区域/空间规划是对经济、社会、文化和生态政策的地理表达，同时也是一门学科、一门管理技术和一项政策，旨在根据总体战略运用跨学科和综合的办法协调区域发展和空间物理结构”。欧洲的空间规划包括土地利用规划、环境规划、城市规划、区域规划、交通规划、经济规划和社区规划。空间规划可发生在地方、区域、国家、跨国水平上。1973 年 11 月 22 日，欧共体以《欧共体理事会以及理事会中成员国政府代表会议的宣言》的形式通过了欧共体第一个环境行动计划（1973—1976 年），明确指出了环境政策的目标和基本原则，第六个环境行动计划命名为“环境 2010，我们的未来，我们的选择”，生物多样性、环境与健康、自然资源与废物管理为四个优先领域。由于第六个环境行动计划于 2012 年到期，欧盟已制订第七个环境行动计划，并于 2013 年 11 月 20 日经欧盟委员会和理事会通过实施，该计划确定了到 2020 年欧盟的优先环境目标，主要包括气候变化、生物多样性、自然资源和人类健康。

美国于 1993 年 8 月 3 日颁布了《政府绩效和结果法》，要求联邦政府行政部门制定战略规划和绩效规划。美国环境保护局于 1994 年向国会提交了 1995—1999 年五年战略规划报告《环境保护的新时代：美国环境保护局五年战略规划》，提出今后五年美国环境保护局的指导原则、环境目标、优先领域等，作为环境保护决策和资源分配的指导。七项指导原则包括生态系统保护、环境公平、污染预防、科学数据、合作、创新管理和环境责任。此后，分别制定实施了 1997—2002 年、2000—2005 年、2003—2008 年、2006—2011 年、2011—2015 年和 2014—2018 年战略规划，2014—2018 年战略规划确定了美国环境保护局五项战略目标和保护人类健康与环境的艰巨任务，体现了科学、透明的核心价值和管理既定项目的相关法律规则。在美国，环境规划师在规划任何项目时都必须遵守联邦、州、城市的各种环境规章。所有项目都必须考虑环境事项，检查其影响并提出可能的减缓措施，即必须按照《国家环境政策法》、州和（或）市环境质量核查办法的规定开展环境影响报告或环境评价。美国的环境规划和管理体制与美国联邦制的国家制度相适应，该体制下美国的规划没有统一范式，也不强调规划目标自上而下。

我国自国民经济和社会发展“六五”计划开始列入环境保护的目标、要求和措施，在“七五”和“八五”计划中加强了环境保护的内容，在“九五”计划中将实施可持续发展规定为中国现代化建设的一项重大战略。我国从“七五”计划时期已开始制订环境保护计划。

理论基础 综合国内外有关学者对环境规划理论的论述，主要包括：环境承载力理论、可持续发展理论、人地系统协调共生理论、复合生态系统理论、城市空间结构理论。

环境承载力理论 环境承载力是指环境系统所能承受的人类社会、经济活动的能力阈值，是协调经济、社会和环境关系的中介。它为环境规划提供量化的依据，提高了环境规划的可操作性。环境规划不仅要对重点污染源的治理做出安排，还要以环境承载力为约束条件，在环境承载力的范围之内对区域产业结构和经济布局提出最优方案。

可持续发展理论 可持续发展是一个综合的、动态的概念。可持续发展应是不断提高人们的生活质量和环境承载力，满足当代人的需求又不损害子孙后代满足其需求的能力；满足一个地区或国家的人群需求，不损害别的地区或国家的人群满足其需求的能力的发展。可持续发展思想赋予了环境规划理论崭新的内涵，环境规划必须从区域的社会、经济和环境效益的统一和协调出发，以实现区域可持续发展为目标，从宏观、中观和微观三个层次制定发展战略和规划。

人地系统协调共生理论 区域性环境规划的目标、任务、原则和内容的确定必须紧紧围绕人地关系协调共生理论进行，同时遵循区域自然规律、经济发展规律和人地关系的熵变规律，对不同类型、不同发展阶段的区域人地系统，因地制宜、因势利导地制定出为区域发展服务的环境规划，促进区域保持持续、稳定、和谐的发展状态。

复合生态系统理论 人类生存的社会、经济、自然环境是一个复合大系统的整体。在编制环境规划的过程中，无论是信息的收集、储存、识别和核对，还是功能区的划分、评价指标体系的建立、环境问题的识别、未来趋势的预测和方案对策的制定等，都与复合生态系统的结构和功能密不可分。要正常发挥复合生态系统的功能，必须采取合理的调控措施，使系统内的能量流动和物质交换相互适应、协调发展，维持系统的动态平衡。

城市空间结构理论 研究人类活动空间分

布及组织优化的科学，为区域规划提供理论基础和方法支持。城市的形态纷繁复杂，但内部土地利用形态存在差异，因而形成了不同的功能区和地域结构。城市在不同的发展阶段具有不同的空间结构，相应地产生了不同的城市空间结构理论，如同心带理论、扇形理论和多核理论等。认识城市空间结构的演化规律，才能因势利导地进行城市规划，以最小的土地、人力、物力、财力、时间和环境投入费用，获得最大的环境经济效益。

类型 按照不同的分类标准，环境规划有不同的类型。例如，按规划期可分为长期环境规划（一般 10 年以上）、中期环境规划（5～10 年）、近期环境规划（一般 5 年）和年度环境计划；按规划地域可分为国家、部门、省、流域、城市、区域、乡镇乃至企业环境规划；按环境要素可分为污染防治规划和生态环境规划，前者又可以按照水、大气、固体废物、噪声及其他物理污染等要素划分不同内容的规划，后者还可细分为森林、草原、土地、水资源、生物多样性、农业生态规划。

内容 环境规划涉及环境保护活动的目标、指标、项目、措施、资金需求及其筹集渠道的规定和环境保护对经济与社会发展活动的规模、速度、结构、布局、科学技术的反馈要求，以及环境质量和生态状况的规定。环境规划的内容主要包括：社会与经济发展、城市发展、区域发展、自然资源管理和土地综合利用、基础设施系统和治理框架。

步骤 主要包括规划区调查分析、环境规划方案的设计形成和环境规划方案的实施。

规划区调查分析 是编制环境规划的基础，通过对区域的环境状况、环境污染与自然生态破坏的调研，找出存在的主要问题，探讨经济社会发展与环境保护之间的关系，以便在规划中采取相应的对策。主要活动包括：①环境调查。进行环境特征、生态、污染源、自然资源、环境质量状况、环境设施、环境管理、社会和经济发展状况的全面调查，掌握丰富、确切的资料。②环境质量评价。在调查的基础上，对污染源、环境质量现状、环境自净能力、人体健康和生态系统的影响及费用效益进行综合分析评价，掌握规划区环境质量变化规律。③环境预测。在环境质量评价的基础上，对环境发展趋势做出科学预测，以作为制定国民经济和社会发展长远规划的依据。④确定环境规划目标。应考虑规划区环境特征、性质和功能，环境规划目标要有利于环境质量的改善，满足人们生存发展的基本要求，与经济发展目标要同步协调，以实现经济、社会和环境效益的统一。

环境规划方案的设计形成 该步骤是整个规划工作的中心，是在考虑国家或地区有关情况下，提出不同的规划方案，经过对比各方案，确定经济上合理、技术上先进、满足环境目标要求的几个合适方案，编制规划报告，并做出决策的过程。①环境规划方案的设计过程。分析调查评价和预测的结果，详细列出环境规划的总目标和各项分目标，制定环境发展战略和主要任务，提出环境规划实施的措施和对策。②环境规划方案优化的过程。对所有拟订的环境规划草案进行经济、环境、社会和生态效益分析；比较和论证各种规划草案，建立优化模型，选出最佳总体方案；预测环境规划方案的实施对社会、经济发展和环境产生的影响；概算实施区域环境规划所需的投资以及评估投资效果等。③环境规划文本的编制。编制工作由管理部门组织，规划编制组完成规划文本的编制。环境规划工作结束时，一般应有三类文本：技术档案文本、环境规划文本、环境规划报审文本。④环境规划方案的决策过程。环境规划方案决策系统也具有输入、处理、输出、调节及控制反馈的过程，主要涉及决策目标制定阶段、信息调查阶段、决策方案设计阶段、方案评估阶段和反馈调查阶段。环境规划方案的决策过程是一个选择最满意的规划方案，同时不断地淘汰其他不满意规划方案的过程，这是一项富有挑战性和创造性的工作。

环境规划方案的实施 环境规划的制定并不代表问题的解决，只有有效实施规划，才能保证规划目标的实现。实施在整个环境规划的生命周期中有着十分重要的地位。①环境规划实施的目标分为总体目标和具体目标。环境规划实施的总体目标是促进经济、社会与环境的协调发展。从这一点上说，环境规划的制定应当纳入国民经济和社会发展规划，环境规划在实施中也要注意与国民经济和社会发展规划相协调。环境规划实施的具体目标需要达到规划本身的要求，保证规划实施的效果和效率，并提高公众的满意度。②环境规划按法律程序经审查批准后进入实施阶段。规划实施在政府、公众和企业等的参与下完成。我国的环境规划实施机构主要有环保部门、水利部门、市政部门、财政部门和发展改革部门等，其中，环保部门是规划的执行机构，负责具体执行规划的相关要求。实施机构结合地区经济、技术、环境现状分解规划目标，制订本部门的详细实施计划作为行动指南，并根据实施计划进行适度的宣传。环境规划实施的一般模式包括规划宣传、实施计划、检查、验收批准和实施效果评估。③环境规划实施的保障机制。在环境规划过程中，要加强资金、技术、人员保障，鼓励公众参与，更为重要的是建立环境规划的法律法规体系，从根本上确立环境规划的相关制度标准。

方法 具体包括系统分析方法、环境规划决策方法。

系统分析方法 系统分析最早是由美国兰德公司在第二次世界大战结束前后提出并加以使用的。兰德公司认为，系统分析是一种研究方略，它能在不确定的情况下，找出各种可行方案，并通过一定标准对这些方案进行比较，帮助决策者在复杂的环境中做出科学抉择。系统分析方法的具体步骤包括：限定问题、确定目标、调查收集数据、提出备选方案和评价标准、备选方案评估和提出最可行方案。

环境规划决策方法 主要包括线性规划、动态规划、投入产出分析和多目标规划。

投入产出分析法又称部门平衡法，或产业联系分析，是把一系列内部部门在一定时期内投入（购买）来源与产出（销售）去向排成一张纵横交叉的投入产出表格，根据此表建立数学模型，计算消耗系数，并据此进行经济分析和预测的方法。该方法是在20世纪30年代由美国经济学家瓦西里·列昂季耶夫（Wassily W. Leontief）最早提出，其理论基础和所使用的数学方法主要来自莱昂·瓦尔拉斯（Léon Walras）的一般均衡模型（1874年在《纯粹政治经济学要义》一书中首次提出）。因此，列昂季耶夫自称投入产出模型是“古典的一般均衡理论的简化方案”。投入产出分析的主要内容包括编制投入产出表，建立相应的线性代数方程体系，综合分析和确定国民经济各部门之间错综复杂的联系，分析重要的宏观经济比例关系及产业结构等基本问题。

多目标规划是数学规划的一个分支，研究多于一个的目标函数在给定区域上的最优化，又称多目标最优化。1896年法国经济学家维尔弗雷多·帕累托（Vilfredo Pareto）最早研究不可比较目标的优化问题，之后虽经过多名数学家的深入探讨，但是尚未有一个完全令人满意的定义。求解多目标规划的方法大体上有以下几种：一种是化多为少的方法，即把多目标化为比较容易求解的单目标或双目标，如主要目标法、线性加权法、理想点法等。另一种叫分层序列法，即把目标按其重要性给出一个序列，每次都在前一目标最优解集内求下一个目标最优解，直到求出共同的最优解。对多目标的线性规划除以上方法外还可以适当修正单纯形法来求解。还有一种称为*层次分析法*，是由美国运筹学家托马斯·萨蒂（Thomas L. Saaty）于20世纪70年代提出的，这是一种定性与定量相结合的多目标决策与分析方法，对于目标结构复杂且缺乏必要的数据的情况更为实用。

作用 一是促进环境与经济、社会可持续发展；二是保障环境保护纳入国民经济和社会发展规划；三是合理分配排污削减量，约束排污者的行为；四是以最小的投资获取最佳的环境效益；五是实现环境管理目标的基本依据。

（贺桂珍）

推荐书目

郭怀成，尚金城，张天柱. 环境规划学. 北京：高等教育出版社，2001.

尚金城. 环境规划与管理. 北京：科学出版社，2005.

Baldwin John H. Environmental Planning and Management. Boulder，Colo.: Westview Press，1985.

huanjing guihua mubiao

环境规划目标

（goal of environmental planning） 对环境规划对象（如国家、城市和工业区等）未来某一阶段环境质量状况的发展方向和发展水平所做的规定。设定恰当的环境目标是制定环境规划的关键，它既体现了环境规划的战略意图，也为环境管理活动指明了方向，提供了管理依据。

层次 环境规划目标可分为三个层次：①总体目标，即国家、地区、城市环境质量所要达到的要求。②具体目标是为实现总体目标，依据规划区不同的环境特点、要素、功能所规定的要求。③环境指标，能体现环境目标，可以是若干指标形成的指标体系。

基本要求 环境规划目标应体现环境规划的根本宗旨，即要保障国民经济和社会的持续发展，促进经济效益、社会效益和生态环境效益的协调统一。因此，环境规划目标既不能过高，也不能过低，要做到经济合理、技术可行和社会满意。具体地说：①具有一般发展规划目标的共性。环境规划目标不能仅是规划者和决策者的主观意愿，其应能反映客观现实并可以计量，受时间和空间的限制。②与经济社会发展目标协调。为了实现人与自然和谐发展，环境规划目标需要与社会经济发展目标综合平衡。若社会经济发展程度限制了环境保护的投入水平，则须降低环境规划目标；若必须保证环境规划目标，那就需要限制经济发展速度和规模，调整工业布局和产业结构。③保证目标的可实施性。主要指环境规划目标的时空可分解性和技术经济条件的可达性，需配合既有的管理体制和政策，并便于管理、监督和执行。④保证目标的先进性。环境规划目标应保障环境和人类健康，在考虑技术进步的前提下，具有适当的前瞻性，并能顺利实现。

类型 环境规划目标可按不同的分类标准进行划分。①按管理层次分为宏观目标和详细目标。宏观目标是在规划期内规划区应达到的总体环境目标；详细目标是规划区在规划期内环境要素、功能区划应达到的目标。②按规划内容分为环境质量目标和环境污染总量控制目标。环境质量目标指大气环境、水环境、生态环境和噪声控制应达到的目标；环境污染总量控制目标是法定污染物的排放总量控制目标，包括城市环境综合整治目标、工业或行业污染控制目标。③按规划目的分为环境污染控制目标、生态保护目标和环境管理目标。环境污染控制目标是指大气污染控制目标、水体污染控制目标、噪声污染控制目标和固体废物控制目标；生态保护目标指森林、草原、矿产、土地、水和野生生物资源的规划目标；环境管理目标是指环境规划中的组织、协调、监督等管理目标，以及为执行环境法规政策、环境宣传、教育等的管理目标。④按规划时间分为短期（年度）目标、中期（5～10 年）目标和长期（10 年以上）目标。短期目标通常是中长期目标的基础和具体化，而长期目标通常是中、短期目标制定的依据。⑤按空间范围分为国家、省（自治区、直辖市）、市、县（区）各级环境目标。对特定的森林、草原、流域、海域和山区也可规定其相应目标。从总体上看，上一级环境规划目标是下一级环境规划目标的依据，而下一级环境规划目标则是上一级环境规划目标的基础。

确定原则 包括：①以规划区环境特征、性质和功能为基础。应根据规划区的环境承载力、污染源特征、经济社会发展状况等确定环境规划目标，而不是不顾客观现实“一刀切”。②以经济、社会发展的战略思想为依据。经济发展与环境保护并不存在不可调和的矛盾，发展战略思想就是社会、经济、科技相结合，人口、资源、环境相结合的协调发展。因此，环境规划目标也需据此确定。③应当满足人们生存发展对环境质量的基本要求。环境规划目标应高于人们对生活环境质量的要求，如清洁的空气和饮用水、适当的生存空间等；环境规划目标还要高于生产对环境质量的要求，例如，生产用空气、水、土地、原料、能源等符合环境标准，以保证生产过程的顺利进行。④应当满足现有技术经济条件。考虑现有的管理、技术、资金、人才等各方面状况来确定可实现的环境规划目标。综合平衡环境规划目标和经济发展目标，保证环境保护资金的投入。⑤环境规划目标要求能时空分解。为了能顺利实施环境规划方案并便于监督、检查，环境规划目标应能在时间上和空间上进行分解细化。

确定方式 确定环境规划目标常用的方式包括定量、定性和半定量三种。①定量方式，尽量使环境规划目标量化，用具体的数量表示规划的环境质量、排放控制要达到的程度和标准。该方式较多应用在中短期环境规划中，主要特点是便于实施、监督和管理。②定性方式，对环境规划目标无明确的量化要求，只是用概要的语言描述对环境质量的要求。该方式常用于中长期环境规划目标的确定，主要特点是能在战略高度表达环境规划目标，以指导定量目标的确定，但往往不具有可操作性。③半定量方式，是介于定量和定性之间的方式，综合了定量与定性方式的优点，回避了二者的缺点，适用于一些模糊目标的确定。

确定技术 主要包括单目标决策技术和多目标决策技术。

单目标决策技术 包括费用-效益分析（或费用-效果分析）、线性规划分析。

费用-效益分析是指通过权衡费用与效益来评价项目可行性的一种分析方法。在生态环境规划中的应用主要表现在五个方面。①通过价值的形式，把环境规划目标和经济发展、资源开发联系起来，有助于环境管理部门根据当前的经济技术发展水平，确定环境质量要求和水平，减少或阻止破坏环境的项目，制止对资源的掠夺性开发和过度使用。②对环境的损失进行经济估算。③把环境质量通过费用函数纳入项目总设计和评价之中。④制定环境规划时，综合评价各种经济活动对环境的直接和间接影响，以期达到环境和经济的平衡。⑤在资源开发中，利用费用-效益分析对资源生产的净效益进行比较，确定经济合理的资源利用率。

线性规划分析用于环境规划方案需具备三个因素，即一个目标函数、一组决策变量和一组约束方程。一组完整的线性规划数学模型从结构上看包括目标函数和约束条件。环境污染综合防治线性规划模型常用的有最小排污量部门结构模型、最小治理量布局模型、最小环境投资治理模型、部门治理最优化分配模型。

多目标决策技术 与传统单目标决策的最大区别在于其决策问题中具有多个相互冲突的目标，构成了多目标体系，总目标是决策层希望达到的总要求或状态，通过逐层分解，得到下层目标或子目标。为了易于决策，需要对最底层目标给出相应的目标属性。任一多目标决策问题，对任意两个方案进行比较时，必定出现三种情况。通过两两比较可以直接舍弃的方案称为劣解，否则为非劣解。多目标决策问题一般不存在通常意义下的最优解，只有根据决策者对变化的满意程度，才能确定最终决策。

多目标决策常运用多种数学支持技术来处理以下问题：根据所建立的多个目标，找出全部或部分非劣解；设计一些程序识别决策者对目标函数的意愿偏好，从非劣解集中选择合适的非劣解。

可达性分析 经过调查、分析、预测确定环境规划目标后，还需要对目标进行可达性分析并及时对目标进行修改完善，以使其准确可行。可达性分析主要从以下几方面开展。

环境保护投资分析 环境规划目标一旦确定，污染物总量削减指标、环境污染控制指标和环境工程设备建设指标就相应确定，逐项计算完成各项指标所需资金，在留有余地的前提下得出一个总投资预算。同时考虑环保投资占同期国民生产总值的比例，计算出国家和地方准备投入的环保资金，过高、过低都需要对目标重新修正，保证在投资范围内进行环境保护。

技术力量分析 包括环境管理技术、污染防治技术和技术人才分析。①管理技术的提高为环境规划目标的实施提供了强有力的技术支持。管理技术水平分析用以分析规划目标的确定是否具有可行性，以确保目标的准确性，保证规划的有效性。②不断发展的科学技术推动了污染防治技术的进步，现有污染防治技术也是环境规划目标得以实现的重要条件。③在确定的目标可达性分析中，要认清环境领域的技术人才形势，评估技术力量的大小和可能的力度，最终为顺利实现环境规划目标提供支持。

污染负荷削减能力分析 一是现有的削减能力；二是潜在的削减能力。得出规划区的污染负荷削减能力，便可与实现环境规划目标所要求的削减能力进行比较，据此得出最终的可行性分析结果。

其他分析 如公民素质分析，公民的环境保护意识会直接影响环境规划目标的落实。对其他影响措施、控制对策、法规执行程度等因素也应进行分析。 （贺桂珍）

huanjing guihuaxue

环境规划学 （environmental program） 以社会-经济-环境系统协调持续发展为目标，以人-环境系统为调控对象，以对未来的环境目标和环境保护措施为主要研究内容，结合环境发展政策、规划理论、环境管理等所形成的综合研究学科。它是环境科学的重要新兴分支学科之一，是环境科学与系统学、规划学、预测学、生态学、社会学、经济学及计算机技术等相结合的产物。

学科起源及形成过程 19 世纪 60 年代之前，人们在区域经济发展规划中开始考虑土地利用和资源开发，但主要关注公园、保护区建设的卫生问题，以实用主义者的观点看待资源开发，环境并非优先考虑事项，还不是真正意义上的环境规划。环境规划学作为一门新兴的学科分支，有赖于世界各国始自 20 世纪 60 年代对防治污染和建设优美环境的迫切需要，以及由此展开的环境规划实践。60 年代到 80 年代，随着公众环境意识的增强，人类更加关注资源和环境保护问题，开始进行环境污染控制规划和环境资源规划，以减少资源开发、基础设施建设过程中对环境的不良影响。自 1992 年里约联合国环境与发展大会确认了“可持续发展”应是人类发展的唯一可行道路之后，环境与发展的协调问题被提到一个空前的高度。作为经济发展与环境保护协调手段之一的环境规划也被赋予了新的内涵，得到迅速发展。

研究内容、任务和方法 主要内容包括：对环境规划理论、方法和技术问题的研究；对环境规划区域发展、社会经济宏观层面的研究；对环境规划的管理、法规、政策体系等层面的研究。

主要任务侧重于研究环境约束条件下的人类社会经济的未来发展，产业、城市等的合理布局和对各项工程建设的综合部署。

环境规划非常强调系统综合的方法。当代区域环境的本质特征是由社会-经济-自然复合生态系统的结构和功能决定的。从这种复合生态系统的理念出发，在理论上，把环境规划学放在系统的背景下，使人们建立起联系的思想和整体的意识，充分认识到区域环境是由自然、社会、经济因素构成的有机的统一体。对环境问题的解决要从整体上协调各组成要素的关系，从根本上促进问题的解决。

科学技术的发展为实现环境规划学现代化提供了先进的思维方式和物质手段，例如，系统论、信息论、控制论等学说的创立，为深入认识研究对象的系统、网络和层次提供了有效的系统分析和系统综合的方法，使环境规划从处理单因素、静态和简单系统推进到能够对多要素、动态和复杂的系统进行研究，广泛运用系统分析与规划的系统工程方法，重视模型、模拟和优化技术的应用，达到整体最优的目标。计算机的问世为环境规划学带来了一场全新的革命。计算机辅助设计（CAD）、计算机图形模拟（CGS）、可视模拟技术（VST）、地理信息系统（GIS）、决策支持系统（DSS）、专家系统（ES）等技术都在环境规划领域得到了逐步应用，因此，集数据库管理、过程分析和模拟、专家系统及图像处理技术等为一体的综合集成的决策支持系统将提高规划和决策的科学性。

环境规划学是作为综合性和交叉性学科出现的。综合运用多种学科知识、方法和手段，如数学、生态学、化学、系统工程学、地学、管理学、经济学等多学科的交叉融合，推动了环境规划学的现代化发展。

发展趋向 主要表现在以下方面。

①理论模式的变革。现代环境规划学从人与自然的整体性观点出发，以自然-经济-社会复合生态系统为研究背景，以探索人-地系统协调发展的机理为中心任务，拓展研究范围，更新规划观念。它的理论已从点源分散治理发展为区域性的集中整治，从末端治理发展到整个社会经济行为的调控，从单纯的污染防治到创造可持续的区域生态环境，逐渐形成了由自然资源开发理论、生产力布局理论、生产关系配置论、环境污染控制论、生态保护与建设理论所组成的，能全面规划经济、社会和自然之间协调关系的完整理论体系。

②规划方法的变革。未来环境规划涉及的信息将具有如下特点：时间跨度大，地域覆盖面广，类型多样，数量众多，具有明显的不确定性。因而必须借助先进的手段，才能完成信息的处理和分析、过程的模拟、方案的优化等工作。环境规划学吸收了相邻学科的现代化的方法论，凭借先进的科学技术手段，使规划方法不断更新，规划手段日渐改进。首先以现代系统科学的诸多理论为依据，把系统工程、灰色系统、系统动力学模型等方法引入环境规划，加强对客观存在的区域环境系统的拟合研究，以求真实地反映该系统，并为系统预测和系统调控提供依据。其次，不断地吸收运用现代数学中的运筹学、模糊数学、拓扑学、分形几何学等方法，对所研究的系统进行指标量化和模型构建，提高了环境规划指标的精度，也为模拟和预测环境系统的动态发展过程创造了可能。再次，借鉴相邻学科，尤其是生态学的理论和方法装备自身，环境规划的生态化也可以说是环境规划现代化的标志之一。最后，GIS技术、遥感技术、多媒体通信技术、计算机制图技术等现代科技手段的应用，使环境规划从信息的采集、整理、储存、计算，到方案优选、规划成图、监督实施等过程，都变得高效快捷。目前，对计算机网络化、专家系统、决策支持系统等的研究也十分活跃，极大地推动了环境规划学向现代化方向发展

③环境规划的功能不再局限于环境状况的改善，而是要促进社会、经济、环境的协调发展。随着可持续发展理念渗入全社会的各个领域和各个层次，也要求环境规划从全新的方位和视角，立足于更高的层次，建立起能保证区域社会、经济、环境协调发展的模式及运行机制，提出符合可持续发展战略思想的区域环境规划方案，促进区域可持续发展。（贺桂珍）

huanjing guihua zhibiao

环境规划指标

环境规划指标 （indicators of environmental planning） 直接反映环境现象以及相关的事物，并用来描述环境规划内容的总体数量和质量的特征值。环境规划指标是环境规划工作的基础，运用于整个环境规划工作之中。

环境规划指标有两方面的含义：一是表示规划指标的内涵和所属范围的部分，即规划指标的名称；二是表示规划指标数量和质量特征的数值，即经过调查登记、汇总整理得到的数据。

环境规划指标主要包括环境质量指标、污染物总量控制指标、环境规划措施与管理指标和相关性指标（见下表）。

环境质量指标 主要表征自然环境要素和生活环境的质量状况，一般以环境质量标准为基本衡量尺度。环境质量指标是环境规划的出发点和归宿，所有其他指标的确定都是围绕完成环境质量指标进行的。

污染物总量控制指标 包括容量总量控制和目标总量控制两种指标。前者体现了环境的容量要求，是自然约束的反映；后者体现了规划的目标要求，是人为约束的反映。我国现在执行的指标体系是将二者有机地结合起来，同时采用。

环境规划指标的类型和内容

类别	亚类	内容
环境质量指标	大气	大气 TSP 浓度（年日均值）或达到大气环境质量的等级
		SO_2（年日均值）或达到大气环境质量的等级
		NO_x（年日均值）或达到大气环境质量的等级
		降尘（年日均值）
		酸雨频度与平均 pH 值
	水环境	饮用水水源水质达标率
		地表水达到地表水水质标准的类别或 COD 浓度
		地下水矿化度、总硬度、COD、硝酸盐氮、亚硝酸盐氮浓度
		海水达到近海海域水质标准的类别或 COD、石油、氨氮、磷浓度
	噪声	区域噪声平均值和达标率
		城市交通干线噪声平均声级和达标率
污染物总量控制指标	大气污染物宏观总量控制	大气污染物（SO_2、烟尘、工业粉尘、NO_x）总排放量；燃烧废气排放量、消烟除尘量；工业废气排放量、处理量、处理率；新增废气处理能力
		大气污染物（SO_2、烟尘、工业粉尘、NO_x）去除量（回收量）和去除率（回收率）
		1 t 以上锅炉数量、达标量、达标率，窑炉数量、达标量、达标率
		汽车数量、耗油量、NO_x 排放量
	水污染物宏观总量控制	工业用水量和工业用水重复利用率，新鲜水用量
		废水排放总量，工业废水总量、外排量，生活废水总量
		工业废水处理量、处理率、达标率，处理回用量和回用率
		外排工业废水达标量、达标率
		新增工业废水处理能力
		万元产值工业废水排放量
		废水中污染物（COD、BOD、重金属）的产生量、排放量、去除量
	工业固体废物宏观控制	工业固体废物（冶炼渣、粉煤灰、炉渣、煤矸石、化工渣、尾矿、其他）产生量、处置量、处置率，堆存量，累计占地面积，占耕地面积
		工业固体废物综合利用量、综合利用率，产品利用量、产值、利润，非产品利用量
		有害废物产生量、处置量、处置率
环境规划措施与管理指标	城市环境综合整治	燃料气化：建成区居民总户数，使用气体燃料户数，城市气化率
		型煤：城市民用煤量，民用型煤普及率
		集中供热："三北"采暖建筑面积，集中供热面积，热化率，热电联产供热量
		烟尘控制区：建成区总面积，烟尘控制区面积及覆盖率
		汽车尾气达标率
		城市污水量、处理量、处理率、处理厂数及能力（一、二级）和处理量，氧化塘数、处理能力及处理量，污水排海量，土地处理量
		地下水位、水位下降面积、区域水位降深，地面下沉面积、下沉量
		工业固体废物集中处理厂数、能力、处理量
		生活垃圾无害化处理量、处理率，机械化清运量、清运率，建成区人口、绿地面积、覆盖率，人均绿地面积
	乡镇环境污染控制	污染严重的乡镇企业数，关、停、并、转、迁数目
		污水灌溉水质
	水域环境保护	功能区：工业废水、生活污水、COD、氨氮纳入水量（湖泊加总磷、总氮纳入量）
		监测断面：COD、BOD、DO、氨氮浓度或达到地表水水质标准类别（湖泊取 COD、磷、氮浓度）
		海洋功能区划：工业废水和生活污水入海通量
	重点污染源治理	污染物处理量、削减量，工程建设年限，投资预算及来源

续表

类别	亚类	内容
环境规划措施与管理指标	自然保护区建设与管理投资	重点保护的濒危动植物物种和保存繁育基地数目、名称
		自然保护区类型、数量、面积、占国土面积百分比，新辟建的自然保护区
		环保投资总额占国民收入的百分数
		环保投资占基本建设和更改资金的比例
相关性指标	经济	国民生产总值：工、农业生产总值及年增长率，部门工业总值
		工业密度：单位占地面积企业数、产值
	社会	人口总量与自然增长率、分布、城市人口
	生态	森林覆盖率、人均森林资源量、造林面积
		草原面积、产量（kg/hm^2）、载畜量、人工草场面积
		耕地保有量、人均量，污灌面积，农药化肥污染土壤面积
		水资源总量、调控量、水资源面积、水利工程、地下水开采
		水土流失面积、治理面积、减少流失量
		土地沙化面积、沙化控制面积
		土地盐渍化面积、改良复垦面积
		生物能源占能源的比重，薪柴林建设
		生态农业试点数量及类型

环境规划措施与管理指标 这类指标有的由环保部门规划与管理，有的则属于城市总体规划，但这类指标的完成与否同环境质量的优劣密切相关，因而将其列入环境规划中。

相关性指标 包括经济指标、社会指标和生态指标三类。相关指标大都包含在国民经济和社会发展规划中，与环境指标有密切的联系，对环境质量有深刻影响，但又是环境规划所包容不了的，因此，环境规划将其作为相关指标列入，以便更全面地衡量环境规划指标的科学性和可行性。

环境规划指标体系是指进行环境规划定量或半定量研究时所必需的指标总体。建立原则包括整体性原则、科学性原则、规范性原则、可行性原则、适应性原则、选择性原则。

（贺桂珍）

huanjing huixiang moxing

环境灰箱模型 （environmental gray box model） 又称环境半机理模型。在只知道各环境因子之间的质的关系而又不确切明了量的关系时，借助于以往的观测数据或实验结果用一个或多个经验系数来确定各环境因子之间量的关系的一种数学模型。

建立灰箱模型时，应根据系统各变量之间的物理、化学或生物学的过程，建立起响应关系，然后根据输入输出数据确定待定参数的数值。由于环境模型中至少存在一个待定参数，需要通过实验观测数据进行评估，所以一般使用的都是灰箱模型。

应用灰箱模型的步骤：①模型识别。②参数识别。③用选定的模型与参数进行验证。④计算预测。

通常采用演绎方法或专家知识，确定模型类别、结构，然后用归纳法计算模型参数。模型参数评估方法主要有经验公式法、图解法、最小二乘法、网格法、最速下降法、遗传算法。

（焦文涛）

huanjing jichu biaozhun

环境基础标准 （environmental basic standards） 对环境标准工作中，需要统一的技术术语、符号、代号（代码）、图形、指南、导则、量纲单位及信息编码等所做的统一规定。环境基础标准是制定其他环境标准的基础，如《制定地方大气污染物排放标准的技术方法》（GB/T 3840—1991）。

（贺桂珍）

huanjing jicha

环境稽查 （environmental inspection） 上级环境保护行政主管部门对下级环境保护行政主管部门在环境监察工作中依法履行职责、行使职权和遵守纪律情况进行的监督、检查活动。环境稽查可以对环境监察工作起到规范和促进作用，通过稽查可以及时纠正下级环保部门环境监察人员执法过程中存在的不合法、不规范、不到位问题，弥补环境监察工作中存在的漏洞，规范环境执法行为，提高环境执法水平。

沿革 我国的环境稽查制度始于1996年，国家环境保护局印发的《环境监理工作制度（试行）》（环监〔1996〕888号）中第一次提到“环境监理稽查”，指出“上级环境监理机构对下级环境监理工作负有指导、培训和检查监督的责任”。1999年国家环境保护总局《关于进一步加强环境监理工作若干意见的通知》（环发〔1999〕141号）中将稽查的范围缩小到“国家环境保护总局和各省（自治区、直辖市）环境保护部门建立稽查机构，对下级环境监理机构的行政执法情况进行监督、检查和处理”。2004年，国家环境保护总局起草了《环境监察工作稽查办法》。2007年，在《环境监察工作稽查办法（征求意见稿）》中进一步明确“环境监察稽查”是指上级环境保护部门对下级环境保护部门及其工作人员在环境监察工作中依法履行职责、行使职权和遵守纪律情况进行的监督、检查。2007年12月1日起实施的《排污费征收工作稽查办法》中规定“排污费征收稽查”，是指“上级环境保护行政主管部门对下级环境保护行政主管部门排污费征收行为进行监督、检查和处理的活动”。2010年4月，环境保护部组织全国31个省（自治区、直辖市）环保厅（局）和新疆生产建设兵团环保局、122个市级环境保护局和362个县级环境保护局开展了环境监察第一批稽查试点工作。2012年和2014年，环境保护部相继出台了《环境监察办法》（环境保护部令第21号）和《环境监察稽查办法》（环发〔2014〕116号），对环境稽查的原则、机构、人员、内容、程序、奖惩措施等做了更为具体细致的规定。

分类 环境稽查分为日常稽查、专项稽查和专案稽查。日常稽查指上级环境保护行政主管部门按照日常稽查计划，对下级环境保护行政主管部门实施的环境监察工作开展的稽查。专项稽查指上级环境保护行政主管部门按照专项稽查计划，对下级环境保护行政主管部门实施的一项或多项环境监察工作开展的稽查，如排污费专项稽查、取缔“十五小”专项稽查、建设项目环境保护管理情况的稽查等。专案稽查指上级环境保护行政主管部门对通过日常督查或检查发现、群众投诉举报、上级督办、有关部门移送或下级环境保护行政主管部门主动申请稽查等渠道获悉的具体问题，以立案调查形式开展的稽查。

主要内容 全国环境稽查工作的指导和监督由环境保护部环境监察局负责，环境保护部各环境保护督查中心、设区的市级以上环境保护行政主管部门的环境监察机构具体承担本行政区的环境稽查工作。环境稽查的主要内容包括：①监督检查下级环境保护行政主管部门及其工作人员在污染源现场监督检查、环境保护行政许可执行情况检查、建设项目环境保护法律法规遵守情况检查、生态和农村环境保护法律法规遵守情况检查、环境违法行为查处、环境污染和生态破坏纠纷调解处理、环境行政执法后督察等环境监察工作中的规范行政情况，包括是否遵守《环境监察办法》规定的工作制度和工作程序；②监督检查下级环境保护行政主管部门及其工作人员在实施现场检查、调查取证、行政强制、行政处罚过程中的依法行政情况，包括是否符合法定情形、是否遵守法定程序；③其他稽查事项。 （马骅）

huanjing jibingtu

环境疾病图 （environmental disease map） 反映人体因环境恶化致病、致畸、致残和致死的疾病地理分布状况的一种专题地图。它是医学地理图的一类重要图件，是进行环境疾病发生情况分析和监测的一项重要工具。它将地理分布的环境疾病观测数据，使用合适的空间插值技术，制作成连续分布的环境疾病地图。自20世纪开始，医生和地理学家就对疾病制图发生了兴趣，其成果业已用来研究某些全球性传染病的历史及其蔓延。20世纪50年代以来，环境污染引起的疾病相继出现，研究环境污染与人体健康之间的相关关系的环境流行病学出现，环境中自然因素和污染因素危害人群健康和造成疾病的地理分布引起人们的关注。现今，环境疾病图在流行病学研究中起着重要作用。

（贺桂珍）

huanjing jihua guanli

环境计划管理 （environmental plan management） 又称规划环境管理。通过计划协调发展与环境的关系，对环境保护加强计划指导，制订环境计划并用其指导环境保护工作，在实践中不断调整和完善环境计划的管理过程。其主要内容包括：制订环境计划；将环境计划分解为环境保护年度计划；对环境计划的实施情况进行检查和监督；根据实际情况修正和调整环境保护年度计划方案；改进环境管理对策和措施。

（贺桂珍）

huanjing jishu guanli

环境技术管理 （environmental technology management） 国家为保障实现节能减排和环境保护目标，指导全社会在生产和生活中采用先进的环境技术，提高环境污染防治和生态保护的效果，引导环境技术和环保产业的发展，支撑环境监督执法、环境影响评价、环境监测、环保标准制/修订等管理工作，对环境技术进行评估、示范、推广和规范等活动的总称。环境技术管理是环境管理体系的重要组成部分。

环境技术管理以协调经济技术发展与环境保护关系为目的，包括环境法规标准的不断完善、环境监测与信息管理系统的建立、环境科技支撑能力的建设、环境教育的深化和普及、国际环境科技交流与合作等。国家环境技术管理体系由技术指导体系、技术评价制度、技术示范与推广机制组成，并且需要信息平台支持。

技术指导体系 包括环境保护技术政策、污染防治技术政策、污染防治最佳可行技术导则和环境工程技术规范。

环境保护技术政策 指导、监督和检查国家环境保护发展方向的基本政策依据。在环境保护技术政策原则基础上，制定可行的技术方案，如改革生产工艺和调整产品结构；开展资源综合利用，减少工业“三废”排放；把环境保护技术要求纳入有关工艺技术标准和产品标准；组织环境保护科学技术研究、技术咨询、技术合作和信息交流等。制定环境保护技术政策既要参考国际上环境保护技术发展的最新动向，又要详细分析我国的经济实力、技术水平和环境现状等实际情况，在充分论证的基础上，提出中国环境保护技术发展的基本路线和总体目标。

污染防治技术政策 根据一定阶段的经济技术发展水平和环境保护目标，针对污染严重行业提出的全过程控制污染的技术原则和技术路线，是行业污染防治的基本指导文件。其作用主要是为行业污染控制提出技术路线，引导环境工程技术发展，指导环保部门、工程设计单位和用户选择技术方案，最大限度地发挥环境投资效益，规范环保技术市场。

污染防治最佳可行技术导则 为实现节能减排和环境保护目标，按行业或重点污染源对污染防治全过程所应采用的技术、经济可行的清洁生产技术和达标排放污染控制技术等所做的技术规定。其作用是对全社会污染控制给予技术指导，是企业选择清洁生产技术、污染物达标排放技术路线和工艺方法的主要依据，也是环保管理、环境影响评价、项目可行性研究、环境监督执法的技术依据。

环境工程技术规范 为企业进行环境工程设计、环境污染治理工程验收后的运行维护提供技术依据。通过对环境污染治理设施建设运行全过程的技术规定，指导企业进行清洁生产工艺设计、环境工程设计，为环保部门进行污染物排放管理提供技术依据，规范环境工程建设市场，保证环境工程质量。

技术评价制度 对应用科学的方法和指标体系进行环境技术的筛选、论证、评审与评估等活动应遵循的原则、程序和标准所做出的一系列规定。技术评价制度是环境技术管理工作的组成部分，也是提高环境技术管理水平的重要手段。建立健全技术评价制度有助于加强和改进环境技术评价工作，规范技术评价活动，引导环境技术管理工作健康发展。

技术示范与推广机制 通过对能够解决污染防治重点、难点问题的新工艺、新技术进行示范，推广各类成熟、污染防治效果稳定可靠、运行经济合理并已被工程应用的实用污染防治技术，为技术政策和污染防治最佳可行技术导则的制定提供技术依据。

信息平台 环境技术管理体系的重要支撑，包括环境技术专家系统、环境技术信息系统及环境技术管理信息系统。通过及时登录、发布和更新各种环境技术管理信息、环境技术管理政策、文件和动态，加强公众参与，为环境管理服务。信息平台包括环境技术基础数据库、环境技术管理业务应用系统和环境技术信息服务平台三层结构，并辅之以环境技术信息标准规范体系和环境技术信息安全管理体系两个保障体系，通过引入外部数据资源，为环境技术的拥有者、使用者和环境技术管理部门提供信息支撑。 （贺桂珍）

huanjing jiance fangfa biaozhun

环境监测方法标准

（environmental monitoring method standard） 为监测环境质量和污染物排放，规范采样、分析测试、数据处理等技术所做出的统一规定。

环境监测方法标准与环境质量标准、污染物排放标准相配套，是对相应污染因素的采样、分析测试、数据处理等所做的规定，包括分析方法、测定方法、采样方法等，如《水质 采样方案设计技术规定》（HJ 495—2009）。根据环境管理的需求，环境监测方法标准主要以水、空气、土壤等环境要素为重点，涉及现行环境质量标准和污染物排放标准中污染物项目的监测方法，围绕环境质量标准实施的自动监测方法，针对各种有毒有害物质的可靠、高效的新检测技术，土壤、沉积物、固体废物和生物样品采集、前处理和保存方法标准，辐射环境监测、电磁场监测方法标准，为满足环境污染突发事件应急监测需求的现场快速监测方法标准体系，新型在线监测方法标准以及高通量、定性、定量和半定量的生物监测方法标准，地面和遥感监测指标，生态监测方法与技术。 （贺桂珍）

huanjing jiance zhidu

环境监测制度

（environmental monitoring system） 在一定时间和空间范围内，间断或不间断地测定环境中污染物的含量和浓度，观察、分析其变化及其对环境影响的过程的工作制度。通过技术手段测定环境质量要素的代表值，可以及时准确把握环境质量状况，获取环境管理基础数据。

环境监测制度是我国环境管理制度的重要组成部分，是环境监测的法律化，是评价环境状况和预测环境影响的前提，是制定、实施环境法规、标准和进行环境综合整治决策的依据，是监视污染源排污和评价治理措施效果的手段，是进行环境科研、制定环境规划的基础。环境监测制度是围绕环境监测而建立起来的一整套规则体系，通常由环境监测组织机构及其职责规范、环境监测方法规范、环境监测数据管理规范、环境监测报告规范等组成。

目前，我国已经形成了国家、省、市、县4级环境监测网络，共有专业和行业环境监测站4 800多个，其中环保系统监测站约2 200个，行业监测站约2 600个；环境监测技术可以对环境空气、地表水、环境噪声、海洋、酸雨、地下水、生态以及放射性物质进行监测，已经具备较强的环境自动监测能力；环境质量标准体系、环境质量报告制度已有400多项，其中大部分的污染因子均有控制标准和监测方法标准，初步形成了具有中国特色的环境监测技术规范和环境监测分析方法。

但是，我国的环境监测制度还存在一定的问题，主要表现在：①目前我国还没有制定专门的可操作的关于环境监测的法律法规；②没有形成权威统一的涉及各行业的可操作的环境监测技术规范和分析方法标准；③地区间发展不平衡，环境监测能力建设良莠不齐；④投入不足，仪器配置水平和人员素质跟不上环境监测发展的要求；⑤环境监测数据不够真实，由于地方保护主义，谎报、瞒报环境监测数据时有发生，导致数据不够系统全面，代表性不足，缺乏对环境监测数据真实性、代表性、严肃性和权威性的纪律性制度约束。（韩竞一）

huanjing jiancha

环境监察（environmental supervision） 各级环境监察机构依法对辖区内一切单位和个人履行环保法律、法规，执行环境保护各项政策、标准的情况进行现场监督、检查和处理的执法行动。环境监察强调“日常、现场、监督、处理”，是在环境现场进行的执法活动。

中国的环境监察制度始于20世纪80年代，其中1986—1995年为试点阶段，在此期间，国家环境保护局先后开展了三批环境监察试点工作。在总结试点经验的基础上，1996年《国务院关于环境保护若干问题的决定》中提出“加强环境监理执法队伍建设，严格环保执法，规范执法行为，完善执法程序，提高执法水平”。国家环境保护总局1999年发布的《关于进一步加强环境监理工作若干意见的通知》提出“加强基层环境监督执法队伍建设”，“各省（自治区、直辖市）、市（州、地区、盟）、县（市、旗）环境保护局均应设置环境监理机构”。2002年，全国各级环保局（厅）所属的“环境监理”类机构统一更名为“环境监察”机构。

在制度建设上，国家环境保护局1991年发布了《环境监理工作暂行办法》，1995年发布了《环境监理人员行为规范》，1996年发布的《环境监理工作制度（试行）》和《环境监理工作程序（试行）》规范了12项工作制度和12项工作程序。在此基础上，2012年环境保护部发布《环境监察办法》，对环境监察的原则、主要任务、机构和人员、工作制度和程序等进行了规范。2014年，新修订的《中华人民共和国环境保护法》第二十四条明确了环境监察的法律地位。

根据《环境监察办法》，环境监察机构的主要任务包括监督环境保护法律、法规、规章和其他规范性文件的执行情况；现场监督检查污染源的污染物排放情况、污染防治设施运行情况、环境保护行政许可执行情况、建设项目环境保护法律法规的执行情况等；现场监督检查自然保护区、畜禽养殖污染防治等生态和农村环境保护法律法规执行情况；具体负责排放污染物申报登记、排污费核定和征收；查处环境违法行为；查办、转办、督办对环境污染和生态破坏的投诉、举报，并按照环境保护主管部门确定的职责分工，具体负责环境污染和生态破坏纠纷的调解处理；参与突发环境事件的应急处置；对严重污染环境和破坏生态问题进行督查；依照职责，具体负责环境稽查工作等。

进入21世纪，环境应急和反恐被纳入环境监察的职责范围，环境监察的内容、体系、形式、手段也发生了转变：环境监察内容从工业污染监察向全方位的环境监察转变；环境监察体系从一元执法向三元执法监督体系转变；环境监察形式从单一的环保行政执法向多样化的联合执法转变；环境监察手段从常规监察向自动化、信息化的方向转变，并强调行政手段、经济手段、司法手段的综合运用。（马骅）

huanjing jiandu zhidu

环境监督制度（environmental supervision system） 由环境管理部门依据国家有关法律所赋予的权力，对各部门、各地区和各单位的污染防治、环保工作的状况及问题，进行检查、督促、调查、处理，对发现的问题及时加以纠正，以保证各项环境保护法规、政策、标准、规划、措施有效实施的制度。

全国人大、国务院发布的有关环境保护的

方针、政策、法律、条例、规定等为环境监督制度提供了法律依据，其中《中华人民共和国环境保护法》第十条对我国的环境监督管理做了明确规定："国务院环境保护主管部门，对全国环境保护工作实施统一监督管理；县级以上地方人民政府环境保护主管部门，对本行政区域环境保护工作实施统一监督管理。"我国的环境监督制度始于 20 世纪 70 年代末。1973 年全国第一次环境保护会议召开，国务院批转发布了国家计划委员会《关于保护和改善环境的若干规定（试行草案）》，指出："各地区、各部门要设立精干的环境保护机构，给他们以监督、检查的职权。"1979 年，《中华人民共和国环境保护法（试行）》颁布后，国务院有关部门和全国很多省、市级人民政府均设立了环境保护监督机构，标志着我国环境监督制度的初步建立。1989 年，《中华人民共和国环境保护法》颁布实施，正式确立了我国现行的环境监督管理体制，即国务院环境保护行政主管部门实施统一监督管理，部门性、行业性的环境保护机构依照有关法律的规定负责实施监督管理，县级以上人民政府环境保护行政主管部门对本辖区的环境保护工作实施统一监督管理的统一管理与分级分部门管理相结合的监督管理体制。

环境监督制度的基本内容包括：①监督检查各地区、各部门和各单位对国家环境保护的方针、政策、法律、法令的执行情况，对国务院以及省、市、自治区人民政府有关环境保护的规定、条例、决定、指示及决议的贯彻执行情况；②监督检查国务院各有关部门根据国家有关环境法律、环境政策所做的专门规定的执行情况；③监督检查有关单位对环境保护事业计划和规划、污染防治计划和规划、城市污染综合防治规划、海洋流域环境保护规划、环境监测计划的编制、实施情况及其存在的问题；④监督检查有关单位的环境质量、执行环境标准情况和污染危害状况；⑤监督检查有关生态环境保护、自然资源保护项目的进展和各种自然保护区、风景名胜区、森林公园的建设与管理情况。（韩竞一）

huanjing jiaoyu

环境教育 （environmental education） 将环境保护主义的哲学和思想与正式的教育体系相结合，借助教育手段使人们认识自然环境，力求增强人们的环境保护意识，获得预防和解决环境问题的知识和技能，培养其对人与环境关系的正确态度，并能进行正确的决策和采取负责的行动来保护环境的教育活动。狭义的环境教育通常是指学校教育，广义的环境教育指利用宣传材料、媒体运动和网站教育公众。

对于环境教育的含义，有人把它看成适用于整个自然界并交织于政治、历史、经济等学科教育中的教育方法或哲学，也有人把它看作一个明确的学科，所教授的知识自成体系。

关于环境教育，环境运动的早期领导者之一、美国密歇根大学的斯塔普（Stapp）教授提出了三要点定义："环境教育的目标是致力于造就这样一类公民，他们知识渊博并关心生物物理环境及其有关问题，知道如何有助于解决这些问题，为解决这些问题而目标明确地工作"，这已成为后来许多环境教育理论的基础。

沿革 环境教育的萌芽最早可追溯到 18 世纪，法国的让-雅克·卢梭（Jean-Jacques Rousseau）在其著作《爱弥儿》中提出教育的重要性在于关注环境。几十年后，瑞士裔美国博物学家阿加西斯·路易斯（Agassiz Louis）仿效卢梭的哲学，鼓励学生"研究自然，而不是书本"。这两位著名学者为 19 世纪末和 20 世纪初的具体环境教育规划——自然教育奠定了基础。自然教育将生物学、植物学和其他自然科学的教学扩展至自然世界，学生可以通过直接观察来进行学习。19 世纪 20—30 年代出现了一种新型的环境教育——自然保护教育。它与自然教育的不同之处是更关注严谨的科学培训而不是自然历史。自然保护教育是一种帮助解决社会、经济和环境问题的重要科学管理和规划工具。另一种方式是户外教育，更重视教育方法而不是教育主题，主导思想是把教室放在户外，主题不仅限于环境问题，还包括艺术、音乐和其他学科。

紧扣国际环境保护的思潮和行动，现代环境教育作为科学的概念出现在了 20 世纪 60 年代的后期。1968 年，日内瓦国际教育会议向各国教育部建议实施“环境学习”。此后，各国的环境教育开始逐步发展起来。1970 年 10 月，美国国会通过了《环境教育法案》，要求环境教育项目要体现在所有公立学校的课程中。1971 年，美国全国环境教育协会（the National Association for Environmental Education）成立，该协会后更名为北美环境教育协会（the North American Association for Environmental Education）。英国是世界环境教育的发源地之一，早在 19 世纪末，英国一些教育家和学者就有意识地将环境与教育相联系，这在很大程度上受到了欧洲国家新教育运动的影响。

国际上，联合国教科文组织和联合国环境规划署先后发布了三个宣言以指导环境教育课程。1972 年 6 月，在斯德哥尔摩联合国人类环境会议上，各界已清楚地意识到需要国际性的环境教育。《联合国人类环境宣言》第 19 条原则指出：“必须对年轻一代和成人进行环境问题的教育，同时应该考虑到对不能享受正当权益的人进行这方面的教育”，以鼓舞和指导世界各国人民保护和改善人类环境。1975 年 10 月，在贝尔格莱德召开了国际环境教育研讨会，会后发布的《贝尔格莱德宪章》提出了明确的环境教育规划目标和指导原则，并将环境教育的对象扩大到普通公众，呼吁消除贫困、饥饿、文盲、污染、剥削和独裁，核心是需要对全世界的青年进行环境教育。同年，联合国批准了 200 万美元的预算，同时在数十个国家开展国际环境教育项目。1977 年 10 月，在第比利斯召开了首届政府间环境教育会议，并发表了《第比利斯宣言》，指出“我们一致注意到环境教育在保护和改善环境，以及促进世界各国合理和平衡发展中的重要作用”，进一步明确了环境教育新的目标、作用、特点、框架和指导原则。1987 年，联合国教科文组织和环境规划署又在莫斯科召开了国际环境教育和培训会议，提出 20 世纪最后 10 年，即 1991—2000 年为“世界环境教育 10 年”。1992 年，在巴西里约热内卢召开的联合国环境与发展大会通过的一系列文件中，对环境教育工作也提出了要求。其中，《21 世纪议程》有一章专门讲环境教育问题，其要点是：教育对于促进可持续发展和公众有效参与决策是至关重要的。《21 世纪议程》全面论述了环境教育的重要任务，对整个人类社会的环境教育提出了更高的要求。

中国的环境教育是随着环保事业的开创而起步，又随着环保事业的发展而成长的。20 世纪 70 年代，各级环保部门根据工作需要开展了环境保护科普教育，一些高等学校筹办了环保类专业。1980 年，国务院环境保护领导小组与相关部门制定了《环境教育发展规划（草案）》，并纳入国家教育计划之中。1992 年，国家环境保护局与国家教育委员会联合召开了第一次全国环境教育工作会议，明确了“环境保护，教育为本”的方针，对环境教育的地位和作用给予充分肯定，对加强环境教育提出了具体要求。1994 年，《中国 21 世纪议程》明确指出：“加强对受教育者的可持续发展思想的灌输。在小学《自然》课程、中学《地理》等课程中纳入资源、生态、环境和可持续发展内容；在高等学校普遍开设《发展与环境》课程，设立与可持续发展密切相关的研究生专业，如环境学等，将可持续发展思想贯穿于从初等到高等的整个教育过程中。” 1996 年，国家环境保护局、中共中央宣传部、国家教育委员会联合颁发的《全国环境宣传教育行动纲要（1996—2010 年）》，标志着中国环境宣传教育工作进入了一个新的发展时期。经过多年的探索，我国的环境教育包括基础教育、专业教育、成人教育和社会教育，基本形成了具有中国特色的环境教育体系，逐步走上了普及化、制度化、规范化的轨道。2011 年 4 月，环境保护部、中共中央宣传部、中央精神文明建设指导委员会办公室、教育部、共产主义青年团中央委员会、中华全国妇女联合会六部门联合编制了《全国环境宣传教育行动纲要（2011—2015 年）》，旨在加强环境宣传教育工作，增强全社会的环境保护意识，推动建立全民参与环境保护的社会行动体系，为加快建设资源节约型、环境友好型社会，提高生态文明水平营造良好的舆论氛围和社会环境。

任务 环境教育包括两个方面的任务：一方面是使整个社会对人和环境的相互关系有一个全面、正确的理解；另一方面是通过教育培养出解决环境问题以及保护环境所需要的各种专业人员和具有环境保护意识的公众。

目标 关于环境教育的目标，贝尔格莱德会议将其概括为五点：意识、知识、态度、参与和技能。

意识 帮助社会群体和个人获得对待环境及其有关问题的意识和敏感性。环境意识是指依据人类社会经济发展对环境的依赖关系以及环境对人类活动的限制作用，认识或理解人与自然关系的理论、思想、情感、意志等意识要素与观念形态的总和。从根本上讲，环境意识是一个哲学的概念，它包括两个方面的含义，一是人们对环境的认识水平，即环境价值观念，包含心理、感受、感知、思维和情感等因素；二是人们保护环境行为的自觉程度。这两者相辅相成，缺一不可。

知识 帮助社会群体和个人获得对待环境及其有关问题的各种经验和基本理解。

态度 帮助社会群体和个人获得有关环境的价值观念和态度，培养其主动参与环境改善和保护所需的动机。环境态度是指个体对与环境有关的活动、问题所持有的信念、情感、行为意图的集合。

参与 为社会群体和个人提供在各层次积极参与解决环境问题的机会。

技能 帮助社会群体和个人获得认识和解决环境问题所需要的技能。环境技能是指运用一定的环境知识确定和解决环境问题的能力。为解决环境问题，必须教授和训练一系列相关技能，包括辨别和确定环境问题，科学分析环境问题，提出解决环境问题的方案。

教育对象 许多环境教育者认为，为了成功给学生灌输一种环境美学观念和对环境问题的深入理解，环境教育计划必须涵盖从幼儿园直至大学，这样他们能有所准备去处理现实世界中的环境问题。而且，重点放在解决问题、采取行动和行为改变上。广义上说，环境教育不仅限制在学校，而且应包括政府、利益集团和公众的作用以及新闻媒体。每一个公民都应关心和了解自己社区的环境问题，如土地利用、交通拥塞、水污染和空气污染等。

课程设置模式 国际上环境教育的课程设置模式主要有三种：渗透课程模式、跨学科的专题教学模式、独立设课模式。

渗透课程模式 又称为多学科课程。指的是将适当的环境主题或环境教育成分（包括概念、态度、技能）融入现行的各门课程之中，通过物理、化学、生物、地理等学科来实施环境教育，实现环境教育的教学目标。这种渗透模式在不增加学生学业负担的同时，既不影响现行学科教育，又可以促进环境教育目标的实现，是一种较好的课程模式。

跨学科的专题教育模式 主要是指通过有组织的多学科教学的方式，进行独立的环境主题的教学。中小学环境教育的专题很多，主要包括气候、土壤、岩石和矿物、水、资源和能源、动植物、人与社会、建筑、工业化和废弃物，这些内容大多通过科学、技术、地理、历史等不同科目来完成。

独立设课模式 专门设置独立的环境课程，培养专业的环境人才，该模式更多是针对高等教育，尤其是环境专业的学生。

主要内容 环境问题涉及很多方面，环境科学的范围和体系正在形成和拓展，因此，环境教育也在发展中。一般认为环境教育的内容应当包括：自然环境的组成要素及其相互关系、特点；生态系统的形成、结构和功能；生态系统的能量和物质流动与平衡；环境和生态系统的承载力；人在生态系统中的位置及其对生态系统的巨大影响。除自然学科外，近来环境教育也比较注重社会、经济、法律和文化方面的问题。这些内容随着教育层次和教育对象的不同，在广度和深度上以及在所采取的形式和方法上也有所不同。

小学和中学是培养学生认识环境、自觉地保护环境的重要阶段。在小学阶段，采取的形式是让学生直接接触自然环境，使他们对环境有初步的印象和了解，着重于培养环境态度。在中学阶段，可做些较深入的科学介绍，注意加入有关社会、政治和经济方面的内容，使学生对环境保护有较全面的理解，培养他们初步的分析和评价能力，以使他们的行为合乎环境保护的准则。在这一阶段，目前世界各国一般都不设专门课程，而是结合有关课程（自然、生物、地理等）和校内外的各种活动（参观、访问、调查、旅行等）进行环境教育。

在大学阶段，环境教育的主要目的是培养各方面的专门人才，多采取以下四种形式：①概论性课程。主要帮助学生全面了解环境问题。这对扩大学生的知识面和培养学生对环境问题采取正确的应对措施有重要作用。这类课程随学科和专业不同而分别列为必修课或选修课。②与环境问题关系密切的理、工、农、医和社会科学系或专业，除必修的概论性课程外，还可开设较深入的环境课程，或在有关课程中加强这方面的内容。③打破原来按单一学科建立的院系，按照环境科学要求组成新型的院系，以培养综合型环境科学人才。④环境科学院系同有关的院系合作，或在有关的院系中开设选修课程。

在研究生阶段，目前各国多致力于将各种专业的大学毕业生培养成综合型的或跨学科的高级人才。环境规划、环境管理等方面需要综合性的专业人员比较多，重点是培养这些方面的人才。

为使从事环境工作的在职人员得到训练和提高，出现了各种形式的补充教育。根据参加学习人员的条件和要求不同，有的设置完整的课程，时间长达一年；有的只设一二门课，时间只有几个星期。

为了让公众了解环境问题、关心环境保护和改善工作环境，有关部门还通过各种宣传工具和多种形式的业务教育与活动对青少年和成人进行环境教育。

发展趋势 环境教育的一个重要趋势就是从改善学生的思想意识和行为向允许学生根据经验和数据做出正确决策和采取行动的方向转变。在这个转变过程中，环境课程已逐步与政府常规教育相结合。一些环境教育专家认为这样偏离了环境教育最初的政治激进主义方法，但另一些人却认为这种转变更有效和可行。

进入21世纪，环境教育朝着可持续发展的方向延伸。随着许多国家将可持续发展确定为国家战略，开展可持续发展教育已成为大势所趋。在教育内容上，可持续发展教育开始将平等的概念和意识纳入环境教育工作中；在所涉及的领域上，从自然环境领域拓展到社会、政治、经济与伦理领域；在空间尺度上，从侧重对本地区的关注拓展为对于全球的关注；在时间尺度上，可持续发展教育不但关心当代的问题，也关注未来的问题。可持续发展教育与公民教育、全球教育和未来教育联系在一起，是环境教育的扩展与深化。（贺桂珍）

推荐书目

Palmer J A. Environmental Education in the 21 st Century：Theory，Practice，Progress，and Promise. London：Routledge，1998.

huanjing jiaoyu tixi

环境教育体系 （environmental education system） 互相联系的各种环境教育机构的整体或教育大系统中的各种环境教育要素的有序组合。环境教育体系有广义和狭义之分。狭义的环境教育体系仅指各级各类环境教育构成的学制，又称环境教育结构体系。广义的环境教育体系，除环境教育结构体系外，还包括环境教育管理体系、环境师资培训体系、环境课程教材体系、环境教育科研体系、经费筹措体系等。这些体系相对于环境教育结构体系，称为服务体系。

整体环境教育体系是由环境教育协调机构、地区政府、社区组织（街道和乡镇）、各级学校、各类企业、社会宣传媒体、环保宣教机构七个部分组成的一个完整的体系。环境教育协调机构，根据国家、地区和社会经济发展规划，编制适合本地区发展需要的环境教育规划，作为教育发展规划的重要组成部分。同时，结合时代发展要求，将现代新工艺、生态技术等代表现代科学发展方向的新理论、新观点、新技术作为教学的重要内容，制定切实可行的教育目标、教育标准，以便于组织实施和评价。整体环境教育系统各部分之间相互联系、相互促进、相互补充组成一个完整的系统，而各部分内的教育内容、教育对象、教育目标层次、实施形式也构成了一个完整的教育体系。根据不同的教育对象，需制定不同的教育目标、教育内容和实施手段，如学校以师资培训和知识教育为主（幼儿园以培养对环境的感性认识为主，中小学以环保基础知识教育为主，大中专院校以环保专业知识教育为主），地区、家庭教育以增强环保意识、普及环境卫生常识为主，企业、职校、技校以环保技术岗位培训教育为主，国家公务员以环保法规、行政决策教育为主，社会宣传媒体以意识教育、法规教育为主。

我国的环境教育体系包括环境基础教育、环境专业教育、环境成人教育、环境社会教育四部分，其中环境专业教育又分为高、中等专业教育和职业高中教育。与现行教育相结合，环境教育体系是一个包括多种层次、多种形式、多种渠道的体系。省市级教委设置环境教育协调机构，各基层单位设1名专职或兼职环保宣传员、信息员，负责环境教育信息交流活动。环境教育已经渗透到社会的各个层面，具有广泛的群众性。

现代环境教育体系应当具有全面性、普遍性、开放性特征，能够适应可持续发展和提升公民环境意识的需要，合理配置现有环境教育资源，充分开发利用潜在的环境教育资源，形成环境教育资源优化配置和有效再生的机制。环境教育体系应当具有严谨的体系和合理的结构，包括普通教育和职业教育两翼，初等、中等、高等教育各个层次，成人教育和继续教育各个阶段。（贺桂珍）

huanjing jiaoyu xinlixue

环境教育心理学（environmental education psychology） 研究环境教育过程中的教育者和受教育者的心理现象及其产生和变化规律的心理学分支。它是一门介于环境教育和教育心理科学之间的边缘学科，揭示在环境教育的影响下，受教育者学习和掌握环境知识、技能的心理规律。

环境教育心理学从环境教育的角度去研究心理规律，补充和扩展了心理学理论。首先，所有参与环境教育学习的人都具有学习的潜能，教育心理学所指的“意义学习”与学习内容及自我学习目的相关，其学习的最有效方法，就是让学习者体验到自己面临的实际问题，促其主动学习。其次，学习的动机是直接推动学习者学习的内部动力，它表现为学习的意向、愿望或兴趣等形式。学习动机是最现实、最活跃的成分，是认识兴趣，在教育心理学中称为“求知欲”。作为环境教育的组织者，教师应在教育管理和教学过程中，最大限度地调动学习者的“求知欲”，挖掘其学习潜能。但目前环境教育心理学还未真正形成一门专门的学科，其理论和研究方法基本还是借鉴教育心理学，相关研究还不多见。

随着对环境教育重要性的认识，人们逐渐关注到环境教育中还有很多规律需要探索，环境教育心理学的学习将有助于探索这些规律。

（贺桂珍）

huanjing jingji guihua

环境经济规划（environmental economic planning） 在系统研究人口、资源、经济、环境之间相互关系的基础上，以发展经济、保护环境为目标，寻求最优的经济结构、生产布局和污染治理方案，并做出总体部署的过程。环境经济规划侧重于研究经济与环境之间的相互作用规律，以环境经济学为理论基础，运用环境经济计量方法，定量地揭示出资源、环境、经济之间的相互依存关系，从经济结构、生产布局、工程技术等方面提出解决现有的或可能出现的环境问题的措施、方案，以实现发展经济、保护环境的双重目标。环境经济规划的重点在于协调环境与经济之间的关系，把环境与经济作为互相的约束条件和目标，而不同于独立的环境规划或经济规划。环境经济规划是解决环境问题的有效手段，为国民经济和社会发展规划提供了可靠的依据，是国民经济和社会发展规划的有机组成部分。 （李奇锋 张红）

huanjing juece

环境决策 （environmental decision making）决策理论与方法在环境保护领域的具体应用，即人们在开发、利用和保护环境等实践活动中，按照设定的环境管理目标，运用科学理论和方法，做出实现环境管理目标的若干方案或指令，从中选出最优方案的过程。环境决策是涉及经济、社会、资源、环境之间关系的综合性问题，是一个多变量、多层次、多目标的复杂大系统问题，需要大量的信息支持。

分类 环境决策存在多种类型，也有多种分类方法。

按照环境决策问题的条件和后果划分，可分为确定型决策和非确定型决策两种。确定型决策是指影响决策问题的主要因素以及各因素之间的关系是确定的、决策结果也是确定的一类决策问题。非确定型决策又分为风险型决策和不定型决策两种。风险型决策也叫随机型决策，是指在影响决策问题的外界条件的出现概率已知的情况下的一类决策问题。在这类问题的决策过程中存在着大量的不可控因素。不定型决策和风险型决策一样也存在着不可控因素，所要处理的问题是在外界情况概率不知的条件下的一类决策问题。

按照环境决策的影响程度划分，可分为战略决策和战术决策。战略决策是指关于开发、利用和保护环境所做出的影响长远和全局的一类决策。这类决策的特点是立足全局，放眼未来，具有宏观性。战术决策是指在战略决策指导下所做出的局部的、短期的和非决定性的决策，其目的是更好地实施总体的环境战略决策。

按照环境决策问题的出现有无规律性划分，可分为程序化决策和非程序化决策。程序化决策所要解决的是开发、利用和保护环境中经常出现的问题，可根据以往的经验规定一套常规的处理方法和程序，使之成为例行状态。非程序化决策又称一次性决策，许多环境问题具有很大的偶然性和随机性，所要解决的问题没有重复的经验可以遵循，要运用权变管理思想，具体情况具体分析，针对决策问题所处的客观环境进行随机决策。

按照环境决策问题所包含的阶段数划分，可分为多阶段决策和单一阶段决策。多阶段决策又称多步决策，是指一个决策问题包含若干个阶段或过程，决策者需在每一个阶段做出选择，以使整个决策过程最优的一类决策。这类决策所处理的是一系列具有时间差异的相互关联的目标，前一项决策直接影响后一项决策。单一阶段决策是指决策问题只包含一个过程，决策者只需要做出一次判断和选择的一类决策。

按照环境决策问题所包含的目标数量划分，可分为多目标决策和单目标决策。多目标决策是指一个决策问题中同时存在多个目标，要求同时实现最优值，并且各目标之间往往存在冲突和矛盾的一类决策问题。例如，环境保护的“三统一”方针同时要实现经济效益、社会效益和环境效益三个目标，这些目标之间存在着相互制约、相互冲突的关系，这就是多目标决策。单目标决策是指一个决策问题中只包含一个目标的一类决策问题。

按照环境决策信息的精确度划分，可分为定性决策和定量决策。定性决策是一种以经验判断为主的决策，而定量决策是一种以量化的信息、数据作为判断依据的决策。在实践中，关于环境保护的经济政策、产业政策、资源政策等问题的决策基本上都是定性决策，而关于环境标准的制定、总量目标（参见污染物排放总量控制制度）的制定等问题的决策就是一种定量决策。

构成要素 环境决策一般包括决策主体、决策对象和决策工具三大要素。

决策主体 即决策者，一般包括个体、集体和社会总体。从现代科学技术和经济社会发展的趋势来看，群体作为决策主体占据了更大的比重。一个群体可以从多种角度对问题进行分析和研究，而对于一个承担着决策主体责任的群体，人们更关注其内部结构，包括职能结构和组织结构，因为群体的结构决定着它的功能。随着科学技术的发展和现代化技术手段的广泛应用，很多决策问题，尤其是程序化的决策问题可由计算机自动完成，但它也仅仅是决策的辅助手段。

决策对象 指人的行为可以对其施加影响的客体系统。凡是人的认识和实践活动所能涉及的事物都能成为决策对象。决策对象一般包括自然界、人类社会和人的精神等领域的事物及行为。

决策工具 主要是指决策系统所必需的决策信息、决策方法与决策手段。信息是对客观事物的反映，是主体认识客体的中介和桥梁。只有借助于各种信息，决策主体才能了解决策系统内部和外部的各种状态，对决策对象的状态做出判断，并根据现有的信息预测决策对象的未来发展，再根据自己的目的和要求做出各种决策。决策方法与决策手段主要包括：信息收集方法、信息处理方法、预测方法、系统分析方法、系统仿真方法、方案比较评价方法等。

决策程序 按照现代决策理论，环境决策程序由五个步骤组成：发现问题，确定目标，拟订方案，方案评价与选择，方案的实施、反馈与考核。

发现问题 是决策过程的起点。决策者需要密切关注与其责任范围有关的各类信息，通过不断调查、分析、研究所在组织与环境的适应情况，准确找到关键环境问题并对其进行分析，找出产生问题的内在原因，为决策的下一步程序做好准备。

确定目标 决策目标由上一阶段明确的、有待解决的问题所决定，决策者必须把要解决的问题的性质、结构及未解决的原因分析清楚，有针对性地确定合理的决策目标，做到目标依据准确、先进可行、具体明确，主次关系清晰。

拟订方案 决策者在确定决策目标后，就要提出达到目标和解决问题的各种可行方案。一般情况下，一个问题的解决方案不止一个，选用何种方案，应考虑环境条件中的各种约束和限制因素，广开思路，大胆设想，最大限度地寻求所有可能达到目标的各种方案，以便清楚地加以分析、评估。

方案评价与选择 决策者在拟订出各种备选方案后，要根据决策目标和环境约束的要求，运用经验判断法、数学分析法、实验法等方法对各种方案进行评价、比较和排序，并选定最终实施的方案。

方案的实施、反馈与考核 是环境决策中至关重要的一步。决策者在选定方案后，要及时制定实施方案的具体措施和步骤，建立信息反馈制度，根据反馈信息及时追踪方案实施情况，并对偏离既定目标的方案采取有效措施加以修订和补充。

环境决策程序是相对的，不是一成不变的，实事求是是其最重要的方面。对于日常的、简单的决策事项应当采取简便的决策程序，对于复杂的决策事项则应当采取完备的决策程序。

原则 在环境决策的过程中，决策者必须遵循一定的基本原则，以减小决策失误的概率。环境决策的基本原则包括以下九方面。

信息准全原则 在决策前一定要充分地搜集、发掘、观察和分析各方面的信息情报，借助准全的信息来发现问题、确定目标、评估优劣、制定方案。

系统性原则 又称整体性原则。要求把决策对象视为一个系统，以系统整体目标的优化为准绳，协调系统中各分系统的相互关系，使系统完整、平衡。

可行性原则 环境决策应建立在客观可行的基础上，坚持经济效益、环境效益和社会效益三者统一，要求决策在技术上可行、经济上合理、环境上允许。

预测未来的原则 要求决策者在决策时能对未来的情况和条件进行正确的分析，对决策目标的发展趋势和可能状态做出科学预测。

对比择优原则 指决策前必须对决策的两个以上的预选方案进行比较和判断，选取方案中具有主客观条件所允许的最大利益值的方案，即“两害相衡取其轻，两利相衡取其重”。

集团决策原则 随着环境问题复杂程度的与日俱增，正确的决策已非决策者个人或少数人所能做出，而是来源于相关学科的众多专家集体智慧的结晶。

可靠性原则 必须在占有大量可靠信息资料的基础上进行科学的预测，为决策提供可靠的依据，并经过优秀群体的可行性研究和综合分析评价，产生一项可靠的决策。

反馈性原则 指职能部门应该对各层次、各岗位的方案执行情况进行检查和监督，并将信息反馈给决策者，决策者根据反馈信息对偏差部分及时采取有效措施，对目标无法实现的应重新确定目标、拟订可行方案，并进行评估、选择和实施。

灵活性原则 在多变的客观环境中，任何重大的长期性决策都不排除存在一定的风险，因此，决策者不但要论证决策方案对风险情况的适应能力，而且要求决策者对决策目标和决策方案有后备考虑，以应付突发性不测事件的发生。 （韩竞一）

huanjing juece jishu

环境决策技术 （techniques for environmental decision making） 对特定环境保护项目进行决策，确定具体实施方案需要用到的技术和方法。分为定性决策技术和定量决策技术。

定性决策技术 又称软方法。是建立在心理学、社会学和行为科学等基础上的“专家法”，即在决策过程中利用已知的、现有的资料，充分发挥专家的智慧、能力和经验，在系统调查、研究、分析的基础上进行环境决策。具体技术方法主要包括头脑风暴法、德尔斐法、哥顿法等。

头脑风暴法 又称智力激励法。是由美国创造学家亚历克斯·奥斯本（Alex Faickney Osborn）于1939年首次提出、1953年正式发表的一种激发创造性思维的方法。头脑风暴法的目的在于创造一种畅所欲言、自由思考的环境，诱发创造性思维的共振和连锁反应，以产生更多的创造性思维。奥斯本为该决策技术方法的实施提出以下原则：对别人的意见不做任何评价，将相互讨论限制在最低限度之内；建议越多越好，在这个阶段参与者不要考虑自己建议的质量，想到什么就应该说出来；鼓励每个人独立思考，广开思路，想法越新颖、越奇异越好；可以补充和完善已有的建议，使某种意见更具说服力。这种方法的时间安排在1～2小时，参与者以五六人为宜。

戈登法 亦有译哥顿法，又称教学式头脑风暴法或隐含法，是美国人威廉·戈登（William Gordon）于1964年发明的一种预测与决策技术。戈登法是由头脑风暴法衍生出来，适用自由联想的一种方法。但其与头脑风暴法有所区别：头脑风暴法要明确提出主题，并且尽可能地提出具体的课题；戈登法并不明确地表示课题，而是在给出抽象的主题之后，寻求卓越的构想。在这种技法中，有关的成员完全不知道真正的课题，只有领导人知道，采用从成员的发言中得到启示的方法，推进技法的实施。戈登法具体做法如下：召集有关人员开会，让与会者提出方案；把要解决的问题分解开，分别提出方案，会议之初主题保密；在会议进行到适当时机时，主持人把主题揭开，让大家提出完整的方案。戈登法有两个基本观点：一是“变陌生为熟悉”，即运用熟悉的方法处理陌生的问题；二是“变熟悉为陌生”，即运用陌生的方法处理熟悉的问题。该法能避免思维定式，使大家跳出框框去思考，充分发挥群体智慧以达到方案创新的目的。

定量决策技术 又称硬方法。建立在数学模型的基础上，运用统计学、运筹学和电子计算机技术对决策对象进行计算和量化研究，以解决决策问题。具体方法主要包括确定型决策方法、风险型决策方法和非确定型决策方法。

确定型决策方法 主要指线性规划法。线性规划法是在一些线性等式或不等式的约束条件下，求解线性目标函数的最大值或最小值，以达到最终目标。其步骤是：先确定影响目标大小的变量，然后列出目标函数方程，最后找出实现目标的约束条件，列出约束条件方程组，并从中找出一组能使目标函数达到最优的可行解。

风险型决策方法 包括期望值决策法、最大可能法和决策树法。期望值决策法通过贝叶斯公式计算各方案的损益期望值，然后选择所有损益期望值最大的那个方案为决策方案。最大可能法在"大概率事件可看成必然事件，小概率事件可看成不可能事件"的假设前提下，将风险型决策转化为确定型决策。决策树法根据逻辑关系将决策问题绘制成一个树形图，按照从右到左、从上到下的顺序，逐步计算各结点的期望值，然后根据期望值准则进行方案选择。决策树由决策结点、方案枝、状态结点、概率枝和损益结点组成。决策结点是进行方案选择的点；方案枝是从决策结点引出的若干直线，每条直线代表一个方案；状态结点是方案实施时可能出现的自然状态；概率枝是从状态结点引出的若干直线，每条直线代表自然状态的一种可能性；损益结点表示不同方案在各种自然状态下所取得的收益或者损失、支出。

非确定型决策方法 决策人无法确定未来各种自然状态发生的概率的决策。非确定型决策的基本方法是先用效用值表示各种可能的后果，构造一张支付表，再用一定的评价准则来评定各个方案的优劣，从而选出最优方案。具体如下：若有 n 种行动方案（a_1，a_2，…，a_n）可供选择，可能出现 m 个状态（θ_1，θ_2，…，θ_m），方案 a_i 在状态 θ_j 所出现的后果用效用值表示，记作 $C_{ij}=C$（a_i，θ_j），即可得出构造矩阵表，又称支付表。根据支付表可用不同准则评价方案的优劣，从而选出最优行动方案（或称最优策略）。常用的决策准则有：拉普拉斯决策准则（等可能性法）、瓦尔德决策准则（保守法）、赫威斯决策准则（冒险法）、折中决策准则（乐观法）和萨凡奇决策准则（最小最大后悔值法）等。

（韩竞一）

huanjing juece zhichi xitong

环境决策支持系统 （environmental decision support system，EDSS） 一种人-机交互的信息系统，是将决策支持系统引入环境规划、管理和决策的产物。环境决策支持系统从系统观点出发，利用现代计算机和网络技术及决策理论和方法，对定结构化、未定结构化或不定结构化的环境管理问题进行描述、组织进而协助人们完成管理决策。

环境决策支持系统是环境信息系统的高级形式，是在环境管理信息系统的基础上，使决策者通过人-机对话，直接应用计算机处理环境管理工作中的决策问题。它为环境决策者和参与者提供了一个现代化的决策辅助工具，提高了环境决策的效率和科学性。

沿革 自 20 世纪 70 年代基恩（Keen）和斯科特 • 莫顿（Scott Morton）提出决策支持系统（decision support system，DSS）以来，决策支持系统已经得到了很大发展，主要是为各级管理者提供辅助决策服务。1980 年斯普拉格（Sprague）提出了决策支持系统的三部件结构，即对话部件、数据部件（数据库和数据库管理系统）和模型部件（模型库和模型库管理系统）。该结构明确了决策支持系统的组成，也间接地反映了决策支持系统的关键技术，即模型库管理系统、部件接口、系统综合集成，对决策支持系统的发展起到了很大的推动作用。环境决策支持系统的研究是决策支持系统应用最早的领域之一，是决策支持理论引入环境规划、管理和决策的产物。自决策支持系统理论提出以来，国内外在水环境和水资源规划与管理、环境影响评价、大气环境管理、环境应急系统、固体废物管理、旅游规划以及研究环境与经济协调发展的宏观环境决策方面都进行了大量的研究工作。美国普渡大学 1977 年研制的河流净化规划决策支持系统 GPLAN 是最早的环境决策支持系统之一，它采用两库系统（数据库和模型库），具有较强的数据查询和模型查询功能，并将人工智能技术应用于模型的排序和构造。20 世纪 90 年代初，施瓦布（A. Schwabl）等研制了环境影响评价决策支持系统 Susy-EIA，在一定程度上为环境影响评价提供了良好的信息、决策支撑；卡马拉（Camara）等研制了集成水质数据库和污染数据库，以及扩散模型、面源污染模型和污水处理优化模型，用于西欧塔霍（TeJo）海湾水质管理的决策支持系统 Hypetejo，利用它解决污水处理厂的选址问题、污染负荷改变对海湾水环境的评价问题以及为保持水环境所应采取的措施等决策问题。崔磊等结合地理信息系统技术，遵循系统功能层和数据层并行设计的技术路线，研究与开发了区域水环境信息管理系统，系统中集成了数据库管理系统、地理信息系统和人工神经网络水质预测模型，能够实时、直观地对区域水环境信息进行可视化表达，并根据系统对警报阈值和应对建议的设置，为水资源的监测和管理提供决策支持功能。王金南等研制的国家环境质量决策支持系统，作为可用于全国 52 个重点城市的水环境和大气环境规划与管理的大型环境决策支持系统，具有数据库管理、决策模拟以及决策比较评价等功能。

功能　收集、整理、储存并及时提供本系统与决策有关的各种数据；灵活运用模型与方法对环境信息进行加工、处理、分析、综合、预测、评价，以便提供各种所需的环境信息；友好的人-机界面和图形输出功能，不仅能满足随机的环境信息查询要求，而且具有一定的推理判断能力；良好的环境信息传输功能，能满足环境决策支持信息的准确及时发布；较快的信息加工速度及较短的响应时间；具有定性分析和定量研究相结合的特定的处理问题的方式。

结构　环境决策支持系统主要包括数据库及其管理系统、模型库及其管理系统、知识库及其管理系统、问题处理系统、交互式计算机硬件及软件、图形及其他高级显示装置、对用户友好的建模语言。数据库由空间数据、属性数据、模型数据等构成；模型库由环境预测和评价模型、系统仿真模型、规划管理模型、决策控制模型等构成；知识库包括各种自然环境知识、决策人员的知识经验，以及进行推理和问题求解的推理机；问题处理系统包括算法源程序和目标程序、问题对策规则、决策描述规则和数据转换规则等。

设计步骤　环境决策支持系统的设计步骤大体可分为如下四步：

制订运行计划　从理论上讲，制订运行计划有三种基本方案，分别是快速实现方案、分阶段实现方案和完整的环境决策支持系统方案。三种方案各有所长，分别适用于不同区域的环境决策支持系统。

系统分析　是环境决策支持系统设计的重要步骤。建立环境决策支持系统的关键在于确定系统的组成要素，划分内生变量，分析各要素间的相互关系，从而确定环境决策支持系统的基本结构和特征。

总体结构设计　由以下四个部分集成：①用户接口。用户通过其进行系统运行，它以人们习惯、方便的方式提供人-机信息交换，菜单、图形、数据库、表格是其主要形式。②信息子系统。包括基础数据文件与文件管理系统。可以用简便的方式提供环境信息及其他与环境决策相关的各种信息。③模型子系统。包括经济、能源、人口、评价与预测模型等。④决策支持子系统。提供支持决策分析与评价的相互关联的功能子模型，包括历年统计和监测资料分析、环境现状及影响评价、污染物削减分配决策支持、环境与经济持续发展决策支持。

系统的应用与评价　环境决策支持系统设计完成后，可应用于环境保护政策、项目和基础设施工程等重要决策过程。该系统为决策者提供所需的数据、信息和背景资料，帮助明确决策目标和进行问题的识别，建立或修改决策模型，提供各种备选方案，并且对各种方案进行评价和优选，通过人-机交互功能进行分析、比较和判断，为正确的决策提供必要的支持。

在使用过程中应从以下五个方面评价：运行效率、工作质量、可靠性、可修改性及可操作性。在使用该系统时，还应切记其只是辅助决策，不可能完全代替人的决策思维。

特征 随着可持续发展概念的兴起和环境保护理论的不断深化，环境系统已经和社会系统以及经济系统紧密结合在一起，因此，环境决策也不单纯是为了解决污染问题而进行的决策活动，而是旨在实现环境、社会和经济综合利益的统一决策。总体上讲，环境决策支持系统的基本特征为：①对准上层环境管理人员经常面临的结构化程度不高、说明不充分的环境问题。②把模型或分析技术与传统的数据存取技术和检索技术结合起来。③易于为非计算机专业人员以交互会话的方式使用。④强调对用户决策方法改变的灵活性及适应性。⑤支持但不是代替高层决策者制定环境决策。

（贺桂珍　韩竞一）

《Huanjing Kongqi Zhiliang Biaozhun》

《环境空气质量标准》（Ambient Air Quality Standards） 规定环境空气质量应控制项目及其限值的规范性文件。该标准规定了环境空气功能区分类、标准分级、污染物项目、平均时间及浓度限值、监测方法、数据统计的有效性规定及实施与监督等内容，其中污染物浓度均为质量浓度。该标准是进行环境空气质量评价与管理的重要依据。

《环境空气质量标准》（GB 3095—2012）由环境保护部和国家质量监督检验检疫总局于2012年2月29日联合发布，自2016年1月1日起实施。该标准首次发布于1982年，1996年第一次修订，2000年第二次修订，2012年第三次修订。

主要内容 将环境空气功能区分为两类：一类区为自然保护区、风景名胜区和其他需要特殊保护的区域；二类区为居住区、商业交通居民混合区、文化区、工业区和农村地区。

一类区适用一级浓度限值，二类区适用二级浓度限值。环境空气污染物基本项目浓度限值见表1，环境空气污染物其他项目浓度限值见表2。其中，基本项目在全国范围内实施；其他项目由国务院环境保护行政主管部门或者省级人民政府根据实际情况确定具体实施方式。

表1　环境空气污染物基本项目浓度限值

序号	污染物项目	平均时间	浓度限值		单位
			一级	二级	
1	二氧化硫（SO_2）	年平均	20	60	μg/m³
		24 h 平均	50	150	
		1 h 平均	150	500	
2	二氧化氮（NO_2）	年平均	40	40	
		24 h 平均	80	80	
		1 h 平均	200	200	
3	一氧化碳（CO）	24 h 平均	4	4	mg/m³
		1 h 平均	10	10	
4	臭氧（O_3）	日最大8 h 平均	100	160	μg/m³
		1 h 平均	160	200	
5	颗粒物（粒径小于或等于10 μm）	年平均	40	70	
		24 h 平均	50	150	
6	颗粒物（粒径小于或等于2.5 μm）	年平均	15	35	
		24 h 平均	35	75	

表 2　环境空气污染物其他项目浓度限值

序号	污染物项目	平均时间	浓度限值		单位
			一级	二级	
1	总悬浮颗粒物（TSP）	年平均	80	200	$\mu g/m^3$
		24 h 平均	120	300	
2	氮氧化物（NO_x）	年平均	50	50	
		24 h 平均	100	100	
		1 h 平均	250	250	
3	铅（Pb）	年平均	0.5	0.5	
		季平均	1	1	
4	苯并[*a*]芘（B*a*P）	年平均	0.001	0.001	
		24 h 平均	0.002 5	0.002 5	

（朱建刚）

huanjing mubiao guanli

环境目标管理　（objective oriented environmental management）　围绕确定和实现环境目标所开展的一系列包括计划、组织、指挥、协调、控制和监督等在内的环境管理活动。环境目标管理是一种管理方法，也是一种管理思想。环境目标是制定环境战略、环境规划的前提和出发点，环境目标管理能起到协调社会、经济发展与环境保护关系的作用，是贯彻国家环境保护方针政策和法律的具体体现。

环境目标管理包括三方面的内容：一是确定环境目标；二是实施环境目标管理；三是为环境目标管理的实施提供有效的保障措施。这三方面的内容相互融合，构成一种系统、高效的管理方法。

确定环境目标　目标的确定是目标管理最重要的内容。当前，环境管理的目标主要是环境质量的改善。

确定环境目标在国家层面体现为制定环境方针和环境目标规划，即在一定时期内（五年、十年或更长时间）污染防治、生态环境建设的总蓝图、总设想。环境目标规划的编制程序一般为：预测、决策和规划。预测是根据过去和现在已经掌握的事实、经验和规律，预测经济发展对环境的影响、环境质量变化的趋势，经过综合分析做出环境决策，并编制成带有指令性的可供执行的方案和规划。

环境保护计划是环境目标规划的具体实施，是实现环境总目标的保证。1981 年，《国务院关于在国民经济调整时期加强环境保护工作的决定》中，明确要求每个企业及其主管部门要“制定具体的环境保护目标和指标，在年度计划中做出安排”。年度环境保护目标计划的主要内容包括环境保护指标计划目标、污染综合防治工程措施、科研攻关项目和重要的环境管理措施等。

实施环境目标　为达到最终的环境目标，要做好环境管理体系运行的准备工作和基础工作，建立并调整与体系相适应的组织结构与职能，不断完善环境管理活动和运行控制程序，明确职责分工、提供资源保证，以此促进环境管理行为的不断改进。实施环境目标的关键在于环境管理的各个部门按照目标管理的思想，围绕环境质量、环境目标开展工作。

保障措施　根据环境目标管理的要求，以下几方面的保障是必不可少的。

首先，必须建立环境目标管理责任制和责任追究制。责任制和责任追究制是环境目标管理的完善和延续，也是建立环境目标管理有效运行机制的保障。环境保护目标责任制是一项促进经济建设与环境保护协调发展的环境管理制度。基本做法是，对各级政府和企业负责人（企业内各级负责人）在任期内规定应达到的环境保护目标和任务，并建立相应的考核和奖惩办法，根据目标完成情况对其进行奖惩。

其次，必须有完善的考核和评审制度作保障。环境保护考核是以环境保护目标责任制为基础，用定量化、时限和空间规定的指标考核地方政府和企业污染控制水平的一项管理制度，也是污染源指标化管理的一项制度。环境保护考核采用污染物综合排放合格率和主要污染物排放量两个指标。评审和考核都以是否有助于环境质量改善和环境目标实现为标准。

最后，必须建立规范的外部监督机制。外部监督机制包括外部人员的定期审核，也包括相关方（关注组织的环境行为或受其环境行为影响的个人或团体）的评价和监督。

此外，环境统计也可作为一项环境目标管理实施的保障措施。环境统计是社会、经济统计的一部分，是以环境作为研究对象，围绕与环境有关的各种现象和过程以及影响环境质量的各种因素的消长程度、控制效果所进行的调查研究和综合分析活动。环境统计既是制定环境战略、环境目标的基础，也是衡量环境目标是否达到的重要依据。 （贺桂珍）

huanjing pingjia

环境评价

（environmental assessment） 对环境系统状况的价值进行评定与判断，并对改善环境状况提出对策的过程。主要包括环境质量评价和环境影响评价。环境质量评价指按照一定的评价标准和评价方法对一定区域范围内的环境质量进行说明、评定和预测。环境影响评价指对规划和建设项目实施后可能造成的环境影响进行分析、预测和评估，提出预防或者减轻不良环境影响的对策和措施。

环境质量评价关注由于人类生活和生产行为引起的环境质量变化，致力于全面揭示环境质量状况及其变化趋势，识别污染治理重点对象，为制定环境规划、土地利用规划以及城市环境总体规划等提供依据。在地学等研究领域，已经对一定区域的自然环境条件或自然资源开展了评价，环境问题的出现使得环境质量评价具有了新的内涵。按照涉及环境要素的特征环境质量评价可划分为单要素评价和环境质量综合评价；基于单个环境要素的环境质量评价可划分为大气质量评价、水质评价、土壤质量评价等；按时间因素环境质量评价可划分为环境回顾评价和环境现状评价。

环境影响评价适用于所有可能对环境造成显著影响的规划或者项目，并能够对所有可能的显著影响做出识别和评估，将各种替代方案（包括项目不建设或地区不开发的情况）、管理技术、减缓措施进行比较，以环境影响报告书或者报告表的形式，一般经过广泛的公众参与和严格的行政审查程序，得出清晰的环境影响特征及其重要性的结论，以便为决策提供信息。 （陈鹏）

huanjing quhua

环境区划

（environmental zoning） 根据主要环境问题的空间分异规律，在综合各个环境、资源及经济要素的基础上，对区域环境状况、环境保护目标和环境管理要求的整体判断和认识，并进行科学合理的分区。

研究进展 19 世纪末 20 世纪初，为加强环境空间管理，西方发达国家纷纷开始关注区划的研究和制定。1916 年，德国对私人土地进行综合管理的区划模式被引入美国纽约，发展成为纽约市区划条例。随后，在 1923 年标准州区划授权法案以及 1926 年欧几里得村区划合法判例的推动下，传统区划迅速在美国普及。第二次世界大战以后，新的区划控制指标以及区划类型和技术不断出现。美国生态学家贝利（Bailey）于 1976 年首次提出真正意义上的生态区划方案。其后，各国的生态学家对生态区划的原则、依据及生态区划的指标体系、划分方法等进行了大量的研究，并在国家和区域层面上进行了各种生态区划的实证和应用。2000 年以来，美国陆续颁布了水环境生态功能分区的法令，实施水环境分区控制与管理。同时，欧盟根据《水框架指令》，依据生态分区进行流域综合管理。

我国环境区划的研究始于“八五”国家科

技攻关计划，分别从环境区划的原则、方法及构成等方面对我国的环境区划进行了探讨。此后，先后开展了“两控区”划分、水环境功能区划、水功能分区、生态功能分区等工作，而且这些环境区划，特别是水环境功能区划和生态功能分区研究都取得了应用性的成果。在生态区划方面，国内学者从为制定经济政策服务、合理开发利用自然资源及为生态保护提供科学的理论依据等角度进行了研究。国内目前环境区划基于单要素（水、大气、土壤等）功能区划的研究较多，但在区域层面上以协调区域环境保护与经济社会发展、提高环境管理能力为目的的综合性环境区划研究较少。另外，基于宏观层面以我国社会经济发展、环境保护、自然资源利用各要素为基础，为其他部门区划提供参考的国家层面的环境区划研究也较少，且我国环境区划体系不明确、不统一也是当前环境区划研究中存在的主要问题。

与其他区划的关系 环境区划作为一种基于环境功能、以实现差异化环境管理为目标的新区划，必然不能脱离现有的其他区划。它在不同层面上与主体功能综合区划及其他部门专业区划的关系如下。

与主体功能区划的关系 环境区划与主体功能区划紧密联系、相互影响但又存在明显差异。环境区划是主体功能区划的重要基础和依据，主体功能区划是保障环境区划落实的重要载体和途径，两者都是为促进经济社会可持续发展提供科学依据的基础，也同是强化空间管理的手段。但两项工作各有侧重，主要区别表现为：①功能侧重不同。环境区划和主体功能区划都兼具保护生态环境系统和引导区域合理开发的功能，但两者各有侧重。环境区划是围绕环境保护这一核心问题展开的，编制环境区划的主要目的是改善区域环境质量，维护区域环境安全。主体功能区划着重从“合理开发”的角度对不同区域进行优化开发、重点开发、限制开发和禁止开发的主体功能定位，对开发秩序进行规范，对开发强度进行管制，对开发模式进行调整。②作用范围不同。相对而言，主体功能区划建立在自然区划和经济区划基础之上，具有更广的作用范围和较强的作用力，它不仅是维护自然生态系统的根本保障，更通过明确区域主体功能定位，建立和完善人口转移、财政转移支付和政绩考核等多种政策手段，缩小不同区域间居民生活和公共服务等方面的差距，使全体公民共享发展成果。

与其他部门专业区划的关系 表现为：①尽管环境区划主要强调改善区域环境质量，维护区域环境安全，但最终目的是实现环境保护与经济社会发展相协调，其他部门专业区划，无论是农业、林业、土壤、公路或经济区划等，或多或少都会涉及自然资源利用和生态环境问题，因此，环境区划要对各部门制定的区划形成指导，其为其他部门区划制定的重要基础，是一项重要的综合性区划。例如，海洋功能区划需要考虑不同海域环境质量和海洋生态服务功能；水功能区划需要考虑不同水域环境质量和水生态功能；洪水灾害危险程度区划需要考虑不同区域的生态调节功能等。②由于环境系统本身的开放性和关联性，具有自然、经济和社会属性的特点，环境区划的制定必然与农业、林业、经济等其他部门专业区划相关联并形成制约，不可能脱离部门区划而单独进行区域划分，环境区划与其他部门专业区划是相辅相成的。

总体框架 我国环境区划总体框架体系由环境功能区划、环境目标分区和环境管理分区三个子体系组成。三者之间的关系表现为：环境功能区划是以环境基本功能为导向进行区域划分，它是制定环境保护目标（环境目标分区）和明确环境保护相关管理措施（环境管理分区）的基础和依据。环境目标分区以环境保护目标为导向进行区域划分，它是环境功能区划和环境管理分区所要达到的不同等级目标要求。环境目标分区可为环境功能区划提供重要反馈信息，使环境功能区划更为完善和科学，同时环境目标分区与环境管理分区相互协调、相互关联并形成制约。环境管理分区以环境管理和环境问题的解决为导向进行区域划分，实行环境管理分区引导，并根据各分区生态环境特征的动态变化，适时地调整环境管理政策，可促进不同环境功能区之间的协调管理和环境目标的实现。

区划步骤 环境区划首先应根据区域环境的背景、各环境要素、环境的功能特点提出环境功能分区格局；其次根据环境的主体功能差异提出分类控制目标，对目标进行分区控制；最后，根据区域发展环境的制约因素和空间分异特征提出不同功能区的管理引导分区。

（李奇锋 张红）

huanjing shehui zhengce

环境社会政策 （environmental social policy）以环境保护与社会协调发展为目的，运用国家立法和政府行政手段，解决环境社会问题、调整与控制环境保护和社会发展之间的矛盾、促进社会公平、增进社会福利的一系列政策、行动准则和规定的总称。它是环境政策和社会政策的重要组成部分。

20 世纪 60 年代之后，随着环境公害的频繁发生，由环境污染和生态破坏造成的环境问题演变成为严重的社会问题；同时，社会问题的延伸也产生和加剧了环境问题，环境社会政策应运而生。环境社会政策涵盖食品安全、生态安全、可持续发展、代际和代内公平等领域，强调环境权利和环境公平。环境公平是环境社会政策的基本原则和目标，它包括两方面含义：一是所有人都应有享受清洁环境而免受不利环境伤害的权利；二是环境破坏的责任应与环境保护的义务相对称。环境公平问题涵盖代际和代内公平，包括社会个体之间、社会群体之间、城乡之间、区域之间和国家之间等不同层次的环境公平问题。环境公平概念的提出使环境政策由单纯关注环境状况，转向关注社会结构的调整和社会过程的优化。

我国的环境社会政策包括环境民族政策、环境宗教政策、环境人口政策、环境社会团体政策、环境宣传教育政策、环境科学技术活动政策、环境纠纷处理政策和环境法制建设政策等。 （马骅）

huanjing shenji

环境审计 （environmental auditing） 目前对环境审计的概念、任务和方法在国际上仍未达成一致。世界审计组织环境审计工作组在开罗第 15 届国际审计大会上提出一个概念框架：“从本质上看，环境审计与最高审计机关实施的其他审计并没有重大区别，因为这些审计方法涵盖了所有类型审计。环境审计应包括财务审计、合规性审计和绩效审计三种类型。绩效审计通常包括经济性、效果性和效率性（3E），是否考虑第四个 E——环境，这需要根据最高审计机关的法令和政府的环境政策而定。至于可持续发展观念，只有对政府的环境政策或项目进行审查时，才可能纳入环境审计的定义中。”在上述情形下，政府环境审计是一种独立的外部审计。国际标准化组织对环境审计下的定义：环境审计是客观地获取审计证据并予以评价，以判定特定的环境活动是否符合审计准则的一个验证过程，包括将这一过程的结果报给委托方。国际商会对环境审计下的定义：环境审计是一种管理工具，它对于环境组织、环境管理和仪器设备是否发挥作用进行系统的、文化的、定期的和客观的评价，其目的在于通过以下两个方面来帮助保护环境：一是简化环境活动的管理；二是评定公司政策与环境要求的一致性，公司政策要满足环境管理的要求。

沿革 环境审计是随着全球环境问题的愈发严重而逐渐纳入审计的范畴。20 世纪 60 年代以来，环境问题日渐引起各国政府和公众的关注，国家颁布越来越多的环境方面的法律、规章，政府的环境保护投资逐年增加，人们越来越关注那些影响环境的各种机构，认为他们应该对自己的行为负责，要求其报告行为的后果。因此，对政府和企业的环境活动进行独立的检查与审计就成为必然。环境审计的概念于 20 世纪 70 年代发源于美国。当时环境审计被作为审查公司企业是否遵守新颁布的环境法律法规的一个手段，重点是保证公司依法办事。许多国际组织积极行动起来，如世界审计组织、国际标准化组织、环境审计圆桌会议、注册环境审计师委员会、国际商会、联合国环境规划署等，它们从各自的专业和职能出发，以各种方式从事和推动环境审计活动。各国政府也纷纷将环境审计纳入政府审计的范围。近年来，环境审计已被广泛应用于商业、工业、政府、市政、家庭和学校等各个方面。

分类 按照环境审计的主体、内容和时间，可从不同角度阐明环境审计的属性。

按照环境审计的主体，可以分为政府环境审计、内部环境审计和民间环境审计。政府环境审计是指由国家审计机关实施的环境审计。内部环境审计是指由部门和企事业单位内部专职审计机构或人员所实施的环境审计。民间环境审计又称独立审计、社会审计，是指经有关部门批准并注册登记的会计师事务所所实施的环境审计。

按照环境审计的内容，可以分为环境财务审计、环境合规性审计和环境绩效审计。环境财务审计是对会计报表所有重要内容是否遵守了财务报告准则发表意见，注重会计报表中隐藏重大错报的环境事项。环境合规性审计是审计人员对被审计机构遵守国家相关环境法律、法规以及国际协议的情况进行评价，出具审计报告并提出改进的建议。环境绩效审计主要是对环境政策、规划、项目以及企业的经济性、效率性、效果性进行评价。

按照环境审计与被审计单位业务发生的时间，可分为事前审计、事中审计和事后审计。事前审计又称预防性审计，内容包括预测、决策方案、目标、计划等审计。事中审计通常是对实施时间较长的重大项目期中执行情况进行审计，有利于及时发现并纠正偏差。事后审计的范围十分广泛，环境资金状况、合规性、绩效情况一般事后才能进行检查和评价。

各种审计类型不是各自孤立的，而是相互交叉、相互结合在同一审计项目中。

主要内容 由于政府环境审计、内部环境审计和民间环境审计各自的职责和权限不同，它们在环境审计方面的内容亦有所差异。政府审计机关开展的环境审计着重宏观管理，而其他两种审计则强调微观管理。

政府环境审计的内容包括：①环境政策、规划、项目的制定。②各级组织、区域对政府环保法律法规与国际协议的执行情况。③现行政策以及非环境政策和项目对环境的影响。④环境管理体系的有效性。⑤环保预算，政府和外援环保投资的运用。⑥主要项目的成本效益和绩效。⑦环境报告或有关报告中会计信息的真实性、财务收支的合规性、环保活动的业绩。

内部环境审计的内容包括：①确定被审计单位的环境活动是否遵循了国家有关环境法规和组织内部制定的环境政策。②审查组织的环境管理系统和有关内控系统的健全性和有效性，并反映其薄弱环节和失控问题。③检查、发现、报告在生产、技术、经营、储存、运输过程中危害环境的事项和环境风险，确定某一特定场地是否遭到污染，是否需要清理，以及清理成本。④企业环境政策、计划的制定和资源的分配，以及环境保护措施的效果。⑤环保资金筹集和分配的合规性与有效性，环保成本收益和资金运用效果。⑥预测存在的环境风险可能引发的经营、业务和财务风险，为建立和完善环境管理系统提供依据。⑦对购入、租赁、企业组合等房地产的环境状态的报告或评估意见进行检查，评估组织在不动产买卖、抵押、租赁中的环境风险。⑧评价被审计单位在处置、储存、清理有害物质过程中有关责任人的责任。⑨明确环境负债及其在账上的反映，有关环保资产、负债的真实性、合规性和效益性的评价。⑩环境报告和有关信息的审查，反映达到或不符合环保标准的信息，向管理当局提出审计结果、存在风险、资金运用、实现效果的报告。

民间环境审计主要对企业的环境报告进行评价和鉴证，包括：评价被审计单位提交的环境报告的真实性及合规性，评价和鉴别其提供的环境财务信息是否可靠，以及财务报告是否公允地反映了环境成本和环境负债。如果接受被审计单位的委托对其环境状况进行评价，则其审计内容与内部审计相同。

依据 主要包括：环保政策、方针、战略，环境法规，环境标准，会计准则、财务通则和与环保有关的会计政策及财会制度，审计准则。环境审计的依据要比一般审计类型所采用的法规多、范围广，审计人员需具有丰富的相关知识。环境审计是一项较新的审计业务，一些国际组织已颁布或正在开发研究相关准则（见下表），因其机构特点和从事的业务不同，各种准则规定并不完全相同，内容各有侧重，有各自的适用范围和条件，尚未形成一个完整的环境审计实务框架。

基本环节 为使环境审计具有效力并能产生最大效益，所必需的环节包括以下方面。

制订审计计划 从最高管理层次到较低管理层次，必须确定并采纳一项系统化的环境审计计划，应包含组织和机构方针的执行、高标准的采用、合适的人力资源分配。

组建环境审计小组 审计小组的主要成员应各司其职以保证审计目标的实现，小组成员应能胜任工作，能够在技术上对环境提供可靠的、符合现实的评价。

明确环境审计程序 为了保证对相关事项进行综合的、有效的概括，应采用适当的程序，包括现场考察、信息采集、环境目标执行情况分析、审计报告形成或反馈审计结果等。

书面报告 环境审计过程要应用大量的、真实的文献资料，一份完整的报告应提交给相应的管理部门，该报告应包括客观真实的观测资料。

质量保证机制 保证环境审计系统自身的质量，确保环境审计过程的一致性和可靠性。

后续行动 落实审计报告提出的改进意见与建议，对后续行动进行跟踪监督。

审计程序 环境审计要采取一定的程序，才能系统组织审计活动，提高审计效率，保证审计质量。基于环境审计的复杂性，制定审计程序需要考虑其应具有的特点。

制定审计方案 准备阶段的落足点。环境审计方案包括审计工作方案和审计实施方案。审计工作方案是审计机关为了统一组织多个审计组对部门、行业或专项资金等审计项目实施审计而制订的总体工作计划。审计实施方案是审计组为了完成环境审计项目任务，从发送审计通知书到处理审计报告全部过程的工作安排。审计工作方案的主要内容包括：审计工作目标；审计范围；审计对象；审计内容与重点；

国际组织发布的环境审计准则和指南

时间	颁布机构	准则名称	主要内容	适用情况
1995	国际标准化组织（ISO）	《ISO14010 环境审核指南——通用原则》《ISO14011 环境审核指南——审核程序（环境管理体系审核）》《ISO 14012 环境审核指南——环境审核资格要求》	着重组织的环境管理体系审计，明确了采用的原则、程序和审计人员的资格要求	国际上普遍采用
1995	国际会计师联合会所属国际审计实务委员会（IAPC）	《审计职业与环境》	侧重于财务审计中的环境事项	民间审计
1998—2010	世界审计组织（INTOSAI）	先后颁布 18 个准则和指南	政府环境审计理论和实务	各国政府审计机关
1999	注册环境审计师委员会（BEAC）	《道德准则》《环境、健康与安全审计实务准则》	出于组织初建的需要，侧重于职业管理	内部审计
2001	亚洲审计组织（ASOSAI）	《环境审计指南》	政府环境审计理论和实务	地区政府审计机关

审计组织与分工；审计工作要求。审计实施方案的主要内容包括：编制的依据；被审计单位的名称和基本情况；审计的目标；审计的范围、内容和重点；重要性的确定及审计风险的评估；预定的审计工作起讫日期；审计组组长、审计组成员及其分工；编制的日期；其他有关内容。

检查、取证、评价 实施阶段的主要环节。通过一定的方式和方法进行检查，取得充分、可靠、有效的证据，对照审计依据和环保指标、标准，分析、综合形成审计结论。

审计方法 审计一般应用调查研究和社会科学所用的方法。传统的财务审计方法主要有检查、临盘、观察、查询及函证、计算、分析复核等。环境审计在借鉴传统审计方法的同时，还吸收了管理学、环境科学、计量经济学等学科的方法。除采用一般的审计方式和方法外，还采用以下形式：①审计方法着重于现场检查、核对、分析和对比。②除直接、单独实施审计活动外，有时还采用同期的、联合的、协作的方式进行审计，即就同一项目由几个审计组在不同区域同期审计，或是对一个项目由几个审计组联合审计，以及联合并同期进行协作审计。（贺桂珍）

huanjing tongji

环境统计 （environmental statistics） 用数据反映并计量人类活动引起的环境变化和环境变化对人类的影响的环境管理活动。环境统计是环境管理活动中最基本的环节，及时、准确的环境统计数据是进行环境决策和编制环境规划的重要依据。

环境统计的含义可从环境统计工作、环境统计资料和环境统计学三个层面上来认识。环境统计工作是指为了取得和提供环境统计资料而进行的各项工作，包括环境统计设计、环境统计调查、环境统计整理和环境统计分析等几个方面。环境统计资料是环境统计工作的成果，包括环境统计数字和环境统计分析报告两个方面的内容：环境统计数字用来反映各种环境现象的状况；环境统计分析报告用以阐明社会经济发展与环境保护的相互关系及其演变规律。环境统计学是数理统计理论与方法在环境保护实践和环境科学研究中的应用，是研究和阐述环境统计工作规律和方法论的科学。环境统计学既是环境统计实践经验的理论概括，又是环境统计工作发展到一定阶段的必然产物，其与环境统计工作的关系是理论与实践的关系，环境统计学的理论与方法用以指导环境统计工作，推动环境统计工作的发展。

沿革 全球性环境问题的出现，使如何对环境污染及其危害进行计量成为世界各国共同关心的问题。1973 年 3 月，联合国统计委员会在日内瓦举行了第一次关于研究环境统计资料的国际会议；同年 10 月，在波兰华沙举行了国际环境统计学术会议。在此背景下，许多国家相继建立了环境统计制度。1973 年，中国召开了第一次环境保护会议之后，对环境统计提出了新的要求，促使环境统计从其他领域的统计中独立出来，成为一项专业统计。1980 年 11 月，国务院环境保护领导小组办公室与国家统计局针对我国县及县以上工业“三废”排放及其治理情况开展了环境统计工作，确立了环境统计报表制度。至此，我国正式建立了环境统计制度，开始了制度化和规范化的环境统计工作。

统计对象 大量环境现象的数量表现，即对污染物控制、环境质量变化及与其相联系的各种要素的数量表现和数量关系。关于环境统计的内容，联合国统计司 1977 年提出，一个国家的环境统计资料主要有土地、自然资源、能源、人类居住区、环境污染五个方面。我国现行的环境统计内容包括四个部分：工业污染及防治、自然保护、环境管理和环保自身建设情况。

方法 从类型上分为普查和典型调查、重点调查、抽样调查。从调查周期上分为定期调查和不定期调查，其中定期调查又可分为统计年报、半年报和季报等。

我国现行环境统计的主要调查方法包括：①工业企业污染排放及处理利用情况的调查方

法。对重点调查工业企业单位逐个发表填报汇总，对非重点调查工业企业的排污情况实行整体估算。②生产及生活中产生的污染物实施集中处理处置情况年报的调查方法。对各集中处理处置单位逐个发表填报汇总，包括危险废物集中处置厂和城市污水处理厂。③生活及其他污染情况年报的调查方法。依据相关基础数据和技术参数进行估算。④工业企业污染治理项目建设投资情况年报的调查方法。对有在建工业污染治理项目的工业企业逐个发表填报汇总。⑤医院污染排放及处理利用情况年报的调查方法。对重点调查的医院逐个发表填报汇总。当前我国污染物排放量统计的基本计算方法有三种：实测法、物料衡算法和排放系数法。

目的　①向各级政府及其环境保护部门提供全国和各地区的环境污染与防治、生态破坏与恢复，以及环境保护事业发展的统计资料，客观地反映环境和环保事业发展变化的现状和趋势，为环境决策和管理提供科学依据。②及时、准确地提供反馈信息，检查和监督环境保护计划的执行情况，并及时发现新情况、新问题，以便于调整计划和采取对策。③运用环境统计手段对各级政府及其环境保护部门进行环境保护工作方面的评价和考核，如城市环境综合整治定量考核。④依法公布国家和地方的环境状况公报，提供环境统计资料，提高环境保护工作的透明度和全民的环境保护意识。⑤系统地积累历年环境统计资料，包括综合统计资料、专业统计资料和部门统计资料，并根据信息需求进行深度开发和分析，为环境决策和管理提供优质的环境统计信息咨询服务。

步骤　环境统计工作可分为四个基本步骤，即全过程设计、收集资料、整理资料和分析资料。这四个步骤是相互联系、不可分割的。设计是环境统计工作关键的一步，首先要明确统计的目的，要对被统计的环境事项有一定的了解，可根据以往工作的经验和参考文献，或通过调查和预备试验来掌握较多的信息，从而对环境统计工作的全过程有一个全面的设想。收集资料工作的任务是根据环境统计全过程设计的要求，及时取得准确、完整的原始环境数据。只有原始数据可靠，才能取得可靠的结论，因此，收集资料具有重要的基础意义。整理资料是把收集到的原始资料，有目的、有计划地进行科学加工，使分散的、零乱的资料变得系统化、条理化，以便进一步的统计分析。为此，必须认真核查原始资料，细心分组和归纳，以消除和减少整理中引入的误差。分析资料是运用各种统计分析方法，结合环境保护专业知识，计算有关指标，进行统计描述和统计推断，阐明事物的内在联系和规律。

作用　环境统计是社会经济统计的组成部分，是环境保护主管部门和其他相关部门进行环境管理的基础，也是国家制定、执行和评价环境保护政策与社会经济发展战略的重要依据。　　（韩竞一）

huanjing tongji baobiao zhidu

环境统计报表制度　（environmental statistical reporting system）　由基层企事业单位和各级环境管理部门通过统计表格的形式，按照统一规定的指标和内容以及上报时间和程序，向上级和国家主管部门逐级报告污染物排放状况和有关环境管理统计资料的制度。

统计报表是国家或政府定期取得基本统计资料的一种调查组织形式，我国实施环境统计基层报表制度、综合报表制度、专业报表制度。环境统计基层报表是基层企事业单位根据原始记录及统计台账汇总整理、编报的有关环境保护的统计报表，调查范围主要包括排放污染物的工业企业、危险废物集中处置厂、城市污水处理厂和城市垃圾处理厂（场）。环境统计综合报表为反映我国环境污染物排放的种类、数量及在区域、流域的分布情况和工业污染治理的状况，检查各地区污染物总量控制计划的完成情况，为各级政府和环境行政主管部门制定环境保护政策和规划、实施主要污染物排放总量控制、加强环境监督管理提供环境统计资料，实施范围包括有污染物排放的工业企业（其中包括乡镇、个体等经济类型的企业）、生活排污单位及城镇居民、城市污水处理厂、城市垃圾处理厂（场）、危险废物集中处理厂等，环境统计综合报表是由各级环境保护行政主管部门对基层报表进行汇总整理并编报得来的。专业报表是为了解全国环境管理工作情况和环保系统自身建设情况而设计制定的报表体系，由各级环保部门的业务主管部门具体填报实施。环境统计报表制度按报告期分为年报制度和半年报定期报表制度，年报的报告期为当年 1 月至 12 月底，半年报的报告期为当年的 1 月至 6 月底。

环境统计报表的基本内容包括报表目录、表式及填表说明三部分。报表目录是指对报表名称、报送日期、编报单位等事项进行说明的一览表，包括报表名称、表号、填表单位、报表期别、填报范围、报送时间、报送方式、受表单位和报送份数及其他。表式是指统计报表的具体格式，除表内要求填报的指标项目以外，还有表外填报的各项补充资料。在制定统计报表时，对每种报表的具体表式还必须编制填表说明，包括填表范围、统计目录、统计指标解释、计算方法、计算范围以及统计分组或有关的划分标准等。

执行环境统计报表制度是各填报单位必须履行的义务，各填报单位必须严格按照填表要求及时、难确、全面地报送，不得虚报、瞒报、拒报、迟报，不得伪造。（韩竞一）

huanjing tongji taizhang

环境统计台账（environmental statistical account） 基层企事业单位根据环境管理、填报报表以及核算工作需要，定期将分散、众多的原始环境记录资料用一定的表格形式，按时间顺序进行汇总的账册，使原始记录系统规范，便于填表和核查。

制作方法 包括：①一边登录一边整理汇总，当记录到最后一个数字时，即可形成总的汇总数字。②分阶段整理汇总，如平日连续记录，每月整理汇总一次，到每年期末只需再对 12 个月进行汇总就可较快完成报表。

作用 环境统计台账是从原始环境记录到环境统计报表的中间环节，它具有以下作用：①有利于将分散的原始记录资料加以集中，便于随时对比检查，及时发现问题。②可将大量烦琐的原始记录资料整理工作分别在平时完成，到期末只需分类汇总有关数字就可做好统计报表的编制工作，有利于提高报表报送的及时性。③有利于资料的系统化、条理化，积累历史资料。④有利于及时反映环境管理活动的情况，便于检查工作进度，满足环境管理活动的基本需要。（韩竞一）

huanjing tongjixue

环境统计学（environmental statistics） 一门用统计方法研究环境质量和环境资源的状况与趋向，定量地反映经济增长与环境质量、环境资源之间的比例关系的新学科，是环境科学与统计学相互渗透而形成的学科。它既是环境统计实践经验的理论概括，又是环境统计工作发展到一定阶段的必然产物。

起源及形成 环境统计学起源于 20 世纪 60 年代，其产生的内在动力是人类对环境质量特别是对环境污染程度进行度量的要求。第二次世界大战后，环境污染成为人类最大的社会公害之一。人类摆脱环境污染的困境，不但存在技术和经济上的问题，更重要的是还有管理上的问题。要科学地进行环境管理就必须进行环境调查。环境统计学将环境系统的数量方面作为其研究对象，采用系统的观点，把自然环境系统与社会经济系统联系起来，并揭示其数量关系和数量特征的规律性。

研究目标 从环境统计学的产生原因看，环境统计学有基本目标和具体目标两个层次。环境统计学的基本目标：重视环境保护，合理开发和利用自然资源，实现经济效益、环境效益和社会效益的多目标协调。环境统计学的具体目标：采用科学的统计调查整理和分析方法，运用一系列统计指标，全面描述环境的数量和质量状况、人类活动对环境的影响和后果，以及人类自身对这些影响和后果的反应，揭示环境状况的变化趋势，为自然资源的合理开发和环境监测评价提供环境信息，为国家制定环境政策和规划提供保障。

任务 环境统计学的任务是为综合防治与控制污染，合理开发利用自然资源，制定环境保护方针、政策和法律规范，编制加强环境管理的计划，提供科学的数理依据。

内容 环境统计学的主要内容包括：环境统计的任务与统计内容，环境统计指标体系（土地环境统计指标、自然资源环境统计指标、能源环境统计指标、人类居住环境统计指标、环境污染统计指标、环境保护队伍与工作状况统计指标），环境统计的系统化，环境统计的方法，经济增长与环境质量、环境资源的定量关系等。

特点 ①研究内容的综合性。环境统计学研究环境现象总体的数量方面的规律性，环境统计研究不能脱离社会这个大系统孤立地对环境现象的变动过程进行定量认识，而必须考虑政治、经济、生态、自然学科等环境现象的影响，综合研究与评价环境现象变动与社会经济现象变动之间的数量规律，以及环境效益与社会经济效益的关系。②研究方法的技术性。环境统计学研究的是一个由多侧面、多层次、多要素组成的错综复杂的环境系统，涉及经济发展、技术进步与环境之间的平衡关系，社会经济发展对资源的需求与环境系统提供资源的能力之间的关系等，必须采用更科学的研究方法和技术手段，既包括采用自然科学的一些技术方法，如物理、化学的技术分析和监测方法，又需要采用数学方法，如运筹学、回归分析、系统论、时序分析、聚类分析的方法。③研究对象的数量性。环境统计学研究的目的之一就是通过运用统计与自然科学的方法，揭示和反映环境现象数量方面的现状和发展变化过程中在数量上共同的规律性，包括环境现象数量规模、环境现象之间的数量关系、质与量互变的数量界限。

职能 环境统计学作为一门独立的专业统计学，其特定的职能包括描述、评价、预测、决策与控制等。

①环境统计学的描述职能。环境是一个巨大而复杂的系统，要对该系统状况有所了解，必须借助于环境统计描述职能，通过完整而系统的反映环境的指标体系和信息数据的收集、整理方法，揭示环境的过去、现在及人类经济活动对环境变化的影响等全面信息。

②环境统计学的评价职能。环境统计评价是对整个环境系统或者其中某个子系统的状态进行多指标综合评价。环境统计描述职能可以反映过去、现在以及从过去到现在的变化，但通过它只能获得既相互联系又相对独立的认识，其职能有一定的局限性，而通过多指标综合比较可以做出明确判断，对环境状况的好坏、优劣等做出综合评定。

③环境统计学的预测职能。对过去和现在进行研究的目的就是对未来的发展有更好的把握，环境统计预测应在描述与评价的基础上，根据人类经济活动对环境的作用，分析、推测人类的经济活动或某个方面、某个环节在未来对环境可能产生的影响。

④环境统计学的决策与控制职能。在统计描述、评价和预测的基础上，根据人与自然的关系，设计多种保护环境、协调人类活动与自然环境关系的方案，对各方案进行评价，从中选择出最优方案，并在其执行过程中不断检查其实施情况，对出现的新问题通过环境统计的控制职能进行识别和反馈，并采取相应措施，使环境在未来能达到较好的状态。

（韩竞一）

huanjing tongji zhibiao

环境统计指标 （environmental statistical indicators） 反映总体环境质量、环境资源量和污染物排放量等的数量特征的概念。环境统计指标表明环境现象的规模、水平、比例关系、发展变化趋势和客观规律性，是环境统计的语言。

反映环境的数量特征，需要科学地确定指标的名称、含义，统计口径和范围，统计方法和计算方法。一项环境统计指标只能反映复杂环境现象的某一方面特征，要反映环境的总体数量特征，就必须将一系列相互联系、相互补充的环境统计指标结合在一起加以运用。

特点 包括：①数量性。环境统计指标反映的是客观现象的量，所以，它一定可以用数字表现，不存在不能用数字表现的统计指标。对于无法用数量描述，或其数量表现没有差异的现象都不能运用统计指标。②综合性。环境统计指标不仅是大量同类单位的总计，而且是大量单位标志值的差异综合。确定了统计总体、总体单位及其标志值后，就可以根据一定的统计方法对各单位及其各种标志的数值进行登记、分组、汇总而形成各种说明总体数量特征的统计指标。

分类 环境统计指标有各种分类，其中较常用的是按环境统计指标说明总体现象的内容不同将其分为数量指标和质量指标。数量指标又称总量指标，是反映总体规模大小、数量多少的统计指标，如企业总数、污染源数、总产量、“三废”排放量等。从指标数值的表现形式看，数量指标是用绝对数表示，并且要有计量单位。它是计算质量指标和进行统计分析的基础指标。质量指标是说明总体内部数量关系和总体单位水平的统计指标，如外排废水达标率、“三同时”执行率、万元产值废水排放量、大气中二氧化硫日平均浓度等。质量指标是数量指标的派生指标，其表现形式均为相对数或平均数，所以又称对比关系指标。在实际工作中，常将数量指标与质量指标结合运用，以求同时从广度和深度两个方面全面反映随机现象的数量特征及其规律性。

（韩竞一）

huanjing tongji zhidu

环境统计制度 （environmental statistical system） 对环境状况和环境保护工作情况进行统计调查与分析，提供统计信息和咨询，实行统计监督的一项制度。

我国的环境统计制度是为了适应环境保护的需要而建立，并伴随着环境保护事业的发展而发展起来的。从20世纪50年代起，我国就开始了国土、气象、矿产等方面的统计。但直到20世纪70年代末期，我国尚未形成环境统计的概念。直到1979年国务院环境保护领导小组办公室组织了对全国3 500多个大中型企业的环境基本状况调查后，于20世纪80年代初，国务院环境保护领导小组办公室和国家统计局联合建立了环境统计制度。1995年6月15日国家环境保护局发布的《环境统计管理暂行办法》，明确了我国环境统计的内容、任务、管理机构和人员权责、工作程序。2006年11月4日，国家环境保护总局发布了《环境统计管理办法》，规范了我国环境统计数据的采集、解译分析、发布和使用的方法、程序和共享机制等，标志着我国的环境统计制度逐步得到完善。

我国现行环境统计制度主要包括普查和定期重点调查两部分。污染源普查是对污染源数据的清查和统计，是全面掌握环境状况的重大的国情调查。污染源普查10年一次，第一次全国污染源普查于2008年初启动。定期重点调查则是在固定周期内对排放量较大的污染源进行调查和统计。定期重点调查较普查的频次高，但调查范围和指标较普查少。

（韩竞一）

huanjing wuran guanli

环境污染管理 （environmental pollution management） 运用行政、法律、经济、教育和科学技术等手段对污染的形成及污染过程进行控制管理的过程。

主要内容 对污染物及污染源进行调查、评价和预测，制定污染控制和防治规划，监督检查污染物的排放，确定污染控制的技术路线和政策、环境科学技术发展方向等。

管理原则 环境污染管理要遵循如下原则：①预防为主，防治结合原则。通过计划、规划及各种管理手段采取防范性措施，防止环境污染的发生。对于已经发生的环境污染，应采取积极措施进行治理，做到防治结合。②污染者负担原则。环境污染造成的损失应该由排放污染物和造成环境破坏的组织或个人承担。

管理工具 主要包括行政、法律、技术、经济、宣传教育和基于自愿协商的非管制工具等（参见环境管理工具）。（贺桂珍）

huanjing wuran shigu baogao chuli zhidu

环境污染事故报告处理制度 （reporting and response system of environmental pollution accidents） 因发生事故或其他突发性事件造成或者可能造成污染的单位，必须及时通报可能受到污染危害的单位和居民，并向当地环境保护行政主管部门和有关部门报告，接受调查处理的法律制度。

根据我国现行法律的规定，该制度包括两个方面，或者说包含两项不尽相同的制度：①事故发生单位的报告制度。根据《中华人民共和国环境保护法》《中华人民共和国大气污染防治法》和《中华人民共和国水污染防治法》等法律法规的规定，因发生事故或者其他突然性事件造成或者可能造成污染的单位，除必须立即采取措施处理外，还应及时通报可能受到污染危害的单位和居民，并向当地环境保护行政主管部门和有关部门报告。②环境保护部门的报告制度。1987 年 9 月 10 日国家环境保护局颁发《报告环境污染与破坏事故的暂行办法》，明确各级环境保护部门按照职权范围，有责任向同级人民政府和上级环境保护部门及时、准确地报告辖区内发生的环境污染与破坏事故，并根据程度将不同的环境污染与破坏事故划分为一般环境污染与破坏事故、较大环境污染与破坏事故、重大环境污染与破坏事故和特大环境污染与破坏事故。2011 年 4 月 18 日环境保护部颁布《突发环境事件信息报告办法》，进一步规范了突发环境事件信息报告工作，将突发环境事件分为特别重大（Ⅰ级）、重大（Ⅱ级）、较大（Ⅲ级）和一般（Ⅳ级）四级，并规定了突发环境事件信息报告的时限和途径。

环境污染事故报告处理制度是防止环境污染或破坏发生以及污染或破坏后果扩大的有效措施。具体表现在：①有助于可能遭受事故危害的居民及有关主管部门及时了解事故真相并采取有效措施。②由于环境污染或破坏事故所造成的危害较复杂，有些危害后果有一定的潜伏期，该制度的实施有利于正确判断灾情，为公正处理环境污染与破坏纠纷提供翔实的材料。（韩竞一）

huanjing xitong shuxue moxing

环境系统数学模型 （mathematical model of environmental system） 又称数学模拟。是建立在客观存在的环境系统的基础上，反映评价涉及的各种环境要素和过程以及它们之间相互联系和作用的一组数学表达式。

环境系统数学模型是基于水、大气等介质与生态环境的相关性而提出的预测环境质量的数学模型，是污染物在环境介质中运移基本规律的数学描述。这类模型在环境影响评价中可用于环境预测和对策分析；在环境预测中，用于表现开发建设活动对要素过程之间相互联系及作用的影响，以及开发建设活动引起的间接影响；在对策分析中适用于对开发建设活动的环境效益与经济效益进行综合分析。其建立和应用步骤如下：①明确需要解决的问题。②建立定性模型。依据所需解决问题建立概念模型，如人体健康风险评价模型中的人体暴露途径等。③建立系统数学模型。依据概念模型特征确定所用数学模型。④模型验证。利用实测数据对所建立的数学模型进行验证和调整。⑤预测和对策分析。利用验证过的模型对实际环境进行预测，并提出相应对策。（焦文涛）

推荐书目

郑彤，陈春云. 环境系统数学模型. 北京：化学工业出版社，2003.

huanjing xianzhuang diaocha

环境现状调查 （investigation of environmental state） 根据当地环境特征、建设项目特点或者规划特征，从自然环境、社会环境、环境质量和区域污染源等方面选择相应内容进行的现状调查。环境现状调查是环境影响评价工作的重要组成部分。环境现状调查的常用方法主要有收集资料法、现场调查法、遥感和信息系统分析三种。

内容 主要包括自然环境现状调查、社会环境现状调查、环境质量和区域污染源现状调查以及其他环境现状调查等。

自然环境现状调查 包括地理地质概况、地形地貌、气候与气象、水文、土壤、水土流失、生态、水环境、大气环境、声环境等调查内容。

社会环境现状调查 包括人口、工业、农业、能源、土地利用、交通运输等现状及相关发展规划、环境保护规划的调查。当建设项目拟排放的污染物毒性较大时，应进行人群健康调查，并根据环境中现有污染物及建设项目将排放的污染物特性选定调查指标。

环境质量和区域污染源现状调查 根据建设项目特点、可能产生的环境影响和当地环境特征选择环境要素进行调查与评价；调查评价范围内的环境功能区划和主要的环境敏感区；确定污染源调查的主要对象，选择主要污染因子，注意点源与非点源的分类调查。

其他环境现状调查 根据当地环境状况及建设项目特点，决定是否进行放射性、光与电磁辐射、振动、地面下沉等环境状况的调查。

分类 根据调查的对象不同，环境现状调查可具体分为地面水环境现状调查、地下水环境现状调查、大气环境现状调查、声环境现状调查、生态现状调查等。

地面水环境现状调查 地面水环境现状调查范围包括建设项目对周围地面水环境影响较显著的区域。某项具体工程的地面水环境调查范围，按照将来污染物排放后可能的达标范围、污水排放量的大小、受纳水域的特点以及评价等级的高低来确定（表 1、表 2、表 3）。

确定地面水环境现状调查的时间，需要根据当地的水文资料初步确定河流、河口、湖泊、水库的丰水期、平水期和枯水期，选择最能代表这三个时期的季节或月份。对于海湾，应确定评价期限间的大潮期和小潮期。此外，不同的评价等级对各类水域调查时期的要求也不同（表 4）。

表 1 不同污水排放量时河流环境现状调查范围*
（排污口下游应调查的河段长度）

污水排放量/（m^3/d）	调查范围/km		
	大河	中河	小河
＞50 000	15～30	20～40	30～50
50 000～20 000	10～20	15～30	25～40
20 000～10 000	5～10	10～20	15～30
10 000～5 000	2～5	5～10	10～25
＜5 000	＜3	＜5	5～15

* 排污口下游应调查的河段长度。

表 2 不同污水排放量时湖泊（水库）环境现状调查范围

污水排放量/（m^3/d）	调查范围	
	调查半径/km	调查面积*（按半圆计算）/km^2
＞50 000	4～7	25～80
50 000～20 000	2.5～4	10～25
20 000～10 000	1.5～2.5	3.5～10
10 000～5 000	1～1.5	2～3.5
＜5 000	≤1	≤2

* 以排污口为圆心，以调查半径为半径的半圆形面积。

表 3 不同污水排放量时海湾环境现状调查范围

污水排放量/（m^3/d）	调查范围	
	调查半径/km	调查面积*（按半圆计算）/ km^2
＞50 000	5～8	40～100
50 000～20 000	3～5	15～40
20 000～10 000	1.5～3	3.5～15
＜5 000	≤1.5	≤3.5

*以排污口为圆心，以调查半径为半径的半圆形面积。

表4　各类水域在不同评价等级时水质的调查时期

	一级	二级	三级
河流	一般情况，为一个水文年的丰水期、平水期和枯水期；若评价时间不够，至少应调查平水期和枯水期	条件许可，可调查一个水文年的丰水期、平水期和枯水期；一般情况，可只调查平水期和枯水期；若评价时间不够，可只调查枯水期	一般情况，可只在枯水期调查
河口	一般情况，为一个潮汐年的丰水期、平水期和枯水期；若评价时间不够，至少应调查平水期和枯水期	一般情况，应调查平水期和枯水期；若评价时间不够，可只调查枯水期	一般情况，可只在枯水期调查
湖泊（水库）	一般情况，为一个水文年的丰水期、平水期和枯水期；若评价时间不够，至少应调查平水期和枯水期	一般情况，应调查平水期和枯水期；若评价时间不够，可只调查枯水期	一般情况，可只在枯水期调查
海湾	一般情况，应调查评价工作期间的大潮期和小潮期	一般情况，应调查评价工作期间的大潮期和小潮期	一般情况，应调查评价工作期间的大潮期和小潮期

水文调查与水文测量　应尽量向有关的水文测量和水质监测等部门收集现有资料，当上述资料不足时，应进行一定的水文调查与水文测量，一般在枯水期进行，必要时，其他时期（丰水期、平水期、冰封期等）可进行补充调查。与水质调查同时进行的水文测量，原则上只在一个时期内进行，在能准确求得所需水文要素及环境水力学参数的前提下，尽量精简水文测量的次数和天数。河流、河网、河口、湖泊、水库、海湾水文调查与水文测量的内容应根据评价等级、调查对象的规模和特点等决定。需要预测建设项目的面源污染时，应调查历年的降雨资料，并根据预测的需要对资料进行统计分析。

现有污染源调查　在调查范围内，调查对地面水环境产生影响的主要污染源，包括点污染源（以下简称点源）和非点污染源（以下简称非点源或面源）。

点源调查以搜集现有资料为主，在必要时补充现场调查或测试。调查的繁简程度根据评价级别及其与建设项目的关系确定，调查的内容根据评价工作的需要选择，包括点源的排放位置和形式、排放数据、用排水状况、厂矿企事业单位的（废）污水处理状况。

非点源调查基本采用间接搜集资料的方法，一般不进行实测。通过搜集或实测取得污染源资料时，应注意其与受纳水域的水文、水质特点之间的关系，以便了解这些污染物在水体中的自净情况。根据评价工作的需要，选择全部或部分内容进行非点源调查，包括概况，排放方式、排放去向与处理情况，排放数据。

水质调查　应尽量使用现有数据资料，如资料不足时应实测。

现有水质资料主要向当地水质监测部门搜集。搜集的对象是有关的水质监测报表、环境质量报告书及建于附近的建设项目的环境影响报告书等技术文件中的水质资料。收集资料后，需要按照时间、地点和分析项目排列整理，找出其中各水质参数间的关系及水质变化趋势，同时结合可能找到的同步水文资料，分析查找地面水环境对各种污染物的净化能力。

在进行水质调查时，常选择常规水质参数和特征水质参数，前者反映水域水质的一般状况，后者代表建设项目排放后的水质。当受纳水域的环境保护要求较高（如自然保护区、饮用水水源地、珍贵水生生物保护区、经济鱼类养殖区等），且评价等级为一级、二级时，应考虑调查水生生物和底质，调查项目可根据具体工作要求确定。

水利用状况调查　即水域功能调查。水利用状况通常以间接调查法为主，辅以必要的实地踏勘。调查内容包括：各行业的用水情况，

各类用水的供需关系、水质要求和渔业、水产养殖业等所需的水面面积，以及排泄污水或灌溉退水水体等。

地下水环境现状调查 地下水环境现状调查工作应遵循资料搜集与现场调查相结合、项目所在场地调查（勘察）与类比考察相结合、现状监测与长期动态资料分析相结合的原则。地下水环境现状调查工作的深度应满足相应的工作级别要求。当现有资料不能满足要求时，应通过组织现场监测或环境水文地质勘察与试验等方法获取。对于一级、二级评价的改、扩建类建设项目，应开展现有工业场地的包气带污染现状调查。对于长输油品、化学品管线等线性工程，调查工作应重点针对场站、服务站等可能对地下水产生污染的地区开展。地下水环境现状调查范围应包括与建设项目相关的地下水环境保护目标，以能说明地下水环境的现状、反映调查区地下水基本流场特征、满足地下水环境影响预测和评价为基本原则。污染场地修复工程项目的地下水环境影响现状调查参照《场地环境调查技术导则》（HJ 25.1—2014）执行。建设项目（除线性工程外）地下水环境影响现状调查范围的确定可采用公式计算法、查表法和自定义法确定。当建设项目所在地水文地质条件相对简单，且所掌握的资料能够满足公式计算法的要求时，应采用公式计算法确定；当不满足公式计算法的要求时，可采用查表法确定。当计算或查表范围超出所处水文地质单元边界时，应以所处水文地质单元边界为宜。

①公式计算法：

$$L = \alpha \times K \times I \times T / n_e$$

式中，L 为下游迁移距离，m；α为变化系数，$\alpha \geqslant 1$，一般取 2；K 为渗透系数，m/d；I 为水力坡度，量纲为一；T 为质点迁移天数，取值不小于 5 000 d；n_e为有效孔隙度，量纲为一。

②查表法参照表 5。

③自定义法。可根据建设项目所在地水文地质条件自行确定，需说明理由。线性工程应以工程边界两侧向外延伸 200 m 作为调查范围；穿越饮用水源准保护区时，调查范围应至少包含水源保护区。

表 5 地下水环境现状调查范围参照表

评价等级	调查面积/km^2	备注
一级	≥20	应包括重要的地下水环境保护目标，必要时适当扩大范围
二级	6～20	
三级	≤6	

水文地质条件调查 在充分收集资料的基础上，根据建设项目特点和水文地质条件复杂程度，开展调查工作，主要内容包括：气象、水文、土壤和植被状况；地层岩性、地质构造、地貌特征与矿产资源；包气带岩性、结构、厚度、分布及垂向渗透系数等；含水层岩性、分布、结构、厚度、埋藏条件、渗透性、富水程度等；隔水层（弱透水层）的岩性、厚度、渗透性等；地下水类型、地下水补给径排条件；地下水水位、水质、水温、地下水化学类型；泉的成因类型，出露位置，形成条件及泉水流量、水质、水温，开发利用情况；集中供水水源地和水源井的分布情况（包括开采层的成井密度、水井结构、深度以及开采历史）；地下水现状监测井的深度、结构以及成井历史、使用功能；地下水环境现状值（或地下水污染对照值）。

地下水污染源调查 调查区内具有与建设项目产生或排放同种特征因子的地下水污染源。对于一级、二级的改、扩建项目，应在可能造成地下水污染的主要装置或设施附近开展包气带污染现状调查，对包气带进行分层取样，一般在 0～20 cm 埋深范围内取一个样品，其他取样深度应根据污染源特征和包气带岩性、结构特征等确定，并说明理由。样品进行浸溶试验，测试分析浸溶液成分。

地下水环境现状监测 建设项目地下水环境现状监测应通过对地下水水质、水位的监测，掌握或了解评价区地下水水质现状及地下水流场，为地下水环境现状评价提供基础资料。污染场地修复工程项目的地下水环境现状监测参照《场地环境监测技术导则》（HJ 25.2—2014）执行。

环境水文地质勘察与试验　除一级评价应进行必要的环境水文地质勘察与试验外，对环境水文地质条件复杂且资料缺少的地区，二级、三级评价也应在区域水文地质调查的基础上对场地进行必要的水文地质勘察。环境水文地质勘察可采用钻探、物探和水土化学分析以及室内外测试、试验等手段开展。

大气环境现状调查　主要内容包括污染源调查与分析、环境空气质量现状调查和气象观测资料调查。

污染源调查与分析　内容包括确定大气污染源调查与分析对象、污染源调查与分析方法、污染源调查内容。

①确定大气污染源调查与分析对象。对于一级、二级评价项目，应调查分析项目的所有污染源（对于改、扩建项目应包括新、老污染源）、评价范围内与项目排放污染物有关的其他在建项目、已批复环境影响评价文件的拟建项目等污染源。如有区域替代方案，还应调查评价范围内所有的拟替代的污染源。对于三级评价项目可只调查分析项目污染源。

②污染源调查与分析方法。对于新建项目可通过类比调查、物料衡算或设计资料确定；对于评价范围内的在建和未建项目的污染源调查，可使用已批准的环境影响报告书中的资料；对于现有项目和改、扩建项目的现状污染源调查，可利用已有有效数据或进行实测；对于分期实施的工程项目，可利用前期工程最近 5 年内的验收监测资料、年度例行监测资料或进行实测。评价范围内拟替代的污染源调查方法参考项目的污染源调查方法。

③污染源调查内容。一级评价项目污染源调查内容包括污染源排污概况调查、点源调查、面源调查、体源调查、线源调查和其他需调查的内容，涉及不同污染源的排放量、排放位置、排放高度、排放速率、排放工况、年排放小时数和扩散参数等。二级评价项目污染源调查内容参照一级评价项目执行，可适当从简。三级评价项目可只调查污染源排污概况，并对估算模式中的污染源参数进行核实。

环境空气质量现状调查　主要内容涉及环境空气质量现状调查原则、现有监测资料的分析、环境空气质量现状监测、监测采样、同步气象资料要求和监测结果统计分析。

①环境空气质量现状调查原则。现状调查资料来源有以下三种途径，可视不同评价等级对数据的要求结合进行：收集评价范围内及邻近评价范围的各例行空气质量监测点的近 3 年与项目有关的监测资料；收集近 3 年与项目有关的历史监测资料；进行现场监测。监测结果应能说明评价区内大气污染物监测浓度范围、平均值、超标率等。同时，还应进行浓度时空分布特征分析和浓度变化与污染气象条件的相关分析。凡涉及《环境空气质量标准》（GB 3095—2012）中污染物的各类监测资料的统计内容与要求，均应满足该标准中各项污染物数据统计的有效性规定。监测方法应首先选用国家环境保护主管部门发布的标准监测方法。对尚未制定环境标准的非常规大气污染物，应尽可能参考 ISO 等国际组织和国内外推荐的监测方法。监测方法的选择，应满足项目的监测目的，并注意其适用范围、检出限、有效检测范围等监测要求。

②现有监测资料的分析。对照各污染物有关的环境质量标准，分析其长期、短期质量浓度的达标情况。若监测结果出现超标，应分析其超标率、最大超标倍数以及超标原因。分析评价范围内的污染水平和变化趋势。

③环境空气质量现状监测。一是确定监测因子：凡项目排放的污染物属于常规污染物的应筛选为监测因子；凡项目排放的特征污染物有国家或地方环境质量标准的，应筛选为监测因子；对于没有相应环境质量标准的污染物，且属于毒性较大的，应按照实际情况，选取有代表性的污染物作为监测因子，同时应给出参考标准值和出处。二是确定监测频次：一级评

价项目应进行 2 期（冬季、夏季）监测；二级评价项目可取 1 期不利季节进行监测，必要时应作 2 期监测；三级评价项目必要时可作 1 期监测。每期监测时间，至少应取得有季节代表性的 7 天有效数据，采样时间应符合监测资料的统计要求。对于评价范围内没有排放同种特征污染物的项目，可减少监测天数。对于部分无法进行连续监测的特殊污染物，可监测其一次质量浓度值，监测时间须满足所用评价标准值的取值时间要求。三是监测点设置：在评价区内应根据项目的规模和性质，结合地形复杂性、污染源及环境空气保护目标的布局，综合考虑监测点设置数量。一级评价项目监测点数不应少于 10 个；二级评价项目监测点数不应少于 6 个；三级评价项目可布置 2～4 个点进行监测。监测点的布设应尽量全面、客观、真实反映评价范围内的环境空气质量。依项目评价等级和污染源布局的不同，按照规定原则进行监测布点。

④环境空气监测中的采样点、采样环境、采样高度及采样频率的要求，按相关环境监测技术规范执行。应同步收集项目位置附近有代表性的，且与各环境空气质量现状监测时间相对应的常规地面气象观测资料。最后对监测结果统计分析。

气象观测资料调查 气象观测资料的调查要求与项目的评价等级有关，还与评价范围内地形复杂程度、水平流场是否均匀一致、污染物排放是否连续稳定有关。常规气象观测资料包括常规地面气象观测资料和常规高空气象探测资料。常规地面气象观测资料的内容包括：湿球温度、露点温度、相对湿度、降水量、降水类型、海平面气压、观测站地面气压、云底高度、水平能见度等。常规高空气象探测资料的内容包括：探空数据层数、气压、高度、干球温度、露点温度、风速、风向等。

对于各级评价项目，均应调查评价范围 20 年以上的主要气候统计资料。对于一级、二级评价项目，还应调查逐日、逐次的常规气象观测资料及其他气象观测资料。常规气象观测资料分析内容包括温度、风速、风向、风频等。

对于一级评价项目，评价范围小于 50 km 的条件下，须调查地面气象观测资料，并按选取的模式要求和地形条件，补充调查必需的常规高空气象探测资料；评价范围大于 50 km 的条件下，须调查地面气象观测资料和常规高空气象探测资料。地面气象观测资料调查应满足的要求为：调查距离项目最近的地面气象观测站，近 5 年内的至少连续 3 年的常规地面气象观测资料。常规高空气象探测资料调查的要求为：调查距离项目最近的高空气象探测站，近 5 年内的至少连续 3 年的常规高空气象探测资料。如果高空气象探测站与项目的距离超过 50 km，高空气象资料可采用中尺度气象模式模拟的 50 km 内的格点气象资料。

对于二级评价项目，评价范围小于 50 km 的条件下，须调查地面气象观测资料，并按选取的模式要求和地形条件，补充调查必需的常规高空气象探测资料；评价范围大于 50 km 的条件下，须调查地面气象观测资料和常规高空气象探测资料。地面气象观测资料调查应满足的要求为：调查距离项目最近的地面气象观测站，近 3 年内的至少连续 1 年的常规地面气象观测资料。常规高空气象探测资料调查的要求为：调查距离项目最近的常规高空气象探测站，近 3 年内的至少连续 1 年的常规高空气象探测资料，如果高空气象探测站与项目的距离超过 50 km，高空气象资料可采用中尺度气象模式模拟的 50 km 内的格点气象资料。

声环境现状调查 主要内容包括影响声波传播的环境要素、声环境功能区划、敏感目标和现状声源。调查的基本方法包括收集资料法、现场调查法和现场测量法。

影响声波传播的环境要素 调查建设项目所在区域的主要气象特征，包括年平均风速和主导风向、年平均气温、年平均相对湿度等。收集评价范围内 1∶2 000～1∶50 000 地理地形图，说明评价范围内声源和敏感目

标之间的地貌特征、地形高差及影响声波传播的环境要素。

声环境功能区划　需要调查评价范围内不同区域的声环境功能区划情况，调查各声环境功能区的声环境质量现状。

敏感目标　调查评价范围内的敏感目标的名称、规模、人口分布等情况，并以图、表相结合的方式说明敏感目标与建设项目的关系（如方位、距离、高差等）。

现状声源　当建设项目所在区域的声环境功能区的声环境质量现状超过相应标准要求或噪声值相对较高时，需对区域内主要声源的名称、数量、位置及噪声级等相关情况进行调查。有厂界（或场界、边界）噪声的改、扩建项目，应说明现有建设项目厂界（或场界、边界）噪声的超标、达标情况及超标原因。

生态现状调查　是生态现状评价、影响预测的基础和依据，调查的内容和指标应能反映评价工作范围内的生态背景特征和现存的主要生态问题。生态现状调查应在收集资料的基础上开展现场工作，调查的范围应不小于评价工作的范围。一级评价应给出采样地样方实测、遥感等方法测定的生物量、物种多样性等数据，以及主要生物物种名录、受保护的野生动植物物种等调查资料；二级评价的生物量和物种多样性调查可依据已有资料推断，或实测一定数量的、具有代表性的样方予以验证；三级评价可充分借鉴已有资料进行说明。生态现状调查的主要内容包括生态背景调查和主要生态问题调查。

生态背景调查　根据生态影响的空间和时间尺度特点，调查影响区域内涉及的生态系统类型、结构、功能和过程，以及相关的非生物因子特征，重点调查受保护的珍稀濒危物种、关键种、土著种、建群种和特有种，天然的重要经济物种等。涉及国家级和省级保护物种、珍稀濒危物种和地方特有物种时，应逐个或逐类说明其类型、分布、保护级别、保护状况等；涉及特殊生态敏感区和重要生态敏感区时，应逐个说明其类型、等级、分布、保护对象、功能区划、保护要求等。

主要生态问题调查　调查影响区域内已经存在的制约本区域可持续发展的主要生态问题，如水土流失、沙漠化、石漠化、盐渍化、自然灾害、生物入侵和污染危害等，指出其类型、成因、空间分布、发生特点等。

（楚春礼）

huanjing xianzhuang pingjia

环境现状评价　（assessment of environmental state）　依据环境质量标准和有关法规、当地的环保要求以及确定的评价等级，对环境现状进行分析、预测和评估，以确定评价区域存在的主要污染源和污染物，为明确评价区域存在的主要问题、确定环境影响评价因子提供依据的过程。环境现状评价是环境现状调查的继续，主要采用文字分析与描述，并辅之以数学模型。根据不同的评价对象，环境现状评价可以分为环境空气质量现状评价、地表水环境现状评价、地下水环境现状评价、声环境现状评价和生态现状评价。

环境空气质量现状评价　主要内容包括：在环境空气质量现状调查的基础上，对照各污染物有关的环境质量标准，分析其长期质量浓度（年平均质量浓度、季平均质量浓度、月平均质量浓度）、短期质量浓度（日平均质量浓度、小时平均质量浓度）的达标情况；若监测结果出现超标，应分析其超标率、最大超标倍数以及超标原因；分析评价范围内的污染水平和变化趋势。

地面水环境现状评价　具体内容参见地面水环境影响评价。

地下水环境现状评价　具体内容参见地下水环境影响评价。

声环境现状评价　具体内容参见声环境影响评价。

生态现状评价　具体内容参见生态影响评价。

（楚春礼）

huanjing xinfang zhidu

环境信访制度 （the system of environmental letters and visits） 公民、法人或者其他组织采用书信、电子邮件、传真、电话、走访等形式，向各级环境保护行政主管部门反映环境保护情况，提出建议、意见或者投诉请求，依法由环境保护行政主管部门处理的制度。

概括来说，环境信访制度是指各级环境保护行政主管部门作为法律所规定的专职处理环境信访事项的工作机构，应当按照法律所规定的“属地管理、分级负责，谁主管、谁负责”的原则，及时处理人民群众的来信来访来电行为的一项基本制度。一般意义上的环境信访制度还包括环境信访事项提出和受理范围、环境信访工作分级负责规定、环境信访事项的办理和督办程序、环境信访工作机构设置等内容。广义上的环境信访制度还应包括一些配套制度，如来访登记办理制度、基层信访信息员例会制度、信访信息报送制度等。

环境信访制度是环境信访运行活动中规则原则的总称。根据2006年颁布的《环境信访办法》的规定，环境信访活动的主体为各级环境保护行政主管部门，省级以上环境保护行政主管部门应当按照规定设立独立的环境信访工作机构。为确保环境信访制度的有效运行，《环境信访办法》规定环境信访工作机构应建立健全环境信访工作责任制，并提高相关工作人员的办事效率。同时，还规定了环境信访人员在环境信访活动中的相关权利，如检举揭发环境侵权、环境违法事项，对环境保护工作提出意见、建议和要求，对环境信访工作机构及其工作人员提出批评和建议等。

环境信访制度具有下情上传、纠纷解决、缓和社会冲突等优势，一方面向公众提供了一种在法律体制之外解决环境纠纷的渠道，另一方面又为行政机关干预司法活动提供了制度化和合理化的正当途径。

（韩竞一）

huanjing xuanchuan

环境宣传 （environmental publicity） 一种专门为了服务特定环境议题的讯息表现手法，是运用各种形式传播环境观念以影响人们的思想和行动的社会行为。

环境宣传具有激励、劝服、引导、批判等多种功能，主要任务是广泛传播环境保护知识，策划和组织各种环境保护宣传活动，鼓励和支持公众参与环境保护工作，提高全民环境意识等。

环境宣传的主要内容包括：①新闻宣传和舆论监督。一方面，在电视、广播、报刊等新闻媒介上对环境保护进行宣传；另一方面，通过一些大型活动发挥新闻舆论的监督作用，从而促进公众环境意识的提高，鼓励和支持公众积极参与环境保护活动。②环境纪念日。在环境纪念日开展各种形式的宣传活动，如群众性的环保征文比赛、知识竞赛、志愿者行动及各种环保专题研讨会、咨询活动等。③社会性表彰评比活动。通过对在环境保护工作中表现优秀的组织和个人进行表彰，营造全社会保护环境的良好氛围，发挥示范引领作用，可以推动公众参与环境保护工作，提高公众关注环境保护的积极性，建立环境保护的群众基础。

环境宣传常见的途径包括新闻报道、政府公报、书籍、传单、电影、广播、电视、网络、海报及漫画。而在电视、广播上，环境宣传还可以存在于新闻、时事节目、脱口秀、广告、公共服务或工商报道中。 （贺桂珍）

huanjing yingxiang baogaobiao

环境影响报告表 （environmental impact assessment sheet） 我国根据建设项目环境影响程度，对建设项目环境影响评价实行分类管理的文件之一。根据《建设项目环境保护管理条例》的规定，建设项目对环境可能造成轻度影响的，应当编制环境影响报告表，对建设项目产生的污染和环境影响进行分析或者专项评价。

具体内容 见下表。

建设项目环境影响报告表

<table>
<tr><td colspan="15">建设项目基本情况</td></tr>
<tr><td colspan="2">项目名称</td><td colspan="13"></td></tr>
<tr><td colspan="2">建设单位</td><td colspan="13"></td></tr>
<tr><td colspan="2">法定负责人</td><td colspan="4"></td><td colspan="5">联系人</td><td colspan="4"></td></tr>
<tr><td colspan="2">通信地址</td><td colspan="13"></td></tr>
<tr><td colspan="2">联系电话</td><td colspan="2"></td><td colspan="3">传真</td><td colspan="3"></td><td colspan="3">邮政编码</td><td colspan="2"></td></tr>
<tr><td colspan="2">建设地点</td><td colspan="13"></td></tr>
<tr><td colspan="2">立项审批部门</td><td colspan="5"></td><td colspan="5">批准文号</td><td colspan="3"></td></tr>
<tr><td colspan="2">建设性质</td><td colspan="5">新建　改扩建　技改</td><td colspan="5">行业类别及代码</td><td colspan="3"></td></tr>
<tr><td colspan="2">占地面积/平方米</td><td colspan="3"></td><td colspan="7">绿化面积/平方米</td><td colspan="3"></td></tr>
<tr><td>总投资/万元</td><td colspan="2"></td><td colspan="5">其中：环保投资/万元</td><td></td><td colspan="5">环保投资占总投资比例</td><td></td></tr>
<tr><td colspan="2">评价经费/万元</td><td colspan="3"></td><td colspan="7">预投产日期</td><td colspan="3">年　月</td></tr>
<tr><td colspan="15">工程内容及规模
1. 项目背景及企业概况
2. 编制依据
3. 技改项目概况
（1）项目名称、建设性质及建设单位
①项目名称：
②建设性质：按照国务院《建设项目环境保护管理条例》有关规定，本项目为 ×××项目。
③建设单位：
（2）建设地点及四周情况
（3）工程总投资
（4）劳动定员及工作制度
（5）技改项目产品方案及建设规模
（6）技术改造主要内容
（7）总平面布置
（8）主要原、辅材料消耗及物料平衡
（9）主要生产设备
4. 公用工程设施
（1）供水、排水
（2）供电
（3）供热、供汽</td></tr>
<tr><td colspan="15">与本项目有关的原有污染情况及主要环境问题
1. 现有工程概况及工艺流程
（1）现有工程生产规模
（2）生产设备
（3）主要生产工艺及污染物产生点位
（4）现有工程原辅材料消耗
2. 原有公用工程状况
（1）供电状况
（2）供热状况
（3）供用水状况
（4）能耗状况</td></tr>
</table>

续表

3．原有工程污染物排放分析
（1）现有工程污染源识别与筛选
（2）污染物排放分析
①废气及废气污染物排放
②废水及废水污染物排放
③噪声排放
④固体废弃物排放
4．主要存在的环境问题

建设项目所在地自然环境、社会环境简况
1．自然环境简况（地形、地貌、地质、气候、气象、水文、植被、生物多样性等）
2．社会环境简况（社会经济结构、教育、文化、文物保护等）

环境质量状况
1．建设项目所在地区环境质量现状及主要环境问题（大气、地表水、地下水、声环境、生态环境等）
2．主要环境保护目标（列出名单及保护级别）

评价适用标准
1．环境质量标准
2．污染物排放标准
3．总量控制指标

建设项目工程分析
1．工艺流程简述（图示）
2．主要污染工序

项目主要污染物产生及预计排放情况

类型 内容	排放源	污染物名称	处理前产生浓度及 产生量	排放浓度及 排放量
大气污染物				
水污染物				
固体废物				
噪声				

主要生态影响

环境影响分析
1．施工期环境影响简要分析
2．营运期环境影响分析

建设项目拟采取的防治措施及预期治理效果

类型 内容	排放源（编号）	污染物名称	防治措施	预期治理效果（去除率）
大气污染物				
水污染物				
固体废物				
噪声				

生态保护措施及预期效果

结论与建议
1．结论
2．建议

编制说明 项目名称需要与项目立项批复时的名称一致，且不能超过30个字；建设地点指项目所在地详细地址，公路、铁路应填写起止地点；根据国家标准填写行业类别；总投资为项目投资总额；主要环境保护目标是指项目区周围一定范围内集中居民住宅、学校、医院、保护文物、风景名胜区、水源地和生态敏感点等，应尽可能给出保护目标、性质、规模和距厂界距离等；在结论与建议部分，应给出项目清洁生产、达标排放和总量控制的分析结论，确定污染防治措施的有效性，说明项目对环境造成的影响，给出建设项目环境可行性的明确结论，同时提出减少环境影响的其他建议；申报前应由行业主管部门进行预审，填写答复意见，无主管部门项目，可不填。

环境影响报告表的管理 建设项目环境影响报告表由具有从事环境影响评价工作资质的单位编制，由建设单位报有审批权的环境保护行政主管部门审批。建设项目有行业主管部门的，其环境影响报告表应当经行业主管部门预审后，报有审批权的环境保护行政主管部门审批。海岸工程建设项目环境影响报告表，经海洋行政主管部门审核并签署意见后，报环境保护行政主管部门审批，要求附环境影响评价资质证书及评价人员情况。建设单位应当在建设项目可行性研究阶段报批建设项目环境影响报告表；但是，铁路、交通等建设项目，经有审批权的环境保护行政主管部门同意，可以在初步设计完成前报批环境影响报告表。不需要进行可行性研究的建设项目，建设单位应当在建设项目开工前报批环境影响报告表，其中，需要办理营业执照的建设单位应当在办理营业执照前报批环境影响报告表。

环境保护行政主管部门应当自收到建设项目环境影响报告表之日起 30 日内做出审批决定，并书面通知建设单位。国务院环境保护行政主管部门负责审批下列建设项目环境影响报告表：核设施、绝密工程等特殊性质的建设项目；跨省（自治区、直辖市）行政区域的建设项目；国务院审批的或者国务院授权有关部门审批的建设项目。除此以外的建设项目环境影响报告表的审批权限，由省（自治区、直辖市）人民政府规定。建设项目造成跨行政区域环境影响，有关环境保护行政主管部门对环境影响评价结论有争议的，其环境影响报告表由共同上一级环境保护行政主管部门审批。建设项目环境影响报告表经批准后，建设项目的性质、规模、地点或者采用的生产工艺发生重大变化的，建设单位应当重新报批建设项目环境影响报告表。建设项目环境影响报告表自批准之日起满 5 年，建设项目方开工建设的，其环境影响报告表应当报原审批机关重新审核，原审批机关应当自收到建设项目环境影响报告表之日起10日内，将审核意见书面通知建设单位，逾期未通知的，视为审核同意。 （楚春礼）

huanjing yingxiang baogaoshu

环境影响报告书 （environmental impact assessment report） 我国根据建设项目环境影响程度，对建设项目环境影响评价实行分类管理的文件之一。根据《中华人民共和国环境影响评价法》的相关规定，国务院有关部门、设区的市级以上地方人民政府及其有关部门，对其组织编制的工业、农业、畜牧业、林业、能源、水利、交通、城市建设、旅游、自然资源开发的有关专项规划（以下简称专项规划），应当在该专项规划草案上报审批前，组织进行环境影响评价，并向审批该专项规划的机关提出环境影响报告书。设区的市级以上人民政府在审批专项规划草案、做出决策前，应当先由人民政府指定的环境保护行政主管部门或者其他部门召集有关部门代表和专家组成审查小组，对环境影响报告书进行审查，并应将环境影响报告书结论以及审查意见作为决策的重要依据。

建设项目的环境影响报告书 包括下列内容。

前言 简要说明建设项目的特点、环境影响评价的工作过程、关注的主要环境问题及环境影响报告书的主要结论。

总则 对建设项目环境影响报告书的编制依据、项目概况、环境影响因素及评价因子识别、评价原则、评价重点、评价标准、评价时段、评价工作等级、评价范围与环境敏感区、资料引用等进行说明。其中，编制依据应包括建设项目应执行的相关法律法规、相关政策及规划、相关导则及技术规范、有关技术文件和工作文件，以及环境影响报告书编制中引用的资料等。

项目概况 ①项目背景：项目已有的与环保有关的手续；拟建项目所属规划情况，主要是指十大产业振兴规划或其他国家规划；流域或矿区概况（主要是水利水电、采掘行业）；相关规划环评情况；拟建项目所处位置及作用。②现有项目情况及“以新带老”环保措施：针对改扩建项目，应首先介绍现有工程的基本情况及存在的主要环保问题，其中包括现有工程的规模、主要环保设施、排污去向、投产时间和验收情况、拟建项目依托的环保设施及“以新带老”环保措施等。③拟建项目概况：介绍建设单位、建设地点、项目与主要关心点（如城市、自然保护区）的位置关系及距离等；项目建设规模、主体工程、辅助工程、公用工程、贮运设施、用水来源、土地性质等；针对改扩建项目，说明其与现有工程的相对位置关系和工程依托关系；工程总投资、环保投资及环保投资占总投资的百分比。

环境质量现状 从环境影响受体的角度，明确项目选址所在区域环境质量现状（环境空气质量、地表水或海域环境质量、地下水环境质量、土壤环境质量、声环境质量及生态环境质量等），说明执行的标准及级别，针对项目所在区域的水文、地质、气候等特点，提出所在区域存在的与工程相关的环境问题，按环境要素给出环境保护目标。

环境保护措施及主要环境影响 污染影响型项目主要是污染防治措施，按环境要素概括项目拟采取的污染防治措施（包括工艺、去除效率以及达标情况），逐项明确所采取的措施是否能做到长期稳定运行并满足相应标准要求；改扩建项目还包括“以新带老”措施；生态影响型项目主要是生态影响减缓措施。预测工程采取措施后对环境的主要影响，明确项目对环境保护目标的影响结论。

评估结论 ①产业政策和规划符合性：根据国家有效文件判定项目建设是否符合产业政策，根据地方有效规划文件判定项目建设是否符合当地的总体发展规划、环境保护规划和环境功能区划。②清洁生产：在能耗、物耗、水耗、单位产品的污染物产生及排放量等方面与国内外同类型先进生产工艺比较，给出项目的清洁生产水平。③总量控制：给出拟建项目主要污染物控制指标的总量以及相关说明。④环境风险：给出项目的主要环境风险、拟采取的防范措施、风险后果及可接受程度。⑤公众参与：明确公众参与采取的方式和结果，若有反对意见应说明反对的原因和解决的情况。⑥总结论：对环境影响评价文件的编制质量和项目的环境可行性给出明确结论，若不可行，指出环境影响评价文件存在的主要问题或项目存在的制约因素。

审批建议 对于环境可行的项目有此内容，主要按环境要素提出项目审批建议，从技术角度给出该项目在初步设计、工程建设、竣工验收以及运行管理中应注意的问题。

涉及水土保持的建设项目，还必须有经水行政主管部门审查同意的水土保持方案。跨行业建设项目的环境影响评价，或评价内容较多时，其环境影响报告书中各专项评价根据需要可繁可简，必要时，其重点专项评价应另编专项评价分报告，特殊技术问题另编专题技术报告。

开发区区域环境影响评价的环境影响报告书 基本内容包括：

总论 主要内容包括：开发区立项背景；环境影响评价工作依据（列出现行的环保法规、政策、开发区规划文本等）；环境保护目标与保护重点（包括所在区域的环境保护目标、环境保护重点），并在地图上标出可能涉及的环境敏感区域和敏感目标；环境影响评价因子与评价重点；环境影响评价范围；区域环境功能区划和环境标准（附区域环境功能区划图）。

开发区规划和开发现状 ①开发区总体规划概述：包括开发区性质，开发区不同规划发展阶段的目标和指标，如开发区规划的人口规模、用地规模、产值规模、规划发展目标和优先目标以及各项社会经济发展指标。②开发区总体规划方案及专项建设规划方案概述：说明开发区内的功能分区，各分区的地理位置、分区边界、主要功能及各分区间的联系，附总体规划图、土地利用规划图等专项规划图。③开发区环境保护规划（简述开发区环境保护目标、功能分区、主要环保措施），附环境功能区划图。④优先发展项目清单和主要污染物特征。⑤在规划文本中已研究的主要环境保护措施和/或替代方案。

对于已有实质性开发建设活动的开发区，应增加有关开发现状回顾。例如，区内现有产业结构、重点项目、能源、水资源及其他主要物料消耗、弹性系数等变化情况及主要污染物排放状况；环境基础设施建设情况；区内环境质量变化情况及主要环境问题。

区域环境状况调查和评价 ①区域环境概况：简述开发区的地理位置、自然环境概况、社会经济发展概况等主要特征；说明区域内重要自然资源及开采状况、环境敏感区和各类保护区及保护现状、历史文化遗产及保护现状。②区域环境现状调查和评价基本内容：空气环境质量现状，如二氧化硫和氮氧化物等污染物排放和控制现状；地表水（河流、湖泊、水库）和地下水环境质量现状（包括河口、近海水域水环境质量现状）、废水处理基础设施、水量供需平衡状况、生活和工业用水现状、地下水开采现状等；土地利用类型和分布情况，各类土地面积及土壤环境质量现状；区域声环境现状、受超标噪声影响的人口比例以及超标噪声区的分布情况；固体废物的产生量，废物处理处置以及回收和综合利用现状；环境敏感区分布和保护现状。③区域社会经济：概述开发区所在区域社会经济发展现状、近期社会经济发展规划和远期发展目标。④环境保护目标与主要环境问题：概述区域环境保护规划和主要环境保护目标与指标，分析区域存在的主要环境问题，并以表格形式列出可能对区域发展目标、开发区规划目标形成制约的关键环境因素或条件。

规划方案分析 将开发区规划方案放在区域发展的层次上进行合理性分析，突出开发区总体发展目标、布局和环境功能区划的合理性。①开发区总体布局及区内功能分区的合理性分析：分析开发区规划确定的区内各功能组团（如工业区、商住区、绿化景观区、物流仓储区、文教区、行政中心等）的性质及其与相邻功能组团的边界和联系；根据开发区选址合理性分析确定的基本要素，分析开发区内各功能组团的发展目标和各组团间的优势与限制因子，分析各组团间的功能配合以及现有的基础设施及周边组团设施对该组团功能的支持。可采用列表的方式说明开发区规划发展目标和各功能组团间的相容性。②开发区规划与所在区域发展规划的协调性分析：将开发区所在区域的总体规划、布局规划、环境功能区划与开发区规划作详细对比，分析开发区规划是否与所在区域的总体规划具有相容性。③开发区土地利用的生态适宜度分析：生态适宜度评价采用三级指标体系，选择对所确定的土地利用目标影响最大的一组因素作为生态适宜度的评价指标；根据不同指标对同一土地利用方式的影响作用大小，进行指标加权；进行单项指标（三级指标）分级评分，单项指标评分可分为四级，即很适宜、适宜、基本适宜、不适宜；在各单项指标评分的基础上，进行各种土地利用方式的综合评价。④环境功能区划的合理性分析：对比开发区规划和开发区所在区域总体规划中对开发区内各分区或地块的环境功能要求，分析开发区环境功能区划和开发区所在区域总体环境功能区划的异同点，根据分析结果，对开发区规划中不合理的环境功能分区提出改进建议。

开发区污染源分析 根据规划的发展目标、规模、规划阶段、产业结构、行业构成等，分析预测开发区污染物来源、种类和数量，特别注意考虑入区项目类型与布局存在较大不确定性、阶段性的特点。根据开发区不同发展阶段，分析确定近、中、远期区域主要污染源，鉴于规划实施的时间跨度较长并存在一定的不确定性因素，污染源分析预测以近期为主。区域污染源分析的主要因子为：国家和地方政府规定的重点控制污染物；开发区规划中确定的主导行业或重点行业的特征污染物；当地环境介质最为敏感的污染因子。

环境影响分析与评价 基本内容包括：

大气环境影响分析与评价 主要内容：开发区能源结构及其环境大气影响分析；集中供热（汽）厂的位置、规模、污染物排放情况及其对环境质量的影响预测与分析；工艺尾气排放方式、污染物种类、排放量、控制措施及其环境影响分析；区内污染物排放对区内、外环境敏感地区的环境影响分析；区外主要污染源对区内环境空气质量的影响分析。

地表水环境影响分析与评价 主要内容：开发区水资源利用、污水收集与集中处理、尾水回用以及尾水排放对受纳水体的影响。

地下水环境影响分析与评价 主要内容：根据当地水文地质调查资料，识别地下水的径流、补给、排泄条件以及地下水和地表水之间的水力连通，评价包气带的防护特性；根据相关法律法规，核查开发规划内容是否符合有关规定，分析建设活动影响地下水水质的途径，提出限制性（防护）措施。

固体废物处理方式及其影响分析 主要内容：预测可能产生的固体废物的类型，确定相应的分类处理方式并分析环境影响。

噪声影响分析与评价 主要内容：根据开发区规划布局方案，按有关声环境功能区划分原则和方法，拟定开发区声环境功能区划方案；对于开发区规划布局可能影响区域噪声功能达标的，应考虑调整规划布局、设置噪声隔离带等措施。

环境容量与污染物总量控制 按照区域环境质量目标确定污染物总量控制的原则要求，提出污染物总量控制方案。在提出污染物总量控制方案的内容要求时，应考虑到集中供热、污水集中处理排放、固体废物分类处置的原则要求。列出大气环境容量与污染物总量控制、水环境容量与废水排放总量控制以及固体废物管理与处置的主要内容。

生态环境保护与生态建设 调查生态环境现状和历史演变过程、生态保护区或生态敏感区的情况，包括生物量及生物多样性，特殊生境及特有物种，自然保护区、湿地，自然生态退化状况等。分析评价开发区规划实施对生态环境的影响，主要包括生物多样性、生态环境功能及生态景观影响；分析土地利用类型改变对自然植被、特殊生境及特有物种栖息地、自然保护区、水域生态与湿地、开阔地、园林绿化等的影响；分析由于自然资源、旅游资源、水资源及其他资源开发利用变化而导致的对自然生态和景观的影响；分析评价区域内各种污染物排放量的增加、污染源空间结构等变化对自然生态与景观方面产生的影响。着重阐明区域开发造成的对生态结构与功能的影响、影响性质与程度、生态功能补偿的可能性与预期的可恢复程度、对保护目标的影响程度及保护的可行途径等。对于可能产生的显著不利影响，从保护、恢复、补偿、建设等方面提出和论证实施生态环境保护措施的基本框架。

公众参与 公众参与的对象主要是可能受到开发区建设影响、关注开发区建设的群体和个人，应向其告知开发区规划、开发活动涉及的环境问题、环境影响评价初步分析结论、拟采取的减少环境影响的措施及效果等公众关心的问题。公众参与可采用媒体公布、社会调查、问卷、听证会、专家咨询等方式。在报告书中应包括公众参与的目的和意义，公众调查方法与原则，公众参与调查的内容、范围和对象，调查的结果，公众意见与建议的落实情况，网上公示的具体情况，以及公众参与结论。

开发区规划的综合论证与环境保护措施 根据环境容量和环境影响评价结果，结合地区的环境状况，从开发区的选址、发展规模、产业结构、行业构成、布局、功能区划、开发速度和强度以及环保基础设施建设等方面对开发区规划的环境可行性进行综合论证。对所识别、预测的主要不利环境影响，逐项列出环境保护对策和影响减缓措施。环境保护对策包括对开发区规划目标、规划布局、总体发展规模、产业结构以及环保基础设施建设的调整方案。主要环境影响减缓措施涉及大气环境影响减缓措施、水环境影响减缓措施、典型工业行业替代方案与减缓措施、固体废物影响的减缓措施，对于可能导致对生态环境功能有显著影响的开发区规划，根据生态影响特征制定可行的生态建设方案；提出限制入区的工业项目类型清单。

环境管理与环境监测计划 提出开发区环境管理与能力建设方案，包括建立开发区动态环境管理系统的计划安排；拟订开发区环境质量监测计划，包括环境空气、地表水、地下水、区域噪声的监测项目、监测布点、监测频率、质量保证、数据报表；提出对开发区不同规划阶段的跟踪环境影响评价与监测的安排，包括对不同阶段进行环境影响评估（阶段验收）的主要内容和要求；提出简化入区建设项目环境影响评价的建议。

规划环境影响报告书 应包括以下主要内容。

总则 概述任务由来，说明与规划编制全过程互动的有关情况及其所起的作用。明确评价依据，评价目的与原则，评价范围，评价重点；附图、列表说明主体功能区规划、生态功能区划、环境功能区划及其执行的环境标准对评价区域的具体要求，说明评价区域内的主要环境保护目标和环境敏感区的分布情况及其保护要求等。

规划分析 概述规划编制的背景，明确规划的层级和属性，解析并说明规划的发展目标、定位、规模、布局、结构、时序，以及规划包含的具体建设项目的建设计划等规划内容；进行规划与政策法规、上层位规划在资源保护与利用、环境保护、生态建设要求等方面的符合性分析，与同层位规划在环境目标、资源利用、环境容量与承载力等方面的协调性分析，给出分析结论，重点明确规划之间的冲突与矛盾；进行规划的不确定性分析，给出规划环境影响预测的不同情景。

环境现状调查与评价 概述环境现状调查情况。阐明评价区自然地理状况、社会经济概况、资源赋存与利用状况、环境质量和生态状况等，评价区域资源利用和保护中存在的问题，分析规划布局与主体功能区规划、生态功能区划、环境功能区划和环境敏感区、重点生态功能区之间的关系，评价区域环境质量状况，分析区域生态系统的组成、结构与功能状况、变化趋势和存在的主要问题，评价区域环境风险防范和人群健康状况，分析评价区主要行业经济和污染贡献率。对已开发区域进行环境影响回顾性评价，明确现有开发状况与区域主要环境问题间的关系。明确提出规划实施的资源与环境制约因素。

环境影响识别与评价指标体系构建 识别规划实施可能影响的资源与环境要素及其范围和程度，建立规划要素与资源、环境要素之间的动态响应关系。论述评价区域环境质量、生态保护和其他与环境保护相关的目标和要求，确定不同规划时段的环境目标，建立评价指标体系，给出具体的评价指标值。

环境影响预测与评价 说明资源、环境影响预测的方法，包括预测模式和参数选取等。估算不同发展情景对关键性资源的需求量和污染物的排放量，给出生态影响范围和持续时间，主要生态因子的变化量。预测与评价不同发展情景下区域环境质量能否满足相应功能区的要求，对区域生态系统完整性所造成的影响，对主要环境敏感区和重点生态功能区等环境保护目标的影响性质与程度。根据不同类型规划及其环境影响特点，开展人群健康影响状况评价、事故性环境风险和生态风险分析、清洁生产水平和循环经济分析。预测和分析规划实施与其他相关规划在时间和空间上的累积环境影响。评价区域资源与环境承载能力对规划实施的支撑状况。

规划方案综合论证和优化调整建议 综合各种资源与环境要素的影响预测和分析、评价结果，分别论述规划的目标、规模、布局、结构等规划要素的环境合理性，以及环境目标的可达性和规划对区域可持续发展的影响。明确规划方案的优化调整建议，并给出评价推荐的规划方案。

环境影响减缓措施 详细给出针对不良环境影响的预防、最小化及对造成的影响进行全面修复补救的对策和措施，论述对策和措施的实施效果。如规划方案中包含有具体的建设项目，还应给出重大建设项目环境影响评价的重点内容和基本要求（包括简化建议）、环境准入条件和管理要求等。

环境影响跟踪评价 详细说明拟定的跟踪评价方案，论述跟踪评价的具体内容和要求。

公众参与 说明公众参与的方式、内容及公众参与意见和建议的处理情况，重点说明不采纳的理由。

评价结论 归纳总结评价工作成果，明确规划方案的合理性和可行性。附必要的表征规划发展目标、规模、布局、结构、建设时序以及表征规划涉及的资源与环境的图、表和文件，给出环境现状调查范围、监测点位分布等图件。

（楚春礼）

huanjing yingxiang chuping

环境影响初评 （preliminary environmental impact assessment） 又称环境影响初步分析。指对规划和建设项目建成后可能造成的环境影响进行初步分析和预测的过程。环境影响初评是环境影响评价过程中的一个十分重要的步骤。许多国家包括一些发展中国家和某些国际贷款组织将其规定为环境影响评价的一个必要程序。我国对环境影响初评虽然没有具体的规定，但在环境影响评价过程中已有了类似的阶段。环境影响初评与建设项目的可行性研究并列为建设项目实施程序的第一阶段，为建设项目决策提供科学依据。

环境影响初评的基本要求是：利用现有的环境背景资料和常用的评价技术原则及模式，根据可行性研究提出的方案，半定量地预测工程项目建成投产后对建设地区环境质量的影响并进行评价分析，为合理确定建设规模、工厂厂址、厂区总图布置及主要污染控制措施等提供依据。其内容一般涵盖以下部分：自然环境和社会环境概况，包括地理、气候、环境质量现状等；工程项目概况，包括建设规模、生产工艺流程、主要污染控制措施及污染物的排放；环境质量影响预测，包括模式计算、污染浓度分布等；预测评价结论和建议。

环境影响初评大致可分为三个阶段：环境因子筛选阶段、环境影响初步分析阶段和环境影响初评报告书编制阶段。 （贺桂珍）

huanjing yingxiang houpingjia

环境影响后评价 （post-assessment of environmental impacts） 对正在进行建设或已经投入生产或使用的建设项目，在建设过程中或投产运行后，由于建设方案的变化或运行、生产方案的变化，导致实际情况与环境影响评价情况不符，针对其变化所进行的补充评价。

根据《中华人民共和国环境影响评价法》第二十七条规定，在项目建设、运行过程中产生不符合经审批的环境影响评价文件的情形的，建设单位应当组织环境影响的后评价，采取改进措施，并报原环境影响评价文件审批部门和建设项目审批部门备案；原环境影响评价文件审批部门也可以责成建设单位进行环境影响的后评价，采取改进措施。

开展环境影响后评价主要包括以下几种情况：①在建设、运行过程中产品方案、主要工艺、主要原材料或污染处理设施和生态保护措施发生重大变化，致使污染物种类、污染物的排放强度或生态影响与环境影响评价预测情况相比有较大变化。②在建设、运行过程中，建设项目的选址、选线发生较大变化，或运行方式发生较大变化，可能对新的环境敏感目标产生影响，或可能产生新的重要生态影响。③在建设、运行过程中，当地人民政府对项目所涉及区域的环境功能做出重大调整，要求建设单位进行后评价。④跨行政区域、存在争议或存在重大环境风险。

通过开展环境影响后评价，一方面可以对环境影响评价的结论、环境保护对策措施的有效性进行验证，另一方面可以对项目建设中或运行后发现或产生的新问题进行分析，提出补救方案或措施。（楚春礼）

huanjing yingxiang jishu pinggu

环境影响技术评估（technical review of environmental impact assessment） 根据国家及地方环境保护法律、法规、部门规章以及相关标准、技术规范的规定和要求，环境影响技术评估机构综合分析建设项目实施后可能造成的环境影响，对建设项目实施的环境可行性及环境影响评价文件进行客观、公开、公正的技术评估，为环境保护行政主管部门决策提供科学依据。

评估原则 主要包括以下六个原则。

为科学决策服务的原则 环境影响技术评估在环境保护行政主管部门审批环境影响评价文件之前进行，属于技术支撑行为。在评估依据、内容、方法、时限等方面必须体现为环境管理科学决策服务的原则。

客观公正原则 环境影响技术评估结论必须实事求是，客观、公正。

与环境影响评价采用相同依据的原则 环境影响技术评估与环境影响评价采用相同的依据，即国家或地方现行的环保法律、法规、部门规章、技术规范和标准等。

突出重点原则 环境影响技术评估应根据建设项目特点和所在区域环境特征，针对工程可能存在的环境影响，从影响因子、影响方式、影响范围、影响程度、环境保护措施等方面进行重点评估，明确重大环境问题的评估结论。

广泛参与原则 环境影响技术评估既要广泛听取公众意见，又要综合考虑相关学科和行业的专家、环境影响评价单位及有关单位的意见，以及当地环境保护行政主管部门的意见。

技术指导性原则 环境影响技术评估应对建设项目环境保护对策措施和环境保护设计工作提供技术指导。涉及新技术的建设项目，应指出新技术的推广导向。

建设项目环境影响技术评估 主要包括以下八个方面。

与法律法规和政策的符合性 从项目规模、产品方案、工艺路线、技术设备等方面，评估建设项目与相关法律法规和国家行业准入条件等有关政策的符合性。

与相关规划的相符性 评估建设项目选址（或选线）与现行国家、地方有关规划，以及相关的城乡规划、区域规划、流域规划、环境保护规划、环境功能区划、生态功能区划、生物多样性保护规划、各类保护区规划及土地利用规划等的相符性。

清洁生产水平与循环经济 从能耗、物耗、水耗、污染物产生及排放等方面，与国家颁布的清洁生产标准或国内外同类产品先进水平相比较，对建设项目的原料、工艺、技术装备、生产过程、管理及产品的清洁生产水平进行综合评估；从企业、区域或行业等不同层次，评估建设项目在资源利用、污染物排放和废物处置等方面与循环经济要求的符合性。

环境保护措施与达标排放 评估建设项目实施各阶段所采取的环境保护措施的可靠性和合理性，包括污染防治措施、生态恢复措施、生态补偿与保护措施、环境管理措施、环境监测监控计划（或方案）、施工期环境监理计划以及“以新带老”、区域污染物削减等。要求所采取的环境保护措施技术经济可行，设备先进可靠，符合行业污染防治技术政策和清洁生产要求，确保污染物稳定达标排放，二次污染防治措施与主体工程同步实施。

环境风险 评估项目建设存在的环境风险制约因素，从环境敏感性角度评估风险的可接受性。评估环境风险防范措施和污染事故处理应急方案的合理性和可靠性。

环境影响预测 评估建设项目实施后的环境影响程度与范围的可接受性（参见环境影响预测）。

污染物排放总量控制 评估建设项目污染

物排放总量与国家总体环境目标的一致性，与地方政府污染物排放总量控制要求的符合性，采取的相应污染物排放总量控制措施的可行性。

公众参与 评估公众，尤其是直接受到工程环境影响的公众对项目建设的意见；分析建设单位对有关单位、专家和公众意见采纳或者未采纳的说明的合理性。

环境影响评价文件技术评估 主要包括以下三个方面。

评价文件内容的评估 根据环境质量标准、环境影响评价技术导则等的相关要求和建设项目特点和所在地区环境的特点，评估评价文件环境现状调查的客观性、准确性和评价文件所采用的预测方法（模式）及选用的参数、边界条件的科学性、有效性。按照污染物总量控制、环境质量达标、污染物排放达标、清洁生产、循环经济、节能减排、资源综合利用、生态保护的要求和先进、稳定可靠、可达、经济合理的原则，对评价文件提出的环境保护措施进行可行性评估。

基础数据的评估 根据环境质量标准、环境影响评价技术导则等的相关要求，对环境影响评价文件所使用的工程数据与环境数据的来源、时效性和可靠性进行评估。

评价文件规范性的评估 评估环境影响评价文件编制的规范性，主要判断该评价文件与环境影响评价技术导则所规定的原则、方法、内容及要求的相符性。核查评价文件中的术语、格式（包括计量单位）、图件、表格等的规范性，图件比例尺应与工程图件匹配，信息应满足环境质量现状评价和环境影响预测的要求。

评估方法 主要采用现场调查、专家咨询、资料对比分析、专题调查与研究、模拟验算等方法。

评估报告的编制 技术评估报告应实事求是，突出工程特点和区域环境特点，体现科学、客观、公正、准确的原则。技术评估报告编制内容可根据项目和环境的特点、环境保护行政主管部门的要求进行适当删减。要求文字通畅简洁，项目概况和关键问题交代清楚，评估所提要求依据充分、客观可行，评估结论明确、可信。

（张磊）

huanjing yingxiang jingji sunyi fenxi

环境影响经济损益分析 （economic cost-benefit analysis of environmental impacts）又称环境影响的经济评价。估算某一项目、规划或政策所引起环境影响的经济价值，并将环境影响的价值纳入项目、规划或政策的经济分析（费用-效益分析）中去，以判断这些环境影响对该项目、规划或政策的可行性会产生多大的影响。对负面的环境影响，估算出的是环境成本；对正面的环境影响，估算出的是环境效益。

环境影响经济损益分析是以费用-效益分析思路为主脉络，包含费用-效益分析、环境价值评估等多种经济评价方法的综合方法。其实质就是经济学的费用-效益分析理论，只是费用与效益的计算范围更广，除直接能用货币计量的环境费用与效益，还包括难以直接用货币计量的由生态变化引起的环境费用与效益。环境影响经济损益分析不仅用于分析建设项目自身的经济损益，还可用于方案的选择和比较。

费用-效益分析 又称国民经济分析、经济分析。针对环境问题的称为环境费用-效益分析，是指在财务分析的基础上，考虑项目、规划和政策所产生的环境效益与环境成本，从全社会的角度评价项目、规划、政策对整个社会的净贡献，权衡利弊，指导决策。

在进行费用-效益分析时，需要用到贴现率。由于资金存在时间价值，费用发生在近期，效益发生在若干年后，为了在经济损益分析时费用和效益具有可比性，必须把费用和效益贴现到基准年进行比较，费用和效益贴现时的折算比率称贴现率。

当项目资金来源不明确，不能确定贴现率时，采用经济内部收益率进行分析。经济内部收益率，是指项目在计算期内，现金流入总现值与现金流出总现值相等时的贴现率，反映项目对国民经济贡献的相对量指标。国家公布了各行业的基准内部收益率，当计算的经济内部收益率大于行业内基准内部收益率时，表明项目可行。

费用与效益的比较通常用以下两种方法：

①经济净现值法。经济净现值为反映项目对国民经济所做贡献的绝对量指标，是用社会贴现率将项目计算期内各年的净效益折算到建设起点的现值之和。当经济净现值大于零时，说明项目在寿命期内，现金流入量大于现金流出量，表示该项目的建设能为社会做出净贡献，项目可行。比较各方案的净效益现值，以其中净效益现值最大者为最优方案。计算公式如下：

$$PVNB = PVDB + PVEB - PVC - PVEC$$

式中，PVNB 为环保设施净效益的现值；PVDB 为环保设施直接经济效益的现值；PVEB 为环保设施使环境改善效益的现值；PVC 为环保设施费用的现值；PVEC 为环保设施带来新的污染损失的现值。

②净现值率法。经济净现值率，即效益与费用的比率。求出各种方案的效益现值与费用现值之比，其比值δ最大者为最优方案，计算公式如下：

$$\delta = \frac{PVDB + PVEB}{PVC + PVEC}$$

净现值率法描述的是获得效益现值的倍数。当 PVNB$>$0 时，$\delta>1$；PVNB$=$0 时，$\delta=1$；PVNB$<$0 时，$\delta<1$。

环境价值评估法 对不能直接量化的由于生态变化引起的环境费用与效益要采用环境价值评估法进行量化和货币化，使环境费用与效益的计算更科学、客观、全面和准确。主要包括以下六种方法。

①市场价值法。利用因环境质量变化或生态变化引起的可用市场价格来计量的产量和利润变化，计量环境质量或生态变化的经济效益或经济损失。

②机会成本法。常用于方案比较中。使用一种方案而舍弃另一种方案，被舍弃的方案带来的环境效益或环境损失减少值，就是采用方案的机会成本。机会成本法就是将这种成本货币化后计入采用方案成本之中，进行方案比较。

③恢复和防护费用法。环境资源被破坏产生的环境损失不能量化，用使其恢复或防护其不受破坏所需要的费用作为该环境资源被破坏带来的最低经济损失。

④影子工程法。当环境资源被破坏后，再投资建设一个环境工程代替原有的环境功能，该投资额作为该环境资源被破坏带来的最低经济损失。

⑤调查评价法。通过对环境资源的使用者或环境污染的受害者进行调查，获得对该环境资源的支付意愿作为环境资源价值和环境损失的估价。

⑥成果参照法。利用环境功能类似的评价结果，作为被评价的环境资源的价值和环境损失的估价。（汪光　贺桂珍）

huanjing yingxiang pianzhang

环境影响篇章 （environmental impact statement） 对规划实施后可能造成的环境影响做出分析、预测和评估，提出预防或者减轻不良环境影响的对策和措施的报告性文件。

根据《中华人民共和国环境影响评价法》第二章第七条之规定，国务院有关部门、设区的市级以上地方人民政府及其有关部门，对其组织编制的土地利用的有关规划，区域、流域、海域的建设、开发利用规划，应当在规划编制过程中组织进行环境影响评价，编写该规划有关环境影响的篇章或者说明，作为规划草案的组成部分一并报送规划审批机关，否则审批机关不予审批。

根据《规划环境影响评价技术导则　总纲（HJ 130—2014）》的规定，规划环境影响篇章至少包括如下内容：①环境影响分析依据。重点明确与规划相关的法律法规、环境经济与技术政策、产业政策和环境标准。②环境现状评价。明确主体功能区规划、生态功能区划、环境功能区划对评价区域的要求，说明环境敏感区和重点生态功能区等环境保护目标的分布情况及其保护要求；评述资源利用和保护中存在的问题，评述区域环境质量状况，评述生态系统的组成、结构与功能状况、变化趋势和存在的主要问题，评价区域环境风险防范和人群健康状况，明确提出规划实施的资源与环境制约因素。③环境影响分析、预测与评价。根据规划的层级和属性，分析规划与相关政策、法规、上层位规划在资源利用、环境保护要求等方面的符合性。评价不同发展情景下区域环境质量能否满足相应功能区的要求，对区域生态系统完整性所造成的影响，对主要环境敏感区和重点生态功能区等环境保护目标的影响性质与程度。根据不同类型规划及其环境影响特点，开展人群健康影响状况分析、事故性环境风险和生态风险分析、清洁生产水平和循环经济分析。评价区域资源与环境承载能力对规划实施的支撑状况，以及环境目标的可达性。给出规划方案的环境合理性和可持续发展综合论证结果。④环境影响减缓措施。详细说明针对不良环境影响的预防、减缓（最小化）及对造成的影响进行全面修复补救的对策和措施。如规划方案中包含有具体的建设项目，还应给出重大建设项目环境影响评价要求、环境准入条件和管理要求等。给出跟踪评价方案，明确跟踪评价的具体内容和要求。⑤根据评价需要，在篇章中附必要的图、表。 （田晓刚）

huanjing yingxiang pingjia

环境影响评价 （environmental impact assessment） 对规划和建设项目实施后可能造成的环境影响进行分析、预测和评估，提出预防或者减轻不良环境影响的对策和措施的过程。目的是确保决策者在决定是否建设一个项目时考虑环境影响。

国际影响评价协会将环境影响评价定义为“在重大发展建议进行决策和作出承诺之前辨识、预测、评价和减缓生物、物理、社会和其他相关影响的过程”。环境影响评价的独特之处是不要求遵守预计的环境后果，而是要求决策者在决策中考虑环境价值，并证明其决策是在对拟议项目的潜在环境影响进行翔实的环境研究和公众建议基础上做出的。

沿革 环境影响评价在20世纪60年代开始作为理性决策过程的一部分，主要是通过技术评价进行目标决策。美国1969年首先提出环境影响评价的概念，并在《国家环境政策法》中将其规定为制度。随后，加拿大、英国、荷兰、日本、瑞典、澳大利亚、法国等也陆续推行。中国1979年颁布的《中华人民共和国环境保护法（试行）》第六条规定：“在进行新建、改建和扩建工程时，必须提出对环境影响的报告书，经环境保护部门和其他有关部门审查批准后才能进行设计。” 1989年颁布的《中华人民共和国环境保护法》对环境影响评价的法律地位进行了重申。2003年9月1日开始施行的《中华人民共和国环境影响评价法》将环境影响评价上升到法律要求。2009年颁布实施的《规划环境影响评价条例》，旨在加强对规划的环境影响评价工作，提高规划的科学性，从源头预防环境污染和生态破坏，促进经济、社会和环境的全面协调可持续发展。

实际上，当今环境危害不再局限于特定国家的边界，全球环境污染已经对大气、海洋、河流、土地、气候和生物多样性造成了有害影响，而1986年切尔诺贝利和2011年日本福岛核事故造成的灾难性跨界核污染也给世人敲响了警钟。这些跨界环境问题导致了大量双边和多边环境协议的签订实施。联合国欧洲经济委员会《跨境环境影响评价协定》（Convention on Environmental Impact Assessment in a Transboundary Context）为跨国环境影响评价提供了国际法律框架。

发达国家概况 以下为几个发达国家和地区环境影响评价的经验和做法。

美国 美国的环境影响评价制度始于1969年的《国家环境政策法》（NEPA），根据规定，联邦部门开展某些行动之前必须进行环境评价（EA）或编制环境影响报告书（EIS），目的是确保决策者在做出最终决定之前充分获悉环境事项及其后果。环境评价是为了确定联邦行动是否会显著影响环境，以及是否需要更详细的环境影响报告书而进行的环境分析。环境评价结果可分为无显著影响发现（Finding of No

Significant Impact，FONSI）或环境影响报告书。

为实施《国家环境政策法》，美国监督机构环境质量委员会（CEQ）1979 年颁布了实施细则。环境评价是联邦行动机构准备的一个简洁文件，主要用于：为确定是否需要准备环境影响报告书或 FONSI 提供充分的证据和分析；证明无需环境影响报告书是合法的；当不能证明 FONSI 时帮助准备环境影响报告书。环境评价要对如下事项进行简短的讨论：建议目的、必要性、NEPA 102（2）（E）款所要求的替代方案，拟议活动对人类产生的环境影响及实际可行的替代方案，得出这些结论所咨询的机构和利益相关者的意见。行动机构必须在批准环境评价之前向公众公示，环境评价文件（草案）主要是通过地方、州的公告或普遍发行的报纸公布。公众评论和对不适当过程提出异议的审查期限为 15～30 天。公众对环境评价草案的评论通常是以书面或电子邮件的形式提交公布通知的机构，并不需要征询口头意见的公开听证会。在法定的公开征询期之后，相关机构将对收到的意见进行回应，并对环境评价草案进行修改完善。

欧盟　欧盟建立了强制性和自由选择相结合的环境影响评价程序。1985 年颁布实施《环境影响评价指令》（85/337/EEC），1997 年进行了第一次修订。1998 年《奥胡斯公约》签署后，在 2003 年和 2009 年两次对《环境影响评价指令》进行了修订。2001 年，《战略环境影响评价指令》（2001/42/EC）出台，环境影响评价范围扩展到环境规划和计划。

根据欧盟指令，环境影响评价必须在七个关键领域提供合规性信息：①项目介绍；②已考虑的替代方案；③环境描述；④对重大环境影响的描述；⑤减缓措施；⑥非技术性摘要（EIS）；⑦缺乏知识/技术困难。

2011 年，欧盟新修订的《环境影响评价指令》（2011/92/EU）将 1985 年指令及其后的三个修订案合并成一个法律文件，相应内容并未改变，但反映了气候变化和欧盟法庭判决等新政策的发展。2014 年 5 月 15 日《环境影响评价指令》（2014/52/EU）实施，主要修订体现在环境影响评价定义的完善，增加了附录ⅡA 关于筛选的内容，环境影响评价报告内容修改，以及对替代方案、决策、监测、恢复措施、质量、处罚、时限等进行的修改。

澳大利亚　澳大利亚的环境影响评价可以追溯至 1969 年，而州一级环境影响评价工作要早于联邦政府，因此很多州的做法都与联邦政府不同。最早开展环境影响评价的是新南威尔士州，1974 年该州污染控制委员会就颁布了《环境影响评价指南》。澳大利亚联邦政府随后通过了《环境保护法》，1999 年该法被《环境保护和生物多样性保护法》取代，这是目前澳大利亚联邦政府有关环境影响评价的主要法律。值得关注的是，《环境保护和生物多样性保护法》不会影响州和地区环境和发展评价的合法有效性，而是与州和地区制度并行不悖。根据《环境保护和生物多样性保护法》，联邦和州共同的要求可以通过双边协议或独立于州的一次性评价过程来处理。

《环境保护和生物多样性保护法》规定了“对国家有重大环境影响”的八类事项，旨在为这些活动提供一个简化的国家评估和审批程序。这八类事项包括世界遗产地、国家文物保护地、具有国际重要影响的拉姆萨尔湿地、列于濒危物种和生态群落目录里的物种群落、根据国际协定保护的迁徙物种、联邦海洋环境、核活动（包括铀矿开采）以及国家遗产。

当一项提议或项目属于《环境保护和生物多样性保护法》规定的影响范畴，提议者必须将其提交给环境、水资源、遗产和艺术部，然后向公众、相关州、地区和联邦部门公示征求意见。环境、水资源、遗产和艺术部会进行评价并为部长提供可行性建议。最终决策权掌握在部长手中，不仅要考虑对国家的重大环境影响，还要考虑项目的社会经济影响。如果一项提案或项目不在具有国家重大环境影响的八类事项之内，尽管可能有其他不良的环境影响，基于州和联邦政府之间的权力分工，澳大利亚政府环境部长也不能干预甚至推翻州的决定。

对违反《环境保护和生物多样性保护法》的行为有非常严格的民事和刑事处罚。

加拿大 《加拿大环境评价法 1992》（Canadian Environmental Assessment Act，CEAA1992）是加拿大联邦环境评价过程的法律依据。经过历次修订后，2012 年发布了《加拿大环境评价法 2012》（Canadian Environmental Assessment Act，CEAA 2012）并于 2012 年 7 月 6 日正式实施。环境评价被其定义为“识别、理解、评价和减缓项目对环境可能影响的一种规划工具”。根据 CEAA 2012，联邦政府机构环境评价活动范围限定在《关于指定物理活动的规章》（Regulations Designating Physical Activities，SOR/2012-147）列出的范围，在开展规章列出的任何拟议项目时都必须进行环境评价。除了加拿大环境评价局，如果联邦政府某个机构开展上述一项或多项活动，其就成为 CEAA 规定的环境评价负责机构，必须确保遵循 CEAA 进行环境评价，在做出项目继续进行的决定之前必须考虑环境评价的结果。公众必须全过程参与环境影响评价。

类型 总体而言，目前有三种环境影响评价：①战略环境影响评价。指国家和地方在制定政策、规划、计划之前对拟议中的人为活动可能造成的环境影响进行分析研究、预测和估计，论证拟议活动的环境可行性，为国家和地方的产业结构调整、工农业布局和环境保护提供科学依据，为政府的重大决策服务。目的是在政策、规划、计划被提出时或至少在其执行前的评估中提供给有关当局一种工具，使其能充分觉察出有关政策、规划、计划对环境和可持续发展产生的影响。②规划环境影响评价。指对编制的土地利用有关规划，区域、流域、海域的建设、开发利用规划实施后可能造成的环境影响做出分析、预测和评估，提出预防或者减轻不良环境影响的对策和措施。规划环境影响评价是战略环境影响评价的重要组成部分，也是战略环评和综合决策的落脚点。③项目环境影响评价。指对建设项目可能对环境造成的影响进行分析、预测估计，并提出应对不利影响的措施和对策，包括对项目地址的选择、生产工艺、生产管理、污染治理、施工期的环境保护等方面提出具体建议。

三种环境影响评价的主要区别。①评价工作内容不同。项目环境影响评价一般是对单个项目进行的环境影响评价，涉及面和评价范围都较小。规划环境影响评价涉及面和评价范围都较建设项目环境影响评价大。战略环境影响评价是国家或地区在拟定立法议案、重大方针政策、战略发展规划和战略行动前开展的环境影响评价，涉及面广，评价范围大。②评价对象及评价工作的复杂程度不同。项目环境影响评价的对象一般是单个建设项目，环境影响评价工作相对较为简单；规划环境影响评价的对象是一个区域，评价工作相对较为复杂；战略环境影响评价的对象是一个地区、一个流域、一个省或几个省，工作最为复杂。③评价工作程序不同。项目环评和规划环评遵循各自规定的评价程序，目前对于战略环评程序多数国家还未有明确规定。④评价的目的不同。战略环境影响评价的目的在于把环境保护纳入发展活动的计划、决策和实施中，避免或降低由于决策失误给环境带来的消极影响。规划环境影响评价的主要目的是进行科学决策，即在决策过程中充分考虑环境和生态的支撑能力与保护需求，因而在评价中以追求科学合理性为主，当然也不违背法规要求。项目环境影响评价主要是为了分析、预测污染因子对环境可能产生的污染以及污染程度，提出防治对策，它以依法评价、依法管理为主，以科学合理性评价为辅。

三种环境影响评价的主要联系。战略环境影响评价是一个地区、一个流域、一个省或几个省的环境影响评价，环境影响分析与预测结果提出的污染防治对策和环境治理目标起着宏观调控经济建设与环境保护协调发展的作用。规划环评和项目环评范围较小，包含在战略环评范围内，区域内的建设项目环评又包含在区域规划环评范围内，构成了完整的环境影响评价体系。建设项目环评和区域规划环评必须服从战略环评的要求，区域内的建设项目又必须服从区域规划环评的要求，建设项目的主要污染物也必须控制在区域规划环评或战略环评下达的指标内。从这个角度讲，它们是整体和个体之间的关系。尽管建设项目环评、规划环评和战略环评的对象、范围不同，评价方法也有差异，但评价的目的都是为了对拟议中的人为活动进行环境影响分析和预测，提出拟采取的防治措施和对策，使经济建设和环境保护协调发展。

评价内容 不同类型的环境影响评价内容不尽相同。

对于建设项目，需要进行环境影响评价的工程主要是能对环境产生较大影响的基本建设项目，如大、中型工厂，大、中型水利工程，矿山、港口和铁道交通运输建设工程，大面积开垦荒地、围湖围海的建设项目，以及对珍贵稀有的野生动物和植物等的生存和发展产生严重影响，或对各种生态型的自然保护区和有重要科学价值的地质、地貌地区产生重大影响的建设项目等。主要内容包括：建设项目概况；建设项目周围环境现状；建设项目对环境可能造成的影响分析和预测；环境保护措施及其技术经济论证；环境影响经济损益分析；对建设项目实施环境监测的建议；环境影响评价结论（选址适当、敏感点控制、污染治理后达标、项目从环保角度来说可行）。环境影响评价可以根据不同的评价对象和评价要求，或者只做污染物扩散的环境影响评价，或者对大气、水、土壤、生物等环境要素分别进行单要素影响评价。

对于规划环境影响评价，根据我国《规划环境影响评价条例》，应当分析、预测和评估以下内容：①规划实施可能对相关区域、流域、海域生态系统产生的整体影响；②规划实施可能对环境和人群健康产生的长远影响；③规划实施的经济效益、社会效益与环境效益之间以及当前利益与长远利益之间的关系。

战略环境影响评价的评价对象和范围更广，往往涉及一个国家、一个地区、一个流域、一个省或几个省。评价内容主要涉及国家立法议案、重大方针政策、战略规划和战略行动实施可能对整个国家、某些行业、相关区域、生态系统产生的整体影响，可能对环境和人群健康产生的长远影响；实施产生的经济效益、社会效益与环境效益之间以及当前利益与长远利益之间的关系。

评价程序 环境影响评价的一般程序包括：①进行环境调查和综合预测（有的委托专门顾问机构或大学、科研单位进行），提出环境影响报告书。②公布报告书，广泛听取公众和专家的意见。对于不同意见，有的国家规定要举行“公众意见听证会”。③根据专家和公众意见，对方案进行必要的修改。④主管当局最后审批。

项目环境影响评价工作大体包括三个阶段：一是准备阶段，主要工作内容是研究有关文件，进行初步的工程分析和环境现状调查，筛选需要重点评价的内容，制订环境影响评价工作计划；二是正式工作阶段，主要工作内容是进一步进行工程分析和环境现状调查，并对拟建项目的环境影响进行预测、分析和评价；三是环境影响评价文件编写阶段，主要任务是汇总、分析前一阶段工作所取得的各种资料、数据和结论，完成拟建项目环境影响评价文件的编写工作。

规划环境影响评价工作大体可分为八个阶段：①规划分析阶段，包括对规划内容、规划目标、规划方案进行分析，确定评价的内容和范围。②现状调查、分析与评价阶段，包括对开发区和周围地区的环境状况调查、评价，分析规划目标和方案实施的环境限制因素以及环境发展趋势。③环境影响识别与评价指标体系构建阶段。在对规划目标、方案进行分析的基础上，识别可能导致的自然环境和社会环境影响，并据此建立环境影响评价指标体系。④规划实施对环境可能造成影响的分析、预测和评估阶段，主要包括资源环境承载能力分析和累积环境影响的预测分析。⑤环境可行规划方案论证和提出环境影响减缓措施。规划方案的论证包括环境合理性论证和可持续发展论证，并根据论证结果对规划方案提出调整建议。规划的环境影响减缓措施是针对环境影响评价推荐的规划方案实施后所产生的不良环境影响而提出的政策、管理或者技术等方面的建议。⑥公众参与阶段，规划编制机关对可能造成不良环境影响并直接涉及公众环境权益的专项规划，应当在规划草案报送审批前，采取调查问卷、座谈会、论证会、听证会等形式，公开征求有关单位、专家和公众对环境影响报告书的意见。但是，依法需要保密的除外。⑦拟议规划的结论性意见与建议，得出对拟议规划方案的评价结论。⑧拟订监测、跟踪评价计划，对于可能产生重大环境影响的规划，在编制规划环境影响评价文件时，应拟定环境监测和跟踪评价计划与实施方案。

战略环境影响评价大体可分为四个部分：第一部分为环境现状调查；第二部分为社会环境调查；第三部分为环境影响分析预测；第四部分为环境保护对策研究。

政策、规划或项目实施后，还应该有环境影响评价审计，主要是通过比较实际影响和预测影响来评价环境影响评价的绩效。审计的主要目的是确保未来的环境影响评价更有效。审计一是要考虑科学性，即检查预测的准确性并解释错误；二是要看管理效果，即评价减缓措施在消除影响方面的成功度。

审批程序　环境影响评价文件的审批是建设项目、规划环境影响评价管理的主要内容之一。

我国对于不同类型的建设项目向环境保护行政主管部门报批环境影响评价文件的时段有不同要求：实行审批制的建设项目，须在报送可行性研究报告前完成环境影响评价文件报批手续；实行核准制的建设项目，须在提交项目申请报告前完成环境影响评价文件报批手续；实行备案制的建设项目，须在办理备案手续后和项目开工前完成环境影响评价文件报批手续。

除国家规定需要保密的情形之外，对环境可能造成重大影响的建设项目，建设单位须在报批建设项目环境影响报告书前，举行论证会、听证会，或者采取其他形式，征求有关单位、专家和公众的意见。环境影响报告书应当附具对有关单位、专家和公众意见采纳或者不采纳的说明。

环境影响评价文件经批准后，建设项目的性质、规模、地点、采用的生产工艺或者防止污染和生态破坏的措施发生重大变动的，建设单位须重新报批环境影响评价文件。建设项目的环境影响评价文件自批准之日起超过 5 年方决定该项目开工建设的，其环境影响评价文件须报原审批部门重新审核。

建设项目环境影响报告书的审批权限是：核设施、绝密工程等特殊性质的建设项目，跨省级区域的建设项目和国务院审批的或国务院授权有关部门审批的建设项目由环境保护部审批；其他建设项目环境影响报告书的审批权限由省级人民政府规定。对环境问题有争议的项目，提交上一级环保部门审批。环境保护行政主管部门应当自收到环境影响报告书之日起 60 日内，收到环境影响报告表之日起 30 日内，收到环境影响登记表之日起 15 日内，分别做出审批决定并书面通知建设单位。

目前，我国的战略环评主要集中在规划环评方面，政策环境影响评价还没有法定程序。规划编制机关在报送审批综合性规划草案和专项规划中的指导性规划草案时，应当将环境影响篇章或者说明作为规划草案的组成部分一并报送规划审批机关。未编写环境影响篇章或者说明的，规划审批机关应当要求其补充；未补充的，规划审批机关不予审批。规划编制机关在报送审批专项规划草案时，应当将环境影响报告书一并附送规划审批机关审查；未附送环境影响报告书的，规划审批机关应当要求其补充；未补充的，规划审批机关不予审批。

设区的市级以上人民政府审批的专项规划，在审批前由其环境保护主管部门召集有关部门代表和专家组成审查小组，对环境影响报告书进行审查。根据情形，审查小组提出对环境影响报告书进行修改并重新审查的意见或不予通过环境影响报告书的意见。审查意见应当经审查小组 3/4 以上成员签字同意。规划审批机关在审批专项规划草案时，应当将环境影响报告书结论以及审查意见作为决策的重要依据。规划审批机关对环境影响报告书结论以及审查意见不予采纳的，应当逐项就不予采纳的理由做出书面说明，并存档备查。省级以上人民政府有关部门审批的专项规划，其环境影响报告书的审查办法由国务院环境保护主管部门会同国务院有关部门制定。

评价方法 环境影响评价方法很多，既有通用方法，也有特定的方法。

产品生命周期分析（LCA）常用来辨识和衡量工业产品的环境影响。环境影响评价要考虑产品不同生产阶段的技术活动对环境的影响：产品原材料开采的环境影响，辅助材料和设备的环境影响，产品生产和使用过程中的环境影响，产品、辅助设备和材料回收处置对环境的影响。

环境影响评价需要特定参数和变量来衡量影响指标的估测值，但很多环境影响属性不能进行定量测定，如景观质量、生活质量、社会接受度等。因此，评价这些影响需要借助于专家标准、受影响人群的敏感性等信息。要系统处理这些不准确信息，就需要采用模糊数学和近似推理方法，统称为模糊逻辑方法。

全面的环境影响评价方法有重叠法、矩阵法和环境评价系统法等，这些方法都是把区域环境作为一个完整的系统进行综合分析。重叠法是把所评价区域的地形、地质、生物、景观等调查资料分别绘制在按网格划分的地图上，把这些地图互相重叠起来，可以了解环境变化状况，以便提出工程项目对环境影响最小的实施方案。矩阵法是以各种工程活动作为横坐标，以各种环境特征和条件作为纵坐标，把工程活动对环境的影响分为1～10的十个级别，按照影响程度对每种影响评定一个级别，并把它记入纵、横坐标相对应的交叉处。这样，可以在矩阵中评定工程活动对环境的影响。环境评价系统法是把生态学、物理学、化学、美学等作为一个系统，应用环境质量指数进行全面的评价。

污染物扩散的环境影响评价采用扩散计算法、扩散-净化综合计算法、区域环境污染的综合分析法等。扩散计算法用来预计工程项目投产后污染物的排放量，并根据环境现状和预期的环境目标推算污染物的容许排放总量。这种方法并不考虑环境的自净作用。目前对颗粒物等污染物尚无适当的预测方法。扩散-净化综合计算法主要用于水体的污染影响评价。区域环境污染的综合分析法是根据区域范围内生产、消耗和污染之间的相互关系建立模型，把区域范围内实测和预测的各种因素输入模型，计算出环境影响指标进行评价。（贺桂珍）

推荐书目

Carroll B，Turpin T. Environmental Impact Assessment Handbook：A Practical Guide for Planners，Developers and Communities. 2nd edition. London：Institution of Civil Engineers（ICE）Publishing，2009.

huanjing yingxiang pingjia de gongzuo chengxu

环境影响评价的工作程序 （working program of environmental impact assessment） 环境影响评价过程所遵循的技术步骤。

评价程序 主要包括：①确定评价类别和评价单位，开展环境影响评价工作。②环境影响评价大纲的编写与审查。③建设单位与评价单位签订合同，开展环评工作。④编制与审批环境影响报告书（表）。⑤对环境影响报告书预审并修改完善。⑥国家重大建设项目应采用招标的方式确定评价单位。

阶段划分 环境影响评价工作一般分三个阶段。具体流程如下图所示。

第一阶段为前期准备、调研和工作方案阶段，主要工作包括研究国家有关法律文件和与建设项目有关的其他文件，进行初步的工程分析和环境现状调查，筛选出重点的评价项目，确定各单项环境影响评价工作的等级，并编制评价大纲。

第二阶段为分析论证和预测评价阶段，主要工作是进一步做工程分析和环境现状调查，并进行环境影响预测和评价。

第三阶段为环境影响评价文件编制阶段，主要工作为汇总、分析所得资料和数据，得出结论，完成环境影响报告书的编制。

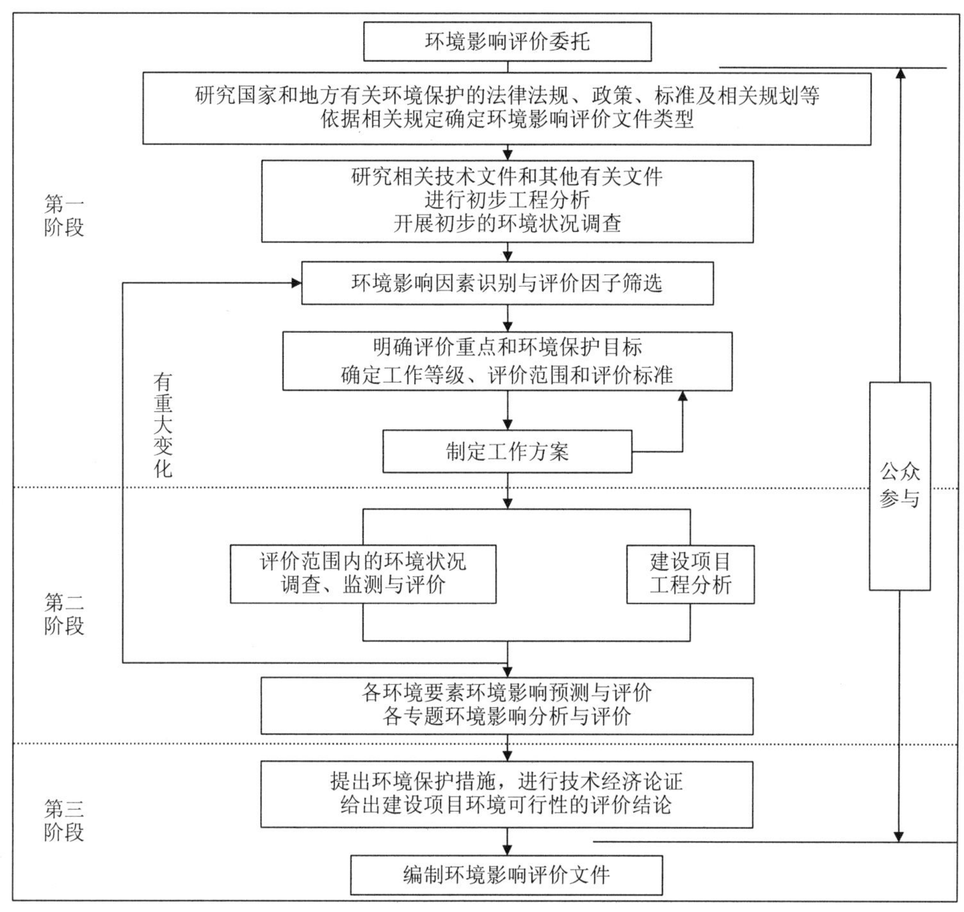

建设项目环境影响评价工作程序图

如通过环境影响评价对原选厂址得出否定结论时，对新选厂址的评价应重新进行；如需进行多个厂址的优选，则应对各个厂址分别进行预测和评价。

环境影响评价工作等级的确定 参见环境影响评价的工作等级。 （张磊）

huanjing yingxiang pingjia de gongzuo dengji

环境影响评价的工作等级 （working rank of environmental impact assessment） 环境影响评价项目工作深度的级别划分。各单项环境影响评价划分为三个工作等级，一级评价最为详细，二级次之，三级则比较简单。

划分依据 环境影响评价工作等级是以下列因素为依据进行划分的：①建设项目的工程特点，主要有工程性质、工程规模、能源和资源（包括水）的使用量及类型、污染物排放特点（排放量、排放方式、排放去向、主要污染物种类、性质、排放浓度）等。②建设项目所在地区的环境特征，主要有自然环境特征、环境敏感程度、环境质量现状及社会经济环境状况等。③国家或地方政府所颁布的有关法规（包括环境质量标准和污染物排放标准）。对于某一具体的评价工作，在划分评价工作等级时，根据项目对环境的影响、所在地区的实际情况和特殊要求可做适当的调整。

等级划分 根据环境的组成特征，建设项目的环境影响评价通常可进一步分解成对下列不同环境要素（或称评价项目）的评价，即大气、地表水、地下水、噪声、土壤与生态、人群健康状况、文物与“珍贵”景观及日照、热、放射性、电磁波、振动等。建设项目对上述各环境要素的影响评价统称为单项环境影响评价（简称单项影响评价）。按照环境影响评价工作等级的划分依据，可将上述各单项影响评价划分为三个工作等级。例如，大气环境影响评价划分为一级、二级、三级；地表水环境影响评价划分为一级、二级、三级等；依此类推。各单项影响评价工作等级划分的详细规定，可参阅相应的环境影响评价技术导则。一般情况，建设项目的环境影响评价包括一个以上的单项影响评价，每个项目影响评价工作的等级不一定相同。对于某一具体建设项目，在划分各评价项目的工作等级时，根据建设项目对环境的影响、所在地区的环境特征或当地对环境的特殊要求等情况可做适当调整。（张磊）

huanjing yingxiang pingjia fanwei

环境影响评价范围 （scope of environmental impact assessment） 环境影响评价研究的空间幅度。按各专项环境影响评价技术导则的要求，确定各环境要素和专题评价范围；未制定专项环境影响评价技术导则的，根据建设项目可能的影响范围确定环境影响评价范围，当评价范围外有环境敏感区的，应适当外延。

在实际的环境影响评价中，仅单纯通过对影响区范围的调整就可能产生很多结果，局部的较大影响一旦放到大背景中，其影响甚至可以忽略不计，并不能很好地反映实际情况，而单纯从局部范围进行考虑却无疑夸大了影响程度。范围过小，可能漏掉敏感环境因子；范围过大，不仅增加工作量，还可能忽略与工程直接相关的因子。因此，确定合适的评价范围对环境影响分析结果至关重要。（汪光）

huanjing yingxiang pingjia gongchengshi

环境影响评价工程师 （environmental impact assessment engineer） 取得《中华人民共和国环境影响评价工程师职业资格证书》，并经登记后，从事环境影响评价工作的专业技术人员。环境影响评价工程师应该在具有环境影响评价资质的单位里，以该单位的名义接受环境影响评价委托业务，可主持环境影响评价、环境影响后评价、环境影响技术评估、环境保护验收等环境影响评价委托业务，并承担相应责任。我国对环境影响评价工程师实行职业资格制度，纳入全国专业技术人员职业资格证书制度统一管理。

职业资格考试 要成为环境影响评价工程师，必须通过由环境保护部与人力资源和社会保障部共同组织的环境影响评价工程师职业资格考试。符合规定条件的申请者参加考试合格后，颁发人力资源和社会保障部与环境保护部盖印的《中华人民共和国环境影响评价工程师职业资格证书》。

根据《环境影响评价工程师职业资格制度暂行规定》，凡遵守国家法律、法规，恪守职业道德，并具备以下条件之一者，可申请参加环境影响评价工程师职业资格考试：①取得环境保护相关专业（见下表，下同）大专学历，从事环境影响评价工作满 7 年；或取得其他专业大专学历，从事环境影响评价工作满 8 年。②取得环境保护相关专业学士学位，从事环境影响评价工作满 5 年；或取得其他专业学士学位，从事环境影响评价工作满 6 年。③取得环境保护相关专业硕士学位，从事环境影响评价工作满 2 年；或取得其他专业硕士学位，从事环境影响评价工作满 3 年。④取得环境保护相关专业博士学位，从事环境影响评价工作满 1 年；或取得其他专业博士学位，从事环境影响评价工作满 2 年。

登记与管理 我国环境影响评价工程师职业资格实行定期登记制度，登记有效期为 3 年。有效期满前，应按有关规定办理再次登记。环境保护部或其委托机构为环境影响评价工程师职业资格登记管理机构，人力资源和社会保障部对环境影响评价工程师职业资格的登记和从事环境影响评价业务的情况进行检查、监督。

环境保护相关专业新旧专业对应表

新专业名称	旧专业名称
环境工程	环境工程
	环境监测
环境科学	环境学
	环境规划与管理
生态学	生态学
化学	化学
应用化学	应用化学
生物科学	生物学
	生物化学
	生物科学与技术
资源环境与城乡规划管理	资源环境规划与管理
	经济地理学与城乡区域规划
大气科学	气象学
	大气物理学与大气环境
	大气科学
给水排水工程	给水排水工程
水文与水资源工程	水文与水资源利用
化学工程与工艺	化学工程
	化学工程与工艺
生物工程	生物化工
	生物化学工程
农业建筑环境与能源工程	农业建筑与环境工程
	农村能源开发与利用
森林资源保护与游憩	野生植物资源开发与利用
野生动物与自然保护管理	野生动物保护与利用
	自然保护区资源管理
水土保持与荒漠化防治	水土保持
农业资源与环境	农业环境保护
土地资源管理	土地规划与利用
其他环境保护部认可的环境保护相关专业	

注：表中“新专业名称”指中华人民共和国教育部高等教育司 1998 年颁布的《普通高等学校本科专业目录》中规定的专业名称；“旧专业名称”指 1998 年《普通高等学校本科专业目录》颁布前各院校采用的专业名称。

（田晓刚）

huanjing yingxiang pingjia jishu daoze

环境影响评价技术导则 （technical guidelines for environmental impact assessment） 为规范环境影响评价技术和指导开展环境影响评价工作制定的标准，对各类环境影响评价所适用的原则、内容、工作程序、方法及要求做出规定。

为指导建设项目环境影响评价工作，环境保护部于 1993 年发布《环境影响评价技术导则　总纲》（HJ 2.1—1993），并于 2011 年进行了修订。导则规定了建设项目环境影响评价的一般性原则、内容、工作程序、方法及要求，适用于在中华人民共和国领域和中华人民共和国管辖的其他海域内建设的对环境有影响的建设项目。随着环境技术的不断发展，多项环境影响评价技术导则相继出台。2014 年环境保护部发布了《规划环境影响评价技术导则　总纲》（HJ 130—2014），用于规范和指导规划环境影响评价工作。

环境影响评价技术导则由总纲、专项环境影响评价技术导则和行业建设项目环境影响评价技术导则构成。总纲对后两项导则有指导作用，后两项导则的制定要遵循总纲的总体要求。①总纲规定了建设项目和规划环境影响评价的一般性原则、内容、工作程序、方法及要求。目前的总纲包括《环境影响评价技术导则　总纲》（HJ 2.1—2011）和《规划环境影响评价技术导则　总纲》（HJ 130—2014）。②专项环境影响评价技术导则包括环境要素和专题两种形式，如大气环境影响评价技术导则、地表水环境影响评价技术导则、地下水环境影响评价技术导则、声环境影响评价技术导则、生态影响评价技术导则等为环境要素的环境影响评价技术导则，建设项目环境风险评价技术导则为专题的环境影响评价技术导则。③行业建设项目环境影响评价技术导则包括水利水电工程环境影响评价技术导则、民用机场建设工程环境影响评价技术导则、石油化工建设项目环境影响评价技术导则等。

截至 2016 年 1 月我国已颁布和修订的环境影响评价技术导则有：

《环境影响评价技术导则　地下水环境》（HJ 610—2016 代替 HJ 610—2011）；

《尾矿库环境风险评估技术导则（试行）》（HJ 740—2015）；

《环境影响评价技术导则　钢铁建设项目》（HJ 708—2014）；

《环境影响评价技术导则　输变电工程》（HJ 24—2014 代替 HJ/T 24—1998）；

《规划环境影响评价技术导则　总纲》（HJ 130—2014 代替 HJ/T 130—2003）；

《环境影响评价技术导则　煤炭采选工程》（HJ 619—2011）；

《环境影响评价技术导则　总纲》（HJ 2.1—2011 代替 HJ/T 2.1—1993）；

《建设项目环境影响技术评估导则》（HJ 616—2011）；

《环境影响评价技术导则　生态影响》（HJ 19—2011 代替 HJ/T 19—1997）；

《环境影响评价技术导则　制药建设项目》（HJ 611—2011）；

《环境影响评价技术导则　农药建设项目》（HJ 582—2010）；

《环境影响评价技术导则　声环境》（HJ 2.4—2009 代替 HJ/T 2.4—1995）；

《规划环境影响评价技术导则　煤炭工业矿区总体规划》（HJ 463—2009）；

《环境影响评价技术导则　大气环境》（HJ 2.2—2008 代替 HJ/T 2.2—1993）；

《环境影响评价技术导则　城市轨道交通》（HJ 453—2008）；

《环境影响评价技术导则　陆地石油天然气开发建设项目》（HJ/T 349—2007）；

《建设项目环境风险评价技术导则》（HJ/T 169—2004）；

《开发区区域环境影响评价技术导则》（HJ/T 131—2003）；

《环境影响评价技术导则　水利水电工程》（HJ/T 88—2003）；

《环境影响评价技术导则　石油化工建设项目》（HJ/T 89—2003）；

《环境影响评价技术导则　民用机场建设工程》（HJ/T 87—2002）；

《工业企业土壤环境质量风险评价基准》（HJ/T 25—1999）；

《500 kV 超高压送变电工程电磁辐射环境影响评价技术规范》（HJ/T 24—1998）；

《辐射环境保护管理导则　电磁辐射环境影响评价方法与标准》（HJ/T 10.3—1996）；

《环境影响评价技术导则　地面水环境》（HJ/T 2.3—1993）。　（刘佳宁　张磊）

huanjing yingxiang pingjia zhibiao

环境影响评价指标　（environmental impact assessment indicators）　用以评价建设项目或者规划环境可行性、量化了的环境目标。一般可将环境目标分解成环境质量、生态保护、资源可持续利用、社会环境、环境经济等评价主体，筛选出表征评价主体的具体评价指标。评价指标可以是定性和定量化的，优先选取能体现国家环境保护战略、政策和要求，突出建设项目或者规划的行业特点及其主要环境影响特征，同时符合评价区域环境特征的易于统计、比较、量化和监测检查的指标。项目和规划的评价指标需要根据项目或规划类型、层次以及涉及的区域或行业发展状况和环境状况来确定。因此，确定环境影响评价指标需考虑的因素应包括污染物的排放量、影响的范围、影响的连续性或可恢复性、环境质量现状、政府及公众的关注程度以及环境标准等。其中，区域环境以现状污染指数表达，即环境质量现状和环境标准的比值；污染物排放以等标污染负荷表达，即污染物的排放量和环境标准的比值。对于同一个建设项目，各污染物的等标污染负荷又可以通过其占总等标污染负荷的百分比来评价其相对重要性。　（汪光）

huanjing yingxiang pingjia zhidu

环境影响评价制度　（environmental impact assessment system）　在进行政策制定、规划和建设活动之前，对其可能对周围环境产生的不良影响进行调查、预测和评定，提出防治措施，并按照法定程序进行报批的法律制度。环境影响评价制度是贯彻“预防为主”方针，实现经济建设、城乡建设和环境建设同步发展的主要法律手段，并为环境管理提供科学依据。

沿革 国际上把环境影响评价作为一种法律制度首先肯定下来的是美国，1969 年《国家环境政策法》把环境影响评价作为美国联邦政府在环境管理中必须遵守的一项制度。瑞典、法国、荷兰、新西兰、加拿大、日本、埃及、俄罗斯、马来西亚、尼泊尔等国也相继实行环境影响评价制度。欧盟《环境影响评价指令》（85/337/EEC）于 1985 年首次颁布，其后进行了三次修订。2001 年制定了针对规划和计划的《战略环评指令》（2001/42/EC）。2011 年，欧盟将 1985 年的指令及其后的三个指令合并成新的《环境影响评价指令》（2011/92/EU），并于 2014 年对其进行了修订（2014/52/EU），同年 5 月 15 日正式实施。我国于 1979 年在《中华人民共和国环境保护法（试行）》中规定，企业在进行新建、改建和扩建工程时，必须提出对环境影响的报告书。在我国的环境保护法和各种污染防治的单行法律中，环境影响评价制度是一项决定建设项目能否进行的具有强制性的法律制度。1981 年 5 月，国务院有关部门颁发的《基本建设项目环境保护管理办法》及附件《大中型基本建设项目环境影响报告书提要》，对基本建设项目环境影响评价的范围、内容、程序、法律责任等做了具体规定。1989 年颁布的《中华人民共和国环境保护法》重申了环境影响评价的法律地位。1994 年，《中国 21 世纪议程》要求建立可持续发展影响评价制度，明确提出了对现行重大政策和法规实施可持续发展影响评价。1998 年国务院颁布的《建设项目环境保护管理条例》首次在法规层面上提出建设规划的环境影响评价。2003 年 9 月 1 日开始施行的《中华人民共和国环境影响评价法》将环境影响评价上升到法律要求。2005 年 12 月《国务院关于落实科学发展观 加强环境保护的决定》提出：“必须依照国家规定对各类开发建设规划进行环境影响评价。对环境有重大影响的决策，应当进行环境影响论证。”2009 年 10 月 1 日实施的《规划环境影响评价条例》进一步推动了规划环评的开展。此外，还制定了《建设项目环境保护分类管理名录》《建设项目环境影响评价文件分级审批规定》《环境影响评价公众参与暂行办法》《建设项目环境影响评价资质管理办法》《专项规划环境影响报告书审查办法》《环境影响评价审查专家库管理办法》《建设项目环境影响评价文件审批程序规定》《建设项目环境影响评价行为准则与廉政规定》等配套部门规章。

国际组织及主要国家、地区有关法律制度 环境影响评价制度的建立与实施在全世界还存在很大的不平衡性（见下表）。多数国际组织业已发布了针对国际援助计划战略环境影响评价（简称战略环评）的规定，但绝大部分不具有强制性，实施机构基本是通过邀请外部专家组来完成。经济合作与发展组织（OECD）成员国都建立了专门的环境管理部门，并将环境影响评价作为一项强制环境管理制度纳入法律，许多国家也强制或鼓励开展战略环评，但仍有部分发展中国家尚未开展强制性环境影响评价，少数发展中国家开始关注战略环评。

国际组织及主要国家、地区环境影响评价有关法律规定

国际组织及主要国家、地区	主要法律规章（中文）	主要法律规章（英文）	涉及类型
OECD 发展援助委员会	《应用战略环评：发展合作良好实践指南》以及咨询备忘录（OECD DAC SEA 指南）	Applying Strategic Environmental Assessment: Good Practice Guidance for Development Cooperation and Supplementary Advisory Notes（OECD DAC SEA Guidance）	计划、规划

续表

国际组织及主要国家、地区	主要法律规章（中文）	主要法律规章（英文）	涉及类型
欧盟	《环境影响评价指令》（85/337/EEC）及修正案 《战略环评指令》（2001/42/EC） 联合国欧洲经济委员会《战略环评议定书》（基辅，2003） 《跨界环境影响评价公约》（埃斯波，1991） 新《环境影响评价指令》（2011/92/EU）、（2014/52/EU）	EIA Directive（85/337/EEC）& Amendments SEA Directive（2001/42/EC） UNECE Protocol on Strategic Environmental Assessment（Kyiv，2003） Convention on EIA in a Transboundary Context（Espoo，1991） New EIA Directive（2011/92/EU），（2014/52EU）	项目、计划、规划
联合国开发计划署	《里约环境与发展宣言》 主流环境战略 环境述评 《UNDP 规划手册》 综合规划和评价工具	The Rio Declaration Environmental Mainstreaming Strategy Environmental Overview（EO） UNDP Programming Manual The Integrated Programming and Assessment Tool	非强制
联合国环境规划署	贸易政策战略综合评价	Strategic Integrated Assessment of Trade Policies	非强制
世界银行	世界银行执行手册-执行政策 4.01《环境评价》，1999 年 1 月实施	The World Bank Operational Manual-Operational Policies，OP 4.01 Environment Assessment，implemented in January，1999	非强制
亚洲开发银行	亚洲开发银行环境政策 国家环境分析（CEA） 项目准备技术援助和贷款准备	The ADB's Environment Policy Country Environmental Analysis（CEA） Project Preparation Technical Assistance（PPTA）/Loan Preparation	非强制
中国	《环境保护法》（试行，1979） 《环境保护法》（1989） 《环境影响评价法》（2003） 《规划环境影响评价条例》（2009）	Environmental Protection Law（trial，1979） Environmental Protection Law（1989） China EIA Law（2003） Planning EIA Decree（2009）	项目、计划、规划
中国香港	1992 年总督施政报告 1999 年行政长官施政报告 《环境影响评价条例》（EIAO，1998）	Governor's Policy Address（1992） Chief Executive's Policy Address（1999） The EIA Ordinance（EIAO，1998）	项目、计划、政策、提案
印度	《水法》（1974） 《印度野生动物（保护）法》（1972） 《大气（污染预防和控制）法》（1981） 《环境保护法》（1986）	Water Act（1974） The Indian Wildlife（Protection）Act（1972） The Air（Prevention and Control of Pollution）Act（1981） The Environment Protection Act（1986）	项目、计划
日本	《基本环境法》 《基本环境计划》	The Basic Environment Law The Basic Environment Plan	项目、计划
韩国	《国家综合国土规划》 《国家领土框架法》 《事前环境评估制度》	The Comprehensive National Territorial Plan The Framework Act on the Discussion National Territory The Prior Environmental Review System	项目、计划、政策

续表

国际组织及主要国家、地区	主要法律规章（中文）	主要法律规章（英文）	涉及类型
新加坡	《发展指南计划》（DGPs）	Development Guide Plans（DGPs）	项目、土地规划
马来西亚	《环境质量法》（1974）	Environmental Quality Act（1974）	项目
尼泊尔	《环境影响评价指南》（1993） 《环境保护法》（1997） 《环境保护规则》（1997）	EIA Guideline（1993） Environment Protection Act（1997） Environment Protection Rules（1997）	项目、农业政策
泰国	《国家环境评价制度暂行指南》（2005）	The Interim Guidance Notes on Piloting for the Country EA System（2005）	项目
巴基斯坦	《国家环境政策 2005》 《2005—2010 中期发展框架》	The National Environment Policy 2005 The Medium-Term Development Framework 2005-2010	无强制的环境影响评价
澳大利亚	《(拟议计划影响）环境保护法》（1974） 国家生态可持续发展战略（NSESD）（1992） 《国家林业政策声明》（1992） 《环境保护和生物多样性保护法》1999（EPBC 法）	Environment Protection（Impact of Proposals）Act（1974） The National Strategy for Ecologically Sustainable Development（NSESD）（1992） The National Forest Policy Statement（1992） Environment Protection and Biodiversity Conservation Act 1999（EPBC Act）	计划、规划、政策
新西兰	《环境保护和改善程序》（1974） 《环境法》（1986） 《资源管理法》1991 及修正案 2005	Environmental Protection and Enhancement Procedures（1974） The Environmental Act（1986） Resource Management Act 1991 and Amendments 2005	项目、计划、规划、政策
美国	《国家环境政策法》（1969）及其修正案	The National Environmental Policy Act of 1969 and Amendments	项目、计划、规划、政策
加拿大	《环境评价和评估过程指南规定》（1984） 《加拿大环境评价法》（1995） 《内阁指令》1990 年及 1999 年修订案 《政策、计划、规划提案环境评价内阁指令》（2004）	The EA and Review Process Guidelines Order（1984） The Canadian EA Act（1995） Cabinet Directive 1990，amended in 1999 Cabinet Directive on the Environmental Assessment of Policy，Plan and Program Proposals（2004）	项目、计划、规划、政策
俄罗斯	《联邦生态专业法》（1995） 《预期业务和其他活动对环境的影响评价条例》（2000）	The Federal Law on Ecological Expertise（1995） Regulations on Assessment of Impact from Intended Business and Other Activity on Environment（2000）	项目、计划
奥地利	《环境影响评价法》	The EIA Act	项目、计划
德国	国家可持续发展战略 《联邦建筑条例》	The National Sustainable Development Strategy The Federal Building Code	项目、计划、规划、政策
挪威	《关于后果评价、提交和审查程序与正式研究、法规、提议和议会报告相结合的指导意见》	Instructions for Consequence Assessment，Submission and Review Procedures in Connection with Official Studies，Regulations，Propositions and Reports to the Storting	项目、计划、规划

续表

国际组织及主要国家、地区	主要法律规章（中文）	主要法律规章（英文）	涉及类型
英国	《法规影响评价》（RIA） 《环境评价法》2005（苏格兰） 《规划和强制购买法》2004 《发展规划环境评价》 《应用欧盟 SEA 指令 2001/42/EC 实践指南》 《规划政策指南 11：区域规划》（2000） 《国家规划政策框架》（2012）	Regulatory Impact Assessment（RIA） Environmental Assessment Act 2005（Scotland） Planning and Compulsory Purchase Act 2004 Environmental Appraisal of Development Plans Practical Guidance on Applying European SEA Directive 2001/42/EC Planning Policy Guidance 11：Regional Planning（2000） National Planning Policy Framework（2012）	项目、计划、规划、政策
捷克	《环境影响评价法》第 244/1992 号	Environmental Impact Assessment Act No. 244/1992	项目、战略提案
丹麦	《1988 年环境和发展行动计划》 《1993 年首相办公室通知》1995 年和 1999 年修订 《规划和计划环境评价法》	The 1988 Plan of Action for Environment and Development Prime Minister's Office Circular of 1993，amended in 1995 and 1999 The Act on Environmental Assessment of Plan and Program	项目、法案、特定部门政策和计划
法国	《1977 年 10 月 12 日条例》 《法国环境法》 《市政区划计划》 《1990 年 7 月 16 日政策条例》	Decree of 12 October 1977 French Environmental Law Municipal Zoning Plans Decree of 16 July 1990 on Policies	项目、计划、政策
荷兰	《环境影响评价条例 1987》（1994 和 1999 修订） 《国家环境政策规划》 《荷兰环境管理法》 《实施环境核查内阁指令 1995》（E-test）	EIA Decree of 1987（amended in 1994 & 1999） The National Environmental Policy Plans The Dutch Environmental Management Act Cabinet Order of 1995 on the Implementation of the Environmental Test（E-test）	项目、计划、规划、政策
芬兰	《当局规划、计划、政策环境影响评价法》（战略环评法/指令）	The Act on Assessment of Impacts of the Authorities' Plans，Programs and Policies on the Environment（SEA Act/Directive）	项目、计划、规划、政策
瑞典	《环境法》（1999） 《规划与建筑法》（2010） 《地方当局能源规划法 1977》	The Environmental Code（1999） Planning and Building Act（2010） 1977 Act on Local Authority Energy Planning	项目、计划、规划、政策
葡萄牙	《空间规划法》（第 48/98 号） 《空间规划规章》（第 380/99 号） 《战略影响评价指南》 欧盟战略环评指令协议	Spatial Planning Act（No. 48/98） Spatial Planning Regulations（No. 380/99） Guidelines for Strategic Impact Assessment Harmonization of the EC SEA Directive	空间规划
斯洛文尼亚	《环境保护法 1993》	Environmental Protection Act of 1993	项目
南非	《国家环境管理法 1998》及修正案 综合环境管理（IEM） 《战略环评入门 1996》	The National Environmental Management Act of 1998 and its amendments Integrated Environmental Management（IEM） The SEA Primer 1996	项目、计划
埃及	《环境保护法 4/1994》	Law 4/1994 for the Protection of the Environment	项目

评价范围 环境影响评价的范围，主要覆盖项目、计划、规划和政策层面。最初的环境影响评价仅限于对环境有较大影响的大型建设项目，后来拓展到部门、区域、国家的各种规划、开发计划、政策。为协调世界各国的行动，一些国际组织专门制定了战略环评的相关规定，鼓励各成员国采纳实施，并转化为国家法律。欧盟分别针对项目环评和战略环评出台相关规定。各国国情不同，开展环境影响评价的进展不一。有些国家或地区对适用环境影响评价的范围规定得较为广泛，有的则较为具体。例如，美国的《国家环境政策法》规定，对人类环境质量有重大影响的每一项建议或立法建议或联邦的重大行动，都要进行环境影响评价，并分为环境评价（EA）或编制环境影响报告书（EIS）两类。瑞典的《环境法》规定，凡是产生污染的任何项目都须事先得到批准，对其中使用较大不动产（土地、建筑物和设备）的项目，则要进行环境影响评价。荷兰的《环境影响评价条例》《荷兰环境管理法》和《实施环境核查内阁指令 1995》对政府和企业实施项目、计划、规划和政策环境影响评价进行了详细规定。在法国，城市规划是必须做环境影响评价的，而其他项目根据其规模和性质的不同分为三类：必须做正式影响评价的大型项目、须做简单影响说明的中型项目和可以免除影响评价的项目，并在 1977 年 1141 号政令附则中详细列举了三类不同项目的名单，这样明确的规定保证了环境影响评价制度的有效实施。澳大利亚《环境保护和生物多样性保护法》规定八类具有重大环境影响的事项必须开展环境影响评价。

根据我国法律规定，国务院有关部门、设区的市级以上地方人民政府及其有关部门，对其组织编制的土地利用有关规划，区域、流域、海域的建设、开发利用规划，工业、农业、畜牧业、林业、能源、水利、交通、城市建设、旅游、自然资源开发的有关专项规划（简称“一地三域十专项”），应当进行环境影响评价。凡在中国建设对环境有影响的项目都需要进行环境影响评价。我国根据建设项目对环境的影响程度，对建设项目的环境影响评价实行分类管理：可能造成重大环境影响的，必须编制环境影响报告书，对产生的环境影响进行全面评价；可能造成轻度环境影响的，必须编制环境影响报告表，对产生的环境影响进行分析或者专项评价；对环境影响很小、不需要进行环境影响评价的，必须填报环境影响登记表。

基本内容 环境影响评价的内容，各国规定虽不一致，但一般都包括下述基本内容：①对政策、计划、建设项目的描述。②政策、计划、规划实施前和项目建设前的环境本底状况。③政策、计划、规划、项目建设不同替代方案的实施对自然环境和社会环境将产生的影响和后果。④污染防治和环境破坏减轻的措施。⑤经济技术可行性分析和环境影响经济分析。⑥评价结论。

评价程序 见环境影响评价。

意义 环境影响评价制度化与法制化是实施可持续发展战略、促进经济社会与环境保护协调发展的法律保障，对于预防因规划和建设项目的实施对环境造成不良影响具有重大意义。具体包括以下方面：①环境影响评价制度是我国贯彻“预防为主”方针的重要制度，其从源头上对污染源进行控制，通过科学的环境规划、环境治理措施来减少污染物的产生与排放，减轻企业投产后的污染治理负担，是避免“先污染、后治理，先破坏、后恢复”的有效手段。②环境影响评价制度贯穿在规划和项目建设各个阶段，使计划管理、经济管理、建设管理都包含环境保护的内容，有利于促进经济建设和环境保护的协调发展。③环境影响评价可以调动社会各方面保护环境的积极性。科研院所、高等院校、工程设计单位、相关管理部门的广泛介入有利于保证环境影响评价的科学性和可行性，特别是公众参与在环境影响评价中可以提高决策质量和项目的可接受度，提高环境影响评价执行的有效性。

发展趋势 从国际上近年来环评的推动和实施情况来看，建设项目环评难以为综合决策提供有力依据，规划环评也难以承担起“作为实施可持续发展战略的有效工具”的重任。如何将环境影响评价与经济增长、环境保护协调起来，如何解决环境影响预测本身的不确定性，如何保证环境影响评价本身的质量都是急需解决的问题。推进环评的发展，未来需要关注以下问题：

战略环评尤其是政策环评应得到重视 一个完整的决策链应包括“政策—规划—计划—项目”，且政策是这一决策链的龙头。科学、正确的政策是国家和地区可持续发展的保证。而政策环评是真正意义上以主动积极态度对人类大规模开发活动进行预先评价，为领导决策提供更具前瞻性和科学性的依据。各国应根据自己的国情，逐步推动战略环评。

环境影响评价技术方法的发展和创新 环境影响评价技术方法包括环境影响识别、环境影响预测、综合评价方法等。在传统评价方法的基础上，有必要开发新的模型和模拟方法，对环境的未来趋势做出更准确的预测。随着计算机技术的快速发展，地理信息系统（GIS）能够有效地管理一个大的地理区域复杂的污染源信息、环境质量信息及其他有关方面的信息，并能统计、分析区域环境影响诸因素的变化情况及主要污染源和主要污染物的地理属性和特征等，其具有强大的空间分析能力和图形处理能力，可以作为各种选址的辅助工具。多样和创新的技术方法将是环境影响评价质量的重要保障。

让公众参与和监督落到实处 公众参与是环境影响评价中不可或缺的一个环节。公众参与的时机、信息获取、参与形式在各个国家不尽相同。在环评的各个阶段均应规定公众参与。公众越早介入环境影响评价程序，他们对决策程序产生的影响就越大。环境信息获得量的多少决定了公众参与程度的高低，因此，需要扩大公众获得信息的渠道，强化公众参与的效果。听证会是公众参与度最高的形式，许多国家对此没有明确的规定，未来应完善听证会的启动程序。（贺桂珍）

推荐书目

Hanna K S. Environmental Impact Assessment: Practice and Participation. 2nd edition.Oxford : Oxford University Press，2009.

Dalal-Clayton B，Sadler B. Strategic Environmental Assessment: A Source Book and Reference Guide to International Experience. London : Earthscan，2005.

huanjing yingxiang pingjia zizhi zhengshu

环境影响评价资质证书 （qualification certificate for environmental impact assessment） 由环境保护部统一印刷并颁发的，确认环境影响评价机构可以在规定范围之内，为委托单位提供环境影响评价技术服务的证明文书。环境影响评价资质证书可以在全国范围内使用，有效期为4年。

证书等级 我国环境影响评价资质等级分为甲、乙两个等级。甲级和乙级评价机构应当按相关规定达到相应的条件。取得甲级评价资质的评价机构，可以在资质证书规定的评价范围之内，承担各级环境保护行政主管部门负责审批的建设项目环境影响报告书和环境影响报告表的编制工作，国家对甲级评价机构的数量实行总量控制；取得乙级评价资质的评价机构，可以在资质证书规定的评价范围之内，承担省级以下环境保护行政主管部门负责审批的环境影响报告书或环境影响报告表的编制工作。环境保护部在确定评价资质等级的同时，根据评价机构专业特长和工作能力，确定相应的评价范围，评价范围分为环境影响报告书的11个小类和环境影响报告表的2个小类。

获得证书机构的管理 根据环境保护部第36号令《建设项目环境影响评价资质管理办法》（2015年9月28日公布），环境保护部负责对获得环境影响评价资质证书的机构实施统一监督管理，定期公布评价机构名单，组织或委托省级环境保护行政主管部门进行抽查，根据抽查结果执行相关责罚，并向社会公布有关情况。各级环境保护行政主管部门对在本辖区内承担环境影响评价工作的评价机构负有日常监督检查的职责，应当加强对评价机构的业务指导，并结合环境影响评价文件审批情况对评价机构的环境影响评价工作质量进行日常考核。评价机构变更名称、资质证书有效期延续和补发应符合相关规定。

甲级评价机构在资质证书有效期内应当主持编制完成至少 5 项省级以上环境保护行政主管部门负责审批的环境影响报告书，乙级评价机构在资质证书有效期内应当主持编制完成至少 5 项环境影响报告书或环境影响报告表，其中，评价范围为环境影响报告表的评价机构，在资质证书有效期内应当主持编制完成至少 5 项环境影响报告表。

《中华人民共和国环境影响评价法》还对评价机构在环境影响评价工作中不负责任或者弄虚作假等行为，提出了处理措施，以规范环境影响评价机构的行为。

（田晓刚）

huanjing yingxiang shibie

环境影响识别 （identification of environmental impacts） 定性地说明环境影响的性质、范围和程度的过程。

进行环境影响识别时应重点分析规划实施对资源、环境要素造成的不良环境影响，包括直接影响、间接影响，短期影响、长期影响，各种可能发生的区域性、综合性、累积性的环境影响或环境风险。

通过环境影响识别，以图表形式建立规划要素与资源、环境要素之间的动态响应关系，从中筛选出受规划影响大、范围广的资源、环境要素，作为分析、预测和评价的重点内容。

环境影响识别的方式和方法主要有：矩阵分析、网络分析、叠图分析、核查表、灰色系统分析、层次分析、情景分析、专家咨询、压力-状态-响应分析等。

矩阵分析 矩阵法将规划目标、指标以及规划方案与环境因素作为矩阵的行与列，并在对应位置填写用以表示人为活动与环境因素之间的因果关系的符号、数字或文字。矩阵法有简单矩阵、定量的分级矩阵（相互作用矩阵）、Welch-Lewis 三维矩阵等。简单矩阵是两个一览表的综合：一个描述拟采用的行动的潜在影响（列），另一个列出社会、经济、环境条件等可能受影响的环境因子（行）。一般在矩阵的后面都附有一个说明，给出每一个单元中数值的取得过程。使用者则应该寻找原始资料从而确定哪些行动的影响最为显著。

矩阵分析在区域环评中的应用：通过列表的形式来寻找开发区规划的实施可能带来的环境影响，根据这些影响进行规划方案筛选和环境影响识别。具体步骤如下：①找出规划制定、实施、实施后的主要人类行为，将其作为矩阵的行。②识别主要的受影响因子，包括社会、经济、环境、资源等方面，并将这些因子作为矩阵的列。③根据专家和公众的意见，对每种人类活动与受影响因子之间的直接关系进行打分，也可根据一定的规则进行打分。

该法的优点是：可直观地表示交叉或因果关系；可表示和处理那些由模型、图形叠置和主观评估方法取得的量化结果；将矩阵中每个元素的数值，与对各环境资源、生态系统和人类社区的各种行为产生的累积效应的评估很好地联系起来。缺点是：对影响产生的机理解释较少，不能表示影响作用是立即发生的还是延后的，长期的还是短期的；难以处理间接影响，也难以反映规划在复杂时空关系上的不同层次的影响。

网络分析 用网络图表示活动造成的环境影响以及各种影响之间的因果关系，以原因-结果关系树来表示环境影响链，多层影响逐级展开，呈树枝状，故又称影响关系树或影响树。网络法主要有两种形式：因果网络法和影响网络法。

因果网络法的实质是一个包含规划与调整行为、行为与受影响因子以及各因子之间联系的网络图。因果网络图的优点在于可以识别环境影响的发生途径，便于依据因果关系考虑减缓及补给措施；缺点在于因果关系要么过于详细，致使在一些不太重要或者根本不可能发生的影响上花费太多时间、人力、物力和财力，要么就是因果关系考虑得过于笼统，导致遗漏重要影响，尤其可能遗漏间接影响。

影响网络法是将影响中的对经济行为与环境因子进行的综合分类以及因果网络法中对高层次影响的清晰的追踪描述结合进来，最后形成一个包含经济行为、环境因子和影响联系这三个评价因子的网络。

网络分析在区域环评中的应用：通过专业判断，画出流程图（行为、结果）和箭头（表示它们之间的相互作用）构成的网络系统，用来表示行为的直接影响和间接影响。

该方法的优点是：易于理解、透明，并有利于公众参与；快速，成本低；能明确表述环境因子间的关联性和复杂性；能识别规划实施的环境制约因素；能够为其他方法提供信息。缺点是：无法定量，不能重现；不能反映空间关系和时间跨度的变化影响；图表可能变得非常复杂。

叠图分析 叠图法是将一系列关于某区域环境特征，包括自然条件、社会背景、经济状况等的专题地图叠放在一起，形成一张能综合反映区域环境信息的空间特征的地图，广泛应用于环境影响识别和环境影响评价中。具体到区域环境影响评价中，还可以将规划所影响的范围、强度在地图上表示出来，与原有的自然条件、社会背景、经济状况等专题地图叠放在一起，可以直观、清楚地显示每一个地理单元上的信息群。叠图技术已从最初在透明胶片上进行手工绘制，发展到目前借助于现代化的遥感技术及地理信息系统（GIS）软件用计算机生成。借助于计算机技术，可以解决手工操作的困难，还可以引进 GIS 的叠置分析、缓冲区分析等功能。

叠图分析应用于现状的综合分析和环境影响识别时，只需将受影响地区的透明图片叠加起来。应用于环境影响评价时，则需要将规划影响的范围和强度图与上述地图重叠，在合成图上作用因素和环境特征有重合的即视为有影响。

该方法的优点是：直观、形象；可以表现单个影响和复合影响的空间分布；能够得到易于理解的结果，这些结果可以用于公众参与；不需要专家参与就能完成；适用于所有范围。缺点是：只能用于那些可以在地图上表示的影响；耗时，而且成本昂贵，尤其在采用 GIS 技术时；如果不采用 GIS 技术，很难保证信息不过时；无法表达“源”与“受体”的因果关系；无法综合评价环境影响的强度或环境因子的重要性。（汪光）

huanjing yingxiang yuce

环境影响预测 (environmental impact prediction) 在环境现状调查、工程调查与分析、环境现状评价的基础上，有选择、有重点地对未来区域环境质量或环境价值的变化量、空间变化范围、时间变化阶段等进行分析、判断的过程。预测的环境因子应包括反映评价区一般质量状况的常规因子和反映建设项目特征的特性因子两类，并须考虑环境质量背景与已建的和在建的建设项目同类污染物环境影响的叠加。

原则 对于已确定的评价项目，都须预测建设项目对环境产生的影响，预测的范围、时段、内容及方法均应根据建设项目评价工作等级、工程与环境的特性、当地的环保要求而定。

方法 预测环境影响时应尽量选用通用、成熟、简便并能满足准确度要求的方法。目前使用较多的预测方法有：数学模式法、物理模型法、类比调查法和专业判断法。数学模式法能给出定量的预测结果，但需一定的计算条件和输入必要的参数、数据。一般情况下，此方法比较简便，应首先考虑。选用数学模式时要注意模式的应用条件，如实际情况不能很好满足模式的应用条件而又拟采用时，要对模式进行修正并验证。物理模型法定量化程度较高，再现性好，能反映比较复杂的环境特征，但需要有合适的试验条件和必要的基础数据，且制作复杂的环境模型需要较多的人力、物力和时间。在无法利用数学模式法而又要求预测结果定量精度较高时，应选用此方法。类比调查法的预测结果属于半定量性质，如由于评价工作时间较短等原因，无法取得足够的参数和数据，不能采用前述两种方法进行预测时，可选用此方法。专业判断法则是定性地反映建设项目的环境影响。建设项目的某些环境影响很难定量估测（如对文物与珍贵景观的环境影响），或由于评价时间过短等原因而无法采用上述三种方法时，可选用专业判断法。

时段划分 建设项目的环境影响按照该项目实施过程的不同阶段，可以划分为建设阶段的环境影响、生产运行阶段的环境影响和服务期满后的环境影响三种，生产运行阶段可分为运行初期和运行中后期。

所有建设项目均应预测生产运行阶段正常排放和不正常排放两种情况的环境影响；大型建设项目，当其建设阶段的噪声、振动、地表水、大气、土壤等的影响程度较重，且影响时间较长时，应进行建设阶段的影响预测；矿山开发等建设项目应预测服务期满后的环境影响。

在进行环境影响预测时，应考虑环境对影响的衰减能力。一般情况下，应考虑两个时段，即影响的衰减能力最差的时段（对污染来说是环境净化能力最低的时段）和影响的衰减能力一般的时段。如果评价时间较短，评价工作等级又较低时，可只预测环境对影响的衰减能力最差的时段。

范围 环境影响预测范围的大小、形状等取决于评价工作的等级、工程和环境的特性。一般情况下，预测范围等于或略小于现状调查的范围。在预测范围内应布设适当的预测点，通过预测这些点所受的环境影响，由点及面反映该范围所受的环境影响。预测点的数量与布置，因工程和环境的特点、当地的环保要求及评价工作的等级而不同。

内容 环境影响预测是对能代表评价项目的各种环境质量参数变化的预测。环境质量参数包括两类：常规参数和特征参数。前者反映该评价项目的一般质量状况，后者反映该评价项目中有可能受影响的环境质量状况。各评价项目应预测的环境质量参数的类别和数目，与评价工作等级、工程和环境的特性及当地的环保要求有关。（汪光）

huanjing yingxiang zonghe pingjia moxing

环境影响综合评价模型 （comprehensive model for environmental impact assessment） 按照一定的评价目的，把人类活动对环境的影响从总体上综合起来，进行定性或定量评定的模型。

常用的模型有：①指数模型，包括普通指数法和巴特尔指数（参见巴特尔环境评价系统）。普通指数法包括多因子指数评价和环境质量综合指数评价等方法，如大气环境影响分指数、水体环境影响分指数、土壤环境影响分指数。②系统动力学模拟模型，又称动态系统模拟法。利用该方法可对各种方案运行的环境影响进行比较。该法是很有发展前途的综合分析方法，但运行要求很高，需要对社会行为和技术发展做一系列的严格设定，往往需要花费相当大的人力、物力、财力。③模糊综合评价模型，是应用比较广泛的一种模糊数学方法。针对评价时遇到的边界不明显，很难将其归于某个类别的问题，此时可先对单个因素进行评价，然后对所有因素进行综合模糊评价，防止遗漏任何统计信息和信息的中途损失，这有助于解决用“是”或“否”这样的确定性评价带来的对客观真实的偏离问题。模糊综合评价模型的建立须经过以下步骤：给出备选的对象集；确定指标集；建立权重集；确定评语集；找出评判矩阵；求得模糊综合评判集，即普通的矩阵乘法，根据评判集得出最终评价结果。④系统数学模型，又称数学模拟，是建立在客观存在环境系统的基础上，反映评价涉及的各种环境要素和过程以及它们之间相互联系和作用的一组数学表达式。它是在反映环境要素和环境过程的数学模型的基础上，分析要素和过程间的相互联系及作用，按照一定的法则用单个数学模型组合而成的。其建立和应用步骤如下：

确定问题；建立定性模型；建立系统数学模型；模型验证；预测和对策分析。这种模型在环境影响评价中用于环境预测和对策分析，在环境预测中，适于表现开发建设活动对环境要素、过程之间相互联系及作用的影响，以及表现开发建设活动引起的间接影响；在对策分析中，适于对开发建设活动的环境效益与经济效益进行综合分析。（贺桂珍）

huanjing yingji guanli

环境应急管理（environmental emergency management） 为了降低突发环境事件的危害，基于对造成突发环境事件的原因、发生和发展过程及所产生负面影响的科学分析，有效集成社会各方面的资源，运用现代技术和环境管理方法，对突发环境事件进行监测、应对、控制和处理的环境管理活动。环境应急管理是政府应急管理的组成部分，是政府的一项基本职能。

特点 一般表现为以下四个方面：①环境应急管理是非常态管理，区别于一般的常态管理。环境应急管理总是和环境突发事件相伴而生，环境突发事件的高度不确定性使得正常的环境均衡状态被打破，环境应急管理必须面对突发的不正常状态，采取合适的应对策略。②环境应急管理是动态管理，包括减轻、就绪、响应、恢复四个阶段，体现在管理突发环境事件的各个阶段。③环境应急管理是综合性管理，涉及广泛的利益主体和参与部门，有些环境应急管理还要解决跨界、跨地区的环境问题。④环境应急管理是完整的系统工程。应急管理的“一案三制”体系是具有中国特色的应急管理体系，“一案”为应急预案体系，“三制”为应急管理体制、运行机制和法制。

原则 ①以人为本，减少危害。把保障公众的生命安全和身体健康、最大限度地预防和减少突发环境事件造成的人员伤亡作为首要任务。加强对环境事件危险源的监测，监控并实施监督管理，建立环境事件风险防范体系，尽可能避免或减少突发环境事件的发生，消除或减轻环境事件造成的中长期影响。②依法应急，规范处置。依法规范环境应急管理工作，确保环境应急预案的科学性、权威性和可操作性，遵照环境突发事件应急预案规定，按照各自职责做好应急处置工作。③统一领导，协调一致。在国家的统一领导下，各级政府负责做好本区域的环境应急管理工作。在政府应急管理组织的协调下，环境保护部门及各相关单位按照各自的职责和权限，负责环境应急管理和应急处置工作。企业要认真履行环境保护的职责，建立与政府应急预案和应急机制相匹配的环境应急体系。④属地为主，分级响应。按照属地管理原则，根据环境突发事件的范围、性质和危害程度，实行分级响应。⑤专家指导，科学处置。充分发挥专家作用，采用先进的救援装备和技术，增强应急处置能力。⑥充分准备，分级备案。充分利用现有资源，积极做好应对突发环境事件的物资准备、技术准备及思想准备，加强培训演练，各级部门和企业都应制定突发环境事件应急预案。

管理阶段 环境应急管理可以划分为减轻（Reduction）、就绪（Readiness）、响应（Response）和恢复（Recovery）四个阶段，简称“4R”阶段。第一个是减轻阶段，应及时汇总分析本地区可能发生的突发环境事件隐患和预警信息，必要时组织相关部门、专业技术人员及专家学者进行会商，对发生突发环境事件的可能性及其可能造成的生态环境影响进行评估，并向相关机构通报。应建立健全突发环境事件监测和预警制度，发布突发环境事件警报后，政府及相关部门应当根据事态的发展，适时调整预警级别并重新发布。第二个是就绪阶段。国家和地方环境保护部门应建立一套高效的突发环境事件信息系统，以汇集、储存、分析、传输突发环境事件的信息。国家和各级地方政府应建立健全突发环境事件应急预案体系，建立相应的环境应急机制。各个单位应当建立健全环境管理制度，及时消除环境隐患。在这一阶段，各相关部门、学校及媒体还应进行科普宣传，开展应急演练。在保障手段上，进行财政、应急物资、通信系统的应急准备。第三个是响应阶段，一旦发生突发环境事件，就应针对其性质、特点和危害程度，立即组织有关部门，调动应急救援队伍和社会力量，依照有关法规采取应急处置措施。第四个是恢复阶段，首先应停止执行应急状态下的一些措施，同时采取必要措施防止发生次生环境灾害，然后对灾害造成的损失进行评估，制订恢复重建计划，进行具体的救助、补偿、抚恤、安置等善后工作，恢复社会治安秩序。此外，还需查明突发环境事件的发生经过和原因，总结突发环境事件应急处置工作的经验教训，制定改进措施。

突发环境事件应急响应是环境应急管理中最核心的阶段，又可将其细分为以下四个阶段：信息获知、有效反应、重点应对、快速恢复。环境突发事件的发生对于环境应急管理来说是标志性信号，获知事件发生的信息是环境应急管理的第一步。在获知事件发生后，往往会由于相关信息的高度缺失等原因，造成盲目反应的现象。有效反应需要确证消息的准确性、将相关信息传达给相关人员、清楚处置该突发环境事件所需的资源及资源的可获取性，并基本完成环境应急处置的各种准备。第三个阶段包括现场处置和相应的救援，尤其是针对重点受影响区域和人群实施重点应对。第四个阶段是在响应过程中的快速恢复，与整个环境应急管理过程之后的全面恢复相对应。快速恢复的目的是帮助受灾人群保持基本的生活和工作秩序，并为全面恢复提供一个良好的基础。

（贺桂珍）

huanjing yuce

环境预测 （environmental forecast） 根据已掌握的环境信息资料和监测、统计数据，运用有关的科学手段，对未来环境变化的方向、范围、速度和强度进行估计和推测，并为期望的变化设计发展路径的活动。环境预测是制定环境规划的基础，是环境决策和管理的依据与前提，是体现“预防为主”方针的一项重要措施。通过预测可以确定环境政策方案的效果，规划未来的活动。

原则 环境预测有四大原则，包括相关原则、惯性原则、类推原则、概率推断原则。

相关原则 建立在分类的思维高度，关注事物（类别）之间的关联性，当了解到（或假设）已知的某个事物发生变化，再推知另一个事物的变化趋势，从思路上讲，不完全是数据相关，更多的是定性关系。最典型的相关有正相关和负相关。正相关是事物之间的促进。负相关是指事物之间相互制约，一种事物发展导致另一种事物受到限制，特别是替代品，如资源政策、环保政策出台必然导致一次性资源替代品的出现，像“代木代钢”发展起来的 PVC 塑钢。

惯性原则 事物发展具有一定的惯性，即在一定时间、一定条件下保持原来的趋势和状态，这也是大多数传统预测方法的理论基础，如线性回归、趋势外推等。

类推原则 建立在分类的思维高度，关注事物之间的关联性。主要包括由小见大、由表及里、由此及彼、由远及近、自下而上和自上而下。

概率推断原则 未来不可能完全把握，但根据经验和历史，很多时候能预估一个事物发生的大致概率，根据这种可能性，采取对应措施。有时可以通过抽样设计和调查等方法来确定某种情况发生的可能性。

类型 环境预测涉及面广，包括对社会经济发展、人口、土地利用、城市发展、能源及资源开发利用、环境污染状况、生态系统等多方面的预测。

按照环境要素，分为大气污染预测、水污染预测、噪声污染预测、固体废物预测。在环境影响评价时可分为大气环境影响预测与评价、水环境影响预测与评价、噪声环境影响预测与评价和固体废物环境影响预测与评价。

预测周期又称预测区间或预测期限，指从进行预测的现在时刻到预测对象未来时刻之间的时间间隔。根据预测周期通常分为三类，即短期预测、中期预测和长期预测。短期预测时间跨度最多为 1 年，中期预测的时间跨度通常是 1～5 年，长期预测的时间跨度通常为 5～10 年及以上，主要视预测的性质、内容、要求和决策的需要而定。短期预测采用的方法通常与长期预测不同，移动平均法、指数平滑法和趋势外推法等为短期预测所常用的方法。中长期预测要处理更多的综合性问题。一般地说，短期预测往往比长期预测更精确些，而预测周期越长，预测的精度相对越差。

按预测的时态不同，分为静态环境预测和动态环境预测。静态环境预测是指不包含时间变动因素，对同一时期环境状况和因果关系的预测。动态环境预测是指包含时间变动因素，根据环境发展的历史和现状，对其未来发展趋势的预测。

内容 主要涉及如下方面：

社会、经济、科学技术的发展趋势 社会、经济的发展趋势对国家和地区环境战略具有重要意义，因此，可通过对关键社会、经济指标的预测分析环境可能发生的变化。社会预测指标包括人口增长/下降、民族组成、生活方式、社会态度、收入水平。经济预测指标包括一般经济状况、GDP 增速、人均收入、GDP 结构变化、不同行业的投入产出、价格水平、贸易等。技术创新和发展有利于提高国家的环境污染防治水平，技术预测包括技术创新、技术扩散和普及的速度、程度、未来的潜力，以及实际环境管理技术，评价其保护和改善环境的效果，并据此确定是否调整环境政策。

能源消耗、资源开发等的规律、速度及其环境影响 能源预测主要关注产品综合能耗、能源利用率、能源消费弹性系数。产品综合能耗包括单位产值综合能耗和单位产量综合能耗。能源利用率是指有效利用的能量同供给的能量之比。能源消费弹性系数指规划期内能源消耗量增长速度与经济增长速度之间的对比关系。常用的能耗预测法包括人均能量消费法和弹性系数法。资源预测包括水利、土地、矿藏、生物、海洋、气候等资源的开发活动速度、数量、范围、程度等对环境的影响。

污染源、排污量变化情况 包括大气污染源源强、大气和废水中各种污染物排放量、污染源废物产生量、噪声、农业污染源预测等。

环境污染状况的变化情况 在预测主要污染物增长的基础上，分别预测环境质量的变化情况，包括大气环境、水环境、土壤环境、声环境等环境质量的时空变化。

人类的开发活动可能造成的生态破坏情况 包括城市生态环境预测、农业生态环境预测、森林生态环境预测、草原和沙漠生态环境预测、珍稀濒危物种和自然保护区现状及发展趋势的预测、古迹和风景区的现状及变化趋势预测。

环境污染和生态破坏造成的经济损失预测 包括对环境、生态系统和人体健康损害的经济损失，以及生态服务功能破坏的损失。

方法 根据不同的预测目的和对象，可以选用不同的预测方法。

逻辑判断预测法 主要基于个人或团体的经验对未来状况进行预测。一般有调研判断预测、进度趋势判断预测、平衡判断预测和集合判断预测等方法。逻辑判断预测主要是根据来自各方面的数据、情报和资料，辅以一些简单的数学方法，分析政治、经济形势及其发展趋势与环境质量的关系，从而判断环境质量的发展变化趋势。这种方法的主要特点是简便易行，可以较快地得出预测结果。但是预测的精度取决于预测者的经验和所占有资料的丰富程度，在较大程度上受预测者的经验和水平的限制。另外，预测结果系统化、定量化和理论化的程度也较差。

定性预测方法 基于专家、预测者意见和判断的主观方法，主要对事件的未来状况做出性质上的预测，而不着重考虑其数量变化情况，适用于过去数据资料缺乏和有限的情况。常见的定性预测方法包括头脑风暴法、情景分析法、历史类比法、德尔斐法、主观概率法、层次分析法等。应用范围主要包括环境生态预测、社会预测等。

定量预测方法 根据过去的数据利用数学方法估计未来的趋势，适用于过去数据充分的场合，通常用于短、中期决策。定量预测方法包括时间序列预测法、因果联系预测法（又称解释模型预测法）。

时间序列预测法，又称历史引申预测法，其用历史数据预测未来的发展。时间序列，又称时间数列、历史复数或动态数列，是将某种统计指标的数值，按时间先后顺序排列所形成的数列。时间序列预测法就是通过编制和分析时间序列，根据时间序列所反映出来的发展过程、方向和趋势，进行类推或延伸，借以预测下一段时间或以后若干年内可能达到的水平。时间序列预测的基本假设是现在和未来的模式与过去相像。时间序列预测法不预测管理者现在或将来可能采取的行动带来的影响。由于时间序列依赖于过去的趋势，如果使用时无视环境的变化是很危险的。

时间序列预测法的步骤包括：收集与整理环境变化的历史资料；对这些资料进行检查鉴别，加以整理，编成时间序列，并根据时间序列绘成统计图；分析时间序列，从中寻找该社会现象随时间变化而变化的规律，得出一定的模式；以此模式去预测未来环境的情况。

时间序列预测法可用于短期预测、中期预测和长期预测。根据对资料分析方法的不同，又可分为简单序时平均数法、加权序时平均数法、简单移动平均法、加权移动平均法、趋势预测法、指数平滑法、季节性趋势预测法等。①简单序时平均数法，又称算术平均法，是把若干历史时期的统计数值作为观察值，求出算术平均数作为下期预测值，只能用于事物变化不大的趋势预测。②加权序时平均数法就是把各个时期的历史数据按近期和远期影响程度进行加权，求出平均值，作为下期预测值。③简单移动平均法就是相继移动计算若干时期的算术平均数作为下期预测值。④加权移动平均法将简单移动平均数进行加权计算，在确定权数时，近期观察值的权数应该大些，远期观察值的权数应该小些。⑤趋势预测法，又称趋势分析法，运用回归分析法、指数平滑法等方法对数据进行分析预测，分析其发展趋势，并预测出可能的发展结果。具体又包括趋势平均法、指数平滑法、直线趋势法、非直线趋势法，这几种方法虽然简便，能迅速求出预测值，但准确性较差。⑥指数平滑法是根据历史资料的上期实际数和预测值，用指数加权的办法进行预测，优点是只要有上期实际数和上期预测值，就可计算下期的预测值，这样可以节省很多数据和处理数据的时间，减少数据的存储量，方法简便，是国外广泛使用的一种短期预测方法。⑦季节性趋势预测法是根据事物每年重复出现的周期性季节变动指数，预测其季节性变动趋势。要研究这种预测方法，就要首先研究时间序列的变动规律。推算季节性指数常用的方法有季（月）别平均法和移动平均法两种。季（月）别平均法就是把各年度的数值分季（月）加以平均，除以各年季（月）的总平均数，得出各季（月）指数。这种方法可以用来分析环境质量等的季节性变动。移动平均法是应用移动平均数计算比例求典型季节指数。

因果联系预测法或解释模型预测法是依据历史资料找出预测对象的变量与其相关事物的变量关系，建立相应的因果预测模型，利用事物发展的因果关系来推断未来的状况。常见的方法包括回归分析、经济模型、投入产出模型、领先指标等。

模型模拟法 根据“同态性原理”建立起预测事件的同态模型，并将这些模型进一步数学形式化，然后再根据“边界性原理”确定预测事件的边值条件，进而确定未来状态与现时状态之间的数量关系。

利用数学模型进行环境预测的主要方法是利用监测、统计和其他数据资料，经过分析、处理后，凭借数学方法建立或选用环境系统的各种模型进行预测。主要特点是预测结果的系统化、定量化程度较高；在模型修正完善之后，使用电子计算机进行预测，速度较快，预测的精度也较高。但是，建立环境预测的数学模型需要较高的专业水平和数学知识，在数据、资料不完整时数学模型便不易建立，即使勉强建立起来也很难加以修正完善。在这种情况下，数学模型的实际意义不大。

应用数学模型进行环境预测的一个重要的技术过程就是把所研究的对象抽象为数学模型表达。这是对环境系统中各种因素定量描述的基础，也是进行数学模拟环境系统的基础。环境系统的数学模型就是对真实的环境系统进行观察，通过实验或实际的监测调查取得大量的数据，在对环境系统过程的本质及变化规律取得一定认识的基础上，经过抽象简化和数学处理而得到一个数学方程式的集合。这个集合能够描述环境系统中各变量及参数之间的关系。

通常数学模型分为理论模型、概念模型和经验模型三种类型。理论模型又称为白箱模型（white box），它是把所研究的系统中包含的各种现象，根据物理、化学、生物等学科的各种定律以及物质的迁移转化规律，经过数学处理而建立起来的数学模型，因而又称为现象模型。它是数学模型的较高级形式。

概念模型又称为灰箱模型（gray box）。灰箱是指信息不完全或不确定的系统，又称部分可观测的黑箱。灰箱模型指仅对灰箱内部结构、状况等部分规律了解，将环境与灰箱之间的输入、输出的变换结合起来进行模拟的数学模型。通常采用演绎方法或专家知识，确定模型类别、结构，然后用归纳法计算模型参数，如气象学、生态学、经济学等领域的模型。

经验模型又称为黑箱模型（black box）。黑箱是指一些其内部规律还很少为人们所知的现象，如生命科学、社会科学等方面的问题。黑箱模型就是不考虑黑箱内部，通过黑箱的输入和输出信息之间的变化关系，来探索模拟黑箱内部构造和机理的一种方法和数学模型。但由于因素众多、关系复杂，也可简化为灰箱模型来研究。在水文学模型中，黑箱模型不考虑流域物理过程，模型的建立基于输入和输出时间序列的分析。

综合预测法 定性和定量方法的综合。在定量方法中，模型的选择、因素的取舍以及预测结果的鉴别等，都以人的主观判断为前提。综合预测方法兼有多种方法的长处，因而可以得到较为可靠的预测结果。

程序 环境预测工作可分为四个步骤：准备阶段、收集并分析环境信息数据、预测分析阶段、预测结果分析。

准备阶段 包括：①确定预测的目标、对象、任务。这是进行预测的前提，要求目标明确，对象确定，任务具体。②确定预测时间，即确定所进行预测的时间跨度是短期、中期还是长期。③制订预测计划。安排人员、期限、经费、信息获取途径等。

收集并分析环境信息数据 包括：①收集预测资料。围绕环境预测目标，收集有关数据和资料。收集的数据和资料来源必须明确可靠，结论必须准确可信。②资料的分析检验。数据资料中必须包含能反映预测对象的特性和变动倾向的信息。一方面，要尽可能将有关原始资料收集完整；另一方面，要对资料进行加工整理、分析和选择，剔除非正常因素的干扰，对各相关因素进行测定和调整。

预测分析阶段 包括：①预测方法的选择。选择依据主要有该环境过程的特点、资料占有情况、预测目标所要求的精确度以及进行预测的人力、时间和费用限制等情况。②建立预测模型。该模型应能够反映预测对象的基本特征与经济、环境之间的本质联系，能较准确地反映预测对象内部因素与外部因素的相互制约关系。③进行预测计算。将收集到的信息、数据代入所建立的环境预测模型中计算，求出初步的环境预测结果。④检测预测结果，验证预测模型。对初步预测结果进行分析、检验，以确定其可信度。若误差太大则需分析产生误差的原因，以决定是否要对模型进行修正、重新计算，或者是对预测结果做必要的调整。这样可以确定选择的预测模型对于所要进行的预测是否有效。

预测结果分析 包括：①输出预测结果。进行误差分析，当预测结果满足精确度要求后，可将预测的结果输出。②提交预测结果。将预测结果按要求提交给决策部门，以制定环境管理方案。将预测结果付诸实际应用，以实现环境预测的目标。

以上步骤系统总结了开始、设计和应用环境预测的各环节，如果是定期做预测，数据则应定期收集。实际运算则可由计算机进行。

（贺桂珍）

推荐书目

Makridakis Spyros，Wheelwright Steven，Hyndman Rob J. Forecasting：Methods and Applications. 3 rd edition. New York：John Wiley & Sons，1998.

huanjing zaosheng guanli

环境噪声管理 （environmental noise management） 采用法律、经济、技术和教育等手段，对环境噪声进行限制、监测和污染防治，以改善城乡声环境质量的管理活动。

减少噪声污染主要靠科学技术的进步，但有些行政和法律措施能起到补充作用，效果有时甚至非常明显。

背景 近年来，随着经济社会发展和城市化进程加快，我国环境噪声污染影响日益突出，环境噪声污染纠纷频发，扰民投诉居高不下，噪声问题已发展成为制约人们生活质量提高，影响和谐社会建设的社会问题，环境噪声污染防治形势日趋严峻，噪声管理面临挑战。

原则 城市和乡村环境噪声污染防治相结合，促进声环境质量全面改善；促进噪声达标排放和减少扰民纠纷相结合，减轻噪声污染对居民生活、工作、学习的影响；环境噪声污染防治和声环境质量管理相结合，健全环境噪声管理制度和政策措施；统一监管与部门分工负责相结合，形成环境噪声污染防治分工联动的工作机制。

管理领域 按照环境噪声的来源，噪声管理包括以下方面。

工业噪声 电力、冶金、化工、建材等行业的一些大型电厂、钢铁厂、水泥厂等的环境噪声扰民纠纷较多。随着城市中心区域工业企业的陆续外迁，工业噪声对城市核心区的影响日益减小，但对中小城市和农村乡镇的影响有所增加，需要关注。

交通噪声 除了传统的铁路、公路和航空运输产生的噪声，越来越多的轨道交通引发的噪声问题、快速公路和高速铁路噪声污染正逐渐成为居民投诉的焦点，已成为噪声管理的重要内容。

建筑施工噪声 混杂在居民住宅之间的建筑工地，在施工阶段，特别是夜间施工中，会对周围环境造成较强烈的噪声污染，直接影响附近居民的工作、生活和休息，而成为居民投诉的热点，尤其在夏季。工程中使用的大量机械设备，如挖掘机、打桩机、装载机、混凝土泵、钻孔机、混凝土搅拌机等，多数为高噪声设备，会对周围的环境产生较大的噪声影响。

社会生活噪声 社会生活噪声声源复杂，新的噪声源不断涌现，投诉数量总体呈现增多趋势。近年来建造的高层写字楼、宾馆、饭店等使用的空调冷冻机、冷却塔、水泵、油烟净化器、变压器等产生的固定源噪声，给周围环境带来了新的噪声污染。新建的居民住宅小区内的水泵房、变电房、空调器室外机组、垃圾处理站以及电梯等产生的噪声和振动，也影响到居民居住的声环境。随着城乡各类公共娱乐场所数量的不断增加和营业时间延长，也对人们的居住声环境质量产生了较大影响。目前，社会生活噪声已超过工业噪声成为环境噪声管理关注的重要内容。

管理手段 噪声管理主要包括声源控制和传播途径控制，而且源头“防”比末端的“治”具有更好的效果，管理手段主要包括以下几方面。

法律手段 噪声管理的一种强制性手段，依法管理噪声是控制并消除噪声污染，改善声环境质量的重要措施。1996 年颁布的《中华人民共和国环境噪声污染防治法》是我国噪声污染防治工作的基本规范。当前，我国城乡环境噪声污染的特点和工作重点均发生了变化，已不同于以前城市中以工业噪声为代表的格局，为此，环境保护部等国务院 11 个部门于 2010 年联合发布了《关于加强环境噪声污染防治工作改善城乡声环境质量的指导意见》，对当前和今后一个时期环境噪声污染防治工作进行了全面部署。

行政手段 指国家和地方各级行政管理机关，根据国家行政法规所赋予的组织和指挥权力，制定方针、政策，建立法规、颁布标准，进行监督协调，对噪声防治工作实施行政决策和管理。国家通过噪声污染管理职能部门的设置和分工，制定按噪声源分级管理、属地管理和行业管理的具体解决方案，建立协调联动机制，改善城乡声环境质量。

技术手段 指借助先进的噪声防治技术把对环境的噪声污染控制到最小限度。《地面交通噪声防治技术政策》（环发〔2010〕7号）规定了合理规划布局、噪声源控制、传声途径噪声削减、敏感建筑物噪声防护、加强交通噪声管理五个方面的地面交通噪声污染防治技术原则与方法。

信息手段 充分利用信息技术，开发应用信息资源，促进噪声信息交流和共享，提升噪声管理的水平。噪声地图管理系统就是一种数字-图形化声环境管理平台，可以实现噪声数据查询、分析、预测和管理等功能。我国还建立了各级环保"12369"、公安"110"、城建"12319"举报热线等噪声污染投诉渠道，推动建立多部门的噪声污染投诉信息共享机制。

管理制度 主要包括：①环境噪声防治"三同时"制度，即针对新建、改建、扩建项目和技术改造项目以及区域性开发建设项目的噪声污染治理设施必须与主体工程同时设计、同时施工、同时投产的制度，严格项目验收管理，未通过验收的噪声排放项目一律不得投入运行。②环境影响评价制度。各地在编制城乡建设、区域开发、交通发展和其他专项规划时，在规划环境影响评价文件中纳入声环境影响评价章节，严格建设项目声环境影响评价，明确噪声污染防治的措施要求。③噪声排放达标。城市环保部门应会同有关部门确定本地区交通、建筑施工、社会生活和工业等领域的重点噪声排放源单位，严格各项噪声管理制度，确保重点排放源噪声排放达标。④污染源管理制度。严格实施噪声污染源限期治理制度，按照属地管理原则，每年限期治理一批噪声超标的重点企业。⑤落后工艺设备淘汰制度。将高噪声的工艺设备纳入淘汰目录。⑥设施噪声标牌制度。明确标识相关产品噪声排放水平及应符合的相应标准。⑦噪声敏感区保护制度。明确敏感区范围和管理措施。⑧建筑声环境质量状况告知制度。保障公民的知情权。（贺桂珍）

huanjing zhengce

环境政策 （environmental policy） 政府为解决一定时期的环境问题，落实环境保护战略，达到预定的环境目标而制定、采纳的行动指导原则或方针，以预防、减缓或减轻人类活动对自然环境和自然资源的有害影响，并确保人为环境变化不会对人类造成不利影响。环境政策实质上是一种含有目标、价值与策略的大型计划，代表了一定时期内国家权力机关或决策者在解决环境问题上的意志、取向和能力。

环境政策包括两个主要方面：环境和政策。环境主要是指生态维度（生态系统），但也考虑到社会维度（生活质量）和经济维度（资源管理）。政策可定义为"一个政府、政党、企业及个人提出、采纳的行动方针或原则"。因此，环境政策侧重于解决环境问题，通常的环境政策问题包括（但不限于）空气污染、水污染、废物管理、生态系统管理、生物多样性保护、自然资源保护、野生动物和濒危物种保护。目前人类面临的最关键的环境政策问题有：水资源短缺、粮食短缺、气候变化、石油枯竭、人口膨胀。近来，环境政策也包括环境问题的沟通。

沿革 20世纪60年代晚期出现的"环境运动"促使政府赋予环境保护以更大的优先权和透明度。1969年美国国会通过了《国家环境政策法》（NEPA），1970年通过了《清洁空气法》，并于同年建立了美国环境保护局（EPA），接管了以前其他部门管理的许多环境政策，这掀开了美国环境政策里程碑式的一页，并引发了世界各国制定环境政策的浪潮。

1973 年欧盟环境部长理事会第一次会议通过“第一个环境行动计划”，并为各国政府所采纳。此后，日益密集的立法网络不断发展，现在已经扩展到所有环保领域，包括大气污染控制、水资源保护、废弃物政策、自然保护、化学品控制、生物技术和其他工业风险。因此，环境政策已经成为欧洲政治的核心领域。

我国的环境政策是从 1972 年联合国人类环境会议后才开始发展的。在 1973 年召开的第一次全国环境保护会议上，确立了“全面规划、合理布局，综合利用、化害为利，依靠群众、大家动手，保护环境、造福人民”32 字方针，体现出当时对环境保护事业的认识，并对开展环保事业起到了指导作用。1983 年的第二次全国环境保护会议将环境保护确立为一项基本国策。1996 年在《国民经济和社会发展“九五”计划和 2010 年远景目标纲要》中，把可持续发展作为国家发展战略提了出来，成为我国一切事业发展的指导方针。进入 21 世纪后，国家实施以人为本、全面协调的可持续发展战略，建设资源节约型、环境友好型社会，这是一个全新的发展理念，是国家发展方针的巨大转变和发展。

目标 包括以下几方面：①环境有效性。这是提高效用决策科学化的根本所在，实现环境资源效用最大化能提高环境资源利用的经济效率水平，促进对环境资源消耗的优化作用。②公平性。公平理念伴随着环境政策的产生和发展，环境政策的本质属性与环境公平是统一的，环境公平是发展的前提条件，环境公平的实现是保证社会稳定的重要因素。③推进技术进步。指推动污染控制、资源节约、清洁生产等技术的进步，这是环境政策追求的重要目标，因为它能为环境保护提供持久性的支撑。

分类 从纵向层次，环境政策可划分为环境保护总政策、各个领域或部门的基本政策、各个领域或部门的具体政策。从横向部门之间的关系，环境政策可分为环境经济政策、环境技术政策和环境管理政策（包括环境社会政策）。根据环境管理效力范围，环境政策可分为全国性环境政策和区域性环境政策。根据环境政策的作用和性质，可分为命令控制型环境政策和经济激励型环境政策。

工具 环境政策工具是政府用来实施其环保政策的工具。环境政策工具的发展主要经历了三个阶段：直接控制阶段、经济手段导入阶段、多种手段并存阶段。

各国政府使用了多种不同类型的政策工具，例如，经济激励措施和基于市场的手段，如环境税、税收减免、许可证交易及环境费，皆可有效鼓励遵守环保政策。自愿措施也是一种环境政策工具，如政府和私营公司达成的双边协议、公司独立做出的承诺。实施绿色采购计划也是一种政策工具。

通常情况下，几种政策工具可以组合使用以解决特定的环境问题。政策工具的组合会让企业遵守政府政策的方式具有更大的灵活性，并可能降低执行成本的不确定性。然而，使用时必须精心制定组合方案，以免单一措施之间相互影响，缺乏成本效益。此外，重叠的工具会导致不必要的行政成本，增加环境政策的实施费用。

为了帮助政府实现其环境政策目标，经济合作与发展组织环境理事会收集了各国政府采用的有效环境政策工具，并建立了一个数据库，供各国政府借鉴。

发展趋势 目前，政府部门和公共利益集团正在从单一化学物质、单一物种和单一产业的“微观管理”中退回来，更重视环境系统和问题间的相互联系，并表现为下列趋势：①环境决策的系统性和实施手段的多样化。一些国家在环境决策中更加重视“生态系统”方法，希望把不同的政策统一到一个全面的计划中，并且倾向于采用组合的方法来实现环境目标。②环境政策范围的拓展。除了国家水平的环境问题，越来越多的政府及公众认为大尺度、全球性的问题应当优先考虑，如温室效应、臭氧层耗竭和栖息地破坏等。③环境政策一体化。环境政策不再仅限于某个领域或部门，需要系统地融合到其他各项政策中，在制定工业、农业、渔业、交通运输、能源等经济政策时，均应考虑这些政策对环境的影响，将有关环保要求纳入这些政策之中。④预警和预防原则的强化。在部分国家中出现试图把经济繁荣和环境目标联系起来的“预防性”趋向，以预防为主，而不是在问题到了严重阶段后才来补救。

（贺桂珍）

推荐书目

Eccleston C，March F. Global Environmental Policy：Principles，Concepts and Practice. Boca Raton，Florida：CRC Press Inc.，2010.

huanjing zhengce pinggu

环境政策评估　（environmental policy evaluation）　评估环境政策的设计、实施和结果的系统过程。多采用定性和定量的社会科学研究方法，检验环境政策的效果、效率和社会公平性。其目的是评价、改善和优化环境政策。

一些研究者认为环境政策评估是环境政策过程的最后一个步骤，用以评估环境政策的最终结果和影响，同时，由于政策过程的连续性，环境政策评估往往引起环境政策变更，从而开始新一轮的环境政策制定、实施和评估。另一些研究者则认为，环境政策评估是环境政策周期的中心环节，可以评价周期中的每一个阶段。

分类　从其在政策过程所处的阶段来看，环境政策评估可分为事前评估和事后评估。事前评估指在环境政策形成阶段即环境政策实施之前进行的方案评估，是一种政策发展和设计方法；事后评估指在环境政策实施之后进行评估，通过对环境政策的深入洞悉从而对环境政策发展具有普适的指导作用和学习效应。事实上，大多数的环境政策评估介于二者之间，亦称为执行评估，例如，通过对现行环境政策的评估，可以起到修正和改善环境政策的作用。

从评估者的地位来看，环境政策评估可分为内部评估和外部评估。内部评估由政府机构内部的评估者完成。其优势在于评估者掌握着与政策相关的大量信息。弊端在于内部评估者可能缺乏评估所需的专业知识和技能；当政策过程涉及多个不同的政府机构时，内部评估者可能难以给出全面客观的评估；内部评估者往往不愿给出导致政策重大变更的评估结果。外部评估是由行政机构外的评估者所完成的评估。它可以是由行政机构委托营利性或非营利性研究机构、学术团体、专业性咨询公司、大专院校进行的评估，也可以是上述机构、组织或社会团体自发进行的评估。外部评估的优势在于评估者可能具备更好的专业知识和技能，缺点在于评估使用的专业方法和术语往往不被决策者所理解。此外，时效性和针对性也是外部评估结果是否能有效纳入环境决策过程的重要影响因素。内部评估和外部评估各有利弊，因此，在实践中，应把内、外评估结合起来，取长补短。

从评估组织形式上看，环境政策评估可分为正式评估和非正式评估。正式评估指事先制定完整的评估方案，严格按规定的程序和内容执行，并由确定的评估者进行的评估。正式评估在环境政策评估中占据主导地位，其结论是政府部门考察环境政策的主要依据。非正式评估指对评估者、评估形式和评估内容没有严格规定，对评估的最后结论也不做严格的要求，评估者根据自己掌握的情况对环境政策做出评估。

评估标准　评估标准是衡量环境政策利弊优劣的一系列指标或准则，包括效果、效率和效应等标准。

效果标准衡量环境政策实施后产生的各种政策产出、结果和影响与政策目标之间的关系，即评价环境政策目标的实现程度。效率标准衡量环境政策的投入与产出的比率关系，以是否成本有效来衡量环境政策效率，即以最小的政策投入达到既定的政策产出，或以给定的政策投入获得最大的政策产出。政策投入即政策成本，包括环境政策制定和执行过程中所使用的资金、物资、人员和时间。政策产出指政策产生的环境、社会与经济效益和影响。其中，对环境、社会效益和影响的确定及量化难度较大，是效率评估中的重点环节。效应标准评价环境政策实施对社会发展、社会公正和社会回应的影响。

评估结果 环境政策评估结果大体可以分为三个层次：①环境政策被认为是成功的，可以以现有形态继续。②更为典型的情况是，环境政策的某些方面被认为是不完善的，在评估基础上提出政策改善建议。③环境政策被认为是彻底失败的，或因完全解决了环境政策问题，从而被终止执行。（马骅）

huanjing zhengce tixi

环境政策体系 （environmental policy system）为保护和改善环境、保障公众健康、促进经济社会可持续发展而制定的，包括环境法律、法规、规章、标准和规范等的环境政策框架体系，是公共政策体系的一个重要组成部分。

1972 年的联合国人类环境会议推动了中国当代环境保护的发展，此后我国开始着手组建环境保护机构和制定工业“三废”污染防治政策。1979 年，《中华人民共和国环境保护法（试行）》颁布，此后，环境政策体系得到快速发展，一些主要的环境保护法律法规逐步建立和完善起来。

从纵向层次上，我国的环境政策体系由总政策、基本政策和具体政策构成。总政策包括《中华人民共和国宪法》中有关环境保护的总要求和环境保护基本国策，是从可持续发展战略延伸出来的宏观政策，也是从高层次调控经济社会发展与资源开发利用、环境保护相互关系的总原则和行动纲领。基本政策包括环境保护的基本方针和政策，包括“预防为主、防治结合”、“谁污染、谁治理”等基本原则，是针对现有环境问题和未来发展需要而研究制定的行为基本准则、主要调控方式和手段，以实现环境保护总政策规定的目标。具体政策是在环境保护总政策和基本政策的指导、控制下而制定的付诸行动的具体政策规定。

从横向层次上，我国的环境政策体系分为环境保护政策、自然资源政策和国际环境政策。环境保护政策包括《中华人民共和国环境保护法》《中华人民共和国大气污染防治法》和《中华人民共和国水污染防治法》等调整人与环境关系的环境保护方面的法律法规。自然资源政策包括《中华人民共和国水土保持法》《中华人民共和国草原法》和《中华人民共和国水法》等调整人与自然资源关系的自然资源保护方面的法律法规。国际环境政策指我国政府为了处理国家之间的环境保护问题和开展国际环境保护合作而缔结的国际条约和法律性文件。

我国的环境政策体系在内容上以《中华人民共和国宪法》中关于保护和改善环境的规定为基础，以《中华人民共和国环境保护法》为核心，以环境保护专项法为主干，由环境法律、行政法规、部门规章、地方法规、规范性文件、技术规范、缔结和签署的国际公约等组成。其中，环境法律由全国人民代表大会常务委员会批准并以国家主席令的形式颁布，包括环境保护基本法《中华人民共和国环境保护法》，以及《中华人民共和国大气污染防治法》和《中华人民共和国野生动物保护法》等环境保护专项法；行政法规是由国务院组织制定并以国务院总理令的形式公布的条例和实施细则，如《全国污染源普查条例》和《中华人民共和国自然保护区条例》等；部门规章是由国务院有关行政主管部门颁布的与环境保护相关的办法和决定，如《废弃危险化学品污染环境防治办法》和《排放污染物申报登记管理规定》等；规范性文件指属于法律范畴的立法性文件及由国家机关和其他团体组织制定的具有约束力的非立法性文件的总和，如《国务院关于加强环境保护重点工作的意见》和《关于环保系统进一步推动环保产业发展的指导意见》等；环境技术规范指环境质量标准、污染物排放标准、基础标准、方法标准等环境保护标准。（马骅）

huanjing zhengce zhouqi

环境政策周期 （environmental policy cycle）环境政策从进入政策议程开始，经由政策制定、实施、评估、变更，最后归于终结的周期性循环过程。环境政策周期是对复杂的环境政策过程的提炼和简化，可以帮助理解政策过程及其过程中的各种行为。

起源 美国政策科学的创始人 H. D. 拉斯韦尔（H. D. Lasswell）在《决策过程》一书中提出可将政策过程划分为七个阶段，包括情报、推进、规则、行使、运用、评价和终止，用以描述和理解公共政策的制定过程。此后，不断有学者对政策过程加以修正和完善，例如，C. O. 琼斯（C. O. Jones）把政策过程概括为问题确定、政策形成、实施、评估、终结等几个阶段，并被广为接受。这些经典认识是对大多数公共政策周期包括环境政策周期的分析基础。

阶段概述 环境问题确认或环境议程制定是发现和确认环境政策问题的阶段，是环境问题被纳入政策议程的过程。环境政策议程是决策者认为至关重要并需要动用资源加以解决的环境政策问题。科布（Cobb）和埃尔德（Elder）基于政策问题的提出者将议程制定划分为三种类型，即外在提出模型、动员模型和内在提出模型。J. 金登（J. Kingdon）认为议程制定是问题、政策和政治因素角力的结果，这些影响因素包括社会问题向公共问题的转化、公共问题的确认和界定、问题解决方案的技术可行性和政治可行性等。纳尔逊（Nelson）则将议程制定过程分为四个阶段，包括问题确认、采纳为潜在的政策问题、政策问题的优先顺序、政策问题在政策议程中的保持。公众、精英、大众媒体、环保组织、利益集团以及突发的环境事件都可能对环境问题在政策议程中的优先顺序产生影响。

环境政策形成是指对解决环境政策问题的若干备选方案进行设计、整理、比较和选择，最终形成权威决定的过程。此阶段是传统政策研究的重点领域，已形成大量政策分析的概念模型，如精英模型、多元模型、综合理性模型、渐进模型和系统模型等。精英模型认为精英主导政策形成过程；多元模型则认为主导政策形成过程的是利益集团和社会团体；综合理性模型假设决策基于对政策成本和收益的理性判断；渐进模型认为新政策的形成往往延续于旧政策的修改；系统模型认为政策形成受到对新政策需求度或对现有政策支持度的影响，这些需求和支持被政治系统转化为政策产出。环境政策形成阶段的产出是环境法律、条例、规定、行政命令等。除了立法机关和行政机关，政府智囊、利益集团、环保组织和公众也对环境决策具有重要影响力。

环境政策实施是实现环境政策目标的动态过程，它包含了环境政策付诸实施的全部活动，即设立新的机构或在现有机构中加入新的职能、将环境政策转化和发展为可执行的实施办法与规则、招募人员、支出经费、获得政策产出和成果、实现环境政策目标。

环境政策评估通过描述和分析环境政策实施在经济、社会和环境领域产生的结果与影响，并基于一系列评估标准来评判环境政策的得失成败。评估标准包括环境政策的效果、效率和公平性等。环境政策效果指环境政策的产出和结果是否达到环境政策目标；环境政策效率指环境政策是否以最小投入达到了既定环境政策目标或获得了最大环境政策产出；公平性关注环境政策的成本和收益在不同利益相关群体之间的分配。环境政策对环境和社会的影响往往具有复杂性和长期性，环境政策评估结果的反馈可以确定新的问题，并在下次决策过程中进行修正。

基于政策评估结果，环境政策将进行调整或终结。环境政策调整是对环境政策进行修正、补充和发展变化，以达到环境政策目标或更好地解决环境问题。环境政策调整包括对环境政策主体、目标、内容、手段或方案的调整。无效或失效的环境政策将被终止而被新的环境政策所替代。所以，环境政策调整和环境政策终结既是一个环境政策周期的最终环节，也预示着一个新的环境政策周期的开始。

（马骅）

推荐书目

Jones C. An Introduction to the Study of Public Policy. Belmont，CA：Wadsworth，1984.

Lester J P，Stewart Jr J. Public Policy：An Evolutionary Approach. 北京：中国人民大学出版社，2004.

蔡守秋．环境政策学．北京：科学出版社，2009.

huanjing zhitu

环境制图　（environmental mapping）　反映人类与环境关系的一种专题地图。它以地图的形式反映环境现象的特征和规律，具有形象、直观、可量测和可比的特点，是环境科学研究的一种基本工具和手段。

20 世纪 60 年代以来，环境制图已成为专题制图的一个新的组成部分。环境制图是将环境学和地图学结合在一起的新兴学科。环境科学的专题地图主要有环境质量图、自然资源及其保护和更新地图、环境疾病图等。目前环境制图由以环境污染和环境质量评价制图为主逐步发展到生态环境以及环境与经济发展的关系，即环境影响预测和保护对策的研究方面。

环境制图的程序包括编辑准备、编稿和编绘、整饰清绘等阶段。①编辑准备阶段，主要是搜集和分析资料，包括环境监测数据、区域调查成果、统计资料、各种地图、航空和航天照片等；②编稿和编绘阶段，主要开展分类、分级和图例设计、底图编绘、轮廓界线的确定和转绘工作；③整饰清绘阶段，主要是清绘地图和彩色样图。随着科学技术的发展，机助制图已广泛应用到环境制图中。　（汪光）

huanjing zhiliang biaozhun

环境质量标准　（environmental quality standards）　为保障人群健康、维护生态环境和保障社会物质财富，并考虑技术、经济条件，对环境中有害物质和因素所做的限制性规定。国家环境质量标准是一定时期内衡量环境优劣程度的标准，从某种意义上讲是环境质量的目标标准。环境质量标准是环境标准体系的重要组成部分。

沿革　环境质量标准因环境问题的出现而产生。早在 1912 年，英国皇家污水处理委员会对河水的质量提出三项标准，即五日生化需氧量不得超过 4 mg/L，溶解氧量不得低于 6 mg/L，悬浮固体不得超过 15 mg/L，并提出用五日生化需氧量作为评价水体质量的指标。随着污染物种类的不断增加和人类对污染物识别能力的增强，环境质量标准体系不断丰富与完善。环境质量标准以环境质量基准为基础，先要基于大量科学研究确定污染物的环境质量基准，而后遵循经济合理与技术可行原则制定环境质量标准。我国非常重视环境质量标准的建设工作，先后制定了包括水、环境空气、机场噪声、振动、土壤等各个方面的国家环境质量标准。

类型　环境质量标准按环境要素可分为水环境质量标准、环境空气质量标准、土壤环境质量标准、声与振动环境质量标准、生态环境质量标准等，每一类又按不同用途或控制对象分为各种质量标准。按级别可分为国家环境质量标准和地方环境质量标准。

标准制修订　依据《中华人民共和国环境保护法》《中华人民共和国标准化法》、各单项环境污染防治法、《环境标准管理办法》和《国家环境保护标准制修订工作管理办法》，环境保护部负责全国环境质量标准管理工作，制定国家环境质量标准；负责地方环境质量标准的备案审查，指导地方环境质量标准管理工作。省（自治区、直辖市）人民政府对国家环境质量标准中未做规定的项目，可以制定地方环境质量标准。县级以上地方人民政府环境保护行政主管部门负责组织实施国家环境质量标准和地方环境质量标准。制定环境质量标准应遵循下列基本程序：编制制/修订项目计划；组织拟订草案；草案征求意见；组织审议标准草案；审查批准草案；按照各类环境质量标准规定的程序编号、发布。

标准实施　①县级以上地方人民政府环境保护行政主管部门在实施环境质量标准时，应结合所辖区域环境要素的使用目的和保护目的划分环境功能区，对各类环境功能区按照环境质量标准的要求进行相应标准级别的管理。②县级以上地方人民政府环境保护行政主管部门在实施环境质量标准时，应按国家规定，选定环境质量标准的监测点位或断面。经批准确定的监测点位、断面不得任意变更。③各级环境监测站和有关环境监测机构应按照环境质量标准和与之相关的其他环境标准规定的采样方法、频率和分析方法进行环境质量监测。④承担环境影响评价工作的单位应按照环境质量标准进行环境质量评价。⑤跨省河流、湖泊以及由大气传输引起的环境质量标准执行方面的争议，由有关省、自治区、直辖市人民政府环境保护行政主管部门协调解决，协调无效时，报环境保护部协调解决。

意义 环境质量标准反映了人类和生态系统对环境质量的综合要求，也反映了社会为控制污染危害在技术上实现的可能性和在经济上可承受的能力。环境质量标准体现了国家的环境保护政策和要求，是环境规划、环境管理和制定污染物排放标准的依据。未来应进一步强化环境质量标准的导向作用，以环境质量标准倒推规划目标，促进经济结构的调整和优化。

（贺桂珍）

huanjing zhiliang guanli

环境质量管理 （environmental quality management） 为了保护人类生存与健康所必需的环境质量而进行的各项管理工作，是环境管理的核心内容。环境质量管理是一种标准化的管理，它以环境质量标准为依据，以改善环境质量为目标，以环境质量评价和环境监测为内容。环境管理最终要体现在环境质量改善上。环境管理只有以环境质量为目标导向，才能得到公众的充分理解和大力支持。

沿革 早在20世纪40年代，人们就开始研究生产场所的环境质量，包括车间的污染物控制、环境质量调节，以及在什么环境条件和环境质量水平下能保证生产人员身体健康、出勤率高和生产效率高等问题。50年代以后，环境质量保护与改善的呼声日益高涨，其主要内容是污染控制，即“三废”治理和噪声控制，主要目的是保护人体健康。60年代末至70年代初，环境科学第一次具体揭示了人类社会活动与生存环境的对立统一关系。为此，人类必须要采取措施：一方面要保证资源的合理开发与利用，保持环境的生产能力和恢复能力；另一方面要保证环境质量不断改善，以谋求人类社会活动与环境的协调。

环境质量管理的概念在20世纪70年代被引入环境管理领域。发达国家在环境质量管理的基础上提出了一系列政策和技术，在一定程度上改善了环境质量，并促进了本国环境问题的解决。例如，美国专门成立了国家环境保护局负责监测和控制国家环境质量，并制定实施了《清洁空气法》《清洁水法》和各项环境质量标准以促进环境质量的改善。各个州分别成立地方环境保护局或委员会负责监测环境质量，回应公众的投诉和执行各项环境质量管理法律规章、标准等事项。其他联邦机构如环境质量委员会、内政部和美国陆军工程师兵团也发挥了重要的监管作用。

新中国成立以后，由于国家工业化刚刚起步，环境质量受影响程度较轻，因而政府并未明确提出环境保护的概念并制定相应的环保政策。1952年兴起的爱国卫生运动对城市环境质量保护工作起到了促进作用。相关部门曾经出台了一些具有环保功能的文件和法规，部分城市也采取了一些保护环境的举措。1956年，卫生部、国家建设委员会联合颁发了《工业企业设计暂行卫生标准》及《关于城市规划和城市建设中有关卫生监督工作的联合指示》，对预防污染、保证饮水安全和城市合理规划发挥了积极的指导作用。为了掌握环境污染的一手数据，少数城市的卫生部门曾经开展了污染源及污染状况调查，例如，重庆市先后于1954年、1955年和1956年对长江、嘉陵江重庆段的水质基本状况、污染与自净能力，工业“三废”对两江的污染情况，以及粉尘和有毒气体、生产性噪声等进行过调查测定。20世纪50年代，上海、淄博等城市开始进行环境监测工作。1958年开始的“大跃进”运动，在短期内造成极大的环境污染和生态破坏，前期的零星环保举措也基本废止，从而导致环境问题迅速凸显，环境质量受到明显影响。1956年颁布的《工业企业设计暂行卫生标准》被修订为《工业企业设计卫生标准》，并于 1963 年颁布实施。

1970 年，我国政府已开始关注环境问题，当时主要是“三废”问题。从 1972 年起，卫生部曾组织相关省市对长江水系、渤海、黄海和东海海域进行水质污染调查。这是中央政府组织实施环境状况调查的开端。北京、广西、贵州、山东、浙江、重庆、武汉、保定、长春、兰州、郑州、株洲、佛山等地也纷纷开展环境污染调查。1973 年 8 月第一次全国环境保护会议召开，制定了“三同时”制度、污染企业的限期治理等改善环境质量的主要管理手段。会后，中央到地方相继建立环境保护机构，有关环境保护的法规先后出台，如《工业“三废”排放试行标准》等，一批国外先进的环境监测仪器设备被陆续引进国门。1974 年，国务院环境保护领导小组及其办公室成立，促进了全国环境保护工作的开展。1979 年，《中华人民共和国环境保护法（试行）》颁布实施，为环境质量管理提供了重要的法律依据，此后，我国陆续出台了 130 多部相关的法律、规章和 1 500 余项环境标准，不断加强环境监测能力建设，为我国的环境质量改善提供了重要的支持。进入 21 世纪，尽管在环境保护方面投入巨大，国家采取了大量措施，我国环境质量状况仍不容乐观，尤其是空气和水质量状况已经影响到广大人民群众的生活和公共健康。2012 年，党的十八大报告首次单篇论述生态文明，把“美丽中国”作为未来生态文明建设的宏伟目标，把生态文明建设摆在总体布局的高度。同时提出了必须树立尊重自然、顺应自然、保护自然的生态文明理念。这为我国环境质量管理提供了方向。

任务　环境质量管理不能只限于控制污染，也并非只为保证人体健康和提高工作效率，其基本职能应是掌握“人类—环境”系统的发生、发展规律，协调人类社会活动与环境的关系，找出经济发展的限度、方式和布局方案，使发展经济与保护和改善环境质量的要求统一起来。

环境质量管理工作的范围非常广泛，宏观上主要包括制定和实施环境质量标准，制定相关法律法规和经济政策，监控协调环境质量标准的运行，严格限制损害和破坏环境质量的行为；在微观上则是要尽量减少生产、生活活动对环境质量造成的影响，还要开展环境教育，树立环境道德观，以便提高广大群众、科技人员以及各级领导干部的环境意识，使人们自觉地为维护、改善和提高环境质量做出应有的贡献。

类型　根据不同的划分标准可将环境质量管理分成不同类别。根据环境性质，可分为化学环境质量管理、物理环境质量管理、生物环境质量管理以及人类社会环境质量管理。根据环境要素，可分为单要素环境质量管理（如大气环境质量管理、水环境质量管理、噪声环境质量管理等）和综合环境质量管理。根据环境管理的范围，可分为部门环境质量管理（如工业环境质量管理、农业环境质量管理等）和区域环境质量管理（如城市环境质量管理、水域环境质量管理等）。

基本内容　环境质量监控和环境质量评价是环境质量管理的重要内容。

环境质量监控　对环境质量进行监测和控制。监测就是在对环境进行调查研究的基础上，监视、检测代表环境质量的各种指标数据的全过程，以便及时分析和处理这些数据，掌握环境质量的现状和变化发展趋势。控制就是根据监测得到的环境质量的现状和变化发展趋势，及时将信息反馈给有关部门，在超过警报指标或出现严重污染事故时发出警报，通过有关部门采取具体措施，以控制环境质量继续恶化。环境质量监控是环境质量管理的主要环节。

环境质量监控包括区域环境质量监控、污染源监控和污染事故监控分析。

区域环境质量监控　主要通过定时、定点监测区域环境中污染物的分布和浓度，准确、及时、全面地反映区域环境质量现状和发展趋势，为区域环境质量评价和环境影响评价提供依据，并为污染物迁移转化规律的科学研究提供基础数据。区域环境质量监控主要是对区域

的大气、水体、土壤等的环境质量现状进行监控。这种监控有以下两种情况：一是环境质量已经达到国家规定的某一级标准，或虽未达到标准，但达到过渡性标准。这时应根据维护和改善环境质量的要求，继续对区域环境中的有害污染物的浓度变化和发展趋势进行常规监视性监测。二是区域内环境质量既未达到国家标准，又无明确的环境目标，且环境质量逐年恶化。这时的环境质量管理，首先应制止污染的发展，控制新污染，按期汇总报告给有关部门和决策机构，以便及时采取合理的对策。

污染源监控　对各种污染源的分布调查、污染物排放种类、排放量及排放浓度的监测，以确定优先控制对象和产业结构调整的方向，最终达到改善环境质量的目的。我国目前主要对区域内的工业污染源进行监控，主要内容包括：①工业污染源调查。为了进行污染源控制而进行的工业污染源调查包括下述内容：企业基本情况，包括生产工艺、排污、能源、水源、原材料，污染物治理、污染危害，生产发展趋势以及可能产生的新污染源等方面的情况。在调查的基础上进行重点污染源的解析，通过对污染源的评价来确定要控制的主要污染物。②确定控制标准。一是根据国家的污染物排放标准或区域环境容量确定的总量控制标准，对污染源的排放量进行控制；二是根据地区环保部门的要求，确定厂区内外一定范围内的环境质量控制标准。③确定采样点，建立监测制度。④定期（或及时）处理监测数据，将信息及时反馈给有关管理部门和决策部门，以控制污染源的状况。

污染事故监控分析　主要是在突发环境事故发生时进行应急环境质量监测、污染源分析、污染物排放监测和影响分析，查明事故原因，为环境事故应对和控制提供依据，并避免事故再次发生。

环境质量评价　按照一定的评价标准和评价方法，对评价区的环境质量状况及变化进行定量的描述、评定及预测。通过对环境质量的变化趋势进行客观的评价，使环境管理者全面了解区域环境质量现状、环境质量的变化规律和目前存在的主要环境问题，为解决评价区的主要环境问题、制定环境规划和加强环境质量管理提供依据。

在对区域内的环境进行监测和评价的基础上，可以编写环境质量报告书，提出对环境质量状况的分析以及改善环境质量的措施与对策。环境质量报告书涉及范围很广，需要各有关部门和人员共同协作，在编写过程中要统一认识。在编写环境质量报告书时，应遵循以下原则：①要着眼于“人类—环境”大系统，从地区的整体出发，以生态理论为指导，全面分析经济、社会发展与环境质量的关系，不要局限于“三废”及噪声，还要考虑其他影响环境质量的因素。②在对基本数据汇总分析时，要包括自然环境特征与社会环境特征，要有较强的针对性，以便为分析环境问题提供具体依据。③分析问题要抓住主要矛盾，对主要环境问题的危害包括经济损失、人身伤害及其产生原因等，要做确切分析，不能似是而非，模棱两可。④对环境质量的变化及发展趋势，要有科学的预测，并对主要环境问题提出相应对策。环境质量报告书不仅有利于政府和居民了解环境质量状况，并可为政府决策提供科学依据。

管理制度　为了保持和提升环境质量，我国逐渐采取了一些管理制度，主要包括以下几项制度。

①环境保护目标责任制和考核评价制度，将环境保护目标完成情况作为对地方人民政府及其负责人考核评价的内容。地方各级人民政府对本辖区的环境质量负责，采取措施改善环境质量。

②国务院环境保护行政主管部门和地方人民政府制定国家和地方环境质量标准。根据国家环境质量标准和经济技术条件，制定国家污染物排放标准。地方人民政府可以制定地方污染物排放标准。凡是向已有地方污染物排放标准的区域排放污染物的，应当执行地方污染物排放标准。

③环境影响评价制度。新建、改建、扩建过程直接或者间接向环境排放污染物的建设项目，应当依法进行环境影响评价，并按照规定的程序报经有关环境保护部门审查批准。这是贯彻预防为主方针的卓有成效的法律制度。

④“三同时”制度。建设项目的污染防治设施，应当与主体工程同时设计、同时施工、同时投入使用。污染防治设施应当经过环境保护主管部门验收，验收不合格的，该建设项目不得投入生产或者使用。

⑤重点污染物排放总量控制制度。各级人民政府应当按照国务院和本行政区域的规定削减和控制重点污染物排放总量，并将重点污染物排放总量控制指标分解落实到下级人民政府和排污单位。对超过重点污染物排放总量控制指标的地区，有关人民政府环境保护主管部门应当暂停审批新增重点污染物排放总量的建设项目的环境影响评价文件。环境保护主管部门对未按照要求完成重点污染物排放总量控制指标的省、自治区、直辖市、市、县予以公布。

⑥排污许可证制度。直接或者间接向环境排放废物以及其他按照规定应当取得排污许可证方可排放污染物的企事业单位，应当取得排污许可证，并向环境保护主管部门申报登记拥有的污染物排放设施、处理设施和在正常作业条件下排放污染物的种类、数量和浓度。当排放污染物的种类、数量和浓度有重大改变时，应当及时申报登记。拥有排污许可证的企事业单位，其污染物处理设施应当保持正常使用；拆除或者闲置污染物处理设施的，应当事先报环境保护主管部门批准。

⑦排污收费制度。直接向环境排放污染物的企事业单位和个体工商户，应当按照排放污染物的种类、数量和排污费征收标准缴纳排污费，要求污染者承担对社会损害的责任，促使其治理污染。

⑧限期治理制度。对造成环境严重污染的企事业单位，要求其限期进行治理。中央或者省、自治区、直辖市人民政府直接管辖的企事业单位的限期治理，由省、自治区、直辖市人民政府决定。市、县或者市、县以下人民政府管辖的企事业单位的限期治理，由市、县人民政府决定。被限期治理的企事业单位必须如期完成治理任务。

⑨环境质量预报/报告制度。国务院环境保护行政主管部门建立监测制度，制定监测规范，会同有关部门组织监测网络，加强对环境监测的管理，并对空气、水、声环境、生物、辐射等质量变化进行预报和报告。国务院和省、自治区、直辖市人民政府的环境保护行政主管部门，应当定期发布环境状况公报。

⑩污染事故处置制度。各级人民政府及其有关部门、可能发生污染事故的企事业单位，应当依照《中华人民共和国突发事件应对法》的规定，做好突发污染事故的应急准备、应急处置和事后恢复等工作。因发生事故或者其他突然性事件，造成或者可能造成污染事故的单位，必须立即采取措施处理，及时通报可能受到污染危害的单位和居民，并向当地环境保护行政主管部门和有关部门报告，接受调查处理。

（贺桂珍）

huanjing zhiliang huigu pingjia

环境质量回顾评价 （environmental quality review assessment） 通常是针对某一环境单元根据历年积累的环境调查资料进行分析和评价，回顾这一环境单元的环境质量发展演变过程，为环境管理和环境规划提供依据，是环境质量评价的类型之一。对于已做过环境影响评价的建设项目，项目建成并正常生产后，通过环境质量现状监测，回顾评价原来对该项目做环境影响评价的方法和结论的可靠性与科学性，为改进环境影响评价服务。

评价对象和内容 作为环境质量回顾评价对象的环境单元，按其目的不同可以是一个行政区域或自然区域（或流域），也可以是整个城市或某个环境功能区（如矿山、工业区、风景游览区等）。这种回顾评价的基本内容是：在各环境要素的质量评价基础上归纳成环境质量的综合评价，即以各环境要素在该区域历年环境质量调查资料为依据，分析历年的环境质量变化情况，再综合评价总体环境质量变化趋势。

对于验证环境影响评价结果可靠性和科学性的回顾评价，评价范围应与影响评价一致，选择项目建成后某一年或某一典型时段，用影响评价时所采用的相同方法，对各环境要素的环境质量进行监测和调查；与原来影响评价时的结果进行对照分析，验证原来结果的可靠性和科学性，并对评价方法和结论提出改进、修正意见。

评价项目 主要项目包括：①污染源和主要污染物排放参数的变化情况；②表征各环境要素的环境质量参数的变化情况，如污染物浓度的时空分布、噪声强度的时空分布等；③表征社会环境的变化情况，如环境功能区的沿革、土地利用变化、人口密度和职业组成、绿化程度变化等；④反映自然资源的变化情况，如矿产资源的开采和储量、森林面积变化、土壤侵蚀和水土保持、野生动植物增减等。

评价方法 对于环境质量的评价，一般采用环境质量指数和环境质量分级的方法，即根据表征环境污染程度的各污染物的实测浓度和评价标准，计算各污染物的分指数，综合出各环境要素的单要素指数，以及各环境要素的综合指数，然后根据各指数的大小进行环境质量分级并评价环境质量的变化趋势。对于验证环境影响评价的回顾评价，还要涉及各种环境质量的预测方法、预测模式和计算参数等。

（汪光）

huanjing zhiliang pingjia

环境质量评价 （environmental quality assessment） 按照一定的评价标准和评价方法，利用一定的数理分析方法，对一定区域范围内的环境要素质量进行定量描述、评定和预测的过程。目的是为环境规划、环境管理提供科学依据，同时也是为了比较各地区受污染的程度。从 20 世纪 60 年代中期起，人们对环境质量评价进行了广泛的研究，并开始用环境质量指数描述环境质量。

评价目的 主要包括：①对目前环境质量状况及未来变化趋势有全面了解。②预测和评价人类的社会、经济活动对环境造成的影响，包括管理决策和建设项目对周围环境可能产生的影响。③确定环境治理的重点对象、地区和领域，并据此制定环境政策、综合防治方案和环境规划。④探讨环境质量对人类健康的影响，研究二者之间的关联，并为采取保护措施提供依据。

理论基础 环境质量变异过程是各种环境因子综合作用的结果，包括如下三个阶段：①人类活动导致环境条件的变化，如污染物进入大气、水体、土壤，使其中的物质组分发生变化。②环境条件发生一系列链式变化，如污染物在各介质中迁移、转化，变成直接危害生命有机体的物质。③环境条件变化产生综合性的不良影响，如污染物作用于人体或其他生物，产生急性或慢性的危害。因此，环境质量评价以环境物质的地球化学循环和环境变化的生态学效应为理论基础。

类型 按地域范围可分为局地的、区域的、海洋的和全球的环境质量评价。

按环境要素可分为大气质量评价、水质评价、土壤质量评价等。就某一环境要素的质量进行评价称为单要素评价，就诸要素综合进行评价称为综合质量评价。

按参数选择，有卫生学参数、生态学参数、地球化学参数、污染物参数、经济学参数、美学参数、热力学参数等质量评价。

按时间可分为环境质量回顾评价、环境质量现状评价和环境质量影响评价。环境质量现状评价是根据近几年的环境监测资料，以国家颁布的环境质量标准或环境背景值为评价依据，阐明环境污染现状，对当前的环境质量进行估价和分析，为区域环境污染综合防治和科学管理提供依据。环境质量影响评价又称环境影响分析或环境预断评价，是在一个工程项目兴建以前就对施工过程中和建成投产以后可能对环境造成的各种影响进行预测和估计，以寻求避免或减少开发建设活动造成环境损害的对策和措施。

基本内容 主要包括：①污染源评价。通过调查、监测和分析研究，找出主要污染源和主要污染物以及污染物的排放方式、途径、特点、排放规律和治理措施等。②环境质量现状评价。根据污染源结果和环境监测数据的分析，评价环境污染的程度。③环境自净能力的确定。依据环境污染状况和环境容量确定自然环境将污染物化为无害物的能力。环境污染方面要考虑污染状态（污染浓度，污染物分布、变化），污染平衡（自净率、残留率），污染价态、形态，以及污染物迁移、转化规律。环境容量是指某一环境区域内对人类活动造成影响的最大容纳量。④对人体健康和生态系统的影响评价。分析和预测环境质量对人体健康和生态系统造成的各种影响。⑤费用-效益分析。调查因污染造成的环境质量下降带来的直接、间接的经济损失，分析治理污染的费用和所得经济效益的关系。

基本要素 主要包括：①监测数据。采用任何一种环境质量评价方法都必须具备准确、足够而有代表性的监测数据，这是环境质量评价的基础资料。②评价参数，即监测指标。实际工作中可选最常见、有代表性、常规监测的污染物项目作为评价参数。此外，针对评价区域的污染源和污染物的实际排放情况，可增加某些污染物项目作为环境质量的评价参数。③评价标准。通常采用环境卫生标准或环境质量标准作为评价标准。④评价权重。在评价中需要对各评价参数或环境要素给予不同的权重以体现其在环境质量中的重要性。⑤环境质量分级。根据环境质量的数值及其对应的效应做质量等级划分，以此赋予每个环境质量数值的含义。

方法 环境质量评价方法的基本原理是选择一定数量的评价参数进行统计分析后，按照一定的评价标准进行评价，或转换成在综合加权的基础上进行比较。最常用的环境质量评价方法是数理统计法和环境质量指数法。

数理统计法 是对环境监测数据进行统计分析，求出有代表性的统计值，然后对照环境卫生标准或环境质量标准，做出环境质量评价。数理统计法是环境质量评价的基础方法，其得出的统计值可作为其他评价方法的基础数据资料，因此，一般来讲其作用是不可取代的。数理统计法得出的统计值可以反映各污染物的平均水平及其离散程度、超标倍数和频率、浓度的时空变化等。

环境质量指数法 又称环境污染指数法，是将大量监测数据经统计处理后求得其代表值，以环境卫生标准或环境质量标准作为评价标准，把它们代入专门设计的计算式，换算成定量和客观评价环境质量的无量纲数值，这种数量指标就是环境质量指数。 （贺桂珍）

huanjing zhiliangtu

环境质量图 （environmental quality map）

用不同的符号、线条或颜色来表示各种环境要素的质量或各种环境单元的综合质量的分布特征和变化规律的图。环境质量图既是环境质量研究的成果，又是环境质量评价结果的表示方法，其不但可以节省大量的文字说明，而且具有直观、可以量度和对比等优点，有助于了解环境质量在空间上的分布特征和在时间上的发展趋向，对进行环境规划和制定环境保护措施有一定意义。

分类 环境质量图有多种分类方法，按所表示的环境质量评价项目可分为单项环境质量图、单要素环境质量图和综合环境质量图等；按区域可分为城市环境质量图、工矿区环境质量图、农业区域环境质量图、旅游区域环境质量图和自然区域环境质量图等；按时间可分为历史环境质量图、现状环境质量图和环境质量变化趋势图等；按编制环境质量图的方法，可分为定位图、等值线图、分级统计图和网格图等。各种环境质量图是根据制图的目的不同而选择不同参数、标准和方法绘制出来的。例如，单项环境质量图主要表示一个区域内的某种污染物（如二氧化硫）引起的环境质量变化状况，因此可选择污染源分布和排放强度等参数。单要素环境质量图是表示大气、水体、土壤等环境要素中的某一要素的质量状况的，它由单项环境质量图概括而成，其内容应包括影响环境质量的各项主要参数。

编制方法 由于环境问题涉及社会科学和自然科学的众多研究领域，所以各种自然专门图和经济专门图的编制方法，在编制环境质量图时都可得到应用。目前常用的方法有以下几种：

点的环境质量表示法 在确定的地点上，用不同形状（如长柱、圆圈、方块等）或不同颜色的符号表示各种环境要素以及与之有关的事物，如颗粒物、二氧化硫、氮氧化物等。还可以用各种符号表示环境质量的优劣。这种方法多用来表示监测点、污染源等处的环境质量或污染状况。

区域的环境质量表示法 将规定范围（如流域、行政区域或功能区域）的某种环境要素的质量，或环境的综合质量，以及可以反映环境质量的综合等级，用各种不同的符号、线条或颜色等表示出来。从这类环境质量图上，可以明显地看出环境质量的空间差别和变化。

等值线表示法 在一个区域内根据有一定密度的测点的观测资料，用内插法绘出等值线，来表示在空间分布上连续的和渐变的环境质量。大气、海（湖）水、土壤中各种污染物的分布都可以用这种方法表示。

网格表示法 把一个被评价的区域分成许多正方形网格，用不同的晕线或颜色将各种环境要素按评定的级别在每个网格中标出，还可以在网格中注明数值。这种方法具有分区明确、统计方便等特点，在环境质量评价中经常使用。城市环境质量评价图多用此法绘制。

类型分区法 又称底质法。在一个区域范围内按环境特征分区，并用不同的晕线或颜色将各分区的环境特征显示出来。这种方法常用来编制环境功能分区图、环境区划图和环境保护规划图等。

绘制环境质量图是环境研究的一种有益手段。利用类型分区法或等值线表示法制成的组合图，可以研究各种环境现象间的关系，如利用双变量图，可以研究环境质量与人体健康的关系、交通噪声与汽车频率的关系等。

（汪光）

huanjing zhiliang yubao

环境质量预报

环境质量预报 （environmental quality forecast） 针对可能出现的环境质量变化进行的报告，使社会公众及时了解环境污染状况及其变化趋势。环境质量预报可以为环境质量管理决策提供及时、准确和全面的环境质量信息。

环境质量预报必须在污染现象发生以前做出，以便采取相应措施，这种提前量也称为预见期。按照预见期的长短，环境质量预报可分为短期预报（小时或天）、中期预报（几天）和长期预报（月和年）。由于中、长期预报精度不高，尚不能满足实际需要，因此环境质量预报以短期预报为主。

按环境要素划分，环境质量预报主要包括空气质量预报、水质预报、噪声质量预报。

空气质量预报 自 2000 年开始，国家环境保护行政主管部门就组织环境保护重点城市开展了城市环境空气质量日报和预报工作。空气污染预报一般分为潜势预报和浓度预报两类。潜势预报主要研究表征大气扩散和稀释的气象因子，判定未来气象条件控制下所对应的空气污染形势，并在出现严重污染潜势时发出污染警报。浓度预报则必须给出一定浓度范围的污染物定量预报。数值模型和统计是目前国内外进行空气污染浓度预报的两种主要方法。

数值模型预报是利用解析或数值计算的方法求解污染物浓度在环境介质和界面上的交换特征及其分布规律，并在此基础上建立起气象条件、污染物排放和污染物浓度的定量响应模型。常用的数值模型主要有解析和数值两种方法。解析方法输入简单，计算快速，有一定的计算精度，常规气象要素可达到模型参数要求，但难以考虑复杂地形与化学过程。数值方法可考虑复杂地形与化学过程，但需输入十分精细的污染源、环境监测及气象资料才能保证预报精度。若边界条件、污染源调查精确细致，数值模式预报将有很高的准确率，但其运算复杂，成本较高。

统计预报是在不完全掌握事物变化机理的情况下，通过分析事物的规律来进行预测的方法，即统计预报是不依赖物理、化学及生物过程的变化机理，主要通过连续多年的气象资料和天气形势的分析，寻找出典型气象要素，然后运用统计学原理方法建立起与环境空气质量的定量或半定量的关系。常规的统计模型主要包括统计学回归模型、分类法统计模型和趋势外推法统计模型。统计学回归模型，如回归分析、相关分析、线性模型等方法，通过实测值与预测值之间的比较原理，利用历史浓度和气象资料系统数据进行诊断预测。分类法统计模型，通过分析历史污染物浓度与天气形势类型之间的对应关系，导出天气类型的浓度分布规律，并建立起定量关系。趋势外推法统计模型，根据污染物变化连续性的特点，通过对历史污染物浓度的变化趋势进行分析，找出其中的变化规律，由此对未来污染物浓度的变化情况进行推断。统计预报模式方法简便，易普及，有一定的实用性，若采用较大量的统计数据，则具有一定的准确率。

水质预报 根据水污染发生的条件，利用不同方法和模型，对地表水（江、河、湖泊和水库）和地下水的质量进行预测预报，推算出污染将在何时发生。由于资料条件和计算工具的限制，中国早期的水质预报方法一直处于经验相关的水平上。水质预报主要采用趋势外推法，即统计多年水质变化和时间的关系，根据水质与时间变化曲线的不同数学关系建立预测模型。趋势外推法是数理统计方法之一，它只能在长期大量水质数据统计的基础上判断未来短期内的变化和宏观演变趋势，如果不顾所需条件和客观情况的变化贸然延长，其结果必然失真。

20 世纪 60 年代，流域水文模型在我国开始得到应用。目前，我国水质预报的方法基本上是以基于物理概念的水质模型方法为主，如一维水质模型、二维水质模型等。其中，地下水质预报的溶质输运模型法是在饱和多孔介质中利用二维溶质输运模型（对流-弥散方程）预测未来以及不同污染条件下的水质变化，描述液体流动的水流方程和描述溶质运移的方程分别针对浅层水和深层水。采用的其他方法还有模糊数学、灰色聚类和灰色关联、马尔科夫链综合水质预报模型、神经网络模型、物元分析等方法。

随着计算机技术的快速发展，基于网络和地理信息系统（GIS）的各种方法不断出现。数据网格技术正成为水质预报系统的一种有效方法。数据网格提供目录服务、注册与发布、信息发掘、存储资源代理、身份认证与访问控制、调度、方法执行等服务，其核心是元数据目录，它负责维护异构环境中各种系统实体的信息。水质预报系统的上层应用分为三个模块：数据准备模块、水质计算模块和实时水雨情检索模块，各模块都需要下层数据网格的支持，获取所需的服务，如数据提取、高性能计算等。数据准备模块为水质计算模块提供计算所需数据，主要包括水流及初始水位、温度、污染物数据。水质计算模块是整个应用的核心，也是最复杂、数据量和计算量最大的部分，其主要功能包括水量计算、温度计算、藻类计算、其他污染物的计算、输出数据等，整个过程步数较多，尤其在水量和污染物的计算中，为了得到较高的精度，至少需要几百步的迭代。同时，对于防污预报工作来说，时间最为关键，要求决策者能够在最短的时间里掌握充足的数据，做出正确的判断，合理安排下游地区进行必要的防范，这就为数据网格发挥其强大功能提供了机会。实时水雨情检索模块作为一个智能查询系统，为使用者提供实时的全流域水雨情检索，使防污决策者能随时掌握全流域的汛情，并根据污染分布状况做出正确的决策。

噪声质量预报 针对特定区域和城市的不同类型噪声进行预测报告。采用的方法有模糊聚类分析、灰色系统的 GM 模型等。

开展环境质量预报工作，其预报稳定性和准确率是非常重要的。因此，结合本地自然特征，选取合适的预测因子、准确可靠的监测数据和合理的预报模式与方法是非常关键的。

（贺桂珍）

huanjing zhiliang zhishu

环境质量指数 （environmental quality index） 在环境质量研究中，依据某种环境标准，用某种计算方法，求出的简明、概括地描述和评价环境质量的数值。它是环境质量参数和环境质量标准的复合值。环境质量指数广泛应用于污染物排放评价、污染源控制或治理效果评价、环境污染程度评价以及环境影响评价等方面。

发展概况 20 世纪 60 年代中期，有学者用指数描述水质和大气污染程度。此后，许多国家的学者对环境质量指数开展了广泛的研究。中国于 1973 年提出了评价区域性污染物释放的指数，1974 年提出了评价水质污染的综合指数，并且在相关方面进行了较深入的探索。美国于 1976 年公布了全国统一的大气污染标准指数（PSI）。

初期的环境质量指数，大多是通过对有关项目进行评分的方法得出的。这种指数用一定的数值，如 0～10 或 0～100 等表示空气或水质的环境质量。到 20 世纪 70 年代，开始把有关项目的参数和制定的环境质量标准结合起来，构成无量纲的相对数值。

分类 自然环境是由多种要素所组成的。在环境质量评价时，对每一环境要素常选用若干个评价参数来描述其质量。这样，把描述一个区域的自然环境的指数称为总环境质量指数；描述一种环境要素的指数称为单要素指数或类指数；用于反映某一个评价参数的指数称为单一指数或分指数。一般说来，总环境质量指数是由单要素指数综合而成的，单要素指数又是由单一指数综合而成的。因此，环境质量指数按类型可分为单一指数、单要素指数和综合指数三类。

单一指数 除用评审给分的方法外，主要有以下三种形式：

①幂函数型。通式为 $I_i = KC_i^n$。它表示某一环境质量参数 C_i 的变化同所造成的环境影响程度 I_i 之间有连续的对数线性关系。式中，K 和 n 为系数。

②线性函数型。通式为 $I_i=C_i/S_i$。它表示 C_i 与 I_i 之间呈连续线性关系。S_i 为对应 C_i 的评价标准。这实质上是以标准值为尺度来衡量污染的程度。美国 1976 年公布的大气污染标准指数（PSI）中，参数与单一指数呈分段线性关系。

③等级型。环境质量参数 C_i 在某一区间范围内的变化只对应于相当级别的环境影响。这是一种非连续性的指数，它反映了环境质量参数变化对环境质量影响从量变到质变的关系，同时也符合环境质量参数变化具有误差的特性。

单要素指数和综合指数 单要素指数由单一指数综合而成，综合指数由单要素指数综合而成。在进行综合时，通常要进行加权或做极值的取舍。综合指数在全面评价环境质量方面有重要作用；单要素指数在确定环境管理的具体措施方面是不可缺少的依据。

意义 环境质量指数能适应综合评价某个环境因素乃至几个环境因素的总环境质量的需要。此外，大量监测数据经过综合计算成几个环境质量指数后，可以综合概括、简明扼要地描述环境质量。环境质量指数可用于评价某地环境质量各年（或月、日）的变化情况，或比较治理前后环境质量的改变，即考核治理效果，以及比较同时期各城市（或监测点）的环境质量。它也适用于向管理部门和公众提供关于环境质量状况的信息。

（贺桂珍）

huanjing zhiliang zonghe pingjia

环境质量综合评价 （integrated environmental quality assessment） 基于单要素的评价结果，对某区域的环境质量进行的定性和定量的总体评定。通过环境质量综合评价，可以研究环境质量的时间变化趋势，综合反映某些环境单元的污染程度，了解评价区域的总体环境质量。其评价范围包括国家、行政区域、流域、城市、功能区等，其中城市是环境质量综合评价的主要对象。

环境质量综合评价选用能表征各种环境要素质量的评价参数，主要包括三类：一是评价环境污染的参数，包括大气污染参数、水污染参数、土壤污染参数等；二是表征生活环境质量的评价参数，包括绿化程度、噪声强度、恶臭强度等；三是反映自然环境和自然资源演变与保护状况的评价参数，如森林面积增减状况、土地破坏状况、野生动物数量变化情况等。评价参数可依据其自身特征，通过定性和定量的方法确定。

环境质量综合评价有两种常用方法。一种是两步法，先进行单要素评价，然后进行归纳总结，得出环境质量综合评价结论；另一种是一步法，根据评价目的，直接选用最能反映环境质量的某些环境要素和有代表性的参数，直接求出环境质量综合评价值。

环境质量综合评价程序因评价对象、评价目的和评价要求而异。城市的环境质量综合评价程序一般如下图所示。

（陈鹏）

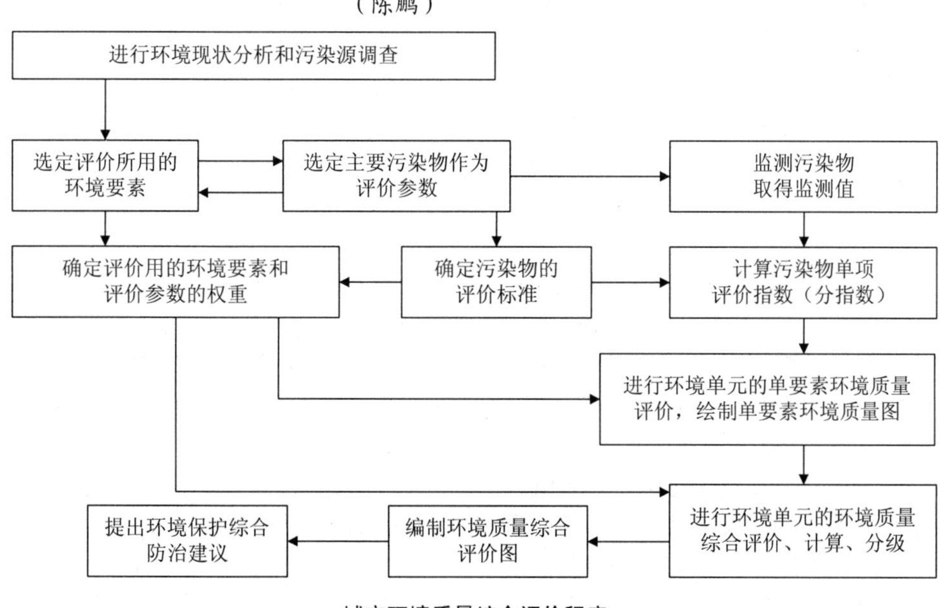

城市环境质量综合评价程序

huanjing zhiliang zonghe zhishu

环境质量综合指数 （comprehensive index of environmental quality） 依据某种环境标准和计算方法，综合反映区域环境质量优劣程度的数值。

计算环境质量综合指数要进行加权或极值取舍，当单一指数不能等效反映环境质量时进行加权；当环境质量发生重大变化或出现严重环境事件时进行极值取舍。

加权 如果各单一指数能够等效反映环境质量，则可用单一指数的算术平均值或几何平均值作为综合指数。如果单一指数不能等效反映环境质量，则须加权求和或积，作为综合指数。

确定权系数有多种方法，如有的在设计单一指数时，就确定了权系数；有的采用统计分布坐标变换的方法；有的考虑该环境质量参数的基线值（或背景值）引出的环境容纳能力；有的取自超标率、负荷比和人群特殊感觉等。在确定权系数时，既要考虑所设计的指数系统本身的意义，还要考虑到环境质量诸参数之间、环境质量参数和环境影响程度之间可能发生的协同作用和拮抗作用，以及其他环境地球化学效应。

极值取舍 环境质量发生重大变化或出现严重环境事件时，常有某些环境质量参数值在特定时间、特定空间里较高，这时要根据情况判断这些极端环境参数值的取用和剔除，以使环境质量指数更能反映客观环境质量。有学者认为应该考虑评价参数中某单项浓度的极大值，采用极大值和平均值的均方根来计算综合指数。

目前对综合指数有两种看法。一种认为综合指数可以反映环境质量的综合特征；另一种认为综合指数会掩盖各个项目的主次关系。这两种看法从不同角度反映了综合指数的性质，因此，对综合指数既不能过分夸大它的作用，也不能完全予以否定。

环境质量综合指数由单要素指数综合而成，是区域环境质量综合评价的重要手段，反映了某一区域的环境质量变异情况，在全面评价环境质量和环境管理时有重要价值。

（李静　贺桂珍）

huanjing zhuanjia xitong

环境专家系统　（environmental expert system）一种以知识为基础、能对某一专门领域的问题提供“专家级”解决办法的程序。将计算机和信息科学领域的人工智能技术引入环境科学领域，借鉴专家的经验、知识和智慧来解决该领域中存在的大量实际问题，即形成环境专家系统。一般地说，专家系统=知识库+推理机，因此，专家系统也被称为基于知识的系统。

沿革 专家系统属于人工智能的一个发展分支，自1968年费根鲍姆（E.A. Feigenbaum）等人研制成功第一个专家系统 DENDRAL 以来，专家系统得到了飞速的发展。环境专家系统自20世纪80年代中期开始受到重视，国际上1985年前尚无环境专家系统，属于新兴的研究领域。与医学、气象、化学等相关领域相比，环境专家系统研究进展明显落后5年左右，到1987年2月，已有21个环境专家系统诞生，在同年12月上升到51个，到1990年已有69个环境专家系统，且这些系统多是由美国、加拿大和德国研制的。国内环境专家系统研究从1987年起步，最早的系统是中科院生态环境研究中心研制的城市生态调控专家系统、同济大学研制的城市环境噪声防治专家系统和城市污水处理专家系统。

目前，环境专家系统已能解决许多领域的环境问题，如环境影响评价和预测、环境质量和管理、环境预测设备及装置故障诊断、环境规划与管理、过程控制、化学品安全评价、突发性环境事故处置、灾害预测、环境专家系统教育等。

分类 用于某一特定领域内的环境专家系统，可以划分为以下几类：

诊断型环境专家系统 根据对环境现状的观察分析，推导出产生环境问题的原因以及解决方法的一类系统。

预测型环境专家系统 根据环境现状预测未来环境状况的一类系统。

决策型环境专家系统 对可行环境方案进行综合评判并优选的一类系统。

规划型环境专家系统 用于制定环境行动规划的一类系统。

监视型环境专家系统 进行环境监测并在必要时进行干预的一类系统。

环境决策专家系统的构造 作为环境专家系统的核心，环境决策专家系统必须具备三要素：领域专家级知识，模拟专家思维，达到专家级的判断水平。

环境决策专家系统基本结构如下图所示，其中箭头方向为数据流动的方向。专家系统通常由人-机交互界面、知识库、推理机、解释器、综合数据库、知识获取六个部分构成。

知识库用来存放专家提供的知识，是专家系统质量是否优越的关键。一般来说，专家系统中的知识库与专家系统程序是相互独立的，用户可以通过改变、完善知识库中的知识内容来提高专家系统的性能。

人工智能中的知识表示形式有产生式、框架、语义网络等，而在专家系统中运用得较为普遍的知识是产生式规则。产生式规则以IF…

THEN…的形式出现，IF 后面跟的是条件（前件），THEN 后面的是结论（后件），条件与结论均可以通过逻辑运算 AND、OR、NOT 进行复合。在这里，产生式规则的理解非常简单：如果前提条件得到满足，就产生相应的动作或结论。

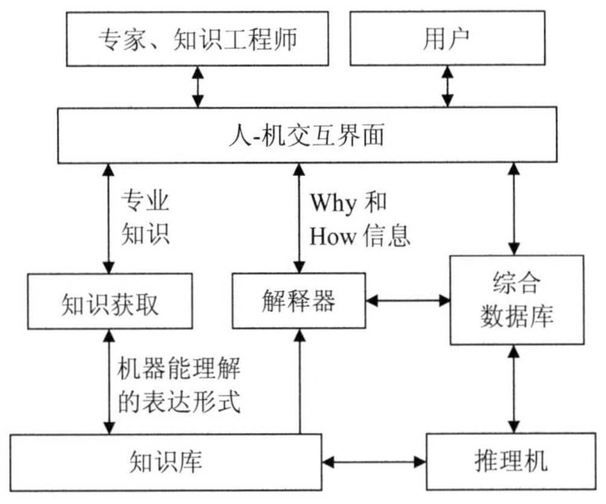

环境决策专家系统结构图

推理机针对当前问题的条件或已知信息，反复匹配知识库中的规则，获得新的结论，以得到问题求解结果。推理方式可以有正向推理和反向推理两种。推理机就如同专家解决问题的思维方式，知识库就是通过推理机来实现其价值的。

解释器能够根据用户的提问，对结论、求解过程做出说明，因而使专家系统更具有人情味。

综合数据库专门用于存储推理过程中所需的原始数据、中间结果和最终结论，往往作为暂时的存储区。

知识获取是专家系统知识库是否优越的关键，也是专家系统设计的“瓶颈”，通过知识获取可以扩充和修改知识库中的内容，也可以实现自动学习功能。

特点 主要体现在以下方面：①为解决具体环境问题，除需要一些公共的环境常识，还需要大量与所研究领域问题密切相关的知识。②一般采用启发式的解题方法。③在解题过程中除了用演绎方法外，有时还要求助于归纳方法和抽象方法。④需处理环境问题的模糊性、不确定性和不完全性。⑤能对自身的工作过程进行推理（自推理或解释）。⑥采用基于知识的问题求解方法。⑦知识库与推理机分离。

意义 环境专家系统用比较经济的方法执行任务而不需要有经验的专家，可以极大地减少劳务开支和培养费用，能为用户带来明显的经济效益。由于软件易于复制，所以环境专家系统能够广泛传播专家知识和经验。

（贺桂珍）

huise xitong yucefa

灰色系统预测法 （grey system prediction method） 对一些行为效果已知而产生行为的原因较模糊的抽象灰色系统的预测方法。所谓灰色系统是介于白色系统和黑箱系统之间的过渡系统，一般地说，社会系统、经济系统和生态系统都是灰色系统。

预测类型 主要包括：①数列预测，是对系统行为特征值的预测。②激励预测，是对在一些突然性因素影响下的行为特征值的预测。③突变预测，是对系统的行为特征值超过一定限度而造成“突变”的时间的预测。④季节突变预测，是对在某一特定时期内发生的突变的预测。⑤拓展预测，是对不规则波动系统行为特征的波形的预测。⑥系统预测，是一种综合预测，即先用不同模型表示变量之间的关系，得到一组模型，然后再进一步采用模型来表示诸模型组之间的关系，得到一个复合模型来进行预测。

特点 不需要大量样本；预测精度较高；用累加生成拟合微分方程，符合能量系统的变化规律；可以进行长期预测。 （贺桂珍）

huigui fenxi yucefa

回归分析预测法 （regression analysis prediction method） 利用数学处理方法，通过寻求事物随机变量之间某种特殊约束性（规律性）来进行预测的方法。它是一种具体的、行之有效的、实用价值很高的常用预测方法。

分类 回归分析预测法有多种类型。依据相关关系中自变量的个数不同，可分为一元回归分析预测法和多元回归分析预测法。在一元回归分析预测法中，自变量只有一个，而在多元回归分析预测法中，自变量有两个以上。依据自变量和因变量之间的相关关系不同，可分为线性回归预测法和非线性回归预测法。回归分析预测法中最简单和最常用的是线性回归预测法。

预测步骤 具体如下：

①根据预测目标，确定自变量和因变量。明确预测的具体目标，也就确定了因变量。通过资料调查，寻找与预测目标相关的影响因素，即自变量，并从中选出主要的影响因素。

②建立回归预测模型。依据自变量和因变量的历史统计资料进行计算，在此基础上建立回归分析方程，即回归分析预测模型。

③进行相关分析。回归分析是对具有因果关系的影响因素（自变量）和预测对象（因变量）所进行的数理统计分析处理，只有当自变量与因变量确实存在某种关系时，建立的回归方程才有意义。因此，作为自变量的影响因素与作为因变量的预测对象是否有关，相关程度如何，以及判断这种相关程度的把握性有多大，就成为进行回归分析必须解决的问题。进行相关分析，一般要求出相关关系，以相关系数的大小来判断自变量和因变量的相关程度。

④检验回归预测模型，计算预测误差。回归预测模型是否可用于实际预测，取决于对回归预测模型的检验和对预测误差的计算。回归方程只有通过各种检验，且预测误差较小，才能将其作为预测模型进行预测。

⑤计算并确定预测值。利用回归预测模型计算预测值，并对预测值进行综合分析，确定最后的预测值。 （贺桂珍）

《Huodianchang Daqi Wuranwu Paifang Biaozhun》

《火电厂大气污染物排放标准》（Emission Standard of Air Pollutants for Thermal Power Plants） 对火电厂大气污染物排放应控制项目及其限值做出规定的规范性文件。该标准规定了火电厂大气污染物排放浓度限值、监测和监控要求，以及标准的实施与监督等相关内容。适用于现有火电厂的大气污染物排放管理以及火电厂建设项目的环境影响评价、环境保护工程设计、竣工环境保护验收及其投产后的大气污染物排放管理。《火电厂大气污染物排放标准》首次发布于1991年，1996年第一次修订，2003年第二次修订，2011年第三次修订。该标准对于防治火电厂大气污染物排放造成的污染，促进火力发电行业的技术进步和可持续发展具有重要意义。

该标准适用于使用单台出力65 t/h以上除层燃炉、抛煤机炉外的燃煤发电锅炉；各种容量的煤粉发电锅炉；单台出力 65 t/h 以上燃油、燃气发电锅炉；各种容量的燃气轮机组的火电厂；单台出力65 t/h以上采用煤矸石、生物质、油页岩、石油焦等燃料的发电锅炉，执行循环流化床火力发电锅炉的污染物排放控制要求。整体煤气化联合循环发电的燃气轮机组执行燃用天然气的燃气轮机组排放限值。该标准不适用于各种容量的以生活垃圾、危险废物为燃料的火电厂。

该标准适用于法律允许的污染物排放行为。新设立污染源的选址和特殊保护区域内现有污染源的管理，按照相关法律、法规和规章的规定执行。火电厂排放的水污染物、恶臭污染物和环境噪声适用相应的国家污染物排放标准，产生固体废物的鉴别、处理和处置适用国家固体废物污染控制标准。地方省级人民政府对该标准未作规定的大气污染物项目，可以制定地方污染物排放标准；对该标准已作规定的大气污染物项目，可以制定严于该标准的地方污染物排放标准。

《火电厂大气污染物排放标准》（GB 13223—2011）由环境保护部于2011年7月18日批准，并由环境保护部和国家质量监督检验检疫总局于同年7月29日联合发布，自2012年1月1日起实施。自该标准实施之日起，火电厂大气污染物排放控制按该标准的规定执行，不再执行《火电厂大气污染物排放标准》（GB 13223—2003）中的相关规定。

主要内容 该标准规定，自2014年7月1日起，现有火力发电锅炉及燃气轮机组执行表1规定的烟尘、二氧化硫、氮氧化物和烟气黑度排放限值；自2012年1月1日起，新建火力发电锅炉及燃气轮机组执行表1规定的烟尘、二氧化硫、氮氧化物和烟气黑度排放限值；自2015年1月1日起，燃煤锅炉执行表1规定的汞及其化合物污染物排放限值。

重点地区的火力发电锅炉及燃气轮机组执行表2规定的大气污染物特别排放限值。执行大气污染物特别排放限值的具体地域范围、实施时间，由国务院环境保护行政主管部门规定。

表1 火力发电锅炉及燃气轮机组大气污染物排放浓度限值 单位：mg/m^3

序号	燃料和热能转化设施类型	污染物项目	适用条件	限值	污染物排放监控位置
1	燃煤锅炉	烟尘	全部	30	烟囱或烟道
		二氧化硫	新建锅炉	100 200[①]	
			现有锅炉	200 400[①]	
		氮氧化物（以NO_2计）	全部	100 200[②]	
		汞及其化合物	全部	0.03	
2	以油为燃料的锅炉或燃气轮机组	烟尘	全部	30	
		二氧化硫	新建锅炉及燃气轮机组	100	
			现有锅炉及燃气轮机组	200	
		氮氧化物（以NO_2计）	新建燃油锅炉	100	
			现有燃油锅炉	200	
			燃气轮机组	120	
3	以气体为燃料的锅炉或燃气轮机组	烟尘	天然气锅炉及燃气轮机组	5	
			其他气体燃料锅炉及燃气轮机组	10	
		二氧化硫	天然气锅炉及燃气轮机组	35	
			其他气体燃料锅炉及燃气轮机组	100	
		氮氧化物（以NO_2计）	天然气锅炉	100	
			其他气体燃料锅炉	200	
			天然气燃气轮机组	50	
			其他气体燃料燃气轮机组	120	
4	燃煤锅炉，以油、气体为燃料的锅炉或燃气轮机组	烟气黑度（林格曼黑度）/级	全部	1	烟囱排放口

注：①位于广西壮族自治区、重庆市、四川省和贵州省的火力发电锅炉执行该限值。

②采用W型火焰炉膛的火力发电锅炉，现有循环流化床火力发电锅炉，以及2003年12月31日前建成投产或通过建设项目环境影响报告书审批的火力发电锅炉执行该限值。

表 2　大气污染物特别排放限值　　单位：mg/m^3

序号	燃料和热能转化设施类型	污染物项目	适用条件	限值	污染物排放监控位置
1	燃煤锅炉	烟尘	全部	20	烟囱或烟道
		二氧化硫	全部	50	
		氮氧化物（以 NO_2 计）	全部	100	
		汞及其化合物	全部	0.03	
2	以油为燃料的锅炉或燃气轮机组	烟尘	全部	20	烟囱或烟道
		二氧化硫	全部	50	
		氮氧化物（以 NO_2 计）	燃油锅炉	100	
			燃气轮机组	120	
3	以气体为燃料的锅炉或燃气轮机组	烟尘	全部	5	
		二氧化硫	全部	35	
		氮氧化物（以 NO_2 计）	燃气锅炉	100	
			燃气轮机组	50	
4	燃煤锅炉，以油、气体为燃料的锅炉或燃气轮机组	烟气黑度（林格曼黑度）/级	全部	1	烟囱排放口

（朱建刚）

I

ISO 14000 huanjing guanli biaozhun

ISO 14000 环境管理标准 （ISO 14000 environmental management standards） 国际标准化组织环境管理技术委员会（ISO/TC207）于1996 年组织编制的一系列环境管理标准，从14001 到 14100 共 100 个标准号，统称为ISO 14000 系列标准。ISO 14000 是 ISO 制定的第一套组织内部环境管理体系（EMS）的建立、实施与审核的通用标准，旨在引导企业建立自我约束机制和进行科学管理。任何个人和组织只要关注环境并希望不断改善组织的环境目标就可以应用 ISO 14000，包括企业、法律机构、环境组织及成员、政府官员等。

产生背景 1987 年《我们共同的未来》首次引入了“可持续发展”的概念，敦促工业界建立有效的环境管理体系。从 20 世纪 80 年代起，美国和西欧一些公司为了响应可持续发展的号召，提高在公众中的形象，开始建立各自的环境管理方式，这是环境管理体系的雏形。1985 年荷兰率先提出建立企业环境管理体系的概念，1988 年试行实施，1990 年在环境圆桌会议上专门讨论了环境审核问题。英国也在质量标准体系（BS 5750）基础上，制定了 BS 7750 环境管理体系。英国的 BS 7750 和欧盟的生态管理和环境审核计划（Eco-Management and Audit Scheme，EMAS）实施后，欧洲的许多国家纷纷开展认证活动，由第三方证明企业的环境绩效。这些实践活动奠定了 ISO 14000 系列标准产生的基础。

1992 年在巴西里约热内卢召开的联合国环境与发展大会，标志着全球谋求可持续发展时代的开始。各国政府领导、科学家和公众认识到要实现可持续发展的目标，就必须改变工业污染控制的战略，从加强环境管理入手，建立污染预防（清洁生产）的新观念，通过企业的“自我决策、自我控制、自我管理”方式，把环境管理融于企业全面管理之中。

国际标准化组织于 1993 年 6 月成立了环境管理技术委员会，开始正式开展环境管理系列标准的制定工作，以规划企业和社会团体等所有组织的活动、产品和服务的环境行为，支持全球的环境保护工作。ISO/TC 207 下又设有 6 个分委员会 SC1～SC6，负责起草某一方面的标准。需要指出的是 ISO 14000 系列标准是过程标准而不是行为标准，目的是确保企业与本国和当地的环境法律法规相一致。

指导思想 ISO 14000 系列标准应不增加并消除贸易壁垒；ISO 14000 系列标准可用于各国对内对外认证、注册等；ISO 14000 系列标准必须摈弃对改善环境无帮助的任何行政干预。

原则 ISO 14000 系列标准制定首先要遵循弹性的原则，即允许发展中国家有一段规定的时间使其产品和管理制度逐步达到 ISO 14000 系列标准的要求，以示在环境问题上与对发达国家的要求有所区别。其次，ISO 14000 系列标准应用对象主要定位在中、小型组织，特别是企业。第三，ISO 14000 系列标准认证过程中要确保认证审核员保持客观性和独立性。

组成 下表中给出了标准体系的组成，其中 ISO 14001 是环境管理体系标准的主干标准。

ISO 14000（2004）标准体系的基本构成

分委员会	主题	标准号
SC1	环境管理体系，EMS	ISO 14001～ISO 14009
SC2	环境审计，EA	ISO 14010～ISO 14019
SC3	环境标志，EL	ISO 14020～ISO 14029
SC4	环境绩效评价，EPE	ISO 14030～ISO 14039
SC5	生命周期评价，LCA	ISO 14040～ISO 14049
SC6	术语和定义，T&D	ISO 14050～ISO 14059
WG1	产品标准中的环境指标	ISO 14060
	备用	ISO 14061～ISO 14100

分类 ISO 14000 作为一个多标准组合系统，按标准性质分为三类。第一类基础标准为术语标准；第二类基础标准包括环境管理体系、规范、原则、应用指南；第三类为支持技术类标准（工具），包括环境审核、环境标志、环境绩效评价、生命周期评估。

按标准的功能，可以分为两类。第一类：评价组织，包括环境管理体系、环境绩效评价、环境审核。第二类：评价产品，包括生命周期评估、环境标志、产品标准中的环境指标。

主要内容 ISO 14000 系列标准融合了世界上许多发达国家在环境管理方面的经验，是一种完整的、操作性很强的体系标准。ISO 14000 系列可以分成两组：指导文件和说明文件，提出了一系列公司环境管理制度评价所依据的标准。其中，ISO14001 是环境管理体系标准的主干标准，它是企业建立和实施环境管理体系并通过认证的依据，包括公司必须遵守的具有法律效力的标准，如规定的允许值、相关法规和制度条款，甚至行政和司法机构的要求。

ISO 14000 认证 根据 ISO 14000：2004 环境管理体系-规范及使用指南，组织可通过取得第三方认证机构认证的形式，向外界证明其环境管理体系的符合性和环境管理水平。

在我国，ISO 14000 认证流程包括初次认证、年度监督检查和复评认证等。

对于初次认证，需要遵循以下程序：①企业向认证机构提交申请材料，经过审查看其是否符合两个基本条件：一是遵守中国的环境法律、法规、标准和总量控制要求；二是体系试运行满三个月。②申请受理后，认证机构进入第一阶段审核，主要审核体系文件和体系的策划设计、内审和管理评审，结合现场检查，确认审核范围，提出整改意见。③企业整改合格后，进入第二阶段审核，主要是现场审核。审核结束后，认证机构根据审核结果，进行认证技术评定，并报环境管理认证委员会进行复查、备案和统一编号。④最后，合格者予以颁发证书，证书有效期为三年。

年度监督检查应每年进行一次，并按照下列程序进行：①认证中心根据企业认证证书发放时间，制订年检计划，提前向企业下发年检通知。企业按合同要求缴纳年度监督管理费。认证中心组成检查组，到企业进行现场检查工作。②现场检查，由检查组负责对申请认证的产品进行抽样并封样，送指定的检验机构检验。③检查组根据企业材料、检查报告、产品检验报告撰写综合评价报告，报认证中心总经理批准。

复评认证三年到期的企业，应重新填写《ISO 14000 认证申请表》，连同有关材料报认证中心。其余认证程序同初次认证。

特点 ISO 14000 系列标准存在如下特点：①强调法律法规的符合性。ISO 14000 标准要求实施这一标准的组织最高管理者必须承诺符合有关环境法律法规和其他要求。②强调污染预防。污染预防是 ISO 14000 标准的基本指导思想。③强调持续改进。ISO 14000 没有规定绝对的行为标准，在符合法律法规的基础上，企业要进行持续改进，即今天做得要比昨天好，明天做得比今天好。④自愿性原则。ISO 14000 标准不是强制性标准，企业及其他组织可根据自身需要自主选择是否实施。⑤广泛适用性。ISO 14000 标准不仅适用于企业，同时也可用于事业单位、政府机构、民间机构等任何类型的组织。

意义 企业建立环境管理体系，可以减少各项活动所造成的环境污染，节约资源，改善环境质量，促进企业和社会的可持续发展。①实施 ISO 14000 标准是贸易的“绿色通行证”。ISO 14000 在国际法和国际贸易方面具有潜在影响。ISO 14000 旨在促进实施环境管理制度，使贸易伙伴之间有一致的环境标准。目前国际贸易中对 ISO 14000 标准的要求越来越多。但一些发展中国家认为 ISO 14000 的环境标准可能建立贸易非关税壁垒，且 ISO 14000 标准注册成本对中小企业来说过分昂贵。②提升企业形象，降低环境风险。遵从环境管理标准可以建立良好的公众关系，引导消费者对公司产品的认可，从而在市场竞争中取得优势，创造商机。③提高管理能力，形成系统的管理机制，完善企业的整体管理水平。④节能降耗，降低成本。从公司内部来说，通过减少废物、使用毒性较低的化学品和较少的能源以及再循环利用，可以减少各项环境费用。从外部讲，保险公司可能对该公司环境污染事故的保险实施较低的收费率，节省成本。⑤ISO 14000 的推广和普及在宏观上可以起到协调经济发展与环境保护的关系、提高全民环保意识、促进节约和推动技术进步等作用。对于实施 ISO 14000 的企业，政府管理部门会给他们更多的优惠政策和待遇。（贺桂珍）

推荐书目

Clements，R B. Complete Guide to ISO 14000. Upper Saddle River，New Jersey：Prentice Hall，1996.

李在卿．环境管理体系．北京：中国标准出版社，2010.

J

《Jichang Zhouwei Feiji Zaosheng Huanjing Biaozhun》

《机场周围飞机噪声环境标准》（Standard of Aircraft Noise for Environment around Airport）用于评价机场周围声环境状况的规范性文件。该标准适用于机场周围受飞机通过所产生噪声影响的区域。

《机场周围飞机噪声环境标准》（GB 9660—1988）由国家环境保护局于1988年8月11日批准，同年11月1日起实施。

主要内容 该标准采用一昼夜的计权等效连续感觉噪声级作为评价量，标准值和适用区域见下表。该标准是户外允许噪声级，测点要选在户外平坦开阔的地方，传声器高于地面1.2 m、离开其他反射壁面1.0 m以上。测量方法、计算方法、测量仪器等按《机场周围飞机噪声测量方法》（GB 9661—1988）的规定执行。

标准值和适用区域　　单位：dB

适用区域	标准值
一类区域	≤70
二类区域	≤75

注：一类区域指特殊住宅区，居住、文教区。二类区域指除一类区域以外的生活区。适用区域地带范围由当地人民政府划定。

（陈鹏）

jichu huanjing jiaoyu

基础环境教育（basic environmental education）以中小学（含幼儿）和大、中专院校为主体的广泛的非专业环境教育。幼儿园和中小学环境教育采取的是渗透式教育方式。在非环境专业的大、中专院校和各类职业学校，则主要通过开设必修课、选修课、讲座等形式普及环境知识。这两种均以环境科普知识教育为主体。

（贺桂珍）

jisuanji fuzhu zonghe pingjiafa

计算机辅助综合评价法（integrated computer-aided assessment）将矩阵、网络和计算机技术结合起来使用，系统地确定较大规模开发方案影响的一种综合性的环境影响评价法。计算机辅助评价是一个范围很广的概念，它涵盖了计算机在个人知识、技能、能力、行为评价领域中应用的诸多方面。

计算机辅助综合评价法是由美国陆军建设工程研究室的贾因（Jain）等人提出的，主要是为部队军事行为的评价而建立的一种研究系统。在计算机辅助评价系统中把军事行为分成 n 个方面，共提出了大约2 000种行为；把环境分成11种主要类型，共定出了大约1 000种环境因子。在此基础上，利用计算机系统来识别这2 000种行为对1 000种环境因子可能产生的影响，找出其因果关系并建立分析模式，以便定量确定这些影响。

目前，其原理已被推广应用于环境影响评价中。环境影响计算机辅助综合评价系统开发过程包括4个步骤：①确定环境评价指标体系与内容。评价指标体系应抓住主要因素，定量和定性结合，宏观与微观相统一，可比性和应用性兼顾。

根据评价对象不同，主要涉及自然环境（如水、大气、噪声）、生态环境（如野生动物、植被）、社会环境（如文物、社会经济）、生活环境（如安全、环境质量）等方面的评价指标，每一个指标都有其相关因子和评价标准。②建立环境评价基础数据库。主要包括环境保护法规数据库、环境评价标准数据库、环境评价导则和规范数据库、环境现状数据库。内容涉及自然生态、大气、水体、土壤、噪声、震动、动植物、社会经济、文物古迹、风景名胜等。环境评价基础数据库包括的内容较多，有些是直接利用国家已有的开放的公共数据，有些是参考以往的环境评价项目数据。这些数据需要定期删除与更新，以保证评价的现实性和准确性。③选择评价方法和评价数学模型。环境影响评价与预测的方法有很多种，计算机辅助评价系统作为一个辅助评价的工具，必须实现定量分析和预测，达到选择与优化的目的进而指导人们的行为决策。在进行与时间有关的环境评价预测时，可应用指数平滑法和灰色预测模型。在综合评价时，常应用矩阵法模型和模糊多层次综合评判模型。④环境影响评价计算机程序的实现。该评价辅助软件是一个较庞大的系统工程，由五部分组成：数据文件的输入、基础数据库、指标计算模块、评价逻辑模块、文件的输出。对于评价后的反馈信息，采用数据与相关的文字形式输出，或者与有关的法规、政策相对应，提出改治措施。评价时输入的数据，对于高级用户，也可以对系统基础数据库进行解锁，并导入其中，作为完善基础数据库的一种方式。

针对环境项目绩效评价开发的计算机辅助评价系统可以实现两个功能：一是形成适用于绩效评价的数据文件，即评判矩阵数据文件、加权向量数据文件和评判集数据文件；二是在给出数据文件的基础上求出结果向量，并计算出项目的评判结果。（焦文涛）

《Jiagong Maoyi Jinzhilei Shangpin Mulu》

《加工贸易禁止类商品目录》（List of Prohibited Processing Trade Commodity） 国家为了对加工贸易实行商品分类管理而发布的禁止加工贸易类商品目录。

制定背景 自 1999 年起，国家开始对加工贸易实行商品分类管理，按商品将加工贸易分为禁止类、限制类和允许类。2005 年以来，根据国民经济发展需要和宏观调控要求，按照相关法律、法规及加工贸易管理有关规定，国家陆续将部分商品列入加工贸易禁止类目录，对列入禁止类目录的加工贸易，取消其进口保税政策。商务部、海关总署、国家环境保护总局 2004 年第 55 号公告调整并发布了《加工贸易禁止类商品目录》，并明确将根据国民经济发展需要和产业政策要求，每年对加工贸易禁止类商品目录及税号进行调整和更新。商务部、海关总署、国家环境保护总局 2005 年第 105 号公告公布了《加工贸易禁止类目录》，自 2006 年 1 月 1 日起施行。2007—2015 年，商务部、海关总署和环境保护部等部门对《加工贸易禁止类商品目录》不断进行调整，使之更符合国民经济发展需要。

主要内容 《2007 年加工贸易禁止类商品目录》中共有 990 种加工贸易类产品被列入禁止名单，包括重柴油、其他柴油及燃料油、重油等在内的多种能源首次被禁止进出口；《2008 年加工贸易禁止类商品目录》中共计列入 1 816 个海关商品编码，其中包括新增禁止类商品目录 39 个和 2007 年第二批加工贸易禁止类商品目录 598 个；《2009 年加工贸易禁止类商品目录》对以往的加工贸易禁止类目录进行了调整，根据 2009 年海关商品编码，对调整后的禁止类目录商品编码进行了修订，修订后禁止类目录共计 1 759 项商品编码。商务部、海关总署 2010 年第 63 号公告《增列入加工贸易禁止类目录的商品》，将 44 个十位商品编码增列入加工贸易禁止类目录。根据商务部、海关总署 2014 年第 90 号公告《加工贸易禁止类商品目录》，调整后的目录共计 1 871 个商品编码。对于以下情况，不在目录中单列，但按照加工贸易禁止类进行管理：①为种植、养殖等出口产品而进口种子、种苗、种畜、化肥、饲料、添加剂、抗生素等；②生产出口的仿真枪支；③属于国家已经发布的禁止进口货物目录和禁止出口货物目录的商品。不按加工贸易禁止类管理的情况包括：①用于深加工结转转入，或从海关特殊监管区域内经实质性加工后出区的商品；②用于深加工结转转出，或进入海关特殊临界管区域内再进行实质性加工的商品。商务部、海关总署 2015 年第 59 号《关于调整加工贸易禁止类商品目录的公告》，将《2014 年加工贸易禁止类商品目录》中符合国家产业政策，不属于高耗能、高污染的产品以及具有较高技术含量的产品剔除，调整后的目录共 1 862 个十位商品编码，仍按商务部、海关总署 2014 年第 90 号公告有关规定执行。

作用　《加工贸易禁止类商品目录》的制定，对规范加工贸易管理、促进加工贸易健康发展起到了积极作用，有利于逐步优化加工贸易产品结构，引导加工贸易向高技术、高附加值方向发展。目录的调整，在继续严格禁止高排放、高能耗加工贸易的同时，将不属于高排放和高能耗的产品从禁止类目录中剔除，有利于进一步增强企业信心、保持外贸稳定发展。同时，这些措施对于增加我国对外贸易总量、有效利用劳动资源的优势、开拓国际市场也起到了积极作用。　　（王铁宇　朱朝云）

jiaquan yidong pingjun yucefa

加权移动平均预测法　（weighted moving average prediction method）　一种时间序列预测法，根据同一个移动段内不同时间的数据对预测值的影响程度，对时间序列各个数据分别给予不同的权数，计算出加权后的移动平均值，然后再进行平均移动以预测未来值。

加权平均法的关键是确定适当的权数，只有确定适当的权数，才能得到满意的预测值。权数的确定可根据预测者对时间序列的观察分析而得知。一般情况下，应该考虑：①预测期的远近，远期观察值权数应该小些，近期观察值权数应该大些。②时间序列本身的变动幅度大小，对于变动幅度较大的时间序列，给予的权数差异大些，而对于变动幅度小的时间序列，给予的权数差异可以小些。在预测者不能肯定如何分配理想的权数时，可以同时采用几个权数计算，最后视误差大小选择最适当的权数值。

在计算平均值时，根据“越是近期数据对预测值影响越大”这一特点，对近期数据给予较大的权数，对较远的数据给予较小的权数，以弥补简单移动平均法的不足。

加权移动平均预测法适用于有较稳定的发展趋势的情况，优点是削弱了随机变动的影响，计算简便，实用性强；缺点是有滞后偏差，没有考虑相关因素对预测值的影响，不能合理地进行趋势外推预测。用加权移动平均预测法求预测值，对近期的趋势反应较敏感，但如果一组数据有明显的季节性影响时，用加权移动平均预测法所得到的预测值可能会出现偏差。

（贺桂珍）

《Jiayouzhan Daqi Wuranwu Paifang Biaozhun》

《加油站大气污染物排放标准》（Emission Standard of Air Pollutant for Gasoline Filling Stations）　对加油站汽油油气排放限值、控制技术要求和检测方法做出规定的规范性文件。该标准适用于现有加油站汽油油气排放管理，以及新、改、扩建加油站项目的环境影响评价、设计、竣工验收及其建成后的汽油油气排放管理。

《加油站大气污染物排放标准》（GB 20952—2007）由国家环境保护总局于 2007 年 4 月 26 日批准，并由国家环境保护总局和国家质量监督检验检疫总局于 2007 年 6 月 22 日联合发布，自同年 8 月 1 日起实施。

主要内容　该标准规定，加油站卸油、储油和加油时排放的油气，应采用以密闭收集为基础的油气回收方法进行控制。加油油气回收系统、油气排放处理装置（以下简称处理装置）和在线监测系统应进行技术评估并出具报告。加油油气回收管线液阻检测值应小于表 1 规定的最大压力限值。油气回收系统密闭性压力检测值应大于等于表 2 规定的最小剩余压力限值。

表 1　加油站油气回收管线液阻最大压力限值

通入氮气流量/（L/min）	最大压力/Pa
18.0	40
28.0	90
38.0	155

表 2　加油站油气回收系统密闭性检测最小剩余压力限值　单位：Pa

储罐油气空间/L	受影响的加油枪数				
	1～6	7～12	13～18	19～24	＞24
1 893	182	172	162	152	142
2 082	199	189	179	169	159
2 271	217	204	194	184	177
2 460	232	219	209	199	192
2 650	244	234	224	214	204
2 839	257	244	234	227	217
3 028	267	257	247	237	229
3 217	277	267	257	249	239
3 407	286	277	267	257	249
3 596	294	284	277	267	259
3 785	301	294	284	274	267
4 542	329	319	311	304	296
5 299	349	341	334	326	319
6 056	364	356	351	344	336
6 813	376	371	364	359	351
7 570	389	381	376	371	364
8 327	396	391	386	381	376
9 084	404	399	394	389	384
9 841	411	406	401	396	391
10 598	416	411	409	404	399
11 355	421	418	414	409	404
13 248	431	428	423	421	416
15 140	438	436	433	428	426
17 033	446	443	441	436	433
18 925	451	448	446	443	441
22 710	458	456	453	451	448
26 495	463	461	461	458	456
30 280	468	466	463	463	461
34 065	471	471	468	466	466
37 850	473	473	471	468	468
56 775	481	481	481	478	478
75 700	486	486	483	483	483
94 625	488	488	488	486	486

注：如果各储罐油气管线连通，则受影响的加油枪数等于汽油加油枪总数。否则，仅统计通过油气管线与被检测储罐相连的加油枪数。

各种加油油气回收系统的气液比均应在大于或等于 1.0 和小于或等于 1.2 范围内，但对气液比进行检测时的检测值应符合技术评估报告给出的范围。处理装置的油气排放浓度应小于或等于 25 g/m^3，排放口距地平面高度应不低于 4 m。不同类型的在线监测系统，应按照评估或认证文件的规定进行校准检测。　（朱建刚）

jianhuan cuoshi

减缓措施　（mitigation measures）　用来预防、降低、修复或补偿由建设项目或者规划实施可能导致的不良环境影响的对策和办法。根据对象的不同，减缓措施可以分为大气环境污染减缓措施、地表水环境影响减缓措施、地下水环境影响减缓措施、生态环境影响减缓措施、声环境影响减缓措施、环境风险减缓措施等。

大气环境污染减缓措施　依据大气环境影响预测结果及大气环境防护距离计算结果，给出项目选址及总图布置的优化调整建议和方案；依据大气环境影响预测结果，给出污染源排放的优化调整建议；大气污染减缓措施必须保证污染源的排放符合排放标准的有关规定，同时最终环境影响也应符合环境功能区划要求，根据大气环境影响预测结果评价大气污染防治措施的可行性，并提出对项目实施环境监测的建议，给出大气污染减缓措施优化调整的建议及方案；根据大气环境防护距离计算结果，结合厂区平面布置图，确定项目大气环境防护区域，给出大气环境防护区域内长期居住人群的搬迁建议或优化调整项目布局的建议。

地表水环境影响减缓措施　一般包括污染消减措施建议和环境管理措施建议两部分。污染消减措施建议应尽量做到具体、可行，以便对建设项目的环境工程设计起到指导作用，要重点关注其环境效益。环境管理措施建议包括环境监测建议、水土保持措施建议、防止泄漏等事故发生的措施建议以及环境管理机构设置的建议等。

地下水环境影响减缓措施　地下水保护措施与对策应按照“源头控制，分区防治，污染监控，应急响应”及突出饮用水安全的原则确定。应根据Ⅰ类、Ⅱ类建设项目各自的特点以及建设项目所在区域的环境现状、环境影响预测与评价结果，在评价工程可行性研究中提出的污染防治对策有效性的基础上，提出需要增加或完善的地下水环境保护措施和对策。改、扩建项目还应针对现有的环境水文地质问题、地下水水质污染问题，提出“以新带老”的对策和措施。

具体包括：提出合理、可行、可操作性强的地下水污染防控环境管理体系，包括地下水环境跟踪监测方案和定期信息公开等；采取源头控制措施，包括提出各类废物循环利用的具体方案和针对工艺、管道、设备、污水储存及处理构筑物的污染控制措施；采取分区防治措施，结合地下水环境影响评价结果，对工程设计或可行性研究报告提出的地下水污染防控方案提出优化调整的建议，给出不同分区的具体防渗技术要求；建立地下水环境监测管理体系，包括制订地下水环境影响跟踪计划、建立地下水环境影响跟踪监测制度、配备先进的监测仪器和设备；制定地下水污染应急响应预案；初步估算各项措施的投资概算，并分析其技术、经济可行性。

生态环境影响减缓措施　应按照避让、减缓、补偿和重建的次序提出生态环境影响防护与恢复的措施；所采取措施的效果应有利于修复和增强区域生态功能。凡涉及不可替代、极具价值、极敏感、被破坏后很难恢复的敏感生态保护目标时，必须提出可靠的避让措施或生境替代方案，涉及采取措施后可恢复或修复的生态目标时，也应尽可能提出避让措施；否则，应制定恢复、修复和补偿措施。各项生态保护措施应按项目实施阶段分别提出，并提出实施时限和估算经费。

替代方案　主要指项目中的选线、选址替代方案，项目的组成和内容替代方案，工艺和生产技术的替代方案，施工和运营的替代方案，生态保护措施的替代方案。评价应对替代方案进行生态可行性论证，优先选择生态影响最小的替代方案，最终选定的方案至少应该是生态保护可行的方案。

生态保护措施　包括保护对象和目标，内容、规模及工艺，实施空间和时序，保障措施和预期效果分析，绘制生态保护措施平面布置示意图和典型措施设施工艺图，估算或概算环境保护投资。

对可能具有重大、敏感生态影响的建设项目和区域、流域开发项目，应提出长期的生态监测计划、科技支撑方案，明确监测因子、方法、频次等。

声环境影响减缓措施　工业建设项目噪声防治措施应针对建设项目投产后噪声影响的最大预测值制定，以满足厂界（场界、边界）和厂界外敏感目标（或声环境功能区）的达标要求。交通运输类建设项目的噪声防治措施应针对建设项目不同代表性时段的噪声影响预测值分期制定，以满足声环境功能区及敏感目标的达标要求，其中，铁路建设项目的噪声防治措施还应同时满足铁路边界噪声排放标准的要求。

规划防治对策主要指从建设项目的选址（选线）、规划布局、总图布置和设备布局等方面进行调整，提出减少噪声影响的建议。

技术防治措施　包括声源上降低噪声的措施，声学控制措施，噪声传播途径上降低噪声的措施和敏感目标自身防护措施。

管理措施　主要包括提出环境噪声管理方案，制定噪声监测方案，提出降噪减噪设施的运行使用、维护保养等方面的管理要求，提出跟踪评价要求等。

典型建设项目噪声防治措施　包括工业（工矿企业和事业单位）噪声防治措施，公路、城市道路交通噪声防治措施，铁路、城市轨道噪声防治措施，机场噪声防治措施。

环境风险减缓措施　包括风险防范措施和应急预案，通过风险管理来预防和减缓环境风险。

风险防范措施　包括选址、总图布置和建筑安全防范措施，危险化学品贮运安全防范措施，工艺技术设计安全防范措施，自动控制设计安全防范措施，电气、电讯安全防范措施，以及消防及火灾报警系统和紧急救援站或有毒气体防护站设计。

应急预案 一旦出现紧急情况，应有一套完整的应对方案，包括明确各责任部门和个人的职责与任务。（楚春礼）

jianshe xiangmu huanjing guanli

建设项目环境管理 （environmental management for construction projects） 环境保护部门根据国家的环保产业政策、行业政策、技术政策、规划布局和清洁生产要求及专业工程验收规范，运用环境预审、环境影响评价和“三同时”管理制度对一切建设项目依法进行的管理活动。建设项目环境管理是环境保护中极为重要的一项工作。建设项目包括生产建设项目和资源开发项目。

建设项目环境管理主要包括五个阶段，即立项审批、可行性研究、初步设计、施工、竣工验收，相应的环境管理具有不同的内容。

在建设项目立项审批阶段，按照国家的有关政策（产业政策、行业政策、技术政策）、规划布局和清洁生产要求对拟立项的建设项目进行环境保护审查，经环境预审合格的项目才能准予立项。在可行性研究阶段，根据前期环境预审的要求从技术角度对建设项目严格把关，严格控制。需要进行环境影响评价的建设项目必须按规定要求做环境影响评价，对环境影响报告书（表）进行审批，对可行性研究报告环境保护篇章进行审查。初步设计阶段对建设项目初步设计文件环境保护篇章进行审查。施工阶段对建设项目环境保护设施与主体工程施工同时进行检查。竣工阶段做建设项目环境保护验收。“三同时”制度在后面三个阶段实施并发挥污染预防的作用，“同时投入使用”是“三同时”制度管理的重点，但要与同时设计、同时施工相协调，三者紧密联系，缺一不可。（贺桂珍）

jianshe xiangmu huanjing jianli

建设项目环境监理 （environmental supervision for construction projects） 建设项目环境监理单位受建设单位委托，依据有关环保法律法规、建设项目环评及其批复文件、环境监理合同等，对建设项目实施专业化的环境保护咨询和技术服务，协助和指导建设单位全面落实建设项目各项环保措施的过程。建设项目环境监理是建设项目环评和“三同时”验收监管的重要辅助手段。通过推行建设项目环境监理，有利于实现*建设项目环境管理*由事后管理向全过程管理的转变，由单一环保行政监管向行政监管与建设单位内部监管相结合的转变，对于促进建设项目全面、同步落实环评提出的各项环保措施具有重要意义。

根据国务院《建设项目环境保护管理条例》（国务院令第253号，1998年发布）《国务院关于加强环境保护重点工作的意见》（国发〔2011〕35号）和相关政策规定，建设项目环境监理是建设项目环评和“三同时”制度验收监管的重要辅助手段，其主要功能是：①建设项目环境监理单位受建设单位委托，承担全面核实设计文件与环评及其批复文件的相符性任务。②依据环评及其批复文件，督查项目施工过程中各项环保措施的落实情况。③组织建设期环保宣传和培训，指导施工单位落实好施工期各项环保措施，确保环保“三同时”制度的有效执行，以驻场、旁站或巡查方式实行监理。④发挥环境监理单位在环保技术及环境管理方面的业务优势，搭建环保信息交流平台，建立环保沟通、协调、会商机制。⑤协助建设单位配合好环保部门的“三同时”监督检查、建设项目环保试生产审查和竣工环保验收工作。为逐步推行施工期工程环境监理制度，我国于2002年开始在生态环境影响突出的国家13个重点建设项目中开展工程环境监理试点。由于试点地区对建设项目环境监理的定位、作用和范围不够明确，缺乏相关管理制度和技术规范体系，2012年环境保护部办公厅发布《关于进一步推进建设项目环境监理试点工作的通知》（环办〔2012〕5号），界定了建设项目环境监理工作的基本内涵和工作内容，并倡导试点地区加快建设项目环境监理管理制度建设。2016年4月，建设项

目环境监理试点工作结束。（马骅）

jianshe xiangmu huanjing yingxiang dengjibiao

建设项目环境影响登记表（environmental impact registration form of construction projects）我国根据建设项目环境影响程度，对建设项目环境影响评价实行分类管理的文件之一。根据我国《建设项目环境保护管理条例》的规定，建设项目对环境影响很小，不需要进行环境影响评价的，应当填报环境影响登记表。

主要内容 见下表。

编制说明 项目名称需要与项目立项批复时的名称一致，项目内容及规模按项目批复时为准；行业类别按化工石化、火电、造纸、冶金、建材、机械电子、其他七类行业分类填写；废水排放去向应标明具体的受纳水体；周围环境简况应说明项目建设地点周围环境现状达到的功能规划区类别，周围如有敏感区或需特殊保护地区要说明，并附上与项目建设地点相关的外环境关系图；拟采取的防治污染措施应对每种污染物治理措施采取的方法、工艺流程、投资、污染物的进出口浓度、年排放总量进行简述，并分析其效率、可靠性、先进性。

环境影响登记表的管理 参见建设项目环境影响评价管理。（楚春礼）

jianshe xiangmu huanjing yingxiang pingjia

建设项目环境影响评价（environmental impact assessment of construction projects）对建设项目实施后可能造成的环境影响进行分析、预测和评估，提出预防或者减轻不良环境影响的对策和措施，进行跟踪监测的方法与制度。《中华人民共和国环境影响评价法》规定，对建设项目的环境影响评价实行分类管理，根据建设项目对环境的影响程度，编制建设项目环境影响报告书、环境影响报告表或者填报环境影响登记表。

建设项目环境影响登记表

项目名称					
建设单位					
法人代表		联系人			
通信地址					
联系电话		传真		邮政编码	
建设地点					
建设性质	新建□ 改扩建□ 技改□	行业类别及代码			
占地面积/平方米		使用面积/平方米			
总投资/万元		环保投资/万元		投资比例	
预期投资日期	年 月	预计年工作日			
一、项目内容及规模					
二、原辅材料（包括名称、用量）及主要设施规格、数量（包括锅炉、发电机等）					
三、水及能源消耗					
四、废水（工业废水、生活废水）排水量及排放去向					
五、周围环境简况（可附图说明）					
六、生产工艺流程简述（如有废水、废气、废渣、噪声产生，须标明产生环节，并用文字说明污染物产生的种类、数量、排放方式、排放去向）					
七、与项目有关的老污染源情况（包括各污染源排放情况、治理措施，达标排放情况）					
八、拟采取的防治污染措施（包括建设期、营运期及原有污染治理）					

基本内容 包括：工程分析；环境现状调查与评价；环境影响预测与评价；社会环境影响评价；公众参与；环境保护措施及其经济、技术论证；环境管理与监测；循环经济和清洁生产分析；污染物总量控制；环境影响经济损益分析及方案备选。

工程分析 根据各类型建设项目的工程内容及其特征，分析项目建设影响环境的内在因素。

工程分析应以工艺过程为重点，同时不能忽略污染物的不正常排放。需要准备工程基本数据资料，包括：建设项目规模、主要生产设备，主要原辅材料及其他物料的理化性质、毒理特征及其消耗量，能源消耗数量、来源及其储运方式，原料及燃料的类别、构成与成分，产品及中间体的性质、数量，物料平衡，燃料平衡，水平衡，特征污染物平衡；工程占地类型及数量，土石方量，取弃土量；建设周期、运行参数及总投资等。数据资料及处理应满足下列要求：应用的数据资料要真实、准确、可信；对建设项目的规划、可行性研究和初步设计等技术文件中提供的资料、数据、图件等，应进行分析后引用；引用现有资料进行环境影响评价时，应分析其时效性；类比分析数据、资料应分析其相同性或者相似性。

工程分析的主要内容包括：污染因素分析、生态影响因素分析，原辅材料、产品、废物的储运，交通运输，公用工程，非正常工况分析，环境保护措施和设施，污染物排放统计汇总。

环境现状调查与评价 要求根据建设项目污染源及所在地区的环境特点，结合各专项评价的工作等级和调查范围，筛选出应调查的有关参数，分别搜集和利用现有的有效资料，当现有资料不能满足要求时，需进行现场调查和测试，并分析现状监测数据的可靠性和代表性。对与建设项目有密切关系的环境状况应全面详细调查，给出定量的数据并做出分析或评价；对一般自然环境与社会环境的调查，应根据评价地区的实际情况，适当增减。

环境现状调查与评价的内容主要包括：自然环境现状调查与评价、社会环境现状调查与评价、环境质量和区域污染源调查与评价及其他环境现状调查与评价。环境现状调查与评价的方法主要有收集资料法、现场调查法、遥感和地理信息系统分析方法等。

环境影响预测与评价 对建设项目的环境影响进行预测，是指对能代表评价区环境质量的各种环境因子变化的预测，分析、预测和评价的范围、时段、内容及方法均应根据其评价工作等级、工程与环境特性、当地的环境保护要求而定。预测和评价的环境因子应包括反映评价区一般质量状况的常规因子和反映建设项目特征的特性因子两类。须考虑环境质量背景与已建的和在建的建设项目同类污染物环境影响的叠加。对于环境质量不符合环境功能要求的，应结合当地环境整治计划进行环境质量变化预测。

环境影响预测和评价的内容主要包括：建设项目实施过程的不同阶段的环境影响，可以划分为建设阶段的环境影响、生产运行阶段的环境影响和服务期满后的环境影响；还应分析不同选址、选线方案的环境影响。当建设阶段的噪声、振动、地表水、地下水、大气、土壤等的影响程度较重、影响时间较长时，应进行建设阶段的环境影响预测；建设项目生产运行阶段，进行正常排放和非正常排放、事故排放等情况的环境影响预测；开展建设项目服务期满的环境影响评价，并提出环境保护措施。进行环境影响评价时，应考虑环境对建设项目影响的承载能力；涉及有毒有害、易燃、易爆物质生产、使用、贮存，存在重大危险源，存在潜在事故并可能对环境造成危害，包括健康、社会及生态风险（如外来生物入侵的生态风险）的建设项目，需进行环境风险评价。此外，还需分析所采用的环境影响预测方法的适用性。

目前使用较多的环境影响预测和评价的方法有数学模式法、物理模型法、类比调查法和专业判断法等。

社会环境影响评价 通过收集反映社会环境影响的基础数据和资料，筛选出社会环境影响评价因子，定量预测或定性描述评价因子的变化，评价征地拆迁、移民安置、人文景观、人群健康、文物古迹、基础设施（如交通、水利、通信）等方面的社会环境影响。应同时分析正面和负面的社会环境影响，并对负面影响提出相应的对策与措施（参见社会环境影响评价）。

公众参与　应贯穿于环境影响评价工作的全过程，涉密的建设项目按国家相关规定执行。参与对象应包括可能受到建设项目直接影响和间接影响的有关企事业单位、社会团体、非政府组织、居民、专家和公众等。按“有关团体”、“专家”、“公众”对所有的反馈意见进行归类与统计分析，并在归类分析的基础上进行综合评述；对每一类意见，均应进行认真分析，回答采纳或不采纳并说明理由。可以采取包括问卷调查、座谈会、论证会、听证会及其他形式在内的一种或者多种形式，征求有关团体、专家和公众的意见。

环境保护措施及其经济、技术论证　应该明确拟采取的具体环境保护措施，分析论证拟采取措施的技术可行性、经济合理性、长期稳定运行和达标排放的可靠性，满足环境质量与污染物排放总量控制要求的可行性，如不能满足要求应提出必要的补充环境保护措施要求。生态保护措施须落实到具体时段和具体位置上，并特别注意施工期的环境保护措施。结合国家对不同区域的相关要求，从保护、恢复、补偿、建设等方面提出和论证实施生态保护措施的基本框架，按工程实施不同时段，分别列出相应的环境保护工程内容，并分析合理性。同时给出各项环境保护措施及投资估算一览表和环境保护设施分阶段验收一览表。

环境管理与监测　按建设项目建设和运营的不同阶段，有针对性地提出具有可操作性的环境管理措施、监测计划及建设项目不同阶段的竣工环境保护验收目标。结合建设项目影响特征，制订相应的环境质量、污染源、生态以及社会环境影响等方面的跟踪监测计划。对于非正常排放和事故排放，特别是事故排放时可能出现的环境风险问题，应提出预防与应急处理预案；施工周期长、影响范围广的建设项目还应提出施工期环境监理的具体要求。

循环经济和清洁生产分析　从企业、区域或行业等不同层次，进行循环经济分析，提高资源利用率和优化废物处置途径。国家已发布行业清洁生产规范性文件和相关技术指南的建设项目，应按所发布的规定内容和指标进行清洁生产水平分析，必要时提出进一步改进措施与建议。国家未发布行业清洁生产规范性文件和相关技术指南的建设项目，结合行业及工程特点，从资源能源利用、生产工艺与设备、生产过程、污染物产生、废物处理与综合利用、环境管理要求等方面确定清洁生产指标并开展评价。

污染物总量控制　在建设项目正常运行，满足环境质量要求、污染物达标排放及清洁生产的前提下，按照节能减排的原则给出主要污染物排放量。

环境影响经济损益分析及方案备选　在环境影响经济损益分析时，从建设项目产生的正负两方面分析环境影响，以定性与定量相结合的方式，估算建设项目所引起环境影响的经济价值，并将其纳入建设项目的费用-效益分析中，作为判断建设项目环境可行性的依据之一。将建设项目实施后的影响预测与环境现状进行比较，从环境要素、资源类别、社会文化等方面筛选出需要或者可能进行经济评价的环境影响因子，对量化的环境影响进行货币化，并将货币化的环境影响价值纳入建设项目的经济分析。

应该对同一建设项目多个建设方案从环境保护角度进行比选，重点进行选址或选线、工艺、规模、环境影响、环境承载能力和环境制约因素等方面的比选。对于不同比选方案，必要时应根据建设项目进展阶段进行同等深度的评价，给出推荐方案，并结合比选结果提出优化调整建议。

工作程序　见环境影响评价的工作程序。原则上，建设项目各环境要素专项评价应划分工作等级，一级评价对环境影响进行全面、详细、深入评价；二级评价对环境影响进行较为详细、深入的评价；三级评价可只进行环境影响分析。建设项目其他专题评价可根据评价工作需要划分评价等级。对某一具体建设项目，在划分各评价项目的工作等级时，根据建设项目对环境的影响、所在地区的环境特征或当地对环境的特殊要求情况可做适当调整。

文件编制要求 应概括地反映环境影响评价的全部工作，环境现状调查应全面、深入，主要环境问题应阐述清楚，重点应突出，论点应清晰，环境保护措施应有效可行，评价结论应明确；文字应简洁，文本应规范，计量单位应标准化，数据应可靠，资料应翔实，并尽量采用能反映需求信息的图表和照片；资料表述应清楚，利于阅读和审查，相关数据、应用模式须编入附录，并说明引用来源，所参考的主要文献应注意时效性，并列出目录。跨行业建设项目的环境影响评价，或评价内容较多时，其环境影响报告书中各专项评价根据需要可繁可简，必要时，其重点专项评价应另编专项评价分报告，特殊技术问题另编专题技术报告。

（王圆生）

《Jianshe Xiangmu Huanjing Yingxiang Pingjia Fenlei Guanli Minglu》

《建设项目环境影响评价分类管理名录》

（Classified Management List of Construction Project Environmental Impact Assessment） 为实施建设项目环境影响评价分类管理提供参考的指导性文件。

制定背景 《中华人民共和国环境影响评价法》第十六条规定，国家根据建设项目对环境的影响程度，对建设项目的环境影响评价实行分类管理。环境保护部根据该规定，制定了《建设项目环境影响评价分类管理名录》。名录于 2008 年 8 月 15 日修订通过，2008 年 9 月 2 日公布，同年 10 月 1 日起施行。2015 年 3 月 19 日环境保护部部务会议对该名录进行了修订，并于同年 6 月 1 日起施行。

主要内容 国家根据建设项目对环境的影响程度，对建设项目的环境影响评价实行分类管理。对涉及依法设立的各级各类自然、文化保护地，以及对建设项目的某类污染因子或者生态影响因子特别敏感区域的建设项目，建设单位应当严格按照该名录确定其环境影响评价类别，不得擅自提高或者降低环境影响评价类别。跨行业、复合型建设项目，其环境影响评价类别按其中单项等级最高的确定。该名录未作规定的建设项目，其环境影响评价类别由省级环境保护行政主管部门根据建设项目的污染因子、生态影响因子特征及其所处环境的敏感性质和敏感程度提出建议，报国务院环境保护行政主管部门认定。环境影响评价文件应当就该项目对环境敏感区的影响作重点分析，并按照该名录的规定，分别组织编制环境影响报告书、环境影响报告表或者填报环境影响登记表。

作用 《建设项目环境影响评价分类管理名录》的制定，是贯彻执行国务院《建设项目环境保护管理条例》的重要措施，提高了建设项目环境影响评价工作的有效性，有助于减少建设项目产生新的污染或破坏生态环境现象的发生。

（朱朝云）

jianshe xiangmu huanjing yingxiang pingjia gangwei zhengshu

建设项目环境影响评价岗位证书

（post certificate for environmental impact assessment of construction projects） 由环境保护部统一颁发的，确认持有者具备从事建设项目环境影响评价工作的基本技能、可以作为其所在的具有环境影响评价资质的单位的专职技术人员的证明文书。该证书由符合条件的申请者参加环境保护部组织的建设项目环境影响岗位基础知识考试，合格后取得。

取得大专以上学历，从事环境影响评价及相关工作的人员，在提交报名材料并审查合格后，均可自愿参加建设项目环境影响岗位基础知识考试。岗位证书持有人员必须遵守相应的管理规定。

各级环境保护行政主管部门对本辖区内的岗位证书持有人员负有日常监督检查的职责，

应当结合环境影响评价文件审批对在本辖区内开展环境影响评价工作的岗位证书持有人员的环境影响评价工作质量、岗位证书使用情况等进行日常考核。如岗位证书持有者有下列情形之一的，环境保护部将撤销其岗位证书：以欺骗等不正当手段取得或变更岗位证书的；死亡或不具备完全民事行为能力的。 （田晓刚）

jianshe xiangmu huanjing yingxiang pingjia guanli

建设项目环境影响评价管理 （management for environmental impact assessment of construction projects） 国家根据建设项目对环境的影响程度，对建设项目的环境影响评价的承担单位、环境影响评价文件、管理程序等进行的管理。

为顺利推动建设项目环境影响评价工作，我国依据《中华人民共和国环境保护法》和《中华人民共和国环境影响评价法》，制定了《建设项目环境保护管理条例》，并于2016年进行了修订，出台《建设项目环境保护管理条例（修订草案征求意见稿）》，提出了建设项目环境影响评价管理要求，规定对建设项目环境影响评价实施分类管理，并提出了建设项目环境影响评价文件内容、管理机构、管理程序要求，建设项目环境影响评价从业机构资质获取、审查以及管理要求。

根据建设项目对环境的影响程度，国家对建设项目的环境影响实行分类管理。建设项目对环境可能造成重大影响的，应当编制环境影响报告书，对建设项目产生的污染和对环境的影响进行全面、详细的评价；建设项目对环境可能造成轻度影响的，应当编制环境影响报告表，对建设项目产生的污染和对环境的影响进行分析或者专项评价；建设项目对环境影响很小，不需要进行环境影响评价的，应当填报环境影响登记表。

建设项目环境影响报告书应当包括建设项目概况、建设项目周围环境现状、建设项目对环境可能造成影响的分析和预测、环境保护措施及其经济技术论证、环境影响经济损益分析、对建设项目实施环境监测的建议、环境影响评价结论几个部分；涉及水土保持的建设项目，还必须有经水行政主管部门审查同意的水土保持方案。建设项目环境影响报告表、环境影响登记表的内容和格式，执行国务院环境保护行政主管部门的相关规定。

建设单位应当在建设项目可行性研究阶段报批建设项目环境影响报告书、环境影响报告表或者环境影响登记表。但是，铁路、交通等建设项目，经有审批权的环境保护行政主管部门同意，可以在初步设计完成前报批环境影响报告书或者环境影响报告表。按照国家有关规定，不需要进行可行性研究的建设项目，建设单位应当在建设项目开工前报批建设项目环境影响报告书、环境影响报告表或者环境影响登记表。其中，需要办理营业执照的，建设单位应当在办理营业执照前报批建设项目环境影响报告书、环境影响报告表或者环境影响登记表。

建设单位提交的建设项目环境影响评价文件，由建设单位报有审批权的环境保护行政主管部门审批。建设项目有行业主管部门的，其环境影响报告书或者环境影响报告表应当经行业主管部门预审后，报有审批权的环境保护行政主管部门审批；海岸工程建设项目环境影响报告书或者环境影响报告表，经海洋行政主管部门审核并签署意见后，报环境保护行政主管部门审批。环境保护行政主管部门应当自收到建设项目环境影响报告书之日起60日内、收到环境影响报告表之日起 30 日内、收到环境影响登记表之日起 15 日内，分别做出审批决定并书面通知建设单位。预审、审核、审批建设项目环境影响报告书、环境影响报告表或者环境影响登记表，不得收取任何费用。

国务院环境保护行政主管部门负责审批下列建设项目环境影响报告书、环境影响报告表或者环境影响登记表：核设施、绝密工程等特殊性质的建设项目；跨省、自治区、直辖市行政区域的建设项目；国务院审批的或者国务院授权有关部门审批的建设项目。除此以外的建设项目环境影响报告书、环境影响报告表或者环境影响登记表的审批权限，由省、自治区、直辖市人民政府规定。建设项目造成跨行政区域环境影响，有关环境保护行政主管部门对环境影响评价结论有争议的，其环境影响报告书或者环境影响报告表由共同上一级环境保护行政主管部门审批。

建设项目环境影响报告书、环境影响报告表或者环境影响登记表经批准后，建设项目的性质、规模、地点或者采用的生产工艺发生重大变化的，建设单位应当重新报批建设项目环境影响报告书、环境影响报告表或者环境影响登记表。建设项目环境影响报告书、环境影响报告表或者环境影响登记表自批准之日起满 5 年，建设项目方开工建设的，其环境影响报告书、环境影响报告表或者环境影响登记表应当报原审批机关重新审核。原审批机关应当自收到建设项目环境影响报告书、环境影响报告表或者环境影响登记表之日起 10 日内，将审核意见书面通知建设单位；逾期未通知的，视为审核同意。

国家对从事建设项目环境影响评价工作的单位实行资格审查制度。从事建设项目环境影响评价工作的单位，必须取得国务院环境保护行政主管部门颁发的资格证书，按照资格证书规定的等级和范围，从事建设项目环境影响评价工作，并对评价结论负责。国务院环境保护行政主管部门定期公布已经颁发资格证书的从事建设项目环境影响评价工作的单位名单。从事建设项目环境影响评价工作的单位必须严格执行国家规定的收费标准。（王圆生）

jianshe xiangmu huanjing yingxiang pingjia xiangmu wenjian fenji shenpi

建设项目环境影响评价项目文件分级审批（graded examination and approval of environmental impact assessment document on construction projects） 具有审批权的不同级别环境保护行政主管部门，根据环境法律、法规、行政规章及有关文件对建设单位提出的建设项目环境影响评价申请文件，进行限制性管理的行为。

根据《中华人民共和国环境影响评价法》的规定，建设项目的环境影响评价文件，由建设单位按照国务院的规定报有审批权的环境保护行政主管部门审批；建设项目有行业主管部门的，其环境影响报告书或者环境影响报告表应当经行业主管部门预审后，报有审批权的环境保护行政主管部门审批。有关海洋工程和军事设施建设项目的环境影响评价文件的分级审批，依据有关法律和行政法规执行。

《中华人民共和国环境影响评价法》第二十三条规定了建设项目环境影响评价文件的审批权限，即国务院环境保护行政主管部门负责审批下列建设项目的环境影响评价文件：①核设施、绝密工程等特殊性质的建设项目。②跨省、自治区、直辖市行政区域的建设项目。③由国务院审批的或者由国务院授权有关部门审批的建设项目。除此以外的建设项目的环境影响评价文件的审批权限，由省、自治区、直辖市人民政府规定。

《中华人民共和国环境影响评价法》第二十三条第三款对同时具有以下两种情形的建设项目环境影响评价文件的审批权限作了特别规定：一是建设项目可能造成跨行政区域环境影响的，即该建设项目虽然位于某一行政区域内，但其可能造成的环境影响超出该行政区域的范围，形成跨行政区域的环境影响；二是该建设项目的环境影响评价工作完成后，项目所在地的环境保护行政主管部门在审批其环境影响报告书或者环境影响报告表时，受该建设项目影响的其他行政区域的环境保护行政主管部门对环境影响评价结论提出不同的意见，即有关环境保护行政主管部门对该项目环境影响评价有争议的，对这类建设项目，其环境影响评价报告书或者环境影响报告表的审批不再按照省、自治区、直辖市人民政府关于建设项目环境影响评价文件审批权限划分的一般规定执行，而是由争议所涉及的各有关环境保护行政主管部门共同的上一级环境保护行政主管部门审批。

《建设项目环境影响评价文件分级审批规定》于 2002 年 7 月 19 日第五次国家环境保护

总局局务会议审议通过，自 2003 年 1 月 1 日起实施。修订后的规定于 2009 年 3 月 1 日起实施。该规定共 11 条，对分级审批权限、超越法定职权、违反法定程序或者条件做出环境影响评价文件审批决定的处理做出了明确规定。

（张磊）

jianshe xiangmu huanjing yushen zhidu

建设项目环境预审制度 （preliminary environmental examination of construction projects） 建设项目在审批可行性研究报告之前，要预先报送环境保护部门，环境保护行政主管部门主要对建设项目是否符合环保政策、是否符合城市环境功能区划和城市总体发展规划、排放的污染物是否有成熟的污染治理技术和设施等方面进行预审，同意后方可立项的制度。

预审的内容通常包括：项目选址的环境可行性；项目是否符合国家产业政策和清洁生产要求；项目是否符合排污总量要求等。同时，审查单位会对项目下一步环境影响报告书（表）的编制提出要求。在申请预审时，建设单位提交的项目建议书需要包括建设项目可能造成环境影响的简要说明，说明的内容一般为所在地区的环境质量与生态环境现状、项目可能造成的环境影响分析以及拟采取的环境保护措施等。建设项目环境预审制度是控制污染、遏制环境恶化趋势的重要制度。（王圆生）

《Jianzhu Shigong Changjie Huanjing Zaosheng Paifang Biaozhun》

《建筑施工场界环境噪声排放标准》 （Emission Standard of Environment Noise for Boundary of Construction Site） 用于规定建筑施工场界环境噪声排放限值及测量方法的规范性文件。该标准适用于周围有噪声敏感建筑物的建筑施工噪声排放的管理、评价及控制。市政、通信、交通、水利等其他类型的施工噪声排放可参照该标准执行，但不适用于抢修、抢险施工过程中产生噪声的排放监管。该标准对于防治建筑施工噪声污染，改善声环境质量有重要意义。

《建筑施工场界环境噪声排放标准》（GB 12523—2011），由环境保护部于 2011 年 11 月 14 日批准，并由环境保护部和国家质量监督检验检疫总局于同年 12 月 5 日联合发布，自 2012 年 7 月 1 日起实施。自该标准实施之日起，《建筑施工场界噪声限值》（GB 12523—1990）和《建筑施工场界噪声测量方法》（GB 12524—1990）同时废止。

主要内容 该标准规定建筑施工过程中场界环境噪声不得超过下表规定的排放限值。夜间噪声最大声级超过限值的幅度不得高于 15 dB（A）。当场界距噪声敏感建筑物较近，其室外不满足测量条件时，可在噪声敏感建筑物室内测量，并将表中相应的限值减 10 dB（A）作为评价依据。

建筑施工场界环境噪声排放限值

单位：dB（A）

昼间	夜间
70	55

（陈鹏）

jiangli zonghe liyong zhidu

奖励综合利用制度 （award system on comprehensive utilization） 国家通过税收、价格、资金等方面的优惠措施，鼓励企业单位积极开展废气、废水、废渣等废弃物及能源和资源的综合利用的制度。奖励综合利用制度是环境保护法确立的重要法律制度，它的贯彻实行对于充分调动企业的积极性，化害为利、合理利用资源，增加社会财富，促进我国可持续发展具有重要意义。

《中华人民共和国环境保护法》第二十一条对“综合利用”做了原则规定：“国家采取财政、税收、价格、政府采购等方面的政策和措施，鼓励和支持环境保护技术装备、资源综合利用和环境服务等环境保护产业的发展。”2010 年 7 月，国家发展和改革委员会、科学技术部、工业和信息化部、国土资源部、住房和城乡建设部、商务部组织编写并颁布了《中国资源综合利用技术政策大纲》，对三类资源综合利用工作提供技术支持：一是在矿产资源开采过程中对共生、伴生矿进行综合开发与合理利用的技术；二是对生产过程中产生的废渣、废水（废液）、废气、余热、余压等进行回收和合理利用的技术；三是对社会生产和消费过程中产生的各种废弃物进行回收和再生利用的技术。其他专门法规对鼓励企业开展资源综合利用也规定了一系列具体优惠措施，包括：鼓励打破部门、行业界限，开展资源综合利用；对开展综合利用的项目，实行“谁投资，谁受益”的原则；对企业综合利用项目生产的产品，按照有关规定享有自销和减免产品税的优惠；对开展资源综合利用所需的资金及技术引进项目和进口设备、配件，国家给予扶持和优惠；国家设立综合利用奖，奖励对发展综合利用有贡献的单位和个人。

概括起来，我国现行奖励资源综合利用政策主要体现在以下几个方面：

企业所得税 企业自2008年1月1日起以《资源综合利用企业所得税优惠目录》（以下简称《目录》）中所列资源为主要原材料，生产《目录》内符合国家或行业相关标准的产品取得的收入，在计算应纳税所得额时，减按90%计入当年收入总额。享受上述税收优惠时，《目录》内所列资源占产品原料的比例应符合《目录》规定的技术标准。

增值税 企业纳税人销售自产的资源综合利用产品和提供资源综合利用劳务，可享受增值税即征即退政策。具体综合利用的资源名称、综合利用产品和劳务名称、技术标准和相关条件、退税比例等按照《资源综合利用产品和劳务增值税优惠目录》的相关规定执行。

价格 国务院和省、自治区、直辖市人民政府的价格主管部门对利用余热、余压、煤层气以及煤矸石、煤泥、垃圾等低热值燃料的并网发电项目，按照有利于资源综合利用的原则确定其上网电价。

信贷 银行收存和借贷资金的活动。银行可以通过鼓励和抑制两种手段来刺激或控制企业的发展，即通过低息、无息贷款，增加贷款，延长还贷期限，允许企业在缴纳所得税前以新增收益归还贷款，对贷款由有关部门给予贴息等方式，鼓励企业开展资源综合利用；通过提高贷款利率、减少贷款和不予贷款、提前收回贷款等本息手段，来限制企业对资源的不合理利用。（韩竞一）

推荐书目

全国人民代表大会常务委员会法制工作委员会经济法室. 中华人民共和国环境影响评价法释解与使用指南. 北京：中国环境科学出版社，2002.

jiaotong yunshu huanjing guanli

交通运输环境管理（environmental management for transportation） 交通、环境保护等有关部门依照国家相关法律法规，利用工程技术、法制、教育等手段，正确处理交通运输与环境之间的关系，使交通项目在规划、设计、建设和运行的各个环节尽可能安全、环境影响小和能耗少，实现交通运输与自然环境协调发展的环境管理活动。

交通发展带来的不良生态环境影响主要包括噪声、废气、振动、电磁波等。

①交通噪声管理。交通噪声对人们的影响程度不仅与声强、频率有关，并且与持续时间和变化幅度有关。进行交通噪声管理，需要加强噪声监测，分析评价噪声质量和噪声污染程度，根据评价结果制定环境噪声法规和噪声标准。控制交通噪声主要从五个方面着手：控制噪声源；改善交通运行状况；调整路网规划及城市规划，合理布置路网；设置防声屏障以限制噪声的传播；修建道路绿化带以降低噪声。

②交通排放污染物控制。交通污染物主要以大气污染物排放种类多、数量大、危害严重。控制交通污染物的排放是改善大气质量的重要手段。第一，严格执行有关法规，加强环境监测；第二，改进机动车设备以控制排污量；第三，采用替代燃料，减少污染物排放；第四，合理布置路网与调整交通流，综合治理交通。

③交通振动。许多国家制定了汽车振动标准来对其进行控制，如我国《城市区域环境振动标准》（GB 10070—1988）就是控制城市环境振动污染的重要依据。还可以采取技术减振措施，加强交通管理，使机动车通行顺畅以减少振动污染。 （贺桂珍）

jiaotong yunshu huanjing guihua

交通运输环境规划 （transportation environmental planning） 交通运输管理部门对一段时期管辖范围内交通运输污染防治、生态保护、资源节约、环境管理和科研等领域进行的统筹规划，并需提出保障规划实施的政策措施。目前，我国交通建设已进入快速发展时期，城市交通运输环境规划的实施对一个城市经济和社会的可持续发展影响重大，推广交通运输环境规划可以有效协调环境要素与经济社会发展的关系。

交通运输环境规划要注重考虑大气污染对于周边居民生命健康以及周围景观环境的影响；要考虑对交通噪声污染的控制，如铺设低噪声路面、降低噪声反射或吸收噪声、设置隔音设施、交通流量限制及合理的道路规划、减少交通噪声源等；要考虑水质污染，例如，注重对排水系统的设计和维护，在道路工程设计时树立“生态优先”的理念，注重对周边土壤环境的保护等。

交通运输环境规划的主要内容包括交通运输环境保护工作的指导思想和原则，规划期内交通运输环境保护工作的发展目标和主要任务，交通运输污染防治、生态保护、资源节约、环保管理和科研等领域进行的统筹规划，保障规划实施的政策措施。规划的制定和实施应为构建绿色交通运输体系，加快转变交通运输发展方式发挥重要的基础性指导作用。

（李奇锋）

jieneng zhengce

节能政策 （energy-saving policy） 为推动全社会节约能源，提高能源利用效率，保护和改善环境，促进经济社会全面协调可持续发展而制定的一系列政策。涉及煤炭、石油、天然气、生物质能和电力、热力以及其他直接或者通过加工、转换而取得有用能的各种资源，覆盖从能源生产到消费的各个环节。

我国能源资源严重短缺，石油、天然气人均剩余可采储量仅为世界平均水平的 7.7%和7.1%，储量比较丰富的煤炭也只有世界平均水平的 58.6%。根据《中华人民共和国节约能源法》和相关政策法规，我国节能政策的主要内容有：①坚持节约资源的基本国策，实施节约与开发并举、把节约放在首位的能源发展战略，将节能工作纳入国民经济和社会发展规划与年度计划，实行节能目标责任制和节能考核评价制度。②实行有利于节能和环境保护的产业政策，改进能源的开发、加工、转换、输送、储存和供应，合理调整产业结构、企业结构、能源消费结构，制定节能标准，推动企业降低单位产值能耗和单位产品能耗，淘汰落后的生产能力，提高能源利用效率，加强对重点用能单位的节能管理，限制发展高耗能、高污染行业，发展节能环保型产业，鼓励、支持开发和利用新能源、可再生能源。③促进节能技术创新与成果转化，鼓励、支持节能科学研究与技术开发，推广节能新技术、新工艺、新设备和新材料，加快节能技术改造。④实行有利于节约能源资源的税收政策和金融政策，促进能源资源的节约及其开采利用水平的提高，加大对节能技术研发、节能产品生产、节能技术改造的资金投入。⑤普及节能科学知识，增强全民的节能意识，提倡节约型的消费方式，制定并公布节能技术、节能产品的推广目录，引导用能单位和个人使用先进的节能技术、节能产品。⑥主管部门和有关部门加强节能监督管理工作，宣传节能法律、法规和政策，发挥社会舆论的监督作用。

（马骅）

jieshui zhengce

节水政策 （water-saving policy） 为合理开发利用和保护水资源、提高水资源利用效率、控制水污染和水环境恶化、保障经济社会可持续发展而制定的政策体系。

我国是一个水资源短缺的国家，水资源供需矛盾突出，水污染造成的水质型缺水更加剧了水资源的短缺。水危机严重制约我国经济社会的发展，节约用水、高效用水是缓解我国水资源供需矛盾的根本途径。

根据《中华人民共和国水法》和相关政策法规，我国节水政策的主要内容有：①以水资源配置、节约和保护为重点，强化用水需求和用水过程管理，严格控制用水总量，全面提高用水效率，稳步推进水价改革，促进水资源可持续利用。②实行严格的水资源管理制度，全面加强节约用水管理，严格控制流域和区域取用水总量，实行地下水取用水总量控制和水位控制，严格实施取水许可和水资源有偿使用制度，制定节水强制性标准，强化用水定额管理；完善水资源管理体制，建立水资源管理责任和考核制度。③鼓励节约用水的科学研究与技术开发；加大农业节水力度，大力发展高效节水灌溉，遏制农业粗放用水；加快推进工业节水技术改造，淘汰落后、耗水量高的用水工艺、设备和产品，限制高耗水工业项目建设和高耗水服务业发展；推进城市生活节水，大力推广使用生活节水器具。④加强重要水源涵养区和江河源头区的保护，推进水环境保护与水生态修复，建立水生态补偿机制；加强水污染防控，加强工业污染源控制，加大主要污染物减排力度，提高城市污水处理率，把非常规水源开发利用纳入水资源统一配置。⑤推进节水型社会建设，把节约用水贯穿于经济社会发展和群众生活生产全过程，增强全社会的水忧患意识和水资源节约保护意识，形成节约用水、合理用水的良好风尚。（马骅）

《Jinkou Feiwu Guanli Mulu》

《进口废物管理目录》 （List of Imported Waste Management） 由国家制定、调整并公布的分类管理进口固体废物的名录，是《禁止进口固体废物目录》《限制进口类可用作原料的固体废物目录》和《自动许可进口类可用作原料的固体废物目录》的合称。

制定背景 进口废物是指从国外进口的固体废物。为了防治固体废物污染环境，保障人体健康，国家禁止进口不能用作原料的固体废物，而对进口可用作原料的固体废物实行限制管理和自动进口许可管理。国家环境保护总局、商务部、国家发展和改革委员会、海关总署和国家质量监督检验检疫总局于 2008 年 1 月 29 日公布了《禁止进口固体废物目录》《限制进口类可用作原料的固体废物目录》和《自动许可进口类可用作原料的固体废物目录》，自 2008 年 3 月 1 日起执行。环境保护部、商务部、国家发展和改革委员会、海关总署、国家质量监督检验检疫总局于 2009 年 7 月 3 日联合发布的《关于调整进口废物管理目录的公告》规定，自 2009 年 8 月 1 日起执行调整和修订后的《禁止进口固体废物目录》《限制进口类可用作原料的固体废物目录》和《自动许可进口类可用作原料的固体废物目录》。2014 年 12 月 30 日，环境保护部、商务部、国家发展和改革委员会、海关总署、国家质量监督检验检疫总局以 2014 年第 80 号公告发布《进口废物管理目录（2015 年）》，对 2009 年公布的《禁止进口固体废物目录》《限制进口类可用作原料的固体废物目录》和《自动许可进口类可用作原料的固体废物目录》进行了调整和修订，自 2015 年 1 月 1 日起执行。环境保护部、商务部、发展改革委、海关总署、质检总局 2009 年第 36 号公告，环境保护部、海关总署、质检总局 2009 年第 78 号公告，环境保护部、海关总署 2011 年第 93 号公告，环境保护部、海关总署 2013 年第 7 号公告同时废止。

主要内容 《禁止进口固体废物目录》包括废动植物产品，矿渣、矿灰及残渣，废药物，杂项化学品废物，废橡胶、皮革，废特种纸，废纺织原料及制品，废玻璃，金属和金属化合物的废物，废电池，废弃机电产品和设备及其未经分拣处理的零部件、拆散件、破碎件、砸碎件（国家另有规定的除外），以及其他相关废物；《限制进口类可用作原料的固体废物目录》包括动植物废料，矿产品废料，金属熔化、熔炼和精炼产生的含金属废物，硅废碎料，塑料废碎料及下脚料，橡胶、皮革废碎料及边角料，回收（废碎）纸及纸板，废纺织原料，金属和合金废碎料（金属态且非松散形式的，非松散形式指不包括粉状、淤渣状、尘状或含有危险液体的固体状废物）及混合金属废物，包括废汽车压件和废船；《自动许可进口类可用作原料的固体废物目录》包括木及软木废料、金属和金属合金废碎料。

作用 根据《进口废物管理目录》的规定，国家禁止进口不能用作原料或者不能以无害化方式利用的固体废物，对可以用作原料的固体废物实行限制进口和自动许可进口分类管理，以防止进口固体废物污染环境。 （朱朝云）

《Jinkou Keyongzuo Yuanliao De Guti Feiwu Huanjing Baohu Kongzhi Biaozhun》

《进口可用作原料的固体废物环境保护控制标准》 （Environmental Protection Control Standard for Imported Solid Wastes as Raw Materials） 用于规定进口可用作原料的固体废物环境保护控制要求的规范性文件。该系列标准对防止境外不能用作原料的固体废物进口，规范可用作原料的固体废物进口审查许可，控制由于进口可用作原料的固体废物造成的环境污染等具有重要意义。

《进口可用作原料的固体废物环境保护控制标准》体系由13个标准构成：《进口可用作原料的固体废物环境保护控制标准——骨废料》（GB 16487.1—2005）、《进口可用作原料的固体废物环境保护控制标准——冶炼渣》（GB 16487.2—2005）、《进口可用作原料的固体废物环境保护控制标准——木、木制品废料》（GB 16487.3—2005）、《进口可用作原料的固体废物环境保护控制标准——废纸或纸板》（GB 16487.4—2005）、《进口可用作原料的固体废物环境保护控制标准——废纤维》（GB 16487.5—2005）、《进口可用作原料的固体废物环境保护控制标准——废钢铁》（GB 16487.6—2005）、《进口可用作原料的固体废物环境保护控制标准——废有色金属》（GB 16487.7—2005）、《进口可用作原料的固体废物环境保护控制标准——废电机》（GB 16487.8—2005）、《进口可用作原料的固体废物环境保护控制标准——废电线电缆》（GB 16487.9—2005）、《进口可用作原料的固体废物环境保护控制标准——废五金电器》（GB 16487.10—2005）、《进口可用作原料的固体废物环境保护控制标准——供拆卸的船舶及其他浮动结构体》（GB 16487.11—2005）、《进口可用作原料的固体废物环境保护控制标准——废塑料》（GB 16487.12—2005）、《进口可用作原料的固体废物环境保护控制标准——废汽车压件》（GB 16487.13—2005）。 （陈鹏）

jinzhi jin/chukou huowu mulu

禁止进/出口货物目录 （list of import-prohibited and export-prohibited goods） 国务院对外贸易主管部门会同国务院其他有关部门依照《中华人民共和国对外贸易法》《中华人民共和国货物进出口管理条例》等法律法规，制定、调整并公布的一系列管理进出口货物的目录。

制定背景 近年来，为加强我国进出口货物管理，对外贸易经济合作部、海关总署、国家质量监督检验检疫总局、国家环境保护总局等部门连续发布了《禁止进口货物目录》和《禁止出口货物目录》。属于禁止进口的货物，不得进口；属于禁止出口的货物，不得出口。

主要内容 截至目前，我国已公布了六批《禁止进口货物目录》和五批《禁止出口货物目录》。

2001年12月20日，对外贸易经济合作部公布了《禁止进口货物目录》（第一批）和《禁止出口货物目录》（第一批）。《禁止进口货物目录》（第一批）中的货物有虎骨、犀牛角、鸦片液汁及浸膏、四氯化碳、三氯三氟乙烷（CFC-113）（用于清洗剂）等。而《禁止出口货物目录》（第一批）是从我国国情出发，为履行我国所缔结或者参加的与保护世界自然生态环境相关的一系列国际条约和协定而制定的，其目的是保护我国自然生态环境和生态资源，如国家禁止出口属破坏臭氧层物质的四氯化碳、禁止出口属世界濒危物种管理范畴的犀牛角和虎骨、禁止出口有防风固沙作用的发菜和麻黄草等植物。具体内容见表 1 和表 2。

2001 年 12 月 31 日，对外贸易经济合作部、海关总署、国家质量监督检验检疫总局公布了《禁止进口货物目录》（第二批），主要内容为部分禁止进口的旧机电产品。该目录所列 67 项旧机电产品禁止进口，包括部分旧压力容器、医疗器械、电子游戏机、机动车类等。2004 年 8 月 26 日，商务部、海关总署、国家林业局公布了《禁止出口货物目录》（第二批），主要是为了保护我国匮乏的森林资源，防止乱砍滥伐，如禁止出口木炭。具体内容见表 3 和表 4。

表 1　禁止进口货物目录（第一批）

序号	商品编码	商品名称
1	05069090.11 05069090.19	已脱胶的虎骨（指未经加工或经脱脂等加工的） 未脱胶的虎骨（指未经加工或经脱脂等加工的）
2	05071000.10	犀牛角
3	13021100	鸦片液汁及浸膏（也称阿片）
4	29031400.10 29031400.90 29034300.90	四氯化碳，用于清洗剂的除外 四氯化碳，用于清洗剂的 三氯三氟乙烷，用于清洗剂（CFC-113）

表 2　禁止出口货物目录（第一批）

序号	商品编码	商品名称
1	05069090.11 05069090.19	已脱胶的虎骨（指未经加工或经脱脂等加工的） 未脱胶的虎骨（指未经加工或经脱脂等加工的）
2	05071000.10	犀牛角
3	05100010.10	牛黄
4	05100030	麝香
5	12119039.20 12119050.20 12119099.20	药料用麻黄草 香料用麻黄草 其他用麻黄草
6	12122020.10 12122020.90	鲜发菜（不论是否碾磨） 冷，冻或干的发菜（不论是否碾磨）
7	29031400.90 29031910.90 29034300.90	四氯化碳，用于清洗剂的 1,1,1-三氯乙烷（甲基氯仿）（用于清洗剂的） 三氯三氟乙烷，用于清洗剂（CFC-113）
8	44031000 44032000 44034100 44034910 44034990 44039100 44039200 44039910 44039920 44039930 44039940 44039990	用油漆，着色剂等处理的原木（包括用杂酚油或其他防腐剂处理） 用其他方法处理的针叶木原木（用油漆，着色剂，杂酚油或其他防腐剂处理的除外） 用其他方法处理的红柳桉木原木（用油漆，着色剂，杂酚油或其他防腐剂处理的除外） 用其他方法处理的柚木原木（用油漆，着色剂，杂酚油或其他防腐剂处理的除外） 用其他方法处理的其他热带原木（用油漆，着色剂，杂酚油或其他防腐剂处理的除外） 栎木原木（用油漆，着色剂，杂酚油或其他防腐剂处理的除外） 山毛榉木原木（用油漆，着色剂，杂酚油或其他防腐剂处理的除外） 楠木原木（用油漆，着色剂，杂酚油或其他防腐剂处理的除外） 樟木原木（用油漆，着色剂，杂酚油或其他防腐剂处理的除外） 红木原木（用油漆，着色剂，杂酚油或其他防腐剂处理的除外） 泡桐木原木（用油漆，着色剂，杂酚油或其他防腐剂处理的除外） 其他未列名非针叶原木（用油漆，着色剂，杂酚油或其他防腐剂处理的除外）
9	71101100 71101910	未锻造或粉末状铂（以加工贸易方式出口除外） 板、片状铂（以加工贸易方式出口除外）

表 3　禁止进口货物目录（第二批）旧机电产品禁止进口目录

序号	商品编码	商品名称
1	73110010	装压缩或液化气的钢铁容器
2	73110090	其他装压缩或液化气的钢铁容器
3	73211100	可使用气体燃料的家用炉灶
4	73218100	可使用气体燃料的其他家用器具
5	76130090	非零售装压缩、液化气体铝容器
6	84021110	蒸发量在 900 t/h 及以上的发电用锅炉
7	84021190	蒸发量超过 45 t/h 的其他水管锅炉
8	84021200	蒸发量不超过 45 t/h 的水管锅炉
9	84021900	未列名蒸汽锅炉，包括混合式锅炉
10	84022000	过热水锅炉
11	84031010	家用型热水锅炉
12	84031090	其他集中供暖用的热水锅炉
13	84041010	蒸汽锅炉和过热水锅炉的辅助设备
14	84041020	集中供暖用锅炉的辅助设备
15	84042000	水蒸气或其他蒸汽动力装置的冷凝器
16	84161000	使用液体燃料的炉用燃烧器
17	84162011	使用天然气的炉用燃烧器
18	84162019	使用其他气体燃料的炉用燃烧器
19	84162090	使用粉状固体燃料的炉用燃烧器
20	84163000	机械加煤机及其机械炉篦、机械出灰器等装置
21	84171000	矿砂或金属的焙烧、熔化等热处理用炉及烘箱
22	84178010	炼焦炉
23	84178020	放射性废物焚烧炉
24	84178090	未列名非电热的工业或实验室用炉及烘箱
25	85209000	未列名磁带录音机及其他声音录制设备
26	85219090	未列名视频信号录制或重放设备
27	90181100	心电图记录仪
28	90181210	B 型超声波诊断仪
29	90181291	彩色超声波诊断仪
30	90181299	未列名超声波扫描装置
31	90181300	核磁共振成像装置
32	90181400	闪烁摄影装置
33	90181930	病员监护仪
34	90181990	未列名电气诊断装置
35	90182000	紫外线及红外线装置
36	90183100	注射器，不论是否装有针头
37	90183210	管状金属针头
38	90183220	缝合用针
39	90183900	其他针、导管、插管及类似品
40	90184100	牙钻机，可与其他牙科设备组装在同一底座上
41	90184910	装有牙科设备的牙科用椅
42	90184990	牙科用未列名仪器及器具

续表

序号	商品编码	商品名称
43	90185000	眼科用其他仪器及器具
44	90189010	听诊器
45	90189020	血压测量仪器及器具
46	90189030	内窥镜
47	90189040	肾脏透析设备（人工肾）
48	90189050	透热疗法设备
49	90189060	输血设备
50	90189070	麻醉设备
51	90189090	其他医疗、外科或兽医用仪器及器具
52	90221200	X 射线断层检查仪
53	90221300	其他，牙科用 X 射线应用设备
54	90221400	其他，医疗、外科或兽医用 X 射线应用设备
55	90221910	低剂量 X 射线安全检查设备
56	90221990	未列名 X 射线的应用设备
57	90222100	医用α、β、γ射线的应用设备
58	90222900	其他α、β、γ射线的应用设备
59	90223000	X 射线管
60	90229010	X 射线影像增强器
61	95041000	电视电子游戏机
62	90229090	编号 9022 所列其他设备及零件
63	95041000	电视电子游戏机
64	95043010	投币式电子游戏机
65	95043090	投币式其他游戏用品
66	95049010	其他电子游戏机
67	8407-8408	发动机
68	87 章	车类

表 4 禁止出口货物目录（第二批）

商品编码	商品名称	备注
44020000.10	木炭	原料为不为竹子的木材，不包括果壳炭、果核炭、机制炭等不以木材为原料直接烧制的木炭

2001 年 12 月 23 日，对外贸易经济合作部、海关总署、国家环境保护总局公布了《禁止进口货物目录》（第三批），涵盖城市垃圾、医疗废物、化工废物等禁止进口废物。2005 年 12 月 31 日，商务部、海关总署、国家环境保护总局公布了《禁止出口货物目录》（第三批），主要是为保护人的健康，维护环境安全，淘汰落后产品，履行《关于在国际贸易中对某些危险化学品和农药采用事先知情同意程序的鹿特丹公约》和《关于持久性有机污染物的斯德哥尔摩公约》。具体内容见表 5 和表 6。

2002 年 7 月 3 日，对外贸易经济合作部、海关总署、国家环境保护总局公布了《禁止进口货物目录》（第四批），主要货物为未经加工的人发、矿渣（或浮渣）及类似的工业残渣、废轮胎及其切块、旧衣物、电池废碎料及废电池等。2006 年 3 月 13 日，商务部、海关总署公布了《禁止出口货物目录》（第四批），禁止天然砂出口（不适用于我国台湾、香港、澳门地区）。具体内容见表 7 和表 8。

2002 年 7 月 3 日，对外贸易经济合作部、海关总署、国家环境保护总局公布了《禁止进口货物目录》（第五批），主要禁止进口废机电产品（包括其零部件、拆散件、破碎件、砸碎件，除国家另有规定外），包括废电视机、废电冰箱、废微波炉、废电饭锅、废有线电话机、废传真机及电传打字机、废移动通信设备、废印刷电路、废集成电路及微电子组件、废医疗器械等 21 项禁止进口废机电产品。2008 年 12 月 11 日，商务部、海关总署公布了《禁止出口货物目录》（第五批），包括森林凋落物、泥炭（草炭）。具体内容见表 9 和表 10。

2005 年 12 月 31 日，商务部、海关总署、国家环境保护总局公布了《禁止出口货物目录》（第六批），具体内容见表 11。

表 5　禁止进口货物目录（第三批）

序号	商品编码	商品名称
1	2620.2100	含铅汽油淤渣（包括含铅抗震化合物的淤渣）
2	2620.6000	含砷，汞，铊及其混合物矿灰与残渣（用于提取或生产砷，汞，铊及其化合物）
3	2620.9100	含有锑，铍，镉，铬及混合物矿灰残渣（用于提取或生产锑，铍，镉，铬及其化合物）
4	2621.1000	焚化城市垃圾所产生的灰，渣
5	2710.9100	含多氯联苯，多溴联苯的废油（包括含多氯三联苯的废油）
6	2710.9900	其他废油
7	3006.8000	废药物（超过有效保存期等原因而不适于原用途的药品）
8	3825.1000	城市垃圾
9	3825.2000	下水道淤泥
10	3825.3000	医疗废物
11	3825.4100	废卤化物的有机溶剂
12	3825.4900	其他废有机溶剂
13	3825.5000	废的金属酸洗液，液压油及制动油（还包括废的防冻液）
14	3825.6100	主要含有有机成分的化工废物（其他化学工业及相关工业的废物）
15	3825.6900	其他化工废物（其他化学工业及相关工业的废物）
16	3825.9000	其他编号未列明化工副产品及废物
17	7112.3010	含有银或银化合物的灰（主要用于回收银）
18	7112.3090	含其他贵金属或贵金属化合物的灰（主要用于回收贵金属）

表 6　禁止出口货物目录（第三批）

序号	商品编码	商品名称	备注
1	25240010.10	长纤维青石棉	包括青石棉（蓝石棉）、阳起石石棉、铁石棉、透闪石石棉、直闪石石棉
2	25240090.10	其他青石棉	
3	29033090.20	1,2-二溴乙烷	
4	29034990.10	二溴氯丙烷	1,2-二溴-3-氯丙烷
5	29035900.10	艾氏剂、七氯、毒杀芬	
6	29036990.10	多氯联苯	
7	29036990.10	多溴联苯	
8	29089090.10	地乐酚及其盐和酯；二硝酚	
9	29109000.10	狄氏剂、异狄氏剂	
10	29159000.20	氟乙酸钠	
11	29189000.10	2,4,5-涕及其盐和酯	2,4,5-三氯苯氧乙酸
12	29190000.10	三(2,3-二溴丙基)磷酸酯	

续表

序号	商品编码	商品名称	备注
13	29215900.20	联苯胺（4,4′-二氨基联苯）	
14	29241990.20	氟乙酰胺（敌蚜胺）	
15	29252000.20	杀虫脒	
16	29329990.60	二噁英	多氯二苯并对二噁英
17	29329990.60	呋喃	多氯二苯并呋喃

表 7　禁止进口货物目录（第四批）

序号	商品编码	商品名称
1	0501.0000	未经加工的人发，不论是否洗涤；废人发
2	0502.1030	猪鬃和猪毛的废料
3	0502.9020	獾毛及其他制刷用兽毛的废料
4	0503.0090.10	废马毛
5	1703.1000	甘蔗糖蜜
6	1703.9000	其他糖蜜
7	2517.2000	矿渣、浮渣及类似的工业残渣
8	2517.3000	沥青碎石
9	2620.2900	其他主要含铅的矿灰及残渣
10	2620.3000	主要含铜的矿灰及残渣
11	2620.9910	主要含钨的矿灰及残渣
12	2620.9990.90	含其他金属及化合物的矿灰及残渣（不包括 2620.9990.10 含五氧化二钒大于 10%的矿灰及残渣）
13	4004.0000.10	废轮胎及其切块
14	4115.2000.10	皮革废渣、灰渣、淤渣及粉末
15	6309.0000	旧衣物
16	8548.1000	电池废碎料及废电池

表 8　禁止出口货物目录（第四批）

序号	商品编码	商品名称	备注
1	250510000	硅砂及石英砂	2505 编码项下商品统称各种天然砂，不论是否着色，但含金属砂除外
2	250590000	其他天然砂	

表 9　禁止进口货物目录（第五批）废机电产品禁止进口货物目录

序号	商品编码	商品名称
1	8415.1010－8415.9090	空调
2	8417.8020	放射性废物焚烧炉
3	8418.1010－8418.9999	电冰箱
4	8471.1000－8471.5090	计算机类设备
5	8471.6010	显示器
6	8471.6031－8471.6039	打印机
7	8471.6040－8471.9000	其他计算机输入输出部件及自动数据处理设备的其他部件

续表

序号	商品编码	商品名称
8	8516.5000	微波炉
9	8516.6030	电饭锅
10	8517.1100－8517.1990	有线电话机
11	8517.2100－8517.2200	传真机及电传打字机
12	8521.1011－8521.9090	录像机、放像机及激光视盘机
13	8525.2022－8525.2029	移动通信设备
14	8525.3010－8525.4050	摄像机、摄录一体机及数字相机
15	8528.1210－8528.3020	电视机
16	8534.0010－8534.0090	印刷电路
17	8540.1100－8540.9990	热电子管、冷阴极管或光阴极管等
18	8542.1000－8542.9000	集成电路及微电子组件
19	9009.1110－9009.9990	复印机
20	9018.1100－9018.9090	医疗器械
21	9022.1200－9022.9090	射线应用设备

表 10　禁止出口货物目录（第五批）

序号	商品编码	商品名称	备注
1	3101001910	未经化学处理的森林凋落物	包括腐叶、腐根、树皮、树叶、树根等森林凋落物
2	3101009020	经化学处理的森林凋落物	
3	2703000010	泥炭（草炭）	沼泽（湿地）中，地上植物枯死、腐烂堆积而成的有机矿体（不论干湿）

表 11　禁止出口货物目录（第六批）

序号	商品编码	商品名称	备注
1	25240010.10	长纤维青石棉	包括青石棉（蓝石棉）、阳起石石棉、铁石棉、透闪石石棉、直闪石石棉
2	25240090.10	其他青石棉	
3	29033090.20	1,2-二溴乙烷	
4	29034990.10	二溴氯丙烷	1,2-二溴-3-氯丙烷
5	29035900.10	艾氏剂、七氯、毒杀芬	
6	29036990.10	多氯联苯	
7	29036990.10	多溴联苯	
8	29089090.10	地乐酚及其盐和酯；二硝酚	
9	29109000.10	狄氏剂、异狄氏剂	
10	29159000.20	氟乙酸钠	
11	29189000.10	2,4,5-涕及其盐和酯	2,4,5-三氯苯氧乙酸
12	29190000.10	三(2,3-二溴丙基)磷酸酯	
13	29215900.20	联苯胺（4,4’-二氨基联苯）	
14	29241990.20	氟乙酰胺（敌蚜胺）	
15	29252000.20	杀虫脒	
16	29329990.60	二噁英	多氯二苯并对二噁英
17	29329990.60	呋喃	多氯二苯并呋喃

作用 禁止进/出口货物目录的制定，对维护国家安全、社会公共利益和公共道德，保护人民的健康与安全，保护动植物的生命与健康，保护自然资源与生态环境有重要意义，有助于我国所缔结或者参加的国际条约、协定的顺利实施，同时也可以规范货物进出口管理，维护货物进出口秩序，促进对外贸易健康发展。

（朱朝云）

jingji jishu kaifaqu huanjing guihua

经济技术开发区环境规划 （environmental planning of economic and technological development zone） 在一定时期内，在充分掌握开发区生态环境特征、社会经济状况和环境承载力的基础上，对开发区资源开发利用方式、经济结构类型和工农业进行的规划，确保实现经济持续稳定发展。它是区域环境规划的一种特殊类型，既有着区域环境规划的共性，又有独特之处。开发区一般是在农业区或未开垦的区域上重新建设新区，原有工业基础薄弱，城市化水平低，环境质量良好。环境规划制定得科学与否将直接关系到未来该区域的环境经济系统的运转状况。

特点 由于经济技术开发区环境规划一般是在高强度开发活动尚未开始之前制定的，其目标在于防范未来可能出现的环境问题，以推动开发区设计出可持续的经济发展模式，同时由于开发区的经济发展活动受制于市场的变化，具有较大的随机性，因此，这种随机性和防重于治的要求，构成了经济技术开发区环境规划与一般环境规划在方法学上的较大差异，需要在传统城市环境规划理论和方法的基础上进行拓展和创新。

原则 主要包括：①防治结合，以防为主原则。②环境规划实施主体必须兼具行政职能和经济职能的原则。③实行污染物总量控制原则。④以发展高新技术项目为主，实行清洁生产的原则。⑤将环境管理手段融入项目管理全过程的原则。

内容 主要包括：①确定规划区范围和环境保护目标。②进行环境质量现状调查与评价，并在此基础上划分环境功能区。③确定开发区主要控制污染物及其允许排放总量。④将排污总量按环境功能区治理分配。⑤进行区域环境承载力研究，确定实施总量控制的技术、经济路线，并提出相应的技术措施。⑥进行环境规划投资概算和资金来源分析，并对各方案进行比较，最终提出优化方案。⑦提出保证规划实施的政策、制度、法律措施与运行机制。

（张红　李奇锋）

jingji jiegou beijing diaocha

经济结构背景调查 （economic structure background survey） 对评价区域内的社会经济结构状况进行的调查。经济结构背景调查的内容有：①区域范围内经济结构的特点（工业结构、农业结构等）。②区域范围内的社会环境结构（人口分布、社会文化状况、村落和城市的分布、发展规划等）。③区域范围内工农业生产与资源利用状况的关系（能源结构、能耗状况等）。④区域范围内的环境污染问题。常采用资料收集和实地调查相结合的方法。经济结构背景调查是环境背景调查的内容之一，为环境评价提供了基础资料，是环境现状评价、环境影响评价以及环境质量控制和环境规划的基础工作。

（焦文涛）

jingguan meixue yingxiang pingjia

景观美学影响评价 （impact assessment of landscape aesthetics） 通过分析、评价开发活动在建设与运营过程中可能给景观环境带来的潜在影响，提出减缓不利影响的措施的过程。

根据《建设项目环境影响技术评估导则》（HJ 616—2011），景观美学影响评价一般以可视距离为评价范围，以保护自然景观资源为主要目的，主要针对公路、铁路、矿山、采石、风景旅游区、库坝型水利水电工程、城市区大型建设项目等可能影响重要景观或可能造成不良景观的项目进行。景观影响因素（项目作用）应包括项目所有可影响景观的主要因子，如烟囱耸立和烟雾排放、山体开挖和植被破坏等，还应考虑项目不同发展阶段的影响因子。景观环境因素（影响受体）应涵盖所有重要的自然景观、人文景观和规划保护目标。

现状 在环境影响评价中，景观美学影响评价是一个较新的课题。景观环境由于鲜明的色彩、线条、形态和性质等呈现出来的某些特定形式，具有满足人类追求美的客观意义。随着社会经济水平和文明程度的提高，作为生活环境一部分的美学环境越来越受到人们的重视。景观美学影响评价正是基于这方面的需求应运而生的。景观及视觉影响评价在日本、美国、英国等一些发达国家早已受到重视，并开展了较多的研究工作。欧盟明确规定，在评价拟建项目时，必须进行景观的直接和间接潜在影响评价。英国对景观质量的评价是从景观的资源性、美学质量、未被破坏性、空间统一性、保护价值、社会认同等方面来考虑的。在我国，景观美学影响评价研究发展得较为缓慢，目前主要是借鉴先进国家的理论，在基本理论、评价方法及工作程序研究等方面还缺乏深入细致的工作。

评价模式 自20世纪60年代以来，景观科学的研究发展促进了景观美学评价方法和技术的发展。目前，在景观美学评价及规划领域得到应用的主要评价体系包括专家模式和体验模式。

专家模式 在我国的景观美学评价实践中，专家模式是应用最为广泛的模式之一，并居于主导地位。专家模式忽视人的主观作用，而强调景观本身的客观特点。专家模式的理论基础是理论美学和生态美学。运用该模式进行评价时，评估者一般是受过专业训练的人员。该评价模式通过对景观特性的理性分析，力图得出客观量化的评价结果。然而，由于审美行为的主观性，其评价指标的量化具有相当的难度。专家模式的优点在于：评估者有明确的评价标准，易得出客观、可比性强的评价结果。缺点是：由于评价结果受评估者个人审美取向和专业素养的影响，其公众代表性值得怀疑；专家模式只重视视觉感受，而忽略了如听觉、味觉、嗅觉和触觉等其他感受。

体验模式 强调人的作用，忽视对景观本身的研究。体验模式的理论基础是审美现象学。与专家模式相比，体验模式基于人的主观感受而非复杂的指标体系的研究。运用体验模式进行景观评价时，评估者可以是一般民众。该模式的主要研究对象是人对景观的主观感受，从定性的角度及人的个性、文化背景、意志、体验出发，视景观客体为自然与人文的综合反映来观察与描述景观。主要采用的调查方法是对景观进行现场观察和描述记录。其侧重于群体对景观的主观、定性或半量化的评价。该模式认为景观的价值根植于人与景观间互动的体验，是以观察者及景观间的交互作用为基础的。体验模式的优点在于：注重人的主观作用和景观审美的环境，可识别影响景观感受的丰富因素，具有很高的敏感性。其不足主要体现在影响因子过多，易产生错误，降低效度，因此该模式在应用方面比较薄弱。

评价内容及方法 主要包括工程概况、评价范围及因子的筛选，景观现状调查与评价，景观美学影响预测与评价，重要景观美学资源的影响评价，减缓措施和景观改善方案，环境监控计划等。

工程概况、评价范围及因子的筛选 首先对建设项目基本状况进行调查分析，并在此基础上确定所要评价的区域范围，这个区域除项目所占范围外，还应包括视野以内的区域。评价因子的筛选是指对现有的景观因子进行筛选，以确定拟建项目的视野内有哪些景观强调予以保护和改善，哪些可筛出以作为评价因子。在这一阶段应广泛征求有关专家和当地公众的意见与建议。

景观现状调查与评价 现状调查至少应包括以下三个方面：自然环境方面，如地质、地形、排水情况、土壤、气候等；人文方面，如文化遗迹、景观的演化过程、建筑物及民居、受影响的人士以及他们对景观特色的感觉等；美感方面，如可供观赏的景色、怡人的视觉景象及其特色等。现状调查采用野外调查、图形图片资料分析相结合的方法。调查研究成果可综合成一系列的图片、图件来表述，包括平面图、地图、照片、景观特征图、航片及录像等。

除以上三方面内容以外，还应详细调查拟建项目附近区域的未来发展规划、计划以及具体的设计要素，以利于分析它们对拟建项目的制约因素和对现有景观的累积效应，为影响预测提供较为全面的信息，使拟建项目与整个地区的环境在规划时能够达到最大限度的协调。

对景观的现状评价可参考或采用国家、地方的有关标准，也可借鉴国外的相关评价原则和标准，从现状景观的独特性、多样性、功效性、宜人性及美学价值方面进行评价。

景观美学影响预测与评价 首先通过文字或图形的形式阐明没有与有开发活动的情况下景观的可能变化，然后比较两者的变化以确定景观影响，但要注意的是，所有的预测都不可能是完全精确的。描述影响的方法包括：能表示开发项目、开发期限、视觉影响程度的平面图或地图；能表示开发项目、减缓措施或替代方案的草图或艺术印象图；视觉交叉面；从关键视点观察拟建项目的照片；艺术印象图片的合成；拟建项目与替代方案在建设前、中或后期照片的合成；地理信息系统（GIS）方法。目前，利用计算机辅助工具，将基线调查、影响分析、缓减措施的替代方案和选择方案进行图片（形）叠置的方法得到广泛应用。随着计算机技术的发展，GIS 技术和虚拟环境技术也被应用于景观及视觉影响评价。

重要景观美学资源的影响评价 重要景观美学资源是指可能成为旅游或其他可作为观赏资源并具有潜在经济价值的景物、景点。重点评估项目对景观美学资源的区位优势、可达性、资源规模、美学价值（美感度、珍稀度、多样性、吸引力）等方面的影响。

减缓措施和景观改善方案 在景观影响评价中，减缓措施是指将拟建项目对所在区域造成的景观干扰或负面影响减至最小所采取的措施。减缓措施不单要考虑减轻破坏程度，同时要考虑如何美化环境和改善视觉景象。在条件允许的情况下，尽量采用可美化环境和改善景观的设计。一般减缓负面影响的途径有：从大小、形状、色彩和格调上设法减缓；利用植被遮景；修复；更改拟建项目的位置。在不得已的情况下才采取更改拟建项目的位置的措施。

环境监控计划 由于景观影响的预测有很大的不确定性，因而制订和实施景观监控计划非常重要。建立一套具体的常规监控计划，对开发活动可能带来的影响及时予以报警，并尽快采取减缓措施规避或减少不利影响；为其他项目提供直接的反馈经验；为与有关部门或公众讨论提供依据。（朱源）

jingguan shengtai guihua

景观生态规划

（landscape ecological planning） 通过研究景观格局对生态过程的影响，在景观生态分析、综合及评价的基础上，调整或构建合理的景观格局，提出景观资源的优化利用方案的活动，是在一定尺度上对景观资源的再分配。

分类 景观生态规划可以分为城市景观生态规划、农村景观生态规划、风景园林区的景观生态规划和自然保护区的景观生态规划等。

原则 基本原则有：①自然保护的原则。保护自然景观资源并维持其生态过程和功能，是保护生物多样性及合理开发利用自然资源的基础。原始的自然景观、森林、湿地等对于区域的自然生态过程和生命支持系统具有重要的作用，在景观生态规划中应优先考虑。②持续性原则。景观生态规划以可持续发展为基础，立足于景观资源的可持续利用和生态环境的整体改善，保障社会经济的可持续发展。这就要求景观生态规划把景观作为一个正题来考虑，使景观的结构、格局、比例与自然环境特征和社会经济发展相适应，寻求生态、社会、经济三大效益的统一，使景观的整体功能最优。③多样性原则。景观多样性指景观单元的结构和功能方面的多样性，反映了景观的复杂程度。多样性和景观结构、功能及其稳定性有密切的关系。它既是景观生态规划的准则，又是景观管理的结果。④综合性原则。景观生态规划是多学科交叉的研究工作，需要不同学科、不同方面的参与。同时，景观生态规划的目的要求在规划中必须全面综合分析景观自然条件、社会经济条件等，因而综合性原则是景观生态规划的基本原则之一。

步骤 景观生态规划是一个综合性的规划过程，涉及景观生态调查、景观生态分析、景观综合评价与规划的各个方面。具体规划步骤有七个：确定规划目标与范围；景观生态调查；景观空间格局与生态过程分析；景观生态分类和制图；景观生态适宜性分析；景观功能区划分；景观生态规划方案评价及实施。

确定规划目标 规划目标可分为三类：①为保护生物多样性而进行的自然保护区规划与设计。②为自然资源的合理开发而进行的规划。③为当前不合理的景观格局而进行的景观结构调整。

景观生态调查 主要目标是收集区域资料与数据。获取资料的途径有：历史资料、实地调查、社会调查和遥感及计算机数据库。景观生态调查的内容为：①自然地理因素，包括地质、水文、气候和生物。②地形地貌因素，包括土地构造、自然特征和人为特征。③文化因素，包括社会影响、政治和法律约束、经济因素。

景观空间格局与生态过程分析 景观格局与过程分析对景观生态规划有重要的意义，规划与设计的成功与否取决于规划人员对规划区景观的理解程度。景观生态规划的中心任务是通过组合或引入新的景观要素而调整或构建新的景观结构，以增加景观异质性和稳定性，而景观空间格局与生态过程分析对此有很大帮助。有学者提出了景观空间格局与生态过程耦合分析的一般方法，即以一定区域为依托和一定目标为导向进行土地单元或生态系统类型划分，通过土地评价和模型集成将小尺度观测研究和大尺度空间动态模拟相结合，在实现区域目标的基础上，构建具有良好适应性的耦合模型系统。

景观生态分类和制图 是景观生态规划和管理的基础。景观生态图根据景观生态分类的结果绘制而成，可以客观而概括地反映规划区景观生态类型的空间分布模式和面积比例关系。景观生态图是景观生态规划的基础图件。

景观生态适宜性分析 是景观生态规划的核心，以景观生态类型为评价单元，根据区域景观资源与环境特征、发展需求与资源利用要求，选择有代表性的生态特性，从景观的独特性、多样性、功效性、宜人性或景观的美学价值入手，分析某一景观类型内在的资源质量以及与相邻景观类型的关系，确定景观类型对某一用途的适宜性和限制性，划分景观类型的适宜性等级。

景观功能区划分 优化景观空间结构，以满足景观生态系统的环境服务、生物生产及文化支持三大基础功能为目的，并与周围地区景观的空间格局相联系，形成规划区合理的景观空间格局，实现生态环境条件的改善、社会经济的发展以及规划区可持续能力的增强。

（李奇锋　张红）

juzhen diedaifa

矩阵迭代法 （matrix iteration method） 又称乘幂法。是适用于求一般矩阵按模最大特征值及其相应特征向量的算法。

迭代就是把经过评价认为是不可忽略的全部一级影响，形式上当作“行为”处理，再同全部环境因素建立关联矩阵进行鉴定评价，得出全部二级影响，循此步骤继续进行迭代，直到鉴定出至少有一个影响是“不可忽略”，其他全部“可以忽略”为止。

步骤如下：①首先列出开发活动（或工程）的基本行为清单及基本环境因素清单。②将两清单合成一个关联矩阵。把基本行为和基本环境因素进行系统的对比，找出全部“直接影响”，即某开发行为对某环境因素造成的影响。③进行“影响”评价，每个“影响”都给定一个权重 G，区分“有意义影响”和“可忽略影响”，以此反映影响的大小问题。④进行迭代。

（贺桂珍）

juzhen pingjiafa

矩阵评价法 （matrix assessment method） 将清单中所列内容，按其因果关系排列，把开发行为和受影响的环境要素组成一个矩阵，在开发行为和环境影响之间建立起直接的因果关系，定量或半定量地说明拟议的建设项目对环境的影响的方法。

希尔（Hill）在 1966 年最先将矩阵法用于环境影响评价。20 世纪 70 年代初利奥波德（Leopold）等人又进一步发展了矩阵法。矩阵评价法可以看作是清单的一种概括表现形式，它可以说明哪些行为影响到哪些环境特性，并指出影响的大小。

矩阵评价法包括利奥波德相关矩阵法、矩阵迭代法、奥德姆（Odum）最优通道矩阵法、摩尔（Moore）影响矩阵法、广义组分相关矩阵法等。

（焦文涛）

K

kechixu fazhan jiaoyu

可持续发展教育　（education for sustainable development，ESD）　基于可持续发展思想和原理的各种类型和层次的教育。

可持续发展教育（ESD）是国际上和联合国最常使用的术语之一。不同的教育机构对可持续发展教育有不同的定义，但有很多相同的关键词：创造可持续发展意识、可持续性教育、参与式教学、终身学习、跨学科学习、社会实践能力等。

发展历程　《21世纪议程》是第一个作为实现可持续发展教育重要工具的国际文件，强调教育是促进可持续发展和提高人们解决环境与发展问题的能力的关键。1997年，联合国教科文组织在希腊的塞萨洛尼基召开会议，确定了“为了可持续性的教育”的理念。这标志着**环境教育**已不再是仅仅对应环境问题的教育，它与和平、发展及人口等教育相结合，形成了可持续发展教育。由联合国教科文组织筹办的“可持续发展教育十年计划”（UN Decade of Education for Sustainable Development），从2005年开始，至2014年结束，致力于在所有形式和层面的教育中渗透可持续发展的知识、价值观和技能。可持续发展教育思想的出现，为“绿色学校”的蓬勃发展提供了坚实的理论基础。

目的　让人们参与协商一个可持续的未来，做出决定，并调整自身的行动，最终实现可持续发展。可持续发展教育通过各种方法鼓励人们了解威胁地球可持续发展的问题的复杂性和不同问题之间的协同作用，并了解和评估自己的价值观、所生活的社会和可持续发展的背景。

优先领域　根据《21世纪议程》，可持续发展教育有四个方面的优先工作。

①提高基础教育水平。世界各国基础教育的内容和年限各不相同，接受基础教育对于很多人来说仍然是一个问题，尤其是对于女孩和主要由成年妇女组成的文盲群体。为了能让学生参与到可持续发展过程中，必须鼓励和支持公众参与和社区决策的技能、价值观和意识的提升。为达到此目标，基础教育要以重视可持续发展为导向，关注在终身学习过程中共享知识、技能、价值观和观点。基础教育需要并且应当支持公民以可持续的方式生活。

②重新定位现有教育，转向关注可持续发展。从幼儿园到大学，对教育进行重新思考和修正，不仅包括对可持续发展相关的教育原则、技能、认知、价值观等方面的重新定位，而且需要教授和学习能够指导和促进人类追求可持续生计和可持续生活方式的知识、技能和价值观。重新定位现有可持续发展教育应覆盖整个正规教育体系，除了中小学，还包括中等职业学校和大学。

③促进公众对可持续发展的理解和意识的提升。通过媒体宣传和各种社会活动增加公众对可持续发展目标的认识，并提高他们参与和促进可持续发展目标实施的知识和技能，践行可持续消费模式。

④可持续发展培训。鼓励各行各业培养环境

管理领导者并培训其雇员，培养具有环境意识和有能力实施可持续发展计划的公民。

教育形式 主要包括正规和非正规可持续发展教育两种形式。

正规可持续发展教育是指由教育部门认可的教育机构（学校）所提供的有目的、有组织、有计划、由专职人员承担的全面系统的可持续发展训练和培养活动。正规可持续发展教育通常在教室环境中进行，使用规定的教学大纲、教材，其特点是统一性、连续性、标准化和制度化。正规可持续发展教育包括学前教育、中小学教育和高等教育。

非正规可持续发展教育指在日常生活、生产劳动和各种教育活动的影响下，个体从家庭、邻居、图书馆、大众宣传媒介、工作娱乐场所等方面获取可持续发展方面的知识、思想、技能、信息和道德修养的过程。非正规可持续发展教育是直接同劳动、工作相联系的、内容广泛的学习活动，它提供了大量的学习机会给失去学校教育的人。非正规可持续发展教育没有严格的教学活动。

对于一个国家而言，实施可持续发展教育是一项艰巨的任务，正规教育不可能单独承担这一教育责任，需要与非正规教育机构共同努力将可持续发展教育渗入全体公众及其后代的工作、学习和生活中。

教育内容 可持续发展教育是全方位和具有变革性的教育，包括以下四个方面。①学习内容方面，注重将气候变化、生物多样性、减少灾害风险、可持续消费和生产等关键问题纳入课程。②教学法和学习环境方面，按照以学生为中心的方式设计教学，使学习更具探索性与变革性，注重设计实体和在线的学习环境，以激发学习者为可持续发展做贡献。③学习成果方面，要激励学生形成核心学习能力，如批判性和系统性思维、协作性决策等核心能力的培养。④促进社会转变方面，使任何年龄的学习者都能参与促进所生活的社会向更加绿色的方向转型，激励人们采取可持续的生活方式，使其成为可持续发展的积极推动者，以创建一个更加公正、和平、宽容、包容、安全和可持续发展的世界。

教育主题 联合国可持续发展教育十年计划确定的重要主题包括：

①消除贫困。缓解贫困是可持续发展工作的关键，可持续发展教育应认识贫困的复杂性及缓解方法，而不是将教育作为增加收入的一种手段。

②两性平等。两性平等被视为可持续发展的目标和前提条件。正式教育中的两性平等也是联合国女性教育计划（UNGEL）的主要目标。许多国际计划都强调与性别问题相关的教育方法，以及将性别观点融入所有教育行动之中。

③健康促进。发展、环境和健康问题是紧密相关的，健康的人民和安全的环境是可持续发展的重要前提。学校不仅是学术学习的中心，而且是提供基本的健康教育和服务的辅助地点。

④环境保持与保护。建立人们对地球生命支持系统和自然资源的相互联系性与脆弱性的广泛理解是可持续发展教育的核心。培养公民的环境素养，以及解决环境问题的价值观、动力和技能，对于世界的可持续发展非常重要。

⑤农村改革。以教育促进农村改革是可持续发展教育工作的一个重要主题。农村地区的贫穷问题及其向城市地区的扩展，无法通过防止城市化和使农村人口留在农村地区来解决，教育活动必须与农村社会的特殊需要相结合，包括所有年龄的教育和正式、非正式教育。

⑥人权。接受基础教育的权利是一项基本的人权。不仅要让成年人或儿童都能接受教育，而且要达到一种程度，使社会将实现这种权利视为可持续发展的一种“不可缺少的前提条件”。

⑦不同文化间的理解与和平。教育和可持续人类发展经常受到缺乏宽容和不同文化间的差异的影响，侵略与冲突引起人类的巨大灾难，破坏了健康系统，甚至常毁坏整个社会。可持续发展教育因此试图使人类建立起和平的能力和价值观，在宽容和理解的基础上实现世界的和平。

⑧可持续生产与消费。可持续的生活方式和工作方式对于消除贫困和保存与保护自然资源是至关重要的。在农业、林业、渔业和制造业中都需要可持续的生产方法，还需要减少生活消费的社会和资源影响，以确保全世界对资源的平等使用。可持续生产与消费教育依赖于扫盲和基础教育，劳动教育和负责任公民教育是可持续发展教育的关键目标。

⑨文化多样性。对文化和语言多样性的认识和分析是建立扫盲计划的前提。多样性的一个重要方面是关于本土的和其他形式的传统知识、在教育中使用本土语言，以及将本土关于可持续性的世界观和观念与所有层次上的教育计划结合起来。

⑩信息与通信技术（ICT）。ICT 是学习和表达的一个有用的工具，能够促进基础教育的普及和可持续发展教育的开展，但 ICT 越来越多的应用也会增加差异性，削弱社会凝聚力，并威胁到文化凝聚力，应该指导 ICT 的合理使用。（贺桂珍）

kechixu fazhan yuanze

可持续发展原则　（sustainable development principle）　环境与人类社会发展过程所依据的行为准则。可持续发展原则是当代国际环境法的基本原则，是人与自然和谐共处理念的具体体现。

可持续发展是一种注重长远发展的经济增长模式，指既满足当代人的需求，又不损害后代人满足其需求的能力。可持续发展是一种新的人类生存方式，不但要求体现在以资源利用和环境保护为主的环境生活领域，更要求体现到作为发展源头的经济生活和社会生活中去。

沿革　类似可持续发展的概念最先是在 1972 年于斯德哥尔摩举行的联合国人类环境会议上正式讨论。这次会议云集了全球工业化和发展中国家的代表，共同界定人类在缔造一个健康和富有生机的环境上所享有的权利。自此以后，各国开始致力于界定“可持续发展”的含义。1980 年，世界自然保护联盟（IUCN）的《世界自然资源保护大纲》提出：“必须研究自然的、社会的、生态的、经济的以及利用自然资源过程中的基本关系，以确保全球的可持续发展。”1981 年，美国农业科学家莱斯特 • 布朗（Lester R. Brown）在《建设一个可持续发展的社会》中提出以控制人口增长、保护资源基础和开发再生能源来实现可持续发展。1987 年，世界环境与发展委员会出版《我们共同的未来》报告，将可持续发展定义为：“既能满足当代人的需要，又不对后代人满足其需要的能力构成危害的发展”。这个定义系统阐述了可持续发展的思想并被广泛接受与引用。1992 年 6 月，在里约热内卢召开了联合国环境与发展大会，通过了以可持续发展为核心的《里约环境与发展宣言》《21 世纪议程》等文件。此后，可持续发展的理论和思想在我国得到社会各界的广泛认同，并很快成为环境与资源保护工作的一个重要原则。

我国最早明确提出可持续发展原则的重要文件是 1992 年 8 月制定的《中国环境与发展十大对策》。该文件指出：“转变发展战略，走持续发展道路，是加速我国经济发展、解决环境问题的正确选择。”1994 年国务院制定的《中国 21 世纪议程》，则是我国第一个可持续发展方面的综合性文件。该文件针对可持续发展的各个领域提出了指导原则、具体措施和优先项目。在此后出台的很多法律法规中，也在立法指导思想和法律条文中体现了可持续发展的原则。1997 年中共十五大把可持续发展战略确定为我国“现代化建设中必须实施”的战略，并提出可持续发展主要包括社会可持续发展、生态可持续发展、经济可持续发展。2002 年，中共十六大把“可持续发展能力不断增强”作为全面建设小康社会的目标之一，明确了可持续发展是以保护自然资源环境为基础，以激励经济发展为条件，以改善和提高人类生活质量为目标的发展理论和战略，它是一种新的发展观、道德观和文明观。2007 年，中共十七大提出科学发展观，基本要求是全面协调可持续发展。科学发展观所倡导的发展，之所以是科学的，就在于它是全面协调可持续的发展，而不是片面的发展、不计代价的发展、竭泽而渔式的发展。2012 年，中共十八大提出“大力推进生态文明建设”。2015 年 4 月 25 日，《中共中央、国务院关于加快推进生态文明建设的意见》发布。生态文明发展理念强调尊重自然、顺应自然、保护自然；生态文明发展模式注重绿色发展、循环发展、低碳发展。生态文明建设是可持续发展原则的延伸和升华。

内涵 其基本点有以下三个方面：一是需要，指发展的目标要满足人类需要；二是限制，强调人类的行为要受到自然界的制约；三是公平，强调代际之间、人类与其他生物种群之间、不同国家和地区之间的公平。在上述核心思想的指导下可持续发展还包括以下几层含义：

经济可持续发展 可持续发展的核心内容。可持续发展把消除贫困作为重要的目标和最优先考虑的问题，因为贫困削弱了人类以可持续的方式利用资源的能力。目前广大发展中国家正经受来自贫困和生态恶化的双重压力，贫困导致生态破坏的加剧，生态恶化又加剧了贫困。对于发展中国家来说，发展是第一位的，加速经济的发展，提高经济发展水平，是实现可持续发展的一个重要标志。没有经济的可持续发展，就不可能消除贫困，也就谈不上可持续发展。

社会可持续发展 可持续发展实质上是人类如何与大自然和谐共处的问题。人们首先要了解自然和社会的变化规律，才能实现与大自然的和谐共处。同时，人们必须要有较高的道德水准，认识到自己对自然、社会和子孙后代所担负的责任。因此，强化全民族的可持续发展意识，认识人类的生产活动可能对人类自身环境造成的影响，增强人们对当今社会及后代的责任感，提高参与可持续发展的能力，也是实现可持续发展不可缺少的社会条件。要实现社会的可持续发展，必须要把人口控制在可持续的水平上。许多发展中国家的人口数已经超过当地资源的承载能力，造成了日益恶化的资源基础和不断下降的生活水平。人口急剧增长导致的对资源需求量的增加和对环境的冲击，已成为了全球性的问题。

资源可持续发展 资源问题是可持续发展的中心问题。可持续发展要保护人类生存和发展所必需的资源基础。许多非持续现象的产生都是由于资源的不合理利用引起资源生态系统的衰退而导致的，因此，在开发利用的同时必须要对资源加以保护。例如，对可再生资源的利用，要限制在其承载力的范围内，同时采用人工措施促进可再生资源的再生产，维持基本的生态过程和生命支持系统，保护生态系统的多样性以利于可持续利用；对不可再生资源的利用，要提高其利用率，积极开辟新的资源途径，并尽可能用可再生资源和其他相对丰富的资源来替代，以减少其消耗。要特别加强对太阳能、风能、潮汐能等清洁能源的开发利用以减少化石燃料的消耗。

环境可持续发展 可持续发展把环境建设作为实现可持续发展目标的重要内容和衡量发展质量、发展水平的主要标准之一，因为现代经济、社会的发展越来越依赖环境系统的支撑，没有良好的环境作为保障，就不可能实现可持续发展。

全球可持续发展 可持续发展不是一个国家或地区的事情，而是全人类的共同目标。当前世界上的许多资源与环境问题已超越国界的限制，具有全球性，如全球变暖、酸雨的蔓延、臭氧层的破坏等。因此，必须加强国际多边合作，建立起巩固的国际合作关系。发展中国家发展经济、消除贫困，国际社会特别是发达国家要给予帮助和支持；对一些环境保护和治理的技术，发达国家应以低价或无偿的方式转让给发展中国家；对于全球共有的大气、海洋和生物资源等，要在尊重各国主权的前提下，制定各国都可以接受的全球性目标和政策，既尊重各方利益，又保护全球环境与发展体系。

基本原则 可持续发展原则包括一系列具体原则。

公平性原则 机会选择的平等性，这是可持续发展与传统发展的根本区别之一。该原则具有三方面的含义：一是指代际公平性，即世代之间的纵向公平性。人类赖以生存的自然资源是有限的，当代人不能因为自己的发展与需求而损害满足后代人需求的自然资源与环境。要给世世代代以公平利用自然资源的权利，实现当代人与未来各代人之间的公平。各代人之间的公平要求任何一代都不能处于支配地位，即各代人都有同样选择的机会空间。二是指同代人之间的横向公平性。可持续发展要满足全体人民的基本需求和给全体人民机会以满足他们要求较好生活的愿望。贫富悬殊、两极分化的世界，不可能实现可持续发展。因此，要给世界以公平的分配权和发展权，把消除贫困作为可持续发展进程中特别优先的问题来考虑。三是指人与自然、与其他生物之间的公平性。

可持续性原则　可持续性是指生态系统受到某种干扰时能保持其生产率的能力。资源与环境是人类生存与发展的基础和条件，资源的持续利用和生态系统可持续性的保持是人类社会可持续发展的首要条件。可持续发展要求人们根据可持续性的条件调整自己的生活方式，在生态适宜的范围内确定自己的消耗标准。“发展”一旦破坏了人类生存的物质基础，“发展”本身也就衰退了。可持续性原则的核心指的是人类的经济和社会发展不能超越资源与环境的承载能力。因此，人类应做到合理开发和利用自然资源，保持适度的人口规模，处理好发展经济和保护环境的关系。

共同性原则　鉴于世界各国历史、文化和发展水平的差异，可持续发展的具体目标、政策和实施步骤不可能是统一的。但是，可持续发展作为全球发展的总目标，所体现的公平性原则和持续性原则，则是应该共同遵从的。要实现可持续发展的总目标，就必须采取全球联合行动。

和谐性原则　可持续发展战略就是要促进人类之间及人类与自然之间的和谐，以保持人类与自然之间互惠共生的关系，也只有这样，可持续发展才能实现。

需求性原则　人类需求是由社会和文化条件所确定的，是主观因素和客观因素相互作用、共同决定的结果，与人的价值观和动机有关。可持续发展原则立足于人的需求，强调满足所有人的基本需求，向所有人提供实现美好生活愿望的机会。

高效性原则　可持续发展不仅根据经济生产率来衡量，更重要的是根据人们的基本需求得到满足的程度来衡量，强调人类总体发展的高效。

阶跃性原则　随着时间的推移和社会的不断发展，人类的需求内容和层次将不断增加和提高，所以可持续发展本身隐含着不断地从较低层次向较高层次发展的阶跃性过程。

（贺桂珍）

L

leiji huanjing yingxiang pingjia

累积环境影响评价 （cumulative environmental impact assessment） 系统分析和评估累积环境变化的过程，即调查和分析累积影响源、累积过程和累积影响，对时间和空间上的累积做出解释，估计和预测过去的、现有的和计划的人类活动的累积影响及其社会经济发展的反馈效应，选择与可持续发展目标相一致的建议活动的方向、内容、规模、速度和方式。

1978 年，美国环境质量委员会（USCEQ）在关于必须在《国家环境政策法》（NEPA）下考虑累积影响的一个声明中，把累积环境影响定义为：当一项行动与其他过去、现在和可以预见的将来的行动结合在一起时所产生的对环境增加的影响。累积影响来源于发生在一段时间内，单独的影响很小，但集合起来影响却非常大的行动。

累积环境影响评价的方法包括矩阵法、网络法、投入产出法、幕景分析法、系统动力学方法（SD 法）和模糊系统分析方法等。

（汪光）

leiji yucefa

累积预测法 （cumulative prediction method） 通过对自变量和因变量的拟合，来求得方程式的各项系数，进而求得给定观测值数据的拟合曲线方程，并据此拟合方程对观测值进行预测的一种方法。它是由意大利数学家马奇斯（Machis）于 20 世纪 50 年代创立的一种特殊曲线拟合与曲线平滑技术。

计算模型 累积法的数学模型为：

$$Y = a_0 + a_1x_1 + a_2x_2 + \cdots + a_kx_k$$

式中，Y 为预测值；x 为影响变量；a_0，a_1，⋯，a_k 为系数。在一般情况下，给定的观测值数 n 大于 k+1，如以 n 组数据建立起 k+1 个联立方程，则不能得出确定解。累积法能充分利用给定的全部数据，求得 k+1 个未知数的确定解。

主要步骤 累积预测法的主要步骤和关键环节是求解拟合多项式的系数，需要借助于数学方法。在求得拟合多项式系数后即求出了拟合多项式，据此就可以进行预测了。具体说来需经过如下步骤：①确定预测对象。②收集、整理历史数据，确定多项式阶数。③计算各种累积和，并用矩阵和向量的形式表示。④计算拟合多项式系数。⑤用所求得的拟合多项式进行市场预测。⑥对预测结果进行分析。

特点 累积法是一种应用较广的技术，它既可以用于求得一组观察值的拟合曲线方程，也可以用于平滑该组观察值，以进行长期预测。累积预测法有三个特点：①在进行曲线拟合的过程中，同时也平滑或修匀了给定的数据。②利用马奇斯累积法常数表可迅速求得给定观测值数据的拟合方程，计算过程简单，同时提高了计算的准确性，但只适用于单一自变量的情况。③利用新的数据修正拟合曲线时，较其他拟合方法简单易行。因此，累积法是曲线拟合和曲线平滑的一种计算准确、简便迅速

的常用方法。对于给定的数列，既可用最小二乘法拟合，也可用累积法拟合。　（贺桂珍）

Li'aobode xiangguan juzhenfa

利奥波德相关矩阵法　（Leopold-related matrix method）　矩阵法是把开发行为和受影响的环境特征或条件作为矩阵的行与列，组成一个矩阵，并在相对应位置填写用以表示行为与环境因素之间的因果关系的符号、数字或文字，在开发行为和环境影响之间建立起直接的因果关系，定量或半定量地说明建设项目对环境的影响的方法，但不能处理间接影响和时间特征明显的影响。利奥波德相关矩阵法是1971年利奥波德（Leopold）等对1966年希尔（Hill）用于环境的矩阵评价方法的改进，可以看作是清单的一种概括表现形式，它可以说明哪些行为影响到哪些环境特性，并指出影响的大小。该矩阵列出了100项工程行动和88种环境特性与状况。通过矩阵来鉴别一项行动和一种环境特性之间的相互影响，在相关方框中划一对角线，其一侧记载相关值，另一侧记载后果的重要性，相关值及其后果的重要性均以0～10表示，同时应用加权的办法来指示影响的相对重要性，但该方法缺乏分配权系数的准则。利奥波德相关矩阵法既包括物理-生物环境，又包括社会-经济环境，是一种综合的方法，其中所列的行动和环境项目可以删减，也可以用各种符号来表示人类活动对环境的有利或不利影响。利奥波德相关矩阵法在环境影响评价中应用广泛，可以用于煤矿、发电厂、公路、铁路、供水系统和传输线路工程的环境影响评价。

（焦文涛）

liebiao qingdanfa

列表清单法　（inventory analysis method）　又称核查表法或一览表法。指将研究中所选择的环境参数及开发方案列在一种表格里，然后对核查的环境影响给出定性或半定量评价的一种方法。该方法可以鉴别出开发行为可能会对哪一种环境因子产生影响，并表示出其影响的好坏及相对大小，但它对环境参数不能进行定量计算。

利特尔（Little）等于1971年提出利用开列清单进行影响评价的方法，用于交通运输等建设方案的影响评价。他把建设方案分成规划设计、施工及运行三个阶段，把开发行为可能造成的影响分成噪声、空气质量、水质、土壤侵蚀、生态、经济、社会政治及美学等不同类型，将方案的阶段与各种影响类型列成一张表格，从中鉴别出在各种不同阶段方案可能会产生的有利或不利影响，最后制定出一个0～10的评价等级，以说明影响大小并表示出最大的可能影响。该方法的特点是简单明了、针对性强。

列表清单法是较早发展起来的方法，现在还在普遍使用，并有多种形式：①简单型清单。仅是一个可能受影响的环境因子表，不作其他说明，可做定性的环境影响识别分析，但不能作为决策依据。②描述型清单。比简单型清单多了环境因子如何度量的准则。③分级型清单。在描述型清单的基础上又增加了对环境影响程度进行分级。　（焦文涛）

liuyu huanjing guanli

流域环境管理　（watershed environmental management）　流域环境管理有广义和狭义之分。广义的流域环境管理指对流域水土资源的开发、利用、保护以及对流域生态系统进行综合管理，内容不仅涉及水管理，还包括流域内国土、城市建设、生态系统的修复和环境保护等内容。狭义的流域环境管理仅指流域层面上的涉水管理，核心内容包括五个方面：流域水资源和水质量管理、流域防汛抗旱减灾管理、流域内的河湖水域岸线管理、流域水土保持管理和流域水工程建设管理。根据流域的大小不同，流域环境管理可分为跨省域、跨市域、跨县域、跨乡域的流域环境管理。

沿革　随着科技的不断发展，人类具备了大规模全面开发流域水资源的能力，使得以流域为单元进行环境管理成为现实的需要。1879年美国设立了密西西比河委员会，促进了现代流域概念的产生和流域管理的发展。进入 20 世纪，世界各国水资源开始朝着多目标综合开发、利用和保护相结合的方向发展。以流域为基本单元进行水资源规划，实施多目标综合开发的思想被世界各国政府普遍接受，并在管理体制和制度上做出安排，纷纷建立流域机构，以加强流域水资源的统一管理。即使没有建立流域管理机构的国家，也在立法中强调按流域进行综合开发利用的原则和按流域进行统一规划，并通过具体的法律和行政措施保证流域规划的组织实施。

流域管理这一概念是从河流管理或流域水资源管理等概念发展起来的。1992 年都柏林水与环境国际会议以及里约热内卢联合国环境与发展大会之后，许多发展中国家都开始按流域而不是行政区划进行环境管理，全面地解决一切有关水问题及其相关的生态问题。

我国流域管理的历史悠久，最早可追溯到奴隶社会的夏商周时期。自秦始皇开始，中央政府就有派出机构或者官员专职督办江河治理。元、明、清三朝建立了常设的跨行政区域按水系管理的河道总督机构，这是中国最早的流域管理机构。20 世纪 30 年代前后，民国政府在主要江河设置了具有现代意义的流域管理机构——水利委员会，它是我国流域水环境管理机构的基础。1949 年新中国成立后，流域管理开启了新的历史。我国流域水环境管理机构建设经历了起步、转变、深化和强化等阶段，到 20 世纪 80 年代初形成了七大流域管理机构分管七大流域片的按流域管理水资源的局面。2002 年 8 月通过的《中华人民共和国水法》确定了流域管理机构在水资源管理方面的基本职能，明确了流域管理与区域管理相结合、监督管理与具体管理相分离的新型管理体制。

目标 流域环境管理的目标是合理开发利用有限资源和防治洪涝等灾害，协调流域经济社会发展与资源开发利用的关系，监督、限制资源不合理开发利用及污染行为，统筹规划，合理分配流域内有限资源。

流域环境管理的分层次主要目标：

①保证流域居民的饮用和卫生用水安全。饮用和卫生用水安全是人类最基本的需求，必须优先予以确保，并要优先解决没有基本保障的人畜饮水问题。

②保证流域的防洪安全。洪灾直接威胁人民的生命财产安全，必须确保防洪安全。应按照生态学和经济学的规律全面考虑防洪，包括避水建城和扩城、退田还湖、恢复湿地等非传统水利工程措施。

③为粮食安全做出应有的贡献。流域应从发展的角度，根据具体情况为粮食安全做出贡献。

④保证流域经济的可持续发展。要为流域的第二、第三产业，尤其是高新技术产业的可持续发展提供水资源供应保证。

⑤保证流域水资源的自净能力。通过防治污染、产业结构调整、节水和清洁生产等一系列手段，保证流域水资源的自净能力。

⑥保证流域生态系统的良好平衡。水是生态系统中的基础要素，要保证生态用水和适当的人工植被用水，严禁超采地下水，维持流域生态系统的良好平衡。

主要原则 流域环境管理主要遵循如下原则：

①有偿利用原则。流域水及其他资源属全民所有，而且这些资源是有限的。因此，流域水资源的开发利用与保护应遵循有偿使用的原则，实行供应与排放均要付费的制度，推行资源恢复与资源补偿的原则。

②流域共享原则。由于水资源的流动性和时空分布不均，其开发利用与保护必须遵循共享和兼顾的原则。上下游、左右岸、代际之间都要兼顾。

③循环利用原则。自然生态系统中其他要素的变化和人类开发活动均会对水环境产生影响。因此，流域水源性与水质性开发利用应遵循循环利用的原则，加强对与水直接相关的其他环境要素的保护，并加大投资力度。

④经济社会环境和谐原则。对于一个流域而言，地域的自然、人文社会不同，经济发展水平和速度不同，其发展模式可能也不同。要

树立流域大环境观念，对流域内的经济、社会与环境实行统筹规划。

主要内容 流域环境管理主要是通过以下多方面的内容来实现流域机构的决策、指挥和监督三大功能。

①制定流域水资源管理法规和配套政策。流域机构的首要任务是依法进行管理，需要梳理流域相关法规，在已有法律法规基础上，进一步建立健全与流域管理有关的配套法规政策体系，在中央政府水行政、环保、农业等部门指导下制定流域内的实施细则。

②流域水资源综合规划的制定和实施。在水资源科学评价的基础上，水利与环保、经济、国土资源、城建、农业等有关部门合作，制定水资源综合规划，并组织逐步实施。

③流域水权和水量的分配与调度、流域经济政策落实。水权的分配是流域环境管理机构工作的关键，要在科学合理配置水权的基础上，制订水量分配计划和调度方案，对地表水和地下水实行联合调度、统一管理。同时还要利用经济杠杆调节流域水资源供需平衡和进行生态系统建设，建立合理水价制度，通过经济手段调动各方积极性。

④流域生态系统建设。这是水资源可持续利用的长远大计，也是流域环境管理机构的重要工作内容，应与经济、国土资源、林业等部门合作，建立良好的流域生态系统。

⑤流域水资源保护和水污染控制。根据水资源评价结果和经济社会发展状况划分水功能区，据此定出纳污总量，实行总量控制，并对向水体排污的排污口实行重点控制。在宏观上对用水实行总量控制，狠抓节水、清洁生产和资源综合利用。

⑥流域资源环境信息管理。信息管理是流域环境管理的重要内容，主要通过水资源和水环境监测，进行水资源和水环境状况的评价并公报。完善供用水计量和统计工作。建立自动化监测系统和发展巡测，建立流域数字模型，以环保、水利为主体，联合城建、农业、林业等有关部门建立统一的水资源与水环境监测网络平台，实行费用分摊、信息共享，为流域的可持续发展提供科学指导。

⑦流域的防洪抗旱和减灾。流域环境管理部门要根据流域防洪规划，制定防御洪水的预案，落实防洪措施，筹备抢险所需的物资和设备。除了维护水库和堤防的安全外，还要防止用于行洪、分洪、滞洪、蓄洪、治涝的河滩、洼地、湖泊等被侵占或破坏。流域机构应组织对旱、涝等各种自然灾害的防治。

⑧流域资源环境纠纷的调解和机构之间的协调。依照法规调停和解决因水资源、环境污染和事故等导致的各种跨行政区的纠纷，促进流域环境管理机构之间的协调与合作，是流域环境管理的重要内容。

⑨流域环境管理机构的自身能力建设。流域环境管理机构自身的人员培训、基础设施和仪器设备等能力建设是完成各项流域环境管理功能的重要保障。

管理体制 体制解决的是有关各方主体（包括各级政府及水、环保行政主管部门，流域环境管理机构，其他有关部门和社会公众）在流域环境管理过程中的职责、权限划分、相互关系等问题，包括以下几方面：

①流域环境管理机构和管理模式。基于流域治理的需要，建立适合流域特点的由中央有关部门和流域内各省级政府组成的流域委员会，探索政府宏观调控、流域民主协商、准市场运作、利益相关方参与管理的流域环境管理协调委员会体制，构建基于生态系统的流域综合环境管理模式。

②建设流域综合环境管理制度，推动流域环境管理和行政区域管理相结合的流域综合环境管理体制的形成。明晰流域环境管理机构与地方行政部门之间在水资源管理、河湖水域岸线管理、行政执法监督等方面的事权和职责范围，构建行政区域水纠纷预防和处理机制，实现以流域为单元的水资源统一调度和优化配置。

③流域环境管理机构的综合执法监督权。明确流域环境管理机构的执法地位，赋予流域环境

管理所属机构必要的执法权力，完善执法程序，适度使用处罚手段，为流域环境管理创造规范的环境和条件。

④流域环境管理信息共享机制。首先，加强水资源监测系统、水污染监测系统、水土保持监测系统和防汛抗旱指挥系统建设，全方位构建流域环境信息系统。其次，由流域环境管理机构牵头，从信息的收集、整理、分析、评价、发布等方面入手，整合环境、水利及其他部门的监测资源，建立流域环境监测网络，实现全流域环境信息的互联互通、资源共享，提高流域环境管理的决策支持和保障能力。

⑤公众参与机制。在流域环境政策的制定实施过程中增加透明度，使公众能获取流域环境规划等信息，并参与决策过程。建立各种形式的协会团体，支持社会组织并激励群众积极参与流域环境管理的各种事项。

管理机构基本模式 由于各国国情不同、流域具体情况有异，对本国流域环境管理机构的设置也因此各有特色。国外流域环境管理机构主要有三种模式：集中治理模式、分散治理模式和综合治理模式。

集中治理模式 管理的组织体制以水文分界线为基础，实行权力在流域管理局的高度集中模式，主要以美国为代表。简单来说，就是由国家设置或指定专门机构进行整体流域治理。具体地说，流域管理局是属于政府的一个机构，直接对中央政府负责，法律授予其高度自治权，其管理内容大大超出水资源管理的范围。

分散治理模式 又称行政管理模式。流域管理机构的组织体制以行政区域界线为基础，实行权力在流域水务委员会或流域协调委员会的协商管理模式，是河流流经的地区政府和有关部门之间的协调组织，主要负责流域水资源的综合协调和规划。

综合治理模式 目前世界上较流行的一种模式，其职权既不像流域管理局那样广泛，也不像流域协调委员会那样单一，综合治理模式具有广泛的水资源管理和控制污染的职权。它介于前面两种模式之间，由流域委员会进行依法协调管理。

管理程序 先为保护流域环境制定愿景和目标，然后对整个流域进行资源及污染调查，依据目标和流域现状，拟定整治方案并据以推动执行，而在方案中也应确定环境监测和评估效益程序，以供设立新的愿景和目标时参考。整个程序如下图所示，要使持续改善的循环保持动力，须有权益关系人共同参与决策。

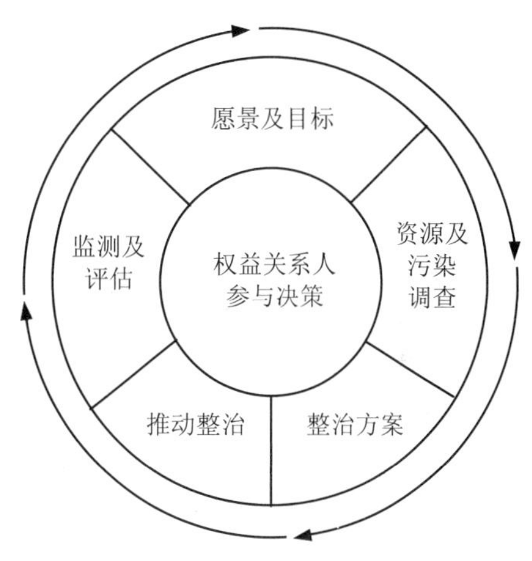

流域环境管理的循环程序

主要制度 在流域环境管理过程中，管理制度的制定和落实是实现有效管理的关键，主要涉及以下方面：

①流域环境规划管理制度。包括水资源规划、水污染控制规划和水土流失治理规划，应明确流域环境管理机构在规划编制中的协调作用、对规划实施的监督责任和责任追究权限，明确规划的地位、编制主体、审批、实施、修订程序等。

②流域总量控制制度。包括用水总量控制和排污总量控制。建立健全严格的监控措施，强化流域环境管理机构对区域水量和排放总量的监督方式和监督程序，建立严格的责任追究制度。

③流域水权制度。重点是流域取水权转让制度，尤其是流域层面上的取水权转让制度，涉及流域内水资源的优化配置问题，应明确流

域环境管理机构的监督管理职责，加强流域取水权转让监督管理。

④流域资源利用和保护制度。涉及流域水资源、地下水资源、流域雨洪资源、河湖岸线、水工程等的利用和保护。健全流域水功能区管理制度，发挥其在流域水资源保护中的指挥作用。完善流域水资源论证制度，将水资源论证纳入城市总体规划、工业园区建设规划、产业发展规划等对流域水资源配置格局有重大影响的规划。建立流域水能资源管理制度，并纳入流域水资源统一管理的范围，统一规划和开发利用。建立健全入湖入河排污口管理制度，强化监督、监测和信息报告，对违法排污者加大责任追究力度。统筹地表水和地下水统一配置制度，在流域层面进行地下水资源规划、监测和监督。将流域雨洪资源纳入现有防洪和水资源管理体制中，统一规划、统一管理、统一调度。建立健全流域统一采砂管理制度，加强规划，实施许可证制度，强化监督。对河湖岸线，明确管理责任，进行规划和功能分区，维护河湖的生态环境健康。

⑤流域统一监测、信息共享、预警制度。流域环境管理机构开展流域水资源、水土流失、水污染、地下水方面的系统监测，收集必要的数据，整合分析并定期发布，实现全流域环境信息共享。构建针对各个流域的预警系统，及时预报常规污染变动和突发事故污染风险，提高流域突发环境事故应急水平。

⑥流域生态补偿制度。以保护流域生态环境、促进人与自然和谐为目的，根据生态系统服务价值、生态保护成本、发展机会成本，综合运用行政和市场手段，调整流域生态环境保护和建设相关各方之间利益关系的环境经济制度。这是一项具有经济激励作用、与“污染者付费”原则并存、基于“受益者付费和破坏者付费”原则的环境经济制度。流域水资源的开发、利用、节约、保护涉及上下游错综复杂的利益关系，建立流域生态补偿机制发展的关键在于理顺各责任主体的关系。流域生态补偿方式包括资金补偿、实物补偿、政策补偿等。流域生态补偿途径包括征收流域生态补偿税、建立流域生态补偿基金、实行信贷优惠、引进国外资金和项目等。

⑦流域资源环境纠纷调停制度。法庭以外解决流域资源环境纠纷的一种制度。针对不断出现的跨界污染和环境事故等，流域环境管理机构需明确跨界环境纠纷的处理原则，寻找合适的跨界环境纠纷处理方式和程序，合法合理处置纠纷并预防类似事件的再次发生。

意义　主要包括：①流域环境管理符合自然和生态规律。以流域为单元进行综合管理，顺应了水资源的自然运动规律和经济社会特征，可以使流域资源的整体功能得以充分发挥。流域环境管理是人类尊重自然规律、实现与自然和谐相处的重要体现。②流域环境管理有助于管理者合理有效地实施调控。流域环境管理可以强化流域资源整体开发、利用和保护的观念，避免部门分割、城乡分割、地表水-地下水分割的乱象，增强管理的协调性和实施的有效性，并能简化工作程序和提高管理效率。③流域环境管理可以为公众有效监督提供保障。流域环境管理通过动员各利益相关方，推动流域环境管理制度和措施实施，不但使公众获取更多透明信息，更重要的是通过参与决策和实施过程，建立共识，最终积极参与到环境保护活动中，增大了流域环境管理成功的可能性。

（贺桂珍）

liuyu huanjing guihua

流域环境规划　（watershed environmental planning）　研究流域水资源的合理开发和综合利用以及流域环境管理的规划。是水环境规划的重要内容之一。它以水环境子系统为核心，将与其密切相关的其他子系统纳入规划的范畴，以保障水质达标、水生态系统健康以及流域社会经济的可持续发展。

主要内容包括：①依据国家有关法规和各项标准，提出水体功能区划和水质控制指标。一个水域往往需要满足多种用水需求，对每一种用途，国家都有相应的管理法规和水质标准。

根据河段的位置、水质与水文状况、用水需求、输送与处理费用等，确定不同河段的功能，选择表征水质状况的水质指标，如地表水的水温、pH、溶解氧浓度、化学需氧量（COD）、生化需氧量（BOD）等。②确定水质超标河段和主要污染物。③确定各河段主要污染物的环境容量。根据河水水质监测结果，采用恰当的分析、评价方法，判断各河段水质是否能满足目标要求。④确定各排污口的允许排污量。根据污染源所在位置、排污种类、排污量、排污方式和污染物的扩散规律等信息，并考虑河段相关区域的发展规划，将确定的河段内可接纳的污染物总量分配给每个排污口。⑤预测污染治理费用，提出最佳规划方案。（张红　李奇锋）

liuyu huanjing zhiliangtu

流域环境质量图　（map of watershed environmental quality）　反映流域（河流、湖泊、水库等）环境质量状况的专题地图。一般包括流域特征图组（流域位置图、水系图、气候图、工业生产状况图、土地利用和人口分布图）、污染源图组（工业废水排放状况图、农药化肥分布图）、水系污染现状图组（营养物质污染状况图、有机污染物状况图、重金属污染状况图）、污染危害图组（人口死亡率分布图、生物危害分布图）以及流域环境质量综合评价图组，能够形象地反映流域污染状况，是评价流域环境质量的重要依据，被广泛应用于相关环境规范、环境影响评价、环境风险评价和流域环境质量综合评价等水环境保护领域。

（汪光）

lüyouqu shengtai guihua

旅游区生态规划　（ecological planning of tourist area）　以自然保护为前提，尽量利用已存的生态景观和人文特色资源，对旅游区一定时期内的自然资源、建筑风格、基础设施和功能布局做出的规划设计，以求达到人与自然的和谐统一。旅游区生态规划的出发点和最终目标是促进和保持旅游景区生态环境的可持续发展。

目标　①保护旅游区的生态安全。主要体现在保护人类健康，提供人类生活居住的良好环境；对旅游区内的土地资源、水资源、矿产资源等进行合理利用，提高其经济价值；保护自然生态系统的多样性和完整性。②改善生态旅游环境，提升旅游吸引力。通过合理规划，对旅游景区的生态环境景观进行适当保护，提升旅游景区吸引力。③避免盲目建设，旅游区生态规划将通过生态适宜性分析，对旅游活动进行科学布局，避免在生态敏感地带进行盲目建设。

原则　①整体性原则。生态环境是一个有机整体，旅游区生态规划既要考虑景区的自然生态环境，又要研究人类活动对环境的影响，还要考虑景区内外生态环境的交互作用，把生态化的要求贯穿于景区各项规划之中。②协调共生原则。生态规划面对的复合生态系统，具有多元化和组成的多样性特点。子系统之间及各生态要素之间相互影响、相互制约，直接影响系统整体功能的发挥。坚持共生就是要使各个子系统合作共存，互惠互利，提高资源利用率；协调指保持系统内部各组分、各层次及系统与环境之间相互关系的协调、有序和相对平衡。③区域分异原则。不同地区的生态系统有不同的结构、生态过程和功能，规划的目的也不尽相同，生态规划必须在充分研究区域生态要素功能现状、问题及发展趋势的基础上进行。④高效和谐原则。生态规划的目标是建设一个高效和谐的社会-经济-自然复合生态系统，因此生态规划要遵守自然、经济、社会三要素原则，以自然环境为规划基础，以经济发展为目标，以人类社会对生态的需求为出发点。

主要内容　①确定规划目标。旅游区生态规划目标体现在三个方面：一是自然资源目标要保存现有资源的整体生态价值、基本特征以及对人类活动干扰进行自我恢复的能力。具体内容有保护并提高地表水和地下水环境质量；保护动植物及其栖息环境的多样性；保护自然风景的质量等。二是人文资源目标要维护并提高历史和文化资源价值。具体内容有维护与规划区域整体生态价值相关且协调的传统生活方式；发掘和保护历史和文化资源要素。三是发展目标要采取与景区整体生态和文化价值的保护相互协调的方式来调整旅游产业的发展，如只允许在指定的未来发展区内进行能够促进发展的项目、只允许在规定区域内布置旅游接待设施等。②生态和人文调查。旅游区生态调查可以通过实地调查、历史调查及公众参与的社会调查、遥感调查等调查手段来完成，调查内容包括地形、地貌、水文、气候、植被、野生动物、土地利用现状等方面。人文调查的内容包括当地的历史、文化、社会、经济等人文地理特征，其中，社会、经济要素的调查分析包括确定旅游景区所在区域的经济水平和最临近中心城市、经济带、经济区的经济发展水平以及辐射距离。这对旅游景区的发展规模有决定作用。③生态化旅游产品规划。随着“人与自然和谐共处”的理念进一步深入，旅游产品越来越强调生态模式，包括主题生态化、游乐生态化、艺术表现生态化等方面的内容。④生态技术在旅游区规划中的运用。生态技术，包括生态材质运用、本土化植物配置、低耗能技术应用、绿色植物环境、环保材料与技术等，对于旅游区规划有重要作用。⑤生态适宜性分析。生态适宜性分析是旅游区生态规划的核心，它是应用生态学、经济学、地学以及其他相关学科的原理和方法，确定景观类型对某一用途的适宜性和限制性，划分景区资源环境的适宜性等级，为景区旅游开发中的土地利用方式提出建议。（李奇锋　张红）

lüse xuexiao

绿色学校 （green school）　在实现基本教育功能的基础上，以可持续发展思想为指导，在学校日常管理工作中纳入有益于环境的管理措施并持续不断地改进，充分利用学校内外的一切资源和机会全面提高师生环境素养的学校。

发展背景　“绿色学校”是1996年《全国环境宣传教育行动纲要》中首次提出的。绿色学校强调将环境意识和行动贯穿于学校的管理、教育、教学和建设的整体性活动中，引导教师、学生关注环境问题，让青少年在受教育、学知识、长身体的同时，树立热爱大自然、保护地球家园的高尚情操和对环境负责任的精神；掌握基本的环境科学知识，懂得人与自然要和谐相处的理念；学会如何从自己开始，从身边的小事做起，积极参与保护环境的行动，在头脑中孕育可持续发展思想萌芽；让师生从关心学校环境到关心周围、关心社会、关心国家、关心世界，并在教育和学习中学会创新和积极实践。绿色学校不仅带动了教师和学生的家庭，还通过家庭带动了社区，通过社区又带动公民更广泛地参与保护环境的行动。它不仅成为学校实施素质教育的重要载体，而且也逐渐成为环境教育的一种有效方式。

功用　绿色学校在实现其基本教育功能的基础上，将可持续发展思想纳入日常工作管理中，通过制定环境管理制度，开展有效的环境教育活动，创设环境保护的文化氛围，促进师生、家长和专家参与环保和可持续发展的实际行动，全面提高师生的环境素养，共同为社会的可持续发展做出贡献。

绿色学校不仅仅是绿化学校，更主张将环境教育从课堂渗透扩展到全校整体性的教育和管理中，鼓励师生民主公平地共同参与学校环境教育活动，加强学校与社区的合作和联系，在实践过程中培育面向可持续发展的基本知识、技能、态度、情感、价值观和道德行为，即提高全体教职员工和学生的环境素养，落实环境保护行动。绿色学校是我国“科教兴国”和“可持续发展”基本战略的具体体现，是21世纪学校环境教育的新方法。

效益　创建绿色学校可以获得如下效益。①有助于师生深入地认识和理解环境问题的重要性，提高师生的环境知识、意识、技能、态度、价值观和行为等环境素养，使其在今后的个人和家庭生活中更加重视环境问题。②促进学校环境管理体系和相关档案资料的建立，提高环境教育教学和管理水平。③减少学校对环境的不良影响，回收再生资源，营造优美环境，使校园环境更利于师生身心健康。④促进学生、教师、学校、社区、政府、企事业和民间团体在学校环境教育和管理上的合作。⑤学校可以获得开展环境教育课程所需要的教材和辅导资料，强化素质教育。⑥能提高学校在本地区的声誉和形象，有利于学校自身的发展。学校有机会获得荣誉奖励，并能向当地、全国和国际宣传和交流相关经验。⑦能够有效地节能、节水、节电，循环利用资源，提高资源利用率，减少事故隐患，减少浪费，节约学校财政开支，加强学校内部管理。

意义 学校首先是一个传播文化的特定的学习场所，是学生获得知识、形成正确的价值观及行为养成的重要场所，承担着正规环境教育的基本功能。学生在学校中的生活约占学生每天生活的1/3，校园环境对学生潜移默化的影响是明显的，因此，通过校园环境、生活和管理体系传递可持续发展思想尤为重要。

从环境保护的角度看，学校也被看作是一个环境问题的制造者，会对环境产生不良影响，因此有必要对学校进行环境管理和规划，以实现其可持续发展。同时，学校的环境管理活动本身也是师生参与环境保护实践和进行环境教育的资源，有着特定的教育意义。学生可以通过了解校园环境问题产生的原因，参与校园环境的改善活动，学习环境和社会的知识，理解人与环境的关系，提高环境素养。

（贺桂珍）

M

Ma'erkefu yucefa

马尔可夫预测法 (Markov prediction method) 以俄国数学家马尔可夫的名字命名的一种预测事件发生概率的方法。它是基于马尔可夫链，根据事件的目前状况预测其将来各个时刻（或时期）变动状况的一种预测方法。马尔可夫预测法是对地理、天气、市场等进行预测的基本方法。

原理 事物的发展状态总是随着时间的推移而不断变化。马尔可夫进行深入研究后指出：对于一个系统，由一个状态转至另一个状态的转换过程中，存在着转移概率，并且这种转移概率可以依据其紧接的前一种状态推算出来，与该系统的原始状态和此次转移前的过程无关，这种情况就称为马尔可夫过程。马尔可夫过程的重要特征是无后效性。马尔可夫链是与马尔可夫过程紧密相关的一个概念。马尔可夫链指出事物系统的状态由过去转变到现在，再由现在转变到将来，一环接一环像一根链条，而作为马尔可夫链的动态系统将来是什么状态，取什么值，只与现在的状态、取值有关，而与它以前的状态、取值无关。因此，运用马尔可夫链只需要最近或现在的动态资料便可预测将来。马尔可夫预测法就是应用马尔可夫链来预测未来变化状态。

预测步骤 首先确定系统状态，然后确定状态之间的转移概率，再进行预测，并对预测结果进行分析。若结果合理，则可提交预测报告，否则需检查系统状态及状态转移概率是否正确。 （贺桂珍）

《Minyong He'anquan Shebei Mulu》

《民用核安全设备目录》 (List of Civil Nuclear Safety Equipment) 为了对民用核安全设备进行监督管理而制定的指导性目录。

制定背景 为了加强对民用核安全设备的监管，1992 年国家核安全局、机械电子工业部和能源部共同发布了《民用核承压设备安全监督管理规定》等规章，对提高民用核安全设备的安全性能、保障核设施的建造质量和安全运行发挥了重要作用。但是，随着核电建设的快速发展和政府职能的转变，我国民用核安全设备的监管工作遇到了一些新情况、新问题。为了解决这些问题，落实国务院关于“抓紧制订我国核电建设法规和标准”的重要批示，适应我国发展第三代核电的需要，制定了《民用核安全设备监督管理条例》。根据《民用核安全设备监督管理条例》的规定和要求，国家核安全局制定了《民用核安全设备目录（第一批）》，于 2007 年 12 月 29 日发布实施。2016 年 4 月 7 日，国家核安全局对《民用核安全设备目录（第一批）》进行了修订，对新增民用核安全设备、原有民用核安全设备及暂未纳入目录监管的核安全设备的管理做了具体说明。

主要内容 《民用核安全设备目录（2016 年修订）》中列出的核动力厂及研究堆等核设施通用核安全设备主要有：核安全机械设备，包括钢制安全壳、安全壳钢衬里、压力容器、储罐、热交换器、管道和管配件、泵、堆内构件、控制棒驱动机构、风机、压缩机、阀门、支承件、波纹管、膨胀节、闸门、机械贯穿件、法兰、铸锻件、设备模块；核安全（1E 级）电气设备，包括传感器、电缆、电气贯穿件、仪控系统机柜、电源设备、阀门驱动装置、电动机、变压器、成套开关设备和控制设备。核燃料循环设施后处理厂专用核安全设备主要有：核安全机械设备，包括储罐、热交换器、泵、阀门；核安全（1E 级）电气设备，主要是传感器。

作用 随着我国核电发展步伐的加快和核安全监管体制的转变，需要进一步加强民用核安全设备的监管，完善监管手段，提高监管力度。《民用核安全设备目录》的制定，对于加强民用核安全设备的监督管理，保证民用核设施的安全运行，预防核事故，保障工作人员和公众的健康，保护环境，促进核能事业的顺利发展有重要意义。（王铁宇　朱朝云）

mubiao guihua

目标规划（goal programming） 在一组资源约束和目标约束条件下，实现管理目标与实际目标之间的偏差最小的一种方法。目标规划是线性规划的一种特殊应用，能够处理单个主目标与多个目标并存，以及多个主目标与多个次目标并存的问题。

发展背景 目标规划这个术语是美国学者查恩斯（A.Charnes 和库柏（W.W.Cooper）在 1961 年首次正式提出的，以解决经济管理中的多目标决策问题。1962 年伊尼西奥（J. P. Ignizio）将目标规划用于阿波罗载人登月工程中土星 5 号运载火箭（Saturn Ⅴ）的天线设计和配置中，从而开启了目标规划的实际工程应用。

应用范围 目标规划主要能完成三种类型的分析：①确定达到一系列期望目标所需的资源；②确定在可用资源约束下目标的实现程度；③在不同资源和优先目标的约束情况下，提供最满意的解决方案。目标规划已广泛应用于生产计划、投资计划、市场战略、人事管理、环境保护、土地利用等多个领域，能够弥补线性规划只能处理一个目标的局限性。

特点 目标规划是以线性规划为基础而发展起来的，但在运用过程中，由于要求不同，又有不同于线性规划之处：①目标规划中的目标不是单一目标而是多目标，既有总目标又有分目标。根据总目标建立部门分目标，构成目标网，形成整个目标体系。制定目标时应注意协调各个分目标，消除分目标间的矛盾，以利于总目标的实现；各分目标必须服从总目标的实现，不能脱离总目标。②由于是多目标，其目标函数不是寻求最大值或最小值，而是寻求这些目标与预计成果的最小差距，差距越小，目标实现的可能性越大。目标规划中有超出目标和未达目标两种差距。一般以 Y+代表超出目标的差距，Y−代表未达目标的差距。Y+和 Y−两者之一必为零，或两者均为零。当目标与预计成果一致时，两者均为零，即没有差距。人们求差距，有时求超过目标的差距，有时求未达目标的差距。

模型变量 目标规划模型由变量、约束和目标函数组成。

变量包括正偏差变量和负偏差变量。偏差表示决策值和目标值之间的差异。正偏差变量 d_i^+，表示决策值超出目标值的部分，目标规划里规定 $d_i^+ \geqslant 0$。负偏差变量 d_i^-，表示决策值未达到目标值的部分，目标规划里规定 $d_i^- \geqslant 0$。实际操作中，当目标值确定时，所做的决策可能出现以下三种情况之一：决策值超过了目标值，表示为 $d_i^+ \geqslant 0$，$d_i^-=0$；决策值未达到目标值，表示为 $d_i^+=0$，$d_i^- \geqslant 0$；决策值恰好等于目标值，表示为 $d_i^+=0$，$d_i^-=0$。以上三种情况，无论哪种情况发生，均有 $d_i^+ \times d_i^-=0$。

约束包括绝对约束与目标约束。绝对约束也称系统约束，指必须严格满足的等式约束和不等式约束，它对应于线性规划模型中的约束条件。目标约束是目标规划所特有的，当确定了目标值进行决策时，允许与目标值存在正或负的偏差。

目标规划的目标函数是与正、负偏差变量密切相关的函数，表示为 $\min z = f(d_i^+, d_i^-)$。对于满足绝对约束与目标约束的所有解，从决策者的角度来看，判断其优劣的依据是决策值与目标值的偏差越小越好。目标函数有三种基本形式：①要求恰好达到目标值，即正、负偏差变量都尽可能地小，此时，构造目标函数为 $\min z = d_i^+ + d_i^-$；②要求不超过目标值，即允许达不到目标值，正偏差变量尽可能地小，此时，构造目标函数为 $\min z = d_i^+$；③要求超过目标值，即超过量不限，负偏差变量尽可能地小，此时，构造目标函数为 $\min z = d_i^-$。

此外，目标规划还涉及优先级和权系数。通常要解决的规划问题往往有多个目标，而决策者对于要达到的目标是有主次之分的。对于有 K 级目标的问题，按照优先次序分别赋予不同的系数 M，对要求首先达到的目标赋予优先级 M_1，稍次者赋予 M_2，依次类推到 M_K，表示为 M_1，M_2，…，M_K。这里规定：不同级目标重要性差异悬殊，即 $M_K >> M_{K+1}$，在优先保证上一级目标实现的基础上再考虑下一级目标。权系数 w_i 用来区别具有相同优先级别的若干目标。在同一优先级别中，可能包含两个或多个目标，它们的正、负偏差变量的重要程度有差别，此时可以给正、负偏差变量赋予不同的权系数 w_i^+ 和 w_i^-。

方法 目标规划的核心问题是确定目标，然后据以建立模型，求解目标与预计成果的最小差距。目标规划的模型分为两大类，即多目标并列模型和优先顺序模型。

目标规划法是为了同时实现多个目标，为每一个目标分配一个偏离各目标严重程度的罚数权重，通过平衡各标准目标的实现程度，使得每个目标函数的偏差之和最小，建立总目标函数，求得最优解。

目标规划可用一般线性规划求解，也可用备解法求解，还可用单体法求解，或者先用一般线性规划或备解法求解后，再用单体法验证有无错误。目标规划有时还要用对偶原理进行运算，依一般规则，将原始问题转换为对偶问题，以减少单体法运算步骤。

（贺桂珍　李奇锋）

N

nengyuan guanli tixi

能源管理体系 （energy management system） 用于建立能源方针和目标，并实现这些能源方针、目标的一系列相互关联或相互作用的要素的集合，包括组织结构、职责、惯例、程序、过程和资源。

能源管理体系的核心思想是全过程控制思想，应用系统理论和过程方法，以低成本、无成本的管理措施，将组织的能源管理工作与法律法规、政策、标准及其他要求进行有机结合，针对组织用能全过程和生产运营全过程（生产运营、管理运营和生活运营），对组织的能源因素进行识别、控制和管理，实现降低能源消耗、提高能源利用效率的目的。

产生背景 能源是国民经济和社会发展的重要物质基础，能源管理体系概念的产生源自于对能源问题的关注。世界经济的发展在不同程度上给各个国家带来了能源制约问题，发展需求与能源制约的矛盾唤醒和强化了人们的能源危机意识。

节能工作是一个系统性、综合性很强的工作。如果缺乏相互联系、相互制约和相互促进的科学的能源管理理念、机制和方法，就会造成能源管理滞后，导致能源使用无依据、分配无定额、考核无计量、管理无计划、损失无监督、节能无措施、浪费无人管等现象。在能源管理中，人们逐渐认识到开发和应用节能技术和装备仅仅是节能工作的一个方面，单纯依靠节能技术并不能最终解决能源供需矛盾等问题。应用系统的管理方法降低能源消耗、提高能源利用效率，推动行为节能，进行能源管理体系建设成为能源管理的关键。有计划地将节能措施和节能技术应用于实践，使得组织能够持续降低能源消耗、提高能源利用效率，这不仅促进了系统管理能源理念的诞生，也因此产生了能源管理体系的思想和概念，推动了许多国家能源管理体系标准的开发与应用。

理论基础 能源管理体系遵循系统管理原理和过程方法，在组织内建立起一个完整有效的能源管理体系。通过运用一套完整的标准和规范，对组织内的活动、过程及其要素进行控制和优化，实现能源管理方针和承诺，达到预期的能源消耗或使用目标。

标准化的系统管理 从系统的全过程出发，通过实施一套完整的标准和规范，形成制度体系。注重建立和实施过程控制，使组织的活动、过程及其要素不断优化。通过履行节能监测、能量平衡统计、能源审计、内部审核评估、行业对标等措施，不断提高能源管理体系持续改进的能力，有效发挥系统的整体功能。

运行模式 能源管理体系标准以国际上通行的“策划—实施—检查—处置”（Plan-Do-Check-Act，PDCA）循环作为过程运行模式，通过 PDCA 过程运行模式的实施，使各过程之间的输入、输出和控制要求明确，达到相互衔接、相互协调。

引入持续改进的管理理念 采用切实可行的方法确保能源管理活动持续进行、能源节约的效果不断得以保持和改进，从而实现能源节约的战略目标。

能源管理体系标准 联合国工业发展组织（UNIDO）一直在积极推进能源管理体系国际标准的制定进程。2007 年开始，先后在奥地利、泰国和中国召开了三次关于能源管理体系标准的国际研讨会，特别是 2008 年 4 月在北京由国家标准化管理委员会（SAC）和 UNIDO 共同组织召开的能源管理体系标准国际研讨会上，国际标准化组织（ISO）、UNIDO 以及相关国家标准化组织的代表和专家就能源管理体系国际标准的结构、核心理念、要素、与其他国际标准的差异等进行了交流和讨论，并就能源管理体系国际标准的框架内容达成基本共识。为推动能源管理体系国际标准的制定，ISO 成立了能源管理体系项目委员会（ISO/PC242），由美国、中国、巴西和英国共同承担该委员会的相应职务，美国和巴西承担秘书处的工作。该委员会已于 2008 年 9 月召开第一次工作会议，起草标准草案。

2011 年 6 月 15 日，ISO 正式对外公布《能源管理体系　要求及使用指南》（ISO 50001：2011），为公共和私立组织提供提高能源使用效率、减少成本支出和改进能源绩效的管理策略。该项标准的发布对于能源管理体系在国际层面的推广和应用具有里程碑意义。ISO 50001 确立了将能效和管理实践有机结合的框架，是一个可以在组织内部实施、单一且调和的标准，为组织提供了能源效率改进的方法。ISO 50001 运用 PDCA 循环进行能源管理体系的持续改进。这些特点允许组织将能源管理体系与整体绩效相结合，帮助改进质量、环境和其他管理体系。

国际上也有许多国家制定并实施了能源管理体系国家标准，如英国能源效率办公室针对建筑能源管理制定的《能源管理指南》、美国国家标准学会制定的《能源管理体系》、瑞典标准化协会制定的《能源管理体系说明》、爱尔兰国家标准局制定的《能源管理体系　要求及使用指南》、丹麦标准协会制定的《能源管理规范》等。此外，韩国发布了国家标准，德国和荷兰也制定了能源管理体系规范。欧洲标准化委员会和欧洲电工标准化委员会共同组建了一个特别工作小组，研制了三个与能源管理有关的欧洲标准，其中即包括世界上第一项能源管理体系标准《能源管理体系要求及使用指南》，该指南于 2009 年 7 月发布，2012 年 4 月废止，被 ISO 50001 替代。

2016 年 6 月，在 ISO 50001 实施 5 年之后，ISO 与瑞典标准化委员会和瑞典能源局共同组织召开国际会议，来自世界上近 30 个国家的专家共聚瑞典斯德哥尔摩，分享能源管理体系实施的经验和良好实践，并商讨 ISO 50001 的修订事宜，以确保在全球不同商业企业和组织中更好地运用 ISO 50001。

国际标准的制定和实施为中国能源管理体系标准的研制提供了很好的经验。早在 2002 年，中国标准化研究院中标认证中心就开始了有关能源管理体系标准的研究工作，逐步探索建立我国的能源管理体系国家标准。经过多年研究，《能源管理体系　要求》（GB/T 23331—2009）于 2009 年 3 月 19 日发布，2009 年 11 月 1 日正式实施。国家质量监督检验检疫总局、国家标准化管理委员会于 2012 年 12 月 31 日发布了新修订的《能源管理体系　要求》（GB/T 23331—2012），并于 2013 年 10 月 1 日正式实施。

运行模式 基于 PDCA 的能源管理体系运行模式如下图所示，组织根据法律法规要求和主要能源使用的信息来制定和实施能源方针，建立能源目标、指标及能源管理实施与运行方案，开展检查和管理评审，达到持续改进的目的。能源管理体系可使组织实现其承诺的能源方针，采取必要的措施来改进能源绩效。能源管理体系的复杂程度、文件的数量、所投入资源的多少等，取决于多方面因素，如体系覆盖的范围，组织的规模，其活动、产品和服务的性质，能源消耗的类型及消费量要求等。

策划 实施能源评审，明确能源基准和能源绩效参数，制定能源目标、指标和能源管理实施方案，从而确保组织依据其能源方针改进能源绩效。

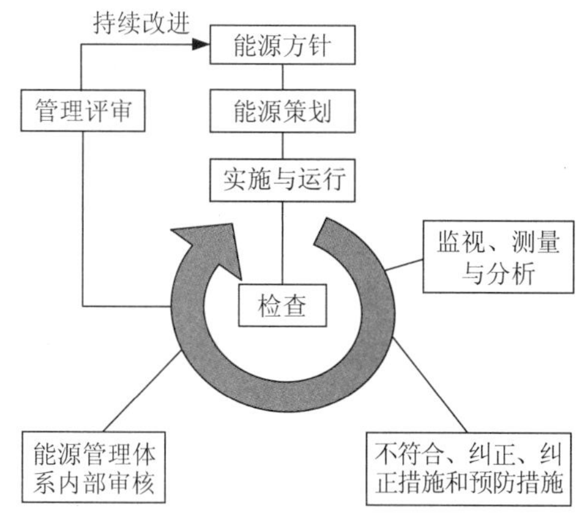

能源管理体系运行模式图

实施 履行能源管理实施方案，包括提供所需的资源；确定能力、培训和意识要求并进行培训；建立信息交流机制，进行信息交流和沟通；建立所需的文件和记录；实施运行控制并开展相关活动等。

检查 对运行的关键特性和过程进行监视和测量，对照能源方针和目标评估确定实现的能源绩效，并报告结果。

处置 采取措施，持续改进能源绩效和能源管理体系。基于内部审核和管理评审的结果以及其他相关信息，对实现管理承诺、能源方针、能源目标和指标的适宜性、充分性和有效性进行评价，采取纠正措施和预防措施，以达到持续改进能源管理体系的目的。

基本构架 结合能源管理体系的建立、控制和适用对象等核心要求，能源管理体系基本管理理念和构架如下。

①核心概念。能源管理体系是以“能源”为核心进行控制和管理，组织通过识别能源因素、确定具体的能源目标和指标，并建立能源管理体系来降低能源消耗、提高能源效率。因此，能源管理体系主要是通过“活动、产品和服务”识别能源因素，围绕“产品实现全过程以及减少外部影响所产生的能源消耗”来确定相关的管理要求。

②控制范围。组织的能源消耗、提高能源利用效率的潜力涉及产品实现的全过程，因此，能源管理的控制范围也会涉及产品实现的全过程。与此同时，由于与组织运行相关的管理运营（如办公场所和办公车辆等）和生活运营（如职工食堂、淋浴房等）也消耗能源，同样存在节能潜力，因此也应在能源管理体系的控制范围之内。虽然组织的能源消耗通常都发生在组织内部，但组织的能源供应商会对组织的能源管理产生显著影响。因此，组织的能源供应商应在能源管理体系的控制范围之内。除此之外，如果零部件和服务供应商对组织的能源消耗有直接影响，这些供应商通常也应在能源管理体系的控制范围之内。

③控制对象。能源管理控制的对象主要是“影响能源消耗、能源利用效率的因素”，即通过管理，将能源消耗控制到规定的目标范围之内。该目标包括组织的“纵向比较目标”以及同行业的“横向比较目标”。在确定能源目标和指标时，一方面要考虑到有关的法律法规要求；另一方面，也取决于组织的自身需求。

④控制程度。能源管理在满足能源目标和指标的同时，更强调控制的“相对性”，注重不断挖掘节能潜力、不断提高能源利用效率。

⑤控制方法。能源因素与组织提供的产品以及生产产品的工艺设备紧密相关，因此，能源管理所使用的控制方法同样也具有较强的行业特点。另外，能源管理除要控制对能源利用效率产生重大影响的关键环节和关键点外，还要更加关注设备以及系统间的合理匹配。

⑥适用范围。能源管理体系可广泛应用于硬件、流程性材料和服务行业，而软件行业属于微耗能行业，因此应用较少或需要管理的内容较少。

⑦管理绩效。能源管理绩效是指组织对其能源因素进行管理所取得的可测量的结果。对能源管理绩效的评价不仅要关注合格与否，更应关注节能潜力的不断挖掘，通过与自身历史情况比较、与同行情况比较，实现“量控”。

关键要素 能源管理体系中的关键要素包括能源方针、能源管理策划、基准与标杆、能源目标和指标、资源配置、运行控制、设计、采购、监视和测量。

能源方针 指由组织的最高管理者正式发

布的能源管理的宗旨和方向。在制定能源方针时，强调要适用于本组织的活动、产品和服务的特点；要对降低能源消耗、提高能源利用效率及持续改进做出承诺；对遵守与能源管理相关的法律法规、标准及其他要求做出承诺。

能源管理策划 首先要识别能源因素和评价出优先控制的能源因素，识别有关的法律法规、政策、标准及其他要求，同时还要建立能源管理基准和标杆，在此基础上，确定能源目标和指标。最后，要针对所确定的目标、指标及相关能源因素，制定能源管理方案。

基准与标杆 建立能源管理基准和标杆是能源管理体系的一项基础的、不可缺少的工作。能源管理基准是组织针对自身能源管理情况，确定作为比较基础的能源消耗、能源利用效率的水平。能源管理标杆是组织参照同类可比活动所确定的能源消耗、能源利用效率的先进水平。组织可以依据所确定的基准、标杆（适宜时），进行能源绩效的纵向比较（与历史情况进行比较）和横向比较（与同行业进行比较）。基准和标杆也是确定能源目标和指标的基础。

能源目标和指标 能源目标是组织所要实现的降低能源消耗、提高能源利用效率的总体要求。能源指标是指由能源目标产生的、为实现能源目标所规定的具体要求，可适用于整个组织或其局部。能源方针、能源目标和能源指标共同构成了能源绩效的评价依据。能源目标通常是定性的，针对某一具体的能源因素提出总体要求，而能源指标通常是定量的并且是可测量的，如能源利用率指标、能源节约率指标、系统能源效率指标等。能源目标和能源指标通常是“内外结合的比较要求”，主要依据基准、标杆、法律法规、标准等确定。

资源配置 能源管理将资源作为实施与运行的一个部分，应为建立、实施、保持并持续改进能源管理体系提供适宜的资源，主要包括：配备具有相关专业能力的人员；配备所需的节能产品、设备、设施；配备所需的能源计量器具与监测装置；充分识别和利用最佳节能管理实践和经验，以及有效的节能技术和方法；配套充分的资金。

运行控制 一方面，组织的能源消耗产生于产品实现的全过程；另一方面，能源管理体系的运行效果将直接影响能源目标和能源指标的实现。因此，在能源管理体系中，运行控制虽然作为实施与运行的一部分内容加以阐述，但具体的控制内容应涉及四个方面：产品和过程设计控制；设备、设施配置与控制；能源采购控制；生产和服务提供过程的控制。

设计 在能源管理体系中，作为运行控制的一部分，应针对产品和过程设计提出有关的能源管理要求。特别是在类似生产流程设计过程中，不仅应考虑生产全过程中所使用的能源的种类、经济性、质量、环境影响、能量平衡等因素，还应重点考虑耗能设备、耗能系统以及各系统间的匹配，实现降低能源消耗、提高能源利用效率的目的。也就是说，能源管理对“事前控制”依赖很强。

采购 由于能源采购对组织的能源目标和能源指标的实现有重大影响，应在能源管理体系中对能源采购提出具体要求。

监视和测量 除一般意义上对能源特性的监测和测量外，在能源管理体系中还强调能源测量和绩效评价。能源测量包括利用综合能耗计算、能量平衡、节能监测、能源审计等手段进行的监测和测量；能源绩效评价指组织应定期收集关于目标和指标的执行情况，产品、设备和系统的能耗情况，节能新技术，最佳节能实践，新能源、可再生能源和清洁能源的使用情况等，利用这些信息对组织能源绩效做出评价并识别出持续改进的机会。

能源管理体系标准与 ISO 9000 及 ISO 14000 的关系 三者都是运用系统思想和持续改进的过程方法对所控制的对象进行系统的控制和管理，但由于三个管理体系所对应的核心概念——能源、质量和环境不同，以及由此导致的管理体系的关注点和过程控制方法也不同，所以，所使用的控制和管理措施以及采取的具体技术方法存在差异。但总的来说，能源管理体系标准是在 ISO 9000 标准和

ISO 14000 标准的基础上建立起来的一套管理体系标准，因此，在标准结构、标准的内容上会存在直接或间接的联系，也就是说要充分借鉴 ISO 9000 标准和 ISO 14000 标准来制定能源管理体系标准。

意义 ①能源管理是整个社会管理的一部分，是对能源系统的全面管理，已是社会经济发展不可或缺的组成部分及基础，做好能源管理的体系建设利国利民，影响深远。②构建能源管理体系对于企业具有重要的现实意义。能源管理体系的构建能为企业节约能源、降本增效提供可靠长效的制度保障，继而提高企业的市场竞争力，实现持续、科学、高效用能。③有利于及时发现能源管理工作中职责不清的问题，为建立和完善相互联系、相互制约和相互促进的能源管理组织结构提供保障。通过识别节能潜力以及节能管理工作中存在的问题，并通过持续改进、不断降低能源消耗，从而实现组织的能源方针和能源目标。

（贺桂珍）

nengyuan-huanjing zhengce

能源-环境政策 （energy and environmental policy） 为了确保经济增长、能源安全和环境与资源可持续发展而制定的能源类政策。

我国的能源-环境政策重点是节约能源、提高能源利用效率、推进能源结构调整、促进新能源和可再生能源发展，并把减少和有效治理能源开发利用过程中引起的生态破坏和环境污染，促进能源与环境协调发展作为主要内容。

在实施可持续发展战略的过程中，能源政策与环境政策密不可分。在我国所面临的环境问题，特别是大气环境问题中，大部分是由以煤炭为主的能源生产和消费结构所引起的。与发达国家相比，我国的人均能源消费量很低，但单位国民生产总值的能耗较高。因此，《中国 21 世纪议程》把提高能源效率和节能作为实施可持续发展战略的关键措施。1995 年，国务院批准了《新能源和可再生能源发展纲要》（1996—2010 年）。1997 年第八届全国人民代表大会常务委员会第二十八次会议通过了《中华人民共和国节约能源法》，在该法 2007 年的修订案中，将节约能源确定为基本国策，明确了“节约与开发并举，把节约放在首位”的能源发展战略。2009 年，全国人民代表大会常务委员会通过了对《中华人民共和国可再生能源法》的修订，将可再生能源的开发利用列为能源发展的优先领域。2016 年 7 月，全国人民代表大会常务委员会对《节约能源法》做出修改，提出了对政府投资项目的节能要求。

随着我国经济的较快发展和工业化、城镇化进程的加快，能源需求不断增长，构建稳定、经济、清洁、安全的能源供应体系面临着重大挑战，突出表现在以下几方面：资源约束突出，能源效率偏低；能源结构以煤为主，环境压力加大；市场体系不完善，应急能力有待加强。针对这些问题，我国能源战略的基本内容是：坚持节约优先、立足国内、多元发展、依靠科技、保护环境、加强国际互利合作，努力构筑稳定、经济、清洁、安全的能源供应体系，以能源的可持续发展支持经济社会的可持续发展。（马骅）

nongcun huanjing guanli

农村环境管理 （rural environmental management） 针对农村环境开展的管理活动。

农村环境指城市及工矿区以外的广大区域环境，为区域环境的一种类型，是相对城市环境而言的。它由自然环境、特定的经济及社会环境共同组成，占有特定的地域空间，其人类活动以农业经营为主，主要从事农业、林业、牧业、副业及渔业等职业。

管理内容 主要包括自然资源管理、农业生产环境管理、乡镇企业环境管理以及生活环境管理。

自然资源管理 针对农村土地、林业、矿产、水等资源的利用和管理水平现状，一方面，政府应制定严格的农村资源管理政策法规，改革相关资源产权制度；另一方面，应完善农村自然资源持续管理体系，鼓励农民参与自然资源的合理开发和利用，从而实现农村经济和环境的可持续发展。

农业生产环境管理 要解决农业生产过程所造成的环境污染和生态破坏。首先是农业生产自身产生的污染，主要是由于不适当地使用农药、化肥、塑料薄膜等对土壤、大气、水体及农副产品造成的污染；其次是农业结构、布局不合理等造成的生态破坏。针对这些问题，应通过政府引导和规范、采用绿色技术等措施加以预防和控制，推动生态农业建设，建立良性循环的高产、优质、高效的农业生态系统。

乡镇企业环境管理 乡镇企业给农村环境造成严重污染与危害，不仅需要环境行政部门的监督管理和有效控制，乡镇企业自身也要通过调整发展方向，提高管理水平，严格控制新的污染产生，推动自身从被动环保转为主动环保。

生活环境管理 随着农民生活方式的变化，生活垃圾剧增，农村环境污染问题也越来越严重。应对农村人口集居的小城镇、村落进行合理规划，开展村庄环境污染综合治理，控制“白色污染”，清除“脏乱差”现象，实现街道整洁，环境优美。

基本原则 农村环境管理要遵循如下基本原则：①突出污染防治，完善基础设施建设。农村环境问题涉及面广，不可能一蹴而就。要紧紧围绕农村环境污染防治这一重点任务，优先解决农村地区突出的生活垃圾污染、工业企业污染、水污染、土壤污染、畜禽养殖污染等问题，完善农田、水利等环境保护基础设施建设。②预防为主，综合治理，合理开发，协调发展。在农村环境保护工作中采取各种预防措施，防止农村生产和生活活动中产生新的环境污染和生态破坏。对已经造成的农村环境问题要积极治理，合理开发利用农村自然资源，坚持开发和节约并举，实现农村经济、社会和环境的协调发展。③因地制宜，分类分区指导。我国地域辽阔，各地农村生态环境状况、社会经济发展水平和面临的主要环境问题各不相同，因此，必须从各地实际出发，因地制宜，采取相应的对策和措施。④政府主导，鼓励公众参与。各级政府应加大对农村环境保护的支持力度，充分运用各种激励和处罚机制，调动社会各方面的积极性，引导公众积极参与落实环保行动计划。

管理措施 根据当前我国农村环境管理的重点领域，可以采取以下措施改善农村生态环境。①树立环境优先的发展理念。环境对农村发展具有推动和约束的双重作用，要充分认识环境保护的重要意义，不能牺牲长远和全局利益，各级政府和公众都需确立环境优先的发展理念。②加强农村环境保护的法制建设，完善农村环境管理机构网络。制定和完善农村环境保护法律法规，消除在农村生态环境保护方面的法律法规空白，同时要加大环境执法监督力度。加强县及县以下环境管理机构的建设，配备高素质的环境管理人员。③推动农村环境治理计划和项目建设，开展农村环境综合整治。目前我国已经实施了国家农村小康环保行动计划，开展了农村环境综合整治、发展生态农业、社会主义新农村建设、创建全国环境优美乡镇活动等各种项目，对于改善农村环境具有重要作用。④加大农村环保投入。环保投入是实现环境质量改善的重要保证。中央和地方财政根据重点领域、重点任务通过设立专项补助资金等形式，支持农村环境保护工作。⑤提高农民环保意识。充分利用宣传教育阵地，大力宣传农村环境保护方针、政策和法规，提高农民的环境意识，鼓励公众参与。 （贺桂珍）

nongcun huanjing guihua

农村环境规划 （rural environmental planning） 在对自然生态环境充分调查研究的基础上，所提出的以调整农业生态结构、改良和维护土地等农业资源、合理规划利用土地为主要内容的一系列保护农村生态系统、美化农村环境的计划和决策。

规划目的 通过规划调整乡镇企业发展方向，合理安排乡镇工业布局，加强水源、土地资源等自然资源的保护，预防与控制工业和生活污染，促进农村生态环境的良性发展。

主要任务和内容 ①根据自然生态环境的特点确定适宜的农业生产结构。②采取改良和增加农作物品种的措施促进农业生态系统的稳定，增强其抵御自然灾害和各种病虫害的能力。③采用各种有效的农业生产技术，如间作套种、秸秆还田等，充分利用和保护土地资源，发展生态农业。④合理使用化学农药和肥料，减少化学物质对土地和农作物的污染。⑤做好乡镇工业的规划与管理。⑥合理规划农村住房等非农业用地，健全基础生活设施，美化农村环境。（李奇锋　张红）

nongcun wuran kongzhi guihua

农村污染控制规划　（rural pollution control planning）　为改善农村居民生活环境，对农村环境中存在的污染物进行合理控制所做的计划和规定。2007年12月国家环境保护总局发布了《全国农村环境污染防治规划纲要（2007—2020年）》。

农村污染控制规划主要是从对农村环境进行综合整治，保护饮用水水源，加强生活污水、垃圾处理，加快构建农村清洁能源体系等几个方面来进行的。推进规模化畜禽养殖区和居民生活区的科学分离。禁止秸秆露天焚烧，推进秸秆全量化利用。开展生态村镇、美丽乡村创建，保护和修复自然景观和田园景观。开展农户及院落风貌整治和村庄绿化美化，整乡整村推进农村河道综合治理。注重农耕文化、民俗风情的挖掘展示和传承保护，推进休闲农业持续健康发展。

农村污染控制规划一般是在分析农村环境的基础上，按照国民经济社会发展需要，提出农村污染控制的目标、指导原则、重点领域、主要任务和政策措施。农村污染控制规划的方法遵从污染控制规划的一般方法。

（李奇锋　张红）

《Nongtian Guangai Shuizhi Biaozhun》

《农田灌溉水质标准》　（Standards for Irrigation Water Quality）　对农田灌溉水环境质量应控制项目及其限值做出规定的规范性文件。该标准规定了农田灌溉水质要求、监测和分析方法。

《农田灌溉水质标准》（GB 5084—2005）由国家质量监督检验检疫总局和国家标准化管理委员会于2005年7月21日联合发布，自2006年11月1日起实施，《农田灌溉水质标准》（GB 5084—1992）同时废止。

《农田灌溉水质标准》于1985年首次发布，1992年第一次修订，2005年为第二次修订。该标准是对农田灌溉水质进行评价和控制的依据，对于防止土壤、地下水和农产品污染具有重要意义。

主要内容　该标准将控制项目分为基本控制项目和选择性控制项目。基本控制项目适用于全国以地表水、地下水和处理后的养殖业废水及以农产品为原料加工的工业废水为水源的农田灌溉用水；选择性控制项目由县级以上人民政府环境保护和农业行政主管部门，根据本地区农业水源水质特点和环境、农产品管理的需要进行选择控制，所选择的控制项目作为基本控制项目的补充指标。

该标准控制项目共计27项，其中农田灌溉用水水质基本控制项目16项（表1），选择性控制项目11项（表2）。

表1　农田灌溉用水水质基本控制项目标准值

序号	项目类别		作物种类		
			水作	旱作	蔬菜
1	五日生化需氧量/（mg/L）	≤	60	100	40[①]，15[②]
2	化学需氧量/（mg/L）	≤	150	200	100[①]，60[②]
3	悬浮物/（mg/L）	≤	80	100	60[①]，15[②]
4	阴离子表面活性剂/（mg/L）	≤	5	8	5
5	水温/℃	≤	25		
6	pH		5.5～8.5		

续表

序号	项目类别		作物种类		
			水作	旱作	蔬菜
7	全盐量/(mg/L)	≤	1 000[③]（非盐碱土地区），2 000[③]（盐碱土地区）		
8	氯化物/(mg/L)	≤	350		
9	硫化物/(mg/L)	≤	1		
10	总汞/（mg/L）	≤	0.001		
11	镉/（mg/L）	≤	0.01		
12	总砷/（mg/L）	≤	0.05	0.1	0.05
13	铬(六价)/(mg/L)	≤	0.1		
14	铅/(mg/L)	≤	0.2		
15	粪大肠菌群数/(个/100 mL)	≤	4 000	4 000	2 000[①]，1 000[②]
16	蛔虫卵数/（个/L）	≤	2		2[①]，1[②]

注：①加工、烹调及去皮蔬菜。

②生食类蔬菜、瓜类和草本水果。

③具有一定的水利灌排设施，能保证一定的排水和地下水径流条件的地区，或有一定淡水资源能满足冲洗土体中盐分的地区，农田灌溉水质全盐量指标可以适当放宽。

表2　农田灌溉用水水质选择性控制项目标准值　　单位：mg/L

序号	项目类别		作物种类		
			水作	旱作	蔬菜
1	铜	≤	0.5	1	
2	锌	≤	2		
3	硒	≤	0.02		
4	氟化物	≤	2（一般地区），3（高氟区）		
5	氰化物	≤	0.5		
6	石油类	≤	5	10	1
7	挥发酚	≤	1		
8	苯	≤	2.5		
9	三氯乙醛	≤	1	0.5	0.5
10	丙烯醛	≤	0.5		
11	硼	≤	1[①]（对硼敏感作物），2[②]（对硼耐受性较强的作物），3[③]（对硼耐受性强的作物）		

注：①对硼敏感作物，如黄瓜、豆类、马铃薯、笋瓜、韭菜、洋葱、柑橘等。

②对硼耐受性较强的作物，如小麦、玉米、青椒、小白菜、葱等。

③对硼耐受性强的作物，如水稻、萝卜、油菜、甘蓝等。

（朱建刚）

nongyao guanli

农药管理　(pesticide management)　农药管理相关部门采取各种管理手段对农药的生产、进口、出口、销售、运输、零售和使用活动进行监管的过程。目的是保证农药的质量和施用安全，并防止或减少对环境和人类健康产生的不良副作用。

发展概况　国际和地区农药管理组织主要包括联合国粮食及农业组织（FAO）、世界卫生组织（WHO）、联合国环境规划署（UNEP）和经济合作与发展组织（OECD）。各国的技术水平和农药发展历史不同，农药管理的重点也各异。发展中国家多着重于农药的质量管理。一些发达国家则已从质量管理进入较全面的安全管理阶段，重点是保证人畜和环境的安全，有的在法规中规定必须提供农药毒性、致突变性以及有关代谢研究和药理学研究方面的资料。

1978 年以前，我国没有农药管理机构，对于农药的生产和使用多数地方处于放任状态，因此造成农药中毒事故增多，污染情况严重。国务院 1978 年 11 月 1 日批转发布了《关于加强农药管理工作的报告》（国发〔1978〕230 号）文件，建议“由农林部门负责审批农药新品种的投产和使用，复审农药老品种，审批进出口农药品种，督促检查农药质量和安全合理用药，并发布有关规定。在审批之前，由化工部负责对农药生产技术提出意见，由卫生部门负责对农药毒性做出评价”。此后，国家化工、农业、商业等部门又相继发布了一些规定，如《农药质量管理条例》《化学农药调运交接办法》及《农药安全使用标准》等，对农药管理中的一些具体问题分别做出有关规定。例如，规定有机磷、有机氯农药及粮食仓储用熏蒸剂的使用范围，停止生产和进口含汞农药，加强农药质量管理，制定国外农药田间药效试验管理办法，公布 28 种农药的安全使用标准及其他农药的使用范围等。但总体上说，我国农药管理法规很不健全，登记制度尚未建立。1982 年 4 月 10 日，农业部等 6 部门正式发布《农药登记规定》，同年 10 月 1 日开始实行农药登记制度，由农业部门主管，下设农药检定所负责具体工作。1982 年公布的《中华人民共和国食品卫生法（试行）》，对食品中农药的安全性鉴定程序也做了规定。从 1986 年起，我国对进口农药实行许可证制度，外国农药在取得登记后，必须得到进口许可证才能进入我国市场。1997 年 5 月国务院发布了《农药管理条例》，取代了《农药登记规定》，这是我国农药管理的一部全面的法规，标志着我国农药管理法规逐步走向健全。该条例于 2001 年进行了修订。

主要内容 包括质量管理、安全性管理和使用管理三个方面。

质量管理 建立质量标准。规定农药产品应具备的技术指标包括有效成分含量，粉剂的细度，乳油的乳液稳定性、闪点，可湿性粉剂、胶悬剂（或浓悬剂）的悬浮率，颗粒剂的颗粒直径范围，符合热贮、冷冻试验的条件等。国际上通用的农药质量标准有 FAO 标准和适用于卫生方面的 WHO 标准。每个技术项目都要有准确检验方法，世界各国多参照国际农药分析协作委员会（CIPAC）和 WHO 标准中规定的方法进行。中国在 20 世纪 80 年代初实行三级标准，即国家标准、部标准和企业标准，以后将逐渐采用国际标准。

安全性管理 凡申请登记的农药品种，要提供以下安全性资料，以确保人的健康并减轻农药对环境生态系统的危害：①原药的蒸气压、水溶性和辛醇/水分配系数，预测其是否会以高浓度进入大气，以及其在环境中的运转和在动物脂肪组织中的生物蓄积潜力。②用两种供试动物进行的有关原药及其制剂经口、皮肤吸入的急性毒性试验资料，以评定其对人畜的急性毒性。③用两种供试动物 90 天投药饲养的慢性毒性试验结果。④用两种供试动物经口投药 2 年饲养的慢性毒性试验资料，以评定对动物器官有无损害、有无致癌毒性。⑤提出无作用剂量值，以确定每日允许摄入量（ADI）和制定最大允许残留量（MRL）。⑥繁殖后代试验结果，以评定有无致畸毒性。⑦农药施用后对环境生态系统有无影响的资料，以评定对有益生物如蜜蜂、家蚕、鸟类及其他水生动物的影响。⑧对代表性鱼种的半数致死浓度（LC_{50}）等。⑨按照规定的施药方法，农药在农作物上的消解动态、实际残留量以及施入土壤后的半衰期和残留量测定方法等。⑩施药人员防护办法，为防止农药在日晒、高温下引火爆炸而注明的储运注意事项，中毒的解救办法等。

使用管理 凡申请登记的农药品种，要提供在本国 1 年或 2 年由政府承认的药效试验单位进行的试验结果，确定适用的范围、施用量、施用时期、施用次数和安全间隔期；标签上要有详细的使用说明。通过审查，保证具有药效并不致发生药害，农药残留量不致超过规定的标准。经审查符合要求者准予登记。各国对登记有效期限有不同的规定，到期可重新申请。已登记的农药，根据以后发现的问题，主管部门可以宣布限用、禁用范围，直至撤销登记。

农药登记管理模式 按农药登记的主管部门分类有三种。第一种是以美国为代表的环境保护部门主管模式；第二种是以中国、英国、德国、日本等为代表的农业部门主管模式；第三种是以加拿大为代表的卫生部门主管模式。这三种模式一方面反映了各国农药管理的侧重点和出发点，另一方面也是基于各自国情经过长期历史演变形成的。对农药的登记审批工作，一般先由各有关专业人员组成的审议机构提出审查意见，最后由主管部门批准。

国际行动 为了规范农药管理，国际上制定了相关公约，包括《控制危险废物越境转移及其处置的巴塞尔公约》(简称《巴塞尔公约》)、《关于在国际贸易中对某些危险化学品和农药采用事先知情同意程序的鹿特丹公约》（简称《鹿特丹公约》或 PIC 公约）、《关于持久性有机污染物的斯德哥尔摩公约》（简称《斯德哥尔摩公约》或 POPs 公约）、《关于消耗臭氧层物质的蒙特利尔议定书》（简称《蒙特利尔议定书》）以及国际化学品管理战略方针（SAICM）。成立的国际和地区农药管理相关技术机构，包括国际食品法典农药残留委员会（CCPR）、国际农药分析协作委员会（CIPAC）、农药残留标准联席会议（JMPR）、农药产品标准联席会议（JMPS）、欧洲及地中海植物保护组织（EPPO）和农药行动网（PAN）。

2011 年 9 月 12—14 日在加拿大首都渥太华召开了第一届国际农药管理机构领导人会议，美国、加拿大、中国、巴西等 26 个国家，FAO、OECD、欧盟委员会（EC）等国际组织和地区机构以及国际植保协会（CropLife）、农药行动网、EPPO 等近 70 名代表参加会议。会议主题是分析农药管理形势和挑战，讨论 2020 年农药管理政策动向。会议提出了五个工作重点和建议：①促进国际组织加强农药管理工作协调；②加强国家间农药管理合作；③开展登记后管理以及残留标准制定；④21 世纪新科技对农药管理的影响；⑤提升公众对农药管理的信心。

发展趋势 国际农药管理呈现出以下发展趋势。

农药法制化管理趋势 目前各国政府纷纷加强了立法，对农药的生产、运输、销售、使用进行严格的管理。法国 1905 年的《农药管理法》是世界上第一部农药管理的专门法规，标志着世界农药管理法制化的开始。此后，各国通过法制管理农药的范围不断扩大，逐渐从农业用农药扩展到家庭用农药、卫生用农药，管理重点也逐步从对农药质量和药效的管理，转向对农药的安全性和环境保护方面的管理。

农药安全性管理趋势 减少农药对人体健康和环境的风险是国际农药管理的主要目标，而基于风险分析的管理是更为科学的管理，因此，风险分析和管理成为当前国际农药管理的发展方向。为了降低农药使用给农业生产、人体健康和环境安全带来的风险，国际组织和各国采取了积极措施，包括淘汰高风险农药、禁限用高毒农药，完善农药风险管理和生物农药管理，完善农药残留限量计算程序，关注农药对授花昆虫的影响以及加强农药助剂管理，并建立各国共享机制，实行信息共享。

农药国际化管理趋势 农药生产贸易和农产品贸易日益全球化，为达到节约社会资源、提高管理效率、降低市场准入成本等目的，各种相关的国际公约得以制定，农药管理呈现出国际化的趋势。区域性合作组织如 OECD 农药工作组等相继成立，各国合作不断加强，主要体现在全球农药登记联合评审（GJR）推行，农药登记资料互认加强以及国际公约协调力度加大。

农药电子化管理趋势 2014 年 5 月，OECD 开发了农药全球登记资料申报统一系统（GHSTS），进行农药登记资料电子提交和传输。登记申请者通过电子申报，将登记资料电子提交给各个国家，各国登记审批机关对登记资料进行评查或进行联合评审，不但速度快、效率高，同时通过格式、数据和术语等的标准化，可减少错误、提高质量。

全生命周期管理趋势 全生命周期包括农药研究、生产、销售、使用、运输、储存、废弃物处置。全生命周期管理和合理管理是农药管理的根本理念，其目的是通过全程的科学合理管理减少农药对人体健康和环境的影响。实现农药全程管理，应从注重登记管理，到注重登记后监督管理，包括农药合理使用技术、农药废弃物管理等。

农药技术标准趋于统一 全球农药生产和登记正逐步实现测试的标准化、统一化。药品非临床试验优良操作规范（Good Laboratory Practice for Nonclinical Safety Studies，GLP）是为实验研究计划、实验、监督、记录、实验报告等一系列活动而制定的规定，是国际新产品安全性实验研究共同遵循的法规。《全球化学品统一分类和标签制度》（Globally Harmonized System of Classification and Labeling of Chemicals，简称 GHS，又称“紫皮书”）是由联合国出版的指导各国控制化学品危害和保护人类健康与环境的规范性文件，有助于消除各国分类标准、方法学和术语学上存在的差异。

农药执法、管理力度加大趋势 近几年非法贸易和假冒产品进出口事件不断发生，各国开始重视农药进出口管理，开展农药非法贸易查处。许多国家通过增设新部门、调整原有机构等方式，不断完善农药监管体系，加大农药管理力度。（贺桂珍）

nongye huanjing guanli

农业环境管理

（agricultural environmental management） 运用行政、法律、经济、技术和教育手段，防止农业环境的污染和破坏，合理开发、利用和保护农业资源，促进农业生态良性循环，使农村经济与农业环境协调发展的管理活动。农业环境管理是环境管理的重要组成部分，在农业环境保护中有着重要地位和作用。

背景 农业是人类最古老的生产活动，传统农业生产着眼于提高产量和生产力，目的是确保粮食供应和稳定农民收入，基本上没有考虑农业的环境影响，结果是农业活动的高速增长破坏了自然环境和生态平衡。环保人士及消费者提出农业部门不但要消除环境破坏，更应积极参与环境建设，这要求各国为了长远利益而采取正确的应对措施，如农地休耕、农业多元化与采用环境友好的农田措施等。许多经济合作与发展组织成员国已经实施了大量农业政策和规划来促进施行环境友好的农业技术和管理，促使农业经营模式开始以环境保护为主轴，农业环境措施作为“配套措施”被推行到所有成员国，成为一项专门的规定。欧盟《2000 年议程》以环境保护为导向，奠定了 21 世纪“共同农业政策”的走向。我国是传统的农业国，与发达国家相比，我国的农业生产是以农户为主的家庭经济，粗放的农业生产方式导致更严重的环境问题。改革开放以来，制度创新与技术进步共同带动了农村的快速发展，农村工业化进程明显加快。随着近年城镇化进程的推进，农业面源污染、农村工业污染、城市和工业污染向农村转移、生态资源退化等农业生态环境问题日益突出，已经威胁到农村社会经济可持续发展的基础。

目标和任务 农业环境管理的目标是通过将农牧渔林生产与环境保护紧密结合，实现农业的多种功能和农村的可持续发展。农业环境管理措施可在国家和地方不同层面实施，以适应各地区的具体情况，每项措施都至少应实现以下两个目标之一：减少现代化农牧方式带来的环境风险，如减少化肥和农药的使用；保护自然与文化景观，如防止传统农牧方式和景观的消失。

农业环境管理的主要任务包括：实现在国民经济发展中保护农业环境的目的；研究制定农业环境保护规划；根据客观要求，在高效率发展农业生产的过程中，对环境资源进行最佳利用和管理；纠正对农业生态系统任意破坏的倾向，并逐步弥补所造成的损失。

原则 农业环境管理应遵循以下原则：①计划、生产和经营协调的原则。实施农业环境管理，必须把环境保护的任务目标切实纳入各级农业发展计划。现代农业生产要求不断提高农业生产和经营管理水平，环境保护应该成为农业生产、交换、分配、消费等经济活动中考虑的原则。②量体裁衣的原则。具体农业项目的设计必须针对当地实际条件和需求，与其他类型的政策手段形成互补。③实施的灵活性原则。根据各地区的实际情况，选择合适的农业环境管理手段。④国家补助原则。鉴于农业环境管理难度大、县级以下环境管理机构力量薄弱等现实，国家应为农业环境管理提供补贴，补贴额度应足够高但不过度。⑤农民参与原则。农业环境问题必然涉及农民，应广泛组织当地农民来参与管理环境。

主要内容 包括：①合理开发利用农业资源，改善农业生态环境。农业自然资源包括土地资源、水资源、气候资源和生物（动植物）资源，既是农业生产的基本资料和劳动对象，以及农作物和家畜家禽生长发育的环境因素，也是农业环境管理的主要对象。要在查清丰富的农业自然资源的基础上，根据各种资源的更新规律和特点，保证不断恢复，合理利用。国家应制定并完善保护农业自然资源的法规和条例，改变无偿占有农业自然资源的制度，实行使用资源纳税，严格禁止浪费和破坏资源。要健全农业自然资源管理机构，加强管理和监督检查。②加强农业面源污染治理。种植业和养殖业是农业污染的主要来源，应以循环经济和可持续发展理论为基础，按照循环农业减量化、再利用、资源化的要求，从投入端、中间过程、输出端三个阶段构建有机农业发展模式。合理使用化肥和农药，尽快完善农药审批注册登记制度，防治农田污染。加强对重点流域农业面源污染负荷和重点区域农村工业污染状况的科学评估，逐步建立完善农业生态环境污染监测监控体系，将环境监测结果作为制定农业生态环境管理政策的前提和基础，保证农业生态环境管理的有效落实。③污水农田灌溉管理。由于用未经处理的工业废水灌溉农田，不少地区出现了土壤、作物、地下水污染，牧畜中毒、死亡，人体健康受到影响，特别是重金属及其盐类进入农田以后，大部分积累在土壤中，不但不能被生物降解，而且可能富集（生物浓缩），当积累到一定程度就会对生态环境和人体健康造成威胁。为避免或减轻上述现象，首先，工业部门要搞好污水处理，严格执行污染物排放标准，保证不污染环境。其次，要严格执行《农田灌溉水质标准》，搞好水质监测，发现问题及时处理。最后，搞好灌区管理，建立污灌工程，采取库、塘净化措施，使水质进一步净化。总之，要坚持“积极慎重”的方针，尤其对粮、果、菜区，应从严控制污灌。④农村中小企业管理。做好工业“三废”调查与监测，按照“谁污染谁治理”的原则，提出环保意见，敦促治理；重点发展农副产品加工和无污染、少污染的绿色产业；禁止大中企业把自己不愿生产加工的有毒有害产品转让给中小企业；对于有污染的化工、电镀、冶炼、开矿等企业，应合理规划布局，避开水源地、居民区、农田，尽量做到不污染或少污染环境。

措施 包括：①转变农村经济发展模式。农业环境管理的关键问题是通过农村经济发展模式的转变来实现农村经济与生态环境的协调发展，也就是在经济增长的过程中解决农村生态环境问题。对于农村工业来说，应将减少农村工业污染作为农村工业增长方式转变考虑的重要因素，纳入经济决策过程中，在农村工业发展的过程中解决环境污染问题。转变经济增长方式的根本是优化工业结构和空间布局以及提高科技进步水平。②构建完善的农业环境法律政策体系，综合运用多种政策工具。我国的农业环境法规已渐成体系，2012 年修订的《中华人民共和国农业法》设专章对农业资源与农业环境保护进行了规定。环境保护部、农业部通过陆续颁布一些标准，如《农田灌溉水质标准》《渔业水质标准》《农药安全使用标准》等，为农业生产经营及保障农产品质量安全和消费安全提供了科学依据。农业环境政策可在国家、区域或地方不同层面设计，使之具有较强的针对性。我国农业环境管理的政策体系重点包括农业生态环境管理中的产权制度、价格政策、税费政策、财政政策，农业生态环境管理体制、环境准入门槛制度、生态补偿机制、农用化学品环境安全管理制度、农村环境综合整治定量考核制度、涉农项目环境影响评价制度、农业清洁生产制度、农业资源环境监测及建档制度等。农业环境管理政策应具备引导性和激励相容性，引导农民自觉采取有利于环境的行为。例如，通过农产品认证与标志制度，引导农民采用绿色的农业生产方式。环境管理的政策工具是多样的，农业环境管理政策的选择取决于环境质量问题的性质、管理机构获得农业生产活动与环境质量之间关系的信息可得性以及关于由谁承担治理成本的社会决策。因此，在农业环境管理中，不能仅仅依靠一种政策工具，需因地制宜地综合利用税收-补贴政策工具、命令-控制政策工具（主要是法规/标准）、教育与技术推广工具等，才能建立起有效的农业环境管理机制。③采用生产性和非生产性土地管理措施来引导并影响农民的生产行为。生产性土地管理措施包括减少农业投入、有机种植、退耕还草和轮牧、套种或种植田间缓冲带、利用节水技术。非生产性土地管理措施包括撂荒、对废弃的农地或林地进行保养、向公众开放有环境特色的农地。

未来发展 目前我国的农业发展目标正在从单一的粮食生产向保障食品安全、环境安全和农村发展转变。发达国家的经验显示，治理农业面源污染既要重视技术的作用，更要重视软环境建设。①建立多部门协调合作机制。我国的农业环境政策主要涉及环境保护部和农业部，同时与水利部、国家林业局、财政部、扶贫办、发改委等多个相关部门密切相关，因此，在制定和实施农业环境政策和管理规划时，亟须建立多部门的协调机制并逐步规范。②加大农业环境政策的灵活性。我国的区域差异明显，因此，在制定和实施农业环境政策时，既要考虑共同的目标和政策措施，也要根据不同区域的情况，给予差别化的对待。对于偏远落后的农村，要以当地居民为主体，制定相应的农业发展和环境保护措施，政府要给予经费等方面的扶持。③农业环境政策，乃至农业发展政策，政府应以激励性支持为主。我国近年来提出了“以工促农、以城带乡”的政策导向，出台了取消农业税、发放种粮补贴等支农和惠农的政策，但还须进一步加强力度、扩展层面和深化内涵。④重塑农业的多功能形象，探寻有利于农业环境保护的制度空间和社会资源。联合国粮食及农业组织（FAO）2002 年在全球范围内发起的农业文化遗产的保护和适应性管理，在中国得到了快速推进，应充分利用各方积极参与世界农业文化遗产申报的时机，重新认识传统农业的多种功能和价值，引导农业实现生态转型。

（贺桂珍）

nongye huanjing guihua

农业环境规划 （agricultural environmental planning） 又称农业可持续发展规划。对一定时期内农业中存在的环境问题，按照环境规划的理论与方法，制定的农业环境保护与改善的措施与计划。

农业关乎国家食物安全、资源安全和生态安全。国家重视农业环境保护，于 2015 年专门制定了《全国农业可持续发展规划（2015—2030 年）》。该规划从发展形势、总体要求、重点任务、区域布局、重大工程和保障措施六个方面对我国在未来较长时期内农业环境的保护与改善提出了要求和措施。

根据该规划，全国农业被划分为优化发展区、适度发展区和保护发展区三大区域，国家将因地制宜、梯次推进、分类施策。其中，优化发展区主要包括东北区、黄淮海区、长江中下游区和华南区，这是我国大宗农产品主产区，农业生产条件好、潜力大，应坚持生产优先、兼顾生态、种养结合原则，在确保粮食等主要农产品综合生产能力稳步提高的前提下，实现生产稳定发展、资源永续利用、生态环境友好。适度发展区包括西北及长城沿线区和西南区，这一区域农业生产特色鲜明，但水土配置错位、资源环境承载力有限，应坚持保护与发展并重、适度挖掘潜力、集约节约、有序利用。保护发展区包括青藏区和海洋渔业区，在生态保护与建设方面具有特殊、重要的战略地位，应坚持保护优先、限制开发，适度发展生态产业和特色产业，促进生态系统良性循环。

（李奇锋　张红）

nongye jingguan shengtai guihua

农业景观生态规划 （ecological planning of agricultural landscape） 运用景观生态学原理，对农业景观资源进行的规划与设计。

发展背景 农业景观的发展通常分为四个阶段，即农业前景观、原始农业景观、传统农业景观和现代农业景观。从根本上讲，原始农业、传统农业是一个自给自足、自我维持的稳定系统，人地矛盾尚不突出，人们未意识到农业合理利用土地的必要性，农业景观生态规划更无从谈起。当前，中国部分地区正处于由传统农业景观向现代农业景观的转变过程中，巨大的人口压力和大量人工辅助能流的导入，使现代农业景观中人类活动过程和自然生态过程交织在一起，导致生态特征和人为特征镶嵌分布。化肥、农药、除草剂及现代农业工程设施的使用，使土地生产率得以提高，农业景观异质化，土地利用向多样化、均匀化方向发展。此外，土壤流失、有机质减少、土壤板结及盐碱化对农业景观也产生了影响。农村各产业要素间的流动和传递，不断改变着区域内农业景观格局，农业资源与环境问题日益突出，小尺度农业生态系统研究已不能满足农业持续发展的需要，因此，农业景观生态规划对促进农业资源的合理利用及农业的可持续发展，具有重要的现实意义。

规划原则 应贯彻以下原则：①景观异质性原则。农业景观生态规划必须增加农业系统中物种、生态系统和景观等的层次多样性及空间异质性，以有利于提高农业生态系统的稳定性和经济产出。②自然继承原则。保护和维持原有自然景观资源（森林、湖泊、自然保留地等）的功能，是保护生物多样性和合理开发利用自然资源的前提。③关键点控制原则。分析对农业景观有限制性影响的生态环境要素，选择合适的空间格局，通过人工景观制约不利生态因子，放大有利生态因子，改善生态环境。④因地制宜原则。农业景观生态规划要落实到具体区域，农业景观模式要根据具体区域的气候、流域、地理地貌、人口、经济特性进行合理选择，最大限度发挥模式的生态景观功能。⑤社会满意原则。人类是整个农业系统的主导成分，人类的生产活动时刻影响着周围生态环境。因而，在进行农业景观生态规划时要考虑当地人群在经济、社会和景观美学等方面的要求。 （李奇锋　张红）

nongye wuran kongzhi guihua

农业污染控制规划 （agricultural pollution control planning） 为了控制农业生产活动对环境和生态造成污染危害而制定的在一定时间和空间范围内的限定性计划和规定。

农业污染控制规划内容主要包括：①农业污染控制现状分析。②明确农业污染控制规划的指导思想和发展目标。③提出农业污染控制的重点措施。具体来说，科学划定农业面源污染防治分区，因地制宜，分区、分类防控面源污染；优化种植结构，丰富农田生物多样性，充分利用流域土壤及环境养分资源，大幅削减化肥用量；禁用高毒、高残留农药，发展病虫草鼠害绿色防控技术，减少化学农药的使用量；优化田间灌排管理，建设农田尾水生态沟渠与缓冲带联合净化工程；合理控制流域养殖规模，优化圈舍结构，配套处理设施，建立农业废弃物规模化利用的加工企业；逐步优化产业结构，大力发展高附加值、低污染产业，延伸农业产业链条，带动农业废弃物收集与循环利用，发展循环经济。 （李奇锋　张红）

P

paifang wuranwu shenbao dengji zhidu

排放污染物申报登记制度 （emission pollutants registration system） 简称排污申报登记。由排污者向环境保护行政主管部门申报其污染物的排放和防治情况，并接受监督管理的一种环境管理制度，是排污申报登记的法律化。排污申报登记制度规定，凡是排放污染物的单位，须按规定向环境保护行政主管部门申报登记所拥有的污染物排放设施，污染物处理设施以及正常作业条件下排放污染物的种类、数量和浓度。

适用对象 根据相关法律以及《排放污染物申报登记管理规定》（国家环境保护总局第10号令）和《关于全面推行排污申报登记的通知》（环控〔1997〕020号）的规定，排污申报登记适用于在中华人民共和国领域内及中华人民共和国管辖的其他海域内直接或者间接向环境排放污染物、工业和建筑施工噪声、产生工业固体废物的单位。这里的污染物包括废水、废气和其他有害环境的物质。但是，排放生活废水、废气和生活垃圾以及生活噪声的，不需要申报登记。排放放射性废物的，有特殊的申报登记要求。

主要内容 申报登记的内容，因排放污染物的不同而异。但通常包括排污单位的基本情况，使用的主要原料，排放污染物的种类、数量和噪声强度，污染防治的设施等。

程序和手续 现有的排污单位，必须按所在地环境保护行政主管部门指定的时间，填报《排污申报登记表》，并提供必要的资料；新建、改建、扩建项目的排污申报登记，应当在项目的污染防治设施竣工并经验收合格后1个月内办理。

排污单位填写《排污申报登记表》后，有行业主管部门的，应先送行业主管部门审核，然后向所在地环保行政主管部门登记注册，领取《排污申报登记注册证书》。申报登记后，排放污染物种类、数量、浓度，排放去向、排放地点、排放方式，噪声源的种类、数量、噪声强度，噪声污染防治设施，固体废物的储存或处置场所等需要做重大改变的，应在变更前15天，向所在地环境保护行政主管部门履行变更申报手续，征得负责登记的环境保护行政主管部门的同意，填报《排污变更申报登记表》。上述申报登记事项发生紧急重大改变的，必须在改变后的3天内向所在地环境保护行政主管部门提交《排污变更申报登记表》。

需要拆除或者闲置污染物处理设施的，必须提前向所在地环境保护行政主管部门申报并说明理由。环境保护行政主管部门接到申报后，应当在1个月内予以批复；逾期未批复的，视为同意拆除或闲置。

凡在建筑施工中使用机械、设备，其排放噪声可能超过国家规定的环境噪声施工场界排放标准的，应当在工程开工15天前向当地人民政府环境保护行政主管部门提出申报，说明工程项目名称、建筑者名称、建筑施工场所及施工期限、可能排到建筑施工场界的环境噪声强度和所采用的噪声污染防治措施等。

排污单位拒报或谎报排污申报登记事项的，环境保护行政主管部门可予以罚款，并限期补办排污申报登记手续。应当办理变更申报登记手续而未办的，视为拒报，并按拒报给予处罚。

意义 排污申报登记工作是整个排污收费工作的基础。排污申报登记是各级环境保护行政主管部门的基本职责，也是排污单位应该认真履行的环境保护责任和义务，同时也能为征收排污费提供比较可靠的法律依据。实行排污申报登记制度有利于环境保护行政主管部门及时准确地掌握有关污染物排放和污染防治情况的信息，为进行其他方面的环境管理提供依据。

（韩竞一）

paiwu xukezheng zhidu

排污许可证制度 （discharge pollutants permit system） 凡是需要向环境排放各种污染物的单位或个人，都必须事先向环境保护部门办理申领排污许可证手续，经环境保护部门批准后获得排污许可证后方能向环境排放污染物的制度。

我国的排污许可证制度是以改善环境质量为目标，以污染物总量控制为基础，规定排污单位许可排放什么污染物、许可污染物排放量、许可污染物排放去向等的一项法律制度，是对排污者排污实施许可的一种环境管理手段。排污许可证制度也是一项法定的行政管理制度。

沿革 自20世纪80年代中期，我国一些城市开始探索排污许可证这一基本的环境管理制度，例如，上海市在1985年就开始在黄浦江上游地区试行排污许可证制度。1987年国家环境保护局在上海、杭州等18个城市进行了水和大气排污许可证制度试点工作。1988年3月，国家环境保护局发布了《水污染物排放许可证管理暂行办法》，进一步对排污许可证制度做了具体的规定。1989年的第三次全国环境保护会议上，排污许可证制度作为环境管理的一项新制度被提出。同年7月，经国务院批准、国家环境保护局发布的《中华人民共和国水污染防治法实施细则》规定，对企事业单位向水体排放污染物的，实行排污许可证管理。此后，1995年国务院发布的《淮河流域水污染防治暂行条例》规定，持有排污许可证的单位应当保证其排污总量不超过排污许可证规定的排污总量控制指标。2000年3月，国务院修订发布的《中华人民共和国水污染防治法实施细则》规定，地方环保部门根据总量控制实施方案，发放水污染物排放许可证。同年4月，全国人大常委会修订的《中华人民共和国大气污染防治法》提出，对总量控制区内排放主要大气污染物的企事业单位实行许可证管理，为在大气污染防治中全面推行排污许可证制度提供了法律依据。2008年2月，新修订的《中华人民共和国水污染防治法》颁布，明确将排污许可证作为加强污染物排放监管的重要手段。2014年11月，环境保护部组织起草了《排污许可证管理暂行办法》（征求意见稿），排污许可证制度的发展进入了新阶段。

程序 排污许可证的管理程序包括四个工作步骤。

①排污申报登记。排污单位投入生产、经营（含试生产、试营业）后，在指定时间内向当地环境保护部门办理申报登记手续，在认真监测、核实排污量的基础上，填报《排放污染物动态申请表（试行）》。环保部门应对申报的内容进行检查、核实，以获得本地区排污现状的准确资料和各个污染源的详细情况。

②分配排污量。包括确定污染物排放总量控制指标和分配污染物排放指标。确定污染物排放总量控制指标是实施排污许可证制度的前期工作，各地可按照环境容量的大小或者环境质量目标的某一年污染物排放总量来确定。污染物排放指标的分配不能采取一刀切的方法，应坚持公平合理、技术可行和绩效提高的原则，目前常用的分配方式包括：等比例分配法，即基于排污者现有的生产规模或资源消耗水平，按照一定的比例分配排放总量指标；定额达标法，即以现有的国家行业污染物排放标准中规定的排污定额为依据确定总量指标；优化规划

分配法，即在地区达到环境目标值的约束条件下，使各排污者需要削减的排放量总和最小，从而求出各排污者的最佳分配排放量。

③排污许可证的审批发放。发放许可证时要对排污者规定必须遵守的条件，即规定污染物允许排放量、排污口的位置、排放方式、排放最高浓度等。对符合规定条件的排污者，发放排污许可证；对暂时达不到规定条件的（如超出污染物排放总量控制指标的）排污者，发放临时排污许可证，同时要求其限期治理，削减排污量。排污许可证的有效期最长不得超过5年；临时排污许可证的有效期最长不得超过2年。

④排污许可证的监督检查和管理。排污单位必须严格按照排污许可证的规定排放污染物，并按规定向当地环境保护部门报告本单位的排污情况。持有临时排污许可证的单位，必须定期向当地环境保护部门报告削减排放量的进度，经削减达到排污总量控制指标的单位，可以申请排污许可证。环境保护部门必须对持证单位实行严格的监督管理，对违反排污许可证制度的单位给予行政处罚。

作用 ①有利于环境保护目标的实现。排污许可证制度基于排污总量控制技术，确定污染源排放负荷，使排入环境的污染物总量不超过环境所允许的纳污量，保证了环境保护目标的实现。②节省污染治理投资。排污许可证制度不要求每个排污单位同等治理污染，而是追求区域整体以最低的治理成本达到环境保护目标，从而减少总的治理费用。③有效控制新污染的产生。排污许可证制度建立在确定的污染物允许排放总量的基础上，将排污权分配到各排污单位，如果新上项目增加排污量，就必须削减原排放污染物的数量，以维持排放总量不变，从而控制了排污量的增加速度，减少了新污染的产生。

意义 排污许可证制度以排污许可证为主线，将现行各项环境管理制度对企业的环境管理具体要求，集中通过排污许可证实行“一证管理”，目的是实现对排污单位综合、系统、全面、长效的统一管理。实施排污总量控制，执行排污许可证制度，综合考虑了环保目标的要求与排污单位的位置、排污方式、排污量、技术与经济条件，对污染源从整体上有计划、有目的地削减污染物排放量，使环境质量逐步得到改善，使环境管理由定性管理向定量管理转变，是控制污染的有效途径。

（韩竞一　贺桂珍）

推荐书目

周蓓疆．现代环境科学概论．北京：科学出版社，2010.

pingjia yinzi shaixuan

评价因子筛选 （screening of evaluation factors）

根据建设项目特征和环境影响因素识别结果，结合区域环境功能要求或所确定的环境保护目标，确定评价因子的过程。

评价因子应能反映环境影响的主要特征、区域环境的基本状况及建设项目特点和排污特征。一般选择能反映基本质量状况并在环境中起主要作用的因子。评价因子应具有较好的代表性，但选用的因子不宜过多，否则会使重点不突出，且增加工作量。评价因子选择正确与否，关系到评价结论的可靠程度、评价时间的长短以及评价费用的多少。（汪光）

Q

qiye huanjing guanli

企业环境管理 （enterprise environmental management） 运用现代环境科学和管理科学的理论与方法，以企业生产和经营过程中的环境行为和活动为管理对象，减少企业不利环境影响和创造企业优良环境业绩的管理活动。企业环境管理是企业管理的一个重要组成部分，也是微观层次的产业环境管理，是我国环境管理的主要内容之一。

内涵 具有两方面含义：一是企业作为管理的主体对企业内部环境进行管理，二是企业作为管理的对象被其他环境管理主体如政府职能部门所管理。此处主要从企业作为管理主体的角度进行论述。

原则 ①正确处理发展生产和保护环境的关系。②企业环境管理必须渗透到企业管理的各个环节，贯穿于生产的全过程。③控制污染要以预防为主，把环境管理放在优先地位，并与技术升级改造相结合。④实行企业领导负责制，建立健全企业环境管理体系和岗位责任制。⑤企业环境管理要与区域环境管理相结合。

特征 ①企业作为自身环境管理的主体，决定了企业环境管理的主要内容和方式，但同时还要受到政府法律法规、公众要求的外部约束。②企业环境管理按其目标可分为多个层次，最低层次是满足政府法律法规的要求，稍高是减少企业生产带来的不利环境影响，更高层次是创造优异的环境业绩，承担企业在可持续发展中的环境责任和社会责任。③企业环境管理的具体内容和形式与企业的行业性质密切相关，如资源开采、加工制造业与金融业、服务业等企业的环境管理会有很大差异。

管理范围和内容 企业环境管理的范围包括企业所管辖的生产区域和生活区域、企业排放的污染物所危害到的企业附近区域。

主要内容包括：①制定企业环境目标，编制企业环境保护规划。企业环境目标又称环境方针，是指企业对于涉及生产工艺、资源利用、废物排放等与环境保护相关领域的总体指导方针和基本政策。企业环境保护规划的主要目的是协调发展生产与环境保护的关系，任务是控制污染物的排放。②构建企业内部环境管理体制，建立各种环境管理制度。构建企业环境管理体系框架，贯彻执行国家和地方的环境保护法律、方针、政策及各项规定，建立和督促执行本企业的环保管理制度。③组织污染源调查并定期进行环境监测，开展企业的环境质量评价。对企业生产过程中的产污节点进行排查分析，确定主要污染源；建立环境监测制度，分析和整理监测数据，掌握企业污染状况，及时向有关领导和部门通报监测数据；建立污染源档案，处理重大污染事故，并提出改进措施；根据国家和地方颁布的环境标准制定本企业各污染源的排放标准；组织污染源和环境质量状况的调查和评价。④加强基本建设工程和技术、设备管理，严格控制新污染。建立和健全环境保护设备管理制度和管理措施，使设备经常处于良好的技术状态，符合设计规定的技术经济指标。⑤组织开展环境科学技术研究，试验开发防治污染的新工艺和新技术。制定环境保护技术操作规程，提出产品标准和工艺标准的环境保护要求，发展资源利用技术、污染物无害化技术、废弃物综合利用技术、清洁生产等；正确选择技术上先进、经济上合理的防治污染的设备。⑥开展环境教育和技术培训，构建企业绿色文化。企业领导者应顺应全球性的绿色潮流确定企业的文化模式和环境价值观；健全必要的规章制度，制定企业环境道德规范；提出企业绿色产品设计、制造和营销战略；开展全员教育和技术培训，灌输企业环境价值理念，增强职工的环境意识。

管理途径　主要包括企业的环境计划管理、环境质量管理和环境技术管理。

企业环境计划管理指确定恰当的企业环境目标，制定企业污染综合防治规划，并将该规划纳入企业的计划管理之中。企业环境计划管理的作用是通过统一规划，合理安排各种污染防治措施，获得更好的经济效益和环境效益。

企业环境质量管理是为实现环境保护主管部门提出的质量要求，控制本企业污染物排放所开展的各项工作的总称。

企业环境技术管理是通过制定企业内部技术标准、规程，对技术路线、生产工艺和污染防治手段进行评价，促进企业环境质量不断改善。

（贺桂珍）

《Qiche Dingzhi Zaosheng Xianzhi》

《汽车定置噪声限值》　（Limits of Noise Emitted by Stationary Road Vehicles）　用于规定汽车定置噪声限值的规范性文件。该标准适用于城市道路允许行驶的在用汽车。该标准对于加强对在用车辆噪声辐射的监测和控制具有重要意义。

《汽车定置噪声限值》（GB 16170—1996）由国家环境保护局和国家技术监督局于1996年3月7日联合发布，自1997年1月1日起实施。

主要内容　规定了汽车定置噪声限值，重点对在用车辆处于定置工况下的噪声辐射实行控制。该标准根据车辆出厂日期，分为两个时间段实施。汽车定制噪声限值见下表。

汽车定置噪声限值　单位：dB（A）

车辆类型	燃料种类	车辆出厂日期	
		1998年1月1日前	1998年1月1日起
轿车	汽油	87	85
微型客车、货车	汽油	90	88
轻型客车、货车、越野车	汽油 $n_r\leq$ 4 300 r/min	94	92
	汽油 $n_r>$ 4 300 r/min	97	95
	柴油	100	98
中型客车、货车、大型客车	汽油	97	95
	柴油	103	101
重型货车	$N\leq$147 kW	101	99
	$N>$147 kW	105	103

注：N——生产厂家规定的额定功率。
n_r——生产厂家规定的额定转速。

（陈鹏）

《Qiyou Yunshu Daqi Wuranwu Paifang Biaozhun》

《汽油运输大气污染物排放标准》

（Emission Standard of Air Pollutant for Gasoline Transport）　对油罐车在汽油运输过程中的油气排放限值、控制技术要求和检测方法做出规定的规范性文件。该标准适用于油罐车在汽油运输过程中的油气排放管理。该标准对于保护环境，保障人体健康，改善大气环境质量有重要意义。

《汽油运输大气污染物排放标准》（GB 20951—2007）由国家环境保护总局于2007年4月26日批准，并由国家环境保护总局和国家质量监督检验检疫总局于同年6月22日联合发布，同年8月1日起实施。

主要内容　规定了油罐汽车应具备油气回收系统。油罐汽车油气回收系统应进行技术评估并出具报告。油罐汽车油气回收系统密闭性检测压力变动值应小于等于表1规定的限值；油罐汽车油气回收管线气动阀门密闭性检测压力变动值应小于等于表 2 规定的限值。

表 1　油罐汽车油气回收系统密闭性检测压力变动限值

单仓罐或多仓罐单个油仓的容积/L	5 min 后压力变动限值/kPa
≥9 500	0.25
5 500～9 499	0.38
3 799～5 499	0.50
≤3 800	0.65

表 2　油罐汽车油气回收管线气动阀门密闭性检测压力变动限值

罐体或单个油仓的容积/L	5 min 后压力变动限值/kPa
任何容积	1.30

（朱建刚）

qingjing fenxi

情景分析　（scenario analysis）　通过对系统内外相关问题的分析，设计出多种可能的未来情景，然后对系统发展态势进行预测的过程。情景分析可以用于规划环境影响的识别、预测及累积影响评价等多个环节。情景分析的优点是适用于研究规划的不确定性及其可能的影响，缺点是需要大量的时间和资源。（汪光）

quyu huanjing gongneng quhua

区域环境功能区划　（regional environmental function zoning）　从整体空间观点出发，根据自然环境特点和经济社会发展状况，把规划区分为不同功能的环境单元，以便具体研究各环境单元的环境承载力及环境质量的现状与发展变化趋势，提出不同功能环境单元的环境目标和环境管理对策的过程。它是对环境实施科学管理的一项基础工作。

在环境规划中进行功能区的划分，一是为了进行合理的布局，二是为了确定具体的环境目标，三是为了便于环境目标的管理和执行。区域环境功能区划的基本定位应是作为区域环境规划、环境影响评价、环境管理的基础平台，充分发挥其空间引导作用，成为促进国民经济发展科学、合理、有序的基本空间依据。

区域环境功能区划包括两个层次，即综合环境功能区划和单要素环境功能区划。综合环境功能区划是在区域层面的综合引导区划。单要素环境功能区划是针对要素功能控制的区划方案，如针对水环境保护、土壤污染防治、大气环境保护的区划方案等，针对不同要素，功能区划的划分方法、功能类型、空间范围等有较大差异。目前，大气环境功能区划、水环境功能区划和声环境功能区划等单要素环境功能区划在我国的环境管理中得到了广泛应用。

环境功能区划可以客观反映各区域的生态环境规律，明确不同区域的环境功能，是环境保护的一项重大基础性工作，对于科学指导产业布局和资源开发意义重大。（汪光）

quyu huanjing guanli

区域环境管理　（regional environmental management）　对破坏和影响区域环境的社会经济活动进行调节和控制的环境管理活动。区域环境管理有广义和狭义两种内涵。广义的区域环境管理涵盖环境管理过程中正式的区域内环境管理制度和区域之间合作管理体系，并包括区域内的一系列外援效应。狭义区域环境管理指的是一种特定环境区域的正式环境管理制度安排及管理制度的实现，即在区域尺度上建立起统一的管理机构对区域内的环境问题进行全面的管理，包括单一环境问题以及复合污染问题。从属地控制过渡到区域环境管理是中国环境管理制度发展与变革的方向之一。

背景　环境问题具有很强的区域性，在一定地域空间内的环境具有整体性、联系性及相似性，处于同一环境区位的环境在植物组成、土壤构成、水源情况、气象条件等诸多方面具有类似的外部条件。而污染问题与污染传输本身不受行政辖区界线的限制，大气污染、流域水污染、海洋环境污染、生物多样性等问题多为跨行政区划的环境问题。

世界各国最早普遍采用的是以行政区划为

管理行政单元的传统政府环境管理模式，也是我国环境管理普遍采用的属地模式，即地方各级政府环境保护部门将本辖区内的环境问题，不分行业、不分领域、不分类别均纳入本辖区政府环境保护部门管理范围内。尽管地方政府环境保护部门具有信息优势，对于本地区的环境问题比较了解，能够有针对性地制定和实施相关政策，但也存在很多问题，包括跨区域管理困难、缺乏部门协调等。这种属地特征与污染的区域特征之间存在着矛盾，无法解决跨界污染问题以及由此引发的环境冲突。基于区域范围的环境科学研究机构缺失也使得相关管理信息基础薄弱，无法制定出有效的污染治理措施和采取合理的管理路径，会进一步加剧上述各类冲突。

管理优势 最初区域环境管理的提出与制度建立主要服务于区域污染控制与跨界污染纠纷问题的解决，具有以下几个优点。

①区域环境管理可从区域整体出发，整合子辖区的利益，明确权责，达到区域环境治理的高度协同性和有效性。区域环境管理过程中的区域划分以区域自然条件为基础，管理区域中的环境属于一个体系。从区域整体的角度确定环境目标、制定政策规划和行动方案、建立管理体系、执行管理并从整体上协调。在降低工作量的同时增加监管的可能性以及管理方案执行的针对性。通过协调最终使得区域的环境质量共同改善，促进环保投资的效益最大化，实现区域环境质量改进的费用有效性。

②有利于从区域角度出发解决跨行政区域管理的矛盾。由于环境污染具有高度迁移以及影响面广等特点，现有以行政单位为基本划分单元的环境管理制度，往往表现为跨行政区域的监管不力，或者发现问题无法解决，甚至某些排污企业会有意地选取具有争议的监管空白违法排污，而监管机构却无法处罚。通过区域环境管理能够避免这个问题的出现，利用环境区域之间的包围作用，有效地对环境区域内部全部环境要素进行监督与管理，达到环境区域之间的无缝连接，压缩不守法企业的生存空间，进而降低环境风险。区域管理也有助于解决跨界污染引发的利益冲突、纠纷。由于在区域管理制度安排下，可以同时考虑合作与补偿，从而激励区域内各相关利益方改进环境保护行为。

③有利于环境资源的分配。传统的环境管理往往以地区的发展为本位进行规划与管理，而对周边地区造成的影响考虑不足。采用区域环境管理能站在全区域的发展视角对资源的利用进行规划，从而避免厚此薄彼以及资源过度开发等问题。

④能够整合多方信息，在一个共同框架之下进行科学研究合作与技术推广，可以节约成本。

国际经验 欧美发达国家在区域环境管理方面已经开展了大量工作，可以为我国的区域管理体制、模式构建和发展提供有价值的参考。

美国区域环境管理 区域机制在美国发挥着越来越大的作用，主要包括：为国家级环保部门和主要职能部门提供行政支持的区域办公室；联邦政府用于解决特定大气污染问题的区域和分区域管理方法；由各州创立、旨在解决区域大气污染问题的区域和分区域管理方法。

联邦环保局的区域办公室 1970 年美国国会成立环境保护局（EPA）不久，在全美建立了10 家区域办公室，负责管理 10 个大的地理区域。这些区域与普遍接受的地理和社会经济区域一致，也按各州的州界划分。目的是促进联邦环境保护局诸多职能和措施的执行。区域办公室下设若干独立单位，负责解决区域内具体事项和执法方面的工作。各区域办公室都与联邦环境保护局总部保持着密切联系，在国家政策制定中发挥了关键作用。与此同时，区域办公室也具有充分的灵活性，并把获得的经验教训应用于国家政策实践中。

南加州海岸空气质量管理 20 世纪中期，洛杉矶城市群的区域污染问题严重，近地面臭氧污染尤其突出，并引致洛杉矶烟雾事件。1976 年，加利福尼亚州建立了控制空气污染的

政府实体机构——南海岸区域空气质量管理区（South Coast Air Quality Management District，SCAQMD）。该部门有权进行立法、执法、监督、处罚，并通过计划、规章、强制执行手段、监控、技术改进、宣传教育等综合手段协调开展工作。SCAQMD 制订并实施空气质量管理计划（air quality management plan，AQMP），该计划是保障该地空气质量达标的蓝皮书，借助排污许可、检查、监测、信息公开与公众参与等方式实现减排目标。自 1993 年开始创建“区域清洁空气激励市场机制”（regional clean air incentives market，RECLAIM），覆盖了区域内 330 个大排放源，主要针对氮氧化物（NO_x）、二氧化硫（SO_2）以及其他污染物，用总量控制取代了原有的针对每个排放源的排放控制和技术要求，取得了污染控制和成本节约的双重成效。

臭氧污染区域管理 最初的臭氧污染控制措施主要针对受控城市的重点污染源。科学家基于低层大气中的臭氧传输与复合污染研究，建议 EPA 实施更广范围的区域合作。《清洁空气法案》1990 年修正案中划分了臭氧传输区域（ozone transport region，OTR），开始对臭氧进行区域管理和控制，并在臭氧污染严重的东北部缅因州、弗吉尼亚州等 12 个州与哥伦比亚地区建立了管理机构——臭氧传输协会（Ozone Transport Commission，OTC），由各州代表及 EPA 成员组成，制定区域挥发性有机化合物（VOCs）、NO_x 减排目标和控制措施并督促实施。其后又组建了臭氧传输评估组织（OTAG），在 1998 年制订了旨在减少近地面臭氧区域传输及污染的计划，并在 2003 年开始执行氮氧化物的州实施计划（NO_x state implementation plan，SIP Call），实施范围包括美国东部 22 个州和哥伦比亚地区，后来还纳入了加拿大东部各省，明确要求在考虑区域影响的基础上控制臭氧污染。通过执行三个阶段（1994—1998 年、1999—2002 年、2003 年以后）的总量控制计划，实现了 NO_x 排放比基准年降低 50%的目标，并在此过程中，实施了 NO_x 预算交易项目，极大程度上促进了夏季 NO_x 的减排。此外，2005 年 OTC 在 EPA 清洁空气州际法案（CAIR）的基础上，还出台了强化计划（CAIR plus），对其境内的电厂与大型工业锅炉执行了更加严格的 NO_x、SO_2、汞排放总量控制要求。

能见度保护与区域灰霾管理 在 1990 年《清洁空气法案》修订中，由于 EPA 发现大气污染物，尤其是细颗粒物（$PM_{2.5}$）的州际传输对能见度影响巨大，国会特别授权 EPA 划定了能见度传输区域，并成立能见度传输委员会，由受影响各州的行政长官、EPA 以及相关联邦机构代表构成。该组织推动 EPA 于 1999 年制定了区域灰霾法案（Regional Haze Rule），要求实施多州联合控制战略，共同减少 $PM_{2.5}$ 排放，实现 156 个国家强制性一类区（包括国家公园、自然保护区）能见度改善目标（达到自然背景状态）。具体操作时，EPA 要求全国 50 个州制定长达 60 年的战略规划，第一期灰霾控制计划于 2003—2008 年制定，之后以每 10 年为周期，确定能见度阶段性改善目标，并制定相应的 $PM_{2.5}$ 污染控制措施，10 年后进行再评估和修订，每 5 年向 EPA 提交能见度改善报告。

州政府发起的区域性行动 州政府彼此之间自愿组成区域协会，旨在进一步提高区域大气质量。它们按照 EPA 划分的 10 个区域组成了区域计划组织，例如，在美国东南部区域 8 个州（包括 17 个重点城市）成立了一个区域计划组织，以就共同关心的问题开展更好的交流和合作。虽然所有的区域计划组织建立的初衷都是关注技术问题，但一些组织成立之后也把政策制定纳入其中。例如，8 个东北州组成了东北部各州协调大气利用管理组织（Northeast States for Coordinated Air Use Management，NESCAUM），该组织成立的目的是加强州之间的交流，促进高效的大气质量管理，开展研究、培训、评估污染问题，进行能力建设并提出政策建议。

通过分析美国区域大气污染控制的实践经验，可从五大方面对其管理模式进行总结，见表 1。

表 1 美国区域大气污染控制管理模式

面向	区域办公室	针对特定问题的区域管理	州政府发起的行动
区域划定	与普遍接受的地理和社会经济区域一致，按各州州界划分	由 EPA 认定某些地区有必要或适合达到并保持大气质量标准，与相关地方政府协商后，即划定为大气质量控制区	与普遍接受的地理和社会经济区域一致，按各州州界划分
执行机构	国会授权成立的区域办公室	国会授权 EPA 成立的区域委员会	州政府自发成立的区域计划组织或区域合作协会
执行机构人员构成	EPA 派出人员	EPA 派出人员； 各州（地方）政府代表； 其他利益相关方[专家学者、非政府组织（NGO）、公众]	各州（地方）政府代表； 其他利益相关方（专家学者、NGO、公众）
执行机构主要职能	对州级和地方级政府的行动进行监控和指导； 监督州政府和地方政府的大气管理措施； 收集、分析数据和信息； 在区域一级管理、推动联邦级大气管理措施和政策； 将联邦政府对州、地方和区域的投资进行优先排序； 成为联邦政府投放给州、地方和区域资金的通道，各州、地方和区域对国家资金的使用通过区域办公室向国家负责； 为政府官员提供额外的培训机会，以起到领导性作用	针对特定区域大气环境问题制订行动计划； 监督区域大气质量行动计划的实施； 开展区域污染防治能力建设，提供技术和政策协助； 提供并开展合适的培训	加强州之间的交流； 进行区域大气环境问题模拟； 对区域问题管理进行评估并向区域办公室提供建议； 提供并开展合适的培训
合作机制	纵向机构的主体管理政治决策建立在科研机构的科学认知基础上，依靠行政命令实现合作信息公开，接受公众监督	纵向机构的主体管理政治决策建立在科研机构的科学认知基础上，依靠行政命令实现合作信息公开，接受公众监督	横向机构的主体协作关注区域大气环境问题模拟和其他技术工作通过责任、利益协商实现合作

欧盟区域大气污染控制　不管是各成员国共同合作还是欧盟成立区域机制，欧盟分区域环境管理的历史都晚于美国。欧洲委员会在欧盟大部分国家都设有行政办公室，但由于欧盟各成员国自治的性质，欧洲委员会对环境的管理缺少一种发展成熟的区域办公室体系。

签署国际条约推动区域大气污染控制　签署或参加国际条约是欧盟实施区域大气污染防治的重要手段。1979 年 11 月在日内瓦制定了《远距离越境空气污染公约》（CLRTAP）。CLRTAP 于 1983 年生效，是第一个在较大区域基础上应对空气污染问题的官方国际合作机制。公约签订的最根本原因是大气污染的区域特性要求建立与之相应的管理方式及制度框架，主要目的是在科学合作和政策协商的基础上解决欧共体（欧盟前身）国家管辖地区的环境问题。1985 年《赫尔辛基协议》（Helsinki Protocol）承诺，所有参与国要在 1993 年之前将其 SO_2 排放量降低 30%。1994 年《奥斯陆协议》（Oslo Protocol）承诺，参与国要进一步减少 SO_2 排放。1999 年《哥德堡协议》（Gothenburg Protocol）旨在将欧洲 2010 年的 SO_2 排放再减少 63%，并且在 NO_x、非甲烷挥发性有机化合物和氨气的减排方面，也规定了类似目标。

针对 NO_x减排，一个重要的协议是 1988 年的《索非亚协议》（Sofia Protocol），要求所有签署国在 1994 年前不能提高 NO_x的排放量；签署国还承诺引入控制标准及污染治理设施，包括汽车的催化转化器。在减少挥发性有机化合物方面，1991 年的《日内瓦协议》（Geneva Protocol）要求签署国在 1988—1999 年的排放量要减少30%。1998 年的《重金属协议》（Protocol on Heavy Metals）着重针对镉、铅和汞，签署国承诺将镉、铅和汞的排放降低到 1990 年的水平，并商定了一系列的干预措施。最后，1998 年《持久性有机污染物协议》（Protocol on Persistent Organic Pollutants）明确指出了签署国应禁止使用的 16 种物质和一系列应限制使用的物质。

在欧洲的减排协议中，通常不对政策手段进行具体说明，也没有相应的处罚规定，而是通过签约国之间的相互信任与履行承诺的良好意愿来协作完成。实际上各个国家都履行了自身的承诺，减排取得了一定效果。另外，欧洲减排协议的制定均建立在科学认知基础之上。1984 年，欧洲建立了远程大气污染输送监测和评估合作计划（EMEP），该计划的运行机构为区域空气质量管理委员会和区域大气污染科学中心，分别负责政府决策和科学研究，将监测—模型—评估—对策等过程紧密联系在一起，提供了区域合作解决共同环境问题的成功范例。

制定欧盟指令，推进区域大气污染控制　欧盟实施区域大气污染控制的另一种方式是制定各种法规，包括条例、指令、决定等。欧洲委员会负担主要管理职责，对于任何直接违反指令的行为或者以某种借口不履行义务的情况，委员会都有权进行调查，并有权就违法事项向欧洲法院起诉，同时成立专门的“环境空气质量委员会”协助欧洲委员会工作。欧洲法院对涉及大气污染防治管理的纠纷进行受理并做出裁决。欧洲环境局的主要任务是开展有关大气污染状况和污染源的监测及建立数据库，收集、分析和发布有关欧洲大气的信息，帮助欧盟和成员国利用大气信息采取适当保护措施，以及确保公众能适当地获取大气状况的信息。

欧盟法规的制定是为了实施欧盟环境行动规划的目标。欧盟行动规划是指导欧盟各国在环境管理和环境事务方面进行统一行动的纲领，构成了欧盟实施区域控制的主体政治框架。自 1973 年以来，欧盟共实施了七个环境行动规划，2014 年 1 月，《第七个环境行动规划》（The 7th Environment Action Programme，简称 7th EAP）正式生效，确定了保护空气质量、减少对人类健康和环境造成影响和风险的目标，并提出欧盟各成员国应制定空气污染的专题战略和空气质量战略，采取措施和行动以预防、治理空气污染。

《欧盟委员会关于大气环境质量与欧洲清洁大气的指令》（2008/50/EC）是为了响应 2001 年 5 月出台的欧洲清洁空气计划（CAFE），比较系统地整合了以前的环境空气质量立法，清晰地表明了欧盟采取分区域方式管理大气环境质量的意图，包括欧盟成员国的大气污染协调控制机制和区域空气质量管理协调机制。指令只对成员国赋予义务并具有约束力，成员国可以通过转化为国家立法或对国内已有的立法进行修订，来决定实现指令要求的具体方式。

欧盟区域空气质量管理的实践经验表明，其区域大气污染控制同时采取了横向机构的主体协作和纵向机构的主体管理两种模式（表 2）。其中，CLRTAP 是横向机构主体协作的例子，而欧盟指令是纵向机构主体管理的例子。

国内实践　我国已在一定范围内进行了区域环境管理与合作的尝试（表 3）。实施区域防控的第一个典型案例是在二氧化硫和酸雨控制地区实施分区域管理。1998 年 1 月 12 日，国务院批准了“两控区”划分方案，并提出控制目标和对策。为落实国务院关于“两控区”有关问题的批复，“两控区”175 个地市都制定了地方二氧化硫污染防治规划；原国家煤炭工业局和国家电力公司也分别制定了“两控区”二氧化硫污染防治规划。根据国民经济和社会发展“十五”计划纲要，国务院又批复了《“两控区”酸雨和二氧化硫污染防治“十五”计划》，系统提出“两控区”酸雨和二氧化硫污染控制的目标、实施方案及保障措施。

表 2　欧盟区域大气污染控制管理模式

合作机制	横向协作	纵向管理
有无强制执行的制度约束力	无，通过利益协调达成共赢，从而实现合作	有，通过欧盟指令这种强制性行政手段实现合作
机构组成及职责	区域大气污染科学中心：进行数据监测与收集，进行区域空气质量模拟，制定费用有效的控制目标与减排方案； 区域空气质量管理委员会：进行控制目标决策，进行大气污染物排放总量分配，执行并审核总量减排计划	欧盟委员会：参与区域空气质量管理相关指令制定，监督区域空气质量管理指令执行（调查违法行为，向欧洲法院提起诉讼）； 欧盟理事会：通过区域空气质量管理相关法令； 欧洲议会：调查区域空气质量管理中的违法、失职行为，接受相关环境事务的申诉； 欧洲法院：受理区域空气质量管理方面的纠纷并做出裁决； 经济和社会委员会：由各类经济与社会活动代表组成，在一定场合可发表意见； 地区委员会：由地区与地方机构代表组成，在一定场合可发表意见； 欧洲环境局：为欧盟、成员国、公众提供可靠的环境信息； 环境空气质量委员会：成员国层面的职责机构，负责空气质量评价、监测、分析，协助欧盟范围的质量保证规划
执行方式	CLRTAP 只对成员国赋予联合减排义务，由成员国决定具体的方式、方法以达到要求	指令只以成员国为发布对象，指令中规定的减排要求对指向的成员国具有约束力，但成员国可以决定具体的方式、方法以达到要求

表 3　我国主要区域环境管理与合作项目

地区	协调机构	议题	活动和协议
泛珠江三角洲地区	泛珠三角区域环境保护合作联席会议	珠江流域水环境保护、生态环境保护、环境监测	签署《泛珠三角区域环境保护合作协议》； 原则通过《泛珠三角区域跨界环境污染纠纷行政处理办法》； 编制《珠江流域水污染防治“十一五”规划》； 制定《泛珠三角区域环境保护合作专项规划（2005—2010 年）》
粤港地区	粤港持续发展与环保合作小组	水源保护、交界水域水环境保护、酸雨和二氧化硫污染防治、区域生态安全建设	签署《改善珠江三角洲地区空气质素的联合声明》； 建成粤港珠江三角洲地区空气自动监控网络； 编制《珠三角火力发电厂排污交易试验计划》； 制定《后海湾（深圳湾）水污染控制联合实施方案》等
长三角地区	两省一市环境保护合作联席会议办公室、长三角区域大气污染防治协作小组	太湖流域和长江口水污染防治、水源地保护、酸雨和二氧化硫污染防治、大气污染防治	建立污染联防、信息沟通和通报机制，固体污染物越界转移管理机制； 编制《长江三角洲区域环境保护规划》； 通过《长江三角洲区域环境合作倡议书》； 编制《长江三角洲区域环境保护规划生态环境建设与保护专题规划》； 签署《长江三角洲地区环境保护工作合作协议》（2008—2010 年）； 制定实施《长三角区域落实大气污染防治行动计划实施细则》； 研究启动“长三角区域排污权交易试点”工作
京津冀地区	京津冀大气污染防治协作小组	水源保护、区域水环境治理、区域生态安全、区域大气污染防治	编制《京津冀都市圈区域规划环境保护与生态建设专题规划》； 签署《北京、河北关于加强经济与社会发展合作备忘录》； 北京对张家口、承德供水进行生态补偿； 进行京冀生态水源保护林建设； 颁布《京津冀协同发展生态环境保护规划》； 编制《京津冀及周边地区大气污染防治中长期规划》

为确保北京奥运会空气质量达标，环境保护部与北京、天津、河北、山西、内蒙古、山东等六省（自治区、直辖市）以及各协办城市建立了大气污染区域联防联控机制，成立奥运空气质量保障协调小组，实行统一规划、统一治理、统一监管。在获取大量外场观测、源排放等数据的基础上，利用数值模拟技术系统分析污染特征，经过与周边地区磋商，共同组织制定、实施了与“北京市措施”相配套的“周边省区市措施”。

自2002年以来，陆续成立了华东、华南、西北、西南、东北、华北六个区域环保督察中心。区域环保督察中心的主要作用是填补现行环境管理的制度空白，主要职能是对地方实施监督。六大中心的成立标志着我国利用区域机制增进国家监督体系所做出的努力，也为建立其他区域机制奠定了重要基础。

管理范围 区域环境管理的范围包含当下区域内特定自然资源（如流域环境管理）或一切自然资源（如保护区环境管理），同时包括当下区域内的人文文化、经济建设、社会发展、居民生活等一系列人文干扰的活动。这两个区域环境管理概念往往同时作用于一个或多个环境区域中，进而形成了一种立体式的区域环境管理体系。

区域环境管理首先不可回避的是区域的划分。区域管理或合作主体由区域内的地方行政单元组成，不同地方行政单元将依据其经济合作纽带关系、地理区位关系、污染问题分布等因素来组合或划分。针对区域空气污染问题，一般有两种划分方式：一种是根据特定污染问题的区域特征来划分，如我国针对二氧化硫与酸雨污染问题划出的“两控区”；另一种是按照生态环境的地理特征（如环境介质流动和污染传输方式）来划分。

管理内容 区域环境管理的范畴包括区域范围内的总体环境目标和单项质量标准制定、基于环境绩效和经济贡献综合考虑的排放指标分配、污染治理责任划分、区域范围内的信息统筹和科学研究、区域总量控制目标、环境行为的监督和环境质量的监控等，以及跨界污染问题和突发环境事件应对。区域环境管理一般分为城市环境管理、农村环境管理和流域环境管理。

管理尺度 尺度按其大小有宏观、中观和微观之分，根据我国的环境管理实践，宏观和微观的尺度对象比较明确，前者多是全球或国家，后者以企业为主，介于两者之间的是中观尺度。根据我国地理基础表现出的国家规模，省域范围，地带差异和现行国家、省域、地方的管理体制以及区域环境问题的综合性，介于宏观和微观之间的省域是比较典型的中观尺度范围。一些规模较大的产业带、城市群、流域等也可以看作中观尺度。

尺度按其研究所需要关心的环境问题确定范围，反映出尺度大小的相对性。尺度因其范围或者大小、地位（经济地位、生态环境地位和社会地位或者三者的综合功能）不同形成了彼此镶嵌或具有层次性的一个整体，在这个整体里它们以自身特点和层次地位分别承担着不同的环境管理任务，通过各自环境问题的解决来实现宏观尺度共同的环境管理目标。

中国以省域为代表的中观尺度区域（省域）环境管理空间范围见表4。其中，中观尺度的区际环境管理对象主要体现在与本省发展密切相关、跨省区界的综合自然地理分区、流域、海域、跨省的大的生态系统、特殊保护区（国家级的生态功能保护区、自然保护区等）、生态脆弱区、规划中的经济区（圈）等。

管理模式 纵观国内外经验，目前主要有多个属地协商管理模式、相关部门整合管理模式、行政管理转向公共管理模式以及基于“三位一体”（协商、整合及公共治理）的区域环境管理模式。

多个属地协商管理模式 针对区际环境管理目标的管理模式。区际环境管理目标为中观尺度，环境管理往往涉及诸多属地，而属地的不作为，直接影响到宏观尺度环境管理目标的实现。针对区际环境管理目标属地分割的局限性，实行多个属地协商管理模式，明确区际环境管理涉及的各行政主体对环境问题负有共同但有区别的责任，在互利互信的基础上实现协商管理。相对于传统的属地/行政区环境管理，具有责任共担、权责对等、协调统筹等特点。

表4　中观尺度区域（省域）环境管理空间范围

层次	类型	空间范围
区际	综合自然地理分区	自然区划：综合自然区划和自然要素区划中跨省界的分区单元； 主要地形区：四大高原、三大平原、东南丘陵及跨省界的山地等
	流域	长江流域、黄河流域、珠江流域、海河流域、淮河流域、松花江流域、辽河流域、太湖流域和南水北调东线工程（跨越长江、淮河、黄河、海河四大流域）
	海域	渤海、黄海、东海、南海、台湾以东海区
	生态系统	跨省的森林、草原、荒漠、湿地等自然生态系统和农田、城市等人工生态系统
	特殊保护区	跨省界国家级生态功能保护区（26个）和国家级自然保护区（1个）
	生态脆弱区	中国八大生态脆弱区
	经济区	中国八大经济圈、跨省界的区域发展规划等
区域	省域	省级行政区
次区域	地市级和区县级行政区	省域行政区以下的地市级和区县级行政区
	城市和城市群	省域内的地级市和县级市及城市群
	农村	省域内的农村地区（包括乡镇级行政区）
	流域和海域	包括跨省的区际流域和海域落在该省域的部分以及该省域所独有的小流域等
	特殊保护区	仅位于各自所属的省域内的国家级生态功能保护区、各省单独划定的本省重点生态功能保护区；国家级、地方级的自然保护区、风景名胜区、森林公园、地质公园、海洋特别保护区；省区内的饮用水水源保护区等；世界遗产地；国家重点文物保护单位；历史文化保护地等
	生态脆弱区	国家划定的生态脆弱区落在该省区内的部分
	经济区	国家战略层面的经济区域
	开发区	国家级开发区（经济技术开发区、高新技术产业开发区、保税区、边境经济合作区、出口加工区等）和地方级开发区
	其他	水土流失重点防治区；城乡接合部；资源开发区等

相关部门整合管理模式　整合管理是地方政府中那些主管经济、环境以及社会等实施对策的行政管理部门为了共同防治环境问题、改善环境质量而进行综合决策的新型环境管理模式。相对于传统的部门管理，整合管理具有统筹兼顾环境-经济-社会效益、最大限度避免决策片面性、协作保障环境政令顺畅实施等特点。事关全局发展的环境问题阶段性、集中性、综合性的特点非常突出，易于辨识，难于统筹，其原因在于把原本属于全局的环境问题看作是部门问题进行分割管理。通过整合与环境直接或间接相关的各部门的职能，建立信息沟通和共享机制，在包括地区发展规划制定、违法行为协查等方面建立协调机制，可以有效应对与社会经济高度耦合的环境问题。整合管理的重点是在明确各管理主体的基础上识别整合管理的对象，主要内容包括：一是产业发展的全过程管理，从地区的产业发展规划或战略到企业层面的生产、污染物排放，再到污染物末端治理控制、再资源化的全过程中都需要体现出整合管理“多管齐下”的特色；二是相关主管部门的政策整合，多部门有效协调，采用多元化管理手段和机制解决区域环境问题。

行政管理转向公共管理模式　公共管理是当前环境管理的一个发展方向，是一个由广大利益主体共同参与的、开放的、分权制衡的过程。当前我国公众的环境意识不断增强，逐渐成长为环境保护的重要力量，客观上对政府的良治提出了新需求。公共管理要求政府职能由管制型向服务型转变，提供以环境公共服务为中心，以公众满意度为目标和评价标准的服务。区别于原来单纯强调政府作用的“自上而下”的环境行政管理制度，公共管理的参与者不仅包括地方政府，还包括企业、公众、非政府组织等。建立区域环境问题的公共管理模式，一是强化公众在环境管理中的参与程度，通过增加行政机制的透明度，实行行政公开化，使更多民众了解政府的环境决策过程，提高公众参政议政的积极性和主动性。通过多样化的公众参与方式，保障与某一具体环境管理事务相关的公众都能参与到决策中，维护公众的环保知情权、参与权、监督权等。二是充分发挥企业在环境决策中的作用，在制定环境政策时充分听取企业或企业协会的意见和建议，确保制定的环境政策在企业层面具有较强的可执行性。

基于“三位一体”的区域环境管理模式 该模式不是单一的管理方法，而是实现“从属地管理到协商管理、从部门管理到整合管理、从行政管理到公共治理”的整体转变，同时进行多个属地协商管理，整合区域环境管理的对象和内容，实现自下而上的全民环境共治，以提高区域环境管理的效率。

支撑体系 区域环境管理的支撑体系虽然不是直接的管理措施，但其事关协调机制的成败，是各项协调政策和措施顺利实施的基础性因素。发达国家环境管理取得成功的经验就是重视协调机制运行环境和配套措施的建设。完善我国跨行政区环境管理的支撑体系至少应从法律、市场、产业、科技、资金、基础设施六个方面来努力（表5）。

发展趋势 归纳总结国外经验，区域环境管理合作的有效模式需要建立在科学研究和问题识别、监测系统支持和有效执法的基础上；各层级环保部门的责任分明与地方政府的权力制衡是政策法规有效实施的关键；而利益相关者的权益、责任再分配和协调是区域环境管理要解决的深层问题。在我国构建区域环境管理合作机制，需要在合理划分区域和加强科学认知的前提下，立法明确区域下各主体的权责并基于此构建管理合作体系，协调和制衡多方利益，注重公众参与及进行有效监察。

表5 跨行政区环境管理支撑体系

类别	内容
法律支撑体系	明确跨行政区环境管理的地位、机构、职责、程序、内容； 加强环境立法，加大执法力度，详细规定违法应承担的法律责任
市场支撑体系	为环境经济政策的实施创造成熟的市场环境
产业支撑体系	调整产业结构，合理布局，减少结构性污染
科技支撑体系	加强污染治理和清洁生产技术的研究； 深化环境管理、循环经济等理论的探讨
资金支撑体系	区域环境管理资金的筹措与合理使用，以解决各行政区的成本分担问题
基础设施支撑体系	统筹安排区域污染物处理设施； 改进生产设备，从源头减少污染物排放

（贺桂珍）

quyu huanjing guihua

区域环境规划 （regional environmental planning） 针对区域社会发展状况、环境特征及其发展趋势，对人类自身活动和环境建设所做的时间和空间上的安排。它是区域规划的重要组成部分，是制定和指导环境计划的重要依据。

类型 一般以时间长度、内容等划分区域环境规划类型。①按照时间长度来划分，可以分为长期环境规划、中期环境规划和短期环境规划。②按照规划内容来划分，可以分为区域宏观环境规划和区域专项环境规划。③按照不同的区域类型来划分，可以分为城市环境规划、农村环境规划、乡镇环境规划、风景旅游区环境规划、经济技术开发区环境规划、流域环境规划等。

主要内容 包括：社会、经济、环境状况与评价；环境规划的目标、指标及指标体系；环境功能区划；污染控制规划；自然保护规划等。

编制程序 区域环境规划的编制程序基本分为三个阶段：准备阶段、编制阶段、报批阶段。结合具体情况可划分若干工作步骤组织实施。

准备阶段 具体有以下步骤。

明确编制任务，落实编制计划 区域环境规划，一般受国家或地方政府的委托，规划编制部门接受任务后，应组成编制工作组，成立领导小组，组建编制组、技术协调组和重点项目科研组，分别负责主体规划的编写工作，横向、纵向及内外技术联系与协调，开展环境现状评价、环境预测和对策研究等。

调查研究，弄清问题 调查研究的主要内容有：区域经济社会现状及发展规划，已有的或全国一级环境规划纲要，前期环境规划和执行情况及总结分析等；区域自然环境条件；区域污染源状况，环境问题的发展趋势，主要污染行业及污染动态变化；环境现状及评价；有关环境科研成果等。

拟定环境规划编制技术大纲 根据区域环境问题，确定规划重点，拟定技术大纲，经过论证和审定，作为规划编制的行动纲领，并报上一级管理部门批复，下达规划任务。

部署编制任务 主要由领导小组对各行政部门、行业部门分解、下达环境规划任务和要求，并举办规划学习班，统一规划技术大纲中的方法、概念等。

编制阶段 具体有以下步骤。

确定规划目标与区域环境预测 环境规划目标可分为总目标和分项目标。环境规划总目标，一般采用定性描述，将环境的主要问题及其在规划期所要达到或解决的程度用文字作结论性说明。分项目标，针对带有全区域共性的环境问题，以具体目标设栏，可用定量概念分别描述，如废水、废气、固体废物排放总量控制指标，万元产值的“三废”排放指标，工业废水排放达标率等表示环境状况水平的指标。环境目标的提出需要经过多方案比较和反复论证，经不同方案及具体措施的论证后确定最终目标。

区域环境预测包括：①社会经济发展预测。对规划期内人口、经济发展等带来的各种环境问题，环境质量的变化，区域污染物发生量与人口、生产布局和生产力发展水平等因素之间的关系的预测。资源、能源消耗，土地利用等的规模、速度对环境的影响分析。②环境污染状况及环境容量的预测。预测各类环境要素中各种污染物的总量、浓度及分布；预测可能出现的新污染物的种类、数量；预测各类污染物的排放量、削减量；分析由环境污染造成的社会、经济损失；预测环境容量的变化等。③区域开发活动可能造成的生态破坏。包括预测环境污染与生态破坏造成的损失，达到不同环境目标所需环保投资及其效益的分析。

编制规划方案 根据环境规划目标以及预测结果的分析，拟定若干种环境规划草案，以备择优。规划方案需要根据技术政策、法规、标准进行评估，研究各类方案达到的后果、实现目标的可能性及方案本身的可行性，比较各方案，推荐较满意的方案以供决策。

投资估算与可行性分析 对规划方案，按照规划对策措施的内容，测算环境规划总投资需求，对具体的工程措施应包括治理投资与运转费。对照国民经济发展规划的环保投资安排，分析财力对环保投资的承受能力，决定采纳哪种规划方案，经过反复协调，不断反馈，以求投资效益基本最优、环境资源利用基本合理可行。

完成规划文本 在前述工作的基础上，编制完成规划文本。

报批阶段 完成审批，履行法律手续。编制的区域环境规划，经专家论证、修改、补充、完善后，分别报国家环保部门和发展改革部门综合平衡，进一步修改定稿。经上级政府、人大审批后，由发展改革部门、环保部门、城建部门组织实施。该规划应与国土规划、城市总体规划、区域总体规划等相协调，有机联系。（李奇锋　张红）

quyu huanjing jixianzhi

区域环境基线值

（baseline value of regional environment） 在环境影响评价中，评价区环境参数的目前水平值，实质上就是环境现状值。区域环境基线值与区域环境本底值和区域环境背景值不同。区域环境本底值是指环境要素在未受人类活动的影响下，其化学元素的自然含量以及环境中能量分布的自然值。区域环境背景值是指在目前的环境条件下，区域内相对清洁区（人类活动影响相对较小的地区）化学元素的含量及能量值，该值已经包含了一定程度的人为影响，它是环境本底值向环境现状值过渡的一个数值。

一般通过常规的环境监测分析，对区域进行系统监测以获得环境基线值，如土壤元素的基线值、海洋污染物的基线值。区域环境基线值的测定应当定期进行，即在某一区域内隔若干年（如 10 年）进行一次。区域环境基线值的表示方法跟环境背景值的表示方法一样，用算术平均值（ $\bar{X}$ ）加减一个标准差（σ）来表示。

（陈鹏）

quyu shengtai guihua

区域生态规划 （regional ecological planning） 根据区域生态环境保护发展要求，在本区域社会经济、科学技术以及自然环境等方面现有条件下，针对区域环境污染与生态破坏的现状和发展趋势进行的规划。区域生态规划特别强调协调性、区域性和层次性，充分运用生态学的整体性原则、循环再生原则、区域分异原则进行生态规划与设计。

分类 区域生态规划根据区域的不同，可以分为城市生态规划、生态村规划、产业园区生态规划、生态功能区规划、旅游区生态规划等。

主要内容 包括以下几项。

区域复合生态系统结构的辨识 包括自然地理条件及其评价、社会经济发展状况及评价、生态环境现状评价、生态经济现状分析与评价。

指导思想 ①以可持续发展战略为主要指导思想，贯穿国家有关经济建设、社会发展与生态环境保护相协调的方针。社会经济发展要认真考虑对生态环境的影响，充分评估资源开发利用和经济发展对生态环境影响的滞后作用。②遵循复合生态系统理论，全面综合研究区域复合生态系统的组成、结构与功能，发挥人的调控作用，实现系统总体功能最优。③因地制宜，突出区域特色。

规划目标 ①区域经济分区与发展方向。根据区域自然环境特征和经济发展状况，将区域划分为不同的生态经济功能单元。突出生态系统的区域差异性、内部相似性和完整性。②主要建设领域和重点建设任务规划。根据区域特征及可持续发展目标与要求不同，区域生态规划包含不同的生态建设领域，要在总体发展目标下分别制定各领域的发展子规划。发展子规划主要包括土地利用规划、产业布局规划、生态城镇发展规划和环境保护规划等。

经费预算与效益分析 经费预算包括各领域建设预算和总体预算，以及经费来源渠道两方面内容。效益分析要分别从经济、社会、生态三个方面进行。

实施生态规划的保障措施 区域生态规划的保障措施包括经济措施、行政措施、法律措施、市场措施、能力建设、国内与国际交流合作、资金筹措等方面。

规划程序 主要包括以下步骤：

明确规划目标 区域生态规划的目标包括：①区域环境污染控制目标。包括大气污染控制目标、水污染控制目标、噪声污染控制目标和土壤污染控制目标等。②区域生态保护目标。包括保护森林资源、草原资源、野生生物资源、矿产资源、土地资源、水资源等生态资源的规划目标，同时还要有防止水土流失、土地沙化和盐碱化以及建立自然保护区和风景区的规划目标。③区域生态管理目标。包括组织、协调、监督等管理目标，还包括实施生态规划，执行各项生态法规以及生态保护的宣传、教育等管理目标。

收集相关数据 根据规划目标与任务，进行实地考察与调研，收集有关自然环境、社会经济的资料与数据。

区域自然环境与资源的生态评价 应用生态学、生态经济学、地理学等相关学科的知识，对与可持续发展目标有关的自然环境和资源的特点、性能、生态过程、生态敏感性、生态潜力及限制因素等进行评价，并按照生态功能特点进行分区，为规划提供生态学依据。

社会经济特征评价 对区域社会经济结构、资源利用、投入产出效益、经济发展区域特征等进行评价，找出区域社会经济发展的潜力及问题所在。

生态适宜性分析 分析评估各相关资源对特定利用方式的生态适宜性，然后综合各单项资源的适宜性评估结果，得到区域发展综合生态适宜性空间分布图。

制订方案 编制区域生态规划方案是整个区域生态规划的中心工作，其中主要包括以下几个方面：①列出区域现状调查分析的结果，并把区域环境质量评价和环境影响报告书作为附件列入规划方案中；②列出由各项生态规划预测得出的结论，提出现阶段存在的主要生态问题和在规划期内要解决的生态问题；③列出区域生态规划的总目标和各项分目标；④提出区域生态规划任务；⑤制定生态规划措施，如区域环境污染综合防治措施、生态环境保护措施、自然资源合理开发利用措施、调整生产布局措施、土地规划措施、城乡建设措施、环境管理措施等；⑥核算区域生态规划实施的投资总额、投资构成、投资期限和投资效益等。

综合评价 对规划方案的可行性、预期效益及对区域生态环境可能产生的影响进行综合评价，选出最优方案。 （李奇锋　张红）

《Quanguo Ziran Baohuqu Minglu》

《全国自然保护区名录》

（List of National Nature Reserves） 收录国家及各省、市自然保护区的目录性文件。自然保护区指国家依据相关法律建立的以保护珍贵和濒危动、植物以及各种典型的生态系统，保护生物多样性的环境、地质构造以及水资源等自然综合体为目的，以及为进行自然保护教育、科研和宣传活动提供场所，并在指定的区域内开展旅游和生产活动而划定的特殊区域的总称。

主要内容 《全国自然保护区名录》综合列出了全国大大小小的各种类型的自然保护区，涵盖了全国 31 个省（自治区、直辖市）的 2 700 多个国家级、省级、市级及县级保护区，涉及农业、林业、环保、国土、海洋等各领域。

作用 《全国自然保护区名录》的编制，有利于指导人们在不影响保护的前提下，把科学研究、教育、生产和旅游等活动有机地结合起来，使自然保护区的生态、社会和经济效益都得到充分发挥，对于保护自然资源和生态环境具有重要意义。 （朱朝云　王铁宇）

quanmian guihua、heli buju yuanze

全面规划、合理布局原则

（principle of overall planning and rational layout） 在经济和社会发展过程中，对工业、农业、城市、乡村生产和生活的各个方面做出统一考虑，把环境和资源保护作为国民经济和社会发展的重要组成部分来进行统筹安排和规划所依据的原则。这一原则要求从经济、社会、环境、生态等多个角度对各种产业进行合理的规划和布局，以实现经济、社会和环境的协调发展。它既是环境与资源保护的一项重要原则，也是国民经济和社会发展的一项基本方针。

20 世纪 60 年代末，人们认识到控制环境污染与破坏，必须从全局和整体上加以考虑，治本的首要办法是“全面规划，合理布局”。很多环境污染问题是由于缺乏整体规划、布局不合理造成的，例如，工业布局中将污染工业安排在自己的下游或者主导风之外，导致跨地区污染纠纷，增加了处理难度。

该原则包含在中国环境保护工作方针“全面规划，合理布局，综合利用，化害为利，依靠群众，大家动手，保护环境，造福人民”中，这条方针是 1972 年中国在联合国人类环境会议上提出的，在 1973 年举行的中国第一次环境保护会议上得到了确认，并写入 1979 年颁布的《中华人民共和国环境保护法（试行）》，已在多部环境与资源保护的专项法律中得到体现。

该原则有三层含义：一是环境保护规划与

经济和社会发展计划相结合；二是环境保护规划与城市规划和其他环境规划相结合；三是全面规划环境保护工作。按照全面规划、合理布局原则的要求，应该对工业和农业、城市和乡村、生产和生活、发展生产和保护环境等各方面的关系做通盘考虑，合理安排，使各方面按照客观制约和比例关系协调发展。

采用全面规划、合理布局的原则，可以最大限度地防止环境污染和生态失调，减少资源破坏和过度消耗，缩小污染危害范围。这条方针指明了环境保护是国民经济发展规划的一个重要组成部分，必须纳入国家、地方和部门的社会经济发展规划，做到经济与环境的协调发展；在安排工业、农业、城市、交通、水利等项建设事业时，必须充分注意对环境的影响，既要考虑近期影响，又要考虑长期影响；既要考虑经济效益和社会效益，又要考虑环境效益；全面调查，综合分析，做到合理布局。

（贺桂珍）

quanmin huanjing jiaoyu

全民环境教育 （public environmental education） 对公众进行的普及性的环境教育，目的是提高全民族的环境意识。由于环境问题涉及面广，影响每个人，所以环境教育的对象是全体公众，不分年龄、性别和职业。对每一个公民来说，在整个生命过程中都要接受环境教育。全民环境教育的场所除学校外，还包括家庭、生产和工作单位以及社会上的特定场合等。环境保护是我国的一项基本国策，全民环境教育是贯彻、执行这项决策的最有力的措施。

（贺桂珍）

quanqiu huanjing zhili

全球环境治理 （global environmental governance） 国际社会通过建立新的公平的全球伙伴关系，经由条约、协议、组织所形成的复杂网络来解决全球环境问题，以促进人类社会可持续发展的系统方法。

沿革 随着全球化进程的加快，环境问题正日益成为各国政府和人民关心的焦点。1979年，联合国环境规划署召开的关于资源、环境、人口和发展相互关系的学术研讨会发表的声明中指出："环境、发展与人口增长已经形成一种三角关系，任何一方的情况改善将取决于其他两个方面。"这为全球环境治理观念的提出创造了条件。

全球治理理论是顺应世界多极化趋势而提出的，旨在对全球政治事务进行共同管理。1992年，28 位国际知名人士发起成立了"全球治理委员会"（Commission on Global Governance），该委员会于 1995 年发表了《天涯若比邻》（Our Global Neighborhood）这一研究报告，较为系统地阐述了全球治理的概念、价值以及全球治理同全球安全、经济全球化、改革联合国和加强全世界法治的关系。全球环境治理就是在这种形势下应运而生的一个新课题。随着各国环境保护运动的逐渐开展，全球性环境治理在政府和法律层面的影响逐步增强。国际上也试图通过加强国际立法来加大全球环境治理的影响。1989 年 3 月 5 日在英国伦敦召开了拯救臭氧层世界大会。1992 年 6 月在巴西里约热内卢举行了联合国环境与发展大会，各国政要签署通过了《里约环境与发展宣言》等五个重要文件，成为全球环境保护的一个里程碑。1997 年 12 月在日本京都达成了《京都议定书》。这一系列的国际会议和条约文件为全球环境治理的国际合作框架奠定了坚实的基础。全球环境治理正是在经济全球化的大背景下政府与社会、国家与国家之间在环境保护与开发领域的互动合作关系，它已经成为各国解决环境问题的一般模式。

基本特征 ①全球环境治理的实质是以全球环境治理机制为基础，而不是以正式的政府权威为基础。②全球环境治理存在一个由不同层次的行为者和运动构成的复杂结构，强调行为者的多元化和多样性。③全球环境治理的方式是参与、谈判和协调，强调程序的基本原则与实质的基本原则同等重要。④全球环境治理与全球秩序之间存在着紧密的联系，全球秩序包含世界政治不同发展阶段的常规化安排，其中一些安排是基础性的，而另一些则是程序化的。

核心要素 全球环境治理的核心要素包括五个方面。

全球环境治理的价值 在全球范围内所要达到的理想目标，应当是超越国家、种族、宗教、意识形态、经济发展水平之上的全人类的普世价值。

全球环境治理的规制 维护国际社会正常秩序、实现人类普世价值的规则体系，包括用以调节国际关系和规范国际秩序的所有跨国性的原则、规范、标准、政策、协议、程序等。

全球环境治理的主体 制定和实施全球规制的组织机构，主要有三类：各国政府、政府部门；正式的国际组织，如联合国、世界银行等；非正式的全球公民社会组织，如绿色和平组织。

全球环境治理的客体 已经影响或者将要影响全人类的、很难依靠单个国家得以解决的跨国性问题，主要包括生物多样性、气候变化等。

全球环境治理的效果 涉及对全球环境治理绩效的评估，集中体现为国际规制的有效性，具体包括国际规制的透明度、完善性、适应性、政府能力、权力分配、相互依存和知识基础等。

基本模式 在各环境治理主体参与全球环境治理的过程中，由于其自身特色以及在国际体系中的不同地位，体现出如下三种不同的治理模式。

国家中心环境治理模式 以主权国家为主要环境治理主体的治理模式。具体地说，就是主权国家在彼此关注的领域，出于对共同利益的考虑，通过协商、谈判而相互合作，共同处理问题，进而产生一系列国际环境协议或规制。

有限领域环境治理模式 以国际组织为主要环境治理主体的治理模式。具体地说，就是国际组织针对特定的领域开展活动，使相关成员国之间实现对话与合作，谋求实现共同利益。

网络环境治理模式 以非政府组织为主要治理主体的环境治理模式。具体地说，就是指在现存的跨组织关系网络中，针对特定环境问题，在信任和互利的基础上，为协调目标与偏好各异的行动者的策略而展开的合作管理。

实践与理论意义 虽然全球环境治理的理论还不十分成熟，尤其是在一些重大问题上还存在着很大的争议，但这一理论无论在实践上还是在理论上都具有十分积极的意义。就实践而言，随着全球化进程的日益深入，人类所面临的生态环境问题越来越具有全球性，需要国际社会的共同努力。全球环境治理顺应了这一世界历史发展的内在要求，有利于在全球化时代确立新的国际政治秩序。就理论而言，打破了社会科学中长期存在的两分法传统思维方式，即市场与计划、公共部门与私人部门、政治国家与公民社会、民族国家与国际社会等，把有效的管理看作是两者的合作过程；它力图发展起一套管理国内和国际公共事务的新规制和新机制；认为政府不是合法权力的唯一源泉，公民社会也同样是合法权力的来源；把治理看作是当代民主的一种新的现实形式等。所有这些都为推动政治学和国际政治学的理论发展起到了非常重要的作用。 （贺桂珍）

R

renkou- huanjing zhengce

人口-环境政策 （population and environmental policy） 为了解决人口-环境问题而制定的政策。

人口-环境问题，指因人口政策和环境政策不协调所引起的人与环境或人与自然关系恶化的问题，主要包括：由于人口数量过多、人的行为不当引起的资源枯竭、环境污染和生态破坏问题，以及由此引起的人的生活质量下降、健康水平恶化和环境难民等问题。人口-环境政策的内涵包括有计划地限制人口数量、控制人口增长速度、提高人口素质，使人口增长同经济发展、资源开发利用、环境与生态系统之间保持相互适应、相互协调的关系，是在研究人口状态与环境质量相互关系的基础上，从人口状态与环境资源承载力相适应的要求出发制定的人口发展战略和控制措施。

中国人口政策的制定始于20世纪70年代。1982年，党的十二大把实行计划生育确定为基本国策，同年11月写入新修订的《中华人民共和国宪法》。1990年以后，中央将人口问题提高到可持续发展战略的首要位置，提出在现代化建设中必须正确处理经济建设与人口资源环境的关系。1997年起，中央在原有的计划生育座谈会基础上陆续加入环境、资源议题，连续召开了人口资源环境工作座谈会。2001年颁布的《中华人民共和国人口与计划生育法》是对成熟政策的法律化，从立法上对我国人口-环境政策的基本内容做出了明确规范。2006年，党中央、国务院做出了《关于全面加强人口和计划生育工作统筹解决人口问题的决定》，其形成和颁布标志着我国人口和计划生育工作进入了新的阶段。

目前，我国的人口-环境政策主要有：①实行计划生育，控制人口过快增长。②根据环境资源和民族分布确定适度人口及控制目标。③鼓励人们向人口密度低的地区流动或迁移。④加强文化教育，提高人口素质等。

人口政策的实施有效地控制了人口的过快增长，缓解了我国人口、资源和环境之间的矛盾，并使我国人口生存和发展状况明显改善。但是，我国的人口发展也面临着严峻的考验，人口结构性矛盾突出，存在社会老龄化、未来劳动力缺乏、性别比例失调等问题；生态破坏和环境污染导致的人群健康问题严重。社会条件与人口状况新的变化，人口、资源与环境问题的挑战，都要求我国人口-环境政策要与时俱进、不断地发展与改善。 （马骅）

S

senlin shengtai yuce

森林生态预测 （forestry ecological forecast） 对由于人类社会经济活动造成的森林生态系统的变化及其影响的推测。

基本原理 森林有助于维持地球的生态平衡，是一个无价的生态、经济、文化系统。森林的健康状况将直接影响全球生态稳定和环境的可持续发展，而森林生态预测是人们了解森林生态状况的重要手段，因此有着非常重要的意义。

按照生态学基本原理，森林生态系统的结构决定其功能，而系统的最优结构和潜在功能很大程度上取决于森林立地质量，并和经营管理措施密切相关。健康森林能够维持其本身的结构复杂性和系统稳定性，生物和非生物因素（病虫害、环境污染、营林、林产品收获）不能威胁其当前和未来的经营目标，即充分满足人类对其价值、产品和生态服务功能等的需求。要构建健康森林和获得最好功能，必须借助合理经营措施，使森林结构适应立地潜力和功能要求，达到立地环境、系统结构、系统功能、经营管理的统一。

主要内容 森林生态预测一方面是对森林资源未来利用状况的预测分析，另一方面是对影响森林生态的因素进行预测。资源利用预测包括：森林资源（森林面积及其分布，森林覆盖率，森林蓄积量、消耗量和增产量），荒漠化、沙化与石漠化土地（分布、面积、特点以及土地退化现状和动态变化），湿地资源，野生动植物资源，森林生态（森林生态系统结构和功能）和其他专项预测。

影响森林生态系统状况的因素非常多，且随地区和森林类型而变化。森林灾害类型，肉眼可见的急性灾害有火灾、病害、虫害、鼠害、旱灾、风灾、生物入侵灾害等，肉眼难以观测的慢性灾害有水分亏缺、土壤污染、土壤酸化、营养不足等。造成森林灾害的胁迫因素有很多，监测这些胁迫因素往往是森林生态预测的重要内容。概括起来可分为系统结构胁迫（不合理的树种组成、密度、经营等）、有害生物胁迫（病菌、害虫、害鼠、入侵生物等）、土壤养分胁迫（土壤贫瘠、营养失衡、个体竞争等）、土壤水分胁迫（土壤干旱、生理干旱等）、气象胁迫（干旱、火灾、高温、低温、风、雹、冻雨、渍涝等）、污染胁迫（空气污染、土壤污染、土壤酸化、臭氧危害等）等。很多胁迫因素或是森林生态系统的组成部分，或是森林生态过程的驱动因素，相互之间关系复杂。通过预测，可了解森林的健康状况，发现危害森林生态环境的主要因素，有针对性地采取措施，保护森林生态环境。 （贺桂珍）

《Shangshi Gongsi Huanbao Hecha Hangye Fenlei Guanli Minglu》

《上市公司环保核查行业分类管理名录》 （Categorized Management List of Environmental Inspection on the Listed Companies） 环境保护部为进一步细化环保核查重污染行业分类，制定的用于指导各级环境保护局（厅）对中国境内的重污染行业中申请上市的企业和申请再融资的上市企业进行环境保护核查的名录资料。

制定背景 上市公司环境保护核查目的在于敦促上市企业严格执行国家环境保护法律、法规和政策，避免上市企业因环境污染问题带来投资风险，调控社会募集资金投向。上市公司环境保护核查起源于2001年9月国家环境保护总局发布的《关于做好上市公司环保情况核查工作的通知》（环发〔2001〕156号）。在国家环境保护总局发布了《关于对申请上市的企业和申请再融资的上市企业进行环境保护核查的通知》（环发〔2003〕101号）和《关于进一步规范重污染行业生产经营公司申请上市或再融资环境保护核查工作的通知》（环办〔2007〕105号）两份文件后，上市公司环保核查工作开始进入规范化阶段。但上市公司环境保护核查真正引发公众关注是在2008年1月9日中国证券监督管理委员会发行监管部发布了《关于重污染行业生产经营公司IPO申请申报文件的通知》（发行监管函〔2008〕6号）之后。2010年5月14日，环境保护部发布《关于上市公司环保核查后督查情况的通报》(环办〔2010〕67号)，认为紫金矿业集团股份有限公司、唐山冀东水泥股份有限公司、中国中煤能源股份有限公司等11家2007—2008年通过环境保护部环保核查的上市公司存在严重环保问题且尚未按期整改，存在较大环境风险。自此，对已通过环保核查的上市公司进行后督查的制度开始正式实施。

主要内容 《上市公司环保核查行业分类管理名录》列出了需要进行核查的上市公司行业，包含火电、钢铁、水泥、电解铝、煤炭、冶金、建材、采矿、化工、石化、制药、轻工、纺织和制革等14个行业。每个行业又具体细分为不同的类型进行核查。名录规定在这14个行业中，不能通过环保核查的企业将不得申请再融资，也不得申请上市。名录中未包含的类型暂不列入核查范围。

作用 《上市公司环保核查行业分类管理名录》的制定，有助于敦促相关重污染行业中申请上市的企业和申请再融资的上市企业严格执行国家环境保护法律、法规和政策，避免这些企业因环境污染问题带来投资风险，调控社会募集资金投向；有助于引导上市公司积极履行保护环境的社会责任，促使上市公司改进经营策略，实现可持续发展。

（王铁宇　朱朝云）

shehui huanjing jiaoyu

社会环境教育 （social environmental education） 又称业余环境教育或非正式环境教育。

目的 社会环境教育的目的是使社会每个成员都具有一定的环境保护意识，增强他们保护环境的自觉性和参与性，树立“保护环境光荣”和“保护环境人人有责”的社会风尚。

特点 规模大、范围广，渗透到社会的各个阶层和方面，具有十分广泛的群众性，是环境教育的一个重要方面。

教育内容、对象 社会环境教育内容以宣传普及环境保护基本知识为主。教育对象为全体人民，包括各级干部、企事业职工和城乡居民。

教育方式 社会环境教育方式多样，传统媒体方式包括广播、电视、电影（包括教学电影）、报纸、期刊等，新媒体方式如网络、手机等。此外，也可以通过创建环境教育示范基地来实现社会环境教育，动员有条件的单位参与创建活动，鼓励、引导、支持各基地开展环保生态科普知识展览、报告会、讲座，环境征文比赛、知识竞赛，环境科学漫画和环境摄影展览等形式多样、寓教于乐的环保主题活动。

作用 国家机关及其各部门负责人、工作人员接受环境教育培训，可以促使生态文明理念和依法保护环境意识深入决策层、管理层。对企事业职工，特别是国家和地方重点监控企业、环境违法企业人员的环境教育培训工作，能促使企业人员知法、懂法，自觉落实污染防治措施和污染治理主体责任。城乡居民是一个庞大的社会群体，通过环境教育培训和环保宣传，可以提高他们的环境意识，动员其广泛参

与到生态环境建设中，这是搞好环境保护的重要群众基础。（贺桂珍）

shehui huanjing yingxiang pingjia

社会环境影响评价（social environmental impact assessment，SEIA）为了尽量减免或补偿对社会环境的不良影响，或者尽可能改善社会环境质量，在待建项目或计划、政策实施之前，通过深入全面的调查研究，对影响区域及周围区域社会环境可能受到的影响的内容、作用机制、过程、趋势等进行系统全面的识别、模拟、预测和评价，并据此提出评断意见或预防、补偿与改进措施的过程。

通过对项目进行社会环境影响评价，可以在一定程度上确定项目建设对当地社会环境所带来的有利和不利的影响。针对不利因素采取措施，可以减少项目产生的不利影响和受损人群，也可以进一步明确项目所产生的有利影响是否能维持项目所在地区的可持续发展。

沿革 20世纪中期后环境影响评价中的社会因素评价逐渐受到重视。社会环境影响评价最早见于1969年的美国《国家环境政策法》，该法规定，在做出决策之前，对可能造成人类环境质量显著影响的任何活动应编写环境影响报告书，环境影响不仅包括生态影响，而且还应包括社会、健康、历史、经济和景观影响。20世纪70年代中期开始，欧美其他国家如英国、瑞典等逐步将环境影响评价的内容扩展到包括社会环境在内的广义环境层次。社会环境影响评价内容开始包含在工程计划或环境影响评价中，例如，埃及阿斯旺大坝建设前对文物古迹的搬迁和移民的安排；1977年美国得克萨斯州在调水计划中考虑了由此引起的蚊子传染脑炎问题等。美国学者西蒙兹（J.O. Simonds）在《大地景观：环境规划指南》一书中涉及了大量的与社会环境影响评价有关的内容。20世纪80年代以来，一些国际组织如世界银行、亚洲开发银行、联合国工业发展组织等，在向发展中国家提供援助的项目中提出了社会评价的要求，如公平分配、地区分配、就业、社会福利、地区经济发展等。1986年，美国俄克拉荷马大学的坎特（Canter）教授正式出版了第一本论述社会环境影响评价的专著——《社会环境影响评价》。1990年，加拿大温哥华环境影响评价国际会议的中心议题就是社会环境影响评价。1994年5月，美国颁布了社会影响评价的指南和原则，使环境影响评价中社会因素评价的内容和方法得到规范和提高。

美国的社会影响评价、英国的社会分析与世界银行开发投资中推行的社会评价，基本上属于同一类，着重于项目对当地社会环境影响的分析；加拿大推行的社会评价除分配效果外，还包括环境质量与国防能力等方面的影响；澳大利亚强调水资源项目的开发不仅要考虑项目本身的经济效益，而且要顾及水土资源的合理利用，项目可能产生的生态、环境及各种社会影响，并认为水资源项目没有地方政府和民众的参与和支持是不可能成功的；南非在灌溉项目的社会影响分析中，要求考虑增加粮食产量和粮食自供自给、增加外汇、增加就业机会、促进地区发展、收入的地区分配、促进农业和地区的经济发展等。

在经历了几十年经济快速发展后，我国政府逐渐认识到，环境以外的很多社会因素对项目与规划的实施影响非常大。环境问题引发的社会问题不断增多，暴露了环境影响评价对社会影响方面考虑的不足。在20世纪八九十年代，我国学者已开始关注社会环境影响评价，并在一些项目、工程的环境影响评价中考虑了社会影响，如长江流域水资源保护局和加拿大国际工程管理处分别于80年代后期完成的《三峡工程环境影响评价》和《三峡工程可行性研究报告》都有专章或专卷论述社会环境影响评价的内容。然而我国的环评法中尚无社会环境影响评价的内容，有关社会部分的内容也仅限于对公共参与的程序性要求。虽然在2011年修订的《环境影响评价技术导则　总纲》（HJ 2.1—2011）中增加了社会环境影响评价的内容，但从总体上看，我国还没有系统的社会环境影响评价方法，法律保障、评价标准和方法以及专业化的管理、评价机构都较为缺乏。当前在国内开展的各种环境影响评价中，社会环境影响评价仍是一个薄弱环节。

类型 在实践层面上，社会环境影响评价按评价的时间特征可分为社会环境回顾评价、社会环境现状评价与社会环境影响预测。按评价的空间层次可分为个体或群体环境影响评价（健康、心理、行为、安全等）、家庭—邻里—组织等社群的环境影响评价（社会关系、社会风尚、习俗、社会心理、意识等）、居住区社会环境影响评价、社区社会环境影响评价、区域社会环境影响评价。

由于社会环境的突出综合性，一般采用的评价方法是按综合性程度划分的，即单因子社会环境影响评价（如公路、桥梁、商业、通信、保险、自然景观开发等），单项社会环境影响评价（如工业、社会景观、第三产业、居住区等），综合社会环境影响评价（如开发区、移民、旧城市改造等）。单项社会环境影响评价又可细分为社会影响评价、经济环境影响评价、城镇住区社会环境影响评价、乡村住区社会环境影响评价、各类第三产业社会环境影响评价、工矿业社会环境影响评价、农业社会环境影响评价、社会景观影响评价、社会风险评价，其中每一项又可细分为各种不同单因子的社会环境影响评价，而且还可存在某些不同单项社会环境影响评价的综合评价类型，如开发区社会环境影响评价、社区开发社会环境影响评价等。移民的社会环境影响评价由于涉及大规模的社会环境整体移动重组与协调适应，更为复杂，是综合性很强的社会环境影响评价类型。

原则 由于社会环境影响评价追求社会环境大系统的多目标之间的整体优化、协调和平衡，而社会环境作为一个复杂多变的等级控制系统，在不同的层次上，控制目标和手段也不同，所以社会环境影响评价的评价原则也是一个分层次的等级系统，整体长期目标和原则通过逐级分解，细化成一系列局部、短期的具体目标和原则，两个方面在评价过程中都要兼顾。总体上，大致可分为三个层次，即宏观层次、中观层次和微观层次，每一层次内又分为横向的、纵向的和综合的三个方面。而贯穿这三个层次、三个方面的主线就是社会环境质量，围绕的中心是对社群持续稳定发展要求的最大限度的保证。

宏观层次原则 即在区域城乡体系社会环境影响总体评价上，特别是大型项目和长远规划评价时，主要追求的是区域社会环境的持续稳定发展这一长远目标，并兼顾全局利益。主要服从如下原则。

纵向上包括：①生态化原则。指的是一般生态系统存在与进化所应遵循的普遍性原则，特别指能量传递、物质转化、信息反馈和废物利用以及系统整体协调、平衡、稳定方面的内容。②适度倾向经济原则。在先期目标上，应向经济目标适度倾斜，在其他方面不致太受损失的情况下，优先发展经济，同时兼顾其他社会环境目标。这在发展中国家尤为适用。众所周知，经济上的可行性特别是近期可行性是项目可行性评价的极为优先的标准之一。③有利于社会稳定原则。有利于社会向协调、安定的方向进步或便于管理。④有利于社会化程度提高原则。⑤环境绿化、美化原则。⑥自然环境损失最小原则。

横向上包括：①主导功能原则。如合理的功能分区等。②融合原则。以主导功能因素为主，合理搭配辅助功能因素，不同功能区合理搭配，以利于充分发挥总体效益。③有序度增强原则（包括层次性原则）。④适度灵活原则。要为以后的发展留下足够的余地。

综合方向上包括：社会生态化原则；经济生态化原则；经济—环境平衡原则；社会—经济—生态—环境优化原则；整体效益最优原则。

中观层次原则 即在进行比较大的功能区的社会环境影响评价时，主要追求发挥功能区的主体效益和增加社区的福利，需要遵循如下原则。

纵向上包括：①立足本地资源优势原则。包括自然资源、人力资源、技术资源、资金、区位优势及信息、基础设施等方面的优势。②充分考虑中远期的产业扩散及产业替代原则。③有利于逐步开发社会资源潜力，减少对自然资源的依赖原则。④有利于公平提升社区福利原则。⑤生态环境恢复原则。统筹考虑项目实施前后生态环境的破坏，在项目施工过程中和完工后尽可能保护、恢复或再造生态环境。⑥充分开发景观原则。

横向上包括：有利于合理布局原则；有利于发挥主导功能优势原则；适度集约原则；与阶段性开发相一致原则；有利于废品循环利用原则；高输出效益原则；优化输入原则；便于管理原则；避害兴利原则；突出特色原则；最小风险原则。

综合方向上包括：有利于增强区位优势原则；城乡互补融合原则；充分提高景观利用效果原则；有利于产、供、销、服务一体化原则；有利于社区各功能中心紧凑原则；城乡布局多级中心原则；城乡各功能团布局以社区为主体，统筹安排原则；城乡各功能团艺术化、生态美化原则。

微观层次原则 要遵循如下原则：

纵向上包括：方便舒适原则；公平原则；合理原则；安全原则；有利于提高人口素质原则；有利于发挥基层创造性原则；有利于加强社会联系原则；有利于资源就近高效转化原则；废物资源化原则；有利于形成主题景观原则；提供足够开放空间原则。

横向上包括：有机分散原则；互利原则；匹配原则（功能、结构、规模三种类型）；耦合原则；无害原则；多重利用、多级利用原则；节省空间原则；网络联系原则；最少投入原则；美观原则；缺陷补偿原则。

综合方向上包括：以个人和家庭活动空间尺度全面合理规划安排与布局原则；有利于就业原则；服从总体利益原则；综合开发利用原则；充分利用开放空间原则；辅助性功能单位空间合并原则。

评价程序 社会环境影响评价的步骤主要是通过收集反映社会环境影响的基础数据和资料，筛选出社会环境影响评价因子，定量预测或定性描述评价因子的变化，并在分析正面和负面的社会环境影响的基础上，对负面影响提出相应的对策与措施（图 1）。

①基础数据和资料调查，筛选社会环境影响评价因子。

拟开发项目区域的基准情况调查。即调查项目区的社会背景资料，包括：当地社会人文情况、经济情况、自然资源情况及其他社会环境状况、社区基本情况等。此调查结果即为无项目时的背景资料。

在调查收集基本资料的基础上，分析评价项目的实施对当地社会的正负影响因素，遴选重要社会环境因子，进行影响程度识别，进而理清社会环境内部各层次、各因子之间的相互耦合适应机制和作用传递链网，以及它们与自然环境因子的关系，查明其中存在的薄弱环节以及问题的根源、开发潜力等，以便为下阶段影响预测、评价的开展提供明确的背景信息。

确定社会环境影响评价的目标与范围。根据项目建设的主要目标与功能和项目区的社会发展目标，提出社会环境影响评价的目标，并确定各种影响的地区范围与边界以及时间范围。

②进行影响过程分析和影响预测。利用现状评价过程提供的资料和结论，联系工程本身的性质、特点、进度安排等进行类比分析和综合分析，确定主要的受影响因素，预测影响程度、影响机制、影响作用方式、影响传递和反馈过程以及可能的影响最终结果。由于对社会环境的影响归根到底是对其中的人的影响，所以在选择社会环境因子和评价指标、标准时，必须始终围绕和反映人的各种需求，并在对现实环境条件、关系和影响分析的过程中建立适当的标准体系，对这些因子和指标进行权重分配与影响程度识别。

③根据上述分析和已有资料，建立评价模型，并调试、修正直到满意为止。将最新获得的数据和资料，输入模型运行得出评价结果。评价结果的社会环境意义要明显，易于解释。

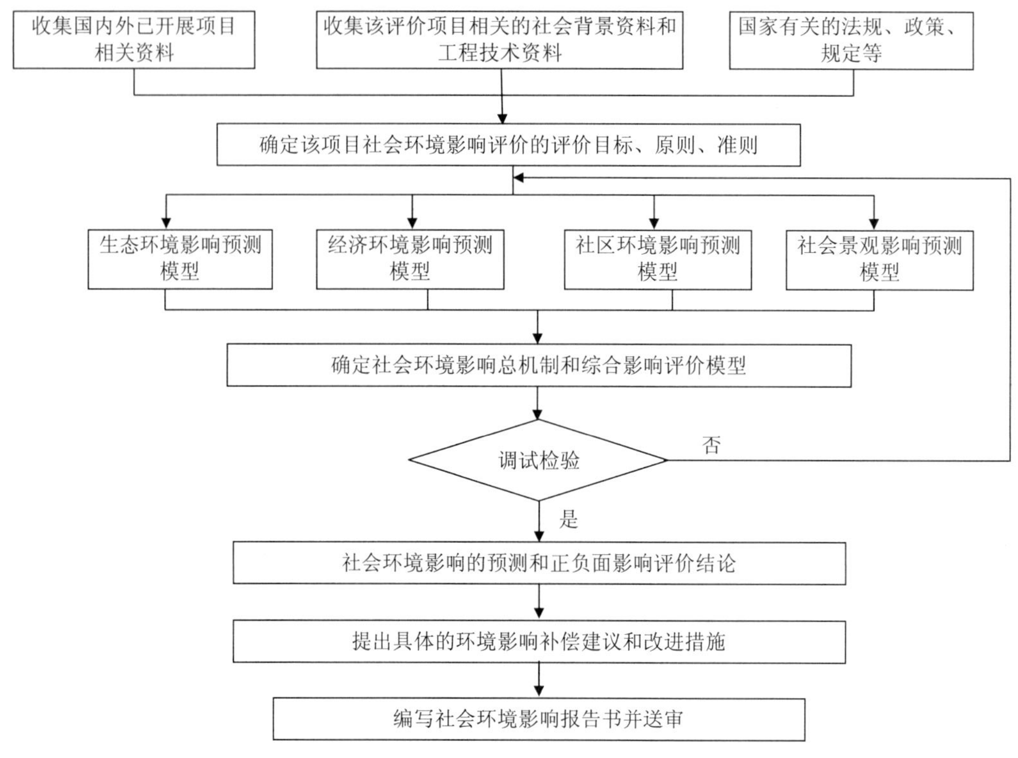

图 1　社会环境影响评价的一般流程

④对策与措施。根据评价结果解释得出评价结论，包括环境影响具体过程、机制和最终可能结果，特别是要提出对关键环境影响因子的具体影响方式及其与影响结果的函数关系，以便确定需着重注意的环节、补偿措施和改进手段。

为确保提出的补偿措施、改进建议得到切实的贯彻实施，便于领导层的决策管理，并考虑到贯彻过程的长期性、连续性、稳定性及应有的权威性，应在管理体制的建立健全，组织和立法保证以及经济、技术手段的系统完善等方面，依据评价结论和目标，提出较为具体详尽的意见和建议，并指明应注意的问题、要点，列出各种可供采用的具体选择方案、手段和应急措施等，以便评价结果转化为具体可行的操作指南。

⑤编写社会环境影响报告书并送审。

评价准则　对纷繁复杂的社会现象和问题，往往需要一个较为系统的评价变量和指标体系。但应认识到，评价工作的最终任务是明确提出主要的潜在影响和修正意见，因而，对于那些通常缺乏统一量化标准的社会影响变量，需要确定一个简单适用而又能实现综合统一的评价准则。参考世界银行和布兰奇（Branch）等 1997 年提出的评价标准，对于规划或建设项目社会环境影响的最终评价，建议缩减为几个简洁的核心问题（图 2）。

评价指标体系　我国建设项目社会评价的主要内容包括项目对社会经济的贡献、合理利用自然资源、自然与生态环境影响以及社会环境影响四个方面的若干社会因素。由于自然与生态环境影响是环境影响评价的主要内容，社会环境影响评价应选择其他三个方面内容进行评价。不同行业类别项目的社会环境影响评价相差较大，具体评价时，应根据项目的具体情况选择相关的评价指标。由于指标是用来反映系统特征的参数，所以必须是全面、简明、

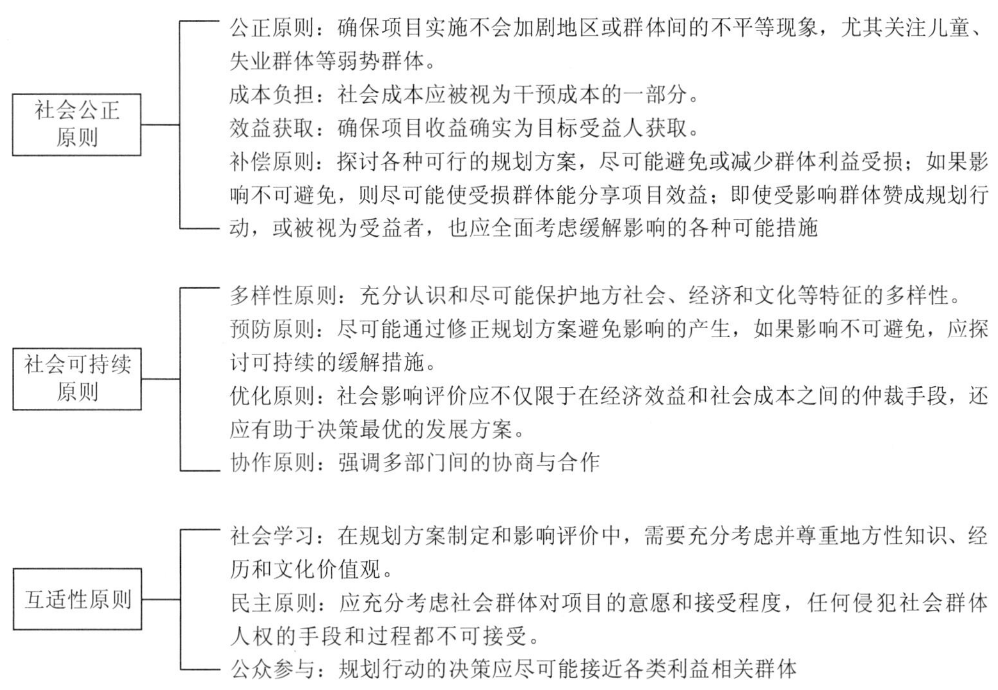

图 2　社会影响评价的基本准则

易定量的。可参考选用以下一些指标系或其中的某些子系，来进行单项社会环境影响评价或不同类型、不同综合程度的社会环境影响评价。①社会环境质量综合指数、社会环境容量。②社群环境质量指数、经济环境质量指数、景观质量指数。③城镇或乡村环境质量综合指数及相应环境容量。④社会化水平、恩格尔系数、经济发展水平、经济结构完善程度、景观多样性指数、景观美学指数。⑤社会问题指数、社会化潜力指数、经济缺失指数、经济发展潜力指数、景观破坏指数、景观改善潜力指数等。⑥社群各子系统、经济环境各子系统、景观各子系统与④、⑤两项相应指数。⑦人口密度，就业状况，文化程度，人均收入、福利，人均医疗费用，健康、消费水平，工作时间，闲暇时间，社会关系，文化娱乐，满意程度，人均住房，人均绿地及城乡住房系统，绿地系统布局，参加保险人数比例，文化设施、基础设施水平等。⑧资源利用水平及效益、资源依赖程度、高科技产业比重、服务业发展程度及水平、机会与风险、社区区位、商品化程度、专业化程度、协作水平、废物回收利用率及相应各因子动态等。⑨景观的各组成因子状况及协调程度。⑩各保障系统的组成、效益、不足之处，如防灾抗灾机构、设施、人员、经费、技术水平、运作机制、环保、保险、安全方面的相应状况等。

评价方法　由于社会环境的高度复杂性，各因素之间存在的广泛联系与多变特征以及难以定量的变量众多，社会环境影响评价方法的建立与选择应既具有明确的环境质量变化显示意义，又具有足够的灵活性，综合系统地应用相关社会科学、技术科学及自然科学的理论、概念、模型，以定性评价为主、定量评价为辅，形成一套相互兼容的综合评价方法体系。

环境质量的费用-效益分析法　是经济学中的费用-效益分析法在环境经济系统中的推广和应用。它将环境质量与经济分析综合起来，从经济效果上对项目或计划的社会环境影响进行评估。它对社会环境系统中的经济系统尤其适用，是目前社会环境影响评价中比较成熟的方法，已获得广泛承认，后来又被扩展到对公正分配、失业与就业、投资计划、交通、城市发展、娱乐活动、电站、卫生、教育、福利和收入分配的评价。它建立在对社会环境的如下认识上：社会行为中经济动机的普遍性；大多数公共决策的多目标性；具有比经济效率更为广泛的社会目标。局限是并非所有的社会环境因素都可折算成货币价值。

列表法 以清单或表格的方式列出项目可能影响的所有社会环境参数。适用于社会环境因子的初步影响识别。缺点是不能清楚地显示影响过程、影响程度及综合效果。

矩阵法 类似于列表法，只是表示方式不同，它还可用数字大致表示影响的因果联系、影响程度及相对重要性。

网络法 以连续的影响传递链条网络表示项目对社会环境影响的因果关系和影响传递过程，给人以直观而全面的印象。

叠图法 可用于表示单项或多项社会环境因子的地理分布及影响动态变化，直观而明晰。主要适用于河流整治规划、工程可行性研究和工程比较方案的选择等方面。缺点是难于直接标明具体因果关系，难以区别直接影响和间接影响，而且需收集大量资料，费工费钱。

景观分析法 对社会景观的组成、结构、多样性和美学（视觉）效果进行评价。目前还没有成熟的模式。

层次分析法 按层级顺序对系统进行逐级综合分析评价。目前主要在自然环境影响评价中应用，在社会环境影响评价方面需改进。方法的评价步骤如下：建立层次结构模型；确定准则层及子准则层权重；建立评语集；多目标综合评价；将各指标的评语集按权重进行逐层叠加，得到项目社会影响综合评价的最后评分。

动态分析法 对系统的动态变化机制和过程进行分析模拟的定性评价方法，在社会环境影响评价中正得到发展。

系统动态学模型 是针对非线性系统广泛适用的计算机仿真方法，在社会环境影响评价中应用需解决难定量系统的定量化问题。

有无对比分析法 社会评价中比较常用的方法之一，主要是对有项目情况与无项目情况进行对比分析。该方法通过有无对比分析以确定拟建项目引起的社会变化，即有项目情况下产生的各种效益与影响的性质和程度。重点分析有项目情况时产生的效益减去无项目情况时的效益所增效益产生的各种影响程度及其大小。

其他方法还有专家系统法、数据包络分析方法、能值分析方法、逻辑框架分析法、利益群体分析法等。

作用 社会系统本身结构及运行的复杂性，决定了社会环境影响评价的作用也是广泛的。

①社会环境影响评价的基本功能是反映信息。随着社会向复杂化方向发展，直接经验在作为判断基础方面所发挥的作用越来越小，与之相比，作为中介物的符号形式的信息所发挥的作用更大。项目的终极目的是为社会、为人服务，不同社会领域的人对项目的态度会给环评提供很多有用的信息和不同领域的知识，为环评提供高瞻远瞩的基石。社会环境影响评价为公众参与提供了更广阔的空间。

②预测功能。社会环境影响评价根据已占有的项目社会背景资料，在对过去、现在各种社会因素分析的基础上，对未来可能产生的社会环境影响进行预测。社会环境影响评价的预测功能主要有预测发展和预测问题，实质上也就是预测正面影响和负面影响。

③监测影响。项目或规划在环评中都有非常明确的环境指标和总体环境目标。一个项目或规划同时也应当有明确的社会目标，这个社会目标可以分解成若干个社会指标。通过监测这些社会指标在项目或规划实施各阶段的变化情况，可以清晰地看到其正负面影响，以此来调控工程的进度、环境指标、工艺措施等。社会指标的监测作用可以确保项目或规划总体环境目标的实现。

④横纵比较。与不同地区、不同国家的同类项目做横向比较，可以得知正在实施的项目或规划社会环境影响的大小。在纵向比较中，可以得知项目或规划在社会发展中所占的位置。通过比较可以避免许多环境与社会效益方面的损失。 （贺桂珍）

《Shehui Shenghuo Huanjing Zaosheng Paifang Biaozhun》

《社会生活环境噪声排放标准》（Emission Standard for Community Noise） 用于规定营业性文化娱乐场所和商业经营活动中可能产生环境噪声污染的设备、设施边界噪声排放限值和测量方法的规范性文件。该标准适用于对营业性文化娱乐场所、商业经营活动中使用的向环境排放噪声的设备、设施的管理、评价与控制。该标准对于防治社会生活噪声污染，改善声环境质量具有重要意义。

《社会生活环境噪声排放标准》(GB 22337—2008）由环境保护部和国家质量监督检验检疫总局于 2008 年 8 月 19 日联合发布，自同年 10 月 1 日起实施。

主要内容 该标准规定社会生活噪声排放源边界噪声不得超过表 1 规定的排放限值。在社会生活噪声排放源边界处无法进行噪声测量或测量的结果不能如实反映其对噪声敏感建筑物的影响程度的情况下，噪声测量应在可能受影响的敏感建筑物窗外 1 m 处进行。当社会生活噪声排放源边界与噪声敏感建筑物距离小于 1 m 时，应在噪声敏感建筑物的室内测量，并将表 1 中相应的限值减 10 dB（A）作为评价依据。在社会生活噪声排放源位于噪声敏感建筑物内情况下，噪声通过建筑物结构传播至噪声敏感建筑物室内时，噪声敏感建筑物室内等效声级不得超过表 2 和表 3 规定的限值。对于在噪声测量期间发生非稳态噪声（如电梯噪声等）的情况，最大声级超过限值的幅度不得高于 10 dB（A）。

表 1 社会生活噪声排放源边界噪声排放限值

单位：dB（A）

边界外声环境功能区类别	时段	
	昼间	夜间
0	50	40
1	55	45
2	60	50
3	65	55
4	70	55

表 2 结构传播固定设备室内噪声排放限值（等效声级）

单位：dB（A）

噪声敏感建筑物声环境所处功能区类别 \ 时段 \ 房间类型	A 类房间		B 类房间	
	昼间	夜间	昼间	夜间
0	40	30	40	30
1	40	30	45	35
2、3、4	45	35	50	40

注：A 类房间指以睡眠为主要目的，需要保证夜间安静的房间，包括住宅卧室、医院病房、宾馆客房等。B 类房间指主要在昼间使用，需要保证思考与精神集中、正常讲话不被干扰的房间，包括学校教室、会议室、办公室、住宅中卧室以外的其他房间等。

表 3 结构传播固定设备室内噪声排放限值（倍频带声压级）

单位：dB

噪声敏感建筑所处声环境功能区类别	时段	倍频带中心频率/Hz \ 房间类型	室内噪声倍频带声压级限值				
			31.5	63	125	250	500
0	昼间	A、B 类房间	76	59	48	39	34
	夜间	A、B 类房间	69	51	39	30	24
1	昼间	A 类房间	76	59	48	39	34
		B 类房间	79	63	52	44	38
	夜间	A 类房间	69	51	39	30	24
		B 类房间	72	55	43	35	29
2、3、4	昼间	A 类房间	79	63	52	44	38
		B 类房间	82	67	56	49	43
	夜间	A 类房间	72	55	43	35	29
		B 类房间	76	59	48	39	34

（陈鹏）

shengchanzhe zeren yanshen zhidu

生产者责任延伸制度（extended producer's responsibility，EPR） 通过将产品生产者的责

任延伸到其产品的整个生命周期，特别是产品消费后的回收处理和再生利用阶段，以促进改善生产系统整个生命周期内的环境影响状况的一种环境保护政策原则或管理制度。

目的 基本目的是激励生产者通过改变产品设计或者改进生产技术来改善产品在其生命周期中的环境绩效和减少能量与原材料的使用。长远目的是通过更有效率的资源使用和减少资源的消耗，来促进可持续消费模式的发展。可以通过以下几种方式实现：①预防废弃物的产生。②选择环境友好型的原材料和处理加工过程。③提高产品的使用寿命。④设计能够重复回收利用的产品。⑤提高产品的再利用、循环利用和再生率。⑥将报废产品废弃物管理成本转移至生产者身上，充分体现污染者付费原则。

责任延伸范围 ①行为责任：该制度规定生产者需要采取一定的行动参与产品消费后的回收和处理，并达到一定标准。②经济责任：该制度规定生产者需要承担其产品的全部或部分回收、处理过程和最终处置所产生的成本，这些成本可以由生产者直接支付给回收处理者，或通过向特定的基金组织缴费，实行集中管理。③法律责任：生产者需要承担其产品在生产过程、使用过程中或者废弃所造成的环境损失的责任。④信息责任：生产者有通过不同方式提供产品及其生产过程的环境影响特性信息的责任。 （韩竞一）

《Shenghuo Laji Fenshao Wuran Kongzhi Biaozhun》

《生活垃圾焚烧污染控制标准》 （Standard for Pollution Control on the Municipal Solid Waste Incineration） 用于规定生活垃圾焚烧厂选址原则、技术要求、入炉废物要求、运行要求、排放控制要求、监测要求、实施与监督等要求的规范性文件。该标准适用于生活垃圾焚烧厂的设计、环境影响评价、竣工验收以及运行过程中的污染控制及监督管理。掺加生活垃圾质量超过入炉（窑）物料总质量 30%的工业炉窑以及生活污水处理设施产生的污泥、一般工业固体废物的专用焚烧炉的污染控制参照该标准执行。

《生活垃圾焚烧污染控制标准》（GB 18485—2014）由环境保护部于 2014 年 4 月 28 日批准。新建生活垃圾焚烧炉自 2014 年 7 月 1 日、现有生活垃圾焚烧炉自 2016 年 1 月 1 日起执行该标准，《生活垃圾焚烧污染控制标准》（GB 18485—2001）自 2016 年 1 月 1 日废止。各地也可根据当地环境保护的需要和经济、技术条件，由省级人民政府批准提前实施该标准。该标准对于保护环境，防治污染，促进生活垃圾焚烧处理技术的进步具有重要意义。

主要内容 生活垃圾焚烧炉的主要技术性能指标应满足下列要求。炉膛内焚烧温度、炉膛内烟气停留时间和焚烧炉渣热灼减率应满足表 1 的要求。2015 年 12 月 31 日前，现有生活垃圾焚烧炉排放烟气中一氧化碳浓度执行 GB 18485—2001 中规定的限值。自 2016 年 1 月 1 日起，现有生活垃圾焚烧炉排放烟气中一氧化碳浓度执行表 2 规定的限值。自 2014 年 7 月 1 日起，新建生活垃圾焚烧炉排放烟气中一氧化碳浓度执行表 2 规定的限值。

焚烧炉烟囱高度不得低于表 3 规定的高度，具体高度应根据环境影响评价结论确定。如果在烟囱周围 200 m 半径距离内存在建筑物时，烟囱高度应至少高出这一区域内最高建筑物 3 m。

2015 年 12 月 31 日前，现有生活垃圾焚烧炉排放烟气中污染物浓度执行 GB 18485—2001 中规定的限值。自 2016 年 1 月 1 日起，现有生活垃圾焚烧炉排放烟气中污染物浓度执行表 4 规定的限值。自 2014 年 7 月 1 日起，新建生活垃圾焚烧炉排放烟气中污染物浓度执行表 4 规定的限值。

生活污水处理设施产生的污泥、一般工业固体废物的专用焚烧炉排放烟气中二噁英类污染物浓度执行表 5 中规定的限值。

焚烧炉大气污染物浓度监测时的测定方法采用表 6 所列的方法标准。

表 1　生活垃圾焚烧炉主要技术性能指标

序号	项目	指标	检验方法
1	炉膛内焚烧温度	≥850℃	在二次空气喷入点所在断面、炉膛中部断面和炉膛上部断面中至少选择两个断面分别布设监测点，实行热电偶实时在线测量
2	炉膛内烟气停留时间	≥2s	根据焚烧炉设计书检验和制造图核验炉膛内焚烧温度监测点断面间的烟气停留时间
3	焚烧炉渣热灼减率	≤5%	HJ/T 20

表 2　新建生活垃圾焚烧炉排放烟气中一氧化碳浓度限值

取值时间	限值/（mg/m^3）	监测方法
24h 均值	80	HJ/T 44
1h 均值	100	

表 3　焚烧炉烟囱高度

焚烧处理能力/（t/d）	烟囱最低允许高度/m
＜300	45
≥300	60

注：在同一厂区内如同时有多台焚烧炉，则以各焚烧炉焚烧处理能力总和作为评判依据。

表 4　生活垃圾焚烧炉排放烟气中污染物限值

序号	污染物项目	限值	取值时间
1	颗粒物/（mg/m^3）	30	1h 均值
		20	24h 均值
2	氮氧化物（NO_x）/（mg/m^3）	300	1h 均值
		250	24h 均值
3	二氧化硫（SO_2）/（mg/m^3）	100	1h 均值
		80	24h 均值
4	氯化氢（HCl）/（mg/m^3）	60	1h 均值
		50	24h 均值
5	汞及其化合物(以 Hg 计)/(mg/m^3)	0.05	测定均值
6	镉、铊及其化合物（以 Cd+Tl 计）/（mg/m^3）	0.1	测定均值
7	锑、砷、铅、铬、钴、铜、锰、镍及其化合物(以 Sb+As+Pb+ Cr+Co +Cu+Mn+Ni 计）/（mg/m^3）	1.0	测定均值
8	二噁英类/（ng TEQ/m^3）	0.1	测定均值
9	一氧化碳（CO）/（mg/m^3）	100	1h 均值
		80	24h 均值

表 5　生活污水处理设施产生的污泥、一般工业固体废物专用焚烧炉排放烟气中二噁英类限值

焚烧处理能力/（t/d）	二噁英类排放限值/（ng TEQ/m^3）	取值时间
＞100	0.1	测定均值
50～100	0.5	测定均值
＜50	1.0	测定均值

表 6 污染物浓度测定方法

序号	污染物项目	方法标准名称	标准编号
1	颗粒物	固定污染源排气中颗粒物测定与气态污染物采样方法	GB/T 16157
2	二氧化硫（SO_2）	固定污染源排气中二氧化硫的测定　碘量法	HJ/T 56
		固定污染源排气中二氧化硫的测定　定电位电解法	HJ/T 57
		固定污染源废气　二氧化硫的测定　非分散红外吸收法	HJ 629
3	氮氧化物(NO_x)	固定污染源排气中氮氧化物的测定　紫外分光光度法	HJ/T 42
		固定污染源排气中氮氧化物的测定　盐酸萘乙二胺分光光度法	HJ/T 43
		固定污染源废气　氮氧化物的测定　定电位电解法	HJ 693
4	氯化氢（HCl）	固定污染源排气中氯化氢的测定　硫氰酸汞分光光度法	HJ/T 27
		固定污染源排气中氯化氢的测定　硝酸银容量法（暂行）	HJ 548
		环境空气和废气　氯化氢的测定　离子色谱法（暂行）	HJ 549
5	汞	固定污染源废气　汞的测定　冷原子吸收分光光度法（暂行）	HJ 543
6	镉、铊、砷、铅、铬、锰、镍、锡、锑、铜、钴	空气和废气　颗粒物中铅等金属元素的测定　电感耦合等离子体质谱法	HJ 657
7	二噁英类	环境空气和废气　二噁英类的测定　同位素稀释高分辨气相色谱-高分辨质谱法	HJ 77.2
8	一氧化碳（CO）	固定污染源排气中一氧化碳的测定　非色散红外吸收法	HJ/T 44

（陈鹏）

《Shenghuo Laji Tianmaichang Wuran Kongzhi Biaozhun》

《生活垃圾填埋场污染控制标准》（Standard for Pollution Control on the Landfill Site of Municipal Solid Waste） 规定了生活垃圾填埋场选址要求、工程设计与施工要求、填埋废物的入场条件、填埋作业要求、封场及后期维护与管理要求、污染物排放限值及环境监测等要求的规范性文件。该标准适用于生活垃圾填埋场建设、运行和封场后的维护与管理过程中的污染控制和监督管理，其部分规定也适用于与生活垃圾填埋场配套建设的生活垃圾转运站的建设、运行。该标准对于防治生活垃圾填埋处置造成的污染，保护和改善生态环境，保障人体健康具有重要意义。

《生活垃圾填埋场污染控制标准》（GB 16889—2008）由环境保护部和国家质量监督检验检疫总局于2008年4月2日联合发布，同年7月1日起实施。《生活垃圾填埋污染控制标准》（GB 16889—1997）作废。

主要内容 生活垃圾填埋场的选址应符合区域性环境规划、环境卫生设施建设规划和当地的城市规划。生活垃圾填埋场场址不应选在城市工农业发展规划区、农业保护区、自然保护区、风景名胜区、文物（考古）保护区、生活饮用水水源保护区、供水远景规划区、矿产资源储备区、军事要地、国家保密地区和其他需要特别保护的区域内。

生活垃圾焚烧飞灰和医疗废物焚烧残渣（包括飞灰、底渣）经处理后满足下列条件，可以进入生活垃圾填埋场填埋处置：①含水率小于30%；②二噁英含量（或等效毒性量）低于3 μg/kg；③按照《固体废物 浸出毒性浸出方法 醋酸缓冲溶液法》（HJ/T 300）制备的浸出液中危害成分质量浓度低于表1规定的限值。④一般工业固体废物经处理后，按照HJ/T 300制备的浸出液中危害成分质量浓度低于表1规定的限值，可以进入生活垃圾填埋场填埋处置。⑤经处理后满足入场要求的生活垃圾焚烧飞灰、医疗废物焚烧残渣和一般工业固体废物在生活垃圾填埋场中应单独分区填埋。⑥厌氧产沼等生物处理后的固态残余物、粪便经处理后的固态残余物和生活污水处理厂污泥经处理后含水率小于60%，可以进入生活垃圾填埋场填埋处置。⑦处理后满足入场要求的废物应由地方环境保护行政主管部门认可的监测部门检测、经地方环境保护行政主管部门批准后，方可进入生活垃圾填埋场。⑧下列废物不得在生活垃圾填埋场中填埋处置：除符合入场规定的生活垃圾焚烧飞灰以外的危险废物；未经处理的餐饮废物；未经处理的粪便；禽畜养殖废物；电子废物及其处理处置残余物；除本填埋场产生的渗滤液之外的任何液态废物和废水。国家环境保护标准另有规定的除外。

生活垃圾填埋场的封场系统应包括气体导排层、防渗层、雨水导排层、最终覆土层、植被层。气体导排层应与导气竖管相连。导气竖管应高出最终覆土层上表面10cm以上。封场系统应控制坡度，以保证填埋堆体稳定，防止雨水侵蚀。封场系统的建设应与生态恢复相结合，并防止植物根系对封场土工膜的损害。封场后进入后期维护与管理阶段的生活垃圾填埋场，应继续处理填埋场产生的渗滤液和填埋气，并定期进行监测，直到填埋场产生的渗滤液中水污染物质量浓度连续两年低于表2、表3中的限值。

表1 浸出液污染物质量浓度限值

序号	污染物项目	质量浓度限值/（mg/L）	序号	污染物项目	质量浓度限值/（mg/L）
1	汞	0.05	7	钡	25
2	铜	40	8	镍	0.5
3	锌	100	9	砷	0.3
4	铅	0.25	10	总铬	4.5
5	镉	0.15	11	六价铬	1.5
6	铍	0.02	12	硒	0.1

表 2　现有和新建生活垃圾填埋场水污染物排放质量浓度限值

序号	控制污染物	排放质量浓度限值	污染物排放监控位置
1	色度（稀释倍数）	40	常规污水处理设施排放口
2	化学需氧量（COD_{Cr}）/（mg/L）	100	常规污水处理设施排放口
3	生化需氧量（BOD_5）/（mg/L）	30	常规污水处理设施排放口
4	悬浮物/（mg/L）	30	常规污水处理设施排放口
5	总氮/（mg/L）	40	常规污水处理设施排放口
6	氨氮/（mg/L）	25	常规污水处理设施排放口
7	总磷/（mg/L）	3	常规污水处理设施排放口
8	粪大肠菌群数/（个/L）	10 000	常规污水处理设施排放口
9	总汞/（mg/L）	0.001	常规污水处理设施排放口
10	总镉/（mg/L）	0.01	常规污水处理设施排放口
11	总铬/（mg/L）	0.1	常规污水处理设施排放口
12	六价铬/（mg/L）	0.05	常规污水处理设施排放口
13	总砷/（mg/L）	0.1	常规污水处理设施排放口
14	总铅/（mg/L）	0.1	常规污水处理设施排放口

表 3　现有和新建生活垃圾填埋场水污染物特别排放限值

序号	控制污染物	排放质量浓度限值	污染物排放监控位置
1	色度（稀释倍数）	30	常规污水处理设施排放口
2	化学需氧量（COD_{Cr}）/（mg/L）	60	常规污水处理设施排放口
3	生化需氧量（BOD_5）/（mg/L）	20	常规污水处理设施排放口
4	悬浮物/（mg/L）	30	常规污水处理设施排放口
5	总氮/（mg/L）	20	常规污水处理设施排放口
6	氨氮/（mg/L）	8	常规污水处理设施排放口
7	总磷/（mg/L）	1.5	常规污水处理设施排放口
8	粪大肠菌群数/（个/L）	10 000	常规污水处理设施排放口
9	总汞/（mg/L）	0.001	常规污水处理设施排放口
10	总镉/（mg/L）	0.01	常规污水处理设施排放口
11	总铬/（mg/L）	0.1	常规污水处理设施排放口
12	六价铬/（mg/L）	0.05	常规污水处理设施排放口
13	总砷/（mg/L）	0.1	常规污水处理设施排放口
14	总铅/（mg/L）	0.1	常规污水处理设施排放口

（陈鹏）

《Shenghuo Yinyongshui Weisheng Biaozhun》

《生活饮用水卫生标准》（Standards for Drinking Water Quality）　对生活饮用水质量应控制项目及其限值做出规定的规范性文件。该标准规定了生活饮用水水质卫生要求、生活饮用水水源水质卫生要求、集中式供水单位卫生要求、二次供水卫生要求、涉及生活饮用水卫生安全产品卫生要求、水质监测和水质检验方法。适用于城乡各类集中式供水的生活饮用水，也适用于分散式供水的生活饮用水。该标准的制定有助于保证饮用水的安全，是进行水质评价和监督执法的重要依据。

《生活饮用水卫生标准》（GB 5749—2006）由卫生部和国家标准化管理委员会于 2006 年 12 月 29 日联合发布，自 2007 年 7 月 1 日起实施。《生活饮用水卫生标准》（GB 5749—1985）

同时废止。

《生活饮用水卫生标准》于 1985 年 8 月首次发布，2006 年第一次修订。

主要内容 生活饮用水水质卫生要求是该标准的核心内容，包括水质常规指标及限值（表 1）、饮用水中消毒剂常规指标及要求（表 2）、水质非常规指标及限值（表 3）、小型集中式供水和分散式供水部分水质指标及限值（表 4）。

表 1 水质常规指标及限值

指标	限值
1．微生物指标①	
总大肠菌群/（MPN/100 mL 或 CFU/100 mL）	不得检出
耐热大肠菌群/（MPN/100 mL 或 CFU/100 mL）	不得检出
大肠埃希氏菌/（MPN/100 mL 或 CFU/100 mL）	不得检出
菌落总数/（CFU/mL）	100
2．毒理指标	
砷/（mg/L）	0.01
镉/（mg/L）	0.005
铬（六价）/（mg/L）	0.05
铅/（mg/L）	0.01
汞/（mg/L）	0.001
硒/（mg/L）	0.01
氰化物/（mg/L）	0.05
氟化物/（mg/L）	1.0
硝酸盐（以 N 计）/（mg/L）	10 地下水源限制时为 20
三氯甲烷/（mg/L）	0.06
四氯化碳/（mg/L）	0.002
溴酸盐（使用臭氧时）/（mg/L）	0.01
甲醛（使用臭氧时）/（mg/L）	0.9
亚氯酸盐（使用二氧化氯消毒时）/（mg/L）	0.7
氯酸盐（使用复合二氧化氯消毒时）/（mg/L）	0.7
3．感官性状和一般化学指标	
色度（铂钴色度单位）	15
浑浊度（散射浊度单位）/NTU	1 水源与净水技术条件限制时为 3
臭和味	无异臭、异味
肉眼可见物	无
pH	不小于 6.5 且不大于 8.5
铝/（mg/L）	0.2
铁/（mg/L）	0.3
锰/（mg/L）	0.1
铜/（mg/L）	1.0
锌/（mg/L）	1.0
氯化物/（mg/L）	250
硫酸盐/（mg/L）	250
溶解性总固体/（mg/L）	1 000

续表

指标	限值
总硬度（以 $CaCO_3$ 计）/（mg/L）	450
耗氧量（COD_{Mn} 法，以 O_2 计）/（mg/L）	3 水源限制，原水耗氧量>6 mg/L 时为 5
挥发酚类（以苯酚计）/（mg/L）	0.002
阴离子合成洗涤剂/（mg/L）	0.3
4．放射性指标[②]	指导值
总α放射性/（Bq/L）	0.5
总β放射性/（Bq/L）	1

注：①MPN 表示最可能数；CFU 表示菌落形成单位。当水样检出总大肠菌群时，应进一步检验大肠埃希氏菌或耐热大肠菌群；水样未检出总大肠菌群，不必检验大肠埃希氏菌或耐热大肠菌群。

②放射性指标超过指导值，应进行核素分析和评价，判定能否饮用。

表 2　饮用水中消毒剂常规指标及要求

消毒剂名称	与水接触时间	出厂水中限值	出厂水中余量	管网末梢水中余量
氯气及游离氯制剂（游离氯）/（mg/L）	≥30 min	4	≥0.3	≥0.05
一氯胺（总氯）/（mg/L）	≥120 min	3	≥0.5	≥0.05
臭氧（O_3）/（mg/L）	≥12 min	0.3		≥0.02 如加氯，总氯≥0.05
二氧化氯（ClO_2）/（mg/L）	≥30 min	0.8	≥0.1	≥0.02

表 3　水质非常规指标及限值

指标	限值
1．微生物指标	
贾第鞭毛虫/（个/10 L）	<1
隐孢子虫/（个/10 L）	<1
2．毒理指标	
锑/（mg/L）	0.005
钡/（mg/L）	0.7
铍/（mg/L）	0.002
硼/（mg/L）	0.5
钼/（mg/L）	0.07
镍/（mg/L）	0.02
银/（mg/L）	0.05
铊/（mg/L）	0.000 1
氯化氰（以 CN^- 计）/（mg/L）	0.07
一氯二溴甲烷/（mg/L）	0.1
二氯一溴甲烷/（mg/L）	0.06
二氯乙酸/（mg/L）	0.05
1,2-二氯乙烷/（mg/L）	0.03
二氯甲烷/（mg/L）	0.02
三卤甲烷（三氯甲烷、一氯二溴甲烷、二氯一溴甲烷、三溴甲烷的总和）	该类化合物中各种化合物的实测浓度与其各自限值的比值之和不超过 1
1,1,1-三氯乙烷/（mg/L）	2
三氯乙酸/（mg/L）	0.1

续表

指标	限值
三氯乙醛/（mg/L）	0.01
2,4,6-三氯酚/（mg/L）	0.2
三溴甲烷/（mg/L）	0.1
七氯/（mg/L）	0.000 4
马拉硫磷/（mg/L）	0.25
五氯酚/（mg/L）	0.009
六六六（总量）/（mg/L）	0.005
六氯苯/（mg/L）	0.001
乐果/（mg/L）	0.08
对硫磷/（mg/L）	0.003
灭草松/（mg/L）	0.3
甲基对硫磷/（mg/L）	0.02
百菌清/（mg/L）	0.01
呋喃丹/（mg/L）	0.007
林丹/（mg/L）	0.002
毒死蜱/（mg/L）	0.03
草甘膦/（mg/L）	0.7
敌敌畏/（mg/L）	0.001
莠去津/（mg/L）	0.002
溴氰菊酯/（mg/L）	0.02
2,4-滴/（mg/L）	0.03
滴滴涕/（mg/L）	0.001
乙苯/（mg/L）	0.3
二甲苯/（mg/L）	0.5
1,1-二氯乙烯/（mg/L）	0.03
1,2-二氯乙烯/（mg/L）	0.05
1,2-二氯苯/（mg/L）	1
1,4-二氯苯/（mg/L）	0.3
三氯乙烯/（mg/L）	0.07
三氯苯（总量）/（mg/L）	0.02
六氯丁二烯/（mg/L）	0.000 6
丙烯酰胺/（mg/L）	0.000 5
四氯乙烯/（mg/L）	0.04
甲苯/（mg/L）	0.7
邻苯二甲酸二（2-乙基己基）酯/（mg/L）	0.008
环氧氯丙烷/（mg/L）	0.000 4
苯/（mg/L）	0.01
苯乙烯/（mg/L）	0.02
苯并[*a*]芘/（mg/L）	0.000 01
氯乙烯/（mg/L）	0.005
氯苯/（mg/L）	0.3
微囊藻毒素-LR/（mg/L）	0.001
3．感官性状和一般化学指标	
氨氮（以N计）/（mg/L）	0.5
硫化物/（mg/L）	0.02
钠/（mg/L）	200

表 4　小型集中式供水和分散式供水部分水质指标及限值

指标	限值
1．微生物指标	
菌落总数/（CFU/mL）	500
2．毒理指标	
砷/（mg/L）	0.05
氟化物/（mg/L）	1.2
硝酸盐（以 N 计）/（mg/L）	20
3．感官性状和一般化学指标	
色度（铂钴色度单位）	20
浑浊度（散射浊度单位）/NTU	3 水源与净水技术条件限制时为 5
pH	不小于 6.5 且不大于 9.5
溶解性总固体/（mg/L）	1 500
总硬度（以 $CaCO_3$ 计）/（mg/L）	550
耗氧量（COD_{Mn} 法，以 O_2 计）/（mg/L）	5
铁/（mg/L）	0.5
锰/（mg/L）	0.3
氯化物/（mg/L）	300
硫酸盐/（mg/L）	300

（朱建刚）

shengtaicun guihua

生态村规划　（eco-village planning）　在村镇总体规划的指导下对镇区或村庄建设时空布局所进行的具体安排。

生态村的概念最早是由美国学者罗伯特·吉尔曼（Robert Gilman）在 1991 年正式提出。生态村普遍具备以下几个特征：人性化的规模、完善齐备的功能、不损害自然的人类活动以及健康可持续的生活方式。

生态村规划旨在降低人类活动对环境的影响，包括保护自然栖息地、减少垃圾排放、食物自足、减少对交通运输的依赖等。在规划过程中，要注重对邻里型社区的规划、自行车或步行交通系统的设计、绿色建筑的使用、永续耕种的设计、水资源的循环利用以及景观农业的规划等。　（李奇锋　张红）

shengtai fengxian pingjia

生态风险评价　（ecological risk assessment）　评估由于一种或多种外界因素导致可能发生或正在发生的不利生态影响的过程。

美国环境保护局（EPA）于 1992 年颁布的生态风险评价框架，将生态风险评价定义为：评价负生态效应可能发生或正在发生的可能性，而这种可能性归结于受体暴露在单个或多个胁迫因子下的结果，其目的就是用于支持环境决策。

沿革　最早的环境风险评价文献是 1957 年由美国原子能委员会提出的一份有关大型核电站重大事故发生的理论可能性和后果的研究报告，其目的在于减少核电工程事故的风险损失。经过多年发展，国际生态风险评价历经萌芽阶段、人体健康评价阶段、生态风险评价阶段和区域生态风险评价阶段，评价内容、评价范围和评价方法都有了很大的发展。

20 世纪 70 年代至 80 年代初的环境风险评价，以意外事故发生的可能性分析为主，没有明确的风险受体，更没有明确的暴露评价和风险表征，整个评价过程以简单的定性分析为主，处于萌芽阶段。

20 世纪 80 年代的人体健康评价阶段，是风险评价体系建立的技术准备阶段，此间进行的环境风险评价从风险类型来说主要为化学污染，风险受体为人体健康。这一时期的风险评价方法已由定性分析转向定量评价；评价过程逐步系统化；进一步明确了风险源和风险受体。

20 世纪 90 年代进入了生态风险评价阶段。1990 年，美国国家研究委员会（NRC）成立的风险评价方法委员会将人体健康评价与生态评价容纳到新的框架中。同年，EPA 提议在风险因子中加入非化学压力因子，压力因子由化学物质、放射性物质，发展到自然因子，并建立了 1992 年框架和 1998 年框架，提供了一个进行生态风险评价的完整过程。世界卫生组织对 EPA 框架进行了修改，把生态风险评价与风险管理、所有者参与放在并列的位置，更有助于生态风险评价参与决策管理。这一时期，风险压力因子从单一的化学因子，扩展到多种化学因子及可能造成生态风险的事件，风险受体也从人体发展到种群、群落、生态系统和流域景观水平。

20 世纪 90 年代末至今，为区域生态风险评价阶段。风险源范围进一步扩大，除了化学污染、生态事件外，开始考虑人类活动的影响（如城市化、土地覆被变化、渔业、气候变化等），评价范围也扩展到流域及景观区域尺度。区域生态风险评价强调区域性，是在区域水平上描述和评估环境污染、人为活动或自然灾害对生态系统及其组分产生不利作用的可能性和大小的过程。实践表明，已有的评价框架和传统的人体健康风险评价方法已经不能适应区域尺度的风险评价，需要探求新的方法进行评价，使其更适合区域尺度的风险表征。

我国在 20 世纪 80 年代开始了对事故风险的重视和研究工作，国家环境保护局 1990 年下发《关于对重大环境污染事故隐患进行风险评价的通知》（环管字 057 号），要求对世界银行和亚洲开发银行贷款项目的环境影响报告中必须包含环境风险评价的章节。1993 年国家环境保护局颁布的环境保护行业标准《环境影响评价技术导则　总纲》（HJ/T 2.1—1993）规定：对于风险事故，在有必要也有条件时，应进行建设项目的环境风险评价或环境风险分析，修订的《环境影响评价技术导则　总纲》（HJ 2.1—2011）规定：涉及有毒有害、易燃、易爆物质生产、使用、贮存，存在重大危险源，存在潜在事故并可能对环境造成危害，包括健康、社会及生态风险的建设项目，需进行环境风险评价。1999 年国家环境保护总局制定了《工业企业土壤环境质量风险评价基准》（HJ/T 25—1999）。2004 年颁布实施《建设项目环境风险评价技术导则》（HJ/T 169—2004），将建设项目环境风险评价纳入环境影响评价管理范畴。《国家环境保护“十二五”规划》提出加强重点领域环境风险防控，开展环境风险调查与评估。与国外生态风险评价的研究相比，国内的生态风险评价研究刚刚起步，大多集中在对国外生态风险评价理论与方法的综述，以及对我国生态风险评价基础理论和技术方法的探讨方面。目前我国尚无权威机构发布的诸如生态风险评价技术指南或指导性文件。

评价步骤　目前，不同国家对于生态风险评价的方法有所不同，加拿大和欧盟将生态风险评价分为四个步骤：危害识别、剂量-效应评价、暴露评价、风险表征。

1998 年 EPA 颁布了生态风险评价导则，将生态风险评价分为三个步骤：提出问题、分析（暴露和效应表征）、风险表征。①提出问题，即确定评价范围和制订计划的过程。评价者描述目标污染物特性和有风险的生态系统，进行终点选择和有关评价中假设的提出。这个阶段包括三个步骤（数据的收集、分析和风险识别）和三个方面（评价终点、概念模型和分析方案）。提出的问题包括潜在受体清单、敏感的生境、途径、媒介、终点和涉及的化合物。②分析，包括暴露分析和效应分析，主要是评价受体如何暴露于胁迫因子及可能导致的生态效应，是生态风险评价的关键部分。③风险表征，将暴露特征和得到的剂量-效应进行整合，得到风险发生的概率，包括风险估算、风险描述和风险报告三个主要部分。不确定性评价贯通于整个分析阶段，目标是尽可能地描述和量化系统中一些已知的和未知的暴露和影响。

评价方法 主要包括暴露评价方法和风险表征方法。

暴露评价方法 在生态风险评价中，比较常用的指标是预测无效应浓度（predicted no effect concentration，PNEC）。PNEC 需要根据无观察效应浓度（no observed effect concentration，NOEC）来获得，由于缺乏大多数化合物的 NOEC，目前生态风险评价中所用到的 NOEC 需要从急性毒性数据（LC_{50} 或 EC_{50}）来外推。围绕着 PNEC 的评估，生态风险评价方法主要有以下三种：以单物种测试为基础的外推法；以多物种测试为基础的微宇宙、中宇宙法；以种群或生态系统为基础的生态风险模型法。

外推法 在以单物种测试为基础的生态风险评价中，由实验室产生的单物种毒性测试结果可以用来决定化合物的效应浓度，为了保护一个区域的种群，通常使用外推法来得到合适的化合物浓度水平 PNEC。两种最普遍的外推方法是评估因子法和物种敏感度分布曲线法。

①评估因子法（assessment factor，AF），当可获得的毒性数据较少时，PNEC 的评估通常是应用评估因子来进行，即由某个物种的急性毒性数据或慢性毒性数据（通常通过急性毒性数据和急、慢性毒性比值 ACR 获得）除以某个因子来得到 PNEC，其中 ACR 为 acute/chronic ratio。评估因子主要是通过最敏感生物体的毒性数据来确定，如物种数目、测试终点、测试时间等，其取值范围通常是 10～1 000。评估因子法较为简单，但在因子选择上存在着很大的不确定性。

②物种敏感度分布曲线法（species sensitivity distribution，SSD），当可获得的毒性数据较多时，物种敏感度分布曲线能用来计算 PNEC。SSD 假定在生态系统中不同物种可接受的效应水平遵从一个概率函数，称为种群敏感度分布，并假定有限的生物种是从整个生态系统中随机取样的，因此评估有限物种的可接受效应水平可认为是适合整个生态系统的。物种敏感度分布曲线的斜率和置信区间揭示了风险估计的确定性。可接受效应水平一般选取一定比例（x%）的物种受影响时的化学浓度，即 x% 的危害浓度（hazardous concentration，HC_x）。通常取值 HC_5，表示该浓度下受到影响物种不超过总物种数的 5%，或达到 95%物种保护水平时的浓度。虽然选择保护水平是任意的，但它反映了统计考虑（HC_x 太小则风险预测不可靠）和环境保护需求（HC_x 应尽可能地小）的折中。

基于单物种测试的外推技术虽然在评估化合物的效应时起到了很好的预知作用，并且通过一定的假设能应用到对整个生态系统的风险评估中，但外推法存在着很多不符合实际情况的假设。例如，外推方法中没有考虑物种通过竞争和食物链相互作用而产生的间接效应，甚至有人认为着重强调单物种测试对考虑一个生态系统水平上的评估是不可靠的。

微宇宙或中宇宙法 一般认为，生态系统需要从三个方面来表征：①数量，主要是通过生物数量和生产力来描述；②质量，主要是物种的组成和丰度；③系统稳定性，主要包括时间上的恒定性、对环境变化的抵抗能力以及受干扰后的恢复能力。因此，较严格的生态风险评估应该从生态系统的角度来描述物种的存在、丰度、生态系统的结构或功能、污染水平和有害效应，最终为生态风险管理提供时空响应的基础数据。

在生态系统层次上开展生态风险评价是一种理想状态，在实际工作中很难找到应激因子与生态系统改变之间关系的直接证据。表征污染物对种群水平或生态系统的影响可以利用已经发展的微宇宙（microcosm）和中宇宙（mesocosm）生态模拟系统。它是指应用小型或中型生态系统或实验室模拟生态系统进行试验的技术，能对生态系统的生物多样性及代表物种的整个生命循环进行模拟，并能表征应激因子作用下物种间通过竞争和食物链相互作用而产生的间接效应，探讨物种多样性与生态系统生产力及其可靠度的关系，亦能在研究化学污染物质的迁移、转化及归宿的同时预测其对生态系统的整体效应。通过构建一个相对较小的生态系统研究某个局部大环境乃至整个生态系统的风险，可以在减少财力、物力、人力的前提下，达到区域生态风险评价的目的。中宇宙实验中通常以生长抑制、繁殖能力等慢性指标或物种丰度来表征生态系统的健康状况，通过定义一个可接受的效应水平终点（HC_5 或 EC_{20}）可以实现区域生态系统水平上的生态风险评价。

生态风险模型法　生态风险模型的出现使生态风险评价由单纯依靠生态毒理学实验工具向毒理学和模型模拟相结合转化。近年来生态风险评价模型发展很快，包括提出问题的概念模型和用于获得 PNEC 的生态风险分析模型。目前应用较成功的这类模型有 AQUATOX、CASM 等。生态风险模型的优点在于能把暴露和生态效应之间的过程关系用数学公式进行量化，因此它的应用很灵活。它可以用一个简单的公式来表征一个简单的过程反应，也可以用一个复杂的公式来表征一个复杂的生态效应，甚至能把生态系统中各种效应和生态过程用数学公式来描述，构建一个庞大的区域生态模型或流域景观生态模型。因此，种群或生态系统风险模型的应用为生态风险评价提供了广阔的发展空间。

生态风险分析模型主要是根据生态系统中各物种的生物量变化来表征风险。任何一种生态风险评价方法都需要定义一个可接受的效应水平，而不是绝对的无效应终点。在生态风险模型中定义的效应通常采用的是生物量变化。一般认为生态系统中的某个物种或种群在有毒物质与无毒物质存在下相比，其生物量从 -20%～+20%均是正常的，超过这个范围则认为偏离了正常值。生态风险分析模型已经有了一些应用案例，如综合水生态系统模型（CASM-SUMA）评价了日本湖区污染物的生态风险，AQUATOX 模型目前被广泛用于北美地区水体中有机氯农药、多环芳烃、多氯联苯及酚类化合物的生态风险评价。在中国，AQUATOX 模型已经用来评价松花江硝基苯污染事件的生态风险。

风险表征方法　风险表征是对暴露于各种应激下的有害生态效应的综合判断和表达，其表达方式有定性和定量两种。当数据、信息资料充足时，通常对生态风险实行定量评价。定量风险评价有很多优点：允许对可变性进行适当的、可能性的表达；能迅速确定什么是未知的，分析者能将复杂的系统分解成若干个功能组分，从数据中获取更加准确的推断；评价结果具有重现性，所以适合于反复的评价。目前定量风险表征方法主要有熵值法（risk quotients，RQ）、概率法（probabilistic ecological risk assessment，PERA）和多层次的风险评价法。

熵值法　将实际监测或由模型估算出的环境暴露浓度（estimated environmental concentration，EEC）与表征该物质危害程度的毒性数据 PNEC 相比较，从而计算得到风险熵值的方法。比值大于 1 说明有风险，比值越大风险越大；比值小于 1 则安全，此时各种化学物的参考剂量和基准毒理值被广泛应用。由于其应用较为简单，当前大多数定量或半定量的生态风险评价是根据熵值法来进行的，适用于单个化合物的毒理效应评估。然而熵值法通常在测定暴露量和选择毒性参考值时都是比较保守的，它仅仅是对风险的粗略估计，其计算存在着很多的不确定性；而且熵值法没有考虑种群内个体的暴露差异、受暴露物种慢性效应的不同、生态系统中物种的敏感性范围以及单个物种的生态功能。熵值法的计算结果是确定的值，不是一个风险概率的统计值，因而不能用风险术语来解释。因此，熵值法只能用于低水平的风险评价。

概率法　概率风险评价是传统生态风险评价的外延，目前正被广泛应用，它把可能发生的风险依靠统计模型以概率的方式表达出来，这样更接近客观的实际情况。概率风险评价方法是将每一个暴露浓度和毒性数据都作为独立的观测值，在此基础上考虑其概率统计意义。在概率生态风险评价中，暴露评价和效应评价是两个重要的评价内容。暴露评价试图通过概率技术来测量和预测研究的某种化学品的环境浓度或暴露浓度；效应评价是针对暴露在同样污染物中的物种，用物种敏感度分布来估计一定比例（x%）的物种受影响时的化学浓度 HC_x。暴露浓度和物种敏感度都被认作来自概率分布的随机变量，二者结合产生了风险概率。运用概率风险分析方法，考虑了环境暴露浓度和毒性值的不确定性和可变性，体现了一种更直观、合理和非保守的估计风险的方法。概率风险评价法包括安全阈值法和概率分布曲线法。

①安全阈值法（margin of safety，MOS_{10}），为保护生态系统内生物免受污染物的不利影响，通常利用外推法来预测污染物对于生物群落的安全阈值。通过比较污染物暴露浓度和生物群落的安全阈值，即可表征污染物的生态风险大小。安全阈值是物种敏感度或毒性数据累积分布曲线上 10%处的浓度与环境暴露浓度累积分布曲线上 90%处浓度之间的比值，表征量化暴露分布和毒性分布的重叠程度。比值小于 1 揭示对水生生物群落有潜在风险，比值大于 1 表明两分布无重叠、无风险。通过比较暴露分布曲线和物种敏感度分布曲线可以直观地估计某一化合物影响某一特定百分数水生生物的概率。

②概率分布曲线法（probability distribution curve），通过分析暴露浓度与毒性数据的概率分布曲线，考察污染物对生物的毒害程度，从而确定污染物对于生态系统的风险。以毒性数据的累积函数和污染物暴露浓度的反累积函数作图，可以确定污染物的联合概率分布曲线。该曲线反映了各损害水平下暴露浓度超过相应临界浓度值的概率，体现了暴露状况和暴露风险之间的关系。概率曲线法是从物种子集得到的危害浓度来预测对生态系统的风险。一般用作最大环境许可浓度的值是 HC_5 或 EC_{20}。这种将风险评价的结论以连续分布曲线的形式得出，不仅使风险管理者可以根据受影响的物种比例来确定保护水平，而且也充分考虑了环境暴露浓度和毒性值的不确定性和可变性。

多层次的风险评价法　它是把熵值法和概率风险评价法综合起来，充分利用各种方法和手段进行从简单到复杂的风险评价。多层次评价过程的特征是以一个保守的假设开始，逐步过渡到更接近现实的估计。低层次的筛选水平评价可以快速地为以后的工作排出优先次序，其评价结果通常比较保守，预测的浓度往往高于实际环境中的浓度水平。如果筛选水平的评价结果显示有不可接受的高风险，那么就进入更高层次的评价。更高层次的评价需要更多的数据与资料信息，使用更复杂的评价方法或手段，目的是力图接近实际的环境条件，从而进一步确认筛选评价过程所预测的风险是否仍然存在及风险大小。它一般包括初步筛选风险、进一步确认风险、精确估计风险及其不确定性、进一步对风险进行有效性研究四个层次。

区域生态风险评价　在区域尺度上对复杂环境背景下的多个压力、多个源对多个栖息地和多个评价终点造成的生态影响进行风险评价，它结合生态结构的真实属性、多个压力和管理者的地理单元，克服了传统生态风险评价通常只考虑单一压力和受体，对暴露的异质性、受影响人群在时间和空间上的分布、生态结构组成部分之间的相互作用难以呈现等缺点。区域生态风险评价能够揭示人类活动对环境产生的综合性生态影响程度，从而为区域生态保护决策提供可靠的依据，目前已成为区域环境管理研究中的一个热点问题。

自 20 世纪 90 年代以来，各国学者开发了不同的区域生态评价方法，如二阶段方法、土地利用变化随机空间模型、因果分析法、基于专家判断的算法、模糊随机风险评价方法、非线性模型方法、基于网格系统的信息扩散方法、生态等级风险评价（PETAR）、相对风险评价模型（RRM）和等级缀块动态模型（HPDP）。其中，影响较大的包括因果分析法、等级缀块动态模型法、生态等级风险评价法、相对生态风险评价模型法等。

因果分析法　在野外数据充足的情况下，对压力-响应关系进行因果联系回顾性分析，然后进行预测评价。是定性与定量分析的有机结合。比较有代表性的是通过因果权重半定量法对压力与响应之间的作用关系进行打分评定，确定风险大小。因果分析的不足在于它只是进行回顾性的风险评价，无法将区域生态风险的动态纳入到评价体系之中，故因果分析法多与其他方法结合使用。

等级缀块动态模型　属于概念模型，它的一个重要假设是等级存在于生态系统结构中，等级之间的相互关系产生了标志生态系统特征的属性。HPDP 的等级是指生态系统的不同范围，并不是指控制因子自上而下或自下而上的尺度推移，而是为了理解控制因子的作用，有必要了解其对较大范围（区域，大斑块）和较小范围（局地，小斑块）的影响。HPDP 的斑块是指斑块的位置、分布和动态，斑块特征会影响物种分布、压力因子与风险受体的相互关系和环境变化等。HPDP 是一个可以用于区域尺度风险评价的概念框架，它将时空相互作用关系结合起来。因果分析法是检验区域尺度风险回顾评价假设的重要方法，但必须与 HPDP 结合起来才有意义。

生态等级风险评价　是一个区域生态风险评价的概念模型，更加明确了 HPDP 模型中关于生态系统范围的概念。PETAR 是在缺乏大量野外观察数据的情况下进行回顾性风险评价的有效方法。该方法可确保特定地点的可用资源在评估前阶段直接用于问题形成。通过定量分析与定性分析相结合的方法，在不同尺度对多重压力和多重受体进行区域生态风险评价。该模型将风险评价分为三个阶段进行，也叫三级风险评价：第 1 级为初级评价，对现有的人为压力因子、风险来源和预期生态效应进行定性评价；第 2 级为区域评价，属半定量评价，通过对整个区域内可能风险源、风险压力因子及可能受影响的区域进行计算，根据第一阶段危险度评价的结果，结合区域受体易损性进行风险大小的评价；第 3 级为局地评价，此阶段为定量评价，主要回答受体损失大小这一问题，在更小范围建立起风险源、风险因子与生态、社会相关的评价端点之间的数学关系，通过建立关于风险度以及受体生态社会经济指标的损失评估模型，评估区域不同位置风险损失大小，并根据受体损失的高低划分区域风险等级。PETAR 法可在局地和区域两个尺度上分析风险因子和风险受体之间的因果关系，解决了因果分析的尺度问题，并采用综合的方法进行暴露和影响分析。其缺陷在于未考虑时间的动态变化。

相对风险评价模型　最早由美国的兰迪斯（Landis）等在 20 世纪 90 年代提出，经过 20 多年的不断发展和完善，被广泛用于区域生态风险评价。RRM 遵循 EPA 生态风险评价的三阶段法：问题确定、风险分析和风险表征，并划分成更详细的 10 个步骤（图 1）。

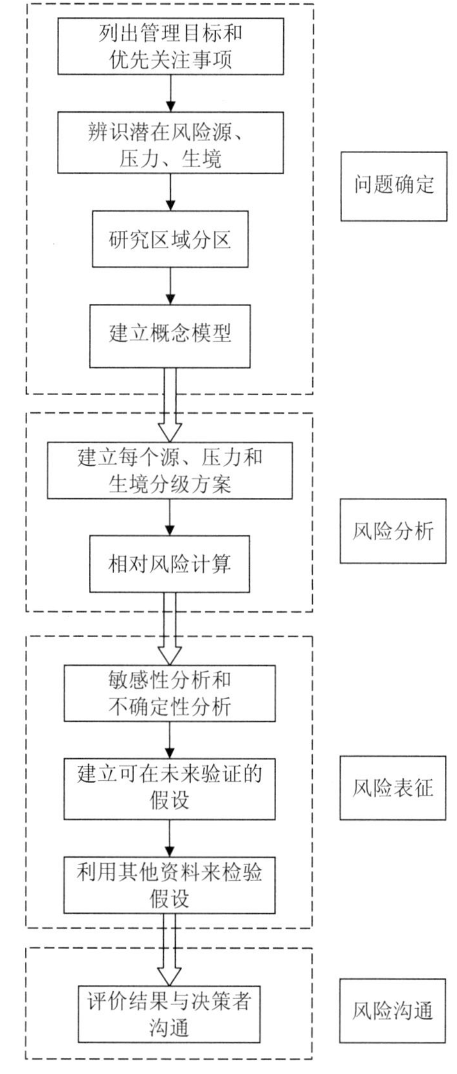

图 1　相对风险模型的评价步骤

①列出研究区生态环境管理目标及优先关注事项。在这个阶段，要限定调查的空间尺度，对受影响的生物和非生物成分进行描述，选择适当的终点。研究区域大小取决于研究的需要。了解区域各种自然和人为活动的环境危害，通过研讨会、访谈等方式与各利益相关方讨论，综合分析各方信息和意见确定研究目标，了解他们关注的重要事项（以评价终点来表示），并以量化形式阐述区域生态环境管理目标。

②绘图辨识与管理目标相关的潜在风险源、压力和生境。一旦明确了管理目标，接下来就是绘图辨识相关的潜在风险源、压力和生境。辨识风险源和压力的过程类似选择生态评价终点，应利用现有的报告和政府等利益相关方的资料。选择的生境应与研究区域/流域直接相关，并且空间数据资料易于获取。

③根据管理目标、风险源、生境进行分区。根据管理目标明确研究区域边界并进行分区。每个分区的形状和大小要结合从源至压力的预期传输特点，边界也要与生境特点相应。通常用GIS软件确定区域边界和分区，分区边界一般根据次级流域边界、土地利用类型、风险源位置、河流/湖泊等特征、重点关注的生态资产所在的集水单元确定。分区数目可从几个到数十个不等。

④建立概念模型。概念模型是对不同源、压力、生境和终点的各种路径关系加以说明，并回答如下问题：风险源释放或产生压力吗？压力产生并持续作用于生境吗？评价终点利用生境类型吗？压力对评价终点产生有害影响吗？对于任一给定路径，如果上述四个问题的答案是肯定的，该路径就是完整的，影响概率大于0。概念模型通常利用图和表格形式展示源-压力-生境之间以及生境-终点之间的相互作用，是进行区域风险计算的基础，一般可以参考已有管理机构或研究者的报告和研究成果，并结合利益相关方的意见，以确定概念模型中所有参数。利益相关方参与一方面可以提供流域相关信息，尤其是那些不公开的管理和行业信息，另一方面可以减少后续分析的不确定性。

⑤确定分级方案。该环节主要利用GIS分析空间数据集将风险压力的来源和生境定量分级，并根据建立的概念模型定量分析与路径相关的风险。首先依据可得知识和数据建立每一个源和生境的分级方案，然后确定赋值权重因子。风险源分级根据它们在区域中的出现情况进行界定，生境的分级主要根据其面积大小。在ArcView™GIS、ArcGIS®或ArcView®GIS系统中用默认的自然分类方法进行Jenks自动优化或根据每种土地利用面积百分比进行土地利用分类，然后根据自然分类或其他数据进行源和生境的分级，分别以0、2、4、6代表每个分区中源或生境的无、低、中、高级别。

暴露和效应辨识是确定风险要素——风险源、生境和评价终点影响之间联系的权重因子的过程。权重0、0.5、1表示从风险源到生境（暴露）或从生境到终点（效应）的概念模型模拟路径是否完整。0表示不完整路径；1表示完整路径；0.5可表示两种情景，一是表示路径完整但发生概率很小，二是表示影响是间接的。间接影响赋值0.5而不是1，主要因为对终点的风险依赖于外部因素，当潜在因子显现时才存在影响，这意味着间接效应对风险的贡献要小于直接效应。RRM各要素之间的联系可用三种暴露-效应筛选类型来反映：源-压力-生境暴露辨识、终点-生境暴露辨识、压力-终点-效应辨识。

⑥计算相对风险值。综合暴露和效应分级数据估算风险的过程，也称为风险表征。每个路径通过分级和权重组成的方程式来表示。相对分级是下列事项的加和：每个压力相对分级之和、每个生境相对分级之和。相对生态风险评价比较风险分区的风险源和生境，确定一个风险区影响概率是否大于另一个区域。估计风险是无量纲值，用来显示对评价终点影响概率最大的位置。在RRM方法中，所有分级转化成一个分数系统。首先，每个分区源分级、生境分级、源-压力-生境暴露权重相乘计算生境暴露；其次，生境暴露权重乘以压力-终点-效应权重得到风险值；最后，每个风险分区、每个生境、每个终点风险、每个风险源贡献累加得到总风险值。若某个路径不存在，风险值自动赋值为0。

风险表征可以比较不同亚级分区、风险源、生境和评价终点之间的估计风险值，并用来辨识研究区域内最容易发生风险的次级区、最危险的风险源、最容易发生风险的栖息地、风险最大的生态资产。相对风险计算将多维的空间风险变成单一无量纲数值，只适用于所研究的案例区域。

⑦不确定性分析和敏感性分析。可通过定性分析和定量的蒙特卡罗方法评价不确定性。蒙特卡罗分析通过给定输入变量概率分布变化（分级和权重）估计输出变量（相对风险值）的概率分布。进行蒙特卡罗分析时，首先根据数据质量和可得性，对每个源和生境分级、暴露和效应的权重设定低、中、高不确定性，其中对高不确定性概率赋值为 0.6 和 0.2，对中等不确定性参数，概率变为 0.8 和 0.1。分级和权重分布没有对低不确定性赋值，而是简单使用原始估计。在 Microsoft®Excel 2002 中使用 Crystal Ball®2000 软件进行蒙特卡罗模拟，进行 1 000 次迭代，获得每个分区、源、生境和终点风险预测输出的统计分布，显示相关风险估测的范围。

敏感性分析揭示对风险值不确定性影响最大的模型参数。在敏感性分析中，根据参数对预测不确定性的贡献计算相关系数，从而对模型参数进行分级。高等级相关表示模型参数的不确定性对模型不确定性影响更大。三种敏感性评估包括单要素分析、暴露途径分析和随机成分分析。

⑧建立可在未来调查中验证的假设。目的是减少风险评价的不确定性和确定风险的等级。

⑨利用原来评价中未利用的其他资料来检验上一步骤中的风险假设。对相对风险和不确定性进行表达以便与区域风险管理目标相对应。

⑩与决策者沟通相对风险评价结果。RRM 评价的结果是风险沟通和管理的基础，为多个管理机构讨论有关风险提供了一个有效的框架，通过与管理机构等各利益相关方的正式、非正式讨论，确保更准确的分析。评价结果及其不确定性和敏感性应与决策者进行沟通，并报告所依据的假设，作为未来采取管理措施、行动和确定研究重点的重要参考。

RRM 的最大特点是着重于将多重风险源、多重压力、多种生境与综合生态影响联系起来，强调区域的空间异质性。通过建立风险源-生境-生态受体的关联框架，按生态发生过程将评价区域划分为多个子区，量化风险源与生态终点之间的暴露-响应关系。RRM 方法不需要对照区域，采用无量纲分级和权重因子进行风险计算，相比有量纲单位测量的限制少，可用于具有多个压力和影响的复杂系统中，主要解决评价不同种类组合风险时遇到的困难。RRM 方法整合了利益相关者的价值、风险分区、基于分级方案的风险表征、不确定性分析、多种方式风险沟通，主要优点是对输入数据的要求低、成本低、评价透明，输出结果不但可以有助于确定管理行动优先事项，而且可以轻松地用于风险沟通，因而具有较强的实用性。但是，由于只是一种相对风险比较，所依赖的数据有限，对区域的绝对风险难以呈现，并存在较大不确定性和敏感性。RRM 评价过程需要建立适当的假设，并构建概念模型，若没有其他研究成果，往往不易验证假设。鉴于每个地区数据可得性和存在问题不同，除非评价基准相同，一个区域模型的相对分级不能跟另一个区域模型进行比较。因此，就评价结果跟决策者和管理者沟通时，必须记录和报告风险评价依据的假设，以减少不确定性。

流域生态风险评价 以自然地貌分异与水文过程形成的生态空间格局为评价区域，评价自然灾害、人为干扰等风险源对流域内生态系统及其组分造成不利影响的可能性及其危害程度的复杂的动态变化过程，用于描述和评价风险源强度、生态环境特征以及风险源对风险受体的危害等信息，具有很大的模糊性、不确定性和相对性。流域生态风险评价研究的关键是从整体的角度，考察流域内部上下游之间、主支流之间、源汇流之间等不同水系、水体流经区域的水、土、植被及生物多样性、人类活动等要素的相互作用与联系及其生态波及效应。

20 世纪 90 年代末至 21 世纪初期，科学家们开始构建适于流域尺度的研究范式，并尝试开展流域生态风险评价，主要包括流域水环境生态风险评价、流域灾害生态风险评价及流域综合生态风险评价。流域水环境生态风险评价的研究多是从水生态毒理角度，针对不同水体中单一或多种污染物质，利用成熟的生态风险评价理论和框架模型进行研究。一般采用哈坎森（Hakanson）的潜在生态风险指数法，利用所选指标与生态风险之间的相关性对流域生态风险进行评价和预测。现有水环境生态风险评价研究成果多是关于水质风险评价或水生态风险评价，没有从流域水环境整体角度出发考虑多风险源及其相互关系。国内外对于流域灾害生态风险评价的研究主要集中在自然灾害，尤其是洪涝、干旱、水土流失等风险源对较高层次的生态系统及其组分可能产生的风险，而对生态系统内部因素与人为因素引起的风险研究较少。目前，流域生态风险评价正逐步转向涉及多重受体和多重风险源的流域综合生态风险评价模式，并在一些流域开展了案例研究。整体来看，流域综合生态风险评价在指标选择和评价方法上有一定的进展，但由于流域环境因素以及风险源与受体作用过程的复杂性和监测数据的不足，大多数评价只局限在定性或粗略分析上，缺乏过程—机制的深入研究。

根据风险源、风险受体及生态终点的性质、数量及发生范围的不同，可将流域生态风险评价划分为以下三种类型：①针对风险源进行的流域生态风险评价。按照风险源性质可划分为洪涝灾害、水土流失等自然灾害的生态风险评价，与化学污染物、重金属等相关的人类活动引起的生态风险评价以及复合风险源的生态风险评价；根据风险源数量可分为单一风险源与多重风险源的生态风险评价。②针对流域尺度风险受体的生态风险评价，大多是针对生物物种或生态系统等风险受体在流域尺度范围内遭受已存在或者潜在的风险源胁迫而进行的风险评价。根据风险受体水平可划分为种群、群落和生态系统的生态风险评价；按照受体数量可划分为单一受体与多种受体的生态风险评价。③针对生态终点的尺度进行的生态风险评价，生态终点是风险受体可能受到的损害，以及由此而发生的生态系统结构和功能的损伤。因此，可根据不同生态事件发生的区域范围将生态风险评价细分为湖泊、河流、河口及整个流域的生态风险评价。

流域生态风险评价除具有一般意义上“生态风险”的含义与特征外，还具有其独特性。主要表现为时空尺度特征、空间异质特征、要素关联与传导特征及整体性特征。

充分考虑流域的环境特征及时空尺度，依据问题形成—风险分析与表征—风险管理与反馈等风险评价步骤，从风险源、生境及影响等生态风险评价三要素出发，可以构建流域综合风险评价的概念模型（图 2）。

流域尺度上风险受体的选择不同，生态风险的判定不同，所采用的评价方法、模型亦不相同，主要评价方法见下表。

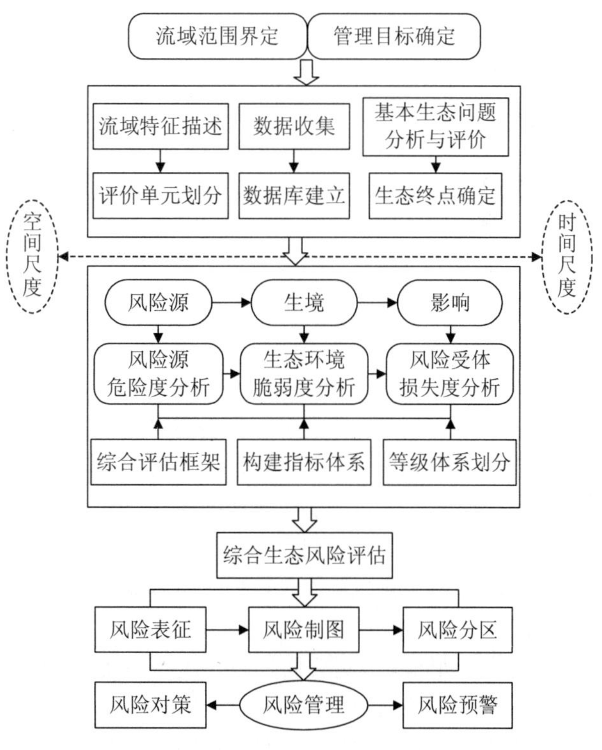

图 2　流域生态风险评价概念模型

流域生态风险评价方法

评价模型方法	方法描述	模型缺点
因果分析法	基于野外观察数据，在区域水平上建立用于描述压力因子及其可能影响之间的因果关系或运用因子权重法进行风险原因分析，从而实现大尺度风险的定性与定量评价	侧重于回顾性评价，无法将生态风险的动态变化纳入评价体系
生态等级风险评价法	该模型分为初级评价、区域评价和局地评价三部分，采用综合的方法进行暴露和影响分析；在概念模型中加入了因果分析链，并将权重分析法用于因果分析	没有将时间动态变化因素纳入评价体系
相对风险评价模型	该模型引入风险源与生境、生境与评价终点之间的暴露系数、效应系数，通过设置等级标准对风险源、生境、评价终点得分进行计算，一定程度上解决了大尺度风险评价中的定量和半定量化问题	是一种相对的评价方法，评价标准难确定，验证需要大量数据
景观分析法	选取适当的景观指数构建综合生态风险模型，对生态风险分布和演化过程进行定量分析和评估。通常以景观类型作为评价受体，着重分析人为活动对生态系统造成的潜在风险或已造成的风险	未考虑化学污染物造成的风险；遥感图像空间分辨率对计算结果产生一定影响
数学概率模型	运用函数关系式将综合风险发生概率及其生态系统潜在风险损失度的非线性风险复合表征模型具体化，较好地反映了危害事件和生态终点的相互作用关系，实现非毒性污染物风险的定量评价	模型参数的确定具有主观性，缺乏对不确定性的有效检验手段

发展趋势　根据目前生态风险评价的发展情况可预期以下几种发展趋势。

①生态风险评价范围趋向于大流域、大尺度的区域和流域景观生态。研究热点由传统的事故和人体健康风险评价逐渐扩展到生态风险评价和大流域、大尺度区域生态风险评价；评价内容趋向于多风险因子、多风险受体和多评价端点。

②生态风险评价技术趋向于多元化、复杂化。随着生态风险评价范围的不断扩大和评价内容的复杂性不断增强，已有的生态风险评价技术已不能满足需要，需要不断地开发新的评价技术，目前正在起步的多层次评价系统和生态风险模型将会得到进一步发展。在模型构建上，要弄清人类活动变化、环境过程与重要社会环境资源之间的关系，阐明生态系统的复杂性。加强风险过程模型的构建与应用，尤其关注区域生态或景观生态风险评价模型。而对现存模型的联合运用也会是生态风险模型在生态风险评价中的一个重要发展方向。

③开展完整的区域和流域累积性生态风险评价。不论是生态风险评价还是健康风险评价都只是累积性生态风险的一部分内容。完整的区域和流域累积性生态风险评价应该提供的是一个区域和流域生态环境的基底风险图谱，这个图谱能够展示区域和流域内的各种风险过程和量值。因此，如何整合现有的研究使得完整的区域和流域累积性生态风险评价成为可能是未来的研究最应该关注的。

④不确定性分析始终在生态风险评价中占有重要地位。生态风险评价的各个阶段都存在着很多的不确定性，在风险源的识别、风险受体的界定、评价终点的判断、风险可能性的判断以及生态风险评价方法的选择上，评估因子的选择、统计方法或统计模型的选择、模拟生态系统中各要素的设置以及生态风险模型的构建和参数确定、各种外推（如物种间外推、不同等级生物组织间外推、由实验室向野外情况外推、由高剂量向低剂量外推等）中都存在不确定性。加强不确定性评价，并通过实验方法的改进和对生态系统的深入认识，发展各种不确定分析方法和降低风险评价不确定性的方法将是生态风险评价的一个重要研究内容。

⑤融入战略环境影响评价的过程，充分发挥区域生态风险评价对环境管理和决策的支撑

作用。战略环境影响评价是对政策、计划、规划及其各种替代方案的环境影响进行规范、系统和综合分析评价的过程。战略环境影响评价通常从环境管理的角度出发，对政府决策及开发活动可能导致的环境影响进行预测评价，关注区域关键生态功能单元和敏感环境受体的长期性、累积性影响和中长期生态风险。战略环境影响评价的关注对象及其长时间尺度、大空间尺度的特点，都决定了生态风险评价可以成为战略环境影响评价的重要内容。在战略环境影响评价中的生态风险评价是针对典型区域的特点，从大尺度（区域）和中尺度（亚区域）两个层次上构建生态环境影响识别框架、指标体系，重点识别和分析对生态系统的总体影响态势，评价对大气环境、水环境、生态系统特别是具有显著累积特征和潜在性影响的生态风险，并对区域可能面临的中长期生态风险进行有效的预测和评价，促进生态风险管理的交流，为政府提供良好的决策依据，以提高政府职能部门对生态系统的管理能力。　　（贺桂珍）

shengtai gongneng quhua

生态功能区划　（ecological function zoning）根据区域生态环境要素、生态环境敏感性与生态服务功能的空间分异规律，将区域划分为不同生态功能区的过程。其目的是为制定区域生态环境保护与建设规划、维护区域生态环境安全，以及合理利用资源与布局工农业生产、保育区域生态环境提供科学依据，并为环境管理部门和决策部门提供相关信息与管理手段。

目标　主要有：①明确区域生态系统类型的结构与过程及其空间分布特征。②明确区域主要生态环境问题、成因及其分布特征。③评价不同生态系统类型的生态服务功能及其对区域社会经济发展的作用。④明确区域生态环境敏感性的分布特点与生态环境高敏感区。⑤明确各功能区的生态环境与社会经济功能。

原则　主要有：①可持续发展原则。生态功能区划的目的是促进资源的合理利用与开发，避免盲目的资源开发和生态环境破坏，增强区域社会经济发展的生态环境支撑能力，促进区域的可持续发展。②发生学原则。根据区域生态环境问题、生态环境敏感性、生态服务功能与生态系统结构、过程、格局的关系，确定区划中的主导因子及区划依据。③区域相关原则。在空间尺度上，任一类生态服务功能都与该区域，甚至更大范围的自然环境与社会经济因素相关，在评价与区划中，要从全省、流域、全国甚至全球尺度考虑。④相似性原则。自然环境是生态系统形成和分异的物质基础，虽然在特定区域内生态环境状况趋于一致，但由于自然因素的差别和人类活动影响，区域内生态系统结构、过程和服务功能存在某些相似性和差异性。生态功能区划是根据区划指标的一致性与差异性进行分区的。但必须注意这种特征的一致性是相对一致性。不同等级的区划单位各有一致性标准。⑤区域共轭性原则。区域所划分的对象必须是具有独特性、空间上完整的自然区域，即任何一个生态功能区必须是完整的个体，不存在彼此分离的部分。

主要内容　包括：生态环境现状评价；生态环境敏感性评价；生态服务功能重要性评价；生态功能区划方案制定；生态功能区概述。

生态环境现状评价　在区域生态环境调查的基础上，针对区域的生态环境特点，分析区域生态环境特征与空间分异规律，评价主要生态环境问题的现状与趋势。具体内容包括：土壤侵蚀；沙漠化；盐渍化；石漠化；水资源和水环境；植被与森林资源；生物多样性；大气环境状况和酸雨问题；滩涂与海岸带；与生态环境保护有关的自然灾害，如泥石流、沙尘暴、洪水等；其他环境问题，如土壤污染、河口污染、赤潮、农业面源污染和非工业点源污染。

生态环境敏感性评价　针对特定生态环境问题进行评价，然后对多种生态环境问题的敏感性进行综合分析，明确区域生态环境敏感性的分布特征。具体内容包括：土壤侵蚀敏感度；沙漠化敏感度；盐渍化敏感度；石漠化敏感度；酸雨敏感度。

生态服务功能重要性评价　针对区域典型

生态系统，评价生态系统服务功能的综合特征，分析生态服务功能的区域分异规律，明确生态系统服务功能的重要区域。具体内容包括：生物多样性保护；水源涵养和水文调蓄；土壤保持；沙漠化控制；营养物质保持；海岸带防护功能。

生态功能区划方案制定 ①分区等级：生态功能区划分区系统分三个等级。首先从宏观上根据自然气候、地理特点划分自然生态区；然后根据生态系统类型与生态系统服务功能类型划分生态亚区；最后根据生态系统服务功能重要性、生态环境敏感性与生态环境问题划分生态功能区。②区划依据：一级分区，以中国生态环境综合区划三级区为基础，各省市可依据管理的要求及生态环境特点，做出相应调整。二级分区，以主要生态系统类型和生态服务功能类型为依据。三级分区，以生态服务功能的重要性、生态环境敏感性等指标为依据。③分区方法：采取定量分区和定性分区相结合的方法进行分区划界。④分区命名：一级分区体现出分区的气候和地貌特征，由地名+特征+生态区构成。二级分区体现出分区的生态系统与生态服务功能的典型类型，由地名+类型+生态亚区构成。三级分区体现出分区的生态服务功能重要性、生态环境敏感性的特点，由地名+生态服务功能特点（或生态环境敏感性特征）+生态功能区构成。

生态功能区概述 应包括对每个分区的区域特征进行的描述，包括以下内容：①自然地理条件和气候特征，典型的生态系统类型。②目前或潜在的主要生态环境问题，引起生态环境问题的驱动力和原因。③生态功能区的生态环境敏感性及可能发生的主要生态环境问题。④生态功能区的生态服务功能类型和重要性。⑤生态功能区的生态环境保护和生态环境建设的目标、指标和主要任务。

区划方法 包括：地理相关法；图形叠置法；主导分区法；景观制图法；定量分析法；生态融合法。

全国生态功能区划 根据国务院《全国生态环境保护纲要》和《关于落实科学发展观加强环境保护的决定》的要求，环境保护部和中国科学院于 2008 年 7 月公布了联合编制的《全国生态功能区划》。2015 年 11 月，根据加强重要区域自然生态保护、优化国土空间开发格局、增加生态用地、保护和扩大生态空间的要求，发布了《全国生态功能区划（修编版）》。新修编的《全国生态功能区划》包括三大类、9 个类型和 242 个生态功能区，确定了 63 个重要生态功能区，覆盖了我国陆地国土面积的 49.4%，进一步强化了生态系统服务功能保护的重要性，加强了与《全国主体功能区规划》的衔接，对构建科学合理的生产空间、生活空间和生态空间，保障国家和区域生态安全具有重要意义。 （李奇锋　张红）

shengtai guihua

生态规划 （ecological planning） 运用生态学原理与生态经济学知识调控复合生态系统中各亚系统及其组分间的生态关系，协调资源开发及其他人类活动与自然环境、资源性能的关系，实现城市、农村及区域社会经济的持续发展而进行的规划活动。

内涵 生态规划是运用生态系统整体优化的观点，对规划区域内的自然生态因子和人工生态因子的动态变化过程及其相互作用特征予以相应的重视，研究区域内物质循环、能量流动、信息传递等生态过程及其相互关系，提出资源合理开发利用、环境保护和生态建设的规划对策，以促进区域生态系统良性循环，保持人与自然、人与环境关系持续共生、协调发展，实现社会的文明、经济的高效和生态的和谐。生态规划的实质是运用生态学与规划学原理，以区域生态系统的结构和功能的完整性为基础，合理配置其主要组分及其相互关系，以实现区域的可持续发展。

发展过程 生态规划作为一种学术思想和方法技术，是在长期的规划实践积累和相关学科的发展基础上，以及在当前全球性资源环境问题的严峻形势与人类社会可持续发展的现实需求下，逐步发展起来的。生态规划发展可分为萌芽阶段、形成与发展阶段和现代生态规划阶段。

萌芽阶段 生态规划思想产生于19世纪末20世纪初。美国地理学家马什（G. P. Marsh）首先提出应该合理规划人类活动，使其与自然协调而不是破坏自然。他的这个原则至今仍是生态规划的重要思想基础。地质学家鲍威尔（J. W. Powell）在《美国干旱地区土地报告》中强调要制定一种土地与水资源利用的政策，选择适合于干旱、半干旱地区的新的土地利用方式、新的管理体制及生活方式，并最早建议通过立法和政策促进制定与生态条件相适应的发展规划。

以英国生物学家格迪斯（P. Geddes）为代表提出了规划的较完整体系。格迪斯倡导“综合规划”的概念，强调把规划建立在研究客观现实的基础上，周密地分析地域自然环境潜力与限制土地利用及区域经济变化的相互关系。他在《进化中的城市》一书中，从人与环境的关系出发，系统地研究了决定现代城市成长与变化的动力，强调在规划中通过充分认识与了解自然环境条件，来设计并提出合理的规划措施。根据自然的潜力来制定与自然和谐发展的规划方案。他认为在规划工作中规划师应先学习、了解和把握城市，然后再进行判断、诊治或改变。

生态规划的先驱马什、鲍威尔与格迪斯分别从生态规划的指导思想、方法以及规划实施途径进行了开创性的研究工作，为后来生态规划的理论和实践发展奠定了基础。

形成与发展阶段 20世纪初，生态学自身已完成了其“独立”过程，形成了一门年轻的学科。同时，生态学思想更广泛地向社会学、城市与区域规划以及其他应用学科中渗透。生态规划也在生态学的大发展与生态学传播的大背景下得到快速发展。

20世纪前后，生态规划经历了几次大的发展高潮。第一个高潮是以霍华德（E. Howard）为代表的田园城市运动（garden city）。他在其著作《明日，一条通向真正改革的和平之路》中提出，应建立一种兼有城市和乡村的理想城市。1920年前后，以帕克（R. E. Park）为代表的美国芝加哥古典人类生态学派，提出了城市发展的同心圆模式、扇形模式和多中心模式等观点，极大地促进了生态学思想的发展及其向城市与区域规划等领域中的渗透。

第二个高潮以1940年美国规划协会开展的田纳西河流域规划、绿带新城建设等为代表，在生态规划的最优单元、城乡相互作用、自然资源保护等方面进行了探索研究，尤以麦凯（B. Mackaye）、芒福德（L. Mumford）的工作影响最大。他们提出“以人为中心、区域整体规划和创造性利用景观建设自然适宜的居住环境”等学术观点。他们认为区域是一个整体，城市是它其中的一部分，所以真正的城市规划必须是区域规划，还特别强调了自然环境保护对于城市生存的重要性。在此期间，野生生物学家、林学家利奥波德（A. Leopold）提出了著名的“大地伦理学”理论，并将其与土地利用、管理和保护规划相结合，为生态规划做出了巨大的贡献。在生态规划方法上，这一时期最主要的贡献是地图叠合技术的运用，曼宁（W. Manning）提出的生态栖息环境叠置分析方法，为后来的麦克哈格（McHarg）生态规划法和地理信息系统空间分析方法的发展奠定了基础。

第二次世界大战以后，面对全球性的生态环境危机，在奥德姆（Odum）对生态学的大力倡导和宣传下，生态规划进入了第三个高潮期。生态规划从传统的地学领域向其他学科领域广泛渗透，并出现了一大批具有交叉学科知识的生态规划人员。这一时期以美国的麦克哈格的生态规划方法为代表。麦克哈格把土壤学、气象学、地质学和资源学等学科综合起来，并应用到景观规划中，提出了“遵从自然”的生态规划模式。他建立的城市与区域规划的生态学框架是通过案例研究，如海岸带管理、城市开阔地的设计、农田保护、高速公路的选线及流域综合开发规划等，对生态规划的流程及应用方法做了全面的探讨。麦克哈格生态规划方法成为 20 世纪 60 到 80 年代生态规划通用的方法。

现代生态规划阶段 20 世纪 70 年代以来，无论是景观规划还是景观生态学，都得到了极大的发展，二者的日益融合不仅促进了自身的发展和完善，并最终导致了生态规划的新方向——景观生态规划（landscape ecological planning）的出现。第一个景观生态规划方案是哈伯（Haber）等基于奥德姆的“分室模型”所提出的土地利用分类系统（DUL）。他们将该系统用于集约化农业与自然保护规划中。1986 年，他们将其进一步概括和总结，形成了一套完整的基于景观的生态规划方法。从 20 世纪 70 年代初开始，雷兹卡（Ruzicka）和米克洛斯（Miklos）通过 20 年的综合研究，逐步发展并形成了一套比较完善的景观生态规划体系（LANDEP），并成为国土规划的一项基础性研究工作。

进入 20 世纪 80 年代，遥感技术、地理信息系统和计算机辅助制图技术的广泛应用，为生态规划的进一步发展提供了有力的工具，使生态规划与设计逐渐走向系统化和实用化。

景观生态规划已发展成为综合考虑景观的生态、社会过程以及它们之间的时空耦合关系，利用景观生态学的知识及原理经营、管理景观，以达到既要维持景观的结构、功能和生态过程，又要满足持续利用土地的一个重要生态规划途径。

1995 年，哈佛大学著名景观生态学家福尔曼（Forman）强调景观空间格局对过程的控制和影响作用，通过格局的改变来维持景观功能、物质流和能量流的安全。这表明景观生态规划已经开始从静态格局的研究开始转向动态研究。

生态规划在我国的发展 在理论方面，有学者提出了社会-经济-自然复合生态系统理论，指出生态规划的实质就是调控复合生态系统中各亚系统及其组分之间的生态关系，协调人类活动与自然环境之间的关系，实现社会经济的可持续发展。

在人居环境规划方面，有学者提出的以整体观念处理局部问题的规划准则和“大、中、小城市要协调发展，组成合理的城镇体系，逐步形成城乡之间、地区之间的综合性网络，促进城乡经济、社会、文化协调发展”的观点以及在长江三角洲、京津地区人居环境发展规划的研究实践，对我国城市发展规划和人居环境建设起到了巨大的推动作用。

在方法论方面，注重现代生态学方法以及“3S”技术（RS、GIS 及 GPS 技术）的应用。例如，将系统科学思想与复合生态系统理论相结合，提出了可持续发展的生态整合方法，建立一种辨识—模拟—调控的生态规划方法以及人机对话的辅助决策方法；将“3S”技术与生态适宜性评价方法相结合，在生态适宜性评价、生态敏感性分析、生态风险分析、生态过程分析等方面进行了大量的探索；在景观生态规划的理论与方法方面也进行了大量的探索性工作，并将其应用于环渤海湾地区、黄土高原、辽河平原、河西走廊等地区的土地利用发展规划，以及景观生态安全格局建设规划。

近年来，我国生态规划人员在城市生态规划、景观生态规划、生态旅游规划、生态示范区（生态省、生态市、生态县、生态村）规划、生态工业园区规划、自然保护区规划、生态功能区划、生态住区规划设计等方面开展了大量理论与实践研究工作，极大地推动了我国生态规划工作的发展。

研究内容 根据生态规划的学科属性及其任务，研究内容主要包括：①生态规划的基础理论。②生态调查的内容与方法。③生态评价的内容与方法。④生态规划方案编制的过程与方法。⑤生态设计的基本方法。⑥生态规划编制的技术规范与规划管理。⑦不同类型生态规划的具体内容与操作方法。⑧新技术和新理论在生态规划中的应用。

基础理论 由于生态规划的研究对象是区域社会-经济-自然复合生态系统，因此，生态规划的大多数理论也必然来自自然科学（包括生态学）、经济学、社会学、规划学等相关的科学领域（见下表）。

与生态规划相关的科学领域

来源学科	与生态规划相关的基础理论
地理学	地域分异规律、人地关系理论、区位理论
生态学	生态适宜性理论、生物多样性理论、生态平衡理论、生态演替理论、生态系统整体性与稳定性理论、生态系统服务功能理论、生态补偿理论、景观生态学理论、恢复生态学理论、生态伦理学理论
资源环境学	环境容量与环境承载力理论、环境自净理论、资源环境价值理论、资源优化利用理论
经济学	劳动地域分工理论、产业生命周期理论、生态经济理论、循环经济理论、区域经济发展理论、可持续发展理论、经济区划理论
社会学	社会管理学理论、社会组织学理论、人类生态学理论、社会文化多样性保护理论、生态文明理论
美学	生态美学理论、景观美学理论
系统科学	系统论理论、控制论理论

规划目的 依据生态控制论和系统论的原理，调节系统内部各种不合理的生态关系，提高系统的自我调节能力，在有限的外部投入条件下，通过各种技术的、行政的、行为的诱导手段实现因地制宜的可持续发展。

规划任务 探索不同层次生态系统发展的动力学机制和控制论方法，辨识系统中局部与整体、眼前与长远、环境与发展、人与自然的矛盾冲突关系，寻找调和这些矛盾的技术手段、规划方法、管理工具。

规划类型 生态规划的空间尺度不同，规划对象不同及学科方向不同，可划分出不同类型。按地理空间尺度划分，生态规划主要包括区域生态规划、景观生态规划和生物圈保护区规划。按地理环境和生存环境划分，生态规划主要包括陆地生态系统、海洋生态系统、城市生态系统、农村生态系统等生态规划。按社会科学门类划分，生态规划主要包括经济生态规划、人类生态规划、民族文化生态规划等。

规划原则 主要包括整体优化、趋势开拓、协调共生、区域分异、功能高效、保护多样性、可持续发展等原则。

整体优化原则 从生态系统原理和方法出发，强调生态规划的整体性和综合性，规划的目标不只是生态系统结构组分的局部最优，而是要追求生态环境、社会、经济的整体最佳效益。生态规划还需与城市和区域总体规划目标相协调。

趋势开拓原则 生态规划在以环境容量、自然资源承载能力和生态适宜度为依据的条件下，积极寻求最佳的区域或城市生态位，不断地开拓和占领空余生态位，以充分发挥生态系统的潜力，强化人为调控未来生态变化趋势的能力，改善区域和城市生态环境质量，促进生态区建设。

协调共生原则 复合系统具有结构的多元化和组成的多样性特点，子系统之间及各生态要素之间相互影响、相互制约，直接影响着系统整体功能的发挥。在生态规划中要保持系统与环境的协调、有序和相对平衡，坚持子系统互惠互利、合作共存，提高资源的利用效率。

区域分异原则 不同地区的生态系统有不同的特征，生态过程和功能、规划的目的也不尽相同，生态规划要在充分研究区域生态要素的功能现状、问题及发展趋势的基础上因地制宜地进行。

功能高效原则 生态规划的目的是要将规划区域建设成为一个功能高效的生态系统，使其内部的物质代谢、能量的流动和信息的传递形成一个环环相扣的网络，物质和能量得到多层分级利用，废物循环再利用，经济效益得到提高。

保护多样性原则 生态规划要坚持保护生

物多样性，从而保证系统的结构稳定和功能的持续发挥。

可持续发展的原则 生态规划遵循可持续发展原则，在规划中突出“既满足当代人的需要，又不危及后代满足其发展需要的能力”的原则，强调资源的开发利用与保护增值同时并重，合理利用自然资源，为后代维护和保留充分的资源条件，使人类社会得到公平持续发展。

规划步骤 主要包括如下步骤。

编制规划大纲 根据规划任务，确定规划的范围和时空边界，在区域可持续发展总目标下，确定规划的总体目标、阶段目标及指标体系，规划原则和总体思路，编制规划大纲。此外，还应包括规划采用的方法及内容、规划的组织、时间安排及经费安排。

生态调查 是生态规划的首要工作，也是决定生态规划方案是否准确、是否科学地反映规划区实际情况及其未来发展方向的前提条件。生态调查的内容十分丰富，既包括自然环境资源状况的调查，又包括社会经济状况和人文资源的调查；既有定性资料的调查，也有定量数据的观测调查；既有直接的野外调查，也有第二手资料的收集。不同类型的生态规划要求调查的内容侧重点有所不同，其对应的调查方法也有所差异。对区内的复合生态系统进行生态调查，可以采用遥感、收集资料和实地调查三种方法。收集规划区内自然生态环境和社会经济环境资料及与规划有关的法律法规，包括历史、现状资料及遥感资料，对收集的资料进行初步的统计分析、因子相关分析以及现场核实与图件的清绘工作，然后建立资料数据库。生态调查具体内容包括以下六个方面：①一般调查，内容主要有动、植物物种，特别是珍稀、濒危物种的种类、数量、分布、生活习性、生长、繁殖及迁移行为等情况。②生态系统类型、结构及功能，特别注意土地利用类型的调查、城市绿化系统结构的调查、生态流及生态功能的调查。③社会系统调查，包括人口的结构及健康状况，科技的结构、转化及应用，科技示范区的建设现状及发展趋势，社会发展与环境管理的现状。④经济系统调查，涉及产业结构、能源结构、投资结构、资源利用与保护、污染排放与环境保护情况。⑤区域特殊保护目标调查，属于地方性敏感生态目标的有自然景观与风景名胜，水源地、水源林与集水区等，脆弱生态系统，生态安全区，重要生境。⑥自然灾害调查。

生态环境现状分析与评价 将收集到的资料进行整理、加工和分析，对规划区域的生态环境现状、社会经济发展现状、环境质量现状进行分析评估。其主要内容包括：①分析生态系统的类型、结构、功能及演替趋势、各种生态关系、生态过程。②分析和评价区内土地利用格局、环境敏感性、生态足迹（环境承载力）、主要资源的承载力、景观格局、环境服务功能、生态安全和健康。③分析经济发展模式及其可持续性、产业结构合理性、环境污染问题等。通过以上分析发现系统存在的主要问题、发展的利导因子、制约因素、发展潜力及优势，找出系统中存在的反馈关系、调节机制、政策对系统局部的影响机制，确定规划需要调节的主要环节、生态环境保护和建设的主要领域、经济发展的模式。

生态评价是在生态调查的基础上，对生态环境状况，各种资源的数量、结构、等级、分布及其开发利用的生态适宜性与风险性进行分析，获取综合的辨识与评判结果。生态评价从时间序列来看，通常包括生态现状评价、生态影响评价和生态预测评价。从具体内容来看，生态评价包括生态环境现状等级评价、生态适宜性评价、生态敏感性评价、生态风险性评价、生态安全评价、生态环境容量分析、生态服务功能评价等内容。生态评价的结果是制定生态规划方案的重要依据。

生态功能区划 参见生态功能区划。

规划设计与规划方案的建立 在现状调查与评价的基础上，充分研究国家的有关政策、法规、区域发展规划，综合考虑人口发展、经济发展及环境保护的关系，提出生态规划的目标及建设的指标体系，确定区域发展的主要任务、重点领域，在区内生态环境、资源及社会条件的适宜度和承载力范围内，选择最适于区域发展的对策措施。

规划方案的分析与决策 对所设计的规划方案实施后可能造成的影响进行预测分析，包括生态风险评价、损益分析及环境影响分析等，并进行方案比选，也可以采用数学规划的方法和动态模拟等决策方法进行辅助决策。

规划方案的审批与实施 规划编制完成后，报有关部门进行审批实施。生态规划由所在地的环境保护行政主管部门会同有关部门组织编制、论证，经上级环境保护行政主管部门审查同意后，报当地人民政府批准实施，审批后的规划应纳入区内相关的发展规划，以保证规划的实施。

规划编制技术规范与规划管理 与其他规划一样，生态规划方案的编制也需要遵循一定的技术规范，包括文本的编写格式、体例要求、图件编绘要求、附件材料要求等内容。另外，不同类型的生态规划，如生态示范区规划、生态工业园区规划、自然保护区生态规划、生态功能区划等还有其特定的要求。同时，在整个规划过程中，也需要按照一定的管理规范进行。生态规划是一个系统工程，它包括规划前期管理（如规划资格认证、规划的技术标准与规范、规划费用、招投标管理等）、规划中期管理（规划的监督、参与、评审、论证等）、规划后期管理（规划审批、实施、监测、后续评价等）等。生态规划编制的技术规范与规划管理是规划方案质量的重要保证，不可忽视。

新技术和新理论在生态规划中的应用 生态规划是一门应用技术科学，需要不断地引进新技术和新理论作为基础支撑。近年来，随着3S技术或4S技术的发展，遥感技术（RS）、地理信息系统技术（GIS）、全球定位系统技术（GPS）、专家系统技术（ES）、生态模型与预测技术等已较普遍地应用到生态规划中。同时，景观生态学的理论与方法也逐步成为生态规划的主要技术手段之一。 （李奇锋 张红）

shengtai huanjing yuce

生态环境预测 （eco-environmental forecast） 在掌握现有信息的基础上，以科学的方法推断未来各种生态系统在人类社会经济活动影响下的发展趋势和最终状况的过程。生态环境是一个极其复杂的多变量综合系统，受多种因素的影响。洞察它的发展变化规律，预测其能量流动、物质循环，对环境管理和决策具有重要意义。

目的 通过生态环境预测，可以揭示生态环境发展变化的客观规律，为生态资源合理开发利用与优化配置提供决策依据。

内容 包括城市生态环境预测，农业生态环境预测，森林、草原、沙漠等面积与分布的预测，以及区域内物种、自然保护区的变化趋势预测。

原则 为了使生态环境预测结果与实际生态环境状况基本相符，应遵循如下原则。

遵循生态环境的自然属性 生态环境是一个综合系统，其特征与变化维系于不同资源及其时空分配，预测生态环境状况及其变化趋势应以生态环境的类型特征及其演变规律为基础，选择适宜的预测模型和方法，保证最佳的自然资源利用原则。

充分体现生态环境的价值属性 生态环境预测是为经济发展规划提供决策参考信息，反过来又以经济发展规划为依据。人类活动对生态系统造成严重破坏，而生态环境破坏造成的社会、经济代价随社会与经济发展而趋于增加。生态环境预测应与社会、经济相联结，遵循经济、社会、生态效益相统一的原则。

科学合理选取预测指标和数据 生态环境预测的目的是为生态环境保护提供科学依据，因此，应以关键生态系统保护为主要目标进行生态环境预测，选取的预测指标体系应反映关键要素的生态特征，并以连续、系统、可靠的数据信息作为重要基础，提高预测精度。

步骤 生态环境预测的一般步骤如下图所示。

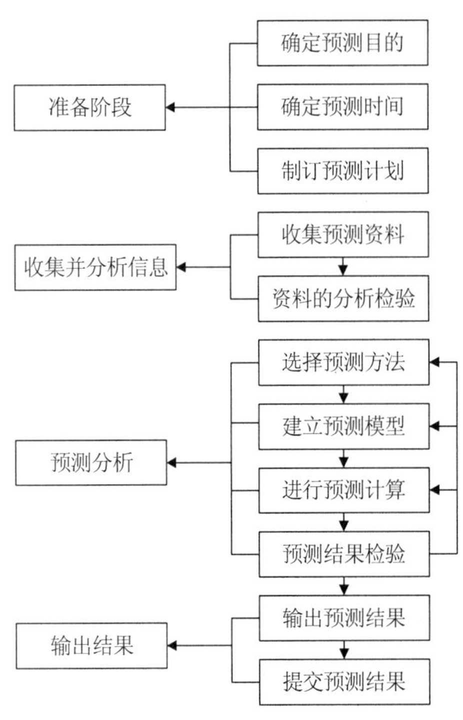

生态环境预测的步骤

准备阶段 按照生态管理决策的需要，确定预测的对象、目的、具体任务、时间期限、计划等。

收集并分析信息阶段 要围绕生态环境预测目标来收集有关数据和资料，并做到来源明确、可靠，结论正确、可信。收集的数据、资料应包括可以反映生态环境预测对象的特性及其变动倾向的信息。在尽可能完整收集原始资料的同时，对资料进行必要的加工整理、分析和选择，剔除非正常因素的干扰，并对各相关因素进行测定和调整。

预测分析阶段 选择预测方法，建立预测模型，进行预测计算并检验预测结果。常用的预测方法有统计推断法、因果分析法、模式预测法、类比分析法和专家系统法。预测方法的选择要根据生态环境过程的特点、预测目的所要求的精确程度和进行预测的人力、费用等情况来确定。预测模型是预测结果准确与否的关键，应能够反映预测对象的基本特征与经济、生态环境之间的本质联系。将收集到的生态环境信息及相关数据资料输入生态环境预测模型中，求出初步的生态环境预测结果，在此基础上进行分析检验，以确定预测结果的可信程度，如果误差太大需要进行修改，应重新计算或对预测结果做必要调整。

输出结果阶段 将满足精确度要求的预测结果输出，按要求提交给决策部门，以制定生态环境管理方案。（贺桂珍）

shengtai huanjing zhiliang pingjia

生态环境质量评价 （eco-environmental quality assessment） 按照一定的目的，依据一定的方法和标准，在各个环境要素评价的基础上，对一个区域的生态环境质量进行定性和定量的评定，以反映生态环境的整体状况的过程。生态环境质量是指在一个具体的时间和空间范围内生态系统的总体或部分生态环境因子的组合对人类生存及社会经济持续发展的适宜程度。

类型 按评价的对象分类，包括乡镇、县级市、地级市、省级行政区以及整个国家或流域；按评价的时间范围分类，主要集中于静态分析，少数涉及动态分析；按评价内容分类，主要分为生态安全评价、生态风险评价、生态系统健康评价、生态系统稳定性评价、生态系统服务功能评价和生态环境承载力评价。

评价要素和指标 选取的生态环境因子有气候、水环境、植被、土壤以及污染负荷等，对应的指标主要有气温、降水量、水资源量、有效灌溉面积、活立木蓄积量、林地面积、森林覆盖率、草地面积、耕地面积、水土流失率、土地荒漠化率、化肥使用强度、废水排放总量、废气排放总量、固体废物产生总量等（见下表）。

评价方法 生态环境质量评价一般采用定性评价和定量评价两种方法。定性评价一般选取对生态环境影响较大的指标，根据该指标的大小或优劣程度评价生态环境的好坏；而定量评价则采取一定的公式或模型对指标系统进行计算，根据计算结果的大小评价生态环境，通常采用的方法有脆弱度计算法、距离计算法、层次分析法、主成分分析法、综合模型法、人工神经网络评价法和生态足迹法等。

生态环境质量评价常用要素及对应指标

要素	指标
气候	气温
	降水量
水环境	水资源量
	有效灌溉面积
植被	活立木蓄积量
	林地面积
	森林覆盖率
	草地面积
土壤	耕地面积
	水土流失率
	土地荒漠化率
污染负荷	化肥使用强度
	废水排放总量
	废气排放总量
	固体废物产生总量

（李静）

shengtai jianshe guihua

生态建设规划　（ecological construction planning）　利用生态学原理，为达到经济能持续、稳定、协调发展，资源能得到永续利用，并创造一个人类舒适、和谐地生活与工作环境的生态建设目标，实现人口、经济、资源、环境四者相协调而制定的近期和长远的规划。

特点　生态建设规划不能仅仅是一个环境保护和环境综合整治规划，它必须体现生态学的整体优化、循环再生、区域分异三个基本原则，具有明显的整体性、协调性、区域性、层次性和动态性等特点。

主要内容　生态建设规划包含两大系列问题，一是经济发展与资源利用保护、生态环境相协调规划，称为“软件规划”。二是环境综合整治与生态建设、生态工程的“硬件规划”。规划内容基本可分成三部分：城市生态建设规划、农村生态建设规划和生物圈保护区建设规划。

基本原则　包括：①实施可持续发展战略，解决生态和环境问题。②坚持经济效益、社会效益与生态环境效益的统一。③重视发挥政府、企业和公众三方面的作用。④依靠科技进步，推动生态建设和环境保护。⑤统筹规划，突出重点，量力而行，分步实施。

（张红　李奇锋）

shengtai jingji guihua

生态经济规划　（ecological economic planning）　在自然综合体系天然平衡，不作重大变化，自然环境不遭破坏和一个部门的经济发展不给其他部门造成损害的情况下，计算并合理安排天然资源利用和组织地域利用的一种计划。生态经济规划将合理利用大自然各组成部分的原则和合理利用整个大自然的原则相结合，是满足人类社会活动中生产性领域和非生产性领域需求的综合性规划，具有极强的社会性和经济性。

生态经济规划既不同于农业区划，也不同于一般的生产发展计划和经济规划。生态经济规划是从自然、经济、社会全面发展的角度多方面综合，它既包括生产发展计划和经济规划，也包括农业区划、环境规划、社会发展计划，是多种规划和计划的综合。

生态经济规划的对象一般为行政区域（如一个市、一个县等）。之所以强调区域，是因为它在自然地域上有较大的范围，可以充分实现物质和能量的循环与流动及产业间的协调。同时，一定规模的区域，既具有较为完整的行政管理系统，又具有一定的资金、技术和劳动力基础，可以通过技术、行政的手段来实现环境的综合治理和组织经济建设的实施。

当前国内外都十分重视区域级的生态经济规划工作，一些国家已将此类规划纳入国民经济的总体规划之中。随着生态建设的深入发展，生态经济规划有着广阔的发展前景。

（李奇锋　张红）

shengtai quhua

生态区划　（ecological zoning）　从系统观点出发，考虑地区功能的整体性而不是从形态（水平结构）的同型性进行区域生态系统划分的一种方法。生态区划是生态系统和自然资源合理管理及持续利用的基础，可为生态环境建设和环境管理政策的制定提供科学依据。

特点 生态区划是综合性的功能区划。由于自然界的复杂性，除依据生态学理论外，生态区划还必须结合地理学、气候学、土壤学、环境科学和资源科学等多个学科的知识，同时考虑人类活动对生态环境的影响以及社会经济发展的特点。所以，生态区划是综合多个学科，充分考虑自然规律和人类活动因素的一项综合生态环境研究。

目的 为区域资源的开发利用和环境保护，以及区域社会经济可持续发展提供可靠的科学依据，从而减少人类经济活动的盲目性以及片面追求经济利益的短期性。

原则 生态区划必须遵循以下基本原则：

生态区域的分异原则 宏观生态系统是一个由一系列不同生态系统类型组合的、在空间上连续分布的整体。在不同的区域范围内，由于气候、地貌、地形、土壤等条件的不同，与此相联系的生态系统也表现各异。根据这些差异，能划分出不同的生态单元。生态区域的分异原则是生态区划的理论基础，也是生态区划的最基本原则。

生态系统的等级性原则 等级性理论是了解生态系统空间格局的基础，它包含生态系统的结构等级和生态过程等级两方面的内容。一般而言，生态系统的等级性体现的特点有：①高等级组分的格局能在低等级中得到反映；②低等级组分的存在依附于高等级；③物质和能量通常从高等级流向低等级；④一些独立组分的变化会不可避免地影响到相关的组分。等级性原则是生态区域逐级划分的理论依据。

生态区域内的相似性和区际间的差异性原则 自然地理环境是生态系统形成和分异的物质基础，虽然在一个区域内其总体的生态环境趋于一致，但是由于其他一些自然因素的差别，区域内各生态系统的结构也存在着一定的相似性和差异性，而生态区划正是根据其相似性和差异性加以识别和概括，然后进行区域的合并和分异。

指标体系 是划分生态区的理论依据。由于指标体系随区划对象、区划尺度、区划目的及区划研究者的不同而存在较大的差异，因此，区划指标体系的确定是一个极其复杂的过程，也是历来各区划中争论最多的话题。但是，无论何种区划，其指标体系的确定和各个指标的选取应尽可能地体现其区划的目的并反映出区域的分异规律。由于生态系统的结构、功能及其形成过程是极其复杂的，并受多种因素的影响，是各个因素综合作用的结果，因此，在选取各生态区划分的指标时，应在综合分析各要素的基础上，抓住其主导因素，这样既可把握住问题的本质，又不会使指标体系过于庞杂而重复。一般而言，气候是大尺度下生态系统的主要决定因素，而地貌和地形对水热因子的分布起重要的作用，因此，它们往往在区划的过程中被确定为主要指标之一。

生态区单元划分 生态区单元划分是生态区划中的重要环节，它是不同生态区单元等级性的具体体现与标识。生态区单元一般划分为三个等级：生态大区（1级区）、生态地区（2级区）和生态区（3级区）。

各等级区中生态区单元的划分主要遵循以下原则：①要准确体现各个区域的主要特点。②要标明其所处的地理空间位置。③要表明其生态系统类型。④同一级别生态区的名称应相互对应。⑤要反映人类活动对生态环境的影响。⑥文字上要简明扼要，易于被大家接受。因此，在对各级生态区进行命名时主要考虑以下因素：生态大区，大地理位置—温湿状况；生态地区，温湿状况—典型地带性植被；生态区，地貌类型—生态系统类型—人类活动因素。

（李奇锋　张红）

shengtai shifanqu guihua

生态示范区规划 （ecological demonstration zone planning） 以生态学和生态经济学原理为指导，以协调经济、社会发展和环境保护为主要任务，对一定时期内生态示范区的发展目标与发展方式进行的规划。

性质和任务 生态示范区规划的实质是根据可持续发展的要求，运用生态学和生态经济学原理对规划区域内自然资源的开发和利用进行综合、长远的评价与规划，本质上属于生态规划的范畴。其基本任务是：①使可再生资源不断恢复并扩大再生产，使不可再生资源实现节约利用；②使区域生态环境质量不断改善并维持在确保人类健康所必需的水平之上。

原则 ①可持续发展战略与区域建设实践相结合原则；②经济效益、社会效益和生态效益相协调原则；③生态环境保护与开发并重原则；④人居环境的改善与生态环境建设相结合原则；⑤统筹规划、法制保障原则；⑥政府宏观调控、社会共同参与和投资多元化相结合原则；⑦实事求是、因地制宜、突出当地特色原则；⑧前瞻性和可操作性有机统一的原则。

基本程序 生态示范区、生态县、生态市和生态省建设，在报经上一级环境保护行政主管部门批准后，即可按照下列程序开始编制规划：①确定任务。②调查、收集资料。③编制规划大纲。④规划大纲论证。⑤编制规划。⑥规划评审。⑦规划批准、实施。

（李奇锋　张红）

shengtai xitong guanli

生态系统管理 （ecosystem management）在充分理解生态系统组成、结构和功能过程的基础上，制定适应性的管理策略，以恢复或维持生态系统的整体性和可持续性，满足当代和后代人的社会经济、政治和文化需求的管理活动。这一概念的表述方式有多种，包括基于生态系统的管理（ecosystem-based management）、综合生态系统管理（integrated ecosystem management）、总生态系统管理（total ecosystem management）等，但含义大致相同。

生态系统管理属于学科交叉的研究领域，包括生态系统和管理两个重要概念的集合。一方面，生态系统管理必须要有明确的目标，它是由决策者最后确定的，但同时又具有可适应性，即可以根据实际情况进行修改，这是指如何决策方面。另一方面，生态系统管理是通过制定政策、签订种种协议和具体的实践活动而实施的，这是指如何管理方面。可以说，生态系统管理是科学家在应对全球规模的生态、环境和资源危机时提出的一种危机响应，它作为生态学、环境学和资源科学的复合领域，自然科学、人文科学和技术科学的新型交叉学科，不仅具有丰富的科学内涵而且具有迫切的社会需求和广阔的应用前景。生态系统管理的概念虽经历多年的发展，但其定义和理论框架仍处于争议之中，由于相关学者的研究对象、目的和专业角度不同，各自所提出的定义有一定差异。

沿革 生态系统管理起源于传统的林业资源管理和利用过程。20 世纪 50 年代，生态学家从生态系统的角度提出用一种新的方法进行生态管理。生态系统管理概念最早是在 20 世纪 60 年代提出来的，反映出人们开始用生态的、系统的、平衡的视角来思考资源环境问题。1988 年阿吉（J. K. Agee）和约翰逊（D. R. Johnson）出版了《公园和荒地的生态系统管理》（Ecosystem Management for Parks and Wilderness）一书，它是第一部关于生态系统管理学的专著。20 世纪 70 到 80 年代，生态系统管理在基础理论和应用实践上都得到了长足发展，逐渐形成了完整的理论-方法-模式体系。进入 90 年代，特别是进入 21 世纪后，更为先进的综合生态系统管理（integrated ecosystem management）的理论和实践开始迅速发展。作为一种新的管理理念和管理方式，生态系统管理长期以来主要作为环境方面的思潮在应用，特别是在森林、海洋、农业和水资源等管理中得到较为广泛的应用。美国联邦和州立机构已将生态系统管理作为其指导性政策，美国林务局、土地管理局、鱼类及野生动物管理局以及佛罗里达州环保部门等均采用了生态系统管理的方法。其他国家相对美国而言，生态系统管理研究起步较晚，生态系统管理的应用也相对滞后，但也取得了一定成果，如法国、德国、荷兰、葡萄牙和英国等欧洲国家在基于河流的管理方面取得了一定进展。我国政府、相关部门及学者在生态系统管理方面也做出了很多努力，国家发布了《全国生态环境建设规划》和《全国生态环境保护纲要》，在森林、草原、湿地、海洋、土壤、水等生态系统保护与修复、生物多样性保护方面取得了一定效果。

管理要素 生态系统管理的目标和关键在于实现人与自然之间可持续的和谐发展，本质上就是维护系统的平衡，实现人、社会、自然组成系统的协调发展。但其广泛含义及定义多样化使得人们在理解和应用这种方法时常常充满疑惑，为了从整体上形成对这个概念实质内容的理解，国内外学者总结了各领域生态系统管理方法所包含的要素，提出共性的内容，构成生态系统管理的基本概念框架（见下表）。

目标 由于人类对不同生态系统干预能力和利用目的的差异，各种生态系统的管理目标以及管理强度也大不相同。从学者、机构的研究来看，大多数认同实现生态系统可持续完整性是生态系统管理的最终目标。格拉宾（Grumbine）在1994年总结归纳出以下五个子目标体系，即保持所有当地生物种的群体；在保护区内，描述所有当地生态系统类型，确定不同的自然活动边界；维持正常的进化、生态过程（如干扰、水文过程和营养物质的循环）；维持生物种和生态系统的良性演替；在上述条件限制下，调整人类对物质的使用和占有行为。其中，前四项目标主要是利用科学知识减轻（或最终消除）生物多样性面临的危机，第五项目标明确了人类在生态环境管理活动中扮演着至关重要的角色。另一种提法是维持生态系统的健康，即如果一个生态系统有能力满足我们的需求并在可持续方式下产生需要的产品，则被认为是健康的。

原则 生态系统管理的基本原则包括整体性原则、动态性原则、再生性原则、循环利用性原则、平衡性原则和多样性原则。

主要内容 1997年博伊斯（Boyce）和黑尼（Haney）提出生态系统保护、恢复和重建是生态系统管理的核心。对于保存比较完好的自然生态系统，主要任务是保护；在受到较大自然或人为干扰的情况下，或者是已受到较大干扰的生态系统，主要考虑的是生态系统的恢复；对于受损严重已不能进行恢复的生态系统，要进行生态系统重建，建立新的平衡与可持续状态。

生态系统管理的基本要素

基本要素	要素含义
可持续性	生态、社会、经济和文化的可持续发展是生态系统管理的前提，通过理解生态系统和构建生态模型，来了解和描述生态系统的特征，实行生态系统管理
系统视角	多尺度性：生态系统涉及基因、物种、种群和景观等多个层次，且层次间存在着相互作用关系； 复杂性和相关性：多尺度间的相互关系及其导致的复杂系统结构，以及复杂结构支持的重要生态过程； 动态性：生态系统不是静止不变的，始终处于变动和进化过程中
广泛的时空尺度	生态系统过程发生在一系列不同的时空尺度上，应该在生态边界内实行生态系统管理，传统的资源管理面对的时空尺度都不足够大。生态系统管理往往是跨越行政、政治和所有权尺度的
人是系统的一部分	人影响着生态系统，不应该将人从自然中分离出来，而应该在寻求生态系统可持续发展的过程中将人类作为一分子考虑进来
制定社会目标	生态系统管理是一个社会过程，人类的价值取向在管理目标的设定过程中起决定性作用
共同决策	生态系统管理的空间大尺度特性使得管理必然是一个共同决策的过程，涉及政府机关、民间组织、非政府机构和私营主与工业企业

生态系统管理研究内容主要有以下四项：

①生态系统结构分析，主要是对生态系统的生命和非生命组分进行分析，具体涉及水文（水量、水质及其动态分布）、土壤（土壤类型、质量等）、大气（大气质量）、生物多样性（包括生产者、消费者和分解者在内的各物种的种类与数量，功能种、关键种、种间关系，食物网，生物量等），在现有监测资料或详细的现场调研基础上，结合历史资料，系统分析其生态系统现状及演变趋势，并找出生态敏感因子之所在。

②生态系统过程分析，包括能量（现实能、体现能和熵流）流动过程、物质（营养物质和有害物质）循环过程以及生态系统的演化过程。现实能反映生态系统各组分能量的“量”，体现能反映生态系统各组分能量的“质”，而熵流则反映生态系统演变的趋势。生态系统管理的效果在很大程度上取决于我们对生态系统有机整体以及各层次间相互作用的科学理解程度，对生态系统内生态学过程机制的深入理解有助于寻找控制生态系统过程的关键因素。

③生态系统服务及其功能价值化评估，将生态系统结构和过程所产生的产品和服务加以货币化，作为度量生态系统对人类生存环境贡献的生态经济学指标，以一种更直接的形式体现区域生态系统的现状，其结果不仅可以作为采取何种管理方式的依据，还可作为生态系统管理中维持生态系统产品与环境服务的最佳组合和长期可持续性的依据。

④生态系统管理方式研究，通过生态系统结构、过程和服务功能的分析，得出所研究区域的生态系统现状，决定对其采取保护、恢复或重建等管理方式。

步骤 生态系统管理一般包括以下八个步骤（见下图）。

①调查确定系统的主要问题。调查一个区域生态系统管理项目的目标，首先明确一系列问题，如总体方案，如何进行沟通、协调、解决双方出现的冲突，限制条件，区域内部人们的活动、期望和要求，以及利用生态系统管理能带来什么机会。这些问题在初期均要考虑。

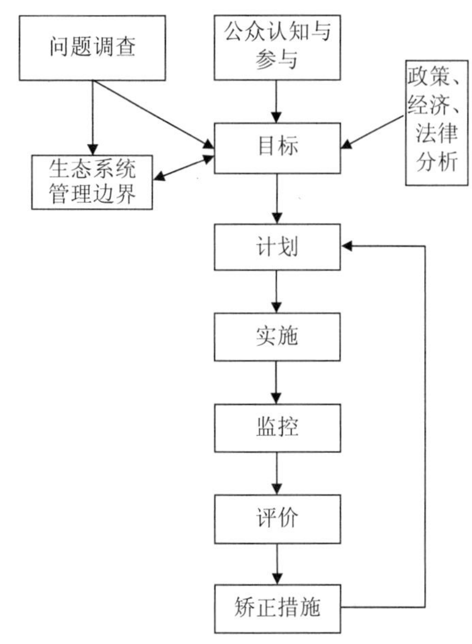

生态系统管理的方法步骤

②当地居民的认知和参与。在建立目标和制订计划之前，要鼓励当地居民参与项目，当地的学校和各种培训机构可以进行相应的培训，同时利用电视、互联网对这一类型案例进行宣传，在项目开展之前尽可能保证公众的充分参与。

③政策、经济和法律分析。对该地区的政策倾向有所了解，保证得到当地权力机构的支持，保证交流合作的畅通，避免浪费时间和经费。分析和整合经济、法律信息，为制定合理的生态系统管理法规和政策提供依据。

④确认管理目标。在上述准备工作完成之后，通过目标制定要详细列出下一步的计划和完成步骤来保证该地区的可持续发展。目标要能体现所管理的生态系统未来发展的趋势，与社会利益相关方保持协调一致。

⑤限定生态系统管理边界。由于生态系统的开放和动态特性，所管理的系统没有严格的边界划分标准。通常按照操作的实际情况确定被管理生态系统的空间尺度和边界，边界内应包括研究区域内大多数自然和人文要素，能反映该区域的主要特征。

⑥制订管理计划，整体实施。这一步骤需要考虑各利益相关方，如政府制定标准、规则的部门，当地的权力机构、企业、科研机构等，这些不同实体需要很好的合作，相互交流，保证管理的正常进行。

⑦监控。在生态系统管理框架下，通过监控能够看出生态系统是否朝着设想的方向发展。监控过程一般要基于实际监测和统计的结果。

⑧评价。通过监控，对系统进行评价，发现问题并进行相应调整，进一步促进适应性管理。

管理技术 目前常用的生态系统管理技术包括生态风险评估、适度干扰与恢复重建、废物资源化管理、生态工业园区建设、生态工程建设、自然保护区的设立和管理、基于3S技术的管理方法[遥感技术（RS）、地理信息系统技术（GIS）、全球定位系统技术（GPS）]和环境管理信息系统。

发展趋势 包括以下几方面：①生态系统管理是一种迅速发展的自然资源管理理念和思路，研究和应用领域越来越广。目前适应性管理和综合生态系统管理是被广泛倡导的生态系统管理方式。适应性管理依赖于我们对于生态系统临时的和不完整的理解来进行，允许管理者对不确定性过程的管理保持灵活性和适应性；综合生态系统管理是管理自然资源和自然环境的一种综合管理战略和方法。②资源管理由数量管理、质量管理走向生态系统管理，更加重视资源开发与环境协调发展。生态系统管理观念要求我们树立新型、科学的资源观，注重资源效益、环境效益、经济效益的协调，从重开发向开发与保护并重发展。③重视多学科的综合研究。生态系统管理研究具有强烈的多学科特点，需要综合利用地球科学、环境科学、资源科学、经济学和社会学的知识。在实施生态系统管理行动中，需要加强多学科的交叉和融合。④重视多部门的协作，成立部门间协调机制将是实现资源与环境协调发展的有效途径。多部门合作对下列工作是有益的：评述不同部门的政策，确定冲突和兼容的地方；各种活动、成果和方法等信息的共享；避免重复和实现行动的协同；确定对生态系统服务至关重要的而且需要采取特殊形式管理和合作的场所和生境。⑤重视区域尺度生态系统管理研究。生态系统管理研究涉及生物细胞、组织、个体、种群、群落、生态系统、区域、陆地/海洋与全球等不同尺度上的对象，具有宏观生态学意义的主要包括生态系统、区域和全球三大层次。中尺度的区域或流域是全球尺度研究的重要基础，是进行生态系统管理研究的关键尺度。

（贺桂珍）

shengtai xitong moni moxing

生态系统模拟模型 （ecosystem simulation model）

通过建立一个受扰动的生态系统模型，把环境影响分析纳入工程和规划的进行中，对工程引起的环境变化进行评价的一种方法。可反映生态系统的变化趋势，1978年由霍林（Holling）提出。

生态系统模拟模型不苛求大量数据，可使环境影响分析在较短期限内完成。它通常只考虑单一的环境效果，对较复杂的生态系统需作简化处理，故综合性不如其他方法。生态系统模拟模型特别适用于资源管理战略的研究和评价，在工程建设项目和多目标土地利用规划的环境影响评价中也适用。

针对不同层次生态系统，一般有四个层面的生态系统模拟模型。①个体及种群水平。主要模拟在一个生境中单个种的动、植物个体出生或发芽、成长及死亡的过程，还有种内竞争和种间相互作用，分析生境中生物之间的相互作用。主要模式有动植物的生理生态模型、个体或种群生长模型、种群竞争模型、土壤-植物-大气系统的物质能量交换模型。研究的时间尺度是秒、分、小时、天、月、年。②群落与生态系统水平。主要模拟植物种类在整个生态系统发展过程中的变化，以及植被类型的转变和相关的生物地球化学循环过程的改变，从而反映生物群落对气候变化的响应。如生态系统生产力模型、生物地球化学循环模型、食物链（网）模型、物种迁移与演替模型、物种分布格局模型。主要研究尺度是年或几年。③景观生态系统水平。景观动态研究包含时空两个方面的动态变化，一般可分为随机景观模型和基于过程的景观模型。随机景观模型用于模拟群落格局在演替过程中的动态变化等，基于过程的景观模型深入研究组成景观的各生态系统的空间结构。主要模式有区域经济模型、社会发展模型、土地利用模型、资源变化模型、生态系统景观格局模型。模拟尺度是几年或几十年。④生物圈与地球生态系统水平。基于过程的陆地生物地球化学模式被用来研究自然生态系统中碳和其他矿物营养物质的潜在通量和蓄积量。较为流行的模式有地球化学循环模型、生物圈水循环模型、中层大气循环模型、生物圈植被演替模型、生物圈生产力演化模型、全球变化模型。用于研究几十年和几百年的时间尺度。（焦文涛）

shengtai yingxiang pingjia

生态影响评价 （ecological impact assessment） 对于建设项目对生态系统及其组成因子所造成影响的评价，同时也适用于区域和规划。

原则 生态影响评价主要坚持以下三个原则。

重点与全面相结合 既要突出评价项目所涉及的重点区域、关键时段和主导生态因子，又要从整体上兼顾评价项目所涉及的生态系统和生态因子在不同时空等级尺度上结构与功能的完整性。

预防与恢复相结合 预防优先，恢复、补偿为辅。恢复、补偿等措施必须与项目所在地的生态功能区划的要求相适应。

定量与定性相结合 生态影响评价应尽量采用定量方法进行描述和分析，当现有科学方法不能满足定量需要或因其他原因无法实现定量测定时，可通过定性或类比的方法进行描述和分析。

评价工作分级和范围 依据影响区域的生态敏感性和评价项目的工程占地（含水域）范围，包括永久占地和临时占地，将生态影响评价工作等级划分为一级、二级和三级（见下表）。位于原厂界（或永久用地）范围内的工业类改扩建项目，可做生态影响分析。

生态影响评价工作等级划分

影响区域生态敏感性	工程占地（含水域）范围		
	面积≥20 km^2 或长度≥100 km	面积 2～20 km^2 或长度 50～100 km	面积≤2 km^2 或长度≤50 km
特殊生态敏感区	一级	一级	一级
重要生态敏感区	一级	二级	三级
一般区域	二级	三级	三级

生态影响评价应能够充分体现生态完整性，涵盖评价项目全部活动的直接影响区域和间接影响区域。评价工作范围应依据评价项目对生态因子的影响方式、影响程度和生态因子之间的相互影响和相互依存关系确定。可综合考虑评价项目与项目区的气候过程、水文过程、生物过程等生物地球化学循环过程的相互作用关系，以评价项目影响区域所涉及的完整气候单元、水文单元、生态单元、地理单元界限为参照边界。

主要内容 生态影响评价主要包括工程分析，生态现状调查与评价，生态影响预测与评价，生态影响的防护、恢复、补偿及替代方案以及结论与建议。

工程分析 内容涉及：项目所处的地理位置、工程的规划依据和规划环评依据、工程类型、项目组成、占地规模、总平面及现场布置、施工方式、施工时序、运行方式、替代方案、工程总投资与环保投资、设计方案中的生态保护措施等。

工程分析时段应涵盖勘察期、施工期、运营期和退役期，以施工期和运营期为调查分析的重点。

根据评价项目自身特点、区域的生态特点以及评价项目与影响区域生态系统的相互关系，确定工程分析的重点，分析生态影响的源及其强度。主要内容包括：①可能产生重大生态影响的工程行为；②与特殊生态敏感区和重要生态敏感区有关的工程行为；③可能产生间接、累积生态影响的工程行为；④可能造成重大资源占用和配置的工程行为。

生态现状调查与评价 其中，生态现状调查的相关内容参见环境现状调查的“生态现状调查”部分。

在区域生态基本特征现状调查的基础上，对评价区的生态现状进行定量或定性的分析评价。评价应采用文字和图件相结合的表现形式，方法包括列表清单法、图形叠置法、生态机理分析法、景观生态学法、指数法与综合指数法、类比分析法、系统分析法、生物多样性评价方法、海洋及水生生物资源影响评价方法和土壤侵蚀预测方法。评价内容包括：影响区域生态系统状况的主要原因，包括生态系统的结构与功能状况、生态系统面临的压力和存在的问题、生态系统的总体变化趋势等；受影响区域内动、植物等生态因子的现状组成和分布，敏感物种的生态学特征，特殊或重要生态敏感区的生态现状、保护现状和存在的问题等。

生态影响预测与评价 生态影响预测与评价内容应与现状评价内容相对应，依据区域生态保护的需要和受影响生态系统的主导生态功能选择预测评价指标。主要内容包括：①评价工作范围内涉及的生态系统及其主要生态因子的影响评价。②敏感生态保护目标的影响评价应在明确保护目标的性质、特点、法律地位和保护要求的情况下，分析评价项目的影响途径、方式和程度，预测潜在的后果。③预测评价项目对区域主要生态问题的影响趋势。

生态影响预测与评价方法应根据评价对象的生态学特性，在调查、判定该区域主要的、辅助的生态功能以及完成功能必需的生态过程的基础上，分别采用定量分析与定性分析相结合的方法进行预测与评价。

生态影响的防护、恢复、补偿及替代方案 生态影响的防护、恢复与补偿原则：①应按照避让、减缓、补偿和重建的次序提出生态影响防护与恢复的措施；所采取措施的效果应有利于修复和增强区域生态功能。②凡涉及不可替代、极具价值、极敏感、被破坏后很难恢复的敏感生态保护目标（如特殊生态敏感区、珍稀濒危物种）时，必须提出可靠的避让措施或生境替代方案。③涉及采取措施后可恢复或修复的生态目标时，也应尽可能提出避让措施；否则，应制定恢复、修复和补偿措施。各项生态保护措施应按项目实施阶段分别提出，并提出实施时限和估算经费。

替代方案主要指项目中的选线、选址替代方案，项目的组成和内容替代方案，工艺和生产技术的替代方案，施工和运营的替代方案，生态保护措施的替代方案。生态影响评价应对替代方案进行生态可行性论证，优先选择生态影响最小的替代方案，最终选定的方案至少应该是生态保护可行的方案。

结论与建议 从生态影响以及生态恢复、补偿等方面，对项目建设的可行性提出结论与建议。（贺桂珍）

shengtai yingxiangxing jianshe xiangmu

生态影响型建设项目 (construction projects with ecological impact) 以生态影响为主的建设项目，如公路、铁路、管线、民航机场、水运、农林、水利、水电、矿产资源开采等。

生态影响型建设项目的环境影响评价应明确生态影响作用因子，结合建设项目所在区域的具体环境特征和工程内容，识别、分析建设项目实施过程中的影响性质、作用方式和影响后果，分析生态影响范围、性质、特点和程度。应特别关注特殊工程点段分析，如环境敏感区、长大隧道与桥梁、淹没区等，并关注间接性影响、区域性影响、累积性影响以及长期影响等特有影响因素的分析。生态影响型建设项目应采取生态影响减缓措施。（朱源）

shengzhang quxian yucefa

生长曲线预测法　（growth curve prediction method）　利用生长曲线模型对一组观测数据符合生长曲线规律的事件发展趋势进行预测的方法。

生物的生长过程总是经过发生、发展、成熟三个阶段，而每一个阶段的发展速度各不相同，在发生阶段变化速度较为缓慢，在发展阶段变化速度加快，到成熟阶段变化速度又趋于缓慢。某些技术和经济的发展过程也类似于生物的这种生长过程。按照这三个阶段发展规律得到的事物变化发展曲线，通常称为生长曲线或增长曲线，也称逻辑增长曲线。由于此类曲线常似“S”形，故又称 S 曲线。生长曲线已广泛应用于描述及预测生物个体生长发育及某些经济、技术的发展领域中。

生长曲线预测模型有多种形式，常用的有皮尔曲线预测模型和龚柏兹曲线预测模型。

皮尔曲线预测法是指根据预测对象具有皮尔曲线变动趋势的历史数据，拟合成一条皮尔曲线，通过建立皮尔曲线模型进行预测的方法。皮尔曲线是 1938 年比利时数学家哈尔斯特（P. F. verhulst）首先提出的一种特殊曲线。后来，近代生物学家皮尔（R. Pearl）和里德（L. J. Reed）把此曲线应用于研究人口生长规律，命名为皮尔增长曲线，简称皮尔曲线。如果人口的发展变化表现为初期增长速度缓慢，随后增长速度逐渐加快，达到一定程度后又逐渐减慢，最后达到饱和状态的趋势，即原时间序列倒数的一阶差分的环比为一个常数，就可以用皮尔曲线来描述。皮尔曲线预测模型为：

$$\hat{y}_t = \frac{1}{k + ab^t}$$

式中，$\hat{y}_t$ 为第 t 期的预测值；t 为时间序列的时序号；a、b、k 为参数。

龚柏兹曲线是由英国统计学家和数学家本杰明·龚柏兹（Benjamin Gompertz）于 1825 年研究生物老化现象时首先提出的，可以对处于萌芽期、成长期、成熟期、衰退期以及淘汰期的情况进行预测。龚柏兹曲线预测模型的识别问题可以表述为：对于所分析的时间序列 Y_t（$t=1,2,\cdots,n$），确定变量 Y 的变动规律是否与龚柏兹曲线的变动规律相一致。习惯上一般采用通用的“试验-误差”识别方法，对相似模型所产生的方差进行比较，以方差最小为标准进行模型选择。　（贺桂珍）

shenghuanjing yingxiang pingjia

声环境影响评价　（noise impact assessment）　对建设项目和其他声源引起的声环境质量变化进行分析、预测和评估，提出合理可行的噪声防治措施，为建设项目优化选址、合理布局以及城市规划提供科学依据的过程。声环境影响评价是环境影响评价的一个重要组成部分。

环境噪声是指在工业生产、建筑施工、交通运输和社会生活中所产生的干扰周围生活环境的声音（频率在 20～20 000 Hz 的可听声范围内）。环境噪声是感觉公害，是局限性和分散性公害，其影响是暂时的。按来源分为工厂生产噪声、交通噪声、施工噪声、社会生活噪声等；按污染源形态分为点、线和面声源。噪声可导致听力损伤，干扰睡眠、工作思考、交谈及产生心理影响。我国于 1995 年制定了《环境影响评价技术导则　声环境》（HJ/T 2.4），并于 2009 年进行了修订，主要用于规范和指导建设项目声环境影响评价及规划环境影响评价中的声环境影响评价。

评价类别　按评价对象划分，可分为建设项目声源对外环境的环境影响评价和外环境声源对需要安静建设项目的环境影响评价；按声源种类划分，可分为固定声源的环境影响评价和流动声源的环境影响评价。建设项目既拥有固定声源，又拥有流动声源时，应分别进行噪声环境影响评价；同一敏感点既受到固定声源影响，又受到流动声源影响时，应进行叠加环境影响评价。

评价时段　根据建设项目实施过程中噪声的影响特点，可按施工期和运行期分别开展声环境影响评价。运行期声源为固定声源时，固定声源投产运行后作为环境影响评价时段；

运行期声源为流动声源时，将工程预测的代表性时段（一般分为运行近期、中期、远期）分别作为环境影响评价时段。

程序 主要包括三个阶段：准备阶段、主体阶段和报告阶段。准备阶段包括建设项目概况分析和调查、评价等级和范围确定；主体阶段包括声环境质量现状评价、声环境质量预测和影响评价；报告阶段主要是提出对策和措施，撰写专题报告（见下图）。

评价内容和方法 主要包括：评价工作等级和评价范围的确定、声环境现状调查和评价、声环境影响预测、声环境影响评价、噪声防治对策和声环境影响专题报告。

评价工作等级和评价范围的确定 声环境影响评价工作等级划分依据包括：建设项目所在区域的声环境功能区类别；建设项目建设前后所在区域的声环境质量变化程度；受建设项目影响人口的数量。

声环境影响评价工作等级一般分为三级，一级为详细评价；二级为一般性评价；三级为简要评价。一级评价针对评价范围内有适用于《声环境质量标准》（GB 3096）规定的 0 类声环境功能区域，以及对噪声有特别限制要求的保护区等敏感目标，或建设项目建设前后评价范围内敏感目标噪声级增高量达 5 dB（A）以上[不含 5 dB（A）]，或受影响人口数量显著增多。二级评价针对建设项目所处的声环境功能区为 GB 3096 规定的 1 类、2 类地区，或建设项目建设前后评价范围内敏感目标噪声级增高量达 3～5 dB（A）[含 5 dB（A）]，或受噪声影响人口数量增加较多。三级评价针对建设项目所处的声环境功能区为 GB 3096 规定的 3 类、4 类地区，或建设项目建设前后评价范围内敏感目标噪声级增高量在 3 dB（A）以下[不含 3 dB（A）]，且受影响人口数量变化不大。在确定评价工作等级时，如建设项目符合两个以上级别的划分原则，按较高级别的评价等级评价。

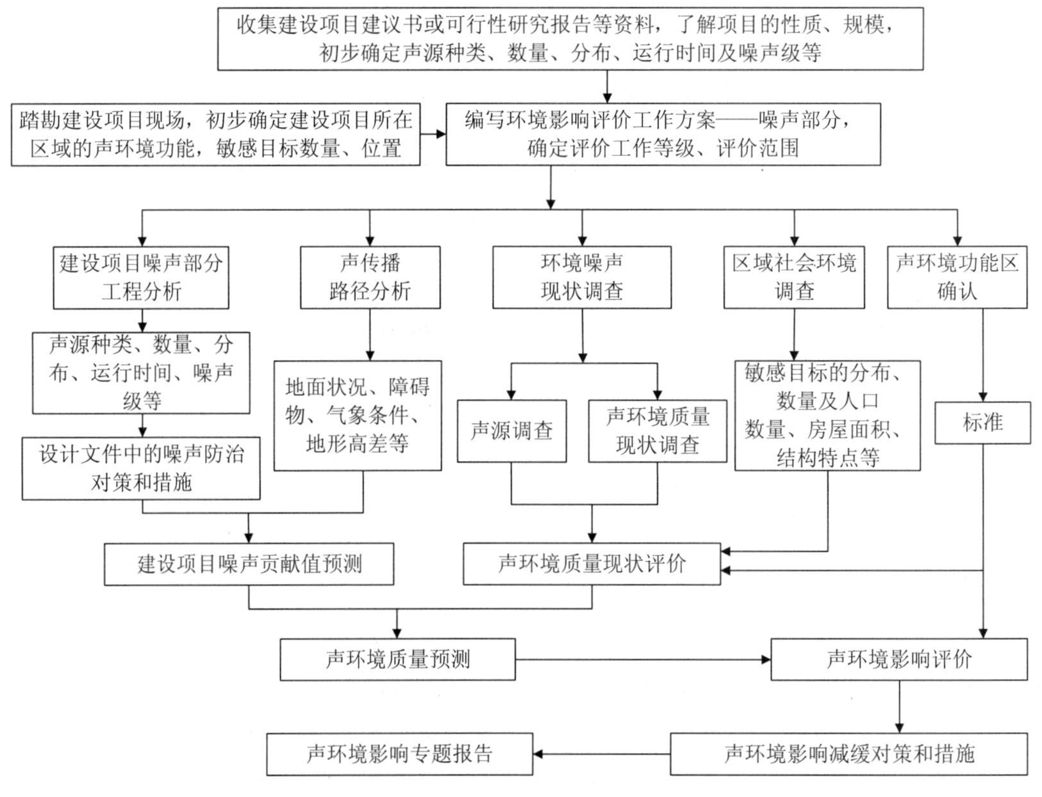

声环境影响评价工作程序

声环境影响评价范围依据评价工作等级确定。对于以固定声源为主的建设项目（如工厂、港口、施工工地、铁路站场等），城市道路、公路、铁路、城市轨道交通地上线路和水运线路等建设项目以及机场周围飞机噪声，评价范围有不同的规定。

声环境现状调查和评价 其中，声环境现状调查的相关内容参见环境现状调查的“声环境现状调查”部分。

现状评价包括评价范围内的声环境功能区及其划分情况，以及现有敏感目标的分布情况；分析评价范围内现有主要声源种类、数量及相应的噪声级、噪声特性等，明确主要声源的分布，评价厂界（或场界、边界）超、达标情况；分别评价不同类别的声环境功能区内各敏感目标的超、达标情况，说明其受到现有主要声源的影响状况；给出不同类别的声环境功能区噪声超标范围内的人口数及分布情况。

声环境影响预测 预测范围应与评价范围相同。建设项目厂界（或场界、边界）和评价范围内的敏感目标应作为预测点。预测需要的基础资料包括声源资料和影响声波传播的各类参量。

声环境影响预测步骤：①建立坐标系，确定各声源坐标和预测点坐标，并根据声源性质以及预测点与声源之间的距离等情况，把声源简化成点声源，或线声源，或面声源。②根据已获得的声源源强的数据和各声源到预测点的声波传播条件资料，计算出噪声从各声源传播到预测点的声衰减量，由此计算出各声源单独作用在预测点时产生的A声级（L_{Ai}）或有效感觉噪声级（L_{EPN}）。

典型建设项目噪声影响预测，包括工业噪声预测，公路、城市道路交通运输噪声预测，铁路、城市轨道交通噪声预测，机场飞机噪声预测，施工场地、调车场、停车场等噪声预测，敏感建筑建设项目声环境影响预测等，可采用不同的参数、模式进行预测。

声环境影响评价 应根据声源的类别和建设项目所处的声环境功能区等确定声环境影响评价标准，没有划分声环境功能区的区域由地方环境保护部门参照GB 3096和《声环境功能区划分技术规范》（GB/T 15190）的规定划定声环境功能区。评价的主要内容包括评价方法和评价量，影响范围、影响程度分析，噪声超标原因分析，对策建议。

噪声防治对策 根据声环境质量预测和影响评价的结果，提出相应的防治对策，包括规划防治对策、技术防治措施和管理措施。

声环境影响专题报告 专题报告书应说明建设项目声环境影响的范围和程度；明确建设项目在不同实施阶段能否满足声环境保护要求的结论；提出噪声防治措施。

专题报告主要内容包括：总论；工程分析；声环境现状调查与评价；声环境影响预测和评价；提出需要增加的、适用于建设项目的噪声防治对策，给出各项措施的降噪效果及投资估算，并分析其经济、技术的可行性；提出建设项目的有关噪声污染管理、监测及跟踪评价要求等方面的建议；声环境影响评价结论；附件。

专题报告应做到提供的资料齐全、可靠，论据清楚，结论明确；文字简洁、准确，图文并茂；既能全面、概括地表述声环境影响评价的全部工作，又利于阅读和审查。（贺桂珍）

《Shenghuanjing Zhiliang Biaozhun》

《声环境质量标准》（Environmental Quality Standard for Noise） 用于规定五类声环境功能区的环境噪声限值及测量方法的规范性文件。该标准适用于声环境质量评价与管理。机场周围区域受飞机通过（起飞、降落、低空飞越）噪声的影响，不适用于该标准。该标准对于防治噪声污染，保障城乡居民正常生活、工作和学习的声环境质量有重要意义。

该标准于1982年首次发布，名称为《城市区域环境噪声标准》（GB 3096—1982）。1993年该标准经第一次修订，《城市区域环境噪声标准》（GB 3096—1993）代替了GB 3096—1982。为执行该标准，国家环境保护局于1993

年9月7日批准了《城市区域环境噪声测量方法》（GB/T 14623—1993），1994年3月1日起实施。2008年该标准第二次修订为《声环境质量标准》（GB 3096—2008），由环境保护部和国家质量监督检验检疫总局于2008年8月19日联合发布，同年10月1日起实施。自2008年10月1日起，GB 3096—1993和GB/T 14623—1993废止。

主要内容 按区域的使用功能特点和环境质量要求，声环境功能区分为以下五种类型：0类声环境功能区，指康复疗养区等特别需要安静的区域；1类声环境功能区，指以居民住宅、医疗卫生、文化教育、科研设计、行政办公为主要功能，需要保持安静的区域；2类声环境功能区，指以商业金融、集市贸易为主要功能，或者居住、商业、工业混杂，需要维护住宅安静的区域；3类声环境功能区，指以工业生产、仓储物流为主要功能，需要防止工业噪声对周围环境产生严重影响的区域；4类声环境功能区，指交通干线两侧一定距离之内，需要防止交通噪声对周围环境产生严重影响的区域，包括4a类和4b类两种类型。4a类为高速公路、一级公路、二级公路、城市快速路、城市主干路、城市次干路、城市轨道交通（地面段）、内河航道两侧区域。4b类为铁路干线两侧区域。

各类声环境功能区适用下表规定的环境噪声等效声级限值。其中，4b类声环境功能区环境噪声限值，适用于2011年1月1日起环境影响评价文件通过审批的新建铁路（含新开廊道的增建铁路）干线建设项目两侧区域。在下列情况下，铁路干线两侧区域不通过列车时的环境背景噪声限值，按昼间70 dB（A）、夜间55 dB（A）执行：①穿越城区的既有铁路干线；②对穿越城区的既有铁路干线进行改建、扩建的铁路建设项目。既有铁路是指2010年12月31日前已建成运营的铁路或环境影响评价文件已通过审批的铁路建设项目。各类声环境功能区夜间突发噪声，其最大声级超过环境噪声限值的幅度不得高于15 dB（A）。

环境噪声限值 单位：dB（A）

声环境功能区类别		时段	
		昼间	夜间
0类		50	40
1类		55	45
2类		60	50
3类		65	55
4类	4a类	70	55
	4b类	70	60

城市区域应按照《声环境功能区划分技术规范》（GB/T 15190）的规定划分声环境功能区，分别执行该标准规定的0、1、2、3、4类声环境功能区环境噪声限值。乡村区域一般不划分声环境功能区，根据环境管理的需要，县级以上人民政府环境保护行政主管部门可按以下要求确定乡村区域适用的声环境质量要求：①位于乡村的康复疗养区执行0类声环境功能区要求。②村庄原则上执行1类声环境功能区要求，工业活动较多的村庄以及有交通干线经过的村庄（指执行4类声环境功能区要求以外的地区）可局部或全部执行2类声环境功能区要求。③集镇执行2类声环境功能区要求。④独立于村庄、集镇之外的工业、仓储集中区执行3类声环境功能区要求。⑤位于交通干线两侧一定距离（参考GB/T 15190第8.3条规定）内的噪声敏感建筑物执行4类声环境功能区要求。 （陈鹏）

shenghuanjing zhiliang pingjia

声环境质量评价

（noise environmental quality assessment） 依据声环境监测数据，综合评价城市或城市中某一特定区域声环境质量的过程。声环境质量评价的实质就是对区域整体环境噪声质量进行全面分析，给出客观、准确的评判结果。

目前国内外还没有针对区域整体声环境质量评价成熟的方法，我国声环境质量评价广泛使用的是在等网格划分基础上的统计加平均的方法，以及以城市环境噪声调查和测试为基础的城市噪声综合污染指数法。近年来，模糊数学评价法和层次分析法也逐渐受到了重视。

统计法 目前在声环境质量评价中比较常用，主要是对测点达标与否进行统计。《声环境质量标准》（GB 3096—2008）规定了定点监测法、普查监测法两种方法。

定点监测法 按点次分别统计昼间、夜间达标率。

普查监测法 0～3类功能区：算术平均法统计功能区的总体环境噪声平均值，并计算标准偏差；统计不同噪声影响水平下的面积百分比以及昼间、夜间的达标面积比例。4类功能区：长度加权算术平均统计交通类型环境噪声平均值；统计不同噪声影响水平下的路段百分比及昼间、夜间达标路段长度和抽样路段比例。

平均值法 是《“十一五”国家环境保护模范城市考核指标及其实施细则》和《“十一五”城市环境综合整治定量考核指标实施细则》文件中环境噪声部分的考核方法，也是环境监测站进行城市声环境质量评价的现行办法。其评价过程是：使用网格法，对城市评价区域内进行普查监测，将所有的网格测得的数据进行算术加权求平均值，按《声环境质量评价方法技术规定》（中国环境监测总站物字〔2003〕52号）中区域噪声环境质量等级划分表对声环境质量进行评价，将城市区域环境噪声分为重度污染＞65.0 dB（A）、中度污染60.1～65.0 dB（A）、轻度污染55.1～60.0 dB（A）、较好50.1～55.0 dB（A）和好≤50.0 dB（A）五个声环境质量等级。

模糊数学评价法 运用模糊数学中的聚类分析方法把所观察的对象进行合理分类。将模糊聚类分析方法用于城市环境噪声质量的分级评价，可用隶属函数将噪声质量分级。

（李静）

《Shiyong Nongchanpin Chandi Huanjing Zhiliang Pingjia Biaozhun》

《食用农产品产地环境质量评价标准》

（Environmental Quality Evaluation Standards for Farmland of Edible Agricultural Products） 用于规定食用农产品产地土壤环境质量、灌溉水质量和环境空气质量的各个项目及其浓度（含量）限值和监测、评价方法的规范性文件。该标准适用于食用农产品产地，不适用于温室蔬菜生产用地。该标准对于保护生态环境，防治环境污染，保障人体健康，建立和完善食用农产品产地环境质量标准有重要意义。

《食用农产品产地环境质量评价标准》（HJ/T 332—2006）由国家环境保护总局于2006年11月17日发布，自2007年2月1日起实施。

主要内容 该标准将土壤环境、灌溉水和空气环境中的污染物（或有害因素）项目划分为基本控制项目（必测项目）和选择控制项目两类。食用农产品产地土壤环境质量应符合表1的规定，食用农产品产地灌溉水质量应符合表2的规定，食用农产品产地环境空气质量应符合表3的规定。

表1 土壤环境质量评价标准限值[①] 单位：mg/kg

项目[②]			pH＜6.5	pH 6.5～7.5[③]	pH＞7.5
土壤环境质量基本控制项目					
总镉	水作、旱作、果树等	≤	0.30	0.30	0.60
	蔬菜	≤	0.30	0.30	0.40
总汞	水作、旱作、果树等	≤	0.30	0.50	1.0
	蔬菜	≤	0.25	0.30	0.35
总砷	旱作、果树等	≤	40	30	25
	水作、蔬菜	≤	30	25	20
总铅	水作、旱作、果树等	≤	80	80	80
	蔬菜	≤	50	50	50

续表

项目[2]			pH＜6.5	pH 6.5～7.5[3]	pH＞7.5
总铬	旱作、蔬菜、果树等	≤	150	200	250
	水作	≤	250	300	350
总铜	水作、旱作、蔬菜、柑橘等	≤	50	100	100
	果树	≤	150	200	200
六六六[4]		≤	0.10		
滴滴涕[4]		≤	0.10		
土壤环境质量选择控制项目					
总锌		≤	200	250	300
总镍		≤	40	50	60
稀土总量（氧化稀土）		≤	背景值[5] +10	背景值[5] +15	背景值[5] +20
全盐量		≤	1 000　2 000[6]		

注：①对实行水旱轮作、菜粮套种或果粮套种等种植方式的农地，执行其中较低标准值的一项作物的标准值。

②重金属（铬主要是三价）和砷均按元素量计，适用于阳离子交换量＞5 cmol/kg 的土壤，若≤5 cmol/kg，其标准值为表内数值的半数。

③若当地某些类型土壤 pH 变异在 6.0～7.5 范围，鉴于土壤对重金属的吸附率，在 pH 6.0 时接近 pH 6.5，pH 6.5～7.5 组可考虑在该地扩展为 pH 6.0～7.5 范围。

④六六六为四种异构体总量，滴滴涕为四种衍生物总量。

⑤背景值：采用当地土壤母质相同、土壤类型和性质相似的土壤背景值。

⑥适用于半漠境及漠境区。

表 2　灌溉水质量评价指标限值

项目		作物种类[1]		
		水作	旱作	蔬菜
灌溉水质量基本控制项目				
pH		5.5～8.5		
总汞/（mg/L）	≤	0.001		
总镉/（mg/L）	≤	0.005	0.01	0.005
总砷/（mg/L）	≤	0.05	0.1	0.05
六价铬/（mg/L）	≤	0.1		
总铅/（mg/L）	≤	0.1	0.2	0.1
灌溉水质量选择控制项目				
三氯乙醛/（mg/L）	≤	1.0	0.5	0.5
五日生化需氧量/（mg/L）	≤	50	80	30[2]　10[3]
水温/℃	≤	35		
粪大肠菌群数/（个/L）	≤	40 000	40 000	20 000[2] 10 000[3]
蛔虫卵数/（个/L）	≤	2		2[2]　1[3]
全盐量/（mg/L）	≤	1 000　2 000[4]		
氯化物/（mg/L）	≤	350		
总铜/（mg/L）	≤	0.5	1.0	
总锌/（mg/L）	≤	2.0		
总硒/（mg/L）	≤	0.02		

续表

项目		作物种类①		
		水作	旱作	蔬菜
氟化物/（mg/L）	≤	2.0		
硫化物/（mg/L）	≤	1.0		
氰化物/（mg/L）	≤	0.5		
石油类/（mg/L）	≤	5.0	10.0	1.0
挥发酚/（mg/L）	≤	1.0		
苯/（mg/L）	≤	2.5		
丙烯醛（mg/L）	≤	0.5		
总硼/（mg/L）	≤	1.0		

注：①对实行菜粮套种种植方式的农地，执行蔬菜的标准值。

②加工、烹调及去皮蔬菜。

③生食类蔬菜、瓜类及草本水果。

④盐碱土地区：具有一定的淡水资源和水利灌排设施，能保证排水和地下水径流条件而能满足冲洗土体中盐分的地区，依据当地试验结果，农田灌溉水质全盐量指标可以适当放宽。

表 3　环境空气质量评价指标限值

项目		浓度限值①	
		日平均②	植物生长季平均③
环境空气质量基本控制项目⑤			
二氧化硫⑥/（mg/m^3）	≤	0.15 [a] 0.25 [b] 0.30 [c]	0.05 [a] 0.08 [b] 0.12 [c]
氟化物⑦/[μg/（dm^2·d）]	≤	5.0 [d] 10.0 [e] 15.0 [f]	1.0 [d] 2.0 [e] 4.5 [f]
铅/（$\mu g/m^3$）	≤	—	1.5
环境空气质量选择控制项目			
总悬浮颗粒物/（mg/m^3）	≤	0.30	—
二氧化氮/（mg/m^3）	≤	0.12	—
苯并[*a*]芘/（$\mu g/m^3$）	≤	0.01	—
臭氧/（mg/m^3）	≤	1 h 平均④：0.16	

注：①各项污染物数据统计的有效性按 GB 3095 中的第 6 条规定执行。

②日平均浓度指任何 1 日的平均浓度。

③植物生长季平均浓度指任何一个植物生长季月平均浓度的算术平均值。月平均浓度指任何 1 月的日平均浓度的算术平均值。

④1h 平均浓度指任何 1 小时的平均浓度。

⑤均为标准状态，即温度为 273.15 K，压力为 101.325 kPa 时的状态。

⑥二氧化硫：a. 适于敏感作物。例如，冬小麦、春小麦、大麦、荞麦、大豆、甜菜、芝麻，菠菜、青菜、白菜、莴苣、黄瓜、南瓜、西葫芦、马铃薯，苹果、梨、葡萄。b. 适于中等敏感作物。例如，水稻、玉米、燕麦、高粱，番茄、茄子、胡萝卜，桃、杏、李、柑橘、樱桃。c. 适于抗性作物。例如，蚕豆、油菜、向日葵，甘蓝、芋头，草莓。

⑦氟化物：d. 适于敏感作物。例如，冬小麦、花生，甘蓝、菜豆，苹果、梨、桃、杏、李、葡萄、草莓、樱桃。e. 适于中等敏感作物。例如，大麦、水稻、玉米、高粱、大豆，白菜、芥菜、花椰菜，柑橘。f. 适于抗性作物。例如，向日葵、棉花、茶，茴香、番茄、茄子、辣椒、马铃薯。

（陈鹏）

shijue yingxiang pingjia

视觉影响评价 （visual impact assessment） 对开发活动在某一特定地区内造成的视觉影响的显著性和强度进行预测和评价，并采取相应的改善减缓措施，从而使建设项目对景观产生的负面影响减轻到最低程度的过程。它是以景观的美学或视觉悦目程度为基础，对新建项目引起景观变化的程度所做的预测与评价。

沿革 对视觉景观的研究，源于 20 世纪 60 年代中期的欧美发达国家，一系列环境问题的出现，增强了人们对景观视觉资源的保护意识，促使学者开展了大量实证和理论研究。国外视觉景观研究主要分为视觉景观质量评价、视觉影响评价、视觉景观偏好三个方面。视觉景观质量即指观察者通过视知觉等途径对视觉景观外在形式与功能属性所做的价值判断。对视觉景观质量进行评价时，研究重点仍是探究景观元素及特征对景观质量的影响，评价方法也呈现出专家方法与心理学方法结合的趋势，但并未出现新的评价方法。技术手段有较大发展，遥感、地理信息系统（GIS）、3D 可视化技术在景观质量评价、景观规划领域发挥着越来越重要的作用。视觉影响评价实质是从干扰性的角度分析视觉景观质量，这也是环境影响评价的重要组成部分，分析角度有主客观两个方面。近期，学者主要对乡村和城市边缘区的建筑和可再生能源设施的视觉影响进行评价，GIS 技术的应用提高了评价的精确性和客观性，且适用于较大时空尺度，同时基于照片的问卷调查也在大量应用，具有直观的优势，两者结合使评价结果更加客观。视觉景观偏好侧重于研究视觉偏好产生机理及应用价值的探索。在景观偏好分析中，不管分析重点是人还是景观，实际都是从人和自然的相互作用出发，都会涉及对主客体的分析。研究景观偏好的最终目的是使景观规划和建设更贴近公众意愿，且尽可能满足不同个体的个性化需求。一些研究已经证实公众对于景观的偏爱能够促进当地景观保护与土地合理利用。

我国学者从 20 世纪 80 年代开始逐渐引进国外理论与方法，相继进行了一些视觉景观的分析与评价。相对而言，国内对视觉影响评价和视觉景观偏好研究较少，目前没有统一的视觉影响评价技术导则。

程序 不同国家和地区的视觉影响评价步骤不尽相同。

美国的坎特（Canter）提出了视觉影响评价六步法：①拟建工程/活动的视觉影响类型的识别；②研究区域内景观资源的现状描述；③有关影响方面的法律、法规或标准的获取；④拟建工程/活动对现存景观资源的影响预测；⑤预期影响显著性的评价；⑥减缓措施的确定。

我国视觉环境影响评价主要包括以下步骤：概况资料收集，确定评价等级和范围；进行现状调查评价；影响预测和影响评价；制定减缓措施等（见下图）。

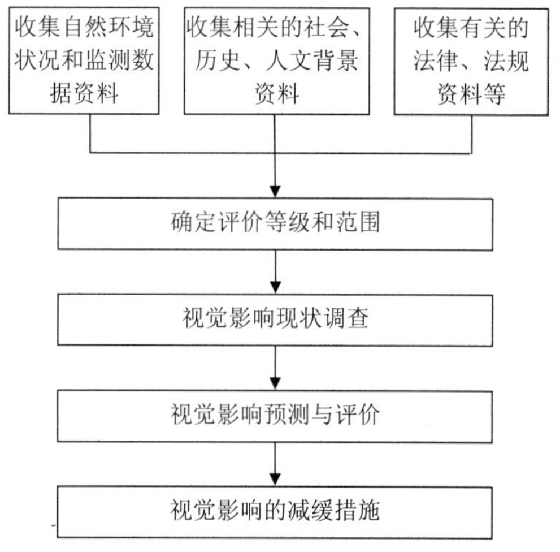

我国视觉环境影响评价的一般程序

概况资料收集，确定评价等级和范围 收集建设工程及相关的数据资料，包括：自然环境状况，已有监测数据，项目区域社会、人文、历史等背景资料，国家相关法律法规等。在分析拟建项目可能产生的视觉影响前，需确定所要评价的区域范围，这个区域除项目所占范围外，还应包括视野以内的区域。根据相关准则，确定视觉影响评价的等级，并筛选评价因子。

进行现状调查评价 一般应以建设项目的开发引起视觉变化的范围作为基本调查区域。

调查内容主要涉及自然、人文和美感方面。现状调查应就研究区内视觉景物方面进行审核，并应特别研究整个景观特性及视觉景象是否容易受到环境的影响，以及在面对环境转变时的适应能力。

视觉现状调查评价方法有多种，主要包括现有资料分析法，制作景观调查表法，摄影、录像法，计算机图像分析法，简单观测评分法等，可根据实际情况适当选择。

影响预测和影响评价 视觉影响预测通过掌握引起景观变化的建设项目开发的行为和要素，从人们观景的角度出发，识别和预测所造成景观影响的性质、区域和程度。一般把视觉影响分为有益的、可以接受的、在采取缓解措施后可以接受的、不能接受的和不可确定的五个类别。影响预测的范围与现状调查基本相同，此外，还包括：在观感上是否与邻近环境相协调；是否阻挡视线；是否改善景观；是否有阳光照射、反射或人造光源所散发的刺目强光。在预测视觉影响时，应把所有可能的视点都纳入考虑。这些视点应分布在主要路线上，位置应设在邻近地区最具代表性的地方。

视觉影响预测主要采取的方法包括：①透视图法。利用数字计算机程序描绘出对于拟建项目不同的观察角度及观察位置的透视图，用以描述拟建项目引起的视觉变化。②叠图法。将拟建项目建设前所在地的现状照片与拟建项目的图片叠加，即构成拟建项目建成后该区域的未来图片。这些图片能更好地进行视觉效果评判。拟建项目图片的获得一般是现存的类似建筑物图片或该项目的三维仿真模型图片，以及直接由计算机计算设计模拟生成。在制作集成照片时，应考虑观察条件选择的合理性、时间选取的恰当性和模拟表达的准确性。③制作模型法。制作建设项目及其周围区域的仿真模型（如沙盘模型等），依照建设项目的规划内容，将建筑物设置在预定的位置，使其地貌景观发生改变，以掌握景观的变化趋势。可以直接俯视观察模型，也可采用置于模型中的特殊微型摄影装置摄制图片，用来显示观察者通过该区域时观察到的景观，后者更接近于项目建成后实际观察者的感受。④计算机显像法。把拟建项目中的地形变化和建筑物高度、位置等数据输入计算机中存有地形现状三维数据（位置、标高等）的数据库中，用计算机模拟背景条件和拟建工程作用下的景观，再用三维投影法研究任意点的改变引起的视觉变化。用该法可以模拟项目建筑的任意角度的观察效果。

随着计算机技术的发展，地理信息系统技术和虚拟环境技术也将被应用于视觉影响评价中。

视觉影响评价，在分析现状调查资料和预测结果的基础上，听取专家、区域居民和与此有关的企事业单位的意见，参照有关要求进行评价。由于视觉包含着视觉美和心理舒适感等主观感受要素，很难制定出一种适于客观判断的评价指标。目前，一般分为定量评价和定性评价。定量评价如计分评价法、平均信息量法、回归分析法、模糊集值统计法等；定性评价如视觉美感文字描述法、视觉印象评价法、视觉心理测量评价法等。在实际评价中，两种方法经常交互使用。

制定减缓措施 减缓措施是指那些为降低拟建项目对所在区域造成的视觉干扰或负面影响所采取的行动。大体上可分为挽救措施和弥补措施两类。减缓措施可以单独使用或联合使用，视拟建工程而定。缓解方案不应只着眼于减轻破坏程度，也应考虑如何美化环境和改善视觉景象，例如，选择建筑合适的外观颜色、材质以及运用建筑学方法，使建筑物与背景的反差降低，以达到与背景颜色与质感的和谐；对项目建筑群结构布局进行优化调整，以达到视觉上的和谐；在景观中设置适当的遮掩物，以掩盖工程中难看的部分；项目周围设置绿化带，规划并实施恰当的绿化方案，并考虑到植物在生长初期和成熟期时的颜色、高度和密度特征。视觉影响的减缓措施分析促进了对收集到的信息进行全面的综合，并最终为建设工程提供决策支持。有关部门应制定一套切实可行的工程和财政方案，以落实相关措施。当项目造成的严重视觉影响不可逆转时，该工程应予取消。（贺桂珍）

shinei huanjing zhiliang pingjia

室内环境质量评价 （indoor environmental quality assessment） 对各种室内环境的质量现状、潜在环境影响进行调查、分析和预测的方法。旨在了解室内环境的状况，控制、预防和治理室内污染物，为优化和改善室内环境质量提供科学依据。

评价指标 分为物理参数、化学参数、生物参数三大基本维度（见下表）。物理参数包括温度、湿度、气流速度、热辐射、噪声和空气负离子等；化学参数包括放射性污染物、甲醛、苯、甲苯、二甲苯等；生物参数包括空气中细菌总数和空气中链球菌等。

室内环境质量客观评价指标体系

基本要素	一级指标层	二级指标层
客观性指标	物理参数	温度
		湿度
		气流速度
		热辐射
		噪声
		空气负离子
	化学参数	放射性污染物
		甲醛
		苯、甲苯、二甲苯
	生物参数	空气中细菌总数
		空气中链球菌

现有标准 目前我国相关的室内环境质量标准有《声环境质量标准》（GB 3096—2008）（非住宅区的室内噪声允许标准及我国民用建筑室内允许噪声级）、《建筑材料放射卫生防护标准》（GB 6566—2000）及《建筑材料放射性核素限量》（GB 6566—2010）等，对于氡及其子体的评价指标可参考《室内空气质量标准》（GB 50325—2010）。 （李静）

《Shinei Kongqi Zhiliang Biaozhun》

《室内空气质量标准》 （Indoor Air Quality Standard） 规定了室内空气质量参数及检验方法的规范性文件。该标准适用于住宅和办公建筑物，其他室内环境可参照执行。该标准对于保护人体健康，预防和控制室内空气污染具有重要意义。

《室内空气质量标准》（GB/T 18883—2002）由国家质量监督检验检疫总局、卫生部和国家环境保护总局于 2002 年 11 月 19 日联合发布，自 2003 年 3 月 1 日起实施。

主要内容 本标准规定室内空气应无毒、无害、无异常嗅味。具体的室内空气质量标准见下表。

室内空气质量标准

序号	参数类别	参数	单位	标准值	备注
1	物理性	温度	℃	22～28	夏季空调
				16～24	冬季采暖
2		相对湿度	%	40～80	夏季空调
				30～60	冬季采暖
3		空气流速	m/s	0.3	夏季空调
				0.2	冬季采暖
4		新风量	m^3/（h·人）	30 ①	
5	化学性	二氧化硫（SO_2）	mg/m^3	0.50	1 h 均值
6		二氧化氮（NO_2）	mg/m^3	0.24	1 h 均值
7		一氧化碳（CO）	mg/m^3	10	1 h 均值
8		二氧化碳（CO_2）	%	0.10	日平均值
9		氨（NH_3）	mg/m^3	0.20	1 h 均值
10		臭氧（O_3）	mg/m^3	0.16	1 h 均值
11		甲醛（HCHO）	mg/m^3	0.10	1 h 均值
12		苯（C_6H_6）	mg/m^3	0.11	1 h 均值
13		甲苯（C_7H_8）	mg/m^3	0.20	1 h 均值
14		二甲苯（C_8H_{10}）	mg/m^3	0.20	1 h 均值
15		苯并[*a*]芘（B*a*P）	ng/m^3	1.0	日平均值
16		可吸入颗粒物（PM_{10}）	mg/m^3	0.15	日平均值
17		总挥发性有机物（TVOC）	mg/m^3	0.60	8 h 均值
18	生物性	细菌总数	cfu/m^3	2 500	依据仪器定②
19	放射性	氡（^{222}Rn）	Bq/m^3	400	年平均值（行动水平③）

注：①新风量要求≥标准值，除温度、相对湿度外的其他参数要求≤标准值。

②见该标准的附录 D。

③达到此水平建议采取干预行动以降低室内氡浓度。

（朱建刚）

shui kaifa shui baohu yuanze

谁开发谁保护原则 （developer conserve principle） 我国环境保护的基本原则之一，指一切单位和个人在开发利用自然资源的同时，都负有保护自然资源和自然环境的义务，有责任对其进行恢复、整治和养护。

这一原则体现了开发利用与养护更新并重的指导思想。坚持这一原则，要求对可更新的资源不断增殖、永续利用，对不可更新的资源坚持节约使用与综合利用。

实行“谁开发谁保护”原则的目的是为了更好地保护自然环境和自然资源，使人类自然环境和自然资源的利用更加合理有效，从而为资源的永续利用、维持生态平衡和经济的可持续发展创造有利的条件。

落实这一原则，需要从以下几方面着手：①运用环境标准控制和减少生产经营活动向环境排放的污染物。②对开发利用环境和资源的活动实行环境影响评价。③增强风险防范意识，谨慎对待具有不确定性的开发利用活动。④严格执行“三同时”、环境影响评价等。

落实这一原则的意义：①能够有效防止自然环境和自然资源的破坏，使开发利用者在开发利用的同时，承担起保护和恢复的责任，避免盲目无节制的开发利用。②可以达到节约资源、提高资源利用效率的目的，同时减少污染物的排放。③是实现资源永续利用，保证国民经济持续、稳定发展的前提。 （贺桂珍）

shuihuanjing guihua

水环境规划 （water environmental planning） 在把水视为人类赖以生存和发展的环境资源条件的前提下，在水环境系统分析的基础上，摸清水质和供需情况，合理确定水体功能，进而对水的开采、供给、使用、处理、排放等各个环节做出的统筹安排和决策。

水环境规划是在水资源危机纷呈的背景下产生和发展起来的。特别是近年来，由于人口激增、经济发展迅速，对水量水质的需求越来越高，而水资源日益枯竭，水污染日趋严重，因此，水环境的矛盾越来越尖锐。水环境规划作为解决这一问题的有效手段，受到了普遍的重视，并在实践中得到了广泛的应用。

目的 在发展经济的同时保护好水质，合理地开发和利用水资源，充分发挥水体的多功能用途，在实现水环境目标的基础上，寻求最小（或较小）的经济代价或最大（或较大）的经济和社会效益。

原则 水环境规划的总原则是遵循可持续发展和科学发展观。根据规划类型和内容的不同体现如下的基本原则：前瞻性和可操作性原则；突出重点和分期实施原则；以人为本、生态优先、尊重自然的原则；预防为主、防治结合原则；水环境保护和水资源开发利用并重、社会经济发展与水环境保护协调发展的原则。

类型 依据研究对象的不同，水环境规划可分为水污染控制系统规划（或称水质管理规划）和水资源系统规划（或称水资源利用规划）。依据研究尺度的不同，可将水环境规划分为区域、流域以及城市等层次，其中以流域和城市水环境规划最为常见。

主要内容 ①依据国家有关法规和各种标准，提出水体功能区划和水质控制指标。根据水体所在的位置、水质与水文状况、用水需求、输送与处理费用等，确定不同水体的功能，选择表征水质状况的水质指标，如地表水的水温、pH、溶解氧浓度、COD、BOD 等。②确定水质超标水体范围和主要污染物。③确定水体主要污染物的环境容量。根据水体水质监测结果，采用恰当的分析、评价方法，判断各水体水质是否能满足目标要求。④确定各排污口的允许排污量。根据污染源所在位置、排污种类、排污量、排污方式和污染物的扩散规律等信息，并考虑相关区域的发展规划，将确定的水体可接纳的污染物总量，分配给每个排污口。⑤预测污染治理费用，提出最佳规划方案。

规划程序 内容如下。

水环境现状调查 一般情况，需要获得以下基础性资料：①地图。图上应标明拟做规划的流域范围和河流分段情况。②规划范围内水体的水文与水质现状数据，以及用水现状。③污染源清单。包括排入各段水体的污染源一览表（最好以重要性顺序排序）、各排污口位置、排放方式、污染物排放量、治理现状以及非点源污染的一般情况。④流域水资源规划、流域范围内的土地利用规划和经济发展规划等有关的规划资料。⑤可考虑采用的水污染控制方法及其技术经济和环境效益的资料。

确定规划目标 根据国民经济和社会发展要求，同时考虑客观条件，从水质和水量两个方面拟定水环境规划目标。水环境规划目标是经济与水环境协调发展的综合体现，是水环境规划的出发点和归宿。

选定规划方法 通常采用两类规划方法：数学规划法和模拟比较法。数学规划法是一种最优化方法，包括线性规划法、非线性规划法和动态规划法。它是在满足水环境目标，并在与水环境系统有关要素约束和技术的条件下，寻求水环境最优的规划方案。模拟比较法是一种多方案比较的方法，如系统动力学方法、层次分析法和组合方案比较法。采用何种规划方法，应视具体的水环境规划类型和掌握资料的情况来确定。

拟定规划措施 在制定水环境规划的方案中，可供考虑的措施包括调整经济结构和产业布局、实施清洁生产工艺、提高水资源利用率、充分利用水体的自净能力和增加污水处理设施等。

提出供选方案 将各种措施综合起来，提出可供选择的实施方案。为了检验和比较各种规划方案的可行性与可操作性，可通过费用-效益分析、方案可行性分析和水环境承载力分析对规划方案进行综合评价，从而为最佳规划方案的选择与决策提供科学依据。

（李奇锋　张红）

shuihuanjing zhiliang biaozhun

水环境质量标准 (quality standards of water environment)

对水环境质量应控制项目及其限值做出规定的一系列标准的统称。

水环境质量标准按照水环境功能分类和不同的保护目标，规定了水环境应控制的污染物项目及其限值，以及水质评价、监测和分析方法等。水环境质量标准与水污染物排放标准、水监测规范方法标准和其他相关标准共同构成了水环境保护标准体系。水环境质量标准是大环境的水质标准，各种专用水质标准仅适用于各类取水点和专门规划确定的保护区水域。

分类 按照水体类型的不同，分为地表水环境质量标准、海水水质标准、地下水质量标准；按照水资源用途的不同，分为生活饮用水卫生标准、城市供水水质标准、渔业水质标准、农田灌溉水质标准、工业用水水质标准等；按照制定权限的不同，分为国家级水环境质量标准和地方级水环境质量标准。主要的国家级水环境质量标准见下表。

主要的国家级水环境质量标准

标准编号	标准名称	备注
GB 3838—2002	地表水环境质量标准	代替 GB 3838—1988，GHZB 1—1999
GB 3097—1997	海水水质标准	代替 GB 3097—1982
GB/T 14848—1993	地下水质量标准	
GB 5084—2005	农田灌溉水质标准	代替 GB 5084—1992
GB 11607—1989	渔业水质标准	
GB 5749—2006	生活饮用水卫生标准	代替 GB 5749—1985

作用 水环境质量标准是水质监测与评价的重要依据，是制定污染物排放标准的根据，对于防治水污染，保护水体的功能和用途，保障人体健康和维护良好的生态系统具有重要意义。

（朱建刚）

shuihuanjing zhiliang pingjia

水环境质量评价 (water quality assessment)

简称水质评价。根据水的用途，按照一定的评价参数、质量标准和评价方法，对水域的水质或水域的综合体的质量进行定性或定量评定的过程。水质评价是环境质量评价体系中的一种单要素评价。

沿革 由于工业、农业和城市的迅速发展，大量污水、废物排入水域，水体受到污染，水质严重变坏，影响到人类的生产和生活。为了防治水体污染，各国学者开始了水质评价工作。1902—1909 年，德国学者曾用生物学方法对水质进行了综合评价；1909—1911 年，英国学者根据某些化学指标对河流水质进行了分类。20 世纪 60 年代以后，水污染日益严重，应用指数方法进行水质评价的工作迅速发展起来。目前，水环境质量评价方法有很多，如模糊综合评价法、灰色聚类法、基于 BP 神经网络的水环境质量评价模型等。

分类 水环境质量评价的内容很广泛，有各种分类系统，如按评价对象分，包括饮用水、渔业用水、工业用水、农业用水、游泳用水、风景及游览用水质量评价等。按水体分，有河水、湖泊（水库）、海洋、地下水质量评价等。在一个水体评价中，可以只对其水质（水的理化性质和水中的溶解物、悬浮物）进行评价，也可以对水域的综合体（包括水质、水中生物和底质）进行评价。按选用的评价参数分，有单项参数评价和多项参数综合评价。

评价步骤和内容 主要包括下列各项。

水体监测和监测值的处理 进行水质评价要确定相关监测项目，并对取得的监测值用适当的方法进行统计计算。监测值的精确性和统计方法的合理性是决定评价精度的重要因素。

选定评价参数 目前在水质评价中，常见的评价参数有 30 多项，包括：①一般水质参数，如水温、色度、透明度、悬浮固体、电导率、pH、硬度、碱度、总矿化度、总盐量等；②氧平衡参数，如溶解氧（DO）、化学需氧量（COD）、生化需氧量（BOD）等；③重金属参数，例如，毒性小的铁、锰、铜、锌等的参数，毒性大的汞、铬、镉、铅等的参数；④有机污染物参数，如酚、油类等；⑤无机污染物参数，如氨氮、硫酸盐、磷酸盐、硝酸盐、氰化物、氯化物、氟化物等的参数；⑥生物参数，如细菌、大肠杆菌、无脊椎动物、藻类等的参数。在水质评价中，依据评价目的不同和水体特点，选用不同水质参数来评价水环境质量。

选择或制定评价标准 根据不同的评价目的选择或制定适当的评价标准。例如，进行饮用水质量评价，要采用饮用水的卫生标准。如果标准未定，可参考当地环境背景值制定评价标准。

建立评价方法 评价方法可分两大类：一是以生物种群与水质的关系进行评价的生物学评价方法；二是以水质的化学监测值为主的监测指标评价方法。后者应用较广泛，又可分为两种：一种是单一参数评价法，即只用一个参数作为评价指标，常用 DO 或 BOD 进行评价；另一种是多项参数评价法，即将选用的评价参数综合成一个概括的指数值来评定水质，又称指数评价法或数学模式评价法。目前国际上一般都用多项参数评价法评价水质。应用的指数主要有两种类型：参数分级评分叠加型指数、参数的相对质量叠加型指数。 （贺桂珍）

shuihuanjing zhiliangtu

水环境质量图 （map of water environmental quality） 反映水体环境质量状况的专题地图。它是划分水质评价单元的基础资料，也是表达和评价水环境质量的重要依据。运用图示的方法可以弥补文字形式和数据堆砌式表示方法不直观的缺点，使用者能快速直观地了解水污染情况和水质状况，使监测结果能更好地为主管和决策部门服务。 （汪光）

shuihuanjing zhiliang zhishu

水环境质量指数 （water quality index，WQI） 简称水质指数。水环境质量评价中水环境质量优劣的数量尺度。它是一种单要素环境质量指数，反映了水体污染现状和主要污染因子。

综合水中多种污染物的影响，一般可分为两种类型。

参数分级评分叠加型指数 选定若干评价参数，按各项参数对水质影响的重要程度确定权系数，然后将各参数分成若干级，按质量优劣评分，最后将各参数的评分相加，求出综合水质参数。如罗斯水质指数。

罗斯水质指数是 1977 年罗斯（Ross）在总结以前的水质指数的基础上，对英国克鲁多河干支流进行水质评价研究时提出的一种比较简明的水质指数。他选择了生化需氧量（BOD）、氨氮、悬浮固体和溶解氧（DO）四个参数，并分别给予权值进行水质指数计算，权值分别为 3、3、2、2。其中，DO 可以用浓度，也可以用饱和度表示，若仅用浓度或饱和度时，其权值为 2，若同时用浓度和饱和度表示，权值均为 1。其权系数和评分标准见表 1 和表 2。

表 1 评价参数的权系数

评价参数	BOD	氨氮	悬浮固体	DO（浓度）	DO（饱和度）
权系数	3	3	2	1	1

表 2 各水质评价参数的分级

BOD		氨氮		悬浮固体		DO		DO	
浓度/(mg/L)	分数	浓度/(mg/L)	分数	浓度/(mg/L)	分数	饱和度/%	分数	浓度/(mg/L)	分数
0～2	30	0～0.2	30	0～10	20	90～105	10	＞9	10
2～4	27	0.2～0.5	24	10～20	18	80～90	8	8～9	8
4～6	24	0.5～1.0	18	20～40	14	105～120	—	6～8	6
6～10	18	1.0～2.0	12	40～80	10	60～80	6	4～6	4
10～15	12	2.0～5.0	6	80～150	6	＞120	—	1～4	2
15～25	6	5.0～10.0	3	150～300	2	40～60	4	0～1	0
25～50	3	＞10.0	0	＞300	0	10～40	2		
＞50	0					0～10	0		

水环境质量指数的计算公式为：

$$WQI = \frac{\sum 分数值}{\sum 权值}$$

规定 WQI 值取整数，这样共可得出 0～10 的 11 个等级的水质评价值，数值越大，水质越好，然后对 WQI 值进行相应的质量描述（见表 3）。

表 3 罗斯水质指数分级标准及质量描述

WQI 值	10	8	6	3	0
质量状况	纯净	轻度污染	污染	严重污染	水质类似腐败的原始污水

用这种指数表示水质，方法简明，计算方便。

参数的相对质量叠加型指数 首先选定若干评价参数，将各参数的实际浓度（C_i）和相应评价标准浓度（S_i）相比，求出各参数的相对质量指数（C_i/S_i），然后求总和值，即为水质指数。如我国学者提出的水质评价综合污染指数。

水质评价综合污染指数是评价水环境质量的一种重要方法。北京大学的关伯仁于 1974 年提出了水质评价综合污染指数，用于评价官厅水系，这类指数已有七八种，适于评价水质污染。评价项目包括 pH、溶解氧、高锰酸盐指数、生化需氧量、氨氮、挥发酚、汞、铅、石油类，共计 9 项。计算方法是选定若干评价参数，将各参数的实际浓度（C_i）和其相应的评价标准浓度（S_i）相比，求出各参数的相对质量指数（C_i/S_i），然后求总和值。可表示为：

$$WQI = \sum \frac{C_i}{S_i}$$

WQI 数值大表示水质差，数值小表示水质好。

此类评价指数计算方法很多，主要区别在于对参数相对质量指数（C_i/S_i）的综合方法不同。概括起来有三种综合方法：

①总和值法，取 $\sum \frac{C_i}{S_i}$ 为综合指数值；

②平均值法，取 $\frac{1}{n}\sum\frac{C_i}{S_i}$ 为综合指数平均值（n 为选用评价参数的项数）；

③最大值法，将评价参数中的最大值，即（C_i/S_i）最大值引入计算公式。

评价水域综合体的质量时，一般先对评价水体中的水质、水中生物、底质等进行单项评价，然后根据评价目的和水体特点确定水质、水中生物、底质等的权系数，最后求加权综合质量指数。可表示为：

$$P=\sum W_iM_i$$

式中，P 为综合质量指数值；W_i 为 i 要素的权系数；M_i 为 i 要素单项质量评价值。

由于各种水质指数综合归纳的方法均各有优缺点，而评价结果不仅取决于选用的水质指数计算公式，还取决于监测数据的代表性、准确性，监测数据的处理，以及选用的水质评价标准等因素，因此，各种数学模型只是在一定条件下，提供了对监测数据进行归纳统计的手段，能比较直观地说明水质的状况，但也都存在着某些局限和不足。（李静　贺桂珍）

shuiwuran shengwuxue pingjia

水污染生物学评价

（biological assessment of water pollution）　用生物学方法，按一定标准对一定范围内的水环境质量进行评定和预测的过程。主要根据生物种类、数量、生物指数、多样性指数、生物生产力等指标，也参考生理生化、病理形态及污染物残留量进行多指标综合评价。具体方法有指示生物法、生物指数法和种类多样性指数法等。

指示生物法　采用对进入水环境中的污染物能够产生各种反应的生物作为指示生物来监测和评价水环境质量。浮游生物、水生微型动物、大型底栖无脊椎动物均可作为水污染的指示生物。污染程度不同的水体具有不同的指示生物（参见指示生物法）。

生物指数法　依据不利水环境因素（如各种污染物）对生物群落结构的影响，用数学形式来表现群落结构指示环境质量的状况。评价水质用的生物指数有 Beck 生物指数、硅藻生物指数、生物完整性指数（IBI）、污染生物指数（BIP）等。

种类多样性指数法　多样性指数反映群落中的种类数和丰度的相互关系，污染或其他环境胁迫能使多样性指数下降。群落对污染胁迫的反应首先是降低群落复合性，伴随着种类数的降低，种群密度也随之变化。种类多样性指数法主要通过以下方面揭示污染对生物群落的影响：某些污染使指示生物种类出现或消失，导致群落结构、种类组成发生变化；群落中的生物种类数，在污染趋于严重时减少，在水质较好时增加；群落个别种群发生变化，或者群落中种类组成比例发生变化。

生物评价能综合反映水体污染的程度，但难以定性、定量确定污染物的种类和含量，只有和理化监测结合起来，才能做出客观、可靠的评价。（汪光）

shuiwuranwu paifang biaozhun

水污染物排放标准

（discharge standards for water pollutant）　根据水环境质量标准的目标要求，对水污染物排放应控制项目及其限值做出规定的一系列标准的统称。水污染物排放标准实行浓度控制与总量控制相结合的原则。水污染物排放标准与水环境质量标准、水监测规范方法标准和其他相关标准共同构成了水环境保护标准体系。

分类　水污染物排放标准按照排放源的不同，分为工业水污染物排放标准（包括石油开发、纺织、钢铁、皮革等不同行业的水污染物排放标准）、医疗机构水污染物排放标准、城镇污水处理厂污染物排放标准、畜禽养殖业污染物排放标准、污水海洋处置工程污染控制标准、船舶污染物排放标准等。按照制定权限的不同，分为国家水污染物排放标准和地方水污染物排放标准。按照实施范围的不同，分为综合性排放标准和行业性排放标准。

主要的国家水污染物排放标准见下表。

主要的国家水污染物排放标准

标准编号	标准名称	备注
GB 3552—1983	船舶污染物排放标准	
GB 4286—1984	船舶工业污染物排放标准	
GB 4914—1985	海洋石油开发工业含油污水排放标准	
GB 13457—1992	肉类加工工业水污染物排放标准	
GB 14374—1993	航天推进剂水污染物排放与分析方法标准	
GB 15581—1995	烧碱、聚氯乙烯工业水污染物排放标准	
GB 8978—1996	污水综合排放标准	代替 GB 8978—1988
GB 18486—2001	污水海洋处置工程污染控制标准	
GB 18596—2001	畜禽养殖业污染物排放标准	
GB 18918—2002	城镇污水处理厂污染物排放标准	
GB 14470.2—2002	兵器工业水污染物排放标准 火工药剂	
GB 14470.1—2002	兵器工业水污染物排放标准 火炸药	
GB 19431—2004	味精工业污染物排放标准	
GB 19821—2005	啤酒工业污染物排放标准	
GB 18466—2005	医疗机构水污染物排放标准	
GB 20426—2006	煤炭工业污染物排放标准	部分代替 GB 8978—1996、GB 16297—1996
GB 20425—2006	皂素工业水污染物排放标准	部分代替 GB 8978—1996
GB 21523—2008	杂环类农药工业水污染物排放标准	
GB 3544—2008	制浆造纸工业水污染物排放标准	代替 GB 3544—2001
GB 21901—2008	羽绒工业水污染物排放标准	
GB 21900—2008	电镀污染物排放标准	
GB 21902—2008	合成革与人造革工业污染物排放标准	
GB 21903—2008	发酵类制药工业水污染物排放标准	
GB 21904—2008	化学合成类制药工业水污染物排放标准	
GB 21905—2008	提取类制药工业水污染物排放标准	
GB 21906—2008	中药类制药工业水污染物排放标准	
GB 21907—2008	生物工程类制药工业水污染物排放标准	
GB 21908—2008	混装制剂类制药工业水污染物排放标准	
GB 21909—2008	制糖工业水污染物排放标准	
GB 25461—2010	淀粉工业水污染物排放标准	
GB 25462—2010	酵母工业水污染物排放标准	
GB 25463—2010	油墨工业水污染物排放标准	
GB 25464—2010	陶瓷工业污染物排放标准	
GB 25465—2010	铝工业污染物排放标准	
GB 25466—2010	铅、锌工业污染物排放标准	
GB 25467—2010	铜、镍、钴工业污染物排放标准	
GB 25468—2010	镁、钛工业污染物排放标准	
GB 26131—2010	硝酸工业污染物排放标准	
GB 26132—2010	硫酸工业污染物排放标准	
GB 26451—2011	稀土工业污染物排放标准	

续表

标准编号	标准名称	备注
GB 15580—2011	磷肥工业水污染物排放标准	代替 GB 15580—1995
GB 26452—2011	钒工业污染物排放标准	
GB 26877—2011	汽车维修业水污染物排放标准	
GB 27631—2011	发酵酒精和白酒工业水污染物排放标准	
GB 27632—2011	橡胶制品工业污染物排放标准	
GB 14470.3—2011	弹药装药行业水污染物排放标准	代替 GB 14470.3—2002
GB 4287—2012	纺织染整工业水污染物排放标准	代替 GB 4287—1992
GB 13456—2012	钢铁工业水污染物排放标准	代替 GB 13456—1992
GB 16171—2012	炼焦化学工业污染物排放标准	代替 GB 16171—1996
GB 28661—2012	铁矿采选工业污染物排放标准	
GB 28666—2012	铁合金工业污染物排放标准	
GB 28936—2012	缫丝工业水污染物排放标准	
GB 28937—2012	毛纺工业水污染物排放标准	
GB 28938—2012	麻纺工业水污染物排放标准	
GB 13458—2013	合成氨工业水污染物排放标准	代替 GB 13458—2001
GB 19430—2013	柠檬酸工业水污染物排放标准	代替 GB 19430—2004
GB 30484—2013	电池工业污染物排放标准	
GB 30486—2013	制革及毛皮加工工业水污染物排放标准	
GB 31570—2015	石油炼制工业污染物排放标准	
GB 31572—2015	合成树脂工业污染物排放标准	
GB 31573—2015	无机化学工业污染物排放标准	
GB 31574—2015	再生铜、铝、铅工业污染物排放标准	

作用 水污染物排放标准是水环境质量标准的一个重要组成部分，是企业守法、环境立法和监督执法的依据。水污染物排放标准对于防治水污染，保护水体的功能和用途，保障人体健康和维护良好的生态系统具有重要意义。

（朱建刚）

shuizhi guanli

水质管理 （water quality management） 运用行政、法律、经济和科技等多种手段，控制污染物进入水体，维持水质良好状态和生态平衡，以满足工农业生产和人民生活对水质的要求的一系列活动。广义上，凡为满足对河流、湖泊、水库、地下水等水体设定的环境标准以及为符合用水要求而进行的水质保护行为，均称为水质管理。狭义上，水质管理是对净水厂中各种工程进行的水质监测、饮用水水源的水质保护、符合产业排水标准的处理措施、污水处理厂等排放水水质标准的管理。

沿革 20 世纪 50 年代，我国科技工作者已注意到水质污染问题。例如，1972 年北京市开始加强水源保护，对官厅水库供水系统进行了有组织、有计划的水质管理。自此，先后开展了松花江水系、蓟运河、白洋淀等水系的水质保护工作。1979 年颁布的《中华人民共和国环境保护法（试行）》规定："保护江、河、湖、海、水库等水域，维持水质良好状态。"1984 年制定的《中华人民共和国水污染防治法》，全面规定了水质管理的各项制度，该法于 1996 年、2008 年先后进行了两次修订。

我国的水质管理实行区域管理与流域管理相结合的体制。地方由环境保护、交通、水行政、国土资源、卫生、建设、农业、渔业等部门分工协作进行管理。在长江、黄河、淮河、松花江、辽河、海河、珠江、太湖等重要江河、湖泊流域设立流域水资源保护机构，在各自的职责范围内对有关水污染防治实施监督管理。

主要内容 20世纪70年代以前，一般把水质保护单纯看成对废水的治理，主要通过法律、行政手段限制废水排放，促进企业采取工程措施对废水进行处理。实践证明，这种方法代价太大，且不治本。此后，水质管理逐渐转向采取预防性措施，从科学规划、合理利用水资源、预防污染着手，使环境建设与社会经济发展相协调。当代的水质管理主要包括以下三个方面：

宏观计划管理 从对区域、流域的国土开发整治，水资源的合理利用和保护着手，对地区工业布局、产品结构进行全面规划，提出综合防治水污染的方案，纳入计划管理的轨道，确定防治水体污染的政策和技术发展方向，并有计划地组织实施。采取的主要措施包括编制地区国土整治规划、流域水质管理规划等。

水体环境质量管理 按照水体的功能，划定不同的水质分区；制定水环境质量标准和废水排放标准；开展水质监测，对污染源实施监督管理；统筹兼顾、合理调度水源，维持水体的自净能力。

水污染源管理 污染源是向水体排放污染物的场所、设备、装置，是造成水污染的根源，也是水质管理的主要对象。主要采取行政、法律、经济措施控制污染物质排放的种类、数量、浓度和排放方式。

管理制度 水质管理制度随着时代的发展而逐步完善。除了环境质量管理的一般制度外，我国水质管理制度主要还有以下几种。

饮用水水源保护区制度 饮用水水源保护区分为一级保护区和二级保护区，必要时，可以在饮用水水源保护区外围划定一定的区域作为准保护区。在饮用水水源保护区内，禁止设置排污口。禁止在饮用水水源准保护区内新建、扩建对水体污染严重的建设项目；对于改建项目，不得增加其排污量。县级以上人民政府可以对风景名胜区水体、重要渔业水体和其他具有特殊经济文化价值的水体划定保护区，并采取措施保证保护区的水质符合规定用途的水环境质量标准。在风景名胜区水体、重要渔业水体和其他具有特殊经济文化价值的水体的保护区内，不得新建排污口。在保护区附近新建排污口，应当保证保护区水体不受污染。

水环境质量标准和水污染物排放标准 国务院环境保护主管部门制定国家水环境质量标准和国家水污染物排放标准。省、自治区、直辖市人民政府可以对国家水环境质量标准中未做规定的项目，根据国家确定的重要江河、湖泊流域水体的使用功能以及有关地区的经济、技术条件，确定该重要江河、湖泊流域当地适用的水环境质量标准。对于省、自治区、直辖市人民政府未做规定的项目，可以制定地方水污染物排放标准；对国家水污染物排放标准中已做规定的项目，可以制定严于国家水污染物排放标准的地方水污染物排放标准。向已有地方水污染物排放标准的水体排放污染物的，应当执行地方水污染物排放标准。应当根据水污染防治的要求和国家或者地方的经济、技术条件，适时修订水环境质量标准和水污染物排放标准。

水环境生态保护补偿机制 国家通过财政转移支付等方式，建立健全对位于饮用水水源保护区区域和江河、湖泊、水库上游地区的水环境生态保护补偿机制。 （贺桂珍）

T

tanxing xishufa

弹性系数法

（elastic coefficient method） 在对一个因素发展变化预测的基础上，通过弹性系数对另一个因素的发展变化做出预测的一种间接预测方法。

弹性系数法适用于两个因素y和x之间有指数函数关系 $\hat{y}_t = ax_t^b$ 的情况。

弹性一词来源于材料力学中的弹性变形概念。后来，弹性的概念被推广应用于社会经济领域。

弹性系数法的预测公式有三种表达形式：

$$\hat{y}_t = ax_t^b$$

$$\frac{\hat{y}_t}{\hat{y}_k} = \left(\frac{x_t}{x_k}\right)^b$$

$$\frac{\left(\frac{\partial \hat{y}}{\partial t}\right)t}{\hat{y}_t} = \frac{b\left(\frac{\partial x}{\partial t}\right)t}{x_t}$$ （近似公式为 $\frac{\Delta \hat{y}_t}{\hat{y}_t} = b\frac{\Delta x_t}{x_t}$ ）

式中，a 为比例系数；b 为 y 对 x 的弹性系数；k 为基期；t 为预测期。

相应地，弹性系数 b 也有三种估值方法：

$\log y_t = b\log x_t + \log a$，用最小二乘法求得；

$$b = \frac{\log \frac{y_2}{y_1}}{\log \frac{x_2}{x_1}}$$

$b = \frac{\left(\frac{\partial y}{\partial x}\right)t}{x_t}$，从 y 同 x 的函数关系中求得。

当弹性系数为常数时，称为恒弹性系数，否则为变弹性系数。当$|b|>1$，称为弹性充足；当$|b|<1$，称为弹性不足。 （贺桂珍）

《Taotai Luohou Shengchan Nengli、Gongyi He Chanpin De Mulu》

《淘汰落后生产能力、工艺和产品的目录》

（List of Eliminated Backward Production Capacity, Processes and Products） 国家经济主管部门为制止低水平重复建设，加快结构调整步伐，促进生产工艺、装备和产品的升级换代，根据国家有关法律、法规制定的相关目录。

制定背景 随着科学技术的不断发展，部分生产设备、工艺的污染物排放、能耗、水耗等技术指标高于行业平均水平，等量的能耗带来的经济社会效益低于行业平均水平。为促进经济社会发展和节能减排，原国家经济贸易委员会制定了该目录，对违反国家法律法规、生产方式落后、产品质量低劣、环境污染严重、原材料和能源消耗高的落后生产能力、工艺和产品进行淘汰，第一批目录自 1999 年 2 月 1 日起施行，第二批目录于 2000 年 1 月 1 日起施行，第三批目录于 2002 年 7 月 1 日起施行。

主要内容 第一批目录涉及 10 个行业，共 114 个项目。第二批目录涉及钢铁、有色、轻工、纺织、石化、建材、机械、印刷业（新闻）等上百个行业，共 119 项。第三批目录涉及消防、化工、冶金、黄金、建材、新闻出版、轻工、纺织、棉花加工、机械、电力、铁道、汽车、医药、卫生等 15 个行业，共 120 项内容。

作用 该目录的制定，明确了国家法律法规规定需要淘汰的生产能力、工艺和产品，为各地区、各部门和有关企业制订淘汰计划提供了指导方向，有利于发展先进生产工艺和推广先进生产技术，对加快淘汰落后产能、大力推进产业结构调整和优化升级有重要意义。

（朱朝云）

tidai fang'an fenxi

替代方案分析 （analysis of alternatives） 在环境影响评价过程中，探索和估计所有合理替代活动的环境影响，寻求最适宜的开发方案的过程，是环境影响评价的内容之一。替代方案分析为论证建设项目的可行性提供了比较依据，弥补了开发计划的缺陷，着重于能改善环境质量、避免不良环境影响的替代方案。

合理的替代方案由政府机构、团体或个人提出，不包括长期的或理论上的替代方案，而是指：与原方案相异但可获得同样效益和不同环境影响的方案；方案设计及环境影响与原方案相异的方案；补偿生态损失的方案等。

评价替代方案时要考虑资金消耗和运行费用，原发性效应和继发性效应，自然因素、法律和政策上的限制。

替代方案分析的原则包括目标约束性原则、可行性原则、科学性原则、全面性原则、整体优化原则、广泛参与原则。 （焦文涛）

tuxing diezhifa

图形叠置法 （graphic overlay method） 将一套环境特征（如物理、化学、生态、美学等）图叠置起来，做出一张复合图来表示地区的特征，用以在开发行为影响所及的范围内，判断受影响的环境特征及受影响的相对大小的方法。

麦克哈格（McHarg）于 1968 年提出利用叠置地图进行环境评价的方法，克劳斯科普夫（Krauskopf）和邦德（Bunde）在 1972 年将此法加以发展。图形叠置法包括麦克哈格图形叠置法和克劳斯科普夫图形叠置法等，使用较简单，便于做宏观分析，但定量程度差。图形叠置法有两种基本制作手段：指标法和 3S 叠图法。

图形叠置法的应用过程：准备一张画上项目的位置和要考虑影响评价的区域与轮廓基图的透明图片和另一份可能受影响的当地环境因素一览表，对每一种要评价的因素都要准备一张透明图片，每种因素受影响的程度可以用一种专门的黑白色码的阴影的深浅来表示。通过在透明图上的地区给出特定的阴影，可以表征影响程度，把各种色码的透明片叠置到基片图上就可看出一项工程的综合影响。不同地区的综合影响差别由阴影的相对深度来表示。

图形叠置法的作用在于预测和评价某一地区适合开发的程度，识别供选择的地点或路线。

（焦文涛）

tudi baohu zhengce

土地保护政策 （land protection policy） 引导人类合理开发和可持续利用土地资源、保护土地生产力的一项政策，是自然保护政策的一个分支。

各国根据土地资源特点和一定时期存在的问题，在土地资源开发、利用、治理、保护和管理方面规定行动准则，作为处理土地关系中各种矛盾的重要调节手段。

根据《中华人民共和国土地管理法》和《全国土地利用总体规划纲要（2006—2020 年）》，我国土地保护政策的主要内容有：①坚持十分珍惜、合理利用土地和切实保护耕地的基本国策，全面规划，严格管理，保护、开发土地资源，实行最严格的土地管理制度，制止非法占用土地的行为。②保护和合理利用农用地，加大土地整理复垦开发补充耕地力度，严格控制耕地流失，加强基本农田保护，强化耕地质量建设，统筹安排其他农用地。③节约集约利用建设用地，严格控制建设用地规模，优化配置城镇工矿用地，整合规范农村建设用地，保障必要基础设施用地，加强建设用地空间管制。

④协调土地利用与生态建设，加强基础性生态用地保护，加大土地生态环境整治力度，因地制宜改善土地生态环境。⑤统筹区域土地利用，明确区域土地利用方向，实施差别化的区域土地利用政策，加强省级土地利用调控。⑥各级人民政府依据国土整治和资源环境保护的要求、土地供给能力以及各项建设对土地的需求，组织编制土地利用总体规划，明确政府土地利用管理政策，落实土地宏观调控和土地用途管制，引导全社会保护和合理利用土地资源。

（马骅）

tudi liyong zongti guihua

土地利用总体规划 （general plans for land use） 在一定的区域内，根据国家社会经济可持续发展的要求以及当地的自然、社会经济条件，从全局、长远的利益出发，对区域范围内土地资源的开发、利用、整治、保护等进行的统筹安排。

目的 加强土地利用的宏观控制和计划管理，实现合理利用土地资源，提高土地利用率和土地产出率，促进国民经济协调发展，并为土地利用科学管理提供依据。

分级 土地利用总体规划是一个多层次的规划体系。由于我国实行分级管理体制，土地利用总体规划也按行政区域分为全国、省（自治区、直辖市）、市（地、州）、县（市）和乡（镇）五级，即五个层次。各级土地利用总体规划的性质有所不同。全国和省级土地利用总体规划属宏观控制性规划，主要任务是在确保耕地总量动态平衡和严格控制城市、镇和村庄用地规模的前提下，将土地资源在各产业部门间和地域间进行调整和合理配置。县、乡土地利用总体规划属实施性规划，主要任务是按照上级土地利用总体规划的控制指标和布局要求，划分土地利用区，明确各土地利用区的土地用途和使用条件。市（地、州）级土地利用总体规划是介于省、县级之间的过渡性规划。

主要内容 土地利用总体规划涉及范围广，内容丰富，不同级别、不同区域的土地利用总体规划侧重点和内容深度也不同。一般来讲，土地利用总体规划主要包括以下几方面内容：①土地利用现状分析。通过土地利用现状分析，提供土地利用的基础数据，分析土地利用现状结构和布局，找出土地利用变化的规律，归纳土地利用特点和问题，分析规划期间可能出现的各种影响因素，提出规划要重点解决的土地利用问题。②土地供给量预测。对区域建设用地和农业用地利用潜力进行测算。对未利用地的分布、类型、面积进行分析，评价未利用土地适宜开发利用的方向和数量。③土地需求量预测。依据区域国民经济发展指标，土地资源数量、质量，自然和社会经济条件，由各用地部门提交规划期间用地变化预测报告和用地分布图，并对预测进行必要的分析和校核，对区域建设用地需求量和农业用地需求量进行预测。④确定规划目标、任务和方针。在土地利用现状分析和土地供需预测的基础上，拟定规划的目标、主要任务和基本方针。⑤土地利用结构与布局调整。根据规划目标和用地方针，对各类用地的供给量和需求量进行综合平衡，合理安排各类用地，调整用地结构和布局。⑥土地利用分区。根据土地的综合属性，以及土地利用方式、特点、潜力、利用方向的相似性和差异性原理，对区域内土地利用进行科学分区。⑦制定实施规划的措施。根据土地利用目标和优化土地利用结构的要求，提出相应的实施政策和措施，包括法律、政治、经济和技术措施等。

（张红）

turang huanjing yingxiang pingjia

土壤环境影响评价 （environmental impact assessment of soil） 根据开发活动或建设项目的特征与开发区域土壤环境条件，通过监测和调查，预测和评价土壤影响的范围、程度和变化趋势，提出避免、消除和减轻土壤侵蚀和影响的对策的过程。

土壤是环境的重要组成要素，是人类社会最基本、最重要、不可替代的自然资源。我国土壤环境状况不容乐观，部分地区土壤污染严重，耕地土壤环境质量堪忧。由此引发的环境污染事故和对人体健康伤害的事件时有发生，已经成为城市土地开发中引发纠纷的重要因素。因此，开展土壤环境影响评价是避免上述纠纷、合理选址和科学管理的有效手段。

特点　由于土壤的不均质性，污染物在土壤中的分布极不均衡。另外，由于土壤对污染物的吸附等作用，污染物对土壤的危害有很强的累积效应。因此，土壤环境影响评价比水、大气环境影响评价要复杂得多。土壤环境影响评价应关注开发活动或建设项目导致的土壤侵蚀、土壤退化、土壤污染、农业土壤盐渍化等问题，特别要重视土壤环境问题的区域性、累积性、长远性、潜在性等特征。土壤环境影响的防治应将防范与治理相结合，做到防范优先。

评价内容　主要包括：土壤及其环境现状的调查与评价，土壤环境影响预测和土壤环境影响评价。

土壤及其环境现状的调查与评价　①现状调查。包括对区域自然环境、社会经济状况、区域土壤类型特征的调查。区域自然环境调查的主要内容包括地质地貌、气象气候、水文状况和植被状况。区域社会经济状况调查的主要内容包括人口状况、经济状况、交通状况和文教卫生状况。区域土壤类型特征调查的主要内容包括土壤的物理、化学性质，土壤的结构和分布类型，土壤的肥力与使用情况，成土母质，土壤类型，土壤组成，土壤特征。②土壤环境污染现状评价。包括：土壤污染源调查，土壤环境污染监测，评价因子的选择，评价标准的确定。调查土壤污染的主要来源及其质量现状，土壤的一次、二次污染状况，水土流失的原因、特点、面积、元素及流失量等，同时要附土壤分布图。

监测包括布点、采样、确定评价因子即监测项目等。布点要考虑评价区内土壤的类型及分布，土地利用及地形地貌条件，要使各种土壤类型、土地利用及地形地貌条件均有一定数量的采样点，还要设置对照点。土样采集点的布设在空间上均匀分布并有一定密度，从而保证土壤环境质量调查的代表性和精度。土壤样品的采集一般采用网格法、对角线、梅花形、棋盘形、蛇形等采样方法，多点采样，均匀混合，最后得到代表采样地点的土壤样品。此外，还应调查评价区的植物和污染源状况。植物监测调查主要是观察研究自然植物和作物等在评价区内不同土壤环境条件和各生育期的生长状况及产量、质量变化。评价因子的确定，一般根据监测调查掌握的土壤中现有污染物和拟建项目将要排放的主要污染物，按毒性大小与排放量多少采用等标污染负荷比法进行筛选。

土壤环境影响预测　主要包括土壤中污染物累积预测、土壤污染趋势预测、土壤退化趋势预测、土壤资源破坏和损失预测。

污染物累积预测　计算土壤污染物的输入量，输入量为已有污染物和开发活动或建设项目新增加污染物之和；计算土壤污染物的输出量，包括随土壤侵蚀的输出量、被作物吸收的输出量、随降水淋溶流失的输出量、因降解和转化而输出的量；计算土壤污染物的残留量和残留率，可通过相似地块模拟试验求取。

污染趋势预测　根据土壤污染物的输入量与输出量的比值，或根据输入量和残留率的乘积，或根据输入量和土壤环境容量比较来说明土壤污染趋势。

退化趋势预测　可以通过土壤侵蚀方程 $A=R \cdot K \cdot L \cdot S \cdot P \cdot C$ 进行预测。式中，A 为年平均土壤侵蚀量，t/（$km^2 \cdot a$）；R 为降雨侵蚀系数；K 为土壤可侵蚀性系数；L 和 S 为地形因子，分别表示坡长系数和坡度系数；P 为水土保持因子，也称实际侵蚀控制系数，反映不同管理技术或水土保持措施对土壤侵蚀的影响；C 为地表植被覆盖因子，也称耕种管理系数或作物种植系数，反映地表覆盖情况对土壤侵蚀的影响。

资源破坏和损失预测　通常把土地利用类型变化作为预测的重要内容，包括对土地利

用类型进行现状调查，对建设项目造成的土地利用类型变化与土壤破坏和损失进行预测。

土壤环境影响评价　评价拟建设项目对土壤影响的重大性，将影响预测结果与标准进行比较，与当地已有污染源和土壤侵蚀源进行比较，指出工程在建设过程和投产后可能遭到污染或破坏的土壤面积与经济损失。通过费用-效益分析和环境整体性考虑，判断土壤环境影响的可接受性，由此确定该拟建项目的环境可行性。

（贺桂珍）

《Turang Huanjing Zhiliang Biaozhun》

《土壤环境质量标准》　（Environmental Quality Standard for Soils）　根据土壤应用功能、保护目标和土壤主要性质，规定土壤中污染物的最高允许浓度指标值及相应监测方法的规范性文件。适用于农田、蔬菜地、茶园、果园、牧场、林地、自然保护区等地的土壤。该标准对于防止土壤污染，保护生态环境，保障农林生产，维护人体健康具有重要意义。

《土壤环境质量标准》（GB 15618—1995）由国家环境保护总局和国家技术监督局于 1995 年 7 月 13 日联合发布，自 1996 年 3 月 1 日起实施。

主要内容　该标准根据土壤应用功能和保护目标，将土壤划分三类：Ⅰ类主要适用于国家规定的自然保护区（原有背景重金属含量高的除外）、集中式生活饮用水水源地、茶园、牧场和其他保护地区的土壤，土壤质量基本上保持自然背景水平；Ⅱ类主要适用于一般农田、蔬菜地、茶园、果园、牧场等土壤，土壤质量基本上对植物和环境不造成危害和污染；Ⅲ类主要适用于林地土壤及污染物容量较大的高背景值土壤和矿产附近等地的农田土壤（蔬菜地除外），土壤质量基本上对植物和环境不造成危害和污染。标准规定Ⅰ类土壤环境质量执行一级标准，Ⅱ类土壤环境质量执行二级标准，Ⅲ类土壤环境质量执行三级标准。一级标准指为保护区域自然生态，维持自然背景的土壤环境质量的限制值；二级标准指为保障农业生产，维护人体健康的土壤限制值；三级标准指为保障农林业生产和植物正常生长的土壤临界值。标准规定的三级标准值见下表。

土壤环境质量标准值　单位：mg/kg

级别 / 土壤 pH / 项目	一级	二级			三级
	自然背景	＜6.5	6.5～7.5	＞7.5	＞6.5
镉　≤	0.20	0.30	0.30	0.60	1.0
汞　≤	0.15	0.30	0.50	1.0	1.5
砷　水田　≤	15	30	25	20	30
旱地　≤	15	40	30	25	40
铜　农田等≤	35	50	100	100	400
果园　≤	—	150	200	200	400
铅　≤	35	250	300	350	500
铬　水田　≤	90	250	300	350	400
旱地　≤	90	150	200	250	300
锌　≤	100	200	250	300	500
镍　≤	40	40	50	60	200
六六六　≤	0.05	0.50			1.0
滴滴涕　≤	0.05	0.50			1.0

注：重金属（铬主要是三价）和砷均按元素量计，适用于阳离子交换量＞5 cmol（+）/kg 的土壤，若≤5 cmol（+）/kg，其标准值为表内数值的半数。

六六六为四种异构体总量，滴滴涕为四种衍生物总量。

水旱轮作地的土壤环境质量标准，砷采用水田值，铬采用旱地值。

（陈鹏）

turang huanjing zhiliang pingjia

土壤环境质量评价　（soil environmental quality assessment）　按一定的原则、方法和标准，对一定区域范围内土壤环境的优劣程度和污染程度进行定性和定量评定的过程。土壤环境质量评价属于环境质量评价体系中的一种单要素评价，是区域环境质量综合评价的重要组成部分。

沿革　土壤质量评价一直是人类关心的问题，过去土壤质量评价的主要内容是评定土壤的肥力和生产性能。20 世纪 50 年代以来，由于土壤中农药的残留累积、重金属污染和生物污染等问题的出现，人们开始对土壤质量因人类污染造成的变化进行研究和评价。到 20 世纪 70 年代进入定量评价的阶段。1990 年，在国家环境保护局主持下完成了“中国土壤元素背景值”的调查研究，为土壤环境质量评价提供了标准和依据。

任务 评定各土壤单元的特点，研究各土壤单元的演变、形成过程和发展机理，从而为土壤质量区划提供依据。土壤质量变异虽然受自然的影响，但主要决定于人类的活动；土壤的性质和人类活动影响的效应，又受到区域条件的影响，因此，收集和整理有关土壤质量形成的区域条件和污染源的资料，是土壤环境质量评价的基础工作。

主要内容 土壤环境质量评价一般包括单一污染物的单项评价和多种污染物的多项评价。污染物的种类不同，对土壤质量的影响也不同，因此也可按污染土壤的主要污染物分为有机物污染评价、重金属污染评价、生物污染评价和放射性污染评价等。如要了解土壤质量的变化，还可以进行土壤物理评价、土壤生物评价、土壤化学评价等。在单项和多项评价的基础上可进行综合评价。

为了解不同时期的土壤质量状况，也可进行土壤环境质量调查、土壤背景值确定、土壤环境质量现状评价、土壤污染影响预测和评价。

土壤环境质量调查 在建设项目可能影响的区域内，充分考虑成土母质、土壤类型、土壤污染方式和途径，按方格网络法布点采样分析。采样点的密度可根据评价的精度要求确定。取土深度一般样点表层为 0～20 cm，底层为 20～40 cm。土样分析项目应以冶金建设项目排放的重金属为主，兼顾地方已经存在的污染物（如农药）和评价所需的土壤理化指标等。

土壤背景值确定 对土壤调查所得各项污染物实测含量数据进行统计分析，对于呈对数正态分布的元素，其背景值可按几何平均值乘除几何标准差确定；对于呈正态分布和接近正态分布的元素，其背景值可按算术平均值加减 2 倍标准差确定。

土壤环境质量现状评价 目的在于掌握现时土壤的污染程度和污染范围。评价方法一般采用环境质量指数法，包括土壤中某污染物的单一指数计算和为确定土壤环境总体质量的土壤污染综合指数，并绘制土壤环境质量图。

土壤污染影响预测和评价 通常要根据土壤环境容量和土壤污染物累积量来预测建设项目投产后对土壤环境的污染影响和环境质量变化趋势，为提出减少土壤污染的措施提供依据。土壤环境容量指土壤在环境质量标准的约束下允许容纳污染物的最大数量。

建设项目对土壤环境质量影响的预测和评价，还应包括对土壤退化的影响，主要有土壤盐碱化、土壤酸化、土壤侵蚀和沙化等。影响土壤退化的因素比较复杂，土壤退化的预测尚处于探索阶段。

评价方法 一般可分为定性评价和定量评价。定性评价是通过综合判断各土壤性质给予土壤质量一个相对好或坏的评价，这种方法目前应用越来越少。随着信息技术在土壤学研究中的应用，土壤环境质量评价越来越多地依赖定量的数学方法。定量评价是利用各种数学方法根据量化的土壤属性计算出土壤质量的综合得分值，通常越好的土壤得分越高。这种方法更切合实际，全面、真实地反映了土壤质量的演变发展规律。

土壤环境质量的评价方法目前在国际上尚无统一的标准，可根据不同的评价目标和技术水平选择或设计合适的评价方法。不管采用何种评价方法，首先要确定有效、可靠、敏感、可重复及可接受的指标，建立全面评价土壤环境质量的框架体系。国内外提出的土壤环境质量评价方法主要有以下几种。

多变量指标克里格法 史密斯（Smith）利用该方法对土壤质量进行了评价。这种方法可以将无数量限制的单个土壤质量指标综合成一个总体的土壤质量指数，这一过程称为多变量指标转换，是根据特定的标准将测定值转换为土壤质量指数，各个指标的标准代表土壤质量最优的范围或阈值。该方法的优点是可以把管理措施、经济和环境限制因子引入分析过程，其评价范围可从农场到地区水平，评价的空间尺度弹性大。

土壤质量动力学法 由拉尔森（Larson）提出，从数量和动力学特征上对土壤质量进行定量评价。某一土壤的质量可看作是它相对于标准（最优）状态的当前状态，土壤质量（Q）可由土壤性质 q_i 的函数来表示：$Q=f(q_i, \cdots, q_n)$。描述 Q 的土壤性质 q_i，是根据土壤性质测定的难易程度、重视性高低及对土壤质量关键变量的反映程度来选择的最小数据集。该方法适用于描述土壤系统的动态性，特别适合于土壤可持续管理。

土壤质量综合评分法 由多兰（Doran）等提出，将土壤质量评价细分为对 6 个特定的土壤质量元素的评价，这 6 个土壤质量元素分别为作物产量、抗侵蚀能力、地下水质量、地表水质量、大气质量和食物质量。根据不同地区的特定农田系统、地理位置和气候条件，建立数学表达式，说明土壤功能与土壤性质的关系，通过对土壤性质的最小数据集评价土壤质量。

土壤相对质量法 通过引入相对土壤质量指数来评价土壤质量的变化。这种方法首先需假设研究区有一种理想土壤，其各项评价指标均能完全满足植物生长的需要，以这种土壤的质量指数为标准，其他土壤的质量指数与之相比，得出土壤的相对质量指数（RSQI），从而定量地表示所评价土壤的质量与理想土壤质量之间的差距。这样，从一种土壤的 RSQI 值就可以显示土壤质量的升降程度，从而可以定量地评价土壤质量的变化。该方法方便、合理，可以根据研究区域的不同土壤选定不同的理想土壤，针对性强，评价结果较符合实际。

以上土壤质量评价方法各有优点，在实际工作中可以根据评价区域的时间和空间尺度、评价的土壤类型、评价的目的等，选择适宜的评价方法。

步骤 具体如下。

确定调查项目 在土壤质量调查中，根据评价的目的、对象、区域环境条件、污染源和污染状况确定调查项目。选择的参数过少或者过多，都不能反映土壤的综合污染特性。从理论上讲，应选择那些与土壤质量的形成和变化有重大关系的参数。例如，在以有机物污染为主的地区，选择苯并[*a*]芘、双对氯苯基三氯乙烷（DDT）、六六六等；在用生活污水灌溉的地区，主要选择与一般卫生标准有关的参数，如细菌、病菌、蛔虫卵等；在冲积扇上部土层薄的地区，为了保护饮用水水源，要注意易溶于水的污染物，如酚、氰、氮、磷等；在平原地区则要注意易溶性盐类；在用含重金属的工业废水或矿区废水灌溉的地区，由于重金属在土壤中不易迁移而易于累积，应选择难迁移的重金属，如汞、镉、铅等。

选用适当比例尺 确定调查项目后，一般采用传统的方法进行调查，在调查中可根据地区的大小选用适当的比例尺以提高调查数值的精确度。比较精确的方法是按方格网络法进行调查。由于方格网络法工作量较大，也可在前一方法调查的基础上绘出等值线，再以内插法补足每一方格数值，用方格网络表示出来。

确定土壤质量指数 评价土壤质量要有一种相对的、可比的单位作为衡量尺度，一般采用土壤质量指数。

单个污染物质量指数的一般模式为：

$$P_i=\frac{C_i}{S_i}$$

式中，P_i 为污染指数，或称分指数；C_i 为污染物的实测值；S_i 为污染物的评价标准值。

综合质量指数的模式，一般采用单个污染物的质量指数相加，或相加后再平均的方法。即：

$$P=\sum_{i=1}^{n}\frac{C_i}{S_i} \quad 或 \quad P=\frac{1}{n}\sum_{i=1}^{n}\frac{C_i}{S_i}$$

式中，P 为综合质量指数；C_i 为单个污染物实测值；S_i 为单个污染物评价标准值；n 为污染物的种类数。

利用模糊数学中的系统聚类分析对单个污染物的质量指数进行综合，效果也较好。

进行指数分级 为了进行土壤环境质量评价，绘制土壤质量图，要对求出的质量指数进行分级。一般先定出“开始污染”和“严重污染”的起始值，然后将两者之间的数值根据需要分为若干级。“开始污染”的起始值一般采用土壤背景值。“严重污染”的起始值一般以土壤环境质量标准表示，或以作物体内污染物含量超过卫生标准时的土壤中污染物含量来表示。也有人以作物减产到一定程度时土壤中污染物的含量作为依据。

编制土壤质量图 在野外调查、监测取得数据的基础上进行数理统计，算出各种质量指数，并划分出污染等级后，就可以编制土壤质量图。如果调查是用方格网络法进行的，可直接将质量指数填入方格中，再按等级划分，制成土壤质量图。如果是以一般布点的方式进行调查的，除了按各点的质量指数绘出分级图外，也可先划出各点的浓度等值线图，然后用内插法求得各方格内的浓度值，再算出每一方格的质量指数（或综合指数），按级绘制土壤质量图。土壤质量图有多种类型，常用的有单项土壤质量图和综合土壤质量图。若有特殊要求，也可根据调查结果编制生物、物理、化学等不同性质的土壤质量图，以及三者综合的土壤质量图。 （贺桂珍　李静）

turang huanjing zhiliangtu

土壤环境质量图 （map of soil environmental quality） 反映土壤环境质量状况的专题地图，一般包括土壤类型图、土地利用现状图、土壤背景值图、土壤污染物浓度分布图、土壤环境质量预测图等相关图层。

土壤环境质量图能够形象地反映土壤污染状况，是划分土壤评价单元的基础资料，也是鉴定和评价土壤环境质量的重要依据，被广泛应用于相关环境规范、环境影响评价、环境风险评价和污染场地修复等土壤环境保护领域。随着计算机技术和地理信息系统软件的发展，土壤环境质量图的形象度和准确度都大大提高，已成为土壤环境保护中非常重要的技术方法和表达手段之一。 （汪光）

turang huanjing zhiliang zhishu

土壤环境质量指数 （soil quality index） 又称土壤污染指数。表示土壤污染程度或土壤环境质量等级所用的一种相对的无量纲指数，即通过选择合适的指标，将指标转化成分值并综合分值生成指数。它是一种单要素环境质量指数，具有相对、可比的特点。

土壤环境质量指数选择的评价参数包括重金属、有机毒物、酸度、无机非金属毒物等，评价标准可选用区域土壤背景值。

土壤环境质量指数的表示方法是以单因子表示土壤污染程度或土壤环境质量的等级，即：

$$P_i = \frac{C_i}{S_i}$$

式中，P_i 为单一污染物的单项污染指数，又称分指数；C_i 为土壤污染物的实测值；S_i 为污染物的评价标准值。

当 $P_i \leqslant 1$ 时，表示土壤未受污染；$P_i > 1$ 时，表示土壤受到污染。

综合污染指数（P）由 n 类污染物单项污染指数综合而成。在简单处理时，一般采用单项污染指数相加，或相加后再平均的方法。

对污染指数的分级，可采取先定出“开始污染”和“严重污染”的起始值，再在这两者之间内插若干级别的方法。“开始污染”的起始值可采用土壤背景值、土壤自然含量；“严重污染”的起始值可根据不同区域的实际情况，采用土壤对照点含量或土壤和作物中污染物积累的相关数值。

土壤环境质量指数直接反映超标倍数和污染程度，为土壤环境管理和污染防治提供了依据，但它不能反映各污染物之间的协同或拮抗作用。 （李静）

turang wuran shengwuxue pingjia

土壤污染生物学评价 （biological assessment of soil pollution） 利用生物个体、种群或群落对土壤环境污染所产生的反应来评价土壤环境质量的过程。常见方法有植物指示法、微生物指示法和动物指示法。

植物指示法是利用植物吸收污染物的量来判断土壤污染程度或评价污染物的生物可利用性。微生物指示法是将基于单一菌株（如发光菌或真菌）的荧光性或特异酶活性的污染物有效性测试技术应用于土壤污染物的生物有效性评价中。动物指示法是利用土壤污染物在动物体内的含量来评价污染物的生物有效性。

土壤污染生物学评价相比传统的化学评价方法具有能直接反映土壤污染的生物效应、体现多种污染物的复合效应、有一定的污染预警作用等优点，但是也有难以标准化、生物受体选择较为困难、无法做到准确定量等缺点。

（汪光）

turang wuran zonghe pingjia

土壤污染综合评价　（comprehensive assessment of soil pollution）　评价受多种污染综合影响的土壤环境质量状况的过程。

土壤污染综合指数是评价土壤受多种污染物污染综合效应的环境质量指数，常以土壤中各污染物的污染指数的迭加作为土壤污染综合指数。

$$P=\sum_{i=1}^{n}P_i \text{或} P=\sum_{i=1}^{n}W_iP_i$$

式中，P 为土壤污染综合指数；P_i 为污染物 i 的污染指数；n 为污染物种类数；W_i 为污染物 i 的权重值。P 值的大小，可以反映出土壤受到污染的程度。

土壤污染综合评价常用的评价方法有内梅罗指数法、模糊综合评价法、潜在生态风险指数法等。

内梅罗指数法是当前国内外进行综合污染指数计算的最常用的方法之一，包括单因子指数法和综合指数法。该方法先求出各因子的分指数（超标倍数），然后求出各分指数的平均值，取最大分指数和平均值计算。

模糊综合评价法是把土壤污染按照不同分级标准，采用模糊数学的隶属函数[0，1]闭区间连续取值来进行评价。

潜在生态风险指数法是由瑞典地球化学家哈坎森（Lars Hakanson）于 1980 年根据重金属的性质和环境行为特点提出的，是一种定量计算土壤或沉积物中重金属生态风险的方法。该方法首先要测得土壤中重金属的含量，通过与土壤中重金属元素背景值的比值得到单项污染系数，然后引入重金属毒性响应系数，得到潜在生态风险单项系数，最后加权得到此区域中土壤中重金属的潜在生态风险指数。

（汪光）

W

wangshang gongshi

网上公示 （online publicity） 环境影响评价机构通过专用或公用网络，向公众通告环境影响评价的相关信息，收集公众的反馈意见的过程。

根据我国《环境影响评价公众参与暂行办法》的规定，符合公众参与要求的项目，建设单位应当在确定了承担环境影响评价工作的环境影响评价机构后7日内进行第一次网上公示。公示的信息包括：建设项目的名称及概要；建设项目的建设单位的名称和联系方式；承担评价工作的环境影响评价机构的名称和联系方式；环境影响评价的工作程序和主要工作内容；征求公众意见的主要事项；公众提出意见的主要方式。

建设单位或者其委托的环境影响评价机构在编制环境影响报告书的过程中，应当在报送环境保护行政主管部门审批或者重新审核前，进行第二次网上公示。公示的信息包括：建设项目情况简述；建设项目对环境可能造成的影响概述；预防或者减轻不良环境影响的对策和措施要点；环境影响报告书提出的环境影响评价结论要点；公众查阅环境影响报告书简本的方式和期限，以及公众认为必要时向建设单位或者其委托的环境影响评价机构索取补充信息的方式和期限；征求公众意见的范围和主要事项；征求公众意见的具体形式；公众提出意见的起止时间。

环境影响报告书报送环境保护行政主管部门审批或者重新审核前，建设单位或者其委托的环境影响评价机构可以通过适当方式，向提出意见的公众反馈意见处理情况，并在报送审查的环境影响报告书中附具对意见采纳或者不采纳的说明。

网上公示是公众参与环境管理的一种重要形式，通过网上公示，环境影响评价机构可以与公众之间实现双向交流，使公众了解有关项目和环境影响评价的信息，同时可以充分收集有关单位和个人的意见，从而促使环境影响评价机构更加全面地发现和认识潜在的环境问题，进一步提高环境影响评价工作的准确性和有效性。（王圆生）

《Weixian Feiwu Fenshao Wuran Kongzhi Biaozhun》

《危险废物焚烧污染控制标准》 （Pollution Control Standard for Hazardous Wastes Incineration） 规定了危险废物焚烧设施场所的选址原则、焚烧基本技术性能指标、焚烧排放大气污染物的最高允许排放限值、焚烧残余物的处置原则和相应的环境监测等内容的规范性文件。该标准适用于除易爆和具有放射性以外的危险废物焚烧设施的设计、环境影响评价、竣工验收以及运行过程中的污染控制管理。该标准对于加强对危险废物焚烧的污染控制，保护环境，保障人体健康具有重要意义。

《危险废物焚烧污染控制标准》（GB 18484—2001）由国家环境保护总局和国家质量监督检验检疫总局于2001年11月12日联合发布，自

2002 年 1 月 1 日起实施。该标准内容（包括实施时间）等同于 1999 年 12 月 3 日国家环境保护总局发布的《危险废物焚烧污染控制标准》（GWKB 2—1999），自该标准实施之日起，代替 GWKB 2—1999。

主要内容 各类焚烧厂不允许建设在《地表水环境质量标准》（GB 3838—2002）中规定的地表水环境质量 I 类、II 类功能区和《环境空气质量标准》（GB 3095—2012）中规定的环境空气质量一类功能区，即自然保护区、风景名胜区和其他需要特殊保护地区。集中式危险废物焚烧厂不允许建设在人口密集的居住区、商业区和文化区。各类焚烧厂不允许建设在居民区主导风向的上风向地区。焚烧炉排气筒高度见表 1。

焚烧炉的技术性能指标见表 2。

表 1 焚烧炉排气筒高度

焚烧量/（kg/h）	废物类型	排气筒最低允许高度/m
≤300	医院临床废物	20
	除医院临床废物以外的，且除易爆和具有放射性以外的危险废物	25
300～2 000	除易爆和具有放射性以外的危险废物	35
2 000～2 500	除易爆和具有放射性以外的危险废物	45
≥2 500	除易爆和具有放射性以外的危险废物	50

表 2 焚烧炉的技术性能指标

废物类型	指标				
	焚烧炉温度/℃	烟气停留时间/s	燃烧效率/%	焚毁去除率/%	焚烧残渣的热灼减率/%
危险废物	≥1 100	≥2.0	≥99.9	≥99.99	<5
多氯联苯	≥1 200	≥2.0	≥99.9	≥99.9999	<5
医院临床废物	≥850	≥1.0	≥99.9	≥99.99	<5

焚烧炉排气中任何一种有害物质浓度不得超过表 3 中所列的最高允许限值。危险废物焚烧厂排放废水时，其水中污染物最高允许排放浓度按《污水综合排放标准》（GB 8978—1996）执行。焚烧残余物按危险废物进行安全处置。危险废物焚烧厂噪声执行《工业企业厂界环境噪声排放标准》（GB 12348—2008）。

表 3 危险废物焚烧炉大气污染物排放限值①

序号	污染物	不同焚烧容量时的最高允许排放浓度限值/（mg/m^3）		
		≤300kg/h	300～2 500kg/h	≥2 500 kg/h
1	烟气黑度	林格曼 1 级		
2	烟尘	100	80	65
3	一氧化碳（CO）	100	80	80
4	二氧化硫（SO_2）	400	300	200
5	氟化氢（HF）	9.0	7.0	5.0
6	氯化氢（HCl）	100	70	60
7	氮氧化物（以 NO_2 计）	500		
8	汞及其化合物（以 Hg 计）	0.1		
9	镉及其化合物（以 Cd 计）	0.1		
10	砷、镍及其化合物（以 As+Ni 计）②	1.0		
11	铅及其化合物（以 Pb 计）	1.0		
12	铬、锡、锑、铜、锰及其化合物（以 Cr+Sn+Sb+Cu+Mn 计）③	4.0		
13	二噁英类	0.5 TEQ ng/m^3		

注：①在测试计算过程中，以 11%O_2（干气）作为换算基准。换算公式为：

$$c=\frac{10}{21-O_s}\times c_s$$

式中，c 为标准状态下被测污染物经换算后的浓度，mg/m^3；O_s 为排气中氧气的浓度，%；c_s 为标准状态下被测污染物的浓度，mg/m^3。

②指砷和镍的总量。

③指铬、锡、锑、铜和锰的总量。

（陈鹏）

weixian feiwu jianbie fangfa biaozhun

危险废物鉴别方法标准 （identification method standards for hazardous wastes） 规定了危险废物鉴别方法及技术要求的规范性文件。危险废物鉴别方法标准的制定，对于加强对危险废物的管理，防止危险废物造成环境污染具有重要意义。

危险废物鉴别方法标准由以下部分构成：《危险废物鉴别技术规范》(HJ/T 298—2007)、《危险废物鉴别标准　腐蚀性鉴别》(GB 5085.1—2007)、《危险废物鉴别标准　急性毒性初筛》（GB 5085.2—2007）、《危险废物鉴别标准　浸出毒性鉴别》（GB 5085.3—2007）、《危险废物鉴别标准　易燃性鉴别》（GB 5085.4—2007）、《危险废物鉴别标准　反应性鉴别》（GB 5085.5—2007）、《危险废物鉴别标准　毒性物质含量鉴别》（GB 5085.6—2007）、《危险废物鉴别标准　通则》（GB 5085.7—2007）。

（陈鹏）

《Weixian Feiwu Tianmai Wuran Kongzhi Biaozhun》

《危险废物填埋污染控制标准》（Standard for Pollution Control on the Security Landfill Site for Hazardous Wastes） 规定了危险废物填埋的入场条件，填埋场的选址、设计、施工、运行、封场及监测的环境保护要求的规范性文件。该标准适用于危险废物填埋场的建设、运行及监督管理，不适用于放射性废物的处置。该标准的制定对于贯彻《中华人民共和国固体废物污染环境防治法》，防止危险废物填埋处置对环境造成污染具有重要意义。

《危险废物填埋污染控制标准》（GB 18598—2001）由国家环境保护总局和国家质量监督检验检疫总局于2001年12月28日联合发布，自2002年7月1日起实施。2013年6月8日，环境保护部发布了该标准的修改单，自发布之日起实施。

主要内容 下列废物可以直接入场填埋：根据《固体废物　浸出毒性浸出方法　翻转法》（GB 5086.1—1997）、《固体废物　浸出毒性浸出方法　水平振荡法》（HJ 557—2010）和《固体废物　浸出毒性测定方法》（GB/T 15555.1～11）测得的废物浸出液中有一种或一种以上有害成分浓度超过《危险废物鉴别标准　浸出毒物鉴别》（GB 5085.3—2007）中的标准值并低于表1中的允许进入填埋区控制限值的废物；根据GB 5086.1—1997、HJ 557—2010和GB/T 15555.12测得的废物浸出液pH值在7.0～12.0的废物。下列废物需经预处理后方能入场填埋：根据GB 5086.1—1997、HJ 557—2010和GB/T 15555.1～11测得废物浸出液中任何一种有害成分浓度超过表1中允许进入填埋区的控制限值的废物；根据GB 5086.1—1997、HJ 557—2010和GB/T 15555.12测得的废物浸出液pH值小于7.0和大于12.0的废物；本身具有反应性、易燃性的废物；含水率高于85%的废物；液体废物。下列废物禁止填埋：医疗废物；与衬层具有不相容性反应的废物。

表1　危险废物允许进入填埋区的控制限值

序号	项目	稳定化控制限值/（mg/L）
1	有机汞	0.001
2	汞及其化合物（以总汞计）	0.25
3	铅（以总铅计）	5
4	镉（以总镉计）	0.50
5	总铬	12
6	六价铬	2.50
7	铜及其化合物（以总铜计）	75
8	锌及其化合物（以总锌计）	75
9	铍及其化合物（以总铍计）	0.20
10	钡及其化合物（以总钡计）	150
11	镍及其化合物（以总镍计）	15
12	砷及其化合物（以总砷计）	2.5
13	无机氟化物（不包括氟化钙）	100
14	氰化物（以CN^-计）	5

填埋场应根据天然基础层的地质情况分别采用天然材料衬层、复合衬层或双人工衬层作为其防渗层。如果天然基础层饱和渗透系数小

于 1.0×10^{-6}cm/s，可以选用复合衬层。复合衬层必须满足下列条件：①天然材料衬层经机械压实后的饱和渗透系数不应大于 1.0×10^{-7}cm/s，厚度应满足表 2 所列指标，坡面天然材料衬层厚度应比表 2 所列指标大 10%；②人工合成材料衬层可以采用高密度聚乙烯（HDPE），其渗透系数不大于 10^{-12}cm/s，厚度不小于 1.5 mm。HDPE 材料必须是优质品，禁止使用再生产品。

表 2　复合衬层下衬层厚度设计要求

基础层条件	下衬层厚度
渗透系数≤1.0×10^{-7}cm/s，厚度≥3 m	厚度≥0.5 m
渗透系数≤1.0×10^{-6}cm/s，厚度≥6 m	厚度≥0.5 m
渗透系数≤1.0×10^{-6}cm/s，厚度≥3 m	厚度≥1.0 m

（陈鹏）

《Weixian Feiwu Zhucun Wuran Kongzhi Biaozhun》

《危险废物贮存污染控制标准》（Standard for Pollution Control on Hazardous Waste Storage）规定了危险废物贮存的一般要求，危险废物包装、贮存设施的选址、设计、运行、安全防护、监测和关闭等要求的规范性文件。该标准适用于所有危险废物（尾矿除外）贮存的污染控制及监督管理，适用于危险废物的产生者、经营者和管理者。该标准的制定对于防止危险废物贮存过程造成的环境污染，加强对危险废物贮存的监督管理具有重要意义。

《危险废物贮存污染控制标准》（GB 18597—2001）由国家环境保护总局和国家质量监督检验检疫总局于 2001 年 12 月 28 日联合发布，自 2002 年 7 月 1 日起实施。2013 年 6 月 8 日，环境保护部发布了该标准的修改单，自发布之日起实施。

主要内容　该标准的一般要求包括：所有危险废物产生者和危险废物经营者应建造专用的危险废物贮存设施，也可利用原有构筑物改建成危险废物贮存设施。在常温常压下易爆、易燃及排出有毒气体的危险废物必须进行预处理，使之稳定后贮存，否则，按易爆、易燃危险品贮存。在常温常压下不水解、不挥发的固体危险废物可在贮存设施内分别堆放，除此以外，必须将危险废物装入容器内。禁止将不相容（相互反应）的危险废物在同一容器内混装。无法装入常用容器的危险废物可用防漏胶袋等盛装。装载液体、半固体危险废物的容器内须留足够空间，容器顶部与液体表面之间保留 100mm 以上的空间。医院产生的临床废物，必须当日消毒，消毒后装入容器，常温下贮存期不得超过 1d，于 5℃以下冷藏的不得超过 7d。盛装危险废物的容器上必须粘贴符合该标准规定的标签。危险废物贮存设施在施工前应做环境影响评价。（陈鹏）

weixianxing pingjia

危险性评价（hazard assessment）　对人体接触环境危害因素而发生潜在有害健康影响概率进行鉴定评估的过程。危险性评价的目的在于确定化学物或其他环境因素对人体健康的潜在有害作用。

美国国家科学研究委员会（1983 年）和美国环境保护局（1984 年）提出，危险性评价的内容包括定性和定量两个阶段。危险性定性评价即危害鉴定：评审某化学物现有的毒理学和流行病学资料，确定其是否可造成人体健康的损害，重点放在致突变性、致癌和致畸效应，及对神经系统、肝和肾等重要器官的损害。危险性定量评价包括：①剂量-反应评定，评定不同接触水平在群体中某种特定效应的发生率。②接触评定，估测整个社会人群接触化学物的可能水平。③危险度特性评定，将危害鉴定、剂量-反应评定和接触评定资料进行综合分析，得到一般人群或特殊人群预期出现的反应率，通常计算终生危险度。（汪光）

《Wenshi Shucai Chandi Huanjing Zhiliang Pingjia Biaozhun》

《温室蔬菜产地环境质量评价标准》

（Environmental Quality Evaluation Standards for Farmland of Greenhouse Vegetables Production）规定了以土壤为基质种植的温室蔬菜产地温室内土壤环境质量、灌溉水质量和环境空气质量的

控制项目及其浓度（含量）限值和监测、评价方法的规范性文件。该标准对于保护生态环境，防治环境污染，保障与促进温室蔬菜安全生产，维护人体健康具有重要意义。

《温室蔬菜产地环境质量评价标准》（HJ/T 333—2006）由国家环境保护总局于 2006 年 11 月 17 日发布，自 2007 年 2 月 1 日起实施。

主要内容 该标准规定温室蔬菜产地土壤环境、灌溉水和空气环境中的污染物（或有害物）项目均划分为基本控制项目和选择控制项目两类。基本控制项目为评价必测项目，选择控制项目由当地根据污染源及可能存在的污染物状况选择确定并予测定。温室蔬菜产地土壤环境质量应符合表 1 的规定，温室蔬菜产地灌溉水质量应符合表 2 的规定，温室蔬菜产地环境空气质量应符合表 3 的规定。

表 1 土壤环境质量评价指标限值

单位：mg/kg

项目①		pH②		
		<6.5	6.5～7.5	>7.5
土壤环境质量基本控制项目				
总镉	≤	0.30	0.30	0.40
总汞	≤	0.25	0.30	0.35
总砷	≤	30	25	20
总铅	≤	50	50	50
总铬	≤	150	200	250
六六六③	≤	0.10		
滴滴涕③	≤	0.10		
全盐量	≤	2 000		
土壤环境质量选择控制项目				
总铜	≤	50	100	100
总锌	≤	200	250	300
总镍	≤	40	50	60

注：①重金属和砷均按元素量计，适用于阳离子交换量>5 cmol/kg 的土壤，若≤5 cmol/kg，其标准值为表内数值的半数。

②若当地某些类型土壤 pH 变异在 6.0～7.5 范围，鉴于土壤对重金属的吸附率，在 pH 6.0 时接近 pH 6.5，pH 6.5～7.5 组可考虑在该地扩展为 pH 6.0～7.5 范围。

③六六六为四种异构体（α-666、β-666、γ-666、δ-666）总量，滴滴涕为四种衍生物（p，p'-DDE、o，p'-DDT、p，p'-DDD、p，p'-DDT）总量。

表 2 灌溉水质量评价指标限值

单位：mg/L

项目		蔬菜种类	
		加工、烹调及去皮类	生食类
灌溉水质量基本控制项目			
化学需氧量	≤	100	40
粪大肠菌群数/（个/L）	≤	10 000	2 000
pH		5.5～8.5*	
总汞	≤	0.001	
总镉	≤	0.005	
总砷	≤	0.05	
总铅	≤	0.1	
六价铬	≤	0.1	
硝酸盐	≤	20	
灌溉水质量选择控制项目			
五日生化需氧量	≤	40	10
悬浮物	≤	30	10
蛔虫卵数/（个/L）	≤	2	1
全盐量	≤	2 000	
氯化物	≤	350	
总铜	≤	1.0	
总锌	≤	2.0	
氰化物	≤	0.2	
氟化物	≤	1.5	
硫化物	≤	1.0	
石油类	≤	1.0	
挥发酚	≤	0.1	
苯	≤	2.5	
三氯乙醛	≤	0.5	
丙烯醛	≤	0.5	

*酸性土壤区若灌溉水 pH 低于 6.0，可将 pH 标准值放宽到 5.5～8.5。

表 3 环境空气质量评价指标限值

项目①		浓度限值②	
		日均值③	植物生长季平均④
环境空气质量基本控制项目			
二氧化硫⑤/（mg/m^3）	≤	0.15 [a] 0.25 [b] 0.30 [c]	0.05 [a] 0.08 [b] 0.12 [c]
氟化物⑥（标准状态）/[μg/（dm^2·d）]	≤	5.0 [d] 10.0 [e] 15.0 [f]	1.0 [d] 2.0 [e] 4.5 [f]

续表

项目[①]		浓度限值[②]	
		日均值[③]	植物生长季平均[④]
铅（标准状态）/（μg/m³）	≤	—	1.5
二氧化氮（标准状态）/（mg/m³）	≤	0.12	—
环境空气质量选择控制项目			
总悬浮颗粒物（标准状态）/（mg/m³）	≤	0.30	—
苯并[*a*]芘（标准状态）/（μg/m³）	≤	0.01	—

注：NH_3、Cl_2、C_2H_4 等温室特征有害气体因资料欠缺暂不制定。

①标准状态：指温度为 273.15 K，压力为 101.325 kPa 时的状态。

②各污染物数据统计的有效性按 GB 3095 中的第 6 条规定执行。

③日平均浓度指任何 1 日的平均浓度。

④植物生长季平均浓度指任何一个植物生长季的月平均浓度的算术均值，月平均浓度指任何 1 月的日平均浓度的算术均值。

⑤二氧化硫：a. 适用于敏感性蔬菜。例如，菠菜、青菜、白菜、莴苣、黄瓜、南瓜、西葫芦、马铃薯。b. 适用于中等敏感性蔬菜。例如，番茄、茄子、胡萝卜。c. 适用于抗性蔬菜。例如，蚕豆、油菜、甘蓝、芋头。

⑥氟化物：d. 适用于敏感性蔬菜。例如，甘蓝、菜豆。e. 适用于中等敏感性蔬菜。例如，白菜、芥菜、花椰菜。f. 适用于抗性蔬菜。例如，茴香、番茄、茄子、辣椒、马铃薯。

（陈鹏）

wenhua huanjing yingxiang pingjia

文化环境影响评价 （culture environmental impact assessment） 对建设项目开发导致的文化环境的影响程度进行分析和预测，并提出减缓措施的过程。主要包括文物环境影响评价和视觉影响评价。 （张磊）

wenwu huanjing yingxiang pingjia

文物环境影响评价 （environmental impact assessment of culture relics） 对建设项目的实施导致的史迹文物、文物周围环境以及文物价值的变化进行分析、预测和评估，并提出相应减缓措施的过程。

背景 我国具有悠久的历史，拥有极为丰富的文物资源，是我国的珍贵财富。但由于建设项目的不断增加和制度不健全，在建设项目的选址、设计、施工中发生了许多破坏国家文物和自然景观的事例，造成了难以弥补的损失。通过开展文物环境影响评价，可以查明建设项目开发对史迹、文物本身造成的影响程度，准确把握文物的历史、美学、建筑学等方面的价值。

步骤和内容 文物环境影响评价的基本步骤包括：文物现状调查；文物环境的现状调查；文物环境影响预测与评价；提出并实施减缓不利影响的措施。

文物现状调查 观察、收集调查区域内具有历史、艺术、科学价值的古文化遗址、建筑、艺术品及潜在的文物埋藏地等，确定整个地区古人类活动的分布情况，该区域古文化遗址、文物埋藏地的功能。调查范围不仅包括建设项目开发地区及其周围地区，还包括潜在文物埋藏地调查区域，即可能受到建设项目间接影响的周围地区。

文物环境的现状调查 分为文物状况调查和潜在文物埋藏地调查。①文物状况调查：对于已公布的文物，可根据国家和地方管理部门整理或发行的现有资料进行调查，如果资料不足，可进行现场调查加以补充；对于未公布的文物，可从史迹、文献等单位所掌握的资料进行调查，并参考文物主管单位的意见加以修正，或采用现场踏勘的方法。文物周围环境状况调查，包括区域环境状况调查和典型文物场点状况调查。②潜在文物埋藏地调查：包括已知和未知的潜在文物埋藏地调查，需利用相关部门已有资料和史记、文献资料。

根据现状调查结果编制文物调查清单，对建设项目内文物环境结构、状态、质量、功能的现状进行分析，确定建设项目区目前的文物环境质量。

文物环境影响预测与评价 在现状调查的基础上，根据文物、史迹可能受到影响的行为和因素，预测项目开发使文物、史迹改变的程度和文物环境变化的程度。预测的内容包括：对文物及其环境的影响预测，如开掘挖土、填土等行为引起的地形改变导致的文物损坏、毁灭或迁移的情况；建筑机械和交通车辆振动、地下水的抽取等活动对文物的破坏或使文物环境改变的程度；建筑项目竣工后，各种设施带来的日照障碍、风害等对文物的影响程度；设施投入使用、开工生产后的振动和大气污染对文物的影响程度；其他经济活动的影响。潜在文物埋藏地的预测主要是预测工程改变地形是否会改变或破坏潜在文物埋藏区域及其埋藏的文物。

文物环境影响预测的步骤：确定位于敏感地区内的已知文物资源；确定敏感地区内潜在的文物资源；确定这些已知的和潜在的文物资源对地方、区域和全国的重要性；描述各个比较方案对敏感地区内已知的和潜在的文物资源可能产生的影响，判断建设期、施工期、运行期和运行后各个阶段的各种影响；根据前两步结果，从下列两项工作中选择其中一项：从各个比较方案中选定拟议行动，或者取消一个或几个比较方案再选定拟议行动；到选定行动的建设地区进行一次详尽的勘察，并制定将影响减至最低限度的文物保护措施。假如发现了原先未确定的文物，则应研究制订新的施工计划，明确施工期必须采取的文物保护措施。

文物环境影响评价内容与预测内容相同。

文物、史迹的环境影响评价方法，是在深入分析现状调查、预测结果和所拟定采取的保护文物措施的基础上，以有关法令和其他关于文物价值的知识为标准进行评价。对于文物、史迹的价值、特殊性、珍稀性与地域的关系以及文物的保护、保存方法，要预先听取文物主管单位的意见。

在建设项目开发过程中，文物一旦被损坏将难以恢复。从这一现实出发，史迹、文物的评价指标应以保护史迹、文物使其基本不受损害为原则。对于文物环境，还应充分考虑其旅游的资源价值，陈列以供人参观的文物应防止触摸磨损和气体尘埃侵蚀。以史迹、文物为主构成的景区要注意文物环境本身的清洁优美和与自然环境的协调。

提出并实施减缓不利影响的措施 根据影响评价结果，工程项目如果会给周围文物环境带来不利影响，如遗迹外观破损等，应采取相应的减缓措施。减缓指的是降低或补偿开发活动对历史文物造成的损耗。如果在工程建设项目规划过程中的每一步都得到充分的评价，采取相应的措施并严格实施，一般都能保护好重要的文物资源。（张磊）

wuran fangzhi zhengce

污染防治政策 (pollution prevention policy) 为防治环境污染、保护和改善生活环境与生态环境、保障人体健康、促进经济和社会的可持续发展而制定的政策。

污染防治政策运用技术、经济、法律及其他管理手段和措施，对包括污染点源、面源和流动源在内的污染物排放进行预防、监督和控制。政策体系包括大气、水体、土地、噪声、光、恶臭、固体废物、放射性、有毒化学品、交通运输的污染防治法律、行政法规、部门规章、标准和技术规范。

20 世纪 70 年代，我国的环境保护事业从治理工业“三废”（废水、废气、废渣）起步。90 年代初期，工业污染防治开始实行从末端治理向全过程控制的转变、从浓度控制向浓度与总量控制相结合转变、从分散治理向分散与集中治理相结合转变、从点源治理向流域和区域综合环境治理转变，并开始清洁生产试点。90 年代后期，由于全国范围内尤其是城市机动车保有量剧增、机动车污染凸显，从而加强了机动车污染防治技术和管理措施。进入 21 世纪，我国陆续颁布了促进清洁生产和循环经济发展的法律，从法律层面上确认和加强了对污染物的全过程管理。我国主要的污染防治政策包括《中华人民共和国水污染防治法》《中华人民共和国固体废物污染环境防治法》《中华人民共和国放射性污染防治法》《中华人民共和国大气污染防治法》《中华人民共和国环境噪声污染防治法》《中华人民共和国清洁生产促进法》和《中华人民共和国循环经济促进法》等。

（马骅）

wuran fuhe paifang youhua fenpei

污染负荷排放优化分配 （optimal distribution of pollutants load emission） 运用数学规划方法，在满足环境质量、技术约束等条件下，以区域污染控制总费用最小为目标，确定排污源的污染物允许排放量的方法，又称污染物排放量优化分配或污染物控制最小费用分配。

实行总量控制是对区域范围内各排污源的污染物控制指标分配的原则方法之一，其分配原理就是费用-效益最优化的思想，即若不考虑区域各排污源位置对环境质量的空间影响作用，这种分配与等边际费用削减分配结果是等价的。

常用的污染负荷排放优化分配的方法包括线性规划法、模糊数学法、模型法等。

（韩竞一）

wuran jizhong kongzhi zhidu

污染集中控制制度 （centralized pollution control system） 在特定区域或范围内，建立集中污染处理设施和采用统一的管理措施，对多个项目的污染源进行集中控制和处理以保护环境和治理污染的一项制度，是强化环境管理的一个重要手段。

污染集中控制制度是从我国的环境管理实践中总结出来的。以往的污染治理常常过分强调单个污染源的治理，追求其处理率和达标率，可是区域总的环境质量并没有大的改善，环境污染并没有得到有效控制。多年的实践证明，污染集中控制应以改善流域、区域等控制单元的环境质量为目的，依据污染防治规划，按照废水、废气、固体废物等的性质、种类和所处的地理位置，以集中治理为主，用尽可能小的投入获取较大的环境、经济和社会效益。

实施方法 主要包括：①以规划为先导。污染集中控制与城市建设密切相关，城市污染集中控制是一项复杂的系统工程，因此，集中控制污染必须与城市建设同步规划、同步实施、同步发展。②集中控制城市污染，要划分不同的功能区域，突出重点，分别整治。由于各区域内的污染物性质、种类和环境功能不同，其主要的环境问题也就不一样，需要进行功能区划分，以便对不同的环境问题采取不同的处理方法。③由地方政府牵头，协调各部门，分工负责。污染集中控制不仅涉及企业，还涉及政府各部门和社会各方面，单靠政府的某一部门是难以完成的，所以需要政府出面，组织协调各方面的关系，分头负责实施。④与分散治理相结合。对于一些危害严重、排放重金属和难以生物降解的有害物质的污染源，以及少数大型企业或远离城镇的个别污染源，必须进行单独、分散治理。⑤疏通多种资金渠道。污染集中治理相比分散治理在总体上可以节省资金，但一次性投资大。所以，需要多方筹集资金、银行贷款、地方财政补助，依靠国家能源政策、城市改造政策、企业改造政策等来筹集资金。

实施模式 近年来，各地结合本地实际情况创造了不同形式的污染集中控制模式。①废水污染的集中控制，包括以大型企业为骨干的控制模式、同等类型企业联合控制模式、对特殊污染物集中控制模式和污水处理厂集中控制模式。②大气污染的集中控制，包括城市民用能源结构调整模式、工业可燃性气体回收利用模式、集中供暖取代分散供热模式、建立烟尘总量控制区模式和提高绿化覆盖模式。③固体废弃物污染的集中控制，包括有用固体废弃物回收利用模式、固体废弃物能源利用模式和固体废弃物集中填埋场处理模式。

作用 ①有利于集中人力、物力、财力解决重点污染问题。实行污染集中控制，使我国由单一分散控制环境污染为主，发展到集中与分散控制相结合，有利于调动各方面的积极性，把分散的人力、物力、财力集中起来，解决敏感或老大难的污染问题。②有利于采用新技术，提高污染治理效果。实行污染集中控制，使污染治理由分散的点源治理转向社会化综合治理，有利于采用新技术、新工艺、新设备，推动科技进步，提高污染控制水平。③有利于提高资源利用率，加速有害废物资源化。实行污染集中控制，可以从重点领域抓起，实现节约资源、能源，提高废物综合利用率。④有利于节省防治污染的总投入。集中控制污染比分散治理污染节省投资、设施运行费用和占地面积，也大大减少了管理机构、人员，解决了企业缺少资金或技术、难以承担污染治理责任、虽有资金但缺乏建立设施的场地或虽有设施却因管理不善达不到预期效果等问题。⑤有利于改善和提高环境质量。集中控制污染是以流域、区域环境质量的改善为直接目的的，其实行结果必然有助于环境质量状况在相对短的时间内得到较大的改善。（韩竞一）

推荐书目

杨志峰，刘静玲．环境科学概论．北京：高等教育出版社，2004.

wuran kongzhi guihua

污染控制规划（pollution control planning）

又称污染综合防治规划。是对环境污染所制定的防治目标和措施。

污染控制规划是当前环境规划的重点，按内容可分为工业（行业、工业区）污染控制规划、农业污染控制规划、城市污染控制规划等；按要素可分为大气污染控制规划、水污染控制规划、城市环境噪声污染控制规划、固体废物污染控制规划等；按范围和性质的不同，又可分为区域污染综合防治规划和部门（或专业）污染综合防治规划。区域污染综合防治规划包括经济协作区、能源基地、城市、水域等的污染综合防治规划。部门（或专业）污染综合防治规划包括工业系统污染综合防治规划、商业污染综合防治规划以及企业污染综合防治规划等。工业系统污染综合防治规划还可以按行业分为化工污染防治规划、石油污染防治规划、轻工业污染防治规划、冶金工业污染防治规划等。（张红）

wuran kongzhi mubiao

污染控制目标（pollution control objective）

对一定时空范围内各主要污染物容许排放量所做的限定，是污染控制规划的核心内容和环境目标管理的重要实现手段之一。

污染控制目标是以一定的环境质量目标为依据，以环境现状调查和污染物排放量预测结果为基础，根据排污量与环境质量之间的定量关系，通过计算而得出来的。一般地，所求得的各种主要污染物容许排放量可以表示在具体的时间与空间上，并落实到具体的污染源，确定各污染源所排放的污染物应削减的数量。

制定原则 主要包括：①注重前期调查，摸清规划前的污染水平。应对规划内排放污染物情况进行全面分析，确定控制的污染物项目应全面，重点考虑控制对人体健康和生态环境有重要影响的有毒物质和国家实行总量控制的污染物（如 COD、SO_2 等）。②经济性原则。在制定污染控制目标时，必须充分考虑当前技术的可操作性和社会经济发展的阶段性，尽量降低整个社会的治污成本。③可执行性原则。规划中提出的污染物排放控制要求均应能够通过技术或管理手段核查和确认。污染物控制指标应有适用的监测方法标准，并予以引用，否则应在附录中列出。污染控制目标不应出现空泛的鼓励性、引导性的要求或无法证实、无法实施的技术内容；法律、法规对污染物排放行为已经做出明确规定的事项，污染控制目标中不应再重复相同的内容。

类型 按照不同的标准，可以将污染控制目标分为不同的类型。按照环境要素，可以将污染控制目标分为大气污染控制目标、水（地表水、地下水）污染控制目标、土壤污染控制目标、噪声排放控制目标、固体废物排放控制目标以及放射性和电磁辐射污染控制目标。按照控制范围，可以将污染控制目标分为国家污染控制目标、区域（包括城市、风景旅游区、经济技术开发区、江河流域、近海海域等）污染控制目标和部门（工业、农业、交通运输等）污染控制目标。按照控制目标期限，可以将污染控制目标分为长期（一般指 10 年以上）污染控制目标、中期（5 年左右）污染控制目标和年度污染控制目标。

污染控制目标的确定 主要通过三个方

面确定污染控制目标：①目标总量控制：由政府部门根据社会经济发展和环境保护要求确定的污染物控制目标。②容量总量控制：在排污单位达标排放仍不能满足环境质量要求的环境单元内，必须对相应污染物的所有排放实行容量总量控制。③行业总量控制：行业部门根据行业特点制定的控制标准。（李奇锋　张红）

wuranwu chanshengliang

污染物产生量　（quantity of pollutants generation）　在正常技术、经济管理等条件下，一定时间内特定污染源生成某种污染物的数量，是排除任何污染控制措施影响的情况下污染源所排放的污染物基本水平。

研究表明，单位产值污染物产生量与污染源所在地经济发展水平密切相关，可以用环境库兹涅茨曲线（EKC）描述二者的相互关系，即经济发展初期，单位产值污染物产生量随国内生产总值（GDP）的增长而增长；当经济发展到一定阶段后，单位产值污染物产生量随GDP的增长而下降，呈现典型的倒“U”形趋势。

污染物产生量的核算方法主要有实际监测法、产排污系数法和物料衡算法。实际监测法主要用于核算重点污染源和集中式污染治理设施的污染物产生量。产排污系数法主要用于核算一般污染源的污染物产生量。物料衡算法只在无法采用实际监测法和产排污系数法核算时采用。统计污染物产生量对污染物总量控制具有重要意义。（韩竞一）

wuranwu nongdu kongzhi

污染物浓度控制　（pollutant concentration control）　采用控制污染源排放口排出污染物的浓度来控制环境质量的方法。根据不同的行业特点，我国制定了一系列废气、废水排放标准，规定企业排放的废气和废水中各种污染物的浓度不得超过国家规定的限值。

污染物浓度控制主要针对具体污染源造成的环境问题，适用于一般污染物，对一般企业均适用。污染物浓度控制是综合考虑环境、经济、技术等条件后设定的限制量，一旦确定后就不能交易、不可调整。污染物浓度控制对调整产业结构的作用较小，且很难解决面源污染问题。（韩竞一）

wuranwu paifang biaozhun

污染物排放标准　（pollutants discharge standards）　在一定的技术经济条件下，为实现环境质量标准或环境目标，对人为污染源排入环境的污染物的浓度或总量所做的限制性规定。

我国污染物排放标准涉及火电、机动车、钢铁、有色冶金、造纸、印染、酿造、制药、化工、核电等诸多重点行业或领域。通过提高环境准入门槛，有力促进了我国经济发展方式的转变。

类型　按照级别，可划分为国家、地方两级污染物排放标准；按照污染物形态，可划分为气态污染物排放标准、液态污染物排放标准、固态污染物排放标准、物理性污染物排放标准等；按照适用范围，可划分为综合性排放标准和行业排放标准；按照环境要素，可划分为水污染物排放标准、大气污染物排放标准、噪声排放标准、固体废物污染控制标准、放射性和电磁辐射污染防治标准。

就国家污染物排放标准而言，按其适用范围又分为跨行业综合性(或通用性)排放标准[如《锅炉大气污染物排放标准》(GB 13271—2014)]和行业排放标准[如《制浆造纸工业水污染物排放标准》（GB 3544—2008）]两种。综合性排放标准属通用指导性标准，是全国范围内必须达到的最低要求。行业排放标准是为了促进生产工艺技术进步、促进清洁生产和维持生态平衡而制定的，具有很强的针对性，一般严于综合性排放标准。具体执行方面，行业排放标准优于综合性排放标准。依据行业技术经济发展状况制定实施国家污染物排放（控制）标准，是环境保护优化经济增长、推动产业结构升级的重要途径。

制定原则　根据有关法律规定，污染物排放标准根据环境质量标准和技术、经济条件制定，并遵循如下原则：①以满足环境质量标准为目标，基于污染源所在地区环境条件、区域范围内污染源分布特点，应用污染物稀释和扩散模式来推算污染源排放口的容许排放量。②以最佳可行技术为标准，在经济和技术可行的条件下，采用在公共基础设施和工业部门得到应用的最有效、先进、可行的污染防治工艺和技术减少污染物的排放，特别是通过生产过程的清洁生产管理措施预防、减少污染物的跑、冒、滴、漏造成的污染，从整体上减少对环境的影响，由此确定可能达到的污染物控制能力。③以总量控制目标为依据，按照环境质量标准的要求计算区域范围内污染物容许排放总量，确定各个污染源分摊率，从而确定它们的容许排放量。

基本内容　包括以下三个方面：

①污染物排放标准的基本内容是污染物排放控制要求，包括控制排放的污染物种类、排放方式、浓度限值、排放速率或负荷、污染物去除率、污染物排放监控位置、监测频率和工况要求等。在污染物排放标准中可规定实施标准的技术和管理措施，体现环保技术法规的特点。超越污染物排放标准权限的事项应通过其他途径，如制定法律、法规、规章和其他规范性文件予以解决。

②污染物排放标准只适用于法律允许的污染物排放行为，对法律禁止的排放行为，排放标准中不规定排放控制要求。新设立污染源的选址和特殊保护区域内现有污染源的管理，按照《中华人民共和国大气污染防治法》《中华人民共和国水污染防治法》《中华人民共和国海洋环境保护法》《中华人民共和国固体废物污染环境防治法》《中华人民共和国放射性污染防治法》和《饮用水水源保护区污染防治管理规定》等法律、法规、规章的相关规定执行。

③污染物排放标准应对企事业单位等污染源执行排放控制要求做出明确规定，任何情况下污染物排放均应符合排放限值的要求，以保证其污染防治设施正常运行。污染物排放标准对重点污染源（包括设施、装置等），应提出安装自动监控设备的要求。

适用范围　主要包括以下三个方面：

①有行业型水污染物和大气污染物排放标准的行业，适用该行业型排放标准，不适用《污水综合排放标准》和《大气污染物综合排放标准》等综合型污染物排放标准。行业型排放标准只规定了水污染物排放控制要求的，行业排放大气污染物仍适用《大气污染物综合排放标准》；行业型排放标准只规定了大气污染物排放控制要求的，行业排放水污染物仍适用《污水综合排放标准》。

②《锅炉大气污染物排放标准》《火电厂大气污染物排放标准》《恶臭污染物排放标准》等大气污染物排放标准适用于所有有相应排放设施或污染物排放行为的行业，在行业型污染物排放标准中不另行规定锅炉、火电厂、恶臭污染物的排放控制要求，企业中的相应排放源可直接引用这些标准。行业排放的大气污染物中若有《恶臭污染物排放标准》规定范围以外的特殊恶臭污染物，应在其行业型污染物排放标准中规定限值予以控制。

③固体废物污染控制标准按一般废物和危险废物分别规定污染控制要求，原则上不分行业而按照废物种类及其处理处置方式制定，适用于所有产生和处理处置固体废物的单位。为满足开展专项工作或特定的管理需要，可制定适用于特定行业或特定种类的固体废物污染控制暂行标准。

标准实施　主要包括以下三个方面：

①县级以上人民政府环境保护行政主管部门在审批建设项目环境影响报告书（表）时，应根据下列因素或情形确定该建设项目应执行的污染物排放标准：建设项目所属的行业类别、所处环境功能区、排放污染物种类、污染物排放去向和建设项目环境影响报告书（表）批准的时间。建设项目向已有地方污染物排放标准的区域排放污染物时，应执行地方污染物排放标准，对于地方污染物排放标准中没有规定的指标，执行国家污染物排放标准中相应的指标。实行总量控制区域内的建设项目，在确定排污

单位应执行的污染物排放标准的同时，还应确定排污单位应执行的污染物排放总量控制指标。建设从国外引进的项目，其排放的污染物在国家和地方污染物排放标准中无相应污染物排放指标时，该建设项目引进单位应提交项目输出国或发达国家现行的该污染物排放标准及有关技术资料，由市（地）人民政府环境保护行政主管部门结合当地环境条件和经济技术状况，提出该项目应执行的排污指标，经省、自治区、直辖市人民政府环境保护行政主管部门批准后实行，并报环境保护部备案。

②建设项目设计、施工、验收和投产后，均应执行经环境保护行政主管部门在批准的建设项目环境影响报告书（表）中所确定的污染物排放标准。

③企事业单位和个体工商业者排放污染物，应按所属的行业类型、所处环境功能区、排放污染物种类、污染物排放去向执行相应的国家和地方污染物排放标准，环境保护行政主管部门应加强监督检查。

意义 污染物排放标准是各种环境污染物排放活动应遵循的行为规范，是国家环境保护技术法规和标准体系的核心内容之一，体现了国家环境保护的方针和政策，是以环境保护优化经济增长和控制环境污染源排污行为、实施环境准入和退出的重要手段。污染物排放标准的实施对推动产业结构调整、促进生产技术进步具有重要作用。（贺桂珍）

wuranwu paifangliang

污染物排放量 （quantity of pollutants discharged） 污染源排入环境或其他设施的某种污染物的数量。它是总量控制或排污许可证管理中进行污染源排污控制管理的指标之一。

对指定污染物，污染物排放量应是污染物产生量与污染物削减量之差，即污染源在正常技术、经济、管理等条件下，在未采取任何污染控制措施的情况下，一定时间内该种污染物的产生量与经过若干污染防治措施后被控制降低的该污染物削减量之差。

污染物排放量的计算方法有很多，归纳起来主要有三种：①实测法。通过对某个污染源现场测定，得到污染物的排放浓度和流量，然后计算出该污染源的污染物排放量。②物料衡算法。根据物质不灭定律，在生产过程中投入的物料量等于产品质量和物料流失量的总和。③经验计算法。根据生产过程中单位产品的经验排放系数与产品产量，求得污染物排放量。采用经验计算法计算污染物排放量，通常又称为“排污系数计算法”。排污系数是指在正常技术经济和管理条件下生产某单位产品所产生的污染物数量的统计平均值或计算值，是在用实测、物料衡算和经验计算三种方法所获得的原始产污和排污系数的基础上，采用加权法计算出来的。（韩竞一）

wuranwu paifang zongliang kongzhi zhidu

污染物排放总量控制制度 （total amount control system of pollutants discharged） 在一定时段、区域内，将排污单位排放污染物总量控制在国家制定的控制目标内，以满足该区域环境质量要求的一项环境管理制度。

沿革 总量控制方法自20世纪70年代末由日本提出后，在日本、美国等发达国家得到了广泛应用，并取得了良好的效果。90年代中期后，我国开始推行污染物排放总量控制措施，即设定每一个污染者允许排放的污染物总量，强制排污者进一步降低污染物排放量，也防止有些违法者用清水稀释排放废水以达到浓度达标的目的。

分类 根据确定方法不同，污染物排放总量控制大致可分为两类：①容量总量控制：各污染源排放总量控制指标依据环境容量经推算而确定。②目标总量控制：在确定某一区域（或行业）的环境管理目标后，采取一定的行政手段，直接削减污染物排放量指标分配至各企事业单位，并限时完成。

主要内容 ①受控污染物选取。基于我国当前污染形势和治理需求，根据污染物排放总量、危害程度、监测统计基础、治理技术进展等因素综合选取受控污染物，重点考虑当下最严重、亟须解决的环境问题。②减排目标确定和分配。根据经济社会发展状况、环境质量改善目标和减排潜力，确定国家、区域和行业的总量控制污染物类型和总量控制目标。总量控制目标的分配和执行以行政区域为边界，采用自上而下、逐级分配的方式，从国家分解至省级，再由省级下分到市、县，最后分配至各排污企业。③总量控制数据核算。总量控制数据以环境统计为基准和依据，为保证其真实性和可信度，我国以遵循基数、算清增量和核实减量为原则对总量统计数据进行核算。④监督考核。污染物减排量是污染物总量控制制度最主要的考核指标，但是为了进一步保障减排数据的真实性、构建梯次性的考核体系，总量控制制度将体系建设成果也纳入考核指标，在考核污染物减排目标完成情况的基础上，对减排措施落实情况、监测体系建设情况进行考核。⑤保障措施。总量控制制度应配套强有力的约束措施，如对未完成总量任务的排污单位实行环评“区域限批”。总量控制制度同时也要配套激励和引导政策，其中最有成效的是建立了脱硫、脱硝电价制度，构建脱硫、脱硝电价补贴政策，对于脱硫电价、脱硝电价和除尘电价进行加价，以保障总量控制目标的完成。

（韩竞一）

wuranwu xuejianliang

污染物削减量　（quantity of pollutants reduced）排污源经过若干污染防治措施后，某种污染物被控制降低的数量。它可以作为总量控制中对排污源规划分配的控制指标之一。

我国环境保护主管部门采用日常督查与定期核查相结合、资料审核与现场抽查相结合的方式，以资料审核为基础，强化日常督查和现场抽查，依据统一的核算方法、认定尺度和取值标准，分行业、分地区对减排项目逐一核实污染物削减量。对于工程减排项目，核查工程措施实施前后污染物排放变化情况，核准削减率和削减量；对于结构减排项目，清查淘汰关闭的生产线或工艺设备，基于核算期上年环境统计减排量和排放基数，合理核算削减量；对于管理减排项目，明确管理活动的边界，实时监控污染治理设施的运行情况，采用物料衡算、实地检测等方法核算污染物削减量。

（韩竞一）

wuran yingxiangxing jianshe xiangmu

污染影响型建设项目　（pollution oriented construction projects）　以污染影响为主的建设项目，如石化、化工、火力发电（包括热电）、医药、轻工等建设项目。

污染影响型建设项目可以是新建项目、改扩建项目和搬迁项目。　（朱源）

wuranyuan pingjia

污染源评价　（pollution source assessment）对污染源潜在污染能力的鉴别和比较，主要目的是判断主要污染源和主要污染物，辨识环境质量水平的成因。污染源潜在污染能力主要取决于排放污染物的种类、性质、排放方式等。污染源评价以污染源调查为基础，为环境影响评价提供基础数据，是制定区域污染控制规划和污染源治理规划的依据。污染源评价的类型包括分类别评价和综合评价。

污染源评价方法具体有：

等标污染指数　又称超标倍数。即某种污染物的排放浓度与污染源排放标准的比值。使用等标污染指数可确定一个污染源的主要污染物。

$$N_{ij}=\frac{C_{ij}}{C_{0i}}$$

式中，N_{ij}为第j个污染源的第i种污染物的等标污染指数；C_{ij}为该污染源中第i种污染物的排放浓度；C_{0i}为第i种污染物的排放标准。

等标污染负荷　等标污染指数与介质（载体，如污水、废气）排放量的乘积。

$$P_{ij}=\frac{C_{ij}}{C_{0i}}Q_{ij}$$

式中，P_{ij}为第j个污染源的第i种污染物的等标污染负荷，m^3/s；Q_{ij} 为第 j 个污染源的介质排放量，m^3/s。

一个污染源（序号为 j）的等标污染负荷，等于其所排各种污染物等标污染负荷之和，即：

$$P_j = \sum_i P_{ij}$$

整个评价范围的所有污染源的所有污染物的等标污染负荷之和，称为该评价范围的总等标污染负荷，即：

$$P = \sum_i \sum_j P_{ij}$$

污染源或污染物的污染负荷比 某个污染源或某种污染物占其总体中的分数。污染负荷比是一个无量纲数，可以用来确定污染源和污染物的排序。

对于单个污染源，在污染源所排放的某种污染物的等标污染负荷占该污染源的等标污染负荷的百分比，称为这种污染物对于该污染源的污染负荷比（K_{ij}）。污染负荷比中的最大值对应于最主要的污染物。

$$K_{ij} = \frac{P_{ij}}{P_j}$$

对整个区域，在整个评价范围内，一个污染源所排放的所有污染物的等标污染负荷之和占该评价范围内总等标污染负荷的百分比，称为该污染源对于这个评价范围的污染负荷比（K_j）。污染负荷比中的最大值对应于最主要的污染源。

$$K_j = \frac{P_j}{P}$$

对某一种污染物，在整个评价范围内，所有污染源排放的同一种污染物的等标污染负荷之和占整个评价范围内总等标污染负荷的百分比，称为该污染物对于这个评价范围的污染负荷比（K_i）。污染负荷比中的最大值对应于最主要的污染物。

$$K_i = \frac{P_i}{P}$$

按污染负荷比的大小对污染源和污染物排序，位于前面的为主要污染源或主要污染物。通常给定一特征百分数（如 80%），按污染负荷比由大至小叠加，当其达到或超过该数时的污染源和污染物称为主要污染源或主要污染物。

（贺桂珍）

wuranyuan yuce

污染源预测 （pollution source forecast） 通过对产业发展规模、资源需求量的分析来确定废气、废水、固体废弃物、噪声的排放情况，从而进行污染物总量控制并为地区或产业发展提供可靠的环境保护依据的活动。准确预测污染源数据的发展趋势，对环境保护决策和管理起着重要的作用。

污染源预测按预测对象，可分为工业污染源预测、农业污染源预测、生活污染源预测、交通污染源预测等；按污染源的分类，可分为大气污染源预测、水污染源预测、噪声污染源预测等。

污染源预测常用的方法有主观预测法和客观预测法两大类。主观预测法包括类比法和专业判断法。客观预测法包括投入产出法、灰色系统理论法、神经网络法、部门分析法、线性回归法、弹性系数法、产排污系数法、环境数学模型法、情景分析法、层次分析法、系统动力学法等。

准确预测污染源数据的发展趋势，对环境保护决策和管理有重要作用。（贺桂珍）

wuranzhe fudan yuanze

污染者负担原则 （polluter pays principle） 又称“环境责任原则”、“谁污染谁治理”、“污染者付费、受益者补偿”、“污染者负担、开发者养护、利用者受益、破坏者恢复”等。指在环境保护中应该遵循的由造成污染的组织或个人承担治理费用和责任的行为准则。排放污染物和对环境造成污染破坏的组织或个人，有责任对污染源和被污染的环境进行治理、赔偿或补偿。

沿革 针对环境污染造成的经济损失应该由谁承担的问题，1972 年，经济合作与发展组织（OECD）环境委员会首先提出了“污染者负担原则”，明确了环境责任。实行这一原则可以促进资源合理利用，防止并减轻环境损害，实现社会公平，所以该原则得到国际上的广泛承认，并被很多国家作为环境保护的基本原则纳入法律。1979 年《中华人民共和国环境保护法（试行）》提出谁污染谁治理原则，1989 年《中华人民共和国环境保护法》改为污染者治理原则，1996 年《国务院关于环境保护若干问题的决定》中完整地表述为污染者付费、利用者补偿、开发者保护、破坏者恢复。2014 年新修订的《环境保护法》第六条规定：“一切单位和个人都有保护环境的义务。地方各级人民政府应当对本行政区域的环境质量负责。企业事业单位和其他生产经营者应当防止、减少环境污染和生态破坏，对所造成的损害依法承担责任。”

内涵 环境法律关系主体在生产和其他活动中造成环境污染和环境破坏的，应当承担治理污染、恢复生态环境的责任。其核心内容就是污染者付费、利用者补偿、开发者保护、破坏者恢复。污染者付费是指污染环境造成的损失及治理污染的费用应当由污染者承担，而不应转嫁给国家和社会。利用者补偿又称谁利用谁补偿，是指开发利用环境资源者，应当按照国家有关规定承担经济补偿的责任。经济补偿责任的基本范围包括资源的调查、勘测、评价、保护、恢复等活动的必要费用。建立并完善有偿使用自然资源和恢复生态环境的经济补偿机制是环境管理制度改革的重要内容。开发者保护又称谁开发谁保护（见*谁开发谁保护原则*）。破坏者恢复又称谁破坏谁恢复，是指因开发环境资源而造成其破坏的单位和个人应承担恢复整治的责任。

负担费用的认定 污染者负担费用的范围，国际上有两种意见。一种意见是，污染者应支付其污染活动造成的全部环境费用。有人主张这种费用包括防止公害费用、环境恢复费用、预防费用和被害者救济费用。另一种意见是，把一切环境费用都加在生产者身上会造成生产者负担过重，不利于生产的发展。持这种看法的人主张污染者应负担两项费用：消除污染费用和损害赔偿费用。后者所提出的污染者负担范围为多数国家所采用。

如何测算污染治理费用和污染损害程度，从而具体确定污染者所应负担的费用，在方法上和统计学上存在很多困难，在法律上如何规定也是个复杂问题。因为在通常情况下，环境的损害和受害者的损失，往往是许多污染源排放的污染物长期散布、积累和联合作用的结果，很难对每一个特定污染者所应负担的费用做出精确的计算。

有些国家为防止污染者把支付的费用计入生产成本而转嫁给消费者，在法律上采取了种种限制措施，促使生产者在改善管理和采用无污染工艺或少污染新工艺方面寻找出路。

我国的环境污染主要是工业企业排放污染物造成的。企业在生产和经营活动中，有义务防止对环境的污染和破坏。在法律上确定“谁污染谁治理”的原则，对于明确污染者的责任和促进企业对污染的治理有积极的作用。

负担方式 污染者负担原则在法律上一般表现为三种方式：征收排污费或各种形式的污染税、赔偿损失、罚款（罚款具有赔偿和惩罚的双重性质）。其中被广泛采用的是排污收费制度。

适用难点 污染者负担原则主要追究肇事者的责任，该原则主要针对的是已经发生的污染进行事后消极补偿。一个适用难点是对污染者的认定，例如，一条河受到污染，沿岸排放污染物的企业有很多家，则很难确认主要的排放者和不同企业应承担的责任大小；另一个适用难点是负担的范围，环境问题本身是不可逆的，一旦造成损坏再恢复原状几乎不可能，环境破坏的直接经济损失还较容易估算，但对于间接经济损失、生态环境损失和对人类造成的精神损害则难以估量。另外，还要考虑肇事者承担责任的能力限度问题。

贯彻实施 贯彻污染者负担原则，既包括污染者的上级主管部门对本系统的污染治理负有规划、指导、资助的责任，也包括国家、地方政府和排污单位对区域污染进行综合治理。具体而言：①结合技术改造，治理工业污染。这是从我国国情出发，解决我国工业污染的一条根本途径。工业企业及其主管部门在编制技术改造规划时，必须提出防治污染的要求和技术措施，并组织实施；技术改造方案，必须符合经济效益和环境效益相统一的原则，通过采用先进的技术设备，提高资源、能源利用率，把污染物消除在生产过程之中。②运用经济手段，促使污染破坏者积极治理污染和保护生态环境。严格执行排污收费或征收污染税制度。排污费或污染税是向环境排放污染物的单位或个人按照其排放污染物的种类、数量或浓度给国家缴纳的一定费用，主要用于治理和恢复因污染对环境造成的损害。实行开发利用自然资源补偿费或资源税制度。③对超标排放污染物的单位，加大限期治理力度。实行限期治理是分期分批解决我国环境污染问题的一项重要制度和措施。④实行废弃物再生利用和回收制度，推动生产者责任延伸制度。⑤建立健全环境保护目标责任制。

作用　主要有：①明确了污染单位的责任，使环境和资源保护与企业的生产经营有机结合起来，促进企业把环境管理纳入经营管理与生产管理之中，推动企业开展技术改造和资源综合利用，提高资源、能源的利用率，改革工艺和设备，把污染消除在生产过程中，从而减少物耗、能耗和污染排放。②体现了社会公平和正义。③有利于环境资源的节约利用，实现自然和社会的可持续发展。　（贺桂珍）

wuran zonghe fangzhi guihua

污染综合防治规划　（integrated planning of pollution prevention and control）　即污染控制规划。

《Wushui Haiyang Chuzhi Gongcheng Wuran Kongzhi Biaozhun》

《污水海洋处置工程污染控制标准》

（Standard for Pollution Control of Sewage Marine Disposal Engineering）　对污水海洋处置工程污染物排放应控制项目及其限值做出规定的规范性文件。该标准适用于利用放流管和水下扩散器向海域或向排放点含盐度大于 5‰的年概率大于 10%的河口水域排放污水（不包括温排水）的一切污水海洋处置工程。该标准对于规范污水海洋处置工程的规划设计、建设和运行管理，保证在合理利用海洋自然净化能力的同时，防止和控制海洋污染，保护海洋资源具有重要意义。

《污水海洋处置工程污染控制标准》（GB 18486—2001）由国家环境保护总局和国家质量监督检验检疫总局于 2001 年 11 月 12 日联合发布，自 2002 年 1 月 1 日起实施。自该标准实施之日起，代替《污水海洋处置工程污染控制标准》（GWKB 4—2000）。

主要内容　该标准规定了污水海洋处置工程主要水污染物排放浓度限值、初始稀释度、混合区范围及其他一般规定。污水海洋处置工程主要水污染物排放浓度限值见下表。

污水海洋处置工程主要水污染物排放浓度限值　　单位：mg/L

序号	污染物项目		标准值	序号	污染物项目		标准值
1	pH		6.0～9.0	8	五日化学需氧量（COD_{Cr}）	≤	300
2	悬浮物（SS）	≤	200	9	石油类	≤	12
3	总α放射性/（Bq/L）	≤	1	10	动植物油类	≤	70
4	总β放射性/（Bq/L）	≤	10	11	挥发性酚	≤	1.0
5	大肠菌群/（个/mL）	≤	100	12	总氰化物	≤	0.5
6	粪大肠菌群/（个/mL）	≤	20	13	硫化物	≤	1.0
7	五日生化需氧量（BOD_5）	≤	150	14	氟化物	≤	15

续表

序号	污染物项目		标准值	序号	污染物项目		标准值
15	总氮	≤	40	28	总铍	≤	0.005
16	无机氮	≤	30	29	总银	≤	0.5
17	氨氮	≤	25	30	总硒	≤	1.0
18	总磷	≤	8.0	31	苯并[*a*]芘/（μg/L）	≤	0.03
19	总铜	≤	1.0	32	有机磷农药（以 P 计）	≤	0.5
20	总锌	≤	5.0	33	苯系物	≤	2.5
21	总汞	≤	0.05	34	氯苯类	≤	2.0
22	总镉	≤	0.1	35	甲醛	≤	2.0
23	总铬	≤	1.5	36	苯胺类	≤	3.0
24	六价铬	≤	0.5	37	硝基苯类	≤	4.0
25	总砷	≤	0.5	38	丙烯腈	≤	4.0
26	总铅	≤	1.0	39	阴离子表面活性剂（LAS）	≤	10
27	总镍	≤	1.0	40	总有机碳（TOC）	≤	120

（朱建刚）

《Wushui Zonghe Paifang Biaozhun》

《污水综合排放标准》（Integrated Wastewater Discharge Standard） 对污水综合排放做出规定的规范性文件。该标准按照污水排放去向，分年限规定了 69 种水污染物最高允许排放浓度及部分行业最高允许排水量。适用于现有单位水污染物的排放管理，以及建设项目的环境影响评价、建设项目环境保护设施设计、竣工验收及其投产后的排放管理。按照国家综合排放标准与国家行业排放标准不交叉执行的原则，已制定国家行业水污染物排放标准的行业，按其适用范围执行相应的国家水污染物行业标准，不执行该标准。该标准对于控制水污染，保护江河、湖泊、运河、渠道、水库和海洋等地表水以及地下水水质的良好状态具有重要意义。

《污水综合排放标准》（GB 8978—1996）由国家环境保护局于 1996 年 10 月 4 日批准，自 1998 年 1 月 1 日起实施。自该标准实施之日起，代替《污水综合排放标准》（GB 8978—88）。1999 年 12 月 15 日，国家环境保护总局发布了《污水综合排放标准》（GB 8978—1996）中石化工业 COD 标准值修改单，修改单自发布之日起实施。

主要内容 该标准技术内容部分规定了标准分级、污染物分类、标准值和其他规定。

标准分级 根据污水去向，规定执行三个级别的标准值：①排入《地表水环境质量标准》中III类水域（划定的保护区和游泳区除外）和排入《海水水质标准》中二类海域的污水，执行一级标准；②排入《地表水环境质量标准》中Ⅳ、Ⅴ类水域和排入《海水水质标准》中三类海域的污水，执行二级标准；③排入设置二级污水处理厂的城镇排水系统的污水，执行三级标准。排入未设置二级污水处理厂的城镇排水系统的污水，必须根据排水系统出水受纳水域的功能要求，分别执行①和②的规定。《地表水环境质量标准》中Ⅰ、Ⅱ类水域和III类水域中划定的保护区，《海水水质标准》中一类海域，禁止新建排污口，现有排污口应按水体功能要求，实行污染物总量控制，以保证受纳水体水质符合规定用途的水质标准。

污染物分类 将排放的污染物按其性质及控制方式分为两类。第一类污染物，不分行业和污水排放方式，也不分受纳水体的功能类别，一律在车间或车间处理设施排放口采样，其最高允许排放浓度必须达到该标准要求（采矿行业的尾矿坝出水口不得视为车间排放口）。第二类污染物，在排污单位排放口采样，其最高允许排放浓度必须达到该标准要求。

标准值 该标准按年限规定了第一类污染物和第二类污染物最高允许排放浓度及部分行业最高允许排放浓度。其中，第一类污染物最高允许排放浓度见表1，第二类污染物最高允许排放浓度（1997年12月31日之前建设的单位）见表2，第二类污染物最高允许排放浓度（1998年1月1日后建设的单位）见表3。

表1 第一类污染物最高允许排放浓度 单位：mg/L

序号	污染物	最高允许排放浓度	序号	污染物	最高允许排放浓度
1	总汞	0.05	8	总镍	1.0
2	烷基汞	不得检出	9	苯并[*a*]芘	0.000 03
3	总镉	0.1	10	总铍	0.005
4	总铬	1.5	11	总银	0.5
5	六价铬	0.5	12	总α放射性	1 Bq/L
6	总砷	0.5	13	总β放射性	10 Bq/L
7	总铅	1.0			

表2 第二类污染物最高允许排放浓度（1997年12月31日之前建设的单位）单位：mg/L

序号	污染物	适用范围	一级标准	二级标准	三级标准
1	pH	一切排污单位	6～9	6～9	6～9
2	色度（稀释倍数）	染料工业	50	180	—
		其他排污单位	50	80	—
3	悬浮物（SS）	采矿、选矿、选煤工业	100	300	—
		脉金选矿	100	500	—
		边远地区砂金选矿	100	800	—
		城镇二级污水处理厂	20	30	—
		其他排污单位	70	200	400
4	五日生化需氧量（BOD_5）	甘蔗制糖、苎麻脱胶、湿法纤维板、燃料、洗毛工业	30	100	600
		甜菜制糖、酒精、味精、皮革、化纤浆粕工业	30	150	600
		城镇二级污水处理厂	20	30	—
		其他排污单位	30	60	300
5	化学需氧量（COD）	甜菜制糖、合成脂肪酸、湿法纤维板、染料、洗毛、有机磷农药工业	100	200	1 000
		味精、酒精、医药原料药、生物制药、苎麻脱胶、皮革、化纤浆粕工业	120	300	1 000
		石油化工工业（包括石油炼制）	100	150	500
		城镇二级污水处理厂	60	120	—
		其他排污单位	100	150	500
6	石油类	一切排污单位	10	10	30
7	动植物油	一切排污单位	20	20	100
8	挥发酚	一切排污单位	0.5	0.5	2.0
9	总氰化合物	电影洗片（铁氰化合物）	0.5	5.0	5.0
		其他排污单位	0.5	0.5	1.0
10	硫化物	一切排污单位	1.0	1.0	2.0

续表

序号	污染物	适用范围	一级标准	二级标准	三级标准
11	氨氮	医药原料药、染料、石油化工工业	15	50	—
		其他排污单位	15	25	—
12	氟化物	黄磷工业	10	20	20
		低氟地区（水体含氟量<0.5 mg/L）	10	20	30
		其他排污单位	10	10	20
13	磷酸盐（以P计）	一切排污单位	0.5	1.0	—
14	甲醛	一切排污单位	1.0	2.0	5.0
15	苯胺类	一切排污单位	1.0	2.0	5.0
16	硝基苯类	一切排污单位	2.0	3.0	5.0
17	阴离子表面活性剂（LAS）	合成洗涤剂工业	5.0	15	20
		其他排污单位	5.0	10	20
18	总铜	一切排污单位	0.5	1.0	2.0
19	总锌	一切排污单位	2.0	5.0	5.0
20	总锰	合成脂肪酸工业	2.0	5.0	5.0
		其他排污单位	2.0	2.0	5.0
21	彩色显影剂	电影洗片	2.0	3.0	5.0
22	显影剂及氧化物总量	电影洗片	3.0	6.0	6.0
23	元素磷	一切排污单位	0.1	0.3	0.3
24	有机磷农药（以P计）	一切排污单位	不得检出	0.5	0.5
25	粪大肠菌群数	医院①、兽医院及医疗机构含病原体污水	500个/L	1 000个/L	5 000个/L
		传染病、结核病医院污水	100个/L	500个/L	1 000个/L
26	总余氯（采用氯化消毒的医院污水）	医院①、兽医院及医疗机构含病原体污水	<0.5②	>3（接触时间≥1 h）	>2（接触时间≥1 h）
		传染病、结核病医院污水	<0.5②	>6.5（接触时间≥1.5 h）	>5（接触时间≥1.5 h）

注：①指50个床位以上的医院。

②加氯消毒后须进行脱氯处理，达到本标准。

表3　第二类污染物最高允许排放浓度（1998年1月1日后建设的单位）　单位：mg/L

序号	污染物	适用范围	一级标准	二级标准	三级标准
1	pH	一切排污单位	6～9	6～9	6～9
2	色度（稀释倍数）	一切排污单位	50	80	—
3	悬浮物（SS）	采矿、选矿、选煤工业	70	300	—
		脉金选矿	70	400	—
		边远地区砂金选矿	70	800	—
		城镇二级污水处理厂	20	30	—
		其他排污单位	70	150	400
4	五日生化需氧量（BOD_5）	甘蔗制糖、苎麻脱胶、湿法纤维板、染料、洗毛工业	20	60	600
		甜菜制糖、酒精、味精、皮革、化纤浆粕工业	30	100	600
		城镇二级污水处理厂	20	30	—
		其他排污单位	20	30	300

续表

序号	污染物	适用范围	一级标准	二级标准	三级标准
5	化学需氧量（COD）	甜菜制糖、合成脂肪酸、湿法纤维板、染料、洗毛、有机磷农药工业	100	200	1 000
		味精、酒精、医药原料药、生物制药、苎麻脱胶、皮革、化纤浆粕工业	100	300	1 000
		石油化工工业（包括石油炼制）	60	120	500
		城镇二级污水处理厂	60	120	—
		其他排污单位	100	150	500
6	石油类	一切排污单位	5	10	20
7	动植物油	一切排污单位	10	15	100
8	挥发酚	一切排污单位	0.5	0.5	2.0
9	总氰化合物	一切排污单位	0.5	0.5	1.0
10	硫化物	一切排污单位	1.0	1.0	1.0
11	氨氮	医药原料药、染料、石油化工工业	15	50	—
		其他排污单位	15	25	—
12	氟化物	黄磷工业	10	15	20
		低氟地区（水体含氟量＜0.5 mg/L）	10	20	30
		其他排污单位	10	10	20
13	磷酸盐（以 P 计）	一切排污单位	0.5	1.0	—
14	甲醛	一切排污单位	1.0	2.0	5.0
15	苯胺类	一切排污单位	1.0	2.0	5.0
16	硝基苯类	一切排污单位	2.0	3.0	5.0
17	阴离子表面活性剂（LAS）	一切排污单位	5.0	10	20
18	总铜	一切排污单位	0.5	1.0	2.0
19	总锌	一切排污单位	2.0	5.0	5.0
20	总锰	合成脂肪酸工业	2.0	5.0	5.0
		其他排污单位	2.0	2.0	5.0
21	彩色显影剂	电影洗片	1.0	2.0	3.0
22	显影剂及氧化物总量	电影洗片	3.0	3.0	6.0
23	元素磷	一切排污单位	0.1	0.1	0.3
24	有机磷农药（以 P 计）	一切排污单位	不得检出	0.5	0.5
25	乐果	一切排污单位	不得检出	1.0	2.0
26	对硫磷	一切排污单位	不得检出	1.0	2.0
27	甲基对硫磷	一切排污单位	不得检出	1.0	2.0
28	马拉硫磷	一切排污单位	不得检出	5.0	10
29	五氯酚及五氯酚钠（以五氯酚计）	一切排污单位	5.0	8.0	10
30	可吸附有机卤化物（AOX）（以 Cl 计）	一切排污单位	1.0	5.0	8.0
31	三氯甲烷	一切排污单位	0.3	0.6	1.0
32	四氯化碳	一切排污单位	0.03	0.06	0.5
33	三氯乙烯	一切排污单位	0.3	0.6	1.0

续表

序号	污染物	适用范围	一级标准	二级标准	三级标准
34	四氯乙烯	一切排污单位	0.1	0.2	0.5
35	苯	一切排污单位	0.1	0.2	0.5
36	甲苯	一切排污单位	0.1	0.2	0.5
37	乙苯	一切排污单位	0.4	0.6	1.0
38	邻-二甲苯	一切排污单位	0.4	0.6	1.0
39	对-二甲苯	一切排污单位	0.4	0.6	1.0
40	间-二甲苯	一切排污单位	0.4	0.6	1.0
41	氯苯	一切排污单位	0.2	0.4	1.0
42	邻-二氯苯	一切排污单位	0.4	0.6	1.0
43	对-二氯苯	一切排污单位	0.4	0.6	1.0
44	对-硝基氯苯	一切排污单位	0.5	1.0	5.0
45	2,4-二硝基氯苯	一切排污单位	0.5	1.0	5.0
46	苯酚	一切排污单位	0.3	0.4	1.0
47	间-甲酚	一切排污单位	0.1	0.2	0.5
48	2,4-二氯酚	一切排污单位	0.6	0.8	1.0
49	2,4,6-三氯酚	一切排污单位	0.6	0.8	1.0
50	邻苯二甲酸二丁酯	一切排污单位	0.2	0.4	2.0
51	邻苯二甲酸二辛酯	一切排污单位	0.3	0.6	2.0
52	丙烯腈	一切排污单位	2.0	5.0	5.0
53	总硒	一切排污单位	0.1	0.2	0.5
54	粪大肠菌群数	医院[①]、兽医院及医疗机构含病原体污水	500 个/L	1 000 个/L	5 000 个/L
		传染病、结核病医院污水	100 个/L	500 个/L	1 000 个/L
55	总余氯（采用氯化消毒的医院污水）	医院[①]、兽医院及医疗机构含病原体污水	<0.5[②]	>3（接触时间≥1 h）	>2（接触时间≥1 h）
		传染病、结核病医院污水	<0.5[②]	>6.5（接触时间≥1.5 h）	>5（接触时间≥1.5 h）
56	总有机碳（TOC）	合成脂肪酸工业	20	40	—
		苎麻脱胶工业	20	60	—
		其他排污单位	20	30	—

注：“其他排污单位”指除在该控制项目中所列行业以外的一切排污单位。

①指 50 个床位以上的医院。

②加氯消毒后须进行脱氯处理，达到本标准。

修改单主要内容 1997 年 12 月 31 日之前建设（包括改、扩）的石化企业，COD 一级标准值由 100 mg/L 调整为 120 mg/L，有单独外排口的特殊石化装置的 COD 标准值按照一级：160 mg/L，二级：250 mg/L 执行。特殊石化装置指丙烯腈-腈纶、己内酰胺、环氧氯丙烷、环氧丙烷、间甲酚、BHT、PTA、萘系列和催化剂生产装置。 （朱建刚）

X

xitong donglixue fangfa

系统动力学方法 （system dynamics method） 通过研究系统内部诸因素形成的各种反馈环，同时搜集与系统行为有关的数据和情报，采用计算机仿真技术对大系统、巨系统进行长期趋势预测的方法。它是战略研究的有力工具。

该方法的主要步骤为：①把被研究系统划分成若干子系统，并且建立各子系统的因果关系。②构造系统的仿真模型——流图和构造方程式。③实行计算机仿真——在系统动力学模型上做试验。④验证模型的有效性。⑤做出预测，为战略的制定提供依据。

系统动力学方法在环境影响评价和对策分析、环境效益与经济效益综合研究中有重要应用价值。 （贺桂珍）

xitong donglixue moni moxing

系统动力学模拟模型 （system dynamics simulation model） 应用系统动力学原理分析系统的结构、行为和因果关系，并模拟系统的动态变化，建立结构模型，进而在不同的假设条件下进行计算机仿真运算，预测出各种情况下系统的动态行为，从变化和发展的角度解决系统问题的一种方法。从本质上说，系统动力学模拟模型一般等价于一组非线性偏微分方程组，主要通过仿真实验进行分析计算，计算结果是未来一定时期内各种变量随时间而变化的曲线。

系统动力学模拟模型在处理高阶次、非线性、多重反馈的复杂时变系统（如社会经济系统）时具有较强的决策参考价值。该模型能较好地反映出环境的系统性、非线性、动态性、区域性等特征。罗马俱乐部1972年提出的“世界模型”就是从系统动力学的观点出发，综合研究世界范围内人口、工农业生产、资源和环境污染之间的相互关系，通过建立一系列系统动力学方程来模拟世界的发展过程，为人类环境与发展的战略决策及合理规划提供了依据。

（焦文涛）

xianchang jiancha zhidu

现场检查制度 （on-site inspection system） 环境保护部门或者其他依法行使环境监督管理权的部门，对管辖范围内排污单位的污染物排放和治理情况，主要是执行国家环境政策、法规、标准等情况进行现场检查的制度。

现场检查具体内容包括：“三同时”（建设项目中防治污染的设施，应当与主体工程同时设计、同时施工、同时投产使用的规定）执行情况，结合技术改造，开展综合利用、防治污染的情况；污染物排放情况；净化处理和其他环境保护设施运行情况；监测设备情况及监测记录；污染事故情况及有关记载，限期治理情况；环保部门认为必须提供的其他情况和资料。

现场检查制度的执行主体是环境保护行政主管部门和其他监督管理部门。现场检查是单方面的行政行为，是一种职务行为，会对管理相对人产生临时性的限制，必须依法进行现场检查。现场检查是行政处理的前提，是做出具体行政决定前不可缺少的环节。

被检查单位应如实反映情况，提供必要的资料。检查机关应当为被检查单位保守技术秘密和业务秘密。

被检查的排污单位提供的必要资料包括：污染物排放情况；污染物处理设施的操作、运行和管理情况，监测仪器、设备的型号和规格以及校验情况，采用的监测分析方法和监测记录；限期治理执行情况；事故情况及有关记录；与污染有关的生产工艺、原材料使用方面的资料；其他与环境污染防治有关的情况和资料等。

（韩竞一）

xianqi taotai luohou shengchan gongyi shebei zhidu

限期淘汰落后生产工艺设备制度 （system for phase-out of backward production processes and equipment within time limit） 对严重污染环境的落后生产工艺和设备，由国务院经济综合主管部门会同有关部门公布淘汰名录和期限，由县级以上人民政府的经济综合主管部门监督各生产者、销售者、进口者和使用者在规定的期限内停止生产、销售、进口和使用的法律制度。

限期淘汰落后生产工艺设备制度是《中华人民共和国大气污染防治法》和《中华人民共和国水污染防治法》规定的一项新制度。其目的在于促进企业采用能源利用效率高、污染物排放量少的清洁生产工艺和先进设备，减少污染物的产生。防治污染的方式大体上有两种：一种为源头控制；一种为尾部治理。源头控制要求采用先进的工艺、设备和技术，尽可能地减少污染物的产生，而尾部治理则着眼于已产生的污染物的消除。由于污染物一旦产生，往往无法消除或难以消除，所以从环境效益和经济效益两方面来看，尾部治理都是得不偿失的，而实行源头控制则可有效地避免污染的产生，从而获得良好的经济效益和环境效益。这项制度是我国“预防为主、防治结合”原则的具体体现，与国际上流行的清洁生产制度是一致的。

（韩竞一）

xianqi zhili zhidu

限期治理制度 （system of pollution control within time limit） 排放污染物超过国家或者地方规定的排放标准（简称“超标”）的，或者排放国务院或省（自治区、直辖市）人民政府确定实施总量削减和控制的重点污染物超过总量控制指标（简称“超总量”）的企事业单位，被责令限期治理的制度。限期治理制度是对现已存在危害环境的污染源，由法定机关做出决定，强令其在规定的期限内完成治理任务并达到规定要求的制度。

限期治理的决定权由县级以上人民政府做出，其中，国家重点监控企业的限期治理，由省（自治区、直辖市）环境保护行政主管部门决定，报环境保护部备案；省级重点监控企业的限期治理，由所在地设区的市级环境保护行政主管部门决定，报省（自治区、直辖市）环境保护行政主管部门备案；其他排污单位的限期治理，由污染源所在地设区的市级或者县级环境保护行政主管部门决定。

限期治理的范围可分为：①区域性限期治理，是针对污染严重的某一区域、某个水域的限期治理。②行业性限期治理，是针对某个行业某项污染物的限期治理。③企业限期治理，是针对某个企业的排污超标情况进行限期治理。

相关法律中没有对限期治理的期限做出明确规定，一般由决定限期治理的机构根据污染源的具体情况、治理的难度等因素来确定，其最长期限不得超过 1 年，但完全由于不可抗力的原因，导致被限期治理的排污单位不能按期完成治理任务的除外。

为督促排污单位在限期内治理现有污染源，2009 年 6 月 11 日，环境保护部通过《限期治理管理办法（试行）》，并于 2009 年 9 月 1 日起施行。

（韩竞一）

xianxing guihua

线性规划 （linear programming） 研究线性约束条件下线性目标函数的极值问题的数学理论和方法。其标准模型为：

目标函数：

$$\max(\min)Z=\sum_{j=1}^{n}C_jX_j$$

约束条件：

$$\begin{cases}\sum_{j=1}^{n}A_{ij}X_j\leqslant(=,\geqslant)B_j(i=1,2,\cdots,m)\\ X_j\geqslant 0(j=1,2,\cdots,m)\end{cases}$$

当 Z 为最小费用时，线性规划的数学模型在水环境、大气环境规划中的物理意义为：X_j 为第 j 个源的削减量；C_j 为第 j 个源的每单位削减量的费用；A_{ij} 为第 j 个源在第 i 个控制点上的浓度值即输入响应系数；B_j 为第 j 个源的控制目标值。

求解线性规划问题的方法最常用的是单纯形法。单纯形法算法简便，理论上成熟，且有标准的计算程序可供使用。（张红）

xiangzhen huanjing guihua

乡镇环境规划 （township environmental planning） 以农村县域和镇区环境为对象的综合性环境规划，是在农村工业化和现代化过程中防止环境污染与生态破坏的根本措施。它以乡镇环境条件为基础，以改善环境质量为目标，依据生态学原理，综合考虑发展经济和保护环境的关系，经过环境系统分析，从而制定出最佳的环境保护方案。

背景 乡镇是城市联系农村的纽带，乡镇的开发与建设对振兴农村经济有着重要的意义。随着社会经济的持续高速发展，我国中小乡镇迅速崛起。但是在乡镇的发展过程中，特别是乡镇企业在发展过程中排放大量废水、废气和废渣，造成了环境质量急剧下降，在环境污染与乡镇人口急速增长的双重压力下，乡镇生态环境也遭到了严重的破坏。乡镇环境污染和生态破坏的原因是多种多样的，低起点的规划建设、无规划和无序建设及大中城市污染控制理论与方法同构现象是造成这一严峻形势的关键因素。

目的 调控人类自身的活动，减少污染，防止资源破坏，从而保护人类赖以生存的环境。

原则 乡镇环境规划应遵循以下原则：①坚持环境建设、经济建设、乡镇建设同步规划、同步实施、同步发展的方针，实现环境效益、经济效益、社会效益的统一。②实事求是，因地制宜。针对乡镇所处的特殊地理位置、环境特征、功能定位，正确处理经济发展同人口、资源、环境的关系，合理确定乡镇产业结构和发展规模。③坚持污染防治与生态环境保护并重、生态环境保护与生态环境建设并举。预防为主、保护优先，统一规划、同步实施，努力实现城乡环境保护一体化。④突出重点，统筹兼顾。以建制镇环境综合整治和环境建设为重点，既要满足当代经济和社会发展的需要，又要为后代预留可持续发展空间。⑤坚持将乡镇传统风貌与现代化建设相结合，自然景观与历史文化名胜古迹保护相结合，科学地进行生态环境保护和生态环境建设。⑥坚持乡镇环境保护规划服从区域、流域的环境保护规划。注意环境规划与其他专业规划的相互衔接、补充和完善，充分发挥其在环境管理方面的综合协调作用。⑦坚持前瞻性与可操作性的有机统一。既要立足当前实际，使规划具有可操作性，又要充分考虑发展的需要，使规划具有一定的超前性。

规划步骤 乡镇环境规划的规划步骤分为准备阶段、编制阶段和实施阶段。

准备阶段 环境规划是一项技术性很强的工作，应由具备规划技术条件或资格的单位承担，如环境保护科研设计院、环保监测站等。接受任务后，组成领导小组。明确编制规划的具体要求，包括规划范围、规划时限、规划重点等。

①调查、收集资料。规划编制单位应收集编制规划所必需的当地生态环境、社会、经济背景或现状资料，社会经济发展规划、城镇建设总体规划，以及农、林、水等行业的发展规划等有关资料。自然环境特征，如地形、地貌、水文、气候、植被；社会经济，如人口及空间

分布、各项社会指标等；企业与乡镇发展水平调查，如乡镇工业产值、行业结构、乡镇类型和分级。必要时，应对生态敏感地区、代表地方特色的地区、需要重点保护的地区、环境污染和生态破坏严重的地区以及其他需要特殊保护的地区进行专门调查或监测。同时，对环境质量现状进行监测和评价，找出主要环境问题及发生原因。

②环境影响预测。主要是乡镇经济与发展趋势预测，环境污染发展趋势预测，自然资源的损失与生态破坏预测。

编制阶段 ①确定环境规划目标。在现状调查和环境预测的基础上，根据规划期所要解决的环境问题和经济协调发展的需要制定规划目标，包括总目标和分目标。同时提出规划期内相应的指标体系。②环境规划对策研究。具体对策有：把乡镇环境规划纳入乡镇经济和社会发展规划，以保障实施；落实好规划资金；引进先进设备和技术，强化管理；提高全民环保意识。③拟定规划方案与措施。④可行性分析。主要是经济可行性和技术可行性，对于技术难度较大或技术投资过高的方案要慎重考虑，尽量选择能带来可持续性的规划方案，这就要求对备选方案进行环境影响分析。⑤优化方案。对备选方案进行费用-效益分析，选择适合经济发展、人民群众满意和生态环境能得到有效保护的规划方案。⑥编写规划报审稿。环境保护行政主管部门依据论证后的规划大纲组织对规划进行审查，规划编制单位根据审查意见对规划进行修改、完善后形成规划报批稿。经过多次调整和修改，直到获批。

实施阶段 在实施阶段，相关部门要跟踪监督，规范不当行为，及时修正规划方案的不适宜举措。

内容 乡镇环境规划的内容可分为县域（镇区）环境规划和乡镇企业环境规划。县域（镇区）环境规划的内容包括：制定环境规划的目标；建立规划指标体系；环境现状调查与评价；环境污染预测；环境功能区划；环境规划方案；制定政策法规。乡镇企业环境规划的内容包括：现状调查与评价；环境预测；制定企业环境规划目标；确定指标体系；制定环境管理规划。

乡镇环境规划成果包括规划文本和规划附图。

规划文本 基本内容包括：

总论 说明规划任务的由来、编制依据、指导思想、规划原则、规划范围、规划时限、技术路线、规划重点等。

基本概况 介绍规划地区自然和生态环境现状，社会、经济、文化等背景情况，介绍规划地区社会经济发展规划和各行业建设规划的要点。

现状调查与评价 对规划区社会、经济和环境现状进行调查和评价，说明存在的主要生态环境问题，分析实现规划目标的有利条件和不利因素。

预测与规划目标 对生态环境随社会、经济发展而变化的情况进行预测，并对预测过程和结果进行详细描述和说明。在调查和预测的基础上确定规划目标（包括总体目标和分期目标）及其指标体系，可参照全国环境优美小城镇考核指标。

环境功能区划分 根据土地、水域、生态环境的基本状况与目前使用功能、可能具有的功能，考虑未来社会经济发展、产业结构调整和生态环境保护对不同区域的功能要求，结合乡镇总体规划和其他专项规划，划分不同类型的功能区（如工业区、商贸区、文教区、居民生活区、混合区等），并提出相应的保护要求。要特别注重对规划区内饮用水水源地功能区和自然保护小区、自然保护点的保护。各功能区应合理布局，对在各功能区内的开发、建设活动提出具体的环境保护要求。严格控制在乡镇的上风向和饮用水水源地等敏感区内建设有污染的项目（包括规模化畜禽养殖场）。

规划方案制定 包括对水、大气、声环境的综合整治，固体废物的综合整治和生态环境保护。①水环境综合整治。在对影响水环境质量的工业、农业和生活污染源的分布，污染物种类、数量、排放去向、排放方式、排放强度等进行调查分析的基础上，制定相应措施，对镇区内可能造成水环境污染的各种污染源进行综合整治。加强湖泊、水库和饮用水水源地的水资源保护，在农田与水体之间设立湿地、植物等生态防护隔离带，科学使用农药和化肥，大力发展有机食品、绿色食品，减少农业面源污染。按照种养平衡的原则，合理确定畜禽养殖的规模，加强畜禽养殖粪便资源化综合利用，建设必要的畜禽养殖污染治理设施，防治水体富营养化。有条件的地区，应建设污水收集和集中处理设施，提倡处理后的污水回用。重点水源保护区划定后，应提出具体保护及管理措施。地处沿海地区的乡镇，应同时制定保护海洋环境的规划和措施。②大气环境综合整治。针对规划区环境现状调查所反映出的主要问题，积极治理老污染源，控制新污染源。结合产业结构和工业布局调整，大力推广利用天然气、煤气、液化气、沼气、太阳能等清洁能源，实行集中供热。积极进行炉灶改造，提高能源利用率。结合当地实际，采用经济适用的农作物秸秆综合利用措施，提高秸秆综合利用率，控制焚烧秸秆造成的大气污染。③声环境综合整治。结合道路规划和改造，加强交通管理，建设林木隔声带，控制交通噪声污染。加强对工业、商业、娱乐场所的环境管理，控制工业和社会噪声，重点保护居民区、学校、医院等。④固体废物的综合整治。工业有害废物、医疗垃圾等应按照国家有关规定进行处置。一般工业固体废物、建筑垃圾应首先考虑采取各种措施，实现综合利用。生活垃圾可考虑通过堆肥、生产沼气等途径加以利用。建设必要的垃圾收集和处置设施，有条件的地区应建设垃圾卫生填埋场。制定残膜回收、利用和可降解农膜推广方案。⑤生态环境保护。根据不同情况，提出保护和改善当地生态环境的具体措施。按照生态功能区划要求，提出自然保护小区、生态功能保护区划分及建设方案。制定生物多样性保护方案。加强对乡镇周边地区的生态保护，搞好天然植被的保护和恢复。加强对沼泽、滩涂等湿地的保护。对重点资源开发活动制定强制性的保护措施，划定林木禁伐区、矿产资源禁采区、禁牧区等。制定风景名胜区、森林公园、文物古迹等旅游资源的环境管理措施。洪水、泥石流等地质灾害敏感和多发地区，应做好风险评估，并制定相应措施。

可达性分析 从资源、环境、经济、社会、技术等方面对规划目标实现的可能性进行全面分析。

实施方案 包括经费概算、实施计划和保障措施。

规划附图 包括生态环境现状图、主要污染源分布与环境监测点（断面）位置图、生态环境功能分区图、生态环境综合整治规划图、环境质量规划图、人居环境与景观建设方案图（选做）。规划图的比例尺一般应为 1/10 000～1/50 000。规划底图应能反映规划涉及的各主要因素，规划区与周围环境之间的关系。规划底图中应包括水系、道路网、居民区、行政区域界线等要素。（李奇锋　张红）

xianghu yingxiang juzhen fenxi yucefa

相互影响矩阵分析预测法 （interactive matrix prediction method） 又称交叉概率法。一种研究各个预测事件的发生和它们之间的相互关系对事件发生的影响的预测方法。目的在于精确地研究各个预测事件发生的概率，为制订计划、做出决策提供依据。在环境保护工作中，可利用这种预测方法进行环境管理政策、能源政策的影响因素分析。

由美国学者戈登（Gordon）和海沃德（Hayward）在 1968 年创立的这种定性预测方法，不仅考虑了某一预测事件本身发生的概率，而且考虑到了其他预测事件的发生对该事件发生概率的影响，并运用矩阵的形式，分析德尔斐法所不能确定的各种事件之间的相互关系，用以进一步修正各事件发生的概率。利用该方法可以将大量可能结果进行系统的整理，加深对复杂现象的认识，帮助决策者在制订计划和决策过程中减少盲目性。

相互影响矩阵分析预测法的应用包括以下步骤：①列出全部所需预测的事件组，并估计它们发生的概率。②确定事件间的相互影响矩阵（见下表）。矩阵元素α的确定常用德尔斐法，表中α_{ij}为影响系数。③计算影响值。如D_i的概率为P_i，当D_m发生后，D_i的概率将变为P_i'，P_i'计算的经验公式为$P_i' = P_i \pm \alpha_{mi}(1-P_i)\cdot P_i$。④分析影响程度。如果$D_m$发生后使$P_i' > P_i$，则$D_m$对$D_i$是正影响，反之是负影响。

不同时间的交叉影响矩阵

如事件D_i发生	发生的概率	对诸事件的影响		
		D_1	D_2	D_3
D_1	P_1		α_{12}	α_{13}
D_2	P_2	α_{21}		α_{23}
D_3	P_3	α_{31}	α_{32}	

（贺桂珍）

xietiao fazhan yuanze

协调发展原则 （principle of coordinated development） 又称环境保护同经济、社会持续发展相协调原则。是指环境保护与经济建设和社会发展必须统筹规划、同步实施、同步发展，实现经济效益、社会效益与环境效益的统一，从而保障经济、社会可持续发展的原则。

沿革 20 世纪五六十年代，环境问题首先在发达国家不断出现，引起人们对环境与发展关系的反思。1992 年联合国环境与发展大会在《里约环境与发展宣言》中明确提出“环境、经济、社会可持续发展和协调发展”，标志着协调发展原则的形成。1979 年《中华人民共和国环境保护法（试行）》第五条规定：“在制定发展国民经济计划的时候，必须对环境的保护和改善统筹安排，并认真组织实施。”1981 年，国务院颁布了《关于在国民经济调整时期加强环境保护工作的决定》，要求各级人民政府在制订国民经济和社会发展计划、规划时，必须把环境保护和自然资源作为综合平衡的重要内容，把环境保护的目标、要求和措施纳入计划和规划。1983 年 12 月，第二次全国环境保护会议制定了三项建设、三同步、三统一的方针，体现了协调发展的思想。1989 年，《中华人民共和国环境保护法》在规划、计划、经济、技术政策和措施、环境监督管理、保护和改善环境、防治环境污染和其他公害方面，做出了有利于协调发展的法律规定。2014 年新修订的《中华人民共和国环境保护法》规定：“国家采取有利于节约和循环利用资源、保护和改善环境、促进人与自然和谐的经济、技术政策和措施，使经济社会发展和环境保护相协调。”

内涵 经济建设、社会发展、环境保护三者间存在相互制约、相互促进的关系，协调发展原则反映了环境与发展的关系——可持续发展，体现了经济、社会、生态规律的客观要求，通过平衡国家间、地区间和代际间的利益，体现了谋求社会全面进步的目标。

协调发展原则的贯彻 为了更好地贯彻协调发展原则，需要重视以下方面：①加强环境与发展的综合决策。涉及经济、社会发展的重大决策，必须全面考虑，统筹兼顾、综合平衡、科学决策。不仅要根据经济、社会发展的需要，同时还要考虑环境和资源的承载能力。正确处理经济增长速度和综合效益的统一、生产力布局与资源优化配置、产业结构调整与解决结构性污染、资源开发利用与保护生态环境等问题，从源头控制可能对环境的污染和破坏。②采取有利于环境保护的经济、技术政策和措施。环境经济、技术政策是落实环境保护战略方针、实现预期环境目标，保障环境保护与经济、社会协调发展的有力手段，对环境保护工作具有诱导、约束和协调的功能，目前常用的有奖励综合利用政策、经济优惠政策、环境资源补偿费政策等。③加强环境保护科学技术研究。科学技术落后是我国环境污染和生态破坏难以遏制的原因之一，有必要进一步加强环保科技研究，依靠科学技术解决严峻的环境问题。④强化环境监督管理。避免由于监督管理不严和管理不善造成的环境污染和生态破坏问题。（贺桂珍）

xuexiao huanjing jiaoyu

学校环境教育 （school environmental education） 又称正式环境教育。是指各级各类学校中的环境教育。学校环境教育的对象是各级在校学生。学校环境教育可分为大学、中学、小学和学前幼儿园环境教育。学校环境教育是一种服务于未来的教育，目的在于培养具有环境科学知识和环境道德的一代新公民，为环境科学的进一步发展培养后备人才。

我国的学校环境教育起步较晚。1979 年，中国环境科学学会环境教育委员会召开了第一次会议，此后，各级各类学校的环境教育蓬勃兴起。在高等院校，主要是有计划地设置环境保护专业，招收本科生和研究生，培养高层次的环境科技人才和师资。对于中小学，主要是普及环境科学知识。为此，从幼儿园、小学到中学都在相应学科中增加了环境教育内容。

（贺桂珍）

xunhuan jingji

循环经济 （circular economy） 在生产、流通和消费等过程中进行的减量化、再利用、资源化活动的总称。减量化是指在生产、流通和消费等过程中减少资源消耗和废物产生。再利用是指将废物直接作为产品或者经修复、翻新、再制造后继续作为产品使用，或者将废物的全部或者部分作为其他产品的部件予以使用。资源化是指将废物直接作为原料进行利用或者对废物进行再生利用。

起源及发展 循环经济的思想萌芽可以追溯到 20 世纪 60 年代。“循环经济”一词，首先由美国经济学家波尔丁（K.E. Bolding）提出，主要指在人、自然资源和科学技术的大系统内，在资源投入、企业生产、产品消费及其废弃的全过程，把传统的依赖资源消耗的线性增长经济，转变为依靠生态型资源循环来发展的经济，其“宇宙飞船经济理论”可以作为循环经济思想的早期代表。90 年代之后，发展知识经济和循环经济成为国际社会的两大趋势。英文“circular economy”一词最初出自英国环境经济学家戴维·皮尔斯（David Pierce）的著作中。循环经济规范性的概念最早出现于德国 1996 年生效的《物质循环与废物管理法》。日本则采用了与循环经济相近的概念，即循环型社会。我国 20 世纪 90 年代引入了关于循环经济的思想，“循环经济”一词由刘庆山于 1994 年开始使用，从资源再生的角度提出了废弃物的资源化，其本质是自然资源的循环利用。

主要特征 循环经济是人类社会在特定历史发展阶段的产物，是后工业化阶段经济社会的业态。概括而言，具有三个特征：

循环经济是人类社会特定历史发展阶段的产物。循环经济是作为传统“大规模生产、大规模消费、大规模废弃”经济发展模式对立物出现的，尝试建立以“资源－产品－再生资源”为特征的替代经济发展与运行模式，启动了走向未来稳态经济社会的步伐。

循环经济是经济发展遭遇到资源约束和环境约束的产物。在经济发展中，资源和环境约束是始终存在的。然而，近代以来工业生产方式的崛起和大规模工业体系的建立使得约束发生的主要环节和性质发生了根本性变化，即由产能、运能等环节的约束逐渐转到资源存量和储量上的约束，甚至是生态系统失衡上的终极约束。正是约束环节的变化促成现代意义上循环经济的诞生和兴起。

循环经济是以往环境与发展成就的综合体。从浓度控制到总量控制，从只关注污染物到关注废物，从单纯的环保对策到综合政策，从末端治理到清洁生产再到消费端和需求端本身，从专门化组织到全民参与，实际上，所有这些都表达着一种信息，即人类必须以一种整体、系统和积分式的发展视角来对待环境和发展问题。循环经济正是提供了这种视角和载体。

循环经济概念的内涵特征：①循环经济是一种发展，是用发展的办法解决资源约束和环境污染的矛盾；②循环经济是一种新型的发展，从重视发展的数量向重视发展的质量和效益转变，从线性发展向资源—产品—再生资源的循环发展转变，从粗放型的增长转变为集约型的增长，从依赖自然资源的增长转变为依赖自然资源和再生资源的增长；③循环经济是一种多赢的发展，在提高资源利用效率的同时，重视经济发展和环境保护的有机统一，重视人与自然的和谐，兼顾发展效率与公平的有机统一、优先富裕与共同发展的有机统一。

发展循环经济的主要途径 从资源流动的组织层面来看，主要是从企业小循环、区域中循环和社会大循环三个层面来展开。①以企业内部的物质循环为基础，构筑企业、生产基地等经济实体内部的小循环。企业、生产基地等经济实体是经济发展的微观主体，是经济活动的最小细胞。依靠科技进步，充分发挥企业的能动性和创造性，以提高资源能源的利用效率、减少废物排放为主要目的，构建循环经济微观建设体系。②以产业集中区内的物质循环为载体，构筑企业之间、产业之间、生产区域之间的中循环。以生态园区在一定地域范围内的推广和应用为主要形式，通过产业的合理组织，在产业的纵向、横向上建立企业间能流、物流的集成和资源的循环利用，重点在废物交换、资源综合利用，以实现园区内生产的污染物低排放甚至“零排放”，形成循环型产业集群，或是循环经济区，实现资源在不同企业之间和不同产业之间的充分利用，建立以二次资源的再利用和再循环为重要组成部分的循环经济产业体系。③以整个社会的物质循环为着眼点，构筑包括生产、生活领域的整个社会的大循环。统筹城乡发展、统筹生产生活，通过建立城乡之间、人类社会与自然环境之间的循环经济圈，在整个社会内部建立生产与消费的物质能量大循环，包括生产、消费和回收利用，构筑符合循环经济的社会体系，建设资源节约、环境友好型的社会，实现经济效益、社会效益和生态效益的最大化。

从资源利用的技术层面来看，主要是从资源的高效利用、循环利用和废弃物的无害化处理三条技术路径去实现。①资源的高效利用。依靠科技进步和制度创新，提高资源的利用水平和单位要素的产出率。在农业生产领域，一是通过探索高效的生产方式，集约利用土地、节约利用水资源和能源等；二是改善土地、水体等资源的品质，提高农业资源的持续力和承载力。在工业生产领域，提高资源利用效率主要体现在节能、节水、节材、节地和资源的综合利用等方面。在生活消费领域，提倡节约资源的生活方式，推广节能、节水用具。②资源的循环利用。通过构筑资源循环利用产业链，建立起生产和生活中可再生利用资源的循环利用通道，实现资源的有效利用，减少向自然资源的索取，在与自然和谐循环中促进经济社会的发展。在农业生产领域，通过先进技术实现有机耦合农业循环产业链，遵循自然规律并按照经济规律来组织有效的生产。在工业生产领域，以生产集中区域为重点区域，加强不同产业之间建立纵向、横向产业链接，促进资源的循环利用、再生利用。在生活和服务领域，重点是构建生活废旧物资回收网络，提高这些资源再回到生产环节的概率，促进资源的再利用或资源化。③废弃物的无害化处理。通过对废弃物的无害化处理，减少生产和生活活动对生态环境的影响。在农业生产领域，主要是通过推广生态养殖方式，实行清洁养殖。实施农业清洁生产，采取生物、物理等方法开展病虫害综合防治，减少农药的使用量，降低农作物的农药残留和土壤农药毒素的积累。采用可降解农用薄膜和实施农用薄膜回收，减少土地中的残留。在工业生产领域，推广废弃物排放减量化和清洁生产技术，降低工业生产过程中的废气、废水和固体废弃物的产生量。扩大清洁能源的应用比例，降低能源生产和使用的有害物质排放。在生活消费领域，提倡减少一次性用品的消费方式，培养垃圾分类的生活习惯。

（贺桂珍）

推荐书目

周宏春，刘燕华．循环经济学．北京：中国发展出版社，2005.

Y

《Yiban Gongye Guti Feiwu Zhucun、Chuzhichang Wuran Kongzhi Biaozhun》

《一般工业固体废物贮存、处置场污染控制标准》（Standard for Pollution Control on the Storage and Disposal Site for General Industrial Solid Wastes） 对于一般工业固体废物贮存、处置场的选址、设计、运行管理、关闭与封场以及污染控制与监测要求做出规定的规范性文件。该标准适用于新建、扩建、改建及已经建成投产的一般工业固体废物贮存、处置场的建设、运行和监督管理，不适用于危险废物和生活垃圾填埋场。该标准对于防治一般工业固体废物贮存、处置场的二次污染具有重要意义。

《一般工业固体废物贮存、处置场污染控制标准》（GB 18599—2001）由国家环境保护总局和国家质量监督检验检疫总局于2001年12月28日联合发布，自2002年7月1日起实施。2013年6月8日，环境保护部发布了该标准的修改单。

主要内容 该标准将贮存、处置场划分为I和II两个类型。堆放第I类工业固体废弃物的贮存、处置场为第一类，简称I类场。堆放第II类工业固体废弃物的贮存、处置场为第二类，简称II类场。该标准还规定了场址选择的环境保护要求（表1）、贮存及处置场设计的环境保护要求（表2）、贮存及处置场的运行管理环境保护要求（表3）、关闭与封场的环境保护要求（表4）。

表1 场址选择的环境保护要求

分类	具体内容
I类场和II类场的共同要求	所选场址应符合当地城乡建设总体规划要求。 应依据环境影响评价结论确定场址的位置及其与周围人群的距离，并经具有审批权的环境保护行政主管部门批准，可作为规划控制的依据。在对一般工业固体废物贮存、处置场场址进行环境影响评价时，应重点考虑一般工业固体废物贮存、处置场产生的渗滤液以及粉尘等大气污染物等因素，根据其所在地区的环境功能区类别，综合评价其对周围环境、居住人群的身体健康、日常生活和生产活动的影响，确定其与常住居民居住场所、农用地、地表水体、高速公路、交通主干道（国道或省道）、铁路、飞机场、军事基地等敏感对象之间合理的位置关系。 应选在满足承载力要求的地基上，以避免地基下沉的影响，特别是不均匀或局部下沉的影响。 应避开断层、断层破碎带、溶洞区，以及天然滑坡或泥石流影响区。 禁止选在江河、湖泊、水库最高水位线以下的滩地和洪泛区。 禁止选在自然保护区、风景名胜区和其他需要特别保护的区域
I类场的其他要求	应优先选用废弃的采矿坑、塌陷区
II类场的其他要求	应避开地下水主要补给区和饮用水水源含水层。 应选在防渗性能好的地基上，天然基础层地表距地下水位的距离不得小于1.5 m

表 2　贮存及处置场设计的环境保护要求

分类	具体内容
Ⅰ类场和Ⅱ类场的共同要求	贮存、处置场的建设类型，必须与将要堆放的一般工业固体废物的类型相一致。 建设项目环境影响评价中应设置贮存、处置场专题评价；扩建、改建和超期服役的贮存、处置场，应重新履行环境影响评价手续。 贮存、处置场应采取防止粉尘污染的措施。 为防止雨水径流进入贮存、处置场内，避免渗滤液量增加和滑坡，贮存、处置场周边应设置导流渠。 应设计渗滤液集排水设施。 为防止一般工业固体废物和渗滤液的流失，应构筑堤、坝、挡土墙等设施。 为保障设施、设备正常运营，必要时应采取措施防止地基下沉，尤其是防止不均匀或局部下沉。 含硫量大于 1.5%的煤矸石，必须采取措施防止自燃。 为加强监督管理，贮存、处置场应按 GB 15562.2《环境保护图形标志　固体废物贮存（处置）场》设置环境保护图形标志
Ⅱ类场的其他要求	当天然基础层的渗透系数大于 1.0×10^{-7} cm/s 时，应采用天然或人工材料构筑防渗层，防渗层的厚度应相当于渗透系数 1.0×10^{-7} cm/s 和厚度 1.5 m 的黏土层的防渗性能。 必要时应设计渗滤液处理设施，对渗滤液进行处理。 为监控渗滤液对地下水的污染，贮存、处置场周边至少应设置三口地下水质监控井。第一口沿地下水流向设在贮存、处置场上游，作为对照井；第二口沿地下水流向设在贮存、处置场下游，作为污染监视监测井；第三口设在最可能出现扩散影响的贮存、处置场周边，作为污染扩散监测井。当地质和水文地质资料表明含水层埋藏较深，经论证认定地下水不会被污染时，可以不设置地下水质监控井

表 3　贮存及处置场的运行管理环境保护要求

分类	具体内容
Ⅰ类场和Ⅱ类场的共同要求	贮存、处置场的竣工，必须经原审批环境影响报告书（表）的环境保护行政主管部门验收合格后，方可投入生产或使用。 一般工业固体废物贮存、处置场，禁止危险废物和生活垃圾混入。 贮存、处置场的渗滤液水质达到 GB 8978《污水综合排放标准》后方可排放，大气污染物排放应满足 GB 16297《大气污染物综合排放标准》无组织排放要求。 贮存、处置场使用单位，应建立检查维护制度。定期检查维护堤、坝、挡土墙、导流渠等设施，发现有损坏可能或异常，应及时采取必要措施，以保障正常运行。 贮存、处置场的使用单位，应建立档案制度。应将入场的一般工业固体废物的种类和数量以及下列资料，详细记录在案，长期保存，供随时查阅：各种设施和设备的检查维护资料；地基下沉、坍塌、滑坡等的观测和处置资料；渗滤液及其处理后的水污染物排放和大气污染物排放等的监测资料。 贮存、处置场的环境保护图形标志，应按 GB 15562.2 规定进行检查和维护
Ⅰ类场的其他要求	禁止Ⅱ类一般工业固体废物混入
Ⅱ类场的其他要求	应定期检查维护防渗工程，定期监测地下水水质，发现防渗功能下降，应及时采取必要措施。地下水水质按 GB/T 14848《地下水质量标准》规定评定。 应定期检查维护渗滤液集排水设施和渗滤液处理设施，定期监测渗滤液及其处理后的排放水水质，发现集排水设施不通畅或处理后的水质超过 GB 8978 或地方的污染物排放标准，需及时采取必要措施

表 4　关闭与封场的环境保护要求

分类	具体内容
Ⅰ类场和Ⅱ类场的共同要求	当贮存、处置场服务期满或因故不再承担新的贮存、处置任务时，应分别予以关闭或封场。关闭或封场前，必须编制关闭或封场计划，报请所在地县级以上环境保护行政主管部门核准，并采取污染防止措施。 关闭或封场时，表面坡度一般不超过 33%，标高每升高 3～5 m，需建造一个台阶。台阶应有不小于 1 m 的宽度、2%～3%的坡度和能经受暴雨冲刷的强度。 关闭或封场后，应设置标志物，注明关闭或封场时间，以及使用该土地时应注意的事项
Ⅰ类场的其他要求	为利于恢复植被，关闭时表面一般应覆一层天然土壤，其厚度视固体废物的颗粒度大小和拟种植物种类确定
Ⅱ类场的其他要求	为防止固体废物直接暴露和雨水渗入堆体内，封场时表面应覆土二层，第一层为阻隔层，覆 20～45 cm 厚的黏土，并压实，防止雨水渗入固体废物堆体内；第二层为覆盖层，覆天然土壤，以利植物生长，其厚度视栽种植物种类而定。 封场后，渗滤液及其处理后的排放水的监测系统应继续维持正常运转，直至水质稳定为止。地下水监测系统应继续维持正常运转

（陈鹏）

"yi kong shuang dabiao"

"一控双达标"　（one order，two goals）　对主要污染物进行总量控制（"一控"），全国所有的工业污染源要达到国家或地方规定的污染物排放标准，以及环保重点城市的空气和地面水按功能区达到国家规定的环境质量标准（"双达标"）的环境管理制度。

"一控双达标"是 1996 年《国务院关于环境保护若干问题的决定》中确定的 2000 年要实现的环保目标，此后一直沿用。"一控"指的是污染物总量控制，要求在一定年限内，各省（自治区、直辖市）要使本辖区主要污染物的排放量控制在国家规定的排放总量指标内。总量控制并非对所有的污染物都控制，而是对二氧化硫、工业粉尘、化学需氧量、汞、镉等主要工业污染物进行控制。"双达标"指的是工业污染源要达到国家或地方规定的污染物排放标准，空气和地面水按功能区达到国家规定的环境质量标准。按功能区达标指的是城市中的工业区、生活区、文教区、商业区、风景旅游区、自然保护区等，不是执行一个环境质量标准，而是分别达到不同的环境质量标准。　（韩竞一）

《Yiliao Feiwu Fenshaolu Jishu Yaoqiu（Shixing）》

《医疗废物焚烧炉技术要求（试行）》（Technical Standard for Medical Waste Incinerator，Trial）　规定了医疗废物焚烧炉的技术性能要求、环境保护技术指标、安全要求以及检验方法的规范性文件。该标准适用于处理医疗废物的焚烧炉的设计、制造。该标准对于防治医疗废物焚烧炉对环境的污染具有重要意义。

《医疗废物焚烧炉技术要求（试行）》（GB 19218—2003）由国家环境保护总局、国家质量监督检验检疫总局以及国家发展和改革委员会于 2003 年 6 月 30 日联合发布，自发布之日起实施。该标准为试行标准，试行期限为 1 年。

主要内容　该标准规定了医疗废物焚烧炉的技术性能指标（表 1）、医疗废物焚烧炉环境保护设备技术指标限值（表 2）、医疗废物焚烧炉大气污染物排放限值（表 3）、医疗废物焚烧炉污水排放限值（表 4）。

表 1　医疗废物焚烧炉的技术性能指标

焚烧炉温度/℃	烟气停留时间/s	焚烧残渣的热灼减率/%
≥850	≥2.0	<5

表 2　医疗废物焚烧炉环境保护设备技术指标限值

序号	项目	单位	限值
1	噪声	dB（A）	≤85
2	残留物含菌量		无

表 3　医疗废物焚烧炉大气污染物排放限值

序号	污染物	不同焚烧容量时的最高允许排放浓度限值/（mg/m^3）		
		≤300 kg/h	300～2 500 kg/h	≥2 500 kg/h
1	烟气黑度	林格曼 1 级		
2	烟尘	100	80	65
3	一氧化碳（CO）	100	80	80
4	二氧化硫（SO_2）	400	300	200
5	氟化氢（HF）	9.0	7.0	5.0
6	氯化氢（HCl）	100	70	60
7	氮氧化物（以 NO_2 计）	500		
8	汞及其化合物（以 Hg 计）	0.1		
9	镉及其化合物（以 Cd 计）	0.1		
10	砷、镍及其化合物（以 As+Ni 计）	1.0		
11	铅及其化合物（以 Pb 计）	1.0		
12	铬、锡、锑、铜、锰及其化合物（以 Cr+Sn+Sb+Cu+Mn 计）	4.0		
13	二噁英类	0.5 TEQ ng/m^3		

表 4　医疗废物焚烧炉污水排放限值

序号	污染物	最高允许排放浓度①/（mg/L）		
		一级	二级	三级
1	pH	6～9	6～9	6～9
2	F^-	10	10	20
3	Hg	0.05		
4	As	0.1		
5	Pb	0.5		
6	Cd	1.0		
7	粪大肠菌群数	100 个/L	500 个/L	1 000 个/L
8	总余氯	＜0.5②	＞6.5（接触时间≥1.5 h）	＞5（接触时间≥1.5 h）

注：①排入 GB 3838《地表水环境质量标准》中Ⅲ类水域和排入 GB 3097《海水水质标准》中二类海域的污水，执行一级标准；排入 GB 3838 中Ⅳ、Ⅴ类水域和排入 GB 3097 中三类海域的污水，执行二级标准；排入设置二级污水处理厂的城镇排水系统的污水，执行三级标准。

②加氯消毒后须进行脱氯处理，达到本标准。

（陈鹏）

《Yiliao Feiwu Jizhong Chuzhi Jishu Guifan（Shixing）》

《医疗废物集中处置技术规范（试行）》

（Technical Specifications for Medical Waste Centralized Disposal，Trial）　规定了医疗废物集中处置过程的暂时贮存、运送、处置的技术要求，相关人员的培训与安全防护要求，突发事故的预防和应急措施、重大疫情期间医疗废物管理的特殊要求的规范性文件。适用于医疗、预防、保健、计划生育服务、医学科研、医学、教学、尸体检查和其他相关活动中的医疗废物产生者和集中处置者（包括运送者）。医疗卫生机构废弃的麻醉、精神、放射性、毒性药品及其相关废物的暂时贮存、运送不适用该规范。

国家环境保护总局于 2003 年 12 月 26 日发布《医疗废物集中处置技术规范（试行）》。该规范对贯彻执行《中华人民共和国固体废物污染环境防治法》《中华人民共和国传染病防治法》和《医疗废物管理条例》，防治医疗废物在暂时贮存、运送和处置过程中的环境污染，防止疾病传播，保护人体健康具有重要意义。

主要内容　该规范主要对医疗废物的暂时贮存、交接、运送、高温热处置和重大传染病疫情期间医疗废物处置的特殊要求进行了规定。

医疗废物的暂时贮存　内容涉及库房、专用暂时贮存柜（箱）、卫生要求、暂时贮存时间和管理制度等。

具有住院病床的医疗卫生机构应建立专门的医疗废物暂时贮存库房，并应满足下述要求：必须与生活垃圾存放地分开，有防雨淋的装置，地基高度应确保设施内不受雨洪冲击或浸泡；必须与医疗区、食品加工区和人员活动密集区隔开，方便医疗废物的装卸、装卸人员及运送车辆的出入；应有严密的封闭措施，设专人管理，避免非工作人员进出，以及防鼠、防蚊蝇、防蟑螂、防盗和预防儿童接触等安全措施；地面和 1.0 m 高的墙裙须进行防渗处理，地面有良好的排水性能，易于清洁和消毒，产生的废水应采用管道直接排入医疗卫生机构内的医疗废水消毒、处理系统，禁止将产生的废水直接排入外环境；库房外宜设有供水龙头，以供暂时贮存库房的清洗用；避免阳光直射库内，应有良好的照明设备和通风条件；库房内应张贴“禁止吸烟、饮食”的警示标识；应按《环境保护图形标志　固体废物贮存（处置）场》（GB 15562.2—1995）和卫生、环保部门制定的专用医疗废物警示标识要求，在库房外的明显处同时设置危险废物和医疗废物的警示标识。

不设住院病床的医疗卫生机构，如门诊部，诊所，医疗教学、科研机构，当难以设置独立的医疗废物暂时贮存库房时，应设立医疗废物专用暂时贮存柜（箱），并应满足下述要求：医疗废物暂时贮存柜（箱）必须与生活垃圾存放地分开，并有防雨淋、防扬散措施，同时符合消防安全要求；将分类包装的医疗废物盛放在周转箱内后，置于专用暂时贮存柜（箱）中，柜（箱）应密闭并采取安全措施，如加锁和固定装置，做到无关人员不可移动，外部应按照相关要求设置警示标识；可用冷藏柜（箱）作为医疗废物专用暂时贮存柜（箱），也可用金属或硬制塑料制作，应具有一定的强度，防渗漏。

医疗废物暂时贮存库房每天应在废物清运之后消毒冲洗，冲洗液应排入医疗卫生机构内的医疗废水消毒、处理系统。医疗废物暂时贮存柜（箱）应每天消毒一次。

应防止医疗废物在暂时贮存库房和专用暂时贮存柜（箱）中腐败散发恶臭，尽量做到日产日清。确实不能做到日产日清，且当地最高气温高于 25℃时，应将医疗废物低温暂时贮存，暂时贮存温度应低于 20℃，时间最长不超过 48 h。

医疗卫生机构应制定医疗废物暂时贮存管理的有关规章制度、工作程序及应急处理措施。医疗卫生机构的暂时贮存库房和医疗废物专用暂时贮存柜（箱）存放地，应当接受当地环保和卫生主管部门的监督检查。

医疗废物的交接　医疗废物运送人员在接收医疗废物时，应外观检查医疗卫生机构是否按规定进行包装、标识，并盛装于周转箱内，不得打开包装袋取出医疗废物。对包装破损、包装外表污染或未盛装于周转箱内的医疗废物，医疗废物运送人员应当要求医疗卫生机构重新包装、标识，并盛装于周转箱内。拒不按规定对医疗废物进行包装的，运送人员有权拒绝运送，并向当地环保部门报告。化学性医疗废物应由医疗卫生机构委托有经营资格的危险废物处置单位处置，未取得相应许可的处置单位医疗废物运送人员不得接收化学性医疗废物。

医疗卫生机构交予处置的废物采用危险废物转移联单管理。设区的市环保部门对医疗废物转移计划进行审批。转移计划批准后，医疗废物产生单位和处置单位的日常医疗废物交接可采用简化的《危险废物转移联单》（医疗废物专用）。在医疗卫生机构、处置单位及运送方式变化后，应对医疗废物转移计划进行重新审批。《危险废物转移联单》（医疗废物专用）一式两份，每月一张，由处置单位医疗废物运送人员和医疗卫生机构医疗废物管理人员交接时共同填写，医疗卫生机构和处置单位分别保存，保存时间为 5 年。

每车每次运送的医疗废物采用《医疗废物运送登记卡》管理，一车一卡，由医疗卫生机构医疗废物管理人员交接时填写并签字。当医疗废物运至处置单位时，处置厂接收人员确认该登记卡上填写的医疗废物数量真实、准确后签收。

医疗废物处置单位应当填报医疗废物处置月报表，报当地环保主管部门。医疗废物产生单位和处置单位应当填报医疗废物产生和处置的年报表，并于每年 1 月向当地环保主管部门报送上一年度的产生和处置情况年报表。

医疗废物的运送　内容涉及运送车辆要求、运送要求、消毒和清洗要求、水域运送的特殊要求、运送人员专业技能与职业卫生防护和应急措施等。

医疗废物运送应当使用专用车辆。车辆厢体应与驾驶室分离并密闭；厢体应达到气密性要求，内壁光滑平整，易于清洗消毒；厢体材料防水、耐腐蚀；厢体底部防液体渗漏，并设清洗污水的排水收集装置。运送车辆应符合《医疗废物转运车技术要求（试行）》（GB 19217—2003）。运送车辆应配备：该规范文本；《危险废物转移联单》（医疗废物专用）；《医疗废物运送登记卡》；运送路线图；通信设备；医疗废物产生单位及其管理人员名单与电话号码；事故应急预案及联络单位和人员的名单、电话号码；收集医疗废物的工具、消毒器具与药品；备用的医疗废物专用袋和利器盒；备用的人员防护用品。医疗废物运送车辆必须在车辆前部和后部、车厢两侧设置专用警示标识；运送车辆驾驶室两侧喷涂医疗废物处置单位的名称和运送车辆编号。医疗废物运送车如需改作其他用途，应经彻底消毒处置，并经环保部门同意，取消车辆的医疗废物运送车辆编号，按照公安交通管理规定重新办理车辆用途变更手续。

医疗废物处置单位应当根据总体医疗废物处置方案，配备足够数量的运送车辆和备用应急车辆。医疗废物处置单位应为每辆运送车指定负责人，对医疗废物运送过程负责。对于有住院病床的医疗卫生机构，处置单位必须每天派车上门收集，做到日产日清；对于确实无法做到日产日清的有住院病床的医疗卫生机构，且当地最高气温高于 25℃时，应将医疗废物低温暂时贮存，暂时贮存温度应低于 20℃，时间最长不超过 48 h。对于无住院病床的医疗卫生机构，如门诊部、诊所，医疗废物处置单位至少 2 天收集一次医疗废物。运送路线应尽量避开人口密集区域和交通拥堵道路。经包装的医疗废物应盛放于可重复使用的专用周转箱（桶）或一次性专用包装容器内。专用周转箱（桶）或一次性专用包装容器应符合《医疗废物专用包装物、容器标准和警示标识规定》。医疗废物装卸载尽可能采用机械作业，将周转箱整齐地装入车内，尽量减少人工操作；如需手工操作应做好人员防护。医疗废物运送前，处置单位必须对每辆运送车的车况进行检查，确保车况良好后方可出车。运送车辆负责人应对每辆运送车是否配备本规范所要求的辅助物品进行检查，确保完备。医疗废物运送车辆不得搭乘其他无关人员，不得装载或混装其他货物和动植物。车辆行驶时应锁闭车厢门，确保安全，不得丢失、遗撒和打开包装取出医疗废物。

医疗废物处置单位必须设置医疗废物运送车辆清洗场所和污水收集消毒处理设施。医疗废物运送专用车每次运送完毕，应在处置单位内对车厢内壁进行消毒，喷洒消毒液后密封至少 30 min。医疗废物运送的重复使用周转箱每次运送完毕，应在医疗卫生机构或医疗废物处置单位内对周转箱进行消毒、清洗。医疗废物运送车辆应至少 2 天清洗一次（北方冬季、缺水地区可适当减少清洗次数），或当车厢内壁或（和）外表面被污染后，应立刻进行清洗。禁止在社会车辆清洗场所清洗医疗废物运送车辆。清洗污水应收集入污水消毒处理设施，不可在不具备污水收集消毒处理条件时清洗内壁，禁止任意向环境排放清洗污水。车辆清洗晾干后方可再次投入使用。

水域运送医疗废物应遵守《医疗废物管理条例》第十五条有关规定和以下要求：对于建在岛屿或水上流动的医疗卫生机构，其产生的医疗废物在无法通过陆路运送的情况下，经当地设区的市级以上环保部门批准，可以允许水域运送。水域运送的感染性医疗废物必须在产生场所就地消毒处理，确认达到卫生部门规定的消毒效果后方可运送。水域运送医疗废物必须将包装后的医疗废物装入特制的密封不透水的塑料周转箱（桶）中。周转箱（桶）盖应扣紧，并将周转箱（桶）装入船中，船上应有适当的安全措施，使装载的周转箱稳固。为了保证盛装医疗废物的周转箱（桶）在发生意外落水事故后不致沉入水底，周转箱（桶）的载荷比重应小于 1×10^3 kg/m^3。采用设置专用警示标识的专用船只装载医疗废物，其船仓内壁应光滑平整，易于清洗消毒。清洗污水应收集送至医疗废物处置单位处理，不得直接排入水体。船上除配备打捞工具外，还应按照相关要求随船配备文件、用品、装备。装载医疗废物专用船只不得搭乘其他无关人员，不得装载或混装其他货物和动植物。

医疗废物处置单位应对运送人员进行有关专业技能和职业卫生防护的培训，并达到如下要求：熟悉有关的环保法律法规，掌握环保部门制定的医疗废物管理的规章制度；熟知本岗位的职责和理解该规范的重要性；熟悉医疗废物分类与包装标识要求，装卸、搬运医疗废物容器（如包装袋、利器盒等）、周转箱（桶）的正确操作程序；在运送途中一旦发生医疗废物外溢、散落等应急情况时，知道如何采取应急措施，并及时报告；了解医疗废物对环境和健康的危害性，以及坚持使用个人卫生防护用品的重要性；运送人员在运送过程中须穿戴防护手套、口罩、工作服、靴等防护用品；运送人员每年进行两次体检，必要时进行预防性免疫接种。

运送过程中当发生翻车、撞车（沉船、翻船）导致医疗废物大量溢出、散落时，运送人员应立即与本单位应急事故小组取得联系，请求当地公安交警、环境保护或城市应急联动中心的支持。同时，运送人员应采取下述应急措施：立即请求公安交通警察在受污染地区设立隔离区，禁止其他车辆和行人穿过，避免污染物扩散和对行人造成伤害；对溢出、散落的医疗废物迅速进行收集、清理和消毒处理，对于液体溢出物采用吸附材料吸收处理；清理人员在进行清理工作时须穿戴防护服、手套、口罩、靴等防护用品，清理工作结束后，用具和防护用品均须进行消毒处理；如果在操作中，清理人员的身体（皮肤）不慎受到伤害，应及时采取处理措施，并到医院接受救治；清洁人员还须对被污染的现场地面进行消毒和清洁处理。对发生的事故采取上述应急措施的同时，处置单位必须向当地环保和卫生部门报告事故发生情况。事故处理完毕后，处置单位要向上述两个部门提交书面报告，报告的内容包括：事故发生的时间、地点、原因及其简要经过；泄漏、散落医疗废物的类型和数量、受污染的原因及医疗废物产生单位名称；医疗废物泄漏、散落已造成的危害和潜在影响；已采取的应急处理措施和处理结果。

医疗废物高温热处置　国家推行医疗废物集中处置，现阶段医疗废物集中处置应采用高温热处置技术，该技术适用于除化学性废物以外的所有医疗废物。

处置厂的选址应符合当地城市总体规划和环保规划，并进行环境影响评价。处置厂不允许建设在《地表水环境质量标准》（GB 3838—2002）中规定的地表水Ⅰ类、Ⅱ类功能区和《环境空气质量标准》（GB 3095—2012）中规定的环境空气质量Ⅰ类功能区。处置厂选址应遵守《医疗废物管理条例》第 24 条规定，远离居（村）民区、交通干道，要求处置厂厂界与上述区域和类似区域边界的距离大于 800 m。处置厂的选址应遵守国家饮用水源保护区污染防治管理规定。处置厂距离工厂、企业等工作场所直线距离应大于 300 m，地表水域应大于 150 m。处置厂的选址应尽可能位于城市常年主导风向或最大风频的下风向。

医疗废物处置单位应在处置厂出入口、暂时贮存设施、处置场所等，按照 GB 15562.2—1995 以及卫生和环保部门制定的《医疗废物专用包装物、容器和警示标识规定》设置警示标志。医疗废物处置单位应在法定边界设置隔离围护结构，防止无关人员和家禽、宠物进入。医疗废物处置厂的医疗废物暂时贮存库房、清洗消毒间应采用全封闭、微负压设计，并保证新风量 30 m^3/（人・h）。室内换出的空气必须进入医疗废物焚烧（热解焚烧）炉内焚烧处理。20 万人口以上城市的医疗废物集中处置厂，应保证其医疗废物处置设施全年正常运行。医疗废物处置厂应建有污水集中消毒处理设施，处置厂的车辆、周转箱、暂时贮存场所、处置现场地面的冲洗污水应先进行消毒处理，再排入处置厂内的污水集中消毒处理设施处理。医疗废物处置厂应建有污泥脱水或干化处理设施，脱水或干化后焚烧处理。医疗废物处置厂应设自动称重装置，计量医疗废物的处置量。医疗废物处置单位应建立符合要求的医疗废物计算机信息管理系统，并定期向环境保护主管部门报送数据。

医疗废物运至处置单位时，应由专人核对《医疗废物运送登记卡》的登记数量与实际接收的数量是否符合，经核实无误后，签字确认，表明已接收到废物。如发现接收量与登记量不相符，接收人员应立刻向处置单位负责人汇报，由负责人组织查明情况。同时，处置单位应以书面形式分别向当地环保和卫生主管部门报告，说明情况和已采取的措施。《医疗废物运送登记卡》保存时间为 5 年，以备当地环保部门和卫生部门检查。医疗废物处置厂应每天统计接收医疗废物的数量或重量，并输入计算机信息管理系统。

进入处置厂的医疗废物若不能立即处置，应盛装于周转箱内贮存于医疗废物暂时贮存库房中。医疗废物暂时贮存库房应具有良好的防渗性能，易于清洗和消毒。必须附设污水收集装置，收集暂时贮存库房清洗、消毒产生的污水。当处置厂医疗废物暂时贮存温度≥5℃，医疗废物暂时贮存时间不得超过 24 h；当医疗废物暂时贮存温度<5℃，医疗废物暂时贮存时间不得超过 72 h。

医疗废物焚烧（热解焚烧）炉的处理能力应符合以下要求：原则上，地级或地级以上城市建一座医疗废物集中处置厂，经省级环境保护行政主管部门批准可建两座，特大型城市可建三座；对每个医疗废物集中处置厂，其正常运行的焚烧（热解焚烧）炉数量不应超过三台。医疗废物焚烧（热解焚烧）炉应符合以下要求：自动投料，不得损坏包装；设置温度、炉压自动控制及超温安全保护装置；设有运行工况（温度、炉压、CO、O_2等）在线监测及记录系统；设有确保医疗废物不能绕过正常焚烧程序的控制系统；符合相关的职业卫生与安全标准。医疗废物在进入高温焚烧（热解）炉之前，任何人不得打开医疗废物包装袋取出医疗废物，应使医疗废物处于完好包装状态。医疗废物焚烧开始时，应确保当焚烧系统达到规定温度时，才开始运转、进料和处置医疗废物。高温焚烧处置装置应设置二燃室，并保证二燃室烟气温度≥850℃时的停留时间≥2.0 s，烟气中氧含量6%～10%（干烟气）。烟气净化系统应包括：控制二噁英再生成的急冷装置，控制酸性气体的装置和除尘装置，除尘装置优先采用布袋除尘器。医疗废物焚烧设施的排气筒高度、焚烧效果与焚烧（热解焚烧）炉的大气污染物排放应符合《危险废物焚烧污染控制标准》（GB 18484—2001）中的相应要求。医疗废物焚烧设施的烟气自动连续监测装置应能监测 CO、烟尘、SO_2、NO_x项目，在线监测记录系统与当地环保局联网并保证处于正常状态。

医疗废物除尘设备产生的飞灰必须密闭收集贮存，并按照《危险废物填埋污染控制标准》（GB 18598—2001）固化填埋处置。焚烧产生的炉渣可送生活垃圾填埋场填埋处置（经检测属于危险废物的除外）。其他烟气净化装置产生的固体废物按《危险废物鉴别标准　浸出毒性鉴别》（GB 5085.3—2007）鉴别判断是否属于危险废物，如属于危险废物，则按危险废物处置，否则可送生活垃圾填埋场填埋处置。

记录每一批次医疗废物焚烧的数量和重量。连续监测二燃室烟气二次燃烧段前后温度。通过监测烟气排放速率和审查焚烧设计文件、检验产品结构尺寸确定烟气停留时间。按照 GB 18484—2001 的规定，至少每 6 个月监测一次焚烧残渣的热灼减率。应连续自动监测排气中 CO、烟尘、SO_2、NO_x，对于目前尚无法采用自动连续装置监测的 GB 18484—2001 表 3 中规定的烟气黑度、氟化氢、氯化氢、重金属及其化合物，应按 GB 18484—2001 的监测管理要求，每季度至少采样监测 1 次。记录医疗废物最终残余物处置情况，包括焚烧残渣与飞灰的数量、处置方式和接收单位。医疗废物处置单位应定期报告上述运行参数、处置效果的监测数据。监测数据保存期为 3 年。

医疗废物处置单位应对处置单位操作人员进行有关专业技能和安全防护的培训，并达到如下标准要求：①专业技能：处置设备的运行，包括设备的启动和关停；控制、报警和指示系统的运行和检查，必要时的纠正措施；最佳的运行温度、压力、污染物排放浓度、速率以及保持设备良好运行的条件；设备的日常或定期的检查、清洁、润滑等维护；发生设备故障、报警情况时，设备的操作及应采取的紧急措施，并及时报告；设备正常、异常以及紧急情况下的运行记录和维修记录。②职业卫生防护：理解医疗废物对环境和健康的危害性，以及坚持使用个人防护用品的重要性；操作人员在操作过程中须穿戴防护手套、口罩、工作服、靴等防护用品，如有液体或熔融物溅出危险时，还须配戴护目镜。

边远县（旗）区单独建设的医疗废物集中处置设施，除采用高温热处置技术外，可采用其他经省级环保和卫生部门认可的医疗废物处理技术，处理过程中主要工艺参数的控制应达到处置设备的设计要求。

重大传染病疫情期间医疗废物处置特殊要求 在国务院卫生行政主管部门发布的重大传染病疫情期间，按照《中华人民共和国传染病防治法》第 24 条第（一）项中规定需要隔离治疗的甲类传染病和乙类传染病中的艾滋病病人、炭疽中的肺炭疽病以及国务院卫生行政部门根据情况增加的其他需要隔离治疗的甲类或乙类（如 SARS）传染病病人、疑似病人在治疗、隔离观察、诊断及其相关活动中产生的高度感染性医疗废物的集中处置，适用于以下规定，未做规定的，适用于该规范其他部分有关规定。

医疗废物应由专人收集、双层包装，包装袋应特别注明是高度感染性废物。医疗卫生机构医疗废物的暂时贮存场所应为专场存放、专人管理，不能与一般医疗废物和生活垃圾混放、混装。暂时贮存场所由专人使用 0.2%～0.5%过氧乙酸或 1 000～2 000 mg/L 含氯消毒剂喷洒墙壁或拖地消毒，每天上下午各一次。

处置单位在运送医疗废物时必须使用固定专用车辆，由专人负责，并且不得与其他医疗废物混装、混运。运送时间应错开上下班高峰期，运送路线要避开人口稠密地区。运送车辆每次卸载完毕，必须使用 0.5%过氧乙酸喷洒消毒。医疗废物采用高温焚烧处置，运抵处置场所的医疗废物尽可能做到随到随处置，在处置单位的暂时贮存时间最多不得超过 12 h。处置厂内必须设置医疗废物处置的隔离区，隔离区应有明显的标识，无关人员不得进入。处置厂隔离区必须由专人使用 0.2%～0.5%过氧乙酸或 1 000～2 000 mg/L 含氯消毒剂对墙壁、地面或物体表面喷洒或拖地消毒，每天上下午各一次。

运送及焚烧处置装置操作人员的防护要求应达到卫生部门规定的一级防护要求，即必须穿工作服、隔离衣、防护靴，戴工作帽和防护口罩，近距离处置废物的人员还应戴护目镜。每次运送或处置操作完毕后立即进行手清洗和消毒，并洗澡。手消毒用 0.3%～0.5%碘伏消毒液或快速手消毒剂揉搓 1～3 min。

当医疗废物集中处置单位的处置能力无法满足疫情期间医疗废物处置要求时，经环保部门批准，可采用其他应急医疗废物处置设施，增加临时医疗废物处理能力。（陈鹏）

yiliao huanjing guanli

医疗环境管理（medical environmental management） 根据国家有关法律法规，对医疗卫生机构在医疗、预防、保健以及其他相关活动中产生的环境问题利用各种手段进行管理，以保护环境，保障人体健康的活动。

背景 医院是一个特殊的环境，它既是医疗保健服务的重地，又是易感人群聚集的地方。近年来，我国医疗卫生事业蓬勃发展与医疗环境管理相对滞后的状况使医疗环境污染问题日益突出，成为影响人群健康的潜在隐患。

污染来源 医疗环境污染有诸多因素。例如，锅炉废气、医用废水、医疗废物、化学物品和药品性废物、超标准的建材、患者的不卫生行为等，都是医院感染的危险因素。特别是医疗废物处理不当和二次污染问题，例如，医疗废弃物与生活垃圾混合填埋处理，成为二次水源污染隐患；医疗废弃物分散焚烧产生的恶臭、烟尘、二噁英等有毒有害物质，给周边环境带来严重的二次污染。在医院管理中，如果手术和护理过程不能严格遵照操作技术要求，也会造成医疗环境污染，从而导致医院感染的发生或传染病的流行，既严重影响医疗质量和医院的信誉，又影响患者的生命安危和工作人员的职业健康与安全。

管理范围 医疗环境管理范围十分广泛，涉及废弃物管理、生活水管理、污水管理、噪声管理、辐射防护管理、废气排放管理、中央空调系统管理、绿化管理、卫生保洁管理、医院标识管理、医院环境质量检测、医院有害作业管理等。

措施 积极贯彻环境保护法规。环境保护是现代医院管理的要求，要充分重视医疗环境保护的特殊性，认真贯彻执行《中华人民共和国环境保护法》《医疗废物管理条例》及相关规定。

强化环保意识，实行科学化和规范化管理。从保护公众健康、促进医疗卫生事业发展的高度来认识做好医疗环境管理工作的重要性，加强职工的医疗环境保护意识和思想教育，落实各项相关制度；不断完善医院环境保护与医疗事业发展综合决策机制，建立健全管理组织和网络，将 ISO 14000 环境体系认证与医疗环境管理有机结合，创造绿色医疗环境并控制医院感染。

加强医院环境保护基础设施的建设，逐步实行医疗废物产业化管理。首先，需要加大基础设施投资的力度，更新或完善医疗基础设施，在排污口安装流量计，安装废水排放质量监控监测系统，全过程监测废水排放相关指数。其次，严格分拣制度，努力降低废物量，减少污染源。医院各科室和垃圾处理回收单位要按照医疗废物处理相关规定，对医疗废物进行分类处理。对危险性医疗废物，科室先进行初步消毒后，再包装、运送，并进行无害化集中专门处理。最后，强化监督管理，加大执法力度。深化和完善医疗废物监督管理制度，实施从产生到处置的全过程控制，建立一套比较完善的医疗废物管理档案，实行医疗废物申报登记制度、医疗废物转移交接单备查制度、建立合同签订或变更报备制度、医疗废物产生和处置月报告制度等。对违反有关规定的违法行为予以严惩。

建立公众参与和监督机制，发挥人大、政协和新闻媒体的监督作用。在进行医疗环境管理的过程中，应向社会公告，公开投诉电话，适当奖励举报者。经常组织人大代表、政协委员和新闻媒体对医疗单位环境管理执行情况进行检查，实行医疗单位“环境表现公示制度”，在媒体上公开表彰守法者，曝光违法者，形成强大的社会舆论监督氛围。（贺桂珍）

《Yiliao Jigou Shuiwuranwu Paifang Biaozhun》

《医疗机构水污染物排放标准》（Discharge Standard of Water Pollutants for Medical Organization） 对医疗机构水污染物排放应控制项目及其限值做出规定的规范性文件。该标准适用于医疗机构污水、污水处理站产生污泥及废气排放的控制，医疗机构建设项目的环境影响评价、环境保护设施设计、竣工验收及验收后的排放管理。当医疗机构的办公区、非医疗生活区等污水与病区污水合流收集时，其综合污水排放均执行该标准。建有分流污水收集系统的医疗机构，其非病区生活区污水排放执行 GB 8978《污水综合排放标准》的相关规定。该标准对于加强对医疗机构污水、污水处理站废气、污泥排放的控制和管理，预防和控制传染病的发生和流行具有重要意义。

《医疗机构水污染物排放标准》（GB 18466—2005）由国家环境保护总局和国家质量监督检验检疫总局于 2005 年 7 月 27 日联合发布，自 2006 年 1 月 1 日起实施。该标准自实施之日起，代替《污水综合排放标准》（GB 8978—1996）中有关医疗机构水污染物排放标准部分，并取代《医疗机构污水排放要求》（GB 18466—2001）。

主要内容 该标准规定了传染病、结核病医疗机构水污染物排放限值（表 1）、综合医疗机构和其他医疗机构水污染物排放限值（表 2）、污水处理站周边大气污染物最高允许浓度（表 3）和医疗机构污泥控制标准（表 4）。

表 1　传染病、结核病医疗机构水污染物排放限值（日均值）

序号	控制项目		标准值
1	粪大肠菌群数/（MPN/L）		100
2	肠道致病菌		不得检出
3	肠道病毒		不得检出
4	结核杆菌		不得检出
5	pH		6～9
6	化学需氧量（COD）	浓度/（mg/L）	60
		最高允许排放负荷/[g/（床位·d）]	60
7	生化需氧量（BOD）	浓度/（mg/L）	20
		最高允许排放负荷/[g/（床位·d）]	20
8	悬浮物（SS）	浓度/（mg/L）	20
		最高允许排放负荷/[g/（床位·d）]	20
9	氨氮/（mg/L）		15
10	动植物油/（mg/L）		5
11	石油类/（mg/L）		5
12	阴离子表面活性剂/（mg/L）		5
13	色度/（稀释倍数）		30
14	挥发酚/（mg/L）		0.5
15	总氰化物/（mg/L）		0.5
16	总汞/（mg/L）		0.05
17	总镉/（mg/L）		0.1
18	总铬/（mg/L）		1.5
19	六价铬/（mg/L）		0.5
20	总砷/（mg/L）		0.5
21	总铅/（mg/L）		1.0
22	总银/（mg/L）		0.5
23	总α/（Bq/L）		1
24	总β/（Bq/L）		10
25	总余氯①②/（mg/L）（直接排入水体的要求）		0.5

注：①采用含氯消毒剂消毒的工艺控制要求为：消毒接触池的接触时间≥1.5 h，接触池出口总余氯 6.5～10 mg/L。
②采用其他消毒剂对总余氯不做要求。

表 2　综合医疗机构和其他医疗机构水污染物排放限值（日均值）

序号	控制项目		排放标准	预处理标准
1	粪大肠菌群数/（MPN/L）		500	5 000
2	肠道致病菌		不得检出	—
3	肠道病毒		不得检出	—
4	pH		6～9	6～9
5	化学需氧量（COD）	浓度/（mg/L）	60	250
		最高允许排放负荷/[g/（床位·d）]	60	250
6	生化需氧量（BOD）	浓度/（mg/L）	20	100
		最高允许排放负荷/[g/（床位·d）]	20	100
7	悬浮物（SS）	浓度/（mg/L）	20	60
		最高允许排放负荷/[g/（床位·d）]	20	60

续表

序号	控制项目	排放标准	预处理标准
8	氨氮/（mg/L）	15	—
9	动植物油/（mg/L）	5	20
10	石油类/（mg/L）	5	20
11	阴离子表面活性剂/（mg/L）	5	10
12	色度/（稀释倍数）	30	—
13	挥发酚/（mg/L）	0.5	1.0
14	总氰化物/（mg/L）	0.5	0.5
15	总汞/（mg/L）	0.05	0.05
16	总镉/（mg/L）	0.1	0.1
17	总铬/（mg/L）	1.5	1.5
18	六价铬/（mg/L）	0.5	0.5
19	总砷/（mg/L）	0.5	0.5
20	总铅/（mg/L）	1.0	1.0
21	总银/（mg/L）	0.5	0.5
22	总α/（Bq/L）	1	1
23	总β/（Bq/L）	10	10
24	总余氯①②/（mg/L）	0.5	—

注：①采用含氯消毒剂消毒的工艺控制要求为：

排放标准：消毒接触池的接触时间≥1 h，接触池出口总余氯 3～10 mg/L。

预处理标准：消毒接触池的接触时间≥1 h，接触池出口总余氯 2～8 mg/L。

②采用其他消毒剂对总余氯不做要求。

表 3　污水处理站周边大气污染物最高允许浓度

序号	控制项目	标准值
1	氨/（mg/m^3）	1.0
2	硫化氢/（mg/m^3）	0.03
3	臭气浓度（量纲为一）	10
4	氯气/（mg/m^3）	0.1
5	甲烷（指处理站内最高体积百分数/%）	1

表 4　医疗机构污泥控制标准

医疗机构类别	粪大肠菌群数/（MPN/g）	肠道致病菌	肠道病毒	结核杆菌	蛔虫卵死亡率/%
传染病医疗机构	≤100	不得检出	不得检出	—	>95
结核病医疗机构	≤100	—	—	不得检出	>95
综合医疗机构和其他医疗机构	≤100	—	—	—	>95

（朱建刚）

《Yinshiye Youyan Paifang Biaozhun （Shixing）》

《饮食业油烟排放标准（试行）》（Emission Standard of Cooking Fume，Trial）　对饮食业单位油烟的最高允许排放浓度和油烟净化设备的最低去除效率做出规定的规范性文件。该标准适用于城市建成区，适用于现有饮食业单位的油烟排放管理，以及新设立饮食业单位的设计、环境影响评价、环境保护设施竣工验收及其经营期间的油烟排放管理；排放油烟的食品加工单位和非经营性单位内部职工食堂，参照该标准执行。该标准不适用于居民家庭油烟排放。该标准对于防治饮食业油烟对大气环境和居住环境的污染具有重要意义。

《饮食业油烟排放标准（试行）》（GB 18483—2001）由国家环境保护总局和国家质量监督检验检疫总局于2001年11月12日联合发布，自2002年1月1日起实施。该标准内容（包括实施时间）等同于2000年2月29日国家环境保护总局发布的《饮食业油烟排放标准（试行）》（GWPB 5—2000），自该标准实施之日起，代替GWPB 5—2000。

主要内容 饮食业单位的油烟净化设施最低去除效率限值按规模分为大、中、小三级；饮食业单位的规模按基准灶头数划分，基准灶头数按灶的总发热功率或排气罩灶面投影总面积折算。每个基准灶头对应的发热功率为1.67×10^8 J/h，对应的排气罩灶面投影面积为1.1 m^2。饮食业单位的规模划分参数见表1。饮食业单位油烟的最高允许排放浓度和油烟净化设施最低去除效率见表2。

表1 饮食业单位的规模划分

规模	小型	中型	大型
基准灶头数	≥1，<3	≥3，<6	≥6
对应灶头总功率/（10^8 J/h）	1.67，<5.00	≥5.00，<10	≥10
对应排气罩灶面总投影面积/m^2	≥1.1，<3.3	≥3.3，<6.6	≥6.6

表2 饮食业单位的油烟最高允许排放浓度和油烟净化设施最低去除效率

规模	小型	中型	大型
最高允许排放浓度/（mg/m^3）	2.0		
净化设施最低去除效率/%	60	75	85

（朱建刚）

yingji yu'an tixi

应急预案体系 （emergency plan system） 针对由于规划、建设项目的实施或建设可能导致的突发性环境污染事故制定的应急管理、指挥以及救援计划等。包括应急组织管理系统、应急现场指挥系统、应急队伍系统等几个主要子系统。

在制定应急预案体系时，首先要求建立应急组织管理系统，明确各级领导部门的目标责任，确定领导人、重点污染事故的责任人以及管理者。对于不同级别的污染事故，要制定不同等级的应对机制。其次要成立重大事故发生后的应急现场指挥系统，包括现场指挥部和专业救援队伍，负责现场人员救护、工艺处理、设备抢修、消防警戒、供应运输、通讯宣传、后勤保障等，以及时对事故进行处理。最后，要组建应急队伍系统，加强应急救援队伍的专业培训，使各级、各类人员了解主要物质的危险特性以及处置措施，熟练掌握抢险抢救、个体防护、通信等各种器材和设备的使用方法，熟悉事故发生后所应采取的办法和处置步骤。建设项目环境风险应急预案体系的内容及要求见下表。

建设项目环境风险应急预案体系

项目	内容及要求
应急计划区	危险目标：装置区、贮罐区、环境保护目标
应急组织机构、人员	工厂、地区应急组织机构、人员
预案分级响应条件	规定预案级别及分级响应程序
应急救援保障	应急设施、设备与器材等
报警、通讯、联络方式	规定应急状态下的报警、通讯方式、通知方式和交通保障、管制
应急环境监测、抢险、救援及控制措施	由专业队伍负责对事故现场进行侦察监测，对事故性质、参数与后果进行评估，为指挥部门提供决策依据

续表

项目	内容及要求
应急检测、防护措施、清除泄漏措施和器材	事故现场、工厂邻近区、受事故影响的区域人员及公众对毒物应急剂量控制的规定，撤离组织及救护，医疗救护与公众健康
人员紧急撤离、疏散，应急剂量控制，撤离组织计划	事故现场、邻近区域、控制防火区域，控制和清除污染措施及相应设备
事故应急救援关闭程序与恢复措施	规定应急状态终止程序，事故现场善后处理，邻近区域解除事故警戒及善后恢复措施
应急培训计划	应急计划制订后，平时应安排人员培训与演练
公众教育和信息	对工厂邻近地区开展公众教育、培训，发布有关信息

（邵超峰）

《Yuye Shuizhi Biaozhun》

《渔业水质标准》（Water Quality Standard for Fisheries） 对渔业水域水体中污染物或其他有害物质最高容许浓度或最大变化范围做出规定的规范性文件。该标准适用于鱼虾类的产卵场、索饵场、越冬场、洄游通道和水产增养殖区等海、淡水的渔业水域。该标准对于防止和控制渔业水域水质污染，保证鱼、虾、贝、藻类正常生长、繁殖和水产品的质量具有重要意义。

《渔业水质标准》（GB 11607—89）由国家环境保护局于 1989 年 8 月 12 日批准，自 1990 年 3 月 1 日起实施。

主要内容 该标准规定的渔业水质控制项目及限值见下表。各项标准数值是指单项测定最高允许值。标准值单项超标，即表明不能保证鱼、虾、贝正常生长繁殖，并产生危害，危害程度应参考背景值、渔业环境的调查数据及有关渔业水质基准资料进行综合评价。

渔业水质控制项目及限值 单位：mg/L

序号	项目	标准值
1	色、臭、味	不得使鱼、虾、贝、藻类带有异色、异臭、异味
2	漂浮物质	水面不得出现明显油膜或浮沫
3	悬浮物质	人为增加的量不得超过 10，而且悬浮物质沉积于底部后，不得对鱼、虾、贝类产生有害的影响
4	pH	淡水 6.5～8.5，海水 7.0～8.5
5	溶解氧	连续 24 h 中，16 h 以上必须大于 5，其余任何时候不得低于 3，对于鲑科鱼类栖息水域冰封期其余任何时候不得低于 4
6	生化需氧量（5d，20℃）	不超过 5，冰封期不超过 3
7	总大肠菌群	不超过 5 000 个/L（贝类养殖水质不超过 500 个/L）
8	汞	≤0.000 5
9	镉	≤0.005
10	铅	≤0.05
11	铬	≤0.1
12	铜	≤0.01
13	锌	≤0.1
14	镍	≤0.05
15	砷	≤0.05
16	氰化物	≤0.005
17	硫化物	≤0.2
18	氟化物（以 F^- 计）	≤1

续表

序号	项目	标准值
19	非离子氨	≤0.02
20	凯氏氮	≤0.05
21	挥发性酚	≤0.005
22	黄磷	≤0.001
23	石油类	≤0.05
24	丙烯腈	≤0.5
25	丙烯醛	≤0.02
26	六六六（丙体）	≤0.002
27	滴滴涕	≤0.001
28	马拉硫磷	≤0.005
29	五氯酚钠	≤0.01
30	乐果	≤0.1
31	甲胺磷	≤1
32	甲基对硫磷	≤0.000 5
33	呋喃丹	≤0.01

（朱建刚）

yufang wei zhu、fang-zhi jiehe、zonghe zhili yuanze

预防为主、防治结合、综合治理原则（principle of giving priority to pollution prevention, combining prevention and control, and comprehensive treatment）　又称“预防为主、防治结合、综合防治原则”，是贯穿于我国各项环境法律法规和环境保护实际工作全过程中的基本指导原则。具体而言有三个层次，预防原则是适用于所有环境利用活动的普遍性原则，指对开发和利用环境行为所产生的环境质量下降或者环境破坏等，应当事前采取预测、分析和防范措施，以避免、消除由此可能带来的环境损害；在污染和破坏已经发生的情况下，要将环境污染控制在最小的程度；对已有的污染与破坏应采取综合性的措施进行治理。

沿革　在20世纪80年代以前，大多数国家都是走“先污染，后治理”之路，主要采取末端控制的环境治理方式。1980年，在联合国环境规划署和世界野生动物基金会的支持下，世界自然保护联盟（IUCN）起草了《世界自然资源保护大纲》，在环境与资源保护方面首先提出了“预期环境政策”。此后，联合国、经济合作与发展组织等先后提出源头控制、全程控制、风险预防等原则，欧美等国的环境法也陆续确立了预防为主的环境管理原则。我国在1978年将“国家保护环境和自然资源，防治污染和其他公害”写进《宪法》，1979年《中华人民共和国环境保护法（试行）》中“防治环境污染和生态破坏”的表述，也部分体现了这一原则。2015年1月1日开始实施的《环境保护法》第五条规定：“环境保护坚持保护优先、预防为主、综合治理、公众参与、损害担责的原则。”《清洁生产促进法》和《环境影响评价法》是该原则的最全面体现。

内涵　采取各种预防措施，防止环境问题的产生和恶化，或者把环境污染和破坏控制在能够维持生态平衡、保护人体健康和社会物质财富及保障经济、社会可持续发展的限度之内。该原则明确了预防和治理的关系，确定了治理环境污染和破坏的途径和方式。

贯彻措施　贯彻这一原则，要求有一系列配套措施保证执行。①全面规划、合理布局。环境污染和生态破坏同生产的不合理布局有密切的联系。其中，工业生产布局同环境污染有直接的关系，农业生产和资源开发布局同自然环境破坏有直接关系，生产部门的分布又影响居民点的分布，从而影响城镇分布、人口密度及交通和文化设施的分布，只有通过综合规划调整布局才能减轻对环境的破坏。②建立、健全各种具有预防性的环境管理制度，并切实执行。在我国环境法体系中，环境影响评价制度、“三同时”制度（建设项目中防治污染的设施，应当与主体工程同时设计、同时施工、同时投产使用）、排污许可证制度、限期治理制度、排污收费制度等都不同程度体现了这一原则的要求。③积极治理老的环境污染和破坏。对已经产生的环境污染和破坏，要采取综合措施积极治理，对严重污染环境的企事业单位要限期治理，对逾期未完成治理任务的，应依法责令其关闭、停产或转产。④实行环境综合整治。综合治理是从环境整体效益出发，把“防”和“治”有机结合，综合运用法律、经济、教育、科技等各种手段和方法来保护环境，并贯穿于环境的开发、利用和改善的过程中，是进行事前防范和事后补救的整体理念。应正确处理好“防”与“治”、单项治理与区域治理等方面的关系。⑤加强环境监测。通过环境监测，掌握环境质量状况及发展趋势，为加强环境监督管理和治理提供科学依据。

意义 确立预防为主、防治结合、综合治理原则，是由环境污染与危害的特性决定，并基于国内外环境管理的主要经验和教训提出的。①可以使我国的环境保护工作由被动反应、消极应付转为主动行动、积极防治。环境污染和破坏一旦发生，往往难以消除和恢复，甚至具有不可逆转性，因此，预防是关键。②可以获得投资省、收效大的效果。环境问题的产生是多方面的，环境造成污染和破坏以后，再进行治理，从经济上来说是最不合算的，往往要耗费巨额资金。在国家财力有限、不可能拿出足够资金用于环境污染治理的情况下，实行这一原则，可以起到事半功倍的作用。（贺桂珍）

Z

zaizhi huanjing jiaoyu

在职环境教育 （in-service environmental education） 以提高在职环境保护人员的环境科学知识水平和管理技能为目的的教育，其对象是环境保护专职干部和技术人员。

在职环境教育采取举办进修班和技术培训班、建立环境管理干部学院、在成人教育学院开设成人环境保护专业，对从事环境保护的在职人员进行岗位培训和继续教育，以及委托大专院校、科研单位代培或选送出国进修等多种形式。教育内容因人而异，对非环境专业的大学毕业生以进修本科、专科环境保护课程为主；对一般技术和管理干部举办普及性的短期培训；对技术员和管理干部则以专业性讲座为基本教学内容。在职环境教育注重于实际，强调实用性和速成性。 （贺桂珍）

zaosheng ditu

噪声地图 （noise map） 利用声学仿真模拟软件绘制并通过噪声实际测量数据检验校正，最终生成的地理平面和建筑立面上的噪声值分布图，一般以不同颜色的噪声等高线、网格和色带来表示。

作为数字化城市管理手段的重要组成部分，噪声地图综合了两项信息科技前沿技术——计算机软件仿真模拟与地理信息系统，以数字与图形的方式再现了噪声污染在交通干道沿线和城市区域范围内的分布状况。

噪声地图是21世纪初才在欧洲迅速发展起来的一项新型的城市噪声预测方法，是将噪声源的数据、地理数据、建筑的分布状况、交通状况、公路、铁路和机场等信息综合、分析和计算后生成的反映城市噪声水平状况的数据地图，有利于公众深入了解声环境状况，参与监督。噪声地图在欧美日等发达国家和地区已经得到广泛应用，《欧盟2002年环境噪声指引》明确要求成员国必须绘制符合条件的噪声地图。目前，伦敦、巴黎、柏林、东京等城市都绘制了十分详细的噪声地图。英国伯明翰市是最早制作全城范围噪声地图的城市。亚洲噪声地图的绘制稍晚于欧洲。我国深圳、广州、北京等城市也已经研发了城市区域噪声地图。

噪声地图展示了城市区域环境噪声污染普查和交通噪声污染模拟与预测的成果，为城市总体规划、交通发展与规划、噪声污染控制措施提供了科学的决策依据。 （汪光）

《Zhanlanhui Yongdi Turang Huanjing Zhiliang Pingjia Biaozhun（Zanxing）》

《展览会用地土壤环境质量评价标准（暂行）》 （Standard of Soil Quality Assessment for Exhibition Sites，Provisional） 规定了不同土地利用类型中土壤污染物的评价标准限值的规范性文件。该标准选择的污染物共92项，其中无机污染物14项，挥发性有机物24项，半挥发性有机物47项，其他污染物7项。该标准适用于展览会用地土壤环境质量评价。该标准对于防治土壤污染，保护土壤资源和土壤环境，确保展览会建设用地的环境安全具有重要意义。

《展览会用地土壤环境质量评价标准（暂行）》（HJ 350—2007）由国家环境保护总局和国家质量监督检验检疫总局于 2007 年 6 月 15 日联合发布，同年 8 月 1 日起实施。该标准为暂行标准，待国家有关土壤环境保护标准实施后，按有关标准的规定执行。

主要内容 该标准将土地利用类型分为两类：I 类主要为土壤直接暴露于人体，可能对人体健康存在潜在威胁的土地利用类型。II 类主要为除了 I 类以外的其他土地利用类型，如场馆用地、绿化用地、商业用地、公共市政用地等。该标准将土壤环境质量评价标准分为 A、B 两级。A 级标准为土壤环境质量目标值，代表了土壤未受污染的环境水平，符合 A 级标准的土壤可适用于各类土地利用类型；B 级标准为土壤修复行动值，当某场地土壤污染物监测值超过 B 级标准限值时，该场地必须实施土壤修复工程，使之符合 A 级标准。符合 B 级标准但超过 A 级标准的土壤可适用于 II 类土地利用类型。该标准规定的土壤环境质量评价标准限值见下表。

土壤环境质量评价标准限值

单位：mg/kg

序号	项目	级别	
		A 级	B 级
无机污染物			
1	锑	12	82
2	砷	20	80
3	铍	16	410
4	镉	1	22
5	铬	190	610
6	铜	63	600
7	铅	140	600
8	镍	50	2 400
9	硒	39	1 000
10	银	39	1 000
11	铊	2	14
12	锌	200	1 500
13	汞	1.5	50
14	总氰化物	0.9	8
挥发性有机物			
15	1,1-二氯乙烯	0.1	8
16	二氯甲烷	2	210
17	1,2-二氯乙烯	0.2	1 000
18	1,1-二氯乙烷	3	1 000
19	氯仿	2	28
20	1,2-二氯乙烷	0.8	24
21	1,1,1-三氯乙烷	3	1 000
22	四氯化碳	0.2	4
23	苯	0.2	13
24	1,2-二氯丙烷	6.4	43
25	三氯乙烯	12	54
26	溴二氯甲烷	10	92

续表

序号	项目	级别	
		A 级	B 级
27	1,1,2-三氯乙烷	2	100
28	甲苯	26	520
29	二溴氯甲烷	7.6	68
30	四氯乙烯	4	6
31	1,1,1,2-四氯乙烷	95	310
32	氯苯	6	680
33	乙苯	10	230
34	二甲苯	5	160
35	溴仿	81	370
36	苯乙烯	20	97
37	1,1,2,2-四氯乙烷	3.2	29
38	1,2,3-三氯丙烷	1.5	29
半挥发性有机物			
39	1,3,5-三甲苯	19	180
40	1,2,4-三甲苯	22	210
41	1,3-二氯苯	68	240
42	1,4-二氯苯	27	240
43	1,2-二氯苯	150	370
44	1,2,4-三氯苯	68	1 200
45	萘	54	530
46	六氯丁二烯	1	21
47	苯胺	5.8	56
48	2-氯酚	39	1 000
49	双（2-氯异丙基）醚	2 300	10 000
50	*N*-亚硝基二正丙胺	0.33	0.66
51	六氯乙烷	6	100
52	4-甲基酚	39	1 000
53	硝基苯	3.9	100
54	2-硝基酚	63	1 600
55	2,4-二甲基酚	160	4 100
56	2,4-二氯酚	23	610
57	*N*-亚硝基二苯胺	130	600
58	六氯苯	0.66	2
59	联苯胺	0.1	0.9
60	菲	2 300	61 000
61	蒽	2 300	10 000
62	咔唑	32	290
63	二正丁基酞酸酯	100	100
64	荧蒽	310	8 200
65	芘	230	6 100
66	苯并[*a*]蒽	0.9	4

续表

序号	项目	级别	
		A 级	B 级
67	3,3-二氯联苯胺	1.4	6
68	䓛	9	40
69	双（2-乙基己基）酞酸酯	46	210
70	4-氯苯胺	31	820
71	六氯丁二烯	1	21
72	2-甲基萘	160	4 100
73	2,4,6-三氯酚	62	270
74	2,4,5-三氯酚	58	520
75	2,4-二硝基甲苯	1	4
76	2-氯萘	630	16 000
77	2,4-二硝基酚	16	410
78	芴	210	8 200
79	4,6-二硝基-2-甲酚	0.8	20
80	苯并[*b*]荧蒽	0.9	4
81	苯并[*k*]荧蒽	0.9	4
82	苯并[*a*]芘	0.3	0.66
83	茚并[1,2,3-*c*,*d*]芘	0.9	4
84	二苯并[*a*,*h*]蒽	0.33	0.66
85	苯并[*g*,*h*,*i*]芘	230	6 100
农药、多氯联苯及其他			
86	总石油烃	1 000	—
87	多氯联苯	0.2	1
88	六六六	1	—
89	滴滴涕	1	—
90	艾氏剂	0.04	0.17
91	狄氏剂	0.04	0.18
92	异狄氏剂	2.3	61

（陈鹏）

zhanlüe huanjing yingxiang pingjia

战略环境影响评价　（strategic environmental assessment，SEA）　简称战略环评。是通过对拟定的政策、计划和规划（简称 3P）及其替代方案可能产生的环境影响进行系统的评估以支持科学决策的一种评价过程，并确保在决策最初就能将环境因素同社会、经济因素一同充分考虑。它是“从源头控制”战略思想的集中体现，也是实施可持续发展战略的有效工具。

由于对战略环评的定位、内容和目标等有不同的理解，国际上没有一个统一的战略环评定义。简而言之，项目层面以上的环境影响评价都叫战略环评。狭义的战略环评仅指法律规定的战略环评体制。广义上的战略环评包括对整个战略决策实施过程的环境影响评价。当前对战略环评的理解则更注重其对实施可持续发展综合决策的贡献。而经济合作与发展组织（OECD）下属的发展援助委员会战略环评任务小组的定义更强调战略环评并不是一种单一的、一成不变的教条式的方法，而是一种应用一系列分析和参与手段改进战略决策的过程和方法。

从各国的实践经验来看，战略环评的原理会以不同形式体现，包括一系列正式的和非正式的评价手段：①由国家、超国家政府或国际机构的相应法规明确定义的战略环评程序。②与战略环评在目标和方法上相当的正式或非正式评价程序（如管理影响评价或政策评估）。③类似战略环评的且具备一些战略环评特点的非制度化评价程序，或在政策和规划制定过程中内部化的评价程序。

沿革 美国1969年的《国家环境政策法》是战略环评制度的起点，该法案规定："在对人类环境质量具有重大影响的每一项立法建议和其他重大联邦行动中，均应由负责官员提供关于该行动可能产生的环境影响说明。"20世纪70年代中期，欧美其他国家开始将环境影响评价扩展到战略层次。1987年荷兰推出适用于国家空间规划的环评法案，并于1995年颁布了《实施环境核查内阁指令》（Cabinet Order of 1995 on the Implementation of the Environmental Test）。加拿大政府制定实施了《政策、计划和规划提案环境评价内阁指令2004》（Cabinet Directive on the Environmental Assessment of Policy，Plan and Program Proposals，2004）。澳大利亚、英国、日本、新西兰、丹麦等国家通过各种形式对战略环评进行强制或非强制性规定。90年代，战略环评开始被全世界广泛接受，作用于战略实施全过程（政策—计划—规划—项目），新的环境影响评价体系逐渐形成。进入21世纪，欧盟《关于特定计划和规划环境影响评价指令》（EU Directive 2001/42/EC on the Assessment of the Effects of Certain Plans and Programs on the Environment）规定从2004年7月起所有欧盟成员国都要全面实施这一指令。在欧盟战略环评政策法律框架的推动下，发展中国家如中国、越南、泰国等开始推行战略环评政策。这些国家的实践表明，战略环评是将可持续发展战略从宏观、抽象概念落实到实际、具体方案的桥梁，是环境与发展综合决策的制度化保障。

战略环评的概念从20世纪90年代初传入我国，1998年国务院颁布的《建设项目环境保护管理条例》首次在法规层面上提出建设规划的环境影响评价，从而开始了我国战略环评的探索。2003年《中华人民共和国环境影响评价法》将规划的环境影响评价上升到法律要求，2009年10月1日实施的《规划环境影响评价条例》进一步推动了规划环评的开展。尽管我国只是将部分规划纳入了环境影响评价范围，但与国际上的战略环评属于同一范畴。因此，我国的规划环评又称为战略环评。

分类 战略环评作为一种日趋普遍的灵活的环评手段，其适用范围包括政策、法规、计划、规划和其他战略，涉及一系列不同的部门和利益相关方，在适应不同国情的过程中必然呈现出多样化趋势。从各国和国际机构目前的战略环评制度模式来看，主要有四种类型：

EIA主导型 战略环评主要基于项目EIA（环境影响评价）的法规要求操作，或作为EIA的一部分实施。这种类型的战略环评源于规划水平上的美国《国家环境政策法》，欧盟《SEA指令》（SEA Directive 2001/42/EC）和联合国欧洲经济合作委员会2003年的《SEA基辅议定书》（KIEV SEA Protocol）也属于此类。属于这种类型的国家或国际机构还包括捷克、芬兰、斯洛伐克、波兰、澳大利亚和世界银行。

EIA改进型 战略环评的实施脱离EIA过程独立进行，其评价的程序和方法具有政策评估的特点。这种类型的战略环评主要应用在诸如议会（如丹麦）和内阁（如加拿大）的决策过程中，有时同其他的政策审查同时进行（如荷兰），或成为综合政策评价的一部分（如挪威和英国）。

SEA作为土地利用/资源管理的一部分 战略环评不是被完全结合进各级土地利用和资源计划中（如新西兰），就是应用在某个资源战略的准备过程中（如澳大利亚）。

综合评价/可持续性评估 被涵盖在对政策法规的环境、经济和社会影响的综合评价中。虽然还未在全球范围内广泛应用，但此类评价方法已经出现在欧盟、英国和中国香港。此外，还有不少这样特别应用的例子，譬如在澳大利亚的区域森林政策协议中的做法。

评价方法 战略环评虽然层次较高，但仍属于环境影响评价序列中的一个环节，建设项目环境影响评价及规划环境影响评价中的一些方法仍然可以直接使用。与项目环评和规划环评相比，战略环评涉及的时空尺度较大，拟议方案实施面临的不确定性因素更多，在评价中更加关注多方案比选、情景分析、累积影响评价、社会影响评价、资源环境承载力分析、风险分析等内容。战略环评的综合性较强，涉及的学科很多，通常需要根据评价对象来选择适用的方法，并没有固定的模式。因此，使用的方法也在不断扩展和变化之中。

针对被评价对象的特点，在选择战略环评的方法和工具时应考虑以下方面：适应战略行动的时间表；有助于战略行动的改进，使其更可持续，更容易实施；能应对各种不确定因素；有助于辨识和评价战略行动的影响。在理想状态下，所选用的方法和工具还应该考虑累积影响和间接影响（有别于项目IEA的重要特点）；对备选方案和减缓措施提出建议；分析结论有说服力；对决策者、技术专家和公众都易于理解；尽可能降低实施成本。

面临问题 在战略环评快速推进过程中，也暴露了很多问题，尽管问题的性质和严重程度因具体事宜而异，但在以下六个方面表现出共性：①战略环评在理论和实践之间存在很大差距。应该做的和实际做到的有很大差距。②往往无法完全按规定的程序实施战略环评。③战略环评报告质量低劣，大大削弱了对改进决策的贡献，同时也使开展战略环评的合理性和必要性受到质疑。④尽管战略环评有解决决策的累积影响的潜力，但在实践中却发挥有限。⑤战略环评的结论很少被真正分解到决策的更微观的层面，难以体现改进整个决策实施过程的初衷。⑥战略环评过程没有同决策实施过程完全联系起来，这尤其反映在过程和后续监测的普遍缺失上。 （贺桂珍）

推荐书目

Dalal-Clayton B, Sadler B. Strategic Enviornmental Assessment: A Sourcebook and Reference Guide to International Experience. London: Earthscan James & James, 2005.

Schmidt M, João E, Albrecht E, et al. Implementing Strategic Environmental Assessment. Berlin: Springer-Verlag, 2005.

朱坦．战略环境评价．天津：南开大学出版社，2005.

zhengshou paiwufei zhidu

征收排污费制度 （syestem of pollution discharge fee） 又称排污收费制度。环境保护部门依照法律规定，向排放污染物的单位收取一定费用的制度。征收排污费制度是依据污染者负担原则的要求，即污染者要承担对社会污染损害的责任，运用经济手段控制污染的一项重要环境政策。征收排污费制度是我国环保法律规定的一项重要制度，也是世界各国的通行做法。

沿革 排污收费制度最早开始于德国，德国的鲁尔工业区于1904年率先实行排污收费制度。1976年9月联邦德国制定了《废水收费法》，随后，法国、匈牙利、澳大利亚、新西兰、日本等国也相继建立了这项制度，但各国对排污费的收取范围、标准、方法和收费的使用等并不一致。我国于1978年提出实行排污收费制度，1979年的《中华人民共和国环境保护法（试行）》第一次规定了在我国实行征收超标准排污费制度，1982年的《征收排污费暂行办法》、1984年的《中华人民共和国水污染防治法》以及1988年的《污染源治理专项基金有偿使用暂行办法》等都使排污收费制度逐步得以健全。1989年公布的《中华人民共和国环境保护法》再次确定了这项制度，其中第二十八条规定："排放污染物超过国家或者地方规定的污染物排放标准的企事业单位，依照国家规定缴纳超标准排污费，并负责治理。"另外，各种环境保护单行法也规定了这一制度。2002年《排污费征收使用管理条例》颁布，自 2003 年 7 月 1 日起施行，是对我国排污收费制度的重大改革和完善。

征收对象 按照《排污费征收使用管理条例》第二条的规定，征收排污费的对象是直接向环境排放污染物的单位和个体工商户（简称排污者）。排污者向城市污水集中处理设施排放污水、缴纳污水处理费用的，不再缴纳排污费。排污者建成工业固体废物贮存或者处置设施、场所并符合环境保护标准，或者其原有工业固体废物贮存或者处置设施、场所经改造符合环境保护标准的，自建成或者改造完成之日起，不再缴纳排污费。第十二条规定：①依照《中华人民共和国大气污染防治法》和《中华人民共和国海洋环境保护法》的规定，向大气、海洋排放污染物的，按照排放污染物的种类、数量缴纳排污费。②依照《中华人民共和国水污染防治法》的规定，向水体排放污染物的，按照排放污染物的种类、数量缴纳排污费；向水体排放污染物超过国家或者地方规定的排放标准的，按照排放污染物的种类、数量加倍缴纳排污费。③依照《中华人民共和国固体废物污染环境防治法》的规定，没有建设工业固体废物贮存或者处置的设施、场所，或者工业固体废物贮存或者处置的设施、场所不符合环境保护标准的，按照排放污染物的种类、数量缴纳排污费；以填埋方式处置危险废物不符合国家有关规定的，按照排放污染物的种类、数量缴纳危险废物排污费。④依照《中华人民共和国环境噪声污染防治法》的规定，产生环境噪声污染超过国家环境噪声标准的，按照排放噪声的超标声级缴纳排污费。

特点 ①强制征收，它是国家机关根据环境保护法律、法规的规定强制征收，而不依排污者的意志为转移，对拒缴排污费者环境保护部门可依法处以罚款。②排污费的征收、使用必须严格实行“收支两条线”，征收的排污费一律上缴财政，环境保护执法所需经费列入本部门预算，由本级财政予以保障。这样，可以保证在国家统一财政的基础上，有计划地实现排污费资金的合理分配，避免出现由于预算外资金大而造成冲击国家经济的现象。③征收的排污费应当全部专项用于环境污染防治，任何单位和个人不得截留、挤占或者挪作他用。排污费必须纳入财政预算，列入环境保护专项资金进行管理，主要用于重点污染源防治，区域性污染防治，污染防治新技术、新工艺的开发、示范和应用，国务院规定的其他污染防治项目的拨款补助或者贷款贴息。

工作程序 具体包括：①排污申报，即环境保护主管部门管辖区域内所有向环境中排放污染物的单位和个体经营者按规定的期限向环境保护主管部门申报排放污染物的种类、数量，并提供有关资料。②数据核定，即环境保护主管部门对排污单位申报的数据和提供的资料，根据生产经营情况、性质、特点及以往排污状况进行核定。③排污费核算，即环境保护主管部门严格依照国家法律、法规和地方性法规、规章的规定，按照核定的监测数据和现行的污染物排放标准、排污收费标准及收费政策，计算排污单位应缴纳的排污费数额。④排污费的征收，即环境保护主管部门根据计算出的排污费征收额，向排污单位下达征收排污费通知书，排污单位在规定的期限内，向指定地点缴纳排污费。⑤排污费的解缴，即征收的排污费按规定时间全部上缴国库。

目的和意义 国家征收排污费的目的是促进企事业单位加强经营管理、节约和综合利用资源，治理污染、改善环境。排污者缴纳排污费并不意味着购买了排污权，也不免除其防治污染、赔偿污染损害的责任和法律、行政法规规定的其他责任。通过征收排污费，可以实现利用经济杠杆调节经济发展与环境保护的关系，增强排污者治理污染的能力，促使排污者进行技术改造，开展综合利用。 （韩竞一）

zhengshu guihua

整数规划 （integer programming） 对于线性规划问题，如果要求其决策变量取整数值，则称为整数规划。整数规划的模型可以分为 0-1 型整数规划模型和混合整数规划模型。

0-1 型整数规划模型 在区域污染浓度已超标的情况下，已知各排放源若干个削减污染措施及其费用，通过0-1整数规划可求得在整体费用最小的情况下，每个源应选取的治理措施。

目标函数：

$$\min Z=\sum_{j=0}^{n}\sum_{i=0}^{k_j}C_{jl}X_{jl}$$

约束条件：

$$\sum_{j=0}^{n}\sum_{l=0}^{k_j}A_{ijl}X_{jl}\leqslant B_i(i=1,2,\cdots,m)$$

式中，Z 为采取治理的费用；C_{jl} 为第 j 个源第 l 个治理方案的费用；k_j 为第 j 个源中治理方案数目；X_{jl} 为第 j 个源第 l 个治理方案的取舍因子，0或1；A_{ijl} 为第 j 个源采取第 l 个治理方案后第 i 个控制点上的控制浓度；B_i 为第 i 个控制点上的环境目标值。

混合整数规划模型 在区域水环境、大气环境规划中，治理措施有的可以表现为连续变量（如大气污染控制中的洗煤量的确定、改变燃煤结构等），有的则是不连续的（如大气环境规划中加高烟囱的几何高度）；大气环境规划中某些点源采用脱硫装置改换除尘装置或搞集中供热等，水环境规划中有不同等级与不同方法的污水处理。这些方案要么被采用，要么不被采用，在规划模型中它们表现为0-1整数变量。因此，包含具体治理措施方案在内的总量控制规划是一个混合整数规划。

目标函数：

$$\min Z=\sum_{k=1}^{k_0}C_kX_k$$

约束条件：

$$\sum_{k=1}^{k_0}A_{ik}X_k\geqslant B_i\ (i=1,2,\cdots,m)$$

式中，Z 为采取的治理费用；k 为治理措施的编号，k_0 为连续变量的个数；当 $k\leqslant k_0$ 时，X_k 为污染物的削减量，当 $k>k_0$ 时，X_k 为0或1；C_k 为费用函数，当 $k\leqslant k_0$ 时，C_k 为削减单位排放量所需费用，当 $k>k_0$ 时，C_k 为采用第 k 号治理措施所需费用；当 $k\leqslant k_0$ 时，A_{ik} 为第 k 号治理措施所对应的污染源单位源强对第 i 个控制点的浓度贡献，当 $k>k_0$ 时，A_{ik} 为第 k 号治理措施所对应污染源在第 i 个控制点的浓度贡献；$B_i=B_i^0-B_i^1$，B_i^0 为第 i 个控制点上的原浓度值，B_i^1 为第 i 个控制点上的环境目标值。

（李奇锋　张红）

zhishi shengwufa

指示生物法 （indicator organism method） 根据对环境中有机污染物或某种特定污染物质敏感的或有较高耐受性的生物种类的存在或缺失，来指示其所在环境污染状况的方法。是利用指示生物来监测环境状况的一种方法。

指示生物是对环境中某些物质，包括污染物的作用或环境条件的改变能较敏感和快速地产生明显反应的生物，通过其所做的反应可了解环境的现状和变化。选作指示种的生物是生命期较长、比较固定生活于某处的生物，可在较长时期内反映所在环境的综合影响。静水中的指示生物主要为底栖动物或浮游生物，流水中主要用底栖动物或着生生物，鱼类也可作为指示生物，大型无脊椎动物是应用最多的指示生物。

指示生物的基本特征为对干扰作用反应敏感且健康、具有代表性、对干扰作用的反应个体间差异小、重现性高和具有多功能性。指示生物敏感性可分为敏感、抗性中等和抗性强。指示生物的选择方法有现场比较评价法、人工熏气法和浸蘸法。

各种生物对环境因素的变化都有一定的适应范围和反应特点。生物的适应范围越小，反应越典型，对环境因素变化的指示越有意义。指示生物法常用的指示方式和指标主要有以下几个：①症状指示指标。指示生物的这类指标主要是通过肉眼或其他宏观方式可观察到的形态变化，例如，大气污染监测中指示植物叶片表面出现的受害症状，重金属污染水体中水生生物和鱼类的致畸现象等均属这类指标。②生长指标。包括生长势和产量评价指标，对于植物而言，各类器官的生长状况观测值和产量都可用来做指示指标。③生理生化指标。这类指标已被广泛应用于生物监测中，它比症状指标和生长指标更敏感和迅速，常在生物未出现可见症状之前就已有了生理生化方面的明显改变。④行为学指标。在污染水域的监测中，水生生物和鱼类的回避反应也是监测水质的一种比较灵敏、简便的方法。

指示生物对环境因素的改变有一定的忍耐和适应范围，单凭有无指示生物评价污染是不太可靠的。因此，英国、美国等国至今未在实际环境质量评价中采用这种方法。（焦文涛）

zhishu pinghua yucefa

指数平滑预测法　（exponential smoothing prediction method）　以某种指标的本期实际数和本期预测数为基础，引入一个简化的加权因子，即平滑系数，以求得平均数的一种预测方法。它是加权移动平均预测法的一种变化。平滑系数必须大于 0、小于 1。其计算公式为：下期预测数=本期实际数×平滑系数+本期预测数×（1−平滑系数）。一般说来，下期预测数常介乎本期实际数与本期预测数之间。平滑系数的大小，可根据过去的预测数与实际数比较而定。差额大，则平滑系数取值应大一些；反之，则小一些。平滑系数越大，则近期倾向性变动影响越大；反之，则近期的倾向性变动影响越小，越平滑。这种预测法简便易行，只要具备本期实际数、本期预测数和平滑系数三项资料，就可预测下期数。（贺桂珍）

zhishu quxian yucefa

指数曲线预测法　（exponential curve prediction method）　又称指数曲线外推法或简单外推法。对符合指数增长规律的一组观测数据建立指数曲线方程，据此作为预测的数学模型来推测事件的未来发展趋势与状态的方法。它是趋势外推法的模型之一。

指数曲线预测模型为：

$$\hat{y}_t = a\mathrm{e}^{bt} \qquad (a>0)$$

修正的指数曲线预测模型为：

$$\hat{y}_t = a + bc^t$$

式中，$\hat{y}_t$ 为第 t 期预测值；t 为时间；a，b，c 为待定参数。

该模型的主要特征是 $\ln y_t$ 线性依赖时间 t，y_t 的增长速率与 t 成正比。采用指数曲线外推预测，存在预测值随着时间推移无限增大的问题，而任何事物的发展都有一定的限度，不可能无限增长。在社会、经济和自然环境中，有大量特性参数（如社会总人口，国民经济总产值，生态、环境中的用水总量、污染物总量等）随时间的变化趋势呈指数规律，可用该法加以预测。（贺桂珍）

Zhongguo huanjing baohuhui

中国环境保护徽　（China environmental protection emblem）　中国环境保护的标志（见下图）。其外部造型为圆形，象征地球，说明地球只有一个，是全人类赖以生存的大环境，人们要共同保护它。

中国环境保护徽

徽标上端图案基本结构与组合同联合国环境保护徽相近，说明环境保护事业是全球性的，它被全世界所关注。上端图案为绿色橄榄枝，既代表和平、安宁，又代表一切植物和生态环境。图形的绿色块，代表蓝天与碧水，泛指大气与水体。太阳代表宇宙空间，山与水借用中国象形文字并使之图案化，从形象上增强中国特色。说明环境保护工作者的任务，就是要通过对污染的监督与治理，使天常蓝、水常清、山常绿，让人们永远生活在美好环境中。图案基本色调采用明快、洁白的颜色，代表洁净、无污染的大气。下端“ZHB”为 Zhong Guo Huan Bao（中国环保）的缩写，表明这是中国环境保护徽。

中国环境保护徽可在中央及地方各级环境保护机构的建筑物上悬挂；可在各级环境监测站、环境科研单位及有关环境保护单位使用；可在各类环境保护会议上悬挂；可在各种环境保护报刊的报头、杂志的封面上使用；也可喷涂于环境监测车、船及飞机上。　（贺桂珍）

Zhongguo huanjing guanli tixi

中国环境管理体系　（environmental management system in China）　由相互联系的环境管理机构所构成的整体。我国环境管理体系主要由国务院及地方各级人民政府的环境管理部门组成。

我国目前的环境管理最高领导机构是环境保护部。环境保护部是国务院的办事机构，也是国务院在环境保护方面的职能部门。各省（市、自治区）以及其他各级人民政府的环境保护厅/局是地方各级人民政府在环境管理方面的综合、协调、执法和监督的职能部门。

（贺桂珍）

Zhongguo huanjing tongji zhibiao tixi

中国环境统计指标体系　（China's environmental statistical indicator system）　反映我国环境质量特征的一系列相互联系的统计指标结合而形成的体系。

中国现行的环境统计指标体系内容是在“七五”期间环境统计指标框架的基础上，随着环境管理工作的发展，对其进行多次修改而来，具体包括七个子系统：①工业污染与防治，包含企业基本情况、工业污染物排放情况、工业污染治理设施、工业污染治理情况四个指标。②生活及其他污染与防治，包含生活污水情况、生活污水处理厂运行情况、生活废气排放情况、生活废物处理情况四个指标。③农业污染与防治，包含规模化畜禽养殖场污染排放及治理情况一个指标。④环境污染治理投资，包含污染源治理、城市环境基础设施建设投资、环境污染治理投资三个指标。⑤自然生态环境保护，包含自然保护区建设情况、野生动植物保护情况、生态示范区建设情况、生态功能保护区建设情况、农村环境污染及治理情况五个指标。⑥环境管理，包含环境保护法规和标准、环境保护年度计划、绿色工程规划、环境影响评价制度、“三同时”制度（建设项目的环境保护措施必须与主体工程同时设计、同时施工、同时投产）、排污收费制度执行情况、排污申报登记及排污许可证、限期治理制度、环境科技工作、环境保护产业、环境保护信访工作、人大和政协提案、环境保护档案工作 13 个指标。⑦环保系统自身建设情况，包含环境保护机制、环境保护人员两个指标。

环境统计指标体系不是一成不变的，将根据环境管理和统计事业发展的新要求不断丰富完善。　（韩竞一）

《Zhongguo Jinchukou Shoukong Xiaohao Chouyangceng Wuzhi Minglu》

《中国进出口受控消耗臭氧层物质名录》　（List of Import and Export Controlled Ozone-depleting Substances in China）　由国家环境保护部门根据相关国际公约以及国内的法规政策制定的一系列消耗臭氧层物质的名单。《中国进出口受控消耗臭氧层物质名录》（以下简称《名录》）是环境保护部、商务部和海关总署对受控消耗臭氧层物质的进出口实行统一监督管理的依据。

制定背景　1976 年，联合国环境规划署（UNEP）理事会第一次讨论了臭氧层破坏问题。在 UNEP 和世界气象组织（WMO）设立臭氧层协调委员会（CCOL）定期评估臭氧层破坏后，于 1977 年召开了臭氧层专家会议。1981 年，各国政府开始就淘汰破坏臭氧层物质的国际协议进行政府间的内部讨论，并于 1985 年 3 月制定了《保护臭氧层维也纳公约》。中国于 1989 年 9 月 11 日加入该公约，同年 12 月 10 日，该公约对中国生效。1987 年 9 月，由 UNEP 组织的“保护臭氧层公约关于含氯氟烃议定书全权代表大会”在加拿大蒙特利尔市召开，中国政府也派代表参加了会议，24 个国家签署了《关于消耗臭氧层物质的蒙特利尔议定书》，1990 年又通过了伦敦修正案。为履行《关于消耗臭氧层物质的蒙特利尔议定书（伦敦修正案）》，加强对我国消耗臭氧层物质的进出口管理，国家环境保护总局根据国务院批准的《中国逐步淘汰消耗臭氧层物质国家方案（修订稿）》，制定了《消耗臭氧层物质进出口管理办法》。根据国际履约工作的要求和规定以及我国开展消耗臭氧层物质管理工作的进展情况，国家环境保护总局联合对外贸易经济合作部、海关总署于 2000 年 1 月 19 日发布了《中国进出口受控消耗臭氧层物质名录（第一批）》。

主要内容 截至 2015 年，我国已陆续发布六批《名录》。2000 年 1 月 19 日发布的第一批《名录》规定，凡从事《名录》中所列物质进出口业务的企业，必须于 2000 年 1 月 31 日前将本企业已签订的有关《名录》中所列物质的进出口业务合同报送消耗臭氧层物质进出口管理办公室（设在原国家环境保护总局）备案；并于 2000 年 3 月 31 日之前将其合同履行完毕。从 2000 年 4 月 1 日起，除四氯化碳禁止进口外，对《名录》中其他所列物质实行进出口配额许可证管理制度。

2001 年 1 月 2 日发布的第二批《名录》规定，从 2001 年 2 月 1 日起，对用于原料和反应剂用途的四氯化碳和 1,1,1-三氯乙烷的出口实行许可证管理；对用于清洗剂的 1,1,1-三氯乙烷的进口实行配额许可证管理；禁止用于清洗剂的四氯化碳和 1,1,1-三氯乙烷出口；禁止 CFC-113 作为清洗剂进出口。企业进出口 1,1,1-三氯乙烷和出口用于原料和反应剂用途的四氯化碳必须按照《关于印发〈关于加强对消耗臭氧层物质进出口管理的规定〉的通知》（环发〔2000〕85 号）的规定和程序，提出申请，经国家消耗臭氧层物质进出口管理办公室批准后，到原外经贸部授权的发证机构申领进出口许可证，海关凭进出口许可证验放。

2004 年 2 月 6 日发布第三批《名录》，相关规定在《名录》第二批的基础上，增加以下内容：企业必须在进出口合同文件上注明进口（出口）的消耗臭氧层物质的具体用途。对于进口或出口的含氢氯氟烃类物质，应注明原料用途或制冷剂用途；对于进口或出口的甲基溴物质，应注明检疫及装运前用途或非检疫及装运前用途。

2006 年 2 月 8 日发布的第四批《名录》，相关规定与《名录》第三批一致。

2009 年 12 月 29 日发布的第五批《名录》规定，从 2010 年 1 月 1 日起，对《名录》中所列物质实行进出口许可证管理制度。相关规定在《名录》第四批的基础上增加以下内容：进出口企业在向国家消耗臭氧层物质进出口管理办公室申请进出口含氢氯氟烃混合物时，必须在申请文件上注明进出口受控消耗臭氧层物质中含氢氯氟烃的含量（百分比）。

2012 年 12 月 31 日发布的第六批《名录》规定，从 2013 年 1 月 1 日起，对《名录》中所列物质实行进出口许可证管理制度。凡从事《名录》中所列物质进出口业务的企业，必须按照《关于印发〈关于加强对消耗臭氧层物质进出口管理的规定〉的通知》（环发〔2000〕85 号）规定提出申请，经国家消耗臭氧层物质进出口管理办公室批准后，向商务部授权的发证机构申领进出口许可证，持进出口许可证办理通关手续。

作用 《中国进出口受控消耗臭氧层物质名录》的制定，为加强对消耗臭氧层物质的管理提供了依据，同时也履行了《保护臭氧层维也纳公约》和《关于消耗臭氧层物质的蒙特利尔议定书》规定的义务，对于保护臭氧层和生态环境，保障人体健康有重要作用。

（朱朝云 王铁宇）

《Zhonghua Renmin Gongheguo Huanjing Yingxiang Pingjiafa》

《中华人民共和国环境影响评价法》

（Environmental Impact Assessment Law of China） 简称《环境影响评价法》。为了实施可持续发展战略，预防因规划和建设项目实施后对环境造成不良影响，由国家制定和颁布的规划环境影响评价和建设项目环境影响评价活动应遵循的行为规范。用法律把环境影响评价的范围、内容和申报程序变成有约束力的管理制度，并从项目环境影响评价拓展到规划环境影响评价，成为我国环境影响评价史上的重要里程碑。

制定背景 我国是最早实施建设项目环境影响评价制度的发展中国家之一。1979 年《中华人民共和国环境保护法（试行）》，首次把对建设项目进行环境影响评价作为法律制度确立下来。1989 年颁布的《中华人民共和国环境保护法》对环境影响评价的法律地位进行了重申。以后陆续制定的各项环境保护法律，均含有建设项目环境影响评价的原则规定。

进入 20 世纪 90 年代后，政策和规划的环境影响评价逐步开展。我国一些地区对区域发展规划逐步进行了环境影响评价，对战略环境影响评价制度的建立进行了有益的探索，积累了一定的经验。《环境影响评价法》应运而生。该法于 2002 年 10 月 28 日第九届全国人民代表大会常务委员会第三十次会议通过，自 2003 年 9 月 1 日起施行。2016 年 7 月 2 日，第十二届全国人民代表大会常务委员会第二十一次会议通过修订的《中华人民共和国环境影响评价法》，自 2016 年 9 月 1 日起施行。

主要内容 2016 年修订的《中华人民共和国环境影响评价法》共五章 37 条，包括总则、规划的环境影响评价、建设项目的环境影响评价、法律责任和附则。主要内容如下：①对环境影响评价的范围、原则进行了规定。确定了需要进行环境影响评价的规划和建设项目范围，明确环境影响评价的原则是客观、公开、公正，综合考虑规划或者建设项目实施后对各种环境因素及其所构成的生态系统可能造成的影响，为决策提供科学依据。②对规划环境影响评价的范围、程序、内容、评价结论的法律地位及规划编制和审批部门的职责等都做出了明确规定，明确要求谁做规划、谁做环评、谁对环评结论负责。同时规定，依法应当进行环境影响评价的规划，在报送规划草案时必须同时附送环境影响评价文件，否则审批机关不予批准。③对建设项目的环境影响评价实行分类管理，明确了建设项目环境影响报告书应当包括的内容，强调为建设项目环境影响评价提供技术服务的机构必须取得相应资质，按照资质证书规定的等级和评价范围，从事环境影响评价服务，并对评价结论负责。任何单位与个人都不得为建设单位指定对其建设项目进行环境影响评价的机构。明确要求建设项目的环境影响评价应当避免与规划的环境影响评价重复。④对公众参与环境影响评价做出了明确规定，鼓励有关单位、专家和公众以适当方式参与环境影响评价，并要求在编制规划和建设项目环境影响评价文件时，应当举行论证会、听证会，或者采取其他形式征求有关单位、专家和公众的意见，并将意见处理情况作为附件与环境影响评价文件一起报审。⑤规定应加强对环境影响评价工作的事后监督。要求对规划实施后的环境影响进行跟踪评价，对建设项目投入生产或者使用后所产生的环境影响进行跟踪检查，发现有明显不良环境影响的，应当及时提出改进措施。⑥对环境保护行政主管部门和其他部门应负的法律责任进行了详细规定。

意义 《中华人民共和国环境影响评价法》夯实了环境影响评价制度的法律地位，作为预防因规划和建设项目实施后对环境造成不良影响的一项法律制度，其对国家实施可持续发展战略，促进经济、社会和环境协调发展具有重要意义。 （贺桂珍）

zhongsheng huanjing jiaoyu

终生环境教育

终生环境教育 （lifetime environmental education） 对每一个公民在其生命的全过程中连续进行的环境教育总和。环境教育，从时间上看，是终生教育。环境教育的终生性决定它应该是从摇篮到坟墓的教育，应该渗透到人生的各个阶段：婴幼儿、青少年、壮年、老年。

终生教育思想产生于 20 世纪 60 年代的欧洲，终生环境教育顺应这种潮流，很快成为国际上一种教育思潮，联合国教科文组织也在积极推动这项工作。环境保护关系到每个人的工

作、生活和健康，环境科学的发展日新月异，因此，人们需要不断学习环境知识，接受终生的环境教育。（贺桂珍）

《Zhongdian Qiye Qingjie Shengchan Hangye Fenlei Guanli Minglu》

《重点企业清洁生产行业分类管理名录》（Categorized Administrative List of Priority Enterprises Clean Production Industry） 针对重点企业实施强制性清洁生产的指导性名录。

制定背景 近年来，我国各级环保部门积极推进清洁生产工作，取得了显著成效，但也存在一些障碍。为了建立较为完善的政策法规体系，原国家环保总局发布了《关于贯彻落实〈清洁生产促进法〉的若干意见》和针对重点企业（即“双超双有”企业，“双超”企业是指污染物排放超过国家和地方排放标准，以及污染物排放总量超过地方人民政府核定的排放总量控制指标的污染严重企业；“双有”企业是使用有毒有害原料进行生产或者在生产中排放有毒有害物质的企业）实施强制性清洁生产审核的若干政策措施，环境保护部也下发了《关于深入推进重点企业清洁生产的通知》，制定了《重点企业清洁生产行业分类管理名录》，明确了今后一个时期重点企业清洁生产工作的目标、任务和要求。

主要内容 《重点企业清洁生产行业分类管理名录》收录了火电，炼焦，多晶硅，金属表面处理及热处理加工，有色金属冶炼及压延加工，非金属矿物制品业，黑色金属冶炼及压延加工，采矿，化学原料及化学制品，橡胶制品，煤炭，石化，制药，轻工，纺织，皮革及其制品，废弃资源和废旧材料回收加工，电气机械及器材制造，交通运输设备制造，通信设备、计算机及其他电子设备制造，环境治理等21个行业、71个子行业（产品）。

作用 《重点企业清洁生产行业分类管理名录》的制定对督促重点企业开展清洁生产、加强对重点企业实施清洁生产的监督检查有重要意义。（朱朝云）

zhuanye huanjing jiaoyu

专业环境教育（professional environmental education） 又称学历环境教育，是以中等和高等院校为主体、培养专业环境保护人才的主要形式与途径。专业环境教育的主要对象是环境科学、生态学等专业的中等专业学校、职业高中和高等院校的学生，主要任务是有计划地培养环境科技和管理人才。我国的环境教育已有30多年的历史，专业设置和结构体系逐步趋于合理，基本上满足了国家经济建设对环保人才的需求。至2015年，全国共有320多所高等院校开设了环境类专业（环境科学、环境工程、自然地理与资源环境等）。（贺桂珍）

zhuanyi liandan zhidu

转移联单制度（transfer manifest system） 又称废物流向报告单制度。在进行危险废物转移时，其转移者、运输者和接受者，不论各环节涉及者数量多寡，均应按国家规定的统一格式、条件和要求，对所交接、运输的危险废物如实进行转移报告单的填报登记，并按程序和期限向环境保护部门报告的管理制度。实施转移联单制度的目的是为了控制废物流向，掌握危险废物的动态变化，监督其转移活动，控制危险废物污染的扩散。

危险废物转移联单是产废单位转移危险废物的唯一合法凭证。无危险废物转移联单或持非环境保护行政主管部门派发的危险废物转移联单转移危险废物均属非法转移，因此造成环境污染事故的，产废单位承担主要责任。危险废物转移出产生单位，必须办理危险废物转移联单，并严格按照《中华人民共和国固体废物污染环境防治法》和《危险废物转移联单管理办法》相关要求规范运行转移联单。

转移联单制度实施的具体程序：危险废物转移单位持“危险废物市内转移年度计划备案表”及与危险废物接受单位签订的处置合同，到环境保护行政主管部门备案，领取用户名、密码；凭用户名和密码登录“危险废物转移联单办理系统”，提交转移申请；环境保护行政主管部门审核通过后，形成联单发至危险废物产生、接受单位；在危险废物转移、接受完成后，危险废物接受单位将危险废物接受情况传回系统，环境保护行政主管部门确认后，有关数据存入数据库，危险废物转移完成。

（韩竞一）

ziyuan-huanjing zhengce

资源-环境政策 （resources and environmental policy） 根据环境保护要求而制定的资源开发利用政策。

我国人口多、人均资源少，经济增长始终面临资源匮乏的压力。20 世纪 80 年代起，我国政府将资源和环境保护与治理列入重要的政策议程，但此阶段的资源-环境政策更为强调资源的开发与利用。进入 90 年代，资源政策开始强调耕地保护、节约用水和能源保障问题。90 年代中后期，资源政策开始关注资源开发利用中的生态环境问题，特别是 1998 年长江等流域发生特大洪灾之后，国家为保护自然生态实施了一系列政策措施，如全面停止长江、黄河上中游天然林的采伐，把生态恢复与建设列为西部大开发的首要措施，制定和实施了退耕还林（草）政策等，标志着我国资源-环境政策发生了历史性的转折，从偏重污染控制转向污染控制与生态保护并重。2006 年《国民经济和社会发展第十一个五年规划纲要》中明确提出：“要把节约资源作为基本国策，发展循环经济，保护生态环境，加快建设资源节约型、环境友好型社会，促进经济发展与人口、资源、环境相协调。”

我国资源-环境政策的主要内容包括：①资源产权制度及其相关政策。②资源价格政策。③资源与环境产业政策。④资源与环境综合利用政策。⑤资源与环境技术政策等。具体包括为保护生态环境、实现资源可持续利用而制定的土地资源、水资源、能源、矿产资源、海洋资源、物种资源、森林和草原资源，以及发展循环经济和资源综合利用等方面的法律、行政法规、规章和地方性法规。目前，我国尚未制定一部独立的自然资源保护法，其原则性、普适性的基本规定体现于《中华人民共和国环境保护法》中，因此，我国目前实行的是环境和资源保护基本法合一的法律体系。截至 2016 年年末，我国已制定《中华人民共和国循环经济促进法》《中华人民共和国可再生能源法》《中华人民共和国防沙治沙法》《中华人民共和国森林法》《中华人民共和国草原法》等 16 部环境和资源法律。

（马骅）

ziran baohu jiaoyu

自然保护教育 （natural conservation education） 从自然和人类的关系出发来阐明自然保护的重要性的教育。其目的是借助于教育手段，提高人们的生态意识和环境意识，引起全社会对自然保护工作的重视，使人们正确理解自然和人类的关系，了解保护自然的重要性和怎样保护自然。

自然保护教育包括学校教育和在职教育等。学校自然保护教育可以在大学增设以自然保护为主要内容的生态学和自然保护专业；在中小学增加或充实生物、地理、自然常识课本中的自然保护内容。对于在职人员则举办定期或不定期的以自然保护为中心内容的培训班，轮训技术人员和专职干部，使决策者真正认识到搞好自然保护工作的战略意义。在重点自然保护区或国家公园增设教育设施，如设立博物馆、展览室等。此外，电台、广播、电视、报刊等宣传媒介也是我国进行自然保护教育的重要手段。

（贺桂珍）

ziran baohuqu

自然保护区 （nature reserve） 对有代表性的自然生态系统、珍稀濒危野生动植物物种的天然集中分布区、有特殊意义的自然遗迹等保护对象所在的陆地、水体或者海域，依法划出一定面积予以特殊保护和管理的区域。

沿革 世界各国划出一定的范围来保护珍贵的动、植物及其栖息地已有很长的历史渊源，但国际上一般都把 1872 年经美国政府批准建立的第一个国家公园——黄石公园看作是世界上最早的自然保护区。20 世纪以来自然保护区事业发展很快，全世界自然保护区的数量和面积不断增加，特别是第二次世界大战后，在世界范围内成立了许多国际机构，从事自然保护区的宣传、协调和科研等工作，如世界自然保护联盟（IUCN）、联合国教科文组织的人与生物圈（UNESCO/MAB）计划等。

中国古代就有朴素的自然保护思想，有些已具有自然保护区的雏形。新中国成立后，自然保护区得到了发展。1956 年全国人民代表大会通过一项提案，提出了建立自然保护区问题，同年 10 月林业部草拟了《天然森林禁伐区（自然保护区）划定草案》，并在广东省肇庆市建立了中国第一个自然保护区——鼎湖山自然保护区。20 世纪 70 年代末 80 年代初以来，我国自然保护事业发展迅速。截至 2015 年年底，全国共建立各种类型、不同级别的自然保护区 2 740 个，总面积约 147 万 km^2，其中，陆地自然保护区面积约占国土面积的 14.8%，初步形成了类型比较齐全、布局比较合理、功能比较健全的全国自然保护区网络。

类型 自然保护区是一个泛称，实际上，由于建立的目的、要求和本身所具备的条件不同，自然保护区有多种类型。IUCN 将自然保护区分为 10 种类型：科研保护区、国家公园、自然遗迹、自然管护区、资源保护区、受保护的景观、人文保护区、多用途管理区、生物圈保护区和世界遗产地。我国自然保护区分为国家级自然保护区和地方级自然保护区，地方级又包括省、市、县三级自然保护区。

根据《自然保护区类型与级别划分原则》（GB/T 14529—1993），按照保护的主要对象划分，自然保护区可以分为自然生态系统类保护区、野生生物类保护区和自然遗迹类保护区三类，分别保护的是典型地带的生态系统、珍稀的野生动植物以及有科研、教育、旅游价值的古生物化石和孢粉产地、火山口、岩溶地貌、地质剖面等。其中，自然生态系统类保护区又细分为森林生态系统类保护区、草原与草甸生态系统类保护区、荒漠生态系统类保护区、内陆湿地和水域生态系统类保护区、海洋和海岸生态系统类保护区，野生生物类保护区包括野生动物类保护区和野生植物类保护区，自然遗迹类保护区可进一步细分为地质遗迹类保护区和古生物遗迹类保护区。

保护方式 我国自然保护区并未像有些国家那样采用原封不动、任其自然发展的纯保护方式，而是采取保护、科研教育、生产相结合的方式，并且在不影响保护区的自然环境和保护对象的前提下，还可以和旅游业相结合。因此，我国的自然保护区内部大多划分成核心区、缓冲区和外围区三个部分。

核心区 保护区内未经或很少经人为干扰过的自然生态系统的所在地，或者是虽然遭受过破坏，但有希望逐步恢复成自然生态系统的地区。该区以保护种源为主，是取得自然本底信息的所在地。核心区内严禁一切干扰。

缓冲区 环绕核心区的周围地区，只准进入从事科学研究观测活动。

外围区 即实验区，位于缓冲区周围，是一个多用途的地区，可以进入从事科学试验，教学实习，参观考察，旅游以及驯化和繁殖珍稀、濒危野生动植物等活动，包括有一定范围的生产活动，还可有少量居民点和旅游设施。

管理方法 具体包括以下几项：

制定自然保护区的区划和宏观规划 自然保护区区划是有效管理自然保护区的基础性工作。区划方法有两种，一种是《世界自然保护大纲》中建议的生物地理分类；另一种是以自然区划理论为基础的分类法。我国采用的是后一种方法。自然保护区宏观规划是在区划的基础上，根据自然保护的要求和财力、物力的可能，规划在全国一定时期内建立各种类型自然保护区的数量和面积。

制定自然保护区规划 根据自然保护区的资源与环境条件、社会经济状况、保护对象和保护工程建设的需要，制定自然保护区的总体发展方向、规模布局、保护措施的配置和制度等方面的规划。可分为总体规划和部门规划。它是促进自然保护区改善面貌，提高管理质量和管理水平的重要措施。

分区管理 自然保护区特别强调保护与可持续发展的关系。我国划分核心区、缓冲区、外围区的方法就是分区管理的体现。通过分区管理，可以明确各区不同的管理目标开发强度，有助于协调自然资源保护与可持续发展之间的关系。

自然保护区的评价 对自然保护区及其管理效果进行评价是自然保护区管理的一个重要方法，需要建立自然保护区的评价指标和相关标准。我国针对自然生态系统、野生生物及自然遗迹三种类型的自然保护区，制定出三套评价标准，同时兼顾不同类型自然保护区评价的差异性和可比性，通过专家、管理工作者或有关人员组成评审团进行评价。

意义 自然保护区对促进国民经济持续发展和科技文化事业发展具有重要意义。①保护自然本底。自然保护区保留了一定面积的各种类型的生态系统，可以为子孙后代留下天然的“本底”。这个天然的“本底”可以用来衡量人类活动对自然界影响的优劣，为人们提供评价标准以及预计人类活动将会引起的后果。②贮备物种。保护区是生物物种的贮备地，又可称为贮备库。它也是拯救濒危生物物种的庇护所。③科研与教育基地。自然保护区是研究各类生态系统自然过程的基本规律、研究物种的生态特性的重要基地，也是环境保护工作者观察生态系统动态平衡、取得监测基准的地方。同时，它还是进行教育、实验的好场所。④保留自然界的美学价值。自然保护区通常都保存了较完整的生态系统，具有优美的自然景观、珍贵的动植物资源和自然遗迹等。在不破坏自然保护区的条件下，划出一定范围开展旅游事业，既可使游客受到一定的环境教育，也令其切身感受到自然界的美。 （贺桂珍）

ziran baohuqu de jingguan shengtai guihua

自然保护区的景观生态规划 （landscape ecological planning of nature reserve） 为维护自然保护区原有的景观多样性和生物多样性，对自然保护区的景观价值做出客观评价，应用景观生态规划原则，对自然保护区中的本底、斑块、廊道和景观进行的最优格局规划。

原则 ①自然优先原则。进行自然保护区的规划建设，首先要考虑自然资源和生态环境的维系保护。保护原生态的自然景观、维持自然景观过程及其功能，是自然保护区生物多样性以及自然景观资源可持续利用的基础。②多样性原则。景观的斑块多样性、类型多样性和格局多样性，构成了景观空间结构复杂的异质性。维持自然保护区景观生态的异质性，有助于维护其生态系统的稳定，对于自然保护区的生存发展有重要意义。③持续性原则。自然保护区的景观规划应以可持续发展为基础，立足于景观资源的可持续利用和生态环境的持续改善。④综合性原则。景观是由多个生态系统组成的具有一定结构和功能的整体，是自然与文化的复合载体，这就要求景观生态规划必须从整体的角度出发，对整个景观进行综合分析，使保护区的景观结构、格局与保护区自然特征和经济发展相适应，谋求社会、经济、生态效益的协调统一。

基质的规划设计 基质是景观的本底，是景观中面积最大、连接性最好、对景观控制能力最强的景观要素。基质对于斑块嵌体等景观要素内的物质能量流动、生物迁移觅食等生态过程有明显的控制作用，因此作为背景的基质对于自然保护区生物多样性保护以及生态功能过程的维持至关重要。根据岛屿生物地理学理论，大保护区比小保护区更有利于维持物种数量，因为它们拥有更大的种群数量和多样化的生境，能把边缘效应减至最小。因此，在规划设计自然保护区时，对于同样类型的生境，应该选择大面积的保护区，同时尽可能保证本底基质的完整，避免破碎化，以便保护尽可能多的物种；对于已建立的自然保护区，可以通过扩大与保护区相连的其他土地来增加现存保护区的面积；保护区之间应该尽量距离靠近，呈拥簇状配置，以减少隔离程度，便于物种扩散。根据景观生态学与岛屿生物地理学理论，就自然保护区的稀有性、多样性、脆弱性、自然性进行科学评价，在此基础上，进行保护区的功能分区。保护区基质形状最好符合同心圆状，中间是核心区，其次是缓冲区，外围是实验区，三个区的面积从里向外逐步拓宽，核心区的面积一般不得小于自然保护区面积的 1/3。

斑块的规划设计 斑块是不同于周围背景的非线性景观元素，有着与周围基质不同的物种组成。斑块是物种的聚集地，它的大小、形状、类型、数量以及内部均质程度对自然保护区景观结构和多样性保护具有重要意义。斑块的最优设置是在几个大型自然植被斑块组合中，分散众多与之相联系的小斑块，形成一个有机的整体。大型斑块能提高碎裂种群的存活率，更有能力维持和保护基因的多样性，尤其有利于保护稀有种。小型斑块虽不利于内部物种的生存和生物多样性的保护，但占地少，可分布在人为景观中，提高景观多样性，起到临时栖息地的作用。圆形斑块的保护区内部障碍可能较小，生境异质性较小，对内部种和边缘种都能提供生存条件，有利于保存能量、养分，是生物多样性保持的理想模式。长条形斑块易于促进斑块与周围环境物质、能量、生物方面的交换。因此，对于保护区的设计规划应该根据实际情况具体分析。斑块的数目越多，景观和物种的多样性就越高；斑块数目少，就意味着物种生境的减少，物种灭绝的危险性将增大。一般而言，两个大型的自然斑块是保护某一物种的最低斑块数目，4～5 个同类型斑块对维持物种的长期健康与安全较为理想。

廊道的规划设计 廊道是景观中与周围基质有显著区别的狭长带状景观，是斑块之间的纽带。在自然保护区中，可能是小溪、河流、道路、植被带等。廊道能增加生境斑块的连接度，提高斑块间物种的迁移率，促进斑块间基因交换和物种流动，有利于物种的空间运动，增加物种重新迁入的机会。同时，廊道也会在一定程度上分割生境斑块，造成生境破碎化，或引导外来物种及天敌侵入，威胁本土物种生存，因此，必须使廊道具有原始景观的本底及本土特性。廊道应是自然的或是对原有自然廊道的恢复，任何人为设计的廊道都必须与自然的景观格局相适应。廊道的宽度，要根据规划目的和保护区的具体情况确定。为游人修建的廊道，道路宽度在 1.5～2 m 较为适宜，为一般动物修建的廊道宽度应为 1 km 左右，而大型动物则需要几千米宽。廊道的格局为网状或辐射状较好，可提高自然保护区中的通达度，有利于保护物种之间的交换和物质与能量的流动，从而增强整个群体的生存能力，使保护区的整个生态系统功能得到最优发挥。（张红）

ziran baohu tongji

自然保护统计 （nature conservation statistics） 对某一地区自然环境和自然资源的数量、构成、地区分布和开发利用情况等内容进行定量化反映的工作，是环境统计工作的重要组成部分。自然环境是指人类所居身于其间的自然界各种物质与生命的总和；自然资源是指蕴藏于自然界、能够被人类经济过程所利用并产生经济价值的物质。对自然环境和自然资源的保护工作进行定量统计，有助于为环境和自然资源保护主管部门制定自然保护政策和编制国民经济发展规划提供准确、有效的科学资料。

在我国，自然保护统计由国务院各专业部门组织实施。我国自然保护统计工作的主要对象包括土地保护、森林保护、草原和荒漠保护、物种保护、陆生水资源保护、沼泽和滩涂保护、海洋保护等。其中，每项统计内容又有许多具体统计指标。以土地保护统计为例，统计指标可以分为土地统计数量指标和土地统计质量指标。土地统计数量指标是反映土地利用、土地开发以及土地管理成果的总规模、总水平等方面的指标，如耕地总面积、建设用地总面积、土地开发面积等；土地统计质量指标是反映土地的质量、等级以及经济效益和土地管理工作效率的指标，如土地等级、土地利用率。

（韩竞一）

ziran baohu zhengce

自然保护政策 （natural conservation policy） 为了加强对自然环境和自然资源的保护而制定的政策，以国家级和地方各级自然保护区为主要的政策载体。

目前在法律层面上，还没有专门的自然保护区法，自然保护政策散见于多部资源保护类法律，如《中华人民共和国森林法》和《中华人民共和国野生动物保护法》等。在法规层面上，有《中华人民共和国自然保护区条例》和《中华人民共和国野生植物保护条例》。其他还包括《自然保护区类型与级别划分原则》《自然保护区土地管理办法》《海洋自然保护区管理办法》《水生动植物自然保护区管理办法》《国家级自然保护区监督检查办法》和《自然保护区管护基础设施建设技术规范》等法规、规范和标准。自然保护政策体系虽然在行政法规和部门规章上，对政策目标、机构、手段、范围等都有较为具体明确的规定，但在政策权威性和执行力度上逊于法律。（马骅）

ziran huanjing beijingtu

自然环境背景图（natural environmental background map） 反映未受或轻微受人类活动影响的自然环境质量状况的专题地图，包括大气环境背景图、水环境背景图、土壤环境背景图、水文地质状况图、生物环境背景图等。作为自然环境背景的表达和研究手段，自然环境背景图承载着表征环境性质、特征和状态的时空分布及其结构状态的系列图形信息，是未来环境科学发展的新方向。（汪光）

ziran quhua

自然区划（natural regionalization） 根据自然地理环境及其组成成分在空间分布上的差异性和相似性，将一定范围的区域划分为一定等级系统的系统研究方法。

类型 按区划的对象，自然区划分为综合自然区划和部门自然区划。综合自然区划以自然环境整体为对象。部门自然区划以自然地理环境的各组成成分为对象，如地貌、气候、水文、土壤、植被、动物等。部门自然区划是在考虑自然地理环境综合特征基础上，依据某一组成成分地域分异规律而进行的区域划分，如地貌区划、气候区划、水文区划、土壤区划、植物区划、动物区划等。按区划的目的，自然区划中有各种实用自然区划，如公路自然区划、建筑自然区划、农业自然区划等。实用自然区划的特点是自然、技术、经济三方面结合，目标明确，实践用途较大。

原则 包括：①发生统一性原则。任何区域都是在历史发展过程中形成的，因此，进行自然区划必须探讨区域分异产生的原因与过程。整体特性的发展史是进行自然区划的前提。②综合性原则。在进行某一级区划时，必须全面考虑构成环境的各组成成分和其本身综合特征的相似性和差别，挑选具有相互联系的指标作为确定区界的根据。③主导因素原则。选取反映区域分异的主导因素的某一主导标志来作为确定区界的主要根据，并应按统一指标进行某一级分区。④相对一致性原则。在划分区划单位时，必须注意其内部特征的一致性，这种一致性是相对的一致性，并且不同等级的区划单位各有其一致性的标准。⑤区域共轭性原则。自然区划划分出来的区域必须是具有个性的、功能和结构完整的自然区域。

方法 对每一个自然地理区域都可以采用自上而下的划分或自下而上的结合这两种自然区划方法。前者是通过对地域分异各种因素的分析，在大的地域单位内从上至下或从大至小揭示其内在的差异，逐级进行划分；后者是通过连续的组合、聚类，把基层的较简单的自然地理区域合并成为比较复杂的较高级的地域。前者通常采用地理相关法和主导标志相结合的方法来进行；后者主要在土地类型制图的基础上，把地域结构上和发生上有空间联系的相毗邻的地域合并起来，成为具有完整地域结构的各个区域，这种方法简称类型组合法。

无论采用哪种区划方法，首先都必须注意到地域结构的层次性，即存在不同等级的自然地理区域，确定各地域之间的层次关系，并建立区划的等级系统。其次，须重视各层次、各区域单位中的地域结构研究，即注意区域内部各组成部分之间物质和能量运动在空间上的联系性，以及其在发生发展上的共同性。最后，根据上述的区域层次关系和结构上相联系的性质和特点，确定划区的具体指标和标志，划出各区域的界线。　　　　　　（李奇锋　张红）

ziran ziyuan baohu guihua

自然资源保护规划　（natural resources protection planning）　在对自然资源进行调查、分析、评价的基础上，对自然资源的保护、增殖、开发利用等做出的全面安排。从本质上讲，这是对人与自然（资源）相互关系的调整。

自然资源保护规划依具体的保护对象类型的不同而不同，例如，对可再生资源的保护，重点应放在调整其再生（增殖或更新）速率与开发利用速率之间的相对关系上，而对不可再生资源来说，关键是要有计划地适度开发和利用，不可竭泽而渔。

自然资源保护规划可以分为土地资源保护规划、水资源保护规划、森林资源保护规划、海洋资源保护规划、草原资源保护规划、生物多样性保护规划和自然保护区规划等。

土地资源保护规划　运用土地生态学的基本原理，通过确定区域土地资源保护的目标、制定保护方案和确定实施方案的措施，对区域土地资源的保护进行统一的安排和部署，使土地在一定时期内得以充分、科学、合理和有效的利用，保护土地生态经济系统的良性循环，获得系统的最佳结构和功能。

土地资源保护规划的任务和内容是对地区土地资源的利用现状进行分析，明确土地利用和保护中存在的主要问题；确定土地资源保护的目标、任务和方针；确定区域重点土地类型的保护方案；划分地区土地资源保护的生态功能区，确定各分区的相应管理要求；制定土地整理、复垦、开发方案；制定规划实施和管理的相关政策措施。

水资源保护规划　为保护区域内水资源达到一定目标或水质标准所做的事先安排。其目的在于保护水质，合理利用水资源。通过规划提出各种措施与途径，从而使水体质量符合要求，水源免于枯竭，充分发挥水资源的多功能效益。

水资源保护规划按其范围和内容，可分为流域规划、区域规划和污水处理设施规划。①流域规划是对整个流域范围内的干流、支流、湖泊等水体做出统一而协调的水资源保护规划。它是从流域出发，结合水资源开发、利用和管理等情况，确定河流各区段水体功能、水质控制目标、各集中排污口允许排放量的分配、流域内水污染重点治理措施，并提出实施计划。②区域规划是对区域范围内主要的点污染源、面污染源并结合行政区划而做出的水资源保护规划。城市污水和工业废水处理是区域规划的重要部分。区域规划的目的是估价各种控制水质的方案，并提出管理部门的执行计划。区域规划的任务是在满足区域内河流水质要求的前提下，对该区域的各种水资源保护方案加以筛选，寻求以最小的经济代价获取最大的经济效益或是规定的水质目标。③污水处理设施规划是为维持和改善河流水质做出的污水处理工程的技术经济选择和方案比较。在规划中，调查已有的污水处理设施和估算各种废、污水处理处置方案，再通过社会、环境和经济因素分析，选择一个费用最小、效益最大的方案。

水资源保护规划是一个综合平衡、反复协调的决策过程。整个规划过程一般分四个阶段进行，可概括为确定规划目标、建立模型、模拟优化和评价决策。

森林资源保护规划　林地是国家重要的自然资源和战略资源，在保障木材及林产品供给、维护国土生态安全中具有核心地位，在应对全球气候变化中具有特殊地位。国务院明确要求“要把林地与耕地放在同等重要的位置，高度重视林地保护”。制定森林资源保护规划是保护森林资源的重要途径。国家有关部门于2010 年制定了《全国林地保护利用规划纲要（2010—2020 年）》。该纲要主要阐明了规划期内国家林地保护利用战略，明确了全国林地保护利用的指导思想、目标任务和政策措施，引导全社会严格保护林地、节约集约利用林地、优化林地资源配置，提高林地保护利用效率，实现2020年森林覆盖率奋斗目标，实现我国在2009年联合国气候变化峰会上提出的争取到2020年森林面积和蓄积分别比2005年增加4 000万hm^2和13亿m^3的目标。

海洋资源保护规划 为保护区域内海洋资源的持续利用价值，避免开发过度或破坏性、毁灭性的消耗，促进海洋经济的健康发展，需对海洋资源总量和价值进行科学估算，制定合理的开发目标，提出各种措施与途径，充分发挥海洋资源的多功能效益。

海洋资源保护规划的确立，是以海洋功能区划为基础的，即根据不同海域的功能来确定海洋资源保护的整体规划。重点海域区域性海洋资源保护规划，是国家海洋资源保护规划的组成部分，其根据重点海域区域性海洋资源的特殊性，制定一些特殊的、专门的内容，但也必须以海洋功能区划为基础。

海洋资源保护规划主要包括：海洋资源保护目标、具体目标方案、海洋资源保护的主要任务、对各部门和沿海各地区的要求、海洋资源保护主要措施等内容。

草原资源保护规划 为加强草原保护建设，改善草原生态环境，保护草原生物多样性，实现草原合理永续利用，维护国家生态安全，国家需要制定草原资源保护规划。农业部于2007年4月发布了《全国草原保护建设利用总体规划》，该规划包括草原的战略地位和重要作用、草原保护建设利用成就及主要问题、草原保护建设利用的指导思想和目标任务、草原保护建设利用的区域布局、草原保护建设利用重点工程、保障措施六个部分。

生物多样性保护规划 生物多样性是生物（动物、植物、微生物）与环境形成的生态复合体以及与此相关的各种生态过程的总和，包括生态系统、物种和基因三个层次。生物多样性是人类赖以生存的条件，是经济社会可持续发展的基础，是生态安全和粮食安全的保障。因此，制定生物多样性保护规划对于保护生物多样性意义重大。环境保护部会同20多个部门和单位于2010年编制了《中国生物多样性保护战略与行动计划（2011—2030年）》，提出了我国未来20年生物多样性保护总体目标、战略任务和优先行动。该规划包括我国生物多样性现状，生物多样性保护工作的成效、问题与挑战，生物多样性保护战略，生物多样性保护优先区域，生物多样性保护优先领域与行动和保障措施等六大部分。

自然保护区规划 根据自然保护区的资源与环境条件、社会经济状况、保护对象以及保护工程建设的需要，制定有关自然保护区的总体发展方向、规模布局、保护措施的配置和制度安排等方面的规划。自然保护区规划为实现自然保护区不同阶段的发展计划，落实各项具体措施，筹措经费和培养技术力量等管理目标服务，是促进自然保护区改善面貌、提高管理质量和管理水平的重要战略措施。

自然保护区的规划目标要显示出自然保护区在某一阶段的发展方向，以及将要达到的管护水平和标准，它体现了自然保护区发展的战略意图，也为自然保护区建设和管理提供依据。从类型上分，自然保护区的规划目标可分为总体发展目标和建设、保护、科研、开发经营等具体发展目标；从时间上分，可分为近期目标、中期目标和远期目标，其年限也可与国民经济发展计划相衔接。

自然保护区规划包括总体规划和部门规划两部分内容。①总体规划是在对自然保护区的资源和环境特点、社会经济条件、资源的保护与开发利用等综合调查分析的基础上制定的，其内容包括自然保护区的基本概况、总体发展方向、发展规模和要达到的目标，自然保护区的类型、结构与布局，自然保护区在资源管理、资源保护、科学研究、宣传教育、经营开发、行政管理等方面的行动计划与措施。在总体规划中要协调各部分发展的比例和建设标准等，并进行总投资和总效益分析，制定实施规划的措施与步骤。②部门规划是在自然保护区总体规划基础上，对一些重点内容进行深化和具体化。其主要内容包括：功能区规划、土地利用规划、保护工程规划、法制建设规划、科研规划、经营开发规划、行政管理规划、投资与效益规划，以及各部门所管辖的具体业务活动规划，如基础建设、旅游工程、工程人员编制、财务管理等规划。（李奇锋　张红）

zonghe liyong、huahai-weili yuanze

综合利用、化害为利原则　(principle of comprehensive utilization and turning harm into good)　运用科学技术和改善管理方法，实现充分利用资源和能源、提高废弃物的回收利用率、减少环境污染的管理原则。

环境污染的主要原因是受生产力和科技水平的限制，不能充分地利用资源和能源，一部分未被利用的资源和能源在保持或改变其物理和化学形态后，重新被排放回到自然界，造成环境污染。综合利用是把物质生产和消费过程中排放的各种废弃物最大限度地利用起来，以便取得最好的经济效益和环境效益；化害为利则是实现废物、垃圾资源化处理，预防工业和生活中的浪费带来的巨大危害。综合利用、化害为利的原则体现了循环经济减量化、再利用、再循环的“3R”原则。

“综合利用、化害为利”是1973年8月我国第一次全国环境保护会议提出的环境保护“32字方针”的重要内容之一，也是环境管理的重要原则。要做到“综合利用、化害为利”，首先，要求各行业制定、完善资源综合利用的有关政策、法规，并建设一批试点地区和示范工程，全面落实相关政策、法规；其次，重视资源综合利用的技术创新，巩固已有的技术成果，逐步完善比较成熟的利用技术，大力推广成熟的综合利用技术，积极采用国际先进技术和装备；再次，加强对资源综合利用企业和项目的管理，提高资源综合利用的效率，实现资源综合利用的经济效益和社会效益的有机结合。（韩竞一）

zonghe paifang biaozhun

综合排放标准　(integrated emission standards)　对一定范围（全国或一个区域）内普遍存在或危害较大的各种污染物的容许排放规定，一般适用于现有单位污染物的排放管理，以及建设项目环境影响评价、建设项目环境保护设施设计、竣工验收及其投产后的排放管理。与其相对的行业排放标准，是规定某一行业所排放的各种污染物的容许排放量，只对该行业有约束力。综合排放标准与行业排放标准不交叉执行，行业排放标准优先执行，即有行业排放标准的执行行业排放标准，没有行业排放标准的执行综合排放标准。我国现有的综合排放标准主要包括《污水综合排放标准》和《大气污染物综合排放标准》。相对行业排放标准而言，综合排放标准的数量要少得多。（陈鹏）

zonghe shengtai xitong guanli

综合生态系统管理　(integrated ecosystem management，IEM)　管理自然资源和自然环境的一种综合管理战略和方法，它要求综合对待生态系统的各组成成分，综合考虑社会、经济、自然的需要和价值，综合采用多学科的知识和方法，综合运用行政、市场和社会的运作机制，来解决资源利用、生态保护和生态系统退化问题，以达到创造和实现经济、社会和环境的多元惠益，实现人与自然的和谐共处。

综合生态系统管理是一种全新的管理理念和方法。目前，不论是官方还是学界，都对其有不同的理解。学者纷纷从不同角度对综合生态系统管理的理论和实践应用进行探讨，对这一概念的具体含义和实践赋予了很多新的内容。目前，国际上对综合生态系统管理主要存在以下认识：①承认并重视人与自然之间存在的联系，承认并重视人类与其所依赖的自然环境资源有着直接或间接的联系。②要求全面、综合地理解和对待生态系统及其各个组分，了解其自然特征，以及社会、经济、政治、文化因素对生态系统的影响。③要求综合考虑社会、经济、自然和生物的需要、价值和功能，特别是健康的生态系统提供的环境功能、服务和社会经济效益，生态系统中自然资源对人类福祉和生计需要的满足。④要求多学科的知识（如农学、生态学、环境学、管理学、社会学、经济学和法学等），需要自然科学和人文社会科学的结合，重视将生态学、经济学、社会学和管理学原理综合应用到生态系统管理之中，需要不同机构间的协调和合作，特别是负责林业、农业、畜牧业、水利、环保、国防、科技、财政、规划以及立法和司法机构的协调和合作。⑤创立一种跨部门、跨行业、跨区域的综合管理框架，确保生态系统的生产力、生态系统的健康和人类对生态系统的可持续利用，以达到创造和实现多元惠益的目的。⑥要求在制定生态保护和相关规划时，从生态环境的整体性上综合考虑各个因素间的相互联系，将跨部门参与方式运用到自然资源管理的计划和实施中去，以优化资源和资金配置、创新管理体制、完善运行机制，进而从根本上保护生态环境。

（贺桂珍）

zuida jiashe shigu

最大假设事故 （maximum postulated accident） 在所有预测的概率不为零的事故中，设想重大环境事故中的最大者或对环境（或健康）危害最严重的重大事故。

对于可能对人群产生重大伤害的危险工业设施（如核电站、化工厂、排出剧毒废弃物的工厂）需要进行安全性评价，评价时设想发生重大环境事故的情况下，事故对人和周围环境的损害与影响，以及针对事故情况应采取的防护措施，以使工作场所即使在重大事故发生的情况下也能保证安全。

最大假设事故的分析主要是确定最大假设事故发生的概率、类型及所带来的影响，并据此制定必要的安全措施。 （焦文涛）

zuida kexin shigu

最大可信事故 （maximum credible accident） 在所有可能发生的重大事故中，对环境或健康危害最严重的，即后果最大的事故。在所评价的系统中，如其最大可信事故风险值在同类系统的可接受风险值范围内，则认为该系统从风险角度是可以接受的。

在核电领域又称其为严重事故或超设计基准事故。严重事故是指导致燃料元件严重损坏，堆芯熔化，安全壳完整性可能受到损坏，放射性物质大量释放的事故。核电厂这类事故预计发生率受到国家核安全管理机构安全目标的限制。设计基准事故指核电厂按确定的设计准则在设计中采取了针对性措施的事故工况，是一组有代表性的、能影响核电厂安全并经有关规章确定下来的事故集合，包括稀有事故和极限事故两类。对比只考虑单一故障为特征的设计基准事故，严重事故又称为超设计标准事故。

严重事故的发生概率虽低，但并不是不可能发生，如切尔诺贝利、三哩岛及福岛核电站事故。目前世界商用核电厂发生严重事故概率比各个核电发展国家希望达到的 $10^{-6}\sim10^{-5}$/（堆·年）要大得多。因此，单纯考虑设计基准事故，不考虑严重事故的防止和缓解，不足以确保工作人员、公众和环境的安全。

环境领域的最大可信事故案例，如印度博帕尔市农药厂异氰酸甲酯泄漏事件、重庆“12·23”井喷事件、吉林化工厂爆炸导致松花江污染事故、紫金矿业污染事故等。

已有严重环境事故表明，化工厂、罐库、油井、管线、轮船都有可能发生火灾、爆炸或断裂，从而导致大量甚至全量的有毒物质泄漏。最大可信事故的源项应考虑在线量最大的生产装置、贮运管廊或管线有毒有害物在线量的完全（或一定比例）释放，以及最大贮量的储罐因火灾、爆炸或其他原因造成破裂引起的有毒有害物质的完全释放和伴生有毒有害物质释放等。

由于最大可信事故已超过安全评价的范围，因此其事故概率主要通过国内外同类产品、装置历史事故资料的调查、分析和类比获得。

（贺桂珍）

zuixiao zuida houhuizhifa

最小最大后悔值法 （the least maximum regret value method） 又称萨凡奇准则。在决

策过程中选择决策方案时，使决策者后悔值最小的方法。

决策者不知道各种自然状态中任一种发生的概率，决策目标是确保避免较大的机会损失。管理者在选择了某方案后，如果将来发生的自然状态表明其他方案的收益更大，那么他（或她）会为自己的选择而后悔。最小最大后悔值法就是使后悔值最小的方法。

运用最小最大后悔值法时，首先计算各方案在各自然状态下的后悔值，某方案在某自然状态下的后悔值 = 该自然状态下的最大收益 − 该方案在该自然状态下的收益；其次确定每一可选方案的最大后悔值；最后在这些方案的最大后悔值中，选出一个最小值，与该最小值对应的可选方案便是决策选择的方案。

（贺桂珍）

条目分类索引

【总论】

[通用术语]

[环境保护基本原则]

【环境预测与决策】

【环境与生态规划】

【环境评价】

【环境宣传教育】

条目汉字笔画索引

说　明

一、本索引供读者按条目标题的汉字笔画查检条目。

二、条目标题按第一字笔画数由少到多的顺序排列，同画数的按笔顺横（一）、竖（丨）、撇（丿）、点（丶）、折（乛，包括　乚く等）的顺序排列，笔画数和笔顺都相同的按下一个字的笔画数和笔顺排列。第一字相同的，依次按后面各字的笔画数和笔顺排列。

一画

二画

三画

四画

五画

六画

七画

八画

九画

十画

十一画

十二画

十三画

十五画

十六画

其他

条目外文索引

说 明

本索引按照条目外文标题的逐词排列法顺序排列。

A

B

C

D

E

F

G

H

I

K

L

M

N

O

P

Q

R

本书主要编辑、出版人员

社　　长：王新程

首席编审：刘志荣

总 经 理：罗永席

总 编 辑：朱丹琪

副总编辑：沈　建

主任编辑：李卫民

责任编辑：张　娣　谷妍妍　韩　睿

装帧设计：彭　杉　宋　瑞

责任校对：尹　芳

责任印制：郝　明　王　焱